개정판

신국제항공우주법 – 이론과 실제

개정판 신국제항공우주법-이론과 실제

초판 발행 2013년 6월 15일
개정판 발행 2019년 2월 15일
2쇄 발행 2021년 2월 26일

지은이 홍순길, 이강빈, 김선이, 황호원, 김종복
펴낸이 최국주
펴낸곳 동명사
출판등록 1950년 11월 1일(제1-76호)
주소 (우 10881) 경기도 파주시 회동길 50(문발동)
전화 031-955-7200(대표)~2, 7203(편집부), 7204(물류)
팩스 031-955-7205
전자우편 webmaster@dmsbook.com
홈페이지 www.dmsbook.com

ISBN 978-89-411-8199-6 93360
값 45,000원

東明社

개정판 머리말

본서 신국제항공우주법의 초판이 2013년에 발간된 후 5년이 경과하였으며, 그 동안 항공우주 관련 국내외의 항공우주산업, 국제협약 및 법제도 등에 여러 가지 변화가 나타났다.

우선 우리나라 항공여객 운송량이 2017년에 1억 명을 돌파하면서 지속적으로 증가 추세를 보이고 있으며, 항공운송업계에 저비용항공사(LCC)의 출현이 7~8개로 증가하면서 항공운송시장의 점유율도 빠르게 높아지고 있다. 한편 2018년 1월에 인천국제공항 제2터미널의 준공으로 여객 및 화물의 수용능력이 확대되어 2019년에 여객 7천만 명을 수용하므로 세계 5위 국제공항이 되고 허브(Hub)공항으로서 경쟁력이 높아지게 되었다.

우리나라와 외국 간의 항공협정이 체결된 국가의 수가 2016년 5월 현재 94개국으로 크게 증가하였으며, 아울러 항공협정 내용을 반영하여 항공자유화(Open Sky)를 행하는 국가들도 증가하고 있다.

우리나라는 2016년 ICAO 제39차 총회에서 Part III 이사국에 6선에 성공하면서 항공운송강국으로서의 위상 제고를 위해 적극적 활동을 해오고 있다. 한편 국제민간항공협약(시카고협약)에 부속서 19(안전관리)가 추가되어 항공안전관리의 국제표준에 관하여 규정하고 있다. 또한 아시아·태평양 지역의 항공운송 비중이 증대함에 따라 ICAO 아·태지역사무소(방콕) 이외에 중국 북경에 분소가 설치되었다.

1999년에 채택된 항공운송인의 책임에 관한 몬트리올협약의 가입국 수가 2018년 12월 말 현재 136개국으로 증가하였으며, 또한 ICAO가 2009년 12월에 여객, 수하물 및 화물에 대한 항공운송인의 책임한도를 각각 인상하였으므로, 이를 반영하여 우리나라도 2014년 5월에 상법 항공운송편 상의 항공운송인의 책임한도를 인상하였다.

우리나라 종전 항공법은 2017년 3월에 항공사업법, 항공안전법 및 공항시설법으로 분법되어 시행되고 있으며, 초경량 비행장치에 관하여 항공안전법에 규정하고 있고 항공보험에 관하여 항공사업법에 규정하고 있다. 무인기 및 드론이 다양화되고 있는 추세에서 국토교통부는 드론 관련 규제 합리화 방안을 마련 중에 있다.

우리나라 종전 '항공안전 및 보안에 관한 법률'은 2014년 4월에 항공보안법으로 변경되어 시행되고 있으며, 주요내용은 용어의 정의, 항공보안협의회, 항공보안기본계획, 공항·항공기 등의 보안, 항공기내의 보안, 항공보안 자율신고, 벌칙 등에 관하여 규정하고 있다.

우리나라 우주개발진흥법은 2015년 1월에 운석에 대하여도 등록제도를 마련하고 국외반출 금지규정을 신설하고 국외반출 금지위반 시에는 벌칙을 가할 수 있도록 규정함으로써 운석 등 자연우주물체의 체계적인 관리·활용을 통하여 우주개발을 진흥하도록 하고 있다. 한편 2018년 11월에 우리나라는 국내 순수기술로 개발된 한국형 우주발사체 누리호의 시험발사체 발사에 성공해 우리나라 우주개발 청신호를 알렸다.

위와 같은 항공우주 관련 국내외의 항공우주산업, 국제협약 및 법제도에서 변화된 내용을 반영하여 이를 본서의 개정판에서 수정하거나 보완하였으며, 또한 본서의 초판에서 오류가 있거나 미흡한 사항들을 찾아내서 수정하거나 보완하였다. 특히 우주조약의 국문 번역본을 부록에 추가하였다.

하지만 지은이들은 우리나라 항공우주법의 초석이 될 수 있는 본서 개정판을 발간하겠다는 일념으로 노력하였으나 아직 미흡한 점이 있음을 시인하지 않을 수가 없다.

앞으로 계속 노력할 것을 다짐하면서 본서 개정판의 발간을 위해 도움을 주신 동명사 김급태 상무님과 편집부 직원분 여러분에게 감사를 드린다.

2019년 1월

지은이 일동

초판 머리말

우리가 살고 있는 21세기는 항공우주의 시대라고 할 수 있다. 현재 세계의 항공우주산업은 항공과학기술의 눈부신 발전에 따라 양적·질적으로 급속하게 변화하고 있다. 이를 항공산업과 우주산업으로 나누어 우리나라의 위상을 본다면 우리나라는 항공산업에 있어 항공수송분야에서는 수송실적에서 2010년 국제민간항공기구(ICAO) 발표에 세계 6위이며, 4회 연속 ICAO 이사국에 선임되는 등 세계항공시장을 선도해 나가는 지위로까지 부상하고 있고 제작산업에서도 괄목할 만한 발전을 보이고 있다. 우주산업은 자체 우주발사센타 보유와 우리 기술로 개발된 로켓에 의한 위성의 발사를 목전에 앞두고 있다. 이에 따라 우리나라는 항공우주산업을 앞으로 국가의 미래를 이끌고 나갈 기술선도 산업의 하나로서 책정 하여 놓고 있다. 이러한 시대적 변화와 그 당위성에 부응하여 법학의 입장에서는 이를 뒷받침할 항공우주법의 연구의 필요성과 중요성이 그 어느 때보다 크다고 할 것이다.

본서는 학계·산업계의 이러한 필요성의 바탕 위에서 저술되었으며 지난 수년 간 한국항공대학교 및 산업계에서 국제항공법 및 우주법을 강의한 경험과 실무지식을 토대로 국제항공공법, 국제항공사법과 우주법 모두를 다루었다. 특히 국제항공사법 분야에서는 지난 70여 년간 국제항공책임분야를 지배해온 소위 바르샤바체제가 무너지고 국제항공책임이 새로이 제정된 1999년의 몬트리올협약으로 통합되는 일대 변혁이 일어났기 때문에 국제항공사법 분야는 전면적으로 다시 연구되고 새로이 쓰여져야 하는 당위성이 있게 되었다. 현재 새로운 협약에 항공선진국 대부분이 가입하였고 시대적 조류가 그 쪽으로 흘러가고 있기 때문에 우리나라도 이미 가입하여 그 주요 내용을 상법 제 6편 (항공운송편)에 대부분 반영하였다.

본서는 이에 따라 국제항공사법분야 중 국제항공책임부분은 전면적으로 새로운 협약의 입장에서 집필하였다. 이외에 기존의 저서에서는 잘 다루지 않았던 그러나 국제항공법에 있어서 중요한 분야인 항공보험을 포함하였고 9·11테러로 그 중요성이 부각된 지상 제3자에 대한 책임문제와 2009년 몬트리올협약(신로마협약), 전쟁보험, 항공기 제작산업과 관련한 항공기제조물책임, 최근의 인터넷 발달로 인한 항공권의 인터넷 발권에 따른 법적문제까지 국제항공법상의 이슈를 다루도록 노력하였다.

국제항공공법 분야에서는 항공정책, 항공협정, 영공주권, 국제민간항공협약, 국제항공기구 문제를 항공자유화의 시대적 조류와 함께 다루었고 항공범죄 및 항공사 고조사와 관련한 제반 법적문제는 물론 이와 관련 2010년 북경협약과 의정서 내용도 심도있게 다루었다.

우주법 분야는 비교적 새로운, 아직은 미개척의 분야이나 급속히 발전해나가는 법의 영역이라는 점에서 기본적인 우주법의 내용을 모두 소개하는데 초점을 맞추었다. 지은이들로서는 우리나라 항공우주법의 초석이 될 만한 저서를 발간하겠다는 일념으로 노력은 하였지만 여러 가지로 미진한 점이 많음을 시인하지 않을 수 없다.

계속 노력할 것을 약속하면서 본서가 출간되기까지 격려와 도움을 준 많은 분들께 감사드립니다. 특히 한국항공우주법학회 명예회장이신 김두환 박사님의 따뜻한 지도와 격려에 감사드리고, 한국법제연구원 문준조 본부장님, 그리고 한국항공대학교 항공우주법학과 김종복, 박원화 교수님, 최준선 성균관대학 법학전문대학원 교수님께도 더 없는 감사를 드립니다.

끝으로 이 책의 출판을 맡아주신 동명사 김급태 상무님과 편집부 여러분에게도 진심어린 감사의 마음을 전합니다.

2013년 1월

지은이 일동

목차

PART 2

우주법

PART 3

부 록

PART 1. 항공법

Chapter

01 서론

제1절 항공법의 연혁

항공법의 역사는 비행기의 역사와 더불어 시작된다. 사람을 운반한 최초의 비행기로서 비행선이 등장하면서 항공법의 역사도 시작되었다고 할 수 있겠다. 1783년 11월 20일 프랑스의 피라토르 드 로제와 다랑드르 후작이 조셉과 애티엔느 몽고르피에 형제가 만든 열기구(Hot air Balloon)를 타고 공중비행에 성공한 것이 인류 최초의 비행이라 할 수 있으며, 그 이듬해인 1784년에는 특허를 받지 않은 기구비행을 금한다는 내용의 법령(Police Decree)이 프랑스에서 공포되었고 경찰의 허가를 득하여야만 그러한 기구비행을 할 수 있게 되었다.

1819년에는 기구에는 반드시 낙하산을 갖추어야 한다는 내용의 항공기운항안전에 관한 규정이 프랑스에서 제정되었다. 이것은 항공기운항안전에 관한 세계최초의 규정인 것이다. 1855년에는 공기보다 무거운 항공기가 만들어졌으며, 항공의 국제적 규모가 발달하면서 1899년에는 최초의 국제항공법에 관한 회의가 프랑스에서 개최되었다. 1891년에는 항공법에 관한 최초의 협약이 프랑스와 이탈리아 사이에서 체결되었다.

그러나 본격적인 항공의 시대는 1903년 12월 17일에 미국 노스캐롤라이나(North Carolina)의 키티 호크(Kitty Hawk)에서 라이트(Wright)형제가 역사최초로 동력추진중항공기(Power driven heavier-than-air machine)에 의한 비행에 성공하면서 비롯된다. 이들은 이미 1900년에 활공기를 만들어 비행실험에 성공하였었다. 1907년 7월 25일에는 프랑스의 루이 브래리오가 영불해협을 횡단하여 사상처음으로 장거리 비행에 성공하였고, 1909년에는 복엽기의 개척자인 프랑스의 앙리 파르망이 사상최초로 비행학교를 설립하여 비행사를 육성하는 한편 복엽기를 생산해서 세계시장에 내놓았다. 비행기에 의한 영·불 해협 횡단은 항공의 국제성을 법학자들에게 본격적으로 인식시키게 되었으며, 일단의 법학자들이 "항공법국제위원회"(Comit International de Droit de l'Aviation)를 파리에 설립하였다. 이는 국제항공법에 대한 세인들의 관심을 고조시키는 계기가 되기도 하였다. 그 결과 그 다음 해인 1910년에 19개국 정부 대표가 참석하는 항공법회의가 파리에서 개최되기도 하였다.

제1차 세계대전에서 항공기가 다양한 방면에서 사용될 수 있다는 것이 입증되자 항공기의 국제성은 더욱 학자와 정치가들의 관심을 끌게 되었으며, 제1차 세계대전이 끝난 직후인 1919년 파리에서 국제항공회의가 개최되었다. 그 결과 파리협약(the Paris Convention of 1919)[1]이 체결되었다. 동 협약은 세계 전체에서 적용될 수 있는 일반적인 조항들을 담는 것을 목표로 하였으나, 실제적으로 협약 당사국인 38개 국가에게만 효력이 있는 것이었다. 그러나 본 협약은 향후의 국제항공법의 기초가 되는 많은 원칙들을 성문화하였다. 또한 본 협약은 1944년의 국제민간항공협약의 모델이 되었다는 데에 그 의의가 있다. 항공기의 국적과 등록, 영공주권의 원칙 및 항공운항의 안전성에 관한 규정의 제정 등이 그것이다.

제1차 세계대전을 겪은 유럽각국은 항공 산업의 중요성을 깊이 인식하고 여러 가지 형태의 정부보조금제도를 마련하여 민 항공개발에 주력하였고, 이러한 상태가 제2차 세계대전이 발발할 때까지 지속되었다. 이 시기에 오늘날의 세계 각국의 주요항공회사가 속속 설립되었다. 1929년에는 이른바 바르샤바 체제(Warsaw system)의 모체가 된 바르샤바협약(Warsaw Convention)이 성립되었고, 이 협약은 1955년 헤이그의정서(Hague Protocol)에 의해 1차 개정 되었으며, 1961년의 과다라하라 협약(Guadalajara Convention)에 의해 보충되었고, 1966년의 미국민간항공국(U. S. Civil Aeronautics Board: U. S. CAB)의 결정에 따른 몬트리올협정(Montreal Agreement)에 의해 수정되었다. 또한 1933년에는 항공기가 지상 제3자에 가한 손해에 관한 일부 규제를 통일하기 위한 협약인 로마 협약(Rome Convention)이 성립되었으나, 비준국 수의 부족으로 발효되지 못하다가 1952년 로마에서 그리고 1978년

1) 정식 명칭은 International Convention Relating to the Regulation of Aerial Navigation이다.

몬트리올에서 각각 개정되었고, 현재는 1952년의 협약이 1955년 2월 4일부터 발효되고 있다.

제2차 세계대전의 발발은 항공 산업을 전시체제로의 일대 전환을 강요하였다. 그러나 각국은 승전을 위하여 대형기 개발에 전력을 집중하였던 결과 제2차 세계대전은 오히려 민간발전의 원동력이 되었다고 평가할 수 있다. 전쟁 중 항공기와 비행장개발을 위해 투입된 막대한 전비의 부산물로서 민항은 여러 가지 이득을 얻을 수 있었다. 주요 국제 항공사들은 레이더 항법장치와 효율적인 제빙장치 및 안전한 4발 엔진 등의 개발로 성능이 우수한 항공기를 만들어냈고, 더글러스사(Douglas Aircraft Co)와 록히드사(Lockheed Aircraft Corp)는 미국의 연방항공청(Federal Aviation Administration: FAA)이 설정한 안전기준에 합격한 DC-7B기와 록히드 L-1049 Constellation 등을 비롯한 고성능의 항공기를 제작하여 세계시장에 공급하였으며, 기술혁신은 해를 거듭함에 따라 가속화되었다. 고성능항공기의 출현으로 국제선운항의 상업성이 크게 향상되었으며, 따라서 세계 각국의 항공사들은 정부의 강력한 지원을 받아가면서 국제항공노선 확대에 치열한 경쟁을 전개하였다. 거듭되는 항공기제작기술의 혁신으로 많은 기종들이 수명을 다하기 전에 새 기종으로 대체되었다. 1949년에는 영국이 사상최초의 제트기인 DH-106 Comet기를 생산하여 첫 비행에 성공하였다.

국제항공노선의 확대는 필연적으로 국제민간항공에 있어서의 새로운 질서를 요구하게 되었다. 그리하여 1944년 미국정부는 11월 1일부터 12월 7일까지 52개국의 대표를 시카고로 초청하여 이른바 시카고 회의(Chicago Conference)를 개최하였다. 여기서 국제민간항공의 규제를 목적으로 하는 국제협약과 협정 및 형식이 채택되었는데,[2] 국제민간항공협약(Convention on International Civil Aviation)도 이때에 성립되어 1947년 4월 4일부터 발효되었다. 이 협약은 오늘날의 여러 가지 국제항공관계 협약의 모체가 된 것으로서 이 협약에서 비로소 국제항공의 기본원칙이 확립되었고 법적 질서가 확보되었다. 우리나라는 1952년 11월 11일에 동 협약에 대한 가입안이 국회의 승인을 얻어 동년 12월 13일 협약 제38호로 공포·시행되었다. 이 협약은 4부 22개장으로 구성되어 있는데, 제1부는 항공, 제2부는

2) 이 때 채택된 협약, 협정 및 형식은 ① 국제민간항공협약 ② 국제항공업무통과협정(국제민간항공협약을 보완, 1945. 1. 30 발효) ③ 국제항공운송협정 ④ 국제민간항공에 관한 잠정협정(국제민간항공협약이 발효되기까지의 협정) ⑤ 2개국항공협정의 기준형식 등이다.

국제민간항공기구, 제3부는 국제항공수송, 제4부는 최종규정이다. 이 중 가장 중요한 것은 제2부 국제민간항공기구(The International Civil Organization: ICAO)의 창설에 관한 것으로서, 이에 따라 1947년 4월 4일 유엔 산하기구로서 ICAO가 설립되었다.

국제민간항공협약의 체결로 그 체약국의 영공의 비행은 어느 정도 자유로워졌다(동 협약 제5조). 그러나 이러한 자유가 주어진 것은 부정기비행에 한하는 것이었고 상업용 정기비행은 상대국의 특별한 허가 또는 인가를 받아서, 그리고 허가 및 인가의 조건을 준수할 때에만 허용된다고 하였기 때문에(동 협약 제6조), 상업용 정기항공업무는 별도의 협약이 필요하였다. 그러나 이 문제는 각국의 이해관계가 복잡하게 갈리기 때문에 특정지역을 단위로 또는 2개국 간의 협정으로 해결될 수밖에 없었고, 따라서 1944년 이후부터 오늘날까지 수많은 지역협정(Regional Agreements) 또는 양자협정(Bilateral Agreements)이 체결되게 되었다.[3] 현재 성립되어 있는 국제민간항공관계 협약은 약 30개에 달하고 있다.

한편 요율(Tariffs)등은 정부차원에서는 해결하기 어렵기 때문에 이러한 문제를 결정하기 위한 민간차원의 국제기구가 1945년 4월 19일 쿠바의 아바나에서 창설되었는데, 이것이 바로 국제항공운송협회(The International Air Transport Association: IATA)로서 항공사 및 여행사 등을 그 회원으로 한다.[4] IATA의 주요 기능은 항공기업 간의 협력을 중심으로 국제항공운송의 촉진, 국제항공운임의 설정과 조정, 항공의 안전과 보안에 관한 협력 등이며, 현재 국제항공자금결정기구로서 공인되고 있다.

제2절 항공법의 정의와 개념

항공법도 다른 법률분야와 마찬가지로 형식적 의의의 항공법과 실질적 의의의 항공법으로 나눌 수 있다. 형식적 의의의 항공법이란 성문화된 법률로서, 우리나라의 경우 1961년

3) Nicolas M. Matte, Treaties on Air–Aeronautical Law, 1981, pp.12~13.

4) Nicolas M. Matte, *op. cit*, pp.12~13.

2월 1일 민의원에서 통과되어 동년 3월 7일부터 법률 제591호로 시행되었고, 현재까지 수차례의 개정을 거쳐 현재 법률로서 시행되고 있는 항공법(2017년 3월 항공사업법, 항공안전법, 공항시설법으로 분법)이 형식적 의의의 항공법에 속한다. 이에 대하여 실질적 의의의 항공법이란 항공기에 의하여 발생하는 법적 관계를 규율하기 위한 법규의 총체, 즉, 항공기와 그 운항, 이용 및 그것에 수반하여 일어나는 국제관계를 규율하는 법규의 전부라고 정의할 수 있다.

반면에 일부 학자들은 항공법이 항공기에 의하여 발생하는 법률관계를 규율하는 것이라면, 항공법을 차라리 공법(Air Law, Luftrecht)이라 칭하며 공역의 이용에 관하여 발생하는 법률관계를 규율하는 법규범의 총체로 인식하려는 경향도 보여준다.

이러한 경향은 해양법과 해사법의 관계와 공법과 항공법의 관계가 유사한 것이라는 추론도 이끌게 된다. 예컨대, 항공법은 항공기의 이용 또는 공역을 인간이 이용하는 행위 등에서 관련하여 발생하는 법률관계를 규율하는 것이기에 사법의 영역에 속하는 것이라는 논리도 추론되게 된다. 그러나 해양법과 해사법의 관계를 항공법의 경우에 적용하는 것은 너무 피상적인 비교로서 오류를 이끌 가능성이 크다는 지적이 다수설이다.

일반적으로, 항공법이라 할 때에는 위에서 앞서 지적된 것처럼 항공기와 항공기에 관한 법률관계를 규율하는 법을 가리키는 것이지만, 그렇다고 그 개념에서 공역의 이용에 관한 법규범의 개념이 배제되지는 않는다고 파악 하는 것이 타당할 것이다. 항공법과 공법의 구분, 서구 용어의 경우에 Aeronautical Law와 Air Law의 용어는 전자가 항공기를 내포하는 의미가 크고 반면에 후자는 공역의 개념을 내포하는 의미가 크다는 이유로 그 구분이 가능하다는 주장도 있으나, 이는 단순한 수식 용어의 차이애서 나오는 것이라고 생각된다. 말하자면 항공기의 이용에 관한 법률은 항공법의 개념의 일부가 되는 것이다.

이에 항공법의 명칭에 대한 논의보다는, 항공법이 독자적인 법 영역을 확보하고 있다는 점에 주목하면서 항공법의 실질적 개념의 광의성을 제기하는 주장도 있다. 즉, 항공법은 항공기의 이용 또는 공역의 이용에 관한 기존의 법률, 예컨대 국제법이라던가 민법 및 형법에 의해 의존만하는 것이 아니라, 그 독자적인 법원을 갖추고 새로운 규율 대상을 자주적인 규율 방식을 통해 규율하고 있다는 주장인 것이다. 구체적으로는 항공법은 항공이라는 특수한 분야에 적용되는 법규범을 그 이론적 전개에 있어서 기존의 다른 법률들의 것을 단순히 원용하는 것이 아니라 그 과정에 있어서 항공법 자체의 원리와 원칙이 자주적으로 창조되어가고 있다는 주장이다.

이러한 항공법의 독자성 주장은 항공법이 규율하려는 다양한 인간들의 행위에 있어서 과연 그러한 창조적 원리와 원칙의 생성이 일어나고 있는가에 대한 검토를 필요로 한다. 이에 우선적으로 항공법을 기존의 법률의 분류 개념으로서의 공법과 사법의 개념에 따라 분류해보는 시도도 유익하다.

항공공법이란 항공기 및 그 운항과 관련된 법률분야 중 공법상의 법률관계를 정한 법규의 총체를 말하는 것으로서, 항공안전 및 항공기업의 감독에 관한 각종의 행정적 규제, 예컨대 위에서 말한 항공법, 항공운송사업진흥법(1971. 1. 12. 법률 제 2275호, 개정 2002. 1. 19 법률 제 6621호), 항공안전 및 보안에 관한 법률(2002. 8. 26. 법률 제6734호) 항공기저당법(개정 1991. 12. 14)과 그 이후 분법 및 통합된 항공관련법 및 각 시행령, 시행규칙 등의 행정법과 타국의 영공을 통과함에 따라 발생하는 공역주권문제 등을 규율하는 국제법 및 항공기 운항 상의 안전을 위하여 체결된 형사법적 성격을 띤 협약들이 이에 속한다.

이에 대하여 항공사법이란 항공기 및 그 운항과 관련된 법률분야 중 사법상의 법률관계를 정한 법규의 총체로서, 그 법률대상은 대체로 항공기의 사법상 지위, 항공운송계약, 항공기에 의한 지상 제3자의 손해, 항공기에 의한 구원구조와 조난항공기의 구원구조, 공중충돌, 항공보험, 항공기제조업자의 책임 등이다.

다음으로 가능한 분류는 국내항공법과 국제항공법의 구분이다. 항공은 필수적으로 국제성을 띄고 있다. 항공이라는 행위가 단일 국가 내에서만 이루어지고 그에 관련된 법률관계가 미치는 범위가 그 국가내로 한정된다면 그것은 그 국가의 국내 법률에 의해 규율되어도 그 법률의 실효성과 타당성이 인정되겠지만, 실제적으로 그렇지 않은 것이다. 그러한 차원에서 항공이라는 행위는 국제항공법에 의한 규율을 당연히 받아야 한다는 논리가 성립되게 된다. 이러한 배경에서 항공법을 국내항공법과 국제항공법으로 구분한다면, 국내항공법이 일반적으로 의미하는 것은 각국의 국내 법률로서 제정되어 있는 실정법을 가리킨다고 할 것이다. 반면에 국제항공법은 그 법원(法源)에 있어서 국내법과 구분이 되는, 즉, 국가들 간의 합의인 국제협약[5]에 법원[6]을 두도록 되어 있는 법규범을 가리킨다 하겠다.

제3절 하늘의 자유에 대한 법적 개념

영공에서의 완전하고 배타적인 주권이 인정됨으로 외국항공사의 상업용 항공이 운항권을 허용하는 국가(Granting State)입장에서 보면 특권(Privilege)이며 운항권을 승인받은 항공사나 그 소속국가 입장에서 보면 규제로부터 자유권을 얻는 셈이다. 하늘의 자유(Freedom of the Air)의 개념은 「5개의 자유」와 「기타의 자유」로 구분, 설명하겠다.

1. 「5개의 자유(The Five Freedoms)」

「5개의 자유」개념은 1944년 체결된 국제항공운송협정(International Air Transport Agreement−약칭, Five Freedom Agreement, 10여 개국만 비준하여 미 발효됨)에 설명되어 있으며, 그 외에 대부분의 2국간 체결된 항공협정에도 언급되고 있다.

제1의 자유(The First Freedom)는 영공통과권(The Right to fly over the territory of the grantor state)을 의미한다.

즉, 한국(Flag−State)의 Flag−Carrier인 K항공사가 미국(Grantor State)의 영공을 통과하는 특권을 받는 경우를 예로 들 수 있겠다.

제2의 자유(The Second Freedom)는 한국의 K항공사가 미국 내 지점에 비운수권행사(For Non−traffic Purposes) 즉, 급유(Refueling) 또는 정비 등 기술상의 목적(For Technical Purposes)으로 착륙하는 권리를 말한다.

---

5) 협약(Convention), 협정(Agreement), 의정서(Protocol) 등 명칭여하를 불문하고 국가 간 또는 국가와 국제기구 사이, 국제기구들 상호간에 채택된 합의문은 협약이며 이는 국제항공법의 가장 중요한 법원이다. 본서에서는 협약(Convention)을 협약과 그 개념을 특별히 구별하지 않고 사용하고 있는 최근의 경향에 따라 명칭을 협약으로 통일하여 사용하였다. 김두환 교수의 「최신 국제항공법학론」(한국학술정보, 2005)에서도 협약으로 통일하여 사용하고 있다.

6) 항공법의 법원으로는 ① 다자간 협약 ② 양자 협정 ③ 국내법 ④ 국가와 항공사간의 협정 ⑤ 항공사 상호간의 협정 ⑥ 국제법상의 일반적인 규칙을 들고 있다.

제1의 자유

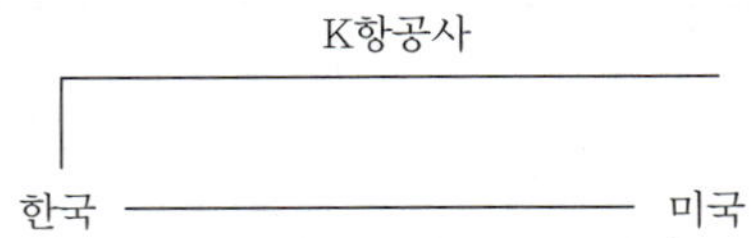

제2의 자유

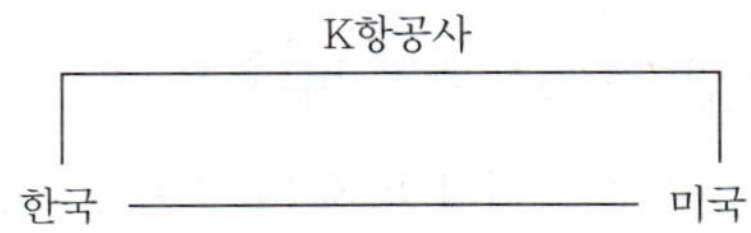

이상의 제1, 제2의 자유를 운항권(Operational Right) 또는 경유권(Transit Right)이라고 한다.[7)]

제3의 자유(The Third Freedom)는 항공사 소속국(Home State)에서 승인국(Grantor State)으로 여객, 화물, 우편물을 유상으로 수송하는 권리는 말한다.

제3의 자유

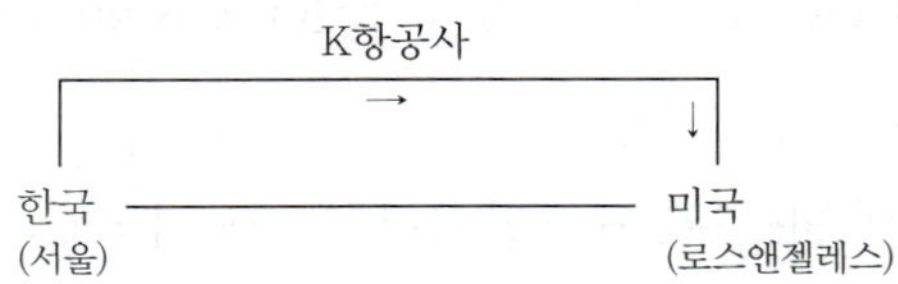

제4의 자유(the Fourth Freedom)는 그 반대로 승인국으로부터 항공사 소속국으로 여객, 화물, 우편물을 유상으로 수송할 수 있는 권리를 말한다. 즉, K항공사가 미국의 로스앤젤레스로부터 한국의 서울로 수송할 수 있는 유상운송권을 뜻한다.

제4의 자유

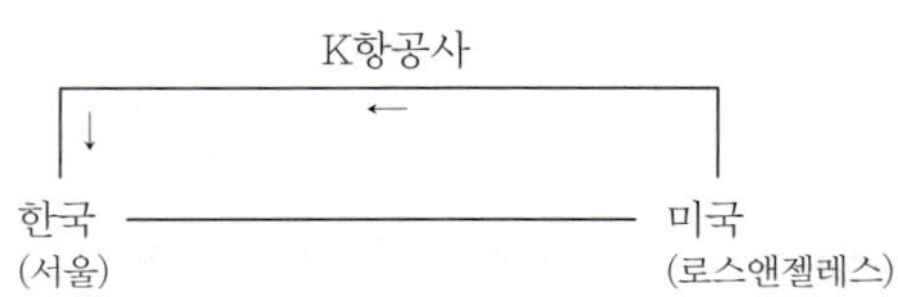

7) Bin Cheng, The Law of International Air Transport, Stevens & sons Ltd. London, 1962, p.11.

이상, 제3·제4의 자유는 한쌍(Pair)이며, 양국 간의 기본운송권(Primary Traffic Right)으로서 쉽게 상호교환이 이루어진다.

제5의 자유(The Fifth Freedom) 는 상대국(승인국)과 제3국간의 운송권을 말한다. 제5의 자유는 제3국의 지점이 양국 간 중간에 위치한 중간지점 제5의 자유(Intermediate-point Fifth Freedom)와 이원지점(Beyond Point)에 위치한 이원지점 제5의 자유 즉, 이원권(以遠權, Beyond Right)의 2가지로 구별된다.[8]

이상의 제5의 자유는 제3·제4의 자유가 기본운수권임에 반하여 제2차적 운수권(Secondary Traffic Right)라고 하며, 이의 교환과 관련하여 여러 가지 문제와 어려움이 발생한다.

또한, 이상의 제3·제4·제5의 자유는 운수권(Traffic Right)이라고 하며, 제1·2의 자유인 운항권 또는 경유권(Transit Right)과 구별된다.

중간지점 제5의 자유

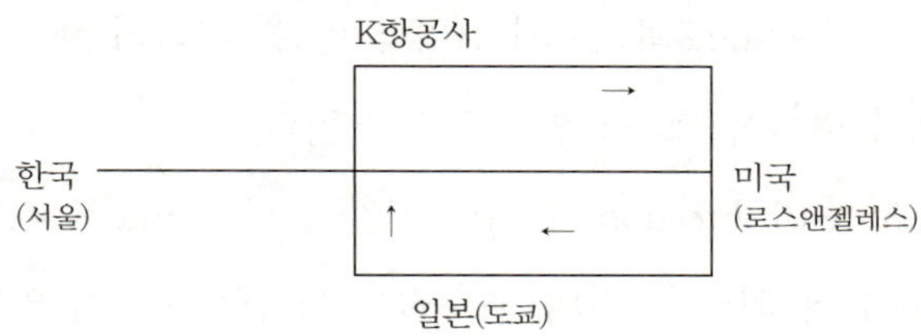

이원지점 제5의 자유

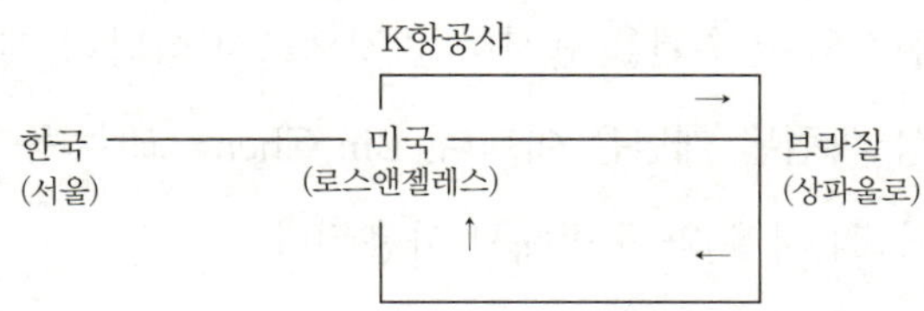

2. 기타의 자유

제6의 자유(The Sixth Freedom)는 두 외국지점간의 여객, 화물 및 우편물 등의 교통량

8) Bin Cheng 박사는 Anterior-point Fifth Freedom(이전 지점 5의 자유)까지 3가지로 구분하나 다수의 구분은 아니다.

(Traffic)을 항공사의 본국(Home State)을 경유하여 수송하는 권리를 말한다. 일부 학자들은 Cabotage를 제6의 자유라고 설명한 예도 있었으나, 이는 나중에 별도로 자세히 언급하겠다.

제6의 자유

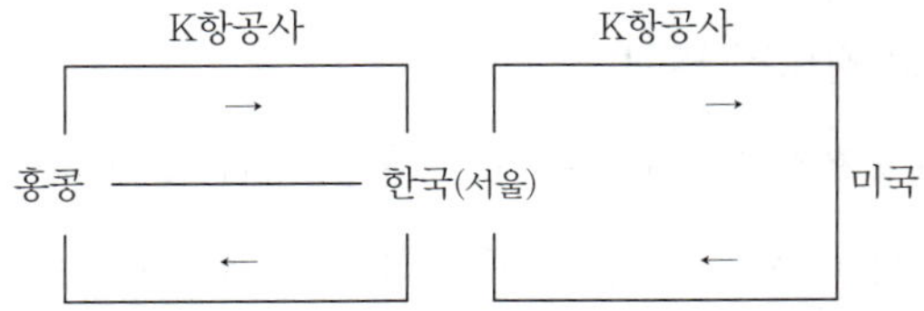

예를 들면, 한국(Home State)의 K항공사가 미국과 홍콩간의 Traffic을 한국을 경유, 수송할 경우가 이에 해당한다.

이는 결국 한국(Home State)과 두 외국(미국 및 홍콩)과의 제3·제4의 자유들의 종합형태로서 이론적으로나 현실적으로 논쟁의 여지가 많다.

제7의 자유(The Seventh Freedom)는 항공사가 본국(Home State)을 완전히 벗어나서 허가국(Grantor State)과 타 외국(들)간의 운수권을 행사하는 것을 말한다. 즉, K항공사가 한국(Home State)과는 별도로 미국(Grantor State)내 지점과 캐나다 내 지점 간 또는 미국 내 지점과 멕시코 내 지점간의 운수권을 행사하는 것으로서 상당히 제한적이다.

이 이론은 국제법상 확립된 개념은 아니다. Bin Cheng 교수 등 EU 지역학자들에 의해 위해 설명한 다른 「하늘의 자유」와 구별해서 사용된다.

제8의 자유(The Eighth Freedom)는 Cabotage를 말하기도 한다.[9] 이는 동일국가내의 한 지점에서 타 지점으로 운수권을 행사하는 것을 의미한다. 즉, K항공사가 미국(Grantor State)의 한 지점(로스앤젤레스)과 다른 지점(샌프란시스코)간의 운수권을 행사하는 경우이다.

9) Bin Cheng, The International Air Transport, pp.15~17.

제7의 자유

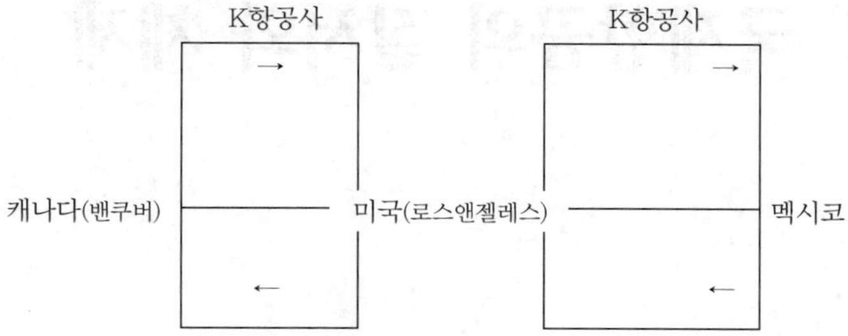

제8의 자유

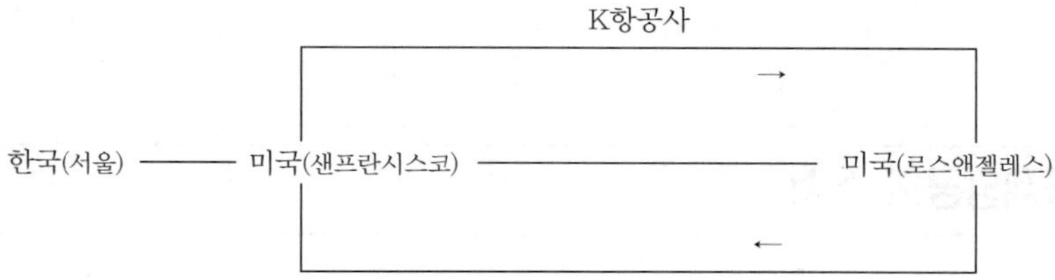

제9의 자유(The Ninth Freedom)는 항공사가 본국(Home State)을 완전히 벗어나서 허가국(Grantor State)내의 지점들간의 운수권을 행사하는 것을 말한다.

제9의 자유

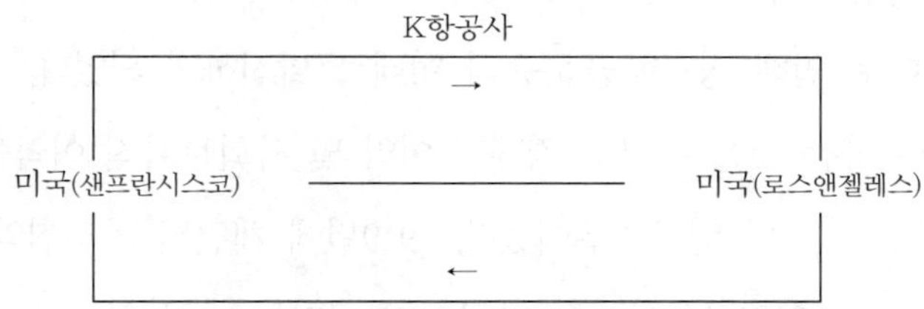

위에서도 설명했듯이 일부 학자들은 Cabotage를 제6의 자유라고 명명하기도 했으나 Chicago 협약이나 대부분의 항공협정에서는 그냥 Cabotage로 사용하고 있다. 특히 Cabotage는 최근 EU통합과 더불어 문제되고 있는데, 다음 장에서 자세히 검토하기로 하겠다. 이상에서 다양한 「하늘의 자유」개념에 대하여 검토해 보았으나, 「5개의 자유(Five Freedom)」 외의 자유에 대해서는 최근 국내외 항공환경 여건 변화와 더불어 논란의 여지가 많다.

Chapter

02 국제항공의 질서와 체제

제1절 국제항공의 질서

1. 국제항공질서의 성립배경

(1) 1944년 시카고 회의와 국제민간항공협약의 체결의 의의

초기의 부정기 항공수송의 형태로 시작했던 국제항공운송은 항공기술의 급속한 발달과 국제 교역량의 증대로 인해 정기항공운송의 형태로 발전하게 되었다. 정기적으로 운항하는 항공운송을 이용하는 것은 각국의 경제적 이익 및 사회문화적 이익을 위해서도 바람직한 것이었다. 문제는 각국의 영공주권이었다. 1919년에 체결된 파리협약은 최초로 영공주권주의를 성문법상으로 인정하였다. 즉, 각국의 항공기는 타국 영공을 비행하기에 앞서 그 영공 국가의 주권을 고려하여야만 했다. 이에 독립국가의 영공을 비행할 수 있는 운항권을 상호 교환하는 방법 등을 포함하여 국가 간의 합의절차와 국제항공수송의 질서 있는 발전을 위한 국제항공질서의 확립의 필요성을 각국은 인식하고 있었다.

1944년에 개최된 시카고 회의는 국제항공질서를 확립하는 획기적인 전기를 마련하였다. 시카고 회의는 영공주권에 관한 파리협약의 원칙을 그대로 인정하였다. 반면에, 항공기술의 발달로 인해 대양을 넘나드는 대형 항공운송이 가능하게 된 시점에서, 시카고 회의에서의 주요의제는 "하늘의 자유"를 인정할 것인가의 문제가 대두하였다. 미국은 국제항공에 있어서의 완전한 자유주의를 주장한 반면에, 영국을 비롯한 유럽 국가들은 합리적 규제를 통해야만 각국이 국익을 도모할 수 있고, 상호 평등이 확립될 수 있다는 입장을 취하였다.

결국, 양 진영은 완전한 하늘의 자유를 인정하지는 않는다는 데에 회의의 결론을 맺게 되었다. 즉, 이미 인정되고 있는 영공의 주권에 기초하여 각국은 자국의 안전보장과 경제적 이유 등을 고려하여 타국의 항공기가 자국에 비행하는 것을 통제할 권리를 인정받게 되었으며, 각국은 타국의 영공을 비행함에 있어서 그 국가의 승인을 득하여야만 하고, 그러한 승인을 득하는 절차는 각국 간의 개별적 교섭에 맡겨지게 된 것이다. 달리 말하면, 다국 간의 협약에 의해 협약 당사국들의 영공이 다른 협약 당사국의 항공기에 개방되는 체제는 시카고 회의에서 수립되지 않은 것이다. 따라서 영공 비행권 내지는 운항권의 승인의 문제는 각국이 추후 관련 국가 간에 양자 간 협정을 체결하여 운항권 등을 상호 인정함으로써 해결하던지, 또는 별도의 다자간 협정을 통해 협정 당사국들이 상호 운항권 등을 인정함으로써 해결하여야만 하게 되었다.

이러한 양자협정의 효시라 할 수 있는 것이, 시카고협약 체결 2년 후인 1946년 영·미간 최초의 2국간 항공협정, 소위 버뮤다 협정이다. 본 협정은 국제항공운송에 관한 최초의 협약인 만큼, 양자협정의 당사국들이 상호의 항공운송에 관한 다양한 현안을 해결함에 있어서 취할 수 있는 하나의 모델을 제시하고 있다고 평가되기도 한다. 예컨대, 협정은 운임에 대하여는 엄격하게 규제하는 대신 수송력에 대해서는 규제하지 않고 자율적으로 조절하는 것을 주요 골자로 하고 있는데, 이것이 그 이후 각 국가 간에 취항노선 지정, 운항횟수, 상대국 공항사용 등 모든 항공권익에 대한 구체적 사항을 결정하는 2국간 항공협정의 효시가 되었다.

시카고회의에서 하늘의 자유를 인정하는 다국 간 질서가 수립되지는 않았지만, 반면에 국제민간항공을 통일적으로 규율하는 국제민간항공협약(시카고협약)이 제정되었으며, 국제항공의 안정성 확보와 국제항공질서의 감시를 목적으로 한 국제적 관리기구인 국제민간항공기구(International Civil Aviation Organization: ICAO)의 설립이 결정되었다. 이는 향후 국제민간항공질서에 있어서 초석이 되는 것으로서, 협약의 전문에서 명시되었듯이, 국제민간항공의 정연하고 질서 있는 발달이 비로소 모색될 수 있게 된 것이다.

(2) 국제항공운송협회의 설립

한편, 시카고회의가 영·미간의 대립으로 항공운임, 취항노선, 수송력 등 상업항공권의 부여 절차에 관한 다자간 국제협약을 이끌어 내지는 못하고 앞서 지적된 바와 같이 양국간의 협의체제에 상업항공권의 부여문제가 의존하게 되자, 각국의 항공사들은 자국의 상업항공권익 확보를 위한 효과적인 수단을 취할 필요가 있음을 인식하게 된다. 이의 구체적 방안으로서 등장한 것이 국가 정부들 간의 합의에 의한 체제라기보다는 각국의 민간 항공사들이 합의점을 찾아 질서를 모색하자는 것이었다. 그 첫 번째 결실로서, 1945년 다국간의 국제정기항공회사를 중심으로 순수 민간항공기업단체인 국제항공운송협회(International Air Transport Association: IATA)가 설립되었다.

결국 시카고 회의의 결과로 탄생한 국제항공수송체제는 (1) 국제항공의 건전한 발달과 국제항공운송업무의 기회균등주의를 확립하기 위한 일정한 원칙과 규제를 목적으로 체결된 국제민간항공협약, (2) 국제항공의 안정성 확보와 질서의 유지를 목적으로 설립된 국제민간항공기구(ICAO), (3) 당사국간에 항공노선, 운항횟수, 운항항공사 등을 구체적으로 결정하는 2국간 항공협정, (4) 세계의 복잡한 노선망을 여행자가 원활하게 여행할 수 있도록 하는 데 필요한 절차의 설정 및 표준화, 국제항공운임의 결정 등을 위해 설립된 항공회사간의 단체인 국제항공운송협회(IATA)의 네 가지로서, 이것이 전후 국제항공질서를 확립하고 유지하는 기반이 되어왔고, 오늘날 항공운송이 국제교통의 중추적인 역할을 담당하는 데 절대적인 기여를 하여왔다.

그러나 미국의 항공규제완화법(1978년)과 국제항공운송경쟁법(1980년), 그리고 1992년의 구주 EU의 시장통합에 따른 지역 내 항공자유화의 추진은 국제항공의 기존 질서와 경영환경의 변화에 그치지 않고 국제항공 전반에 일대 변혁을 가져오는 결과를 초래하고 있다. 미국은 강력한 항공력과 방대한 항공시장을 바탕으로 국제항공의 자유주의라는 종래의 입장을 고수하면서 국제항공시장의 완전경쟁을 전제로 한 노선권, 운임, 수송력 등에 대한 자유화를 주장하고 있으나, 구주를 위시한 각국은 지정학적 위치, 자국 항공시장 규모의 빈약성, 자국 항공기업의 경쟁력, 소비자 요구의 정도 등 자국의 여건에 적합한 보호주의적 항공정책을 모색하고 있다. 이러한 변화는 근본적으로는 미국의 항공자유주의 정책과 기타 국가의 보호주의 정책의 대립에 기인한 것이지만, 결과적으로는 초대형 항공기업

(Mega-Carrier)의 출현, 국영 항공기업의 민영화, 항공기업 간의 국경을 초월한 제휴 및 그룹화, 각국의 국적주의의 단계적 소멸과 다국적 항공기업화의 대두, 컴퓨터 예약시스템의 거대화, 항공기 임차운영의 확대 등도 새로운 국제항공질서의 형성과 국제항공재편의 직접적인 원인이 되고 있다.[1]

결국 오늘날 국제항공은 전후 40여 년간 유지되어 온 기존질서가 붕괴되고 항공자유화를 중심으로 새로운 질서가 형성되고 있는 과정에 있다고 할 것이다.

2. 국제항공수송질서의 확립

항공회사는 국제항공노선을 임의로 개설할 수 있는 것이 아니고 이미 국제적으로 확립된 국제항공수송질서의 범위 내에서만 가능하다. 즉, 항공회사의 국제항공수송업무는 국제항공을 규율하는 국제법과 국내법을 준수하지 않으면 안된다. 국내법은 국가에 따라 각각 다르지만 각국의 항공법이 이를 규정하고 있으며, 국제항공을 규율하는 국제법으로서는 다국 간 협약과 2국간 협정이 있다.[2]

다국 간 협약으로서는 국제민간항공협약(Convention on International Civil Aviation), 국제항공업무통과협정(International Air Service Transit Agreement), 바르샤바협약 등이 있다. 국제민간항공협약에서는 체약국이 자국의 영공에서 완전하고 배타적인 주권을 갖는다는 기본원칙을 확인하고 있으며 동시에 정기국제항공업무에 관하여 별도의 2국간의 협정이나 상대국의 개별적인 허가를 얻지 않는 한 상대국에 취항할 수 없을 뿐만 아니라 영공을 통과하는 것조차 금지하고 있다. 부정기 항공업무에 대하여는 해당국가의 허가를 조건으로 무착륙 횡단비행이나 운수 이외의 목적으로 착륙(급유 등의 기술착륙)하는 것을 인정하고 있다. 그 외에 국제민간항공협약은 항공기의 국적, 항공기가 구비해야 할 요건, 국제표준 및 권고방식 등 국제민간항공의 안전 확보를 위해 필요한 제 기준에 대하여 상세히 규정하고 있다.

---

1) 日本航空, "國際航空の 變遷", 日航, 季刊 No.15(1976), p.8. 참조.

2) 山內弘隆 外, 「航空輸送」(東京: 晃洋書房, 1990), pp.161~163.

국제항공업무통과협정은 각 체약국이 타 체약국에 대하여 정기국제항공업무의 수행 상 필요한 경우에는 자국의 영역을 무착륙으로 횡단비행하는 특권과 급유 등 운수 이외의 목적으로 착륙할 수 있는 특권을 인정하고 있다.

한편 2국간 협정은 국제항공업무를 수행하려는 국가 간에 체결하는 항공협정으로서 시카고협약이 정기국제항공업무의 개설을 2국간협정에 사실상 위임하였기 때문에 각국의 항공회사가 외국에 정기국제항공수송을 개시하기 위해서는 당해 국가 간에 항공협정을 체결하지 않으면 안 된다. 이러한 협정은 항공회사가 정기국제항공업무를 수행하는 데 필요한 노선이나 수송력(운항횟수 및 기재)에 대한 설정 원칙과 운임의 결정방법 등을 규정하고 있다.

결국 제2차 세계대전 후의 국제항공질서는 수개의 구성요소에 의해 운영된다고 보여진다. 즉, 국제민간항공협약을 기본으로 하여 국가들이 자국의 영공에 대한 정치적, 경제적 주권을 행사할 수 있다는 국제공법적인 질서가 있고, 그러한 국제공법상의 권리와 의무에 기초한 각국의 국내법 및 국제적협정에 기초한 체제로서 2국간협정 질서가 노선, 편수, 항공기 등 수송력에 대해 규율하며, 운임을 위시한 항공수송에 관한 경제적 문제에 관해서는 IATA를 중심으로 하여 각국이 합의하게 되는 다자간 질서가 운영되고 있다.

3. 국제항공의 신질서형성

(1) 신질서 형성의 배경

앞서 살펴본 것처럼 전후 40년간 국제항공질서는 시카고협약의 기초 위에 버뮤다 협정을 중심으로 한 시카고·버뮤다 체제에 의하여 규율되어왔다. 그러나 1970년대 후반에 들어서면서 나타나기 시작한 세계항공업계의 커다란 변화들은 기존 체제의 국제항공수송에 대한 규제력의 한계를 가져왔고, 그간 당연시 되어왔던 국제항공질서는 필연적으로 그 변화를 꾀하게 되었다.

이러한 변화의 직접적인 원인으로는 미국의 규제완화와 1992년의 구주 EU의 시장 통합에 따른 항공자유화, 1999년의 ICAO의 항공자유화 제안을 들 수 있다.

1) 미국의 규제완화

제2차 세계대전 직후 미국은 절대적인 정치적, 경제적 우위를 바탕으로 자국에 유리한 방향으로 국제항공질서를 이끌어 왔으나 그 후 구주 및 아시아, 라틴 아메리카 지역 등의 항공기업이 급속하게 성장함에 따라 세계 국제선 항공시장에서의 미국의 시장 점유율은 점차 감소하게 되었다. 당시 카터 행정부는 이러한 난황을 극복하기 위해서는 보다 자유로운 항공환경이 조성되어야 한다고 믿었고, 국제항공정책을 보다 자유화의 방향으로 추진하게 되었는데, 바로 이러한 배경에서 탄생하게 된 것이 신질서 형성의 시발점이라고 할 수 있는 항공사규제완화법(Airline Deregulation Act)이다. 동 법의 제정으로 그 동안 항공기업을 짓누르던 경제규제들이 폐지됨에 따라 미국의 국내항공은 완전한 자유화의 길을 걷게 되었고, 이러한 변화는 미국의 항공기업 운영 뿐 아니라 전 세계 민간항공에 있어서도 큰 변혁을 가져오게 되었다.

그 변화로서는, 첫째, 노선의 진입·퇴출의 자유화 및 노선의 허브화(Hub)로 인한 도시의 접근성 증가를 들 수 있다. 그 결과 전국적인 노선망이 구축됨으로써 노선운영에 있어 증수와 비용의 절감이 실현되었다.

둘째, 운임의 인하를 위한 할인제도의 도입이다. 동 제도의 도입으로 새로운 항공수요 창출에 성공하였다.

셋째, 컴퓨터예약제도(Computer Reservation System: CRS)의 개발이다. 이로 인하여 좀 더 깊이 있는 관리시스템을 구비할 수 있게 되었다.

넷째, 상용고객우대제도(Frequent Flyer Program: FFP)의 고안이다. 이는 노선 네트워크를 이용한 승객유치제도의 도입을 가능케 했다.

이러한 미국의 항공정책은 항공기업에 있어서 다소 차이가 있긴 하지만 전반적으로 성공을 거두었고, 1980년에는 이를 확대 적용하여 국제항공운송경쟁법(International Air Transportation Competition Act)을 발효시킴으로써 국제항공정책에 있어서도 항공시장의 자유화(Open Skies)정책을 본격적으로 표방하기 시작하였다. 이에 따라 미국은 1995년 4월 새로운 국제항공정책을 발표하고, 소비자 이익의 증진을 목적으로 한 글로벌 네트워크의 형성과 시장원리에 의한 항공기업 간의 경쟁을 촉진하기 위하여 항공시스템의 개혁을 목표로 한 정부의 방침을 선언하였는데, 이러한 정책을 바탕으로 1992년 네덜란드와 항공협정을 체결한 것을 시작으로 각국과 항공협정(Open Skies 협정)을 계속 맺고 있으며. 이는 전 세계 항공자유화의 흐름을 더욱 촉진시키는 원동력이 되고 있다.

2) 유럽연합(EU)의 항공자유화

미국의 국내항공 규제완화의 영향을 최초로 받은 것은 유럽연합이었다. 종전의 유럽은 정기항공운송업에 대하여 상당한 경제적인 규제를 가하고 있었다. 그러나 소비자 단체 등으로부터 이러한 규제들이 항공회사간 경쟁을 약화시킴으로서 항공자유화 정책으로 가격경쟁력을 확보한 미국에 비하여 비싼 항공운임을 책정하게 했다는 비판을 받게 됨에 따라 서서히 규제완화의 움직임이 나타나기 시작했다. 1984년 영국-네덜란드 간의 항공협정을 시작으로 유럽 내에서도 규제완화의 흐름이 번져나가게 되었으며, 1986년 유럽재판소의 판결에서 그간의 해석을 뒤엎고, 로마협약의 항공운송에서의 적용을 인정함에 따라 EU역내의 항공자유화는 가속화 되었다. 이는 다시 1987년 12월, 1990년 6월 그리고 1992년 6월의 3단계를 거쳐, 1997년 4월 1일 다음과 같은 세 가지 이사회 규칙을 바탕으로 완성적으로 성립되었다.

첫째, EU 항공기업의 창설이다. 이는 국적에 관계없는 역내에서의 자유로운 항공운영과 제한없는 자본의 이동을 그 내용으로 한다.

둘째, 노선권과 운수권의 수송력의 자유화이다. 그 구성국에 있어서의 Cabotage 운송 및 제7의 자유도 포함된다.

셋째, 운임의 자유로운 설정이다. 다만 구성국에게는 공익적 견지에서 세이프가드(Safe Guard)를 인정한다.

이러한 EU의 항공자유화는 미국의 자유화 정책과는 별개로 세계 민간항공의 자유화 흐름을 가속화시키는 효과를 가져왔다.

3) ICAO의 항공자유화 제안

ICAO는 미국 및 EU의 항공자유화에 힘입어, 1999년 11월부터 항공운송회의에서 국제항공시스템에 대한 자유화 제안을 하였다. 그 제안은 국제항공시스템 전반에 걸친 광범위한 것으로서 그 주요내용을 항목별로 간추리자면 다음과 같다.

① 새로운 항공시스템의 목표, ② 시장접근의 자유, ③ 항공기업의 소유와 지배에 대한 요건완화, ④ 행동규약의 작성과 새로운 분쟁의 처리기관, ⑤ 보조금등의 시장에 대한 구조적 장애의 완화, ⑥ 반 경쟁적 행위의 배제, ⑦ 환경의 보호, ⑧ 조세의 면제 및 공평한 과세, ⑨ GATS와의 관계조정, ⑩ 환전 및 환어음 등의 상업적 사항 검토, ⑪ 장래의 전망과 권리존중 등이다.

동 회의에서 실효적인 결론이 내려졌던 것은 아니지만, 이를 계기로 항공자유화의 구체적인 내용이 참가각국에 알려졌고, 세계 민간항공의 자유화 흐름이 촉진되었다는 점에 중요한 의의가 있다고 볼 것이다.

(2) 신질서의 내용

앞서 살펴 본 바와 같이 미국 및 구주각국의 국제항공경쟁촉진을 위한 규제완화정책과 자유화정책의 영향으로 국제항공은 신질서의 성립을 유도하게 되었는데, 그 전반적인 내용을 살펴보면 다음과 같다.

1) 항공기업의 지정

① 지정제도

구 질서하의 통상 항공협정에서 항공기업은 소속국 국민의 실질적인 소유와 사실상의 지배를 받는 것을 원칙으로 하고 있었다. 그러나 이러한 실질적 소유와 실효적 지배의 원칙은 항공자유화에 따른 EU의 시장통합 및 자유화 정책과도 상충되는 것이며, 최근 국제적인 금융투자의 자유화로 인하여 항공기업이 점차 다국적화 되어가고 있는 현실에 비추어 보더라도 적합하지 않다. 따라서 자유화를 바탕으로 하는 신질서 하에서는 동 원칙의 「국적요건」을 어떻게 적용할 것인지가 문제되고 있는데, 이에 대하여 아직까지 국제적으로 통일된 기준은 없으나, ICAO의 자유화 제안에서는 EU지정기업에 대한 요건과 마찬가지로 실질적소유와 실효적지배의 요건을 다른 당사국의 국민에게까지 확대하거나 또는 지정의 조건을 「지정하는 나라의 영토에 본사를 두는 것」으로 기준을 정하여 그 차이를 조정하고 있다.

② 지정항공기업의 수

구 질서하의 제2 버뮤다 협정에서는 지정항공기업의 수를 노선별로 제한할 수 있도록 하였는데, 이처럼 지정항공기업의 수를 제한하는 것은 자국의 항공기업 보호와 관련되어 생겨난 것이라 볼 수 있다. 그러나 점차 항공기업의 국적이 다국화 되어가는 상황하에서는 그 제한이 갖는 의미가 상당히 감소될 수밖에 없다. 이러한 관점에서 미국은 1978년 모델 협정에서 「당사국이 원하는 수의 항공기업(As many airlines as it wishes)」으로 규정함으로써 그 수에 대한 제한을 배제하였으며, 그 이후 다른 나라들의 대부분 국가 간 항공협정에서도 지정항공사 운영은 복수항공사(Multiple Carriers)를 지정할 수 있도록 하고 있다.

2) Cabotage

상대국의 특정노선에 둘 이상의 자국 내 지점이 특정되어 있더라도 그들 지점간의 운수권은 상대국의 항공기업에게 인정되지 않는 것이 일반적인 원칙이다. 이를 「Cabotage의 금지」라고 하는데, 구 질서하에서 당연시 되어왔던 이러한 「Cabotage의 금지」도 신 질서하에서는 도전을 받게 되었다. 이른바 확대적용의 문제인데, Regional Carbotage와 EU Cabotage가 그 대표적인 예라 할 수 있다. 전자는 중동·아프리카·남미 등 일부 지역국가들이 그 지역항공시장을 그 지역 항공사들에게만 허용하고 타 지역 항공사들의 참여를 제한하는 공동정책을 시행하는 경우를 말하고, 후자는 EU국가들이 항공자유화 규정에 따라 역내 시장을 단일화하여 지역 내 항공사들에게는 국내노선처럼 자유화하고, 지역 외 항공사들에게는 Cabotage화 하는 것을 말한다. 이는 엄밀히 따지면 시카고협약 제7조에서 금지하고 있는 Cabotage의 법적 개념과는 차이가 있으나, 그 확대적용의 예로서 동법의 저촉여부가 문제되고 있다.

이에 관하여는 소극설, 적극설 등으로 학설의 대립이 있고, 아직 통일된 국제적인 기준은 마련되지 않았다. 다만, 1992년 4월 캐나다 몬트리올에서 개최된 ICAO 주최 세계항공운송 Colloquium에서는 규제완화, 항공사의 대규모화, EC통합 등 최근 국제항공질서의 변화에 비추어 볼 때, 동 관련 규제체제의 수정 없이는 전반적 수용은 불가한 실정임에 뜻을 같이하고, 일부 EC국가들이나 여타 국가들은 과도기적인 현상으로 Cabotage 문제에 대하여 현실적 필요에 따라 조건 또는 부분적으로 규제완화 가능성이 있음을 인정한 바 있다.

3) 운임의 자유화

구 항공질서하에서 국제항공운임은 IATA 운임주의를 원칙으로 하고 있었기 때문에, 국제운임은 IATA가 설정하고 이를 관계당국이 인가함으로써 발효하도록 되어 있었다. 그러나 미국은 이러한 IATA 운임협정을 카르텔행위로 규정하면서 점차 그 완화를 꾀하여 왔고, EC 역시 그 뜻을 같이함으로써, 전통적인 운임관계와의 충돌을 피할 수 없게 되었다.

그 결과로 미국은 1978년 이스라엘과의 항공협정에서 운임의 이중불인가제도를 채택함으로써 전통적인 운임의 허가 제도를 부분적으로 완화하였고, 모델·오픈 스카이 협정에서는 「운임은 지정항공기업이 시장에 있어서의 상업적 고려(Commercial Considerations in Marketplace)에 근거로 하여 설정한다」라고 규정함으로써 이를 한층 더 자유화하였다.

한편, ICAO의 자유화제안에서도 건전한 시장의 유지와 불공정한 경쟁의 방지는 운임에 대한 견제만으로는 실효성이 없다고 보고, 당사국이 항공기업에 적용하는 행동규약(Code of Conduct)을 정하여 건전한 경쟁의 유지를 도모해야 한다고 하면서, 종전의 운임체계의 변화를 도모하였다.

4) 코드쉐어(Code Sharing)

코드쉐어(Code Sharing)란 항공기업 간 거래의 일종으로 자사가 운항하는 항공기편에 타사가 그 편명을 달고 좌석을 판매하는 것을 허락하는 것을 말한다. 이는 편명에 항공사의 코드가 사용되는 것과 운항하는 하나의 편에 자사와 타사의 편명이 공용되는 것에서 유래된 명칭이다.

구 질서하의 버뮤다 협정에서 이러한 코드쉐어(Code Sharing)는 원칙적으로 운항권의 하나로서 당사국의 승인이 없으면 실행할 수가 없다고 규정하고 있었으나, 항공 네트워크의 글로벌화의 필요성에 따라 국경을 초월한 항공기업 간 제휴와 그룹화가 활발하게 진행되고 있는 신질서 하에서는 그 변화가 필요하게 되었다.

그 결과 미국의 모델·오픈스카이협정에서는 코드쉐어(Code Sharing)의 자유를 권리로서 인정하기에 이르렀으며, 미국이 일본과 맺은 1998년 3월 항공각서에서는 한정적이지만 미·일 양국의 항공기업이 상대국 및 제3국가의 항공기업과 코드쉐어(Code Sharing)를 하는 자유를 인정하고 있다.

(3) 향후 전망

앞서 살펴본 것처럼 최근의 국제항공질서는 항공의 자유화라는 신 흐름이 이를 주도하고 있으며, 이미 상당한 부분에서 빠르게 그 변화가 나타나고 있다. 이러한 신 흐름은 크게 1) 소비자 중심주의와 2) 항공기업의 대형화 및 다국적화로 대별될 수 있다. 즉, 국가의 이익을 중시하던 기존의 체제가 소비자의 이익을 중심으로 운영되는 경향을 보이고 있고, 자유화의 흐름에 바탕을 둔 무한경쟁체제하에서 항공기업들이 경쟁력 확보를 위하여 제휴나 그룹화 등을 활발하게 진행하게 됨에 따라, 항공기업이 기존의 국위의 상징에서 국경을 초월한 다국적화로 변모하는 추세를 보이고 있는 것이다.

이러한 상황 하에서 기존의 국제항공질서를 지배해 오던 시카고·버뮤다 체제는 더 이상 그 역할을 충실히 수행할 수 없게 되었고, 새로운 변화의 요구에 발맞추어 국제항공의 신질서가 형성되고 있다.

신질서가 형성중인 질서라는 점을 감안할 때, 앞으로 기대되는 역할은 적지 않다. 국제항공의 질서라는 것이 어느 강대국만을 위한 것이 아닌 전 세계를 위한 것임을 자각한다면, 강대국의 입장에 편중되거나 자국 본위의 제도주의에 치우친 질서가 아닌 호혜평등의 원칙에 입각한 자유경쟁이 이루어 질 수 있는 체제의 확립이 절실히 요청된다고 할 것이다. 또한 기존의 시카고·버뮤다 체제에 국한될 것이 아니라 신 흐름을 최대한 반영할 수 있는 시스템을 구축하여야 할 것이며, 이를 통한 국제항공의 질서 있는 발전과 확충의 실현에도 기여하여야 할 것이다.

제2절 국제민간항공협약

1. 협약의 개관

1919년의 파리협약, 1926년의 마드리드 협약, 1928년의 아바나협약 등에서 채택된 국제항공에 관한 원칙을 정리해서 통합하고, 동시에 제2차 대전이후의 국제항공의 건전하고 질서 있는 발전을 위하여 필요한 기본원칙과 법적 질서를 확립하기 위하여 1944년 12월 7일에 시카고 회의(국제민간항공회의: International Civil Aviation Conference)의 결실로서 국제민간항공협약(Convention on International Civil Aviation: 시카고협약으로도 불리운다.)이 체결되었다. 본 협약은 1947년 4월 4일에 발효하였다. 우리나라는 1952년 12월 11일에 이에 가입하였으며 2017년 12월말 현재 이 협약을 비준한 국가는 191개국에 이르렀다.[3)]

국제민간항공협약은 전문, 본문, 말문으로 구성되어 있으며 본문은 제1부 항공, 제2부 국제민간항공기구, 제3부 국제항공운송, 제4부 최종규정으로 구성된다. 본 협약의 전문에 명시된 협약의 목적은 국제민간항공이 안전하게 그리고 질서정연하게 발달할 수 있도록, 또한 국제항공운송업무가 기회균등주의를 기초로 확립되고 건전한 발달과 경제적인 운영이 될 수 있도록 하기 위하여 체약국이 일정한 원칙과 규제에 대하여 합의함에 있다.[4)]

제1부에서는 일반원칙으로서, 체약국의 영공주권의 확인(제1장), 체약국의 영공비행(제2장), 항공기 국적(제3장), 항공을 용이하게 하기 위하여 필요한 조치(제4장), 항공기가 구비해야할 요건(제5장), 국제표준 및 권고방식(제6장)에 대하여 규정하고 있다. 제2부에서는 국제민간항공기구(ICAO)의 설립, 조직 및 임무에 대하여 규정하고 있다. 제3부에서는 국제항공운송을 원활하게 하기 위하여 필요한 조치(정보 및 권고, 공항 기타 항공시설, 공동운영조직 및 공동계산업무)에 대하여 규정하고 있다. 제4부의 최종규정에서는 이 협약이 기존의 파리협약(1919), 아바나협약(1929)에 대신한다는 것과 협약의 비준, 가입, 개정 및 폐기 등에 대하여 규정하고 있다.

국제민간항공협약이 채택하고 있는 국제항공에 관한 원칙과 주요한 내용을 요약해보면 다음과 같다.

---

3) 파리협약과 시카고협약의 차이점, 박원화, 「항공법」(명지출판사, 1990, pp.66~67.)

4) 협약 본문 4부 96조 이외에 부속서 제1~제19로 구성되어 있다. 부속서의 내용을 보면 제1. 항공조종사의 면허, 제2. 항공교통규칙, 제3. 항공기상, 제4. 항공지도, 제5. 공지통신에 사용되는 단위, 제6. 항공기 운항, 제7. 항공기의 국적기호 및 등록기호, 제8. 항공기의 감항성, 제9. 출입국 간소화, 제10. 항공통신, 제11. 항공교통업무서비스, 제12. 수색 및 구조, 제13. 항공기사고, 제14. 비행장, 제15. 항공정보업무, 제16. 환경보호(항공기 소음), 제17. 항공보안, 제18. 위험물 수송조사, 19. 항공안전관리.

(1) 영공주권의 원칙

자국의 영공을 외국국적의 항공기가 비행하는 것에 대해서 영공 국가는 그 안보의 차원에서 당연히 통제권을 향유하여야 한다는 필요성은 구미 각국에 의해 이미 인정된 바 있다. 그러한 인식에 기초하여 영공주권의 원칙은 국제관습법으로서의 지위를 가진 것이나 다름없었으며, 1919년 파리협약은 그것을 최초로 성문화하였던 것이다. 시카고협약은 그러한 영공주권주의를 인정하였다. 협약의 제1조에서 체약국은 각국이 그 영공에서는 완전하고 배타적인 주권을 갖고 있음을 인정한다고 규정하고 있다.

(2) 영공통과의 자유 인정

- 무상 부정기 비행: 정기국제항공업무에 종사하지 않는 체약국의 항공기가 사전허가가 없더라고 체약국의 영공을 통과(제1의 자유)하거나 운송이외의 목적을 위한 기술착륙(Technical Landing), 즉, 여객·화물 등의 적하를 하지 않고 급유나 정비 등의 기술적 필요성 때문에 착륙할 수 있다. 다만 각 영공 국가는 비행의 안전을 위하여 항공로를 지정하거나 착륙을 지시할 수 있다(동 협약 제5조).
- 유상 부정기 항공: 정기국제항공업무에 종사하지 않는 체약국의 항공기가 유상으로 여객, 화물, 우편물의 운송을 할 경우에 원칙적으로 타 체약국의 사전허가 없이도 영공을 통과하거나 영역 내에 착륙할 수 있다. 다만 타 체약국은 필요하다고 인정하는 규제나 조건을 부여할 수 있는 권리를 갖고 있다(동 협약 제5조). 이 규정에 의하여 사실상으로 각 정부는 무제한의 제약을 할 수 있게 되었다.

(3) 정기항공업무

정기국제항공업무는 체약국의 특별한 허가를 받아야 하며 그 허가조건을 준수할 경우에 한하여 그 체약국의 영공을 통과하거나 그 영역에 취항할 수가 있다(동 협약 제6조).

이와 같이 시카고협약은 정기 국제항공업무에 대하여는 2국간의 항공협정을 체결하거나 또는 상대국의 허가를 받을 경우에만 취항할 수 있고 그렇지 못할 경우에는 영공통과조차도 금지하고 있다. 이 때문에 현재로서는 주로 버뮤다 협정을 표준으로 한 2국간 항공협정을 체결하여 정기국제항공업무를 실시하고 있다.

(4) 카보타지(Cabotage)

"Cabotage"라는 용어는 해상법에서 연안의 항구 간을 항해하는 것을 의미한다. 항공운송의 경우, Cabotage는 영공국가의 국내 지점들 간을 타국 항공기가 유상 운송을 목적으로 운항하는 것을 의미하는 것으로 일반적으로 해석되고 있다. 시카고협약 제7조는 체약국은 타 체약국의 항공기가 정기 또는 유상으로 대절하여 자국의 영역 내에 있는 국내 지점 간에서 여객, 화물, 우편물을 적재하여 항공수송하는 것을 금지할 수 있다고 규정하고 있다. 이것이 소위 카보타지(Cabotage)의 금지규정으로서 자국 내 지점간의 국내 수송을 자국의 항공기만이 운항할 수 있는 것이다.

(5) 세관공항에의 착륙

체약국의 영역에 취항하는 항공기는 타국의 특별 허가를 받아 그 국가의 영역에 무착륙 횡단을 허가받은 경우를 제외하고는 그 국가가 지정하는 세관공항에만 착륙하고, 체약국의 영역을 출발할 때에도 지정된 세관공항에서 출발하지 않으면 안 된다. 지정된 모든 세관공항에 관한 세부사항은 그 국가가 발표하고 또한 국제민간항공기구(ICAO)에 그 명세를 통보하도록 되어있다(동 협약 제10조).

(6) 항공에 관한 규제

본 협약의 체약국 국적의 항공기로서 국제항공에 종사하는 항공기가 타 체약국의 영역에 출입할 때 및 영역 내에 있는 동안에는 영공국가의 운항 및 항행에 관한 법령은 항공기의 국적에 관계없이 적용된다(동 협약 제11조).

(7) 항공규칙

각 체약국은 자국의 영공을 비행하는 여하한 국적의 항공기 및 자국의 국적을 달고 자국 영역 외에서 비행하고 있는 항공기가 그 지역에서 시행되는 각종 규칙 및 규제를 준수하도록 하게 하기 위해 필요한 조치를 취하여야 한다. 이를 위해 각국은 첫째, 그러한 규칙이 가급적 국제표준에 일치되도록 노력하여야 하며, 둘째, 공해상공에서 시행되는 규칙 및 규제는 본 협약에 따라 제정된 것임을 인정한다(동 협약 제12조). 항공규칙에 관한 국제표준으로는 협약부속서 제2(Rules of the Air)가 채택되었으며 또한 ICAO이사회의 결의에 의해 공해상공에 있어서는 이 부속서 제2가 적용된다.

(8) 국가항공기(State Aircraft)

국가항공기의 법적지위는 현재 상당한 정도의 불확실성과 함께 매우 만족스럽지 못하다. 그 원인은 시카고협약 제3조 (a)에서 대개 찾을 수 있다. 그 규정에 따라 국가항공기는 시카고협약 적용대상에서 제외된다. 협약 제3조 제2항에 보면 국가항공기는 군용기, 세관용 항공기, 경찰용 항공기 등을 포함하는 국가기관에 소속된 항공기를 말한다. 이들 국가항공기가 타국의 영공을 통과한다든지 착륙을 필요로 할 경우에는 당사국과 특별 협정을 체결하거나 혹은 특별허가에 의한 경우 이외에는 인정하지 않는다. "국가항공기"라는 말은 덜 분명하고 때때로 많은 다른 타입의 항공기를 포함한다. 국가항공기의 정의 속에 주요한 표준은 공무의 사용에 이용되는 것인가에 있다. 메이어(Mayer)에 따르면, 국가항공기에 보편적으로 인정된 정의는 없다는 것이다. 대체로 항공기는 그들이 국가의 통제 하에 있고, 오로지 국가에 의하여 배타적으로 국가의 의도된 목적을 위해 부여될 때에 국가항공기로 인정된다. 이러한 점에서 국가항공기의 범주는 다음 항목들로 구분될 수 있다.

① 세관 항공기
② 경찰 항공기
③ 군용 항공기
④ 우편배달 항공기
⑤ 국가원수의 수행 항공기
⑥ 고위관료 수행 항공기
⑦ 특별사절 수행 항공기

그러나 군용 항공기라는 말의 정확성에 대해서 의문을 제기하는 학자도 있다. 군에 동원되어 군수품을 수송하는 민간항공기의 지위에 대해서도 명확치 않다. 따라서 시카고협약 제3조의 국가항공기의 개념을 보다 명확히 하고 구체화할 필요가 있다.

(9) 항공기의 국적(Nationality of Aircraft)

시카고협약은 항공기의 국적문제를 제17조에서 규정하고 있다(항공기는 등록한 국가의 국적을 소유한다). 동 협약 제18조는 항공기는 1개국을 초과하여 유효한 등록을 할 수 없지만, 그러나 등록이나 등록변경은 가능하다고 규정하고 있다. 제19조에 의하면 "어떤 국가에 있어서 항공기의 등록이나 등록변경은 그 나라의 규칙에 따르도록 한다." 제20조는 "모든 국제항공에 종사하는 항공기는 그들의 적정한 국적과 등록의 기호를 제시하여서 한다." 그러나 대부분의 국제 항공법상 항공기에 대한 권리의무 또는 관할권은 해당 항공기가 등록한 국가가 지게 되어 있으므로, 항공기의 국적문제는 중요시 된다. 즉, 항공기의 소유사나 소속회사보다는 등록국가 권리와 의무에 따라 부여받는 노선권을 포함하고, 제반 규제도 받게 된다.

(10) 국제표준과 권고방식(International Standards and Recommended Practices)

1) 국제표준 및 권고방식의 의미

국제표준 및 권고방식이라 함은, 협약 제37조에 의하여 가입한 각 국가가 항공업무의 안전과 질서를 위해서 각국의 비행방식, 항로, 항공 종사자 규칙 등 여기에 대한 관련 업무를 통일하기 위해 설정되는 국제적 기준으로서, 다음의 각 항목에 관하여 필요에 의해 설정되는 것이다.

① 통신조직 및 항행안전시설(지상표지를 포함)

② 공항 및 착륙대 특성

③ 항공규칙 및 항공교통관제방식

④ 운항 및 정비관계의 항공종사자의 면허

⑤ 항공기의 감항성

⑥ 항공기의 등록 및 식별

⑦ 항공기상 정보의 수집 및 교환

⑧ 항공일지

⑩ 세관 및 출입국의 절차

⑪ 조난 항공기 및 사고조사

이상의 각 항목에 관하여 국제표준 및 권고방식이 필요한 경우에는, 먼저 전 가입국의 전문기술 대표가 소집되는 기술부회의 토의결과 그 원안이 작성되고, 각 가맹국과 충분한 조정을 행한 다음 국제민간항공기구의 항공위원회에서 다시 심의되어 최후로는 이사회에 제출하는데, 이사회는 협약 제54조에 의해서 편의상 이와 같은 국제표준 및 권고방식을 시카고협약의 부속서로서 채택한다.

2) 부속서의 법적성질

부속서의 성질에 관해서는 먼저 협약규정 자체와의 관계를 고려하지 않으면 안 된다. 즉, 부속서는 협약에 기초를 두고 주로 기술적 사항에 관한 통일을 용이하게 하기 위해서 채택된 것이므로, 협약규정 자체에 대하여 우월적 지위에 있는 것은 아니다. 따라서 협약규정 자체에 반하여 내용을 정할 수 없다. 양자가 경합할 경우에는 부속서는 협약규정을 구체적으로 실시할 경우의 세부적인 사항을 규정하는 것으로 해석된다. 그리고 양자가 저촉할 경우에 협약규정이 우선함은 물론이다.

다음으로 부속서에서 채택하는 국제표준 및 권고방식은 각각 그 취급을 달리한다. 먼저, 국제표준은 전기사항에 관한 물질적 특성, 형상, 시설, 성능, 종사자, 절차 등에 관한 세칙으로서, 그 통일적 적용이 국제항공의 안전이나 정확을 위하여 필요하다고 인정한 것이며, 체약국이 협약에 대해 준수할 것을 요하고, 준수할 수 없을 경우에는 이사회에 통보하는 것을 의무로 하고 있다.

첫째, 국제표준은 전기사항에 관하여 그 통일적 적용이 국제항공의 안전 및 정확을 위하여 필요하다고 인정되는 사항이다. 둘째로 채택된 국제표준에 관하여 각 체약국은 규칙이나 표준 등의 통일을 확보하는 데 협력할 것을 약속하고 있다. 이 협력은 원칙적으로 당해 국제표준을 준수할 것을 내용으로 하고 있다. 그러나 이것은 절대적인 강제가 아니라 체약국이 당해 국제표준에 따를 수 없을 경우, 자국의 방식과 국제표준에 의하여 설정된 방식과의 차이를 ICAO에 통고하지 않으면 안 될 의무를 부담한다(동 협약 제33조). 이러한 국제표준과의 차이는 다른 모든 체약국에 통보된다. 즉, 국제표준은 그 내용에 따를 것을 체약국에 강제하는 것이 아니고 차이점에 대한 통보의무만이 있다. 이것은 설비 등의 수준이 현실적으로 크게 다른 현상을 감안해 볼 때, 국제표준은 직접 법률상의 의무라는 것이 부적당하다고 생각되기 때문이다.[5)]

권고방식은 전기사항에 관하여 그 통일적 적용이 국제항공의 안전정확 및 능률을 위하여 바람직하다고 인정되는 사항이다. 그러나 국제표준과는 달리 의무적이 아니고 여기에 따르도록 노력하는 것에 불과하다. 따라서 권고방식과 자국의 방식과의 차이에 대하여 ICAO에 통고할 것이 의무로 되고 있지는 않지만, 이러한 사항이 항공의 안전성을 위하여 중대할 경우에는 그 상이점에 관하여 통고를 행할 것이 권장되고 있다.

3) 현행 부속서

현재까지 국제표준 및 권고방식으로서 국제 민간항공기관에 의해 채택된 협약 부속서는 19개 부속서로 되어 있는데, 제9부속서의 출입국 간소화 외에는 모두 운항에 관한 표준, 규칙의 통일에 관한 내용으로 앞에서 본 바와 같다.

2. 협약과 영공주권

(1) 영공주권의 승인

영공주권은 국제민간항공협약이 규정하고 있는 여러 원칙 가운데 가장 중요한 영공에 관한 원칙이다. 국제민간항공협약 제1조는 「체약국은 각국이 그 영역 상의 공간에 있어 완전하고 배타적인 주권을 갖는 것을 승인한다」고 규정하고 있는바 영역 상의 공간에 있어서의 주권 즉, 영공상의 주권을 영공주권이라고 부르는데 이는 제1차 세계대전 후부터 국내법의 일반원칙으로 인정되고 있다.

이 규정은 1919년의 파리협약의 규정과 동일한 규정인데 1926년의 마드리드 협약과 1928년의 아바나협약에도 같은 취지의 규정이 있다. 이를 다시 말하면 영공주권을 국제민간항공협약에 의해 창설된 것이 아니고 제1차 세계대전 후부터 널리 승인되고 있는 원칙을

5) 좀 더 상세한 부속서의 법적 효력에 대해서는 「신국제항공우주법」, 한국항공대출판부, 2006년, 172~174면 참조.

성문으로 선언한 것이라 할 수 있다. 영공주권을 협약이 주권의 성격을 완전하고도 배타적인(Complete and Exclusive) 것으로 규정하고 있는바 국내적으로 완전한 통치권임과 동시에 국제적으로도 배타적으로 독립된 권리로서 인정된다. 이는 연혁적으로는 로마법상의 토지에 관한 "Cujus est solum 원칙"(토지를 소유하는 자의 권리는 토지 위로는 천공까지, 토지 아래는 지심까지 미친다)에서 유래한다고 할 수 있다.[6] 우리 민법도 제 212조에서 「토지의 소유권은 정당한 이익이 있는 범위 내에서 토지의 상하에 미친다.」고 규정하고 있는바 「정당한 이익이 있는 범위 내」라는 조건이 붙어 있지만 토지소유자의 권리가 상공까지 미친다는 것을 인정하고 있다.

일본민법 제270조 및 독일민법 제905조에도 같은 취지의 규정이 있다.

(2) 영공의 범위

영공의 범위에는 지표면에 수직인 종적(세로)범위와 지표면에 수평인 횡적(수평)범위가 있다.

1) 종적(Vertical)범위

일반적으로 지상의 공간은 무한한 것으로 생각되었고 이에 따라 영공의 종적범위도 무한한 것으로 인정되어 왔으나 항공을 위한 영공의 범위는 무한할 필요는 없다고 본다. 국제민간항공협약에서의 공간(Air Space)은 공기의 존재를 전제로 하고 있기 때문에 공기가 없는 장소는 공간이라고 보지 않는다. 이에 따라 영국의 Bin Cheng 교수는 공기가 존재하는 곳까지를 영공의 한계로 주장한다.[7] 한계를 Lord Mc Nair는 이를 좀 더 세분화하여 영공의 종적 한계를 ① 항공기가 도달 할 수 있는 고도까지, ② 공기가 존재하지 않는 곳까지, ③ 한계를 부정하고 영공은 무한이라는 설, ④ 인공위성이 비행하는 최저고도설, ⑤ 하위국의 실효성 있는 지배가 가능한 한계까지라는 5가지 설을 들면서 제4설을 자기의 설

---

6) Cujus est solum 원칙이 국내법상 발달한 원칙이라는 점에서 국내법상의 영공의 지위와 어떤 관련이 있는가에 대해서는 여러 가지 학설이 있다. 板本沼雄, 三好 晋.「新國際航空法」(有信堂, 1999), 20頁.

7) Bin Cheng, The Law of International Air Transport, 1962, p.120.

로 주장하고 있다.[8] 이와 관련 1966년 국제법협회(International Law Association: ILA)는 헬싱키 회의에서 「영공주권은 인공위성의 최저궤도까지는 미치지 않는다」라는 결의를 채택하였지만 일반적으로 이 결의는 위에서 언급한 최저고도설을 국제적으로 채택한 것이 아니고 영공주권은 인공위성의 최저고도까지는 미치지 않는다는 국제적으로 승인된 사실을 단순히 선언한데 불과한 것으로 보고 있다.

또한 공기와 항공이 밀접한 관계가 있긴 하지만 로켓의 개발 등 과학기술의 발달에 따라 공기의 존재가 반드시 항공의 가능성을 보장하지 않는다는 점과 영공의 한계를 항공의 한계에서 구하더라도 국제민간항공협약의 목적에 비추어 하등의 지장이 없다는 견지에서 영공의 한계를 항공의 한계까지로 보는 설이 유력하게 주장되고 있다.[9]

2) 횡적(Horizontal)범위

영공의 횡적범위는 한 국가의 영역(Territory)과의 관계에서 결정된다. 국제민간항공협약 제 2조는 「이 협약의 적용 상 국가의 영역이란, 그 국가의 주권, 종주권, 보호 또는 위임통치하에 있는 육지 및 이에 인접하는 영수를 말한다」고 규정하고 있다. 이에 따르면 한 국가의 영역은 육지 즉, 영토(Land Territory)와 인접하는 영수(Territorial Waters Adjacent)로 나뉘어 진다. 인접하는 영수는 내수(Internal Waters)와 영해(Territorial Waters)로 구성된다. 이러한 영토와 영수의 범위는 국제법의 원칙에 따라서 정해지는데 1982년에 채택된 유엔해양법협약(United Nations Convention on the Law of the Sea) 제3조는 「각국은 12해리를 넘지 않는 범위에서 그 영해의 폭을 정할 권리를 가진다」고 규정하고 있다. 내수에 대해서는 동 협약 제8조에서 규정하고 있다.

해양법 협약 제33조는 연안국이 세관, 재정, 출입국 관리 및 위생에 대한 감독의 목적으로 기선으로부터 24해리를 접속수역(Contiguous zone)으로 할 수 있다고 규정하고 있으며, 제55조 이하에서는 해양자원의 탐사, 개발, 보존 및 관리와 병행하여 에너지 생산을 위해서 200해리 이내의 범위에서 배타적 경제수역(Exclusive Economic Zone)을 설정할 수

8) Lord McNair, The Law of the Air, 3rd.ed, pp.15~18.

9) 板本昭雄, 三好 晋, 前揭書, 25頁.

있다고 규정하고 있다.

이들 수역에는 특정한 경우에 있어서의 주권적 권리(Sovereign Rights)와 관리권(Jurisdiction)을 제외하고는 국제민간항공협약 제22조의 적용 외 지역으로 국가의 주권이 미치지 않다.

대륙붕(Continental Shelf)도 마찬가지이다. 1958년 대륙붕협약이 채택된 이후 대륙붕 자원의 개발을 목적으로 수심 200 m까지의 육지의 연장 상의 수역을 대륙붕으로 인정하여 연안국의 권리를 인정하고 있지만 대륙붕 상공에 대한 연안국의 주권은 인정하지 않는다.

해양법 협약은 이 이외에 국제해협(Straits Used for International Navigation)에 관한 규정을 두고 있는바, 이에 의하면 국제해협에 있어서는 그 수역이 한 국가의 영역 내에 있더라도 그 국가는 외국항공기의 그 상공의 무해항행권은 인정하지 않으면 안된다고 규정하고 있다. 이 경우 그 외국항공기는 ICAO에 의해 규정된 항공규칙을 준수하여야만 한다.

국제해협에 관한 이 규정은 영해의 상공에 관한 한 국가의 주권을 인정한 국제민간항공협약의 특칙이 된다고 할 것이다. 항공기가 비행하는 공역에서만 항공기의 안전을 확보하기 위하여 비행정보구역(Flight Information Zone: FIR)과 항공교통관제구역이 설정되어 있는데 이는 항공기의 안전과 탐색, 구난구조를 목적으로 하는 정보를 제공할 뿐 영공주권이 그 지역까지 확대되는 것은 아니다. 또한 방공식별구역(Air Defence Identification Zone: ADIZ)이라고 불리는 공역이 영공이외에 설정되고 있는데, 이는 해당 국가의 안전목적을 위한 것으로 외국항공기를 식별하고 그 위치를 확인하며 관제하기 위하여 설정된 것이다. 이 방공식별구역의 범위는 공해상까지 미치는데 그것은 외국항공기의 영공침범에 대한 조치를 공해상에서 유효하게 행하기 위한 것으로 영공주권 또는 그의 연장선상의 권리에 의한 것은 아니라고 본다. 방공식별구역은 비행정보구역과 구별되는 것으로 그 범위도 일치하지 않는다.

(3) 영공주권의 제한

영공주권은 한 국가가 가지는 완전하고도 배타적인 권리이기 때문에 이것을 제한하지 않고서는 원활하고 안정된 국제항공을 기대할 수 없다. 이에 따라 영공주권에 대해서는 국제항공운송협정, 국제항공업무통과협정, 2국간 항공협정 등에서 예컨대 「하늘의 자유」

형태의 제한을 두고 있다. 이들 제한에 대해서는 관련부분에서 별도로 설명되고 있으므로 국제민간항공협약에서 규정하고 있는 정기항공과 부정기항공 및 Cabotage에 대해서 살펴 보고자 한다.

1) 정기항공(Scheduled Air Services)

이에 대해서는 국제민간항공협약 제6조에서 규정하고 있는 바 정기항공업무는 당해체약국의 「특별허가(Special Permission)」 또는 「기타의 허가(Other Authorization)」를 받아야 하며 그 허가의 조건에 따르지 않을 때에는 그 국가의 상공을 통과하거나 또는 그 영역에 들어갈 수 없다고 규정하고 있다.

이는 영공주권의 효력을 그대로 표현하고 있는 것으로서 정기항공업무는 그 국가의 영공에 관해서는 당해체약국의 허가 없이는 이루어질 수 없다는 것을 선언한 것이다. 당해체약국의 허가를 내주는 방법으로는 임의적으로 주는 경우와 협약 또는 국제협정을 근거로 의무적으로 주는 경우가 있는데 국가의 행정재량권을 근거로 해주는 것이 전자에 해당되며 항공협정에 근거하여 주는 것이 후자에 해당된다.

2) 부정기항공(Non-Scheduled Air Service)

이에 대해서는 국제민간항공협약 제5조에서 규정하고 있는바 동조 전단은 「상공통과」 또는 「운수 이외의 목적으로 착륙」하는 경우에는 당해국의 사전 허가를 받지 않고도 부정기 항공을 하는 것이 가능하다고 규정하고 있다. 이에 따라 당해 체약국의 사전 동의 없이 비행하더라도 그 나라의 영공주권을 침해한 것이 되지 않는다.

그러나 부정기 항공을 행하는 자는 동조 전단에서 규정하고 있는 당해 체약국의 권리행사를 포함하여 협약의 조항을 준수하는 것을 조건으로 하고 있으며 실무적으로는 항공관제와 그 외 항공기의 안전을 목적으로 하는 제도에 따라야 하며 비행에 관한 통보 등을 당해 체약국에 하지 않으면 안 된다.

동조 후단은 유상 혹은 전세로 행해지는 여객, 화물 또는 우편물을 싣고 내리는 것을 인정하고 있다. 그러나 후단 단서에서 「적재 또는 양륙을 하는 나라는 그 나라가 바람직하다고 인정되고 있는 규제, 조건 또는 제한을 부과시킬 수 있는 권리를 가진다」라고 당해 체약국이 유상 또는 전세로 행하는 부정기 운송을 규제하는 것을 권리로서 인정하고 있기 때문에 그 규제의 정도에 따라 유상 부정기 항공의 이행은 극히 제한적일 수 있다. 실제 제트기의 출현에 따라 부정기 항공은 Charter 항공으로 현저히 발달하였고 그 업무내용도 정기항공과 비슷하게 되어 정기항공기업에 대한 영향을 걱정하는 다수의 나라들이 부정기 항공에 대한 엄격한 규제를 가한 바 있다. 그러나 최근 국제항공에 있어서의 자유화와 오픈 스카이 정책실시에 의해 정기항공과 Chater 항공의 구별의 실익이 없어져가고 있는 점에서 정기항공에의 영향을 이유로 Charter 항공을 규제할 필요성은 점차 사라질 것으로 보인다.

3) 카보타지(Cabotage)

이에 대해서는 국제민간항공협약 제7조에서 규정하고 있다. Cabotage란 일국의 영역 내의 지점 간의 항공운송을 뜻하는데 원래는 해상운송에서 연원하는 개념으로 해사법상으로는 동일해안에서의 연안무역(Petit Cabotage)과 상이안 해역(Two Different Seas)의 항구간 무역(Grand Cabotage)을 의미한다.

이에 비해 항공법상 Cabotage는 한 국가의 영역 내(In the Same Political Unit: In the Territory of a State) 어느 2개 지역 간 항공운송으로서 해사법의 Cabotage 보다 훨씬 더 제한적이고 규제적이다.

국제민간항공협약은 「각 체약국은 타 체약국의 항공기에 대하여 자국 영토내의 지점 간에 유상 또는 전세로 여객, 우편물, 화물의 수송을 거부할 권리를 가진다」고 규정하고 있어 Cabotage를 자국의 항공기업을 위해 유보할 권리를 가진다고 규정하고 있다. 동 협약상의 이 규정은 항공주권의 권리를 선언한 것에 지나지 않으나 동조 후단에서 「각 체약국은 타 체약국 또는 타 체약국의 항공기업에 대하여 특별히 배타적으로 그러한 특권을 허용하거나 타 체약국으로부터 그러한 특권을 취득하는 어떠한 합의 또는 협정도 체결하지 않는다」고 규정하고 있어 영공주권의 행사를 제한하고 있다.

여기서 중요한 내용은 첫째로, 각 체약국은 Cabotage에 대하여 거부할 권리를 갖는 것이지 의무를 지는 것은 아니다. 즉, Priviliage라는 뜻이다. 둘째로, 각 체약국은 특별히 배타적으로 타방 체약국에 Cabotage를 허용하거나 타방 체약국으로부터 취득해서는 안된다는 점이다. 특히 두 번째 내용과 관련하여 EU가 가맹국들 상호간에 Cabotage의 특권을 상호인정한 점과 관련 문제점이 제기되고 있으며 복수의 국가가 Cabotage의 교환을 행하더라도 그것이 배타적이지 않으면 위법이 되지 않으며 또한 그것이 특별히 상대방을 한정하는 것이 아니라면 허용될 수 있다는 등의 견해가 있다.[10]

Cabotage와 관련된 제 이론을 소개하면 다음과 같다.

■ Grand Cabotage

항공에서의 Grand Cabotage에 대해서는 해사법상에서의 Grand Cabotage 개념과 같이 명확한 정의는 없다. 이를 유추 적용하여 2개의 지점이 동일국 영토 내에 있으면 지리적으로 동일 단위내의 2개 지점임을 요하지 않는 구간을 말한다. (그렇지 않을 경우를 Petit Cabotage라고 함) 예컨대, 런던–버뮤다 구간이나 괌–로스엔젤레스, 호놀룰루–뉴욕 구간을 들 수 있으며, 러시아의 하바로스크–모스크바도 이에 해당한다고 볼 수 있을 것이다.

■ Own Stop over Right

미국 정부는 Doctorine of Continous Voyage에 의거한 외국항공사가 미국 내 2개 지점을 계속해서 연속 운항 시 같은 항공사에 의해 운송된 stop–over 승객을 Non–Cabotage로 간주하여 수송을 허용한다. 예컨대 대한항공의 인천–시카고–뉴욕 노선 항공편에서 어떤 승객이 인천–시카고를 여행하고 시카고–뉴욕으로 계속 여행할 경우, 이 승객은 미국 내 2개 지점 간을 여행한 것이긴 하나 한국으로부터 대한항공으로 계속된 여행의 일부이며, 원래는 인천–뉴욕 Traffic으로서 Cabotage가 적용 안된다는 해석이다.

■ Sixth Freedom Cabotage

외국 내 두 지점간의 Traffic을 한 항공사의 자국 내 어느 지점을 연결하는 두 항공편을 통해 수송할 경우를 말한다. 예를 들면 멕시코의 Mexicana 항공사가 로스엔젤레스–멕시코, 마이애미–멕시코를 각각 운항하면서 로스엔젤레스–마이애미간 Traffic을 로스엔젤레스–멕시코–마이애미로 연결, 수송하는 경우를 말한다.

---

10) Brian F. Havel, In Search of open Skies, 1997, pp.53~54; A.A Mercik von Lebinsky, European Union External Competence and External Relation in Air Transport, 1996, pp.64~65.

■ Peripheral Cabotage

Peripheral Cabotage란 "Traffic outside the immediate frontier of a state but obviously destined from one part of the country for carried in association with other airlines"라고 Bin Cheng 교수는 정의하고 있다. 간단히 설명하면 두 항공사가 연합해서 Grand Cabotage를 행사하는 것이라고 하였다. 위에서 설명한 Sixth freedom Cabotage나 Peripheral Cabotage는 해당 항공편의 수송내용 상 점유율이 낮으면 별로 문제가 되지 않는다. Cabotage의 예외적 결정사례로는 공공목적, 영(英)연방국가 간, 2개국 간 합작회사(영국, 아일랜드 간)운영의 경우 등이 있었다. (예: 미국의 LA가 Peak Season에 Strike 중 임시로 외국항공사들에 대하여 호놀룰루-로스엔젤레스 간 Cabotage 허용) 이러한 Cabotage는 지역주의 경향과 더불어 Cabotage의 개념을 확대적용하려는 경향이 있다. 즉, 중동, 아프리카, 남미 등 일부 지역 국가들은 그 지역 항공시장을 그 지역 항공사들에게만 허용하고 타 지역 항공사들의 참여를 제한하는 공동정책을 시행하는 경우가 있고(이를 Regional Cabotage라고 함), EU는 1993년 이후 역내 시장을 단일화하여 지역 내 항공사들에게는 국내 노선처럼 자율화하고 지역의 항공사들에게는 Cabotage하에 교섭수단으로 활용하고 있다. 이들은 국제민간항공협약 제7조의 Cabotage의 법적 개념과는 차이가 있으나 그 확대적용의 예로서 현실적인 문제로 대두되고 있다.

(4) 영공의 침범

1) 침범

각 국가에는 완전하고 배타적인 영공주권이 인정된 결과 협약이 정한 경우를 제외하고 하위국의 허가 없이는 그 나라의 상공을 비행할 수 없다. 국제민간항공협약은 민간항공을 위한 허가에 대해 규정하고 있고 이에 대하여 국가 항공기에 대해서도 하위국의 허가를 받아 그 조건에 따르지 않는다면 그 영공을 비행하거나 착륙하는 것도 안된다고 규정하고 있다(동 협약 제3조). 따라서 어떤 항공기라 하더라도 하위국의 허가 없이 그 나라의 영공을 비행할 경우 영공을 침범하는 것이 되어 국제법상의 위법행위가 된다. 침범의 형태에는 고의에 의한 침범과는 별도로 악천후, 계기의 고장, 조종과실, 항공기 납치 등 여러 가지가 있을 수 있다. 고의에 의한 침범 예컨대 민간항공기에서 스파이 행위를 하는 것은 민간항공의 남용이 되어 협약위반이 된다. 국제민간항공협약 제4조는 민간항공기를 항공의 목적이외의 다른 목적을 위해 사용하는 민간항공의 남용을 금지하고 있다. 이와 관련하여서는 한나라의 원수가 민간항공기를 Charter하여 공공업무를 처리하기 위하여 여행을 할 경우 그것이 민간항공의 범위에 들어가는지 여부에 대한 논의가 있다. 원수가 가지는 국제법상의 면제와 특권 등의 문제를 제쳐두고 일국이 Charter 계약의 당사자이며 운송의 객체가 국가의 원수라고 하더라도 그 비행이 민간항공의 원칙에 따라 실시되었다면 그것은 민간항공이라고 말할 수가 있다. 그러나 군사수송의 목적을 위하여 Charter낸 민간항공기는 국제민간항공협약 제3조 (b)가 규정하는 군의 업무에 사용되는 항공기에 해당되기 때문에 그 항공기는 국가항공기로 간주되어 국제민간항공협약이 적용되지 않는다(동 협약 제3조 (a)).

2) 대응

민간항공기의 영공침범의 경우 하위국의 대응에 대하여는 명확한 국제규범이 확립되어 있지 않다. 국제민간항공협약 제3조 (d)에서 「체약국은 자국이 항공기에 대한 규제를 설정함에 있어서 민간항공기의 항행의 안전에 한하여 타당한 고려를 할 것을 약속한다.」고 규정하고 있고 동 협약 제2 부속서에서 「요격기는 민간항공기를 요격하는 어떠한 경우에 있어서도 무기를 사용하여서는 안 된다」는 규정 정도를 두고 있는데 불과하다. 이것이 1983년 9월 1일 대한항공기 격추사건의 발생을 계기로 ICAO는 1984년 4월 24일 몬트리올에서 임시총회를 소집하여 5월 10일 국제민간항공협약 제3조에 제3조의 2를 추가하는 개정의정서를 채택하였다.

동 협약 제3조의 2는 ① 민간항공기에 대한 무기사용의 금지와 요격시의 인명과 항공기의 안전의 확보, ② 위반항공기에 대한 하위국의 강제착륙시킬 수 있는 권리의 용인과 강제착륙이외의 위반을 종료시키기 위한 다른 지시의 허용, 요격에 관한 국내규칙의 공표의무, ③ 민간항공기의 하위국의 명령에 따른 의무와 그를 위한 등록국 등의 엄격한 규칙의 제정의무, ④ 민간항공기의 의도적인 남용을 금지하는 조치의 의무를 내용으로 하고 있다.

이 개정의정서는 국제법의 원칙을 협약화하여 국제민간항공협약 제3조를 보완하는 것으로 1998년 10월 1일에 101개국의 비준을 얻어 협약 제3조의 2로서 발효되었다.

제3절 국제항공기구

1. 국제민간항공기구(ICAO)

(1) ICAO의 설립

ICAO(International Civil Aviation Organization)는 1944년 12월에 시카고 회의에서 체결된 국제민간항공협약을 근거로 설립된 국제기구이며 현재는 국제연합의 산하기관의 하나이다.[11] 시카고협약의 제2부에 ICAO의 설립 및 운영에 관하여 규정하고 있으며 ICAO의 가입 및 탈퇴는 모두 시카고협약의 가입·탈퇴를 전제로 이루어지는 등 시카고협약과는 불가분의 관계에 있다.

시카고 회의에서 ICAO의 성격에 대하여 국제항공을 관리, 감독하는 강력한 관리기준으로 해야 한다는 영국의 주장과, 하늘의 자유를 기본으로 국제항공의 질서유지 및 발전을 목적으로 정보의 교환, 기술적 협력의 촉진을 위한 기관으로 해야 한다는 미국의 주장이 대립되었으나 결국 미국의 주장이 대폭적으로 반영되었다. 그 결과 ICAO는 국제항공의 안전 및 건전한 발전을 목적으로 한 각국정부의 국제협력기관으로서 설립되었으며 2018년 12월 말 현재 192개국이 가입하였고 우리나라도 1952년 12월 13일에 가입했다.

(2) ICAO의 목적

ICAO의 설립목적은 시카고협약의 기본원칙인 기회균등을 기반으로 하여 국제항공운송의 건전한 발전을 도모하는데 있으며, (i) 국제민간항공의 발달 및 안전의 확립 도모, (ii) 능률적·경제적 항공운송의 실현, (iii) 항공기술의 증진, (iv) 체약국의 권리존중, (v) 국제항공기업의 기회 균등 보장 등에 그 목적을 두고 있다. ICAO의 국제항공에 있어서의 수행임무를 보면 다음과 같다(국제민간항공협약 제44조).

---

11) 국제기관 중에서 유엔의 전문기관인 세계보건기구(WHO)와 국제민간항공기구(ICAO)의 두 기관만이 권고기능 뿐 아니라 입법 및 행정기능을 갖고 있다.

(가) 국제민간항공의 안전 및 건전한 발전의 확보

(나) 평화적 목적을 위한 항공기의 설계 및 운항기술의 장려

(다) 국제민간항공을 위한 항공로, 공항 및 항공보안시설의 발달의 장려.

(라) 안전, 정확, 능률, 경제적인 항공수송에 대한 제 국가 간의 요구에 대응.

(마) 불합리한 경쟁으로 인한 경제적 낭비의 방지.

(바) 체약국 권리의 반영 및 국제항공에 대한 공정한 기회부여와 보장.

(사) 체약국의 차별대우의 지양.

(아) 국제항공의 비행안전의 증진도모.

(자) 국제민간항공의 모든 부문에서의 발달의 촉진.

(3) ICAO의 조직

ICAO는 총회, 상설 집행기관인 이사회, 이사회의 보조기관인 상설항공위원회, 항공운송위원회, 법률위원회, 공동유지위원회, 재정위원회, 지역항공회의, 본부사무국 및 지역사무소의 각 기관으로 구성되어 있으며 본부를 몬트리올에 두고 있다.

1) 총회(Assembly)

총회는 ICAO의 최고의결기관이며, 구성원인 모든 당사국의 대표자에 의하여 구성된다. 주 임무는 총회의 의장 및 기타 임원의 선출, 이사국의 선출, 이사회의 보고서 심사, 연차예산의 표결, 이사회에의 권한 위임, 시카고협약의 개정의 심의 및 체약국에의 권고 등의 업무수행이다. 총회에는 정기총회와 임시총회가 있고 정기총회는 이사회가 매 3년마다 임시총회는 이사회의 소집 또는 총수 1/5 이상의 당사국으로부터 사무국장 앞으로 요청이 있을 시 언제든지 개최할 수 있다.

2) 이사회(Council)

이사회는 총회에 대해 책임을 지는 상설기관으로서 ICAO의 임무 수행 상 가장 중요한 조직이다. 이사회는 3년마다 총회가 선출한 36개국으로 구성된다. 이사회의 임무는 의무적 임무와 임의적 임무로 나뉘어진다. 의무적 임무는 연차보고의 총회 제출, 총회 및 협약으로

부과된 임무상의 임명, 협약위반의 보고, 국제 표준 및 권고방식의 채택, 부속서의 개정 및 심의, 체약국이 의뢰한 제 문제의 심의 등이며, 임의적 임무는 지역적 항공운송위원회의 창설·항공운송 및 항공기술에 관한 조사 등이다.

3) 항공위원회(Air Navigation Commission)

항공위원회는 항공기술면의 이론 및 실제에 대한 적절한 자격 및 경험이 있는 자로서 이사회가 임명한 19인의 위원으로 구성된다. 위원회의 임무는 협약부속서의 수정을 심의하고 그 채택을 이사회에 권고하는 것과 국제항공의 발달에 필요한 정보의 수집 및 체약국에 통지할 내용을 이사회에 조언하는 것이다.

4) 항공운송위원회(Air Transport Committee)

이사국의 대표자 중에서 이사회가 선출한 위원으로 구성되며 주로 항공수송의 경제면 및 통계면을 담당한다.

5) 법률위원회(Legal Committee)

국제항공수송의 법률면을 담당하는 위원회로서 각 체약국의 법률전문가로 구성된다. 협약 초안의 심의, 법률문제에 대한 국제기관과의 협력이 주된 임무이다.[12]

(4) ICAO의 사업

ICAO는 1947년에 설립된 이래 국제민간항공의 안전 및 건전한 발전을 도모하기 위해 (i) 항공기에 관한 기술적인 기준의 확립(항공기, 항공종사자, 항공로, 비행장, 항공교통관

---

12) ICAO가 설립된 이후 68년간에 법률위원회가 성안한 항공관계 법안은 총 21개에 이르고 있음. 그 주요한 것을 보면 (i) 항공기에 대한 권리의 국제적 승인에 관한 협약(1948), (ii) 지상 제3자에 미치는 외국항공기에 의한 손해에 관한 협약(1952), (iii) 1929년의 국제 항공운송에 관한 바르샤바협약 개정 의정서(1946), (iv) 과다라하라(Guadalajara)협약(1961), (v) 과테말라의정서(1971), (vi) 몬트리올의정서(1975), (vii) 동경협약: 기내범죄 방지협약(1963), (viii) 헤이그협약(1970), (ix) 몬트리올협약(1971), 국제항공운송인의 책임에 관한 몬트리올협약(1999), 제3자 피해보상에 관한 몬트리올협약(일반위험협약, 불법방해보상협약, 2009), 항공범죄 처벌에 관한 북경협약 및 의정서(2010) 등이다.

제 등에 관한 안전면에서의 세계적인 기준을 확립), (ii) 국제민간항공법의 통일 및 법제화(항공운송인의 책임에 대한 바르샤바협약, 헤이그의정서, 지상 제3자의 손해책임에 대한 로마협약, 하이재킹 방지에 관한 협약 등), (iii) 국제민간항공의 경제문제, 즉, 운임의 설정문제, 부정기 항공의 문제, 운임수준의 문제, 수송규제의 문제까지 취급하고 있다.

(5) 우리나라와의 관계

우리나라는 제6차 총회 기간 중인 1952년 11월 11일에 국제민간항공협약(시카고협약) 가입서를 기탁하였고, 같은 해 12월 11일자로 효력이 발생하였으므로 2012년 12월 11일에는 ICAO에 가입한지 만 60주년을 맞게 된다.

1) 우리나라의 對 ICAO 활동

① 총회, 이사회, 항행위원회 및 패널활동

우리나라는 1952년 국회의 비준을 거쳐 ICAO에 가입한 이래 체약국으로서 매 총회마다 관계기관 대표 및 유관기관 자문관들로 구성된 대표단을 파견하여 각 분과 위원회 안건별 담당자 지정을 통해 우리의 입장을 적극 반영해 왔다. 또한, 수석대표와 주요인사와의 개별 면담, 대표단의 개별 접촉, 지역별 여론 주도국을 중심으로 그룹별 오·만찬 개최를 통해 우리나라의 항공활동을 적극 홍보하고, 이사국 진출을 위한 지지기반을 다져왔다. 2010년에는 제37차 ICAO 정기총회가 캐나다 몬트리올에서 개최되었다.

2001년 제33차 총회에서는 109개국의 지지를 얻어 ICAO 가입이후 50여년 만에 Part Ⅲ 이사국에 선출되었으며, 2004년 35차 총회에서 125개국의 지지를 얻어 Part Ⅲ 이사국에 재선되고, 2007년 제36차 총회에서 3선에 성공하였으며, 2010년 제37차 총회에서 4선에 성공하였다. ICAO 이사국 선출을 계기로 캐나다 몬트리올에 설치된 주 ICAO 대표부는 국제기준 및 신규제도의 도입 등을 결정시 우리나라의 권익 신장을 위한 우리 입장을 적극 피력하고 세계 항공 동향 및 정보를 신속하게 파악하여 국내에 전파하는 등 세계 6위 항공운송대국으로서의 위상 제고를 위해 적극적인 활동을 펼치고 있다.

〈참고〉 제39차 2016년 총회에서 선출된 36개 이사국

Part Ⅰ(11개국)	일본, 독일, 중국, 이태리, 호주, 러시아, 브라질, 미국, 프랑스, 영국, 캐나다
Part Ⅱ(12개국)	싱가폴, 아일랜드, 이집트, 인도, 남아공, 스페인, 스웨덴, 나이지리아, 멕시코, 콜롬비아, 사우디, 아르헨티나
Part Ⅲ(13개국)	UAE, 콩고, 쿠바, 대한민국, 알제리아, 말레이시아, 터키, 탄자니아, 카보베르드, 에쿠아돌, 파나마, 케냐, 우루과이

국제항공 기술 분야의 모든 정책·표준 등을 실질적으로 결정하는 항행위원회는 ICAO의 핵심위원회로 세계 민간항공의 심장부이며, ICAO의 엔진으로 불리는데 ICAO의 설립 이후 미국, 영국 등 전통적 항공 선진국과 브라질과 같은 지역항공대국에서 항행위원회 자리를 독점해 오던 실정이었다. 그러나 2005년 4월 항행위원회 위원수 증원(15인→19인)에 관한 국제민간항공협약 개정안의 비준이 완료(108개국) 되면서 2005년 11월 특별선거가 개최되었다. 우리나라는 경쟁력이 있는 최고의 항공기술전문가를 후보로 내세우고, 우리 항공산업 위상(운송규모), ICAO에 대한 기여도(분담금) 등 우리나라의 위원회 진출당위성을 홍보하였다. 또한 국토해양부, 외교통상부, ICAO 현지 대표부, 외교통상부 재외공관, 민간부문간 협조체제를 구축하고 국가 외교역량을 총 동원하여 전방위 지지교섭을 전개한 결과, 싱가포르, 이탈리아 등 총 9개국이 치열한 경합을 벌인 가운데 최고 득표로 당선되는 쾌거를 이루었다. 이로써 우리나라는 국제표준 제·개정 작업과 기술정책 수립 등 ICAO 핵심기능에 직접 참여함으로써 우리 항공권익을 신장하는 기반을 구축하게 되었다. 이후 2007년 11월 특별선거 이후의 첫 정식 선거에서도 재선에 성공하고 그 이후에도 계속 선임되어 현재까지 활발한 활동을 전개하고 있다.

〈참고〉 2007년 항행위원 당선국가

한국, 중국, 일본, 호주, 싱가포르, 미국, 캐나다, 영국, 프랑스, 독일, 스페인, 네덜란드, 러시아, 노르웨이, 니제르, 탄자니아, 아르헨티나, 브라질, 사우디

ICAO 이사회 및 산하 각 위원회는 국제기준의 제·개정 및 정책사항의 방향설정 등 소관 분야 중요 과제의 처리를 위해 각국 전문가들이 참여하는 각종 패널(Panel)을 설치하고 기초의견 수렴 및 의사결정을 위한 수단으로 활용하고 있다. 패널활동을 통해 항공안전,

보안, 운송 및 환경보호 분야 주요 이슈에 대한 기본 방향을 제시할 수 있어 위원회나 이사회 논의 시 상당한 영향력을 발휘하게 되므로 항공산업의 비중이 큰 국가들은 패널 참여에 적극적이며 패널을 자국에 유리한 입장을 간접 반영할 수 있는 채널로 활용하고 있는 실정이다.

현재 우리나라는 총 18개의 패널 중 감항·비행장·관제·공역의 4개 분야에 활동 중으로 이를 점차 확대하여 항공 전문성의 향상은 물론 ICAO내 실질적인 기여도를 높이려고 하고 있다.

〈참고〉 ICAO의 국제기준 결정과정

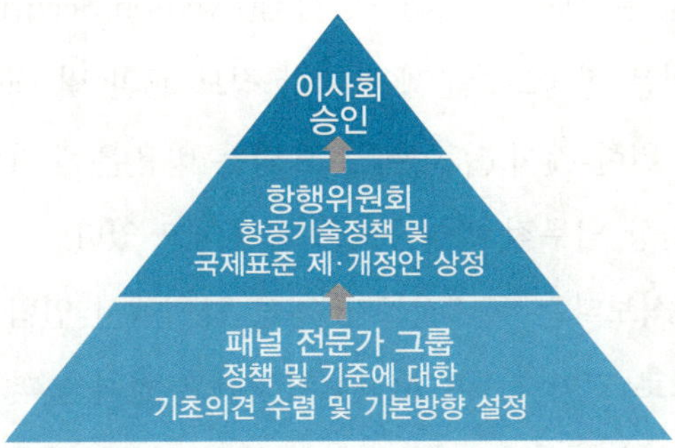

- 이사회: 매 3년 총회에서 36개국을 3개 파트로 구분 선출, 우리나라는 제33차 총회(01. 9)에서 최초 진출, 04년 재선 및 07년 3선, 10년 4선 (Part Ⅲ)
- 항행위원회: 매 3년 이사회에서 19명의 전문가를 선출, 우리나라는 항행위원회 지원에 따른 특별선거(05. 11)에서 최초 진출, 07년 재선, 10년 3선
- 이사회 및 위원회 산하 18개 패널이 있으며 우리나라는 4개 분야 참여 중

② 국제항공협력사업 참여

【항공안전평가관 파견】

ICAO는 전 세계 회원국의 이행 정도를 확인하기 위하여 1999년부터 18개 항공분야 중 3개 핵심분야(항공종사자, 운항, 항공기 안전성)에 대한 평가를 실시해 왔다. 그러나 2005년부터는 항공안전에 관한 모든 분야에 대한 평가를 실시키로 하였고, 이를 『항공안전종합평가(Universal Safety Oversight Audit Program: USOAP)』라고 한다.

이 사업을 추진하는 과정에서 ICAO 사무국에서는 급격히 증가하는 소요인력과 예산의 확보에 어려움이 있어 회원국의 지원을 받아 추진키로 결정하고 각 회원국에 지원을 요청하였다. ICAO 평가를 위한 인력자원은 우리나라의 위상을 높이는 것은 물론, 관련 정보 사전입수 등 효율적인 평가 대비와 국제항공안전분야의 우리나라 전문가도 확보할 수 있는 좋은 기회로 판단하여 국내 인력을 평가관에 지원토록 하고, 적극 추진하게 되었다.

그 결과, 전 세계 19개국의 항공전문가가 지원한 가운데 우리나라의 지원자가 ICAO 감사관으로 최종 선발되었고, 2005년 4월부터 2008년 4월까지 미국, 이스라엘, 말레이시아 등에서 항공안전평가를 실시하여 각종 ICAO 사업분야에서 상대적으로 소극적 입장을 일관해오던 우리나라의 이미지 쇄신에 적극 기여함과 동시에 우리나라의 평가 준비에도 많은 도움이 되었다. 이후, 2008년 7월부터 후임자가 파견되어 활동을 계속하고 있다.

【항공보안강화사업(AVSEC) 참여】

ICAO는 9.11 테러 이후 민간항공에 대한 테러의 적극 대처하기 위해 각 체약국을 대상으로 항공보안평가(USAP)를 실시하는 것을 골자로 한 항공보안사업(Aviation Security Plan of Action: AVSEC)을 추진하였다. 본 계획은 항공보안문제에 대한 정보 교환 및 대책 강구와 신기술 교환을 포함한 항공보안증진을 위한 것이고, 이에 소요되는 비용은 국가별 ICAO 재정 분담금을 기초로 하여 책정된 사실상 의무적 기여금으로 충당하고 있다.

우리나라는 동 사업에 단순한 금전 납부 방식보다는 국내전문가 육성 차원에서 인력을 지원하고 동 인력의 인건비를 부담하는 형식으로 기여키로 ICAO와 합의하고 인력을 파견 중이다. 2004. 2~2007. 2 기간 중에는 국토해양부 과장 1인이 ICAO 사무국 항공보안과에서 근무하였으며, 이후 사무관 1인이 후임자로 선발되어 항공안전보안지원실에서 항공안전 및 보안 후진국의 개선활동을 지원하는 업무를 하고 있다.

【항공안전기금(IFFAS)】

ICAO는 항공안전상의 문제점을 개선할 만한 재정적 능력이 없는 회원국을 지원하기 위해 융자 또는 원조를 제공하는 항공안전기금(International Financial Facility for Aviation Safety: IFFAS)의 필요성을 제31차 ICAO 총회('95. 9)에서 최초 검토하고, 제33차 총회('01. 9)에서 별도의 기금의 설립을 결의하였다.

IFFAS의 활동기금은 ICAO 체약국, 국제기구, 민간 항공업체 등의 자발적 기여금으로 충당되고, 주요지원 분야는 항행서비스 미비점 개선, 항공안전평가 지적사항의 개선 및 CNS/ATM 운용을 위한 소요자금 등이다.

우리나라는 재정적 부담 가능성을 고려하여 가급적 동 기금에 대한 입장 표명을 유보하는 등 소극적 태도로 일관해 왔으나 이는 국제항공에서 우리나라가 차지하는 운송력 및 수익은 물론 ICAO 이사국으로서 국제적 위상에 걸맞지 않는 태도로 판단되었다. 또한 IFFAS가 개발도상국의 최대 관심부분임을 고려하여 ICAO 선거에 대비할 필요가 있다고 검토되어 2006년에서 2008년까지 3년간 매년 미화 10만불, 총 30만불을 기여하였다.

【아프리카 항공안전강화사업(ACIP)】

ICAO는 아프리카 항공안전 개선활동을 지원코자 『아프리카 항공안전강화사업(ACIP, AFIC(African Indian Ocean) Comprehensive Implementation Program)』을 추진하고 기여금의 조성을 위해 제36차 총회 개최 직전, 아프리카 및 여타국 고위급 인사를 초청한 회의를 개최('07. 9)하였다. 우리정부는 상대적으로 교류가 취약한 아프리카 지역과 협력을 강화하고 선거 지지기반의 확보를 위해 일정수준의 기여금을 제공할 것을 결정하고 동 회의에서 미화 10만불 지원의사를 발표하였다. 기여금을 총 사업비 4백만불 중 우리나라의 ICAO 정규분담금 규모(2.4%)를 감안하여 책정하였다.

【개도국 무료교육 프로그램】

우리정부는 2001년부터 국제민간항공의 안전도 향상과 ICAO 회원국간 균형 있는 발전을 도모하기 위해 ICAO 및 한국국제협력단(KOICA)과 공동으로 개도국 항공종사자 무료교육훈련을 시행하고 있다.

초창기 연간 2개 과정에 20여명의 인원을 교육한 것이 현재는 위성항행시스템(GNSS), 전방향표지시설(DVOR), 레이더접근관제 등의 과정에 200여 명의 연수생을 훈련하는 프로그램이 되었다. 2001~2015년까지 117개국의 1,448명을 교육하였다.

2006년 9월, 국토해양부–ICAO–KOICA간 『개도국 교육훈련 협력 협정』을 체결하였고 국제사회 공헌 및 개도국 지원에 대한 노력을 ICAO 이사국 및 항행위원 등 국제선거시 전파함으로서 우리나라의 당선에 실질적으로 기여한 프로그램이다.

【북아시아 항공안전협력체】

ICAO는 항공안전 및 효율성 증진을 위한 지역별 협력체(Cooperative Development of Operational Safety and Continuing Airworthness Program: COSCAP)를 구성하고 회원국의 국제기준 이행 및 안전감독 강화를 위한 규정·제도를 개발, 기술자문 및 교육 등을 실시하고 있다. 전 세계적으로 10개(82개국)의 COSCAP이 운영 중이다.

우리나라는 2003년 3월 설립된 COSCAP-NA(North Asia)의 회원국(한국, 중국, 몽골 및 북한)으로 활동 중이며 현재 1단계 사업('03~'07) 종료 후, 2단계 사업('08~'12)이 진행 중이다. 사업비는 회원국 분담금 및 협력금으로 충당하는데 우리나라는 1단계에서 미화 50만불을 기여하였고 2단계 사업중에는 매년 11만 6천불, 총 58만불을 기여할 예정이다.

지금까지는 COSCAP을 항공안전감독시스템 구축자문 및 ICAO 평가('08. 5)대비 모의점검 위주로 활용해 왔으며 금년부터는 항공안전 주요 이슈 및 연구과제에 대한 교육, 워크샵 개최 등에 활용할 계획이다.

③ 항공안전 및 보안강화 활동

전술된 바와 같이 ICAO와 우리정부는 항공안전 및 보안강화, 개도국 지원 등 다양한 분야에서 국제민간항공의 발전을 촉진하기 위해 함께 노력하고 있다.

최근의 이슈로는 뉴스를 통해 이미 알려진 북한의 인공위성 발사 통보 건을 들겠다. 북한의 조국평화통일위원회(조평통)가 지난 3월 5일 키 리졸브 훈련기간 중 북한 영공과 그 주변을 통과하는 우리 민항기의 안전을 담보할 수 없다는 발표를 한 것과 관련, 주 ICAO 대표부 대사는 3월 9일 ICAO 이사회 발언을 통해 이는 민간항공의 안전에 대한 중대한 위협으로 발표내용을 철회하여야 함을 강조하였고, 그 결과 이사회는 ① 북한의 발표가 국제민간항공 및 여행객들의 안전과 보안에 중대한 위협이며, ② 북한은 동 발표를 철회하고 ICAO 관련 규정을 준수해야 하며, ③ 이사회의장이 북한의 조치에 대한 우려 및 북한의 발표 철회와 협약 준수를 촉구하는 서한을 즉시 북한에 발송하기로 만장일치로 결정하였다. 3월 11일 ICAO 이사회 의장은 상기 내용의 서한을 북한 외무상 앞으로 발송하고 전 이사국들에게 메모형식으로 사본을 통보하였다. 통상적으로 이사회 의장은 북한과의 서한 교환 시 민용 항공총국장 앞으로 서한을 발송하였으나 이번에는 사안의 중요성을 감안한 우리 정부의 의견에 따라 외무상에게 발송되었다.

이후, 북한 민용 항공총국장은 이사회 의장에게 북한이 시험통신위성 '광명성 2호'의 발사를 결정한 것과 발사시기('09. 4. 4~8) 및 예상위험 좌표를 통보하였다. 일반적으로는 인공위성 발사시 ICAO에 통보하는 대신에 국제민간항공협약 부속서 11(항공교통업무)에 따라 주변국과 협의하고 부속서 15(항공정보)에 따라 항공고시보(NOTAM, Notice To Airmen)를 발행하는 것이 관행이나 북한과 예외적으로 조치하였고 ICAO는 서한을 통해 북한에 부속서 11, 15에 따른 관련국과의 협력 및 예상위험지역에 대한 정보제공 의무의 중요성을 강조하고 동 내용을 언론 보도자료(Press Release)로 발표하였다.

금번과 같은 사례가 최초는 아니다. 1998년 8월 31일 북한의 로켓 발사 이후 제32차 ICAO 총회('98. 9. 22~10. 2)에서 일본 주도(우리나라 지지)로 'ICAO 회원국에 항공안전의 중요성을 재확인하고 잠재적 위험 활동 방지를 위한 협약 및 부속서와 절차의 준수를 촉구'하는 결의안을 채택한 사례가 있다.

또한 2006년 7월 5일 북한의 미사일이 일본상공과 공해상을 통과한 것과 관련하여 ICAO 이사회 의장인 북한 민용 항공총국장에게 ICAO 규범 준수 요청서한을 발송한 바 있다.

2) ICAO의 회원국 평가 프로그램

① 항공안전종합평가(USOAP)

국제민간항공기구(ICAO)가 2004년 10월 제35차 총회 결의에 따라 2005년부터 회원국을 대상으로 새롭게 시행중인 항공안전종합평가(USOAP)는 항공안전과 관련된 국제표준과 권고절차인 모든 부속서(16개)를 종합 점검하여 국가의 항공안전 감독체계의 적합성을 평가하는 프로그램이다.

ICAO의 새로운 항공안전종합평가(USOAP)는 법령·조직·자격 등 8개 주요 분야에 대한 사전 서류심사, 현장 확인 등을 통해 국가 항공안전감독체계의 국제기준 부합여부를 종합적으로 점검하는 평가이다.

ICAO 평가관들은 현장평가 전 회원국이 제출한 사전답변서(State Aviation Activity Questionary: SAAQ)와 국제표준이행점검표(CCs, Compliance Checklists)에 대해 검토하고

현장에서는 16개 부속서를 상호 연계하여 8개 평가분야로 재분류한 체크리스트(Protocol)를 활용하여 평가한다. 기간은 약 8일 정도가 소요되고 평가요소를 고려하게 된다. 수검국은 평가 후 150일 이내에 지적사항에 대한 개선조치계획을 ICAO에 제출하여야 하고, 270일 이내에 모든 조치가 마무리 된다.

〈참고〉 ICAO 항공안전종합평가 분야 및 분야별 평가요소

- 8개 평가분야: 법령, 조직, 자격관리, 운항, 감항, 항행, 비행장, 사고조사
- 8개 분야별 평가요소: 법령, 세부규정, 항공조직, 자격교육, 기술지침, 면허·인증, 안전감독, 안전위해요소해결

우리나라는 ICAO 항공안전평가를 2005년과 금년 5월 두 차례 수검하였는데, 2000년 실시된 평가시 그 결과(이행율 79.79%)가 미흡하여 미국으로부터 추가적인 점검을 받고 항공안전 2등급 판정('01. 8)을 받게 됨으로써, 1등급 회복까지 신규노선 개설제한, 항공사간 코드쉐어 중단 등의 불이익을 경험한 바 있다. 더욱이 평가범위와 방법면에서 더욱 강화된 2차 평가 일정이 '08. 5월로 확정되자, 1만여 개가 넘는 국제표준조항의 철저한 이행을 위한 대책이 필요하였다.

이에 항공안전본부는 국제표준 조항과 이에 대응하는 국내규정을 비교·분석하여 모든 국제기준을 체계적으로 국내규정에 반영(항공법령 개정('08. 5. 8), 관련 고시·지침·훈령 제·개정)하였고, 정부의 항공안전 감독능력을 강화하기 위해 전문인력을 확보(안전감독관 29, 운항자격심사관 11)하여 항공종사자 자격관리, 공항 및 항공사 안전점검 등을 국제기준에 적합하게 실시하였다. 또한 정부·항공사·공항 등 민·관 합동대응체계를 구축(17개 기관, 115명)하여 평가준비·추진상황 점검하는 등을 노력한 결과 2008년 5월 13일부터 22일까지 방한한 ICAO 평가단(Mr. Henry Gourdji외 5명)으로부터 우리나라의 국제기준 이행 수준이 매우 우수하다는 평가를 받았고 지난 2월 발표된 최종보고서에서 국제기준이행율 98.89%로 세계최고의 기록을 획득하게 되었다.

② 항공보안평가(USAP)

9.11 테러 이후 몬트리올에서 개최된 제33차 ICAO 총회('01. 9. 25~10. 5)에서 "민간항공

기를 테러행위 및 파괴무기로 오용하는 것을 방지하는 선언"을 총회 A33-1 결의안으로 채택하고, ICAO에서 체약국의 공항 및 항공보안프로그램에 대한 국제민간항공 부속서 17권 기준사항의 준수 여부를 확인하는 "항공보안감사프로그램"을 수립할 것을 결의하였다.

우리나라는 '04. 11. 1~11. 10(10일간) 정부 및 인천국제공항에 대하여 ICAO 항공보안 평가관(Auli Kankkunnen 등 4명)으로부터 항공보안분야의 정부 조직, 법령·규정분야, 공항시설·장비분야, 공항보안검색 및 경비분야, 항공기보안 분야, 유사시의 비상조치 상황 등 국제민간항공협약 부속서 17의 표준 66개 항목 483개 세부항목에 대한 수검을 받은 결과 항공보안평가관들은 우리나라에 대하여 다른 체약국보다 보안체제 및 운영실태가 국제표준에 적합하다는 의견을 제시하였고, 66개 표준 483개 항목에 대하여 국제민간항공기구(ICAO) 표준항목과 불일치하는 사항은 없으며, 다만 우리나라의 항공발전을 위해 국가·공항보안운영규정에 개정절차를 명문화하여 운영하라는 등 13개 권고 사항을 제시하였고, 13개 권고사항에 대하여는 '05. 3 조치 완료하였으며 '06. 11. 14~11. 17(4일간) 후속보안평가를 수검한 결과 '04년 평가시 권고한 13개 사항이 모두 이행되었다고 평가받았다.

이러한 국제민간항공기구의 항공보안평가를 통하여 우리나라의 높은 항공보안의식과 공동협력에 대한 우리의 의지를 각 체약국에게 알리는 계기가 되었으며 국제적으로 우수한 항공보안체계를 수립하여 운영하는 국가로 인식되고 있다.

3) 향후 추진과제

우리나라는 세계 6위 항공운송국이자 ICAO 정규분담금 8위의 국가로 ICAO 주도의 국제협력사업 참여, 개도국 항공종사자 교육 및 총회, 이사회, 항행위원회 등을 통한 ICAO 활동 등 그간 외형적 규모에 맞는 국제적 위상을 확보하기 위해 노력해왔다. 그러나 아직까지 2001년 이사국 최초 진출 위치인 파트 Ⅲ에 머물러 있고 2005년 최초 진출한 항행위원의 2007년 재선시 치열한 경합을 벌이는 등 어려움을 겪은 실정이다. 이에 국내외 항공동향을 분석, 전략적 국제협력 증진방안을 수립·이행함으로써 국제사회에서 항공권익을 신장할 필요가 있다.

국제사회에서 우리나라의 활동영역을 확대하고 ICAO 이사회 파트 상향을 통한 안정적 이사국 지위의 확보 등 국제적 영향력을 확보하기 위한 4대 과제 (① ICAO 인력진출 확대,

② 국제화 역량 강화, ③ 국제항공협력사업의 확장 및 개발, ④ 글로벌 항공협력과 지지기반 확대)에 대한 과제별 세부 내용을 결정하여 적극 추진해야 할 것이다.

2. 국제항공운송협회(IATA)

(1) IATA의 설립 및 목적

IATA(International Air Transport Association)는 세계 각국의 항공기업(32개국의 61개 항공사가 참여)이 1945년 4월, 쿠바의 아바나에서 세계항공회사회의를 개최하여 제2차 대전 후의 항공수송의 비약적인 발전에 따라 예상되는 여러 가지 문제에 대처하고 국제항공수송사업에 종사하는 항공회사간에 협조·강화 목적으로 설립한 순수 민간의 국제협력단체로서 항공운임의 결정·운송규칙의 제정 등이 주된 임무이며 준공공적 기관으로서의 성격을 갖고 있다. 기능적으로는 1919년 헤이그에서 설립된 구 IATA[13]를 계승한 것으로 볼 수 있다.

IATA의 목적은 다음과 같이 세 가지로 대별될 수 있다.

첫째, 세계의 제 국민의 복지를 위하여 안전, 확실 및 경제적인 항공수송의 발달을 촉진함과 동시에 이와 관련되는 제 문제의 해결

둘째, 국제민간항공운송에 종사하고 있는 민간항공기업의 협력기관으로서 협력을 위한 제 수단의 제공

셋째, ICAO 기타 국제기관과의 협력의 도모

이 중에서도 가장 중요한 것이 항공기업 간의 협력이다. 이러한 목적에 따라 항공기업 간에 통일적으로 사용해야할 각종의 표준방식을 설정하는 공적을 남겼다. 이 중에는 표준운송약관, 항공권, 화물운송장, 복수항공기업 간의 연대운송협정, 판매 대리점과의 표준계약, 표준 지상업무 위탁계약 등이 포함된다.

13) 구 IATA(1919년): International Air Traffic Association, 국제항공운송협회.

(2) IATA의 회원 및 조직

IATA의 회원을 정회원(Active Member)와 준회원(Associate Member)으로 구분된다. 회원은 ICAO 가맹국의 국적을 가진 항공기업만이 IATA의 회원이 될 수 있다. 국제항공운송에 종사하고 있는 항공회사는 정회원, 국내항공운송에 종사하고 있는 항공회사는 준회원이 될 수 있다. 회원자격에 변경이 있는 경우에는 새로운 자격을 취득한 후 6개월 이내에 이사회에 새로운 회원이 되기 위한 신청을 하지 않는 한 자동적으로 회원의 자격을 잃는다.

IATA는 원래 정기항공기업의 단체로 발족했지만 1975년에 개최된 캐나다 회의에서 특별법 및 정관을 개정함으로서 최근에 급속하게 발달하고 있는 부정기항공기업도 IATA의 회원이 될 수 있게 되었다. 2005년 12월 말 현재 130개국의 267개(정회원 154사, 준회원 35사)의 항공회사가 IATA 회원으로 가맹하고 있다. 국적별로는 북남미 21개국, 구주 23개국, 아프리카 34개국, 중동 16개국, 아시아 9개국, 호주 2개국이다.

IATA의 조직은 최고기관인 연차총회(Annual General Meeting), IATA의 실질적인 운영을 맡고 있는 이사회(Executive Committee), 각 분야에서 활동하고 있는 4개의 상설 위원회(기술·재무·법무·운송), IATA의 가장 중요한 기능인 항공운송에 관한 제 조건(여객운임·화물운임 등)을 가맹 항공회사가 협의하여 결정하는 운송회의(Traffic Conference), 항공기업 간의 금전적 대차관계의 정산을 하는 청산소(Clearing House) 및 사무국으로 구성된다. 총회는 각 항공회사의 회장이나, 사장급이 매년 1회 모여서 각 위원회의 활동결과를 보고 받으며 예산의 승인, 위원의 임명 등을 관장한다. 이사회는 21개사의 대표가 연 3회 회합을 갖고 중요사항을 심의 결정한다. 이사회의 주 임무는 협회의 운영, 자금 및 재산의 관리, 협회의 대표 및 신 회원의 승인, 총회에서 위탁된 권한 범위 내에서의 방침결정, 사무총장 및 상설위원회의 임명, 운송회의 규칙 및 청산소의 규칙결정, 총회 의제의 결정, 예산원안의 작성 등이다.

각 상설위원회의 주 임무를 보면 법률위원회(Legal Committee)는 공법 및 사법협약, 다국 간 협약, 국제항공에 영향을 주는 현행 및 입법과정에 있는 국내법, 배상문제, 기타 항공수송의 발달에 수반하여 야기될 수 있는 제반 법률문제를 관장한다. 기술위원회(Technical Committee)는 항공기, 운항, 의료, 기재의 통일화, 통신, 기상, 감항성 및 정비, 공항, 항공로, 항행원조, 안전, 소음, 공해 기타 제반 기술사항을 관장하며 문제별·지역별로 소위원회를 운영한다. 또한 항공기 및 각종 설비의 제조업자, 공항당국, 정부 등을 포함한 회의를 개최한다. 사무국은 몬트리올에 있지만 지역사무소가 리오데자네이로, 런던, 제네바, 나이로비, 방콕에 있다.

재무위원회(Financial Committee)는 회원 항공기업의 회계규칙의 통일, 통화, 조세, 보험, 감사, 통계, 환율, 수입금결제 등과 항공수송의 발달로 생기는 잠재적인 재무 및 경제문제를 관장한다. 사무국은 몬트리올에 있다. 문제별로 소위원회를 설정하지만 특히 주목할 것은 수입회계절차의 표준화와 제네바에 있는 청산소이다. 각 항공회사는 연대운송협정(Interline Traffic Agreement)[14]을 체결하여 상호 항공권과 화물운송장의 대리판매를 하지만 운송회사로부터 발매회사에 대한 수입금의 청구는 표준절차에 따라서 제네바의 청산소에서 매월 1회 정산한다. 따라서 각 회원 항공회사는 청산소[15]에서 매월 1회의 송금만으로 100개사가 넘는 타 항공회사와의 정산이 이루어진다.

운송위원회(Traffic Committee)는 항공운송업계의 장기적 및 단기적 상업활동에 관한 사항, 운송회의 권한에 관한 사항, 상업적 절차의 통일, 기타 이사회가 위촉하는 영업 및 운송에 관한 사항을 관장한다. 사무국은 제네바에 있다. 각 위원회는 25명으로 구성되며 그 임기는 2년이다.

(3) 운송회의

운송회의는 IATA 항공회사의 영업제도에 관한 협의를 하는 장소이다. 이 회의에서 결정한 것은 자치권을 갖기 때문에 IATA의 다른 기관이 간섭할 수 없다. 운송회의의 결정을 결의(Resolution)라고 부르며,[16] 이는 정회원이 투표하여 결정하며 회원 항공회사에 대

14) 연대운송협정(Interline Traffic Agreement)에서는 Multilateral Interline Traffic Agreement(다국항공회사간 연대운송협정)와 Bilateral Interline Traffic Agreement(개별 항공사 간 연대운송협정)의 두 가지 형태가 있음. 전자는 IATA(국제민간항공운송협회)를 통한 연대운송협정으로서 IATA가맹항공사이든 비가맹 항공사이든 관계없이 동 협정에 가입할 수 있으며, 후자는 IATA를 통하지 않고 양 항공사간에 개별적으로 체결하는 경우이다.

15) IATA Clearing House는 연대항공운송협정을 체결한 항공사간에 연대운송한 판매대금을 각 운송항공사별로 일정한 기준에 의해 각사의 몫(Proration)으로 배분하여 청산하여야 할 방대한 규모의 임차관계(항공대금의 청산관계로서 Interline 청산이라 함)와 송금업무가 발생하게 되는데 이를 대행해주기 위해 설립 된 IATA 기구이다.

16) IATA 운송회의에서 합의되어 결의의 형태로 최종적으로 채택된 수가 1,000개 이상에 이르고 있다. 이들 결의는 기본적 운임수준의 규정, 운임의 계산방식, 통관관계의 제 규칙, Charter의 규칙, 기내서비스 관계규칙, 수하물 관계규칙,

하여 강제 구속력을 갖는다. 협정내용은 (i) 운임 및 서비스의 조건, (ii) 운송절차의 규칙, (iii) 대리점 규칙으로 대별된다. 이들 협정은 각국 정부의 인가를 얻어서 발효된다. 사무국은 제네바에 있으며 지역사무소는 몬트리올, 뉴욕, 싱가포르에 있다.

(4) 운임결정기능

IATA의 가장 중요한 기능은 여객운임, 화물요율, 기내 서비스의 내용 등 항공수송에 관한 제 조건을 결정하는데 있다. 이들 운송조건은 IATA 조직의 하나인 운송회의에서 가맹항공회사가 서로 협의하여 결정한다.[17] 운송회의는 세계를 3대 지구로 분할하며 각 지구는 (i) 북미, 중미, 남미 운송회의는 세계를 3개 지구로 분할하며, 각 지구는 (i) 북미, 중미, 남미를 관할하는 제1지구, (ii) 구주, 중동, 아프리카를 관할하는 제2지구 및 (iii) 동남아, 극동, 호주 및 남태평양 지역을 관할하는 제3지구의 3개의 지구별 운송회의로 나누어 운영한다.

운송회의에서 협의하여 결정한 사항은 관계국 정부의 인가를 얻어서 정식으로 발효된다. 특히 2국간 항공협정은 관계국 정부의 인가를 국제항공운임의 발효조건으로 규정하고 있으며 대부분의 국가가 IATA의 운임결정 기능을 정식으로 인정하고 있다.

(5) 운송절차규칙

운송절차규칙은 예약, 여객항공권과 화물운송장의 발행 등 오늘날 세계의 어디서나 예약을 하고 항공권을 구입하고 통일된 기준으로 설정된 항공운임을 지불할 수 있도록 국제적인 항공수송의 절차를 규정한 것이다. 현재 미국을 위시한 각국은 BSP(은행집중 결제방식)[18]를 도입하고 있는데, 이는 은행이 표준 항공권을 항공회사를 대신하여 여행대리점에 배부하고 대리점이 발행한 항공권의 대금을 은행이 수금하고 은행은 입금확인 후에 당해 항공회사에 송금하는 제도이다. 이러한 제도의 도입으로 항공회사는 자사의 항공권을 대리점에 개별적으로 배부하고 수금하는 복잡한 절차를 밟을 필요가 없어졌으며 미사용

항공권, 운송장 등의 서식 기입방법 관계규칙, 대리점 관계규칙 등 전 항공분야에 이르고 있다.

17) N. K. Taneja, Airline Industry, 1976, p.59 참조.

18) Bank Settlement Plan으로서 IATA 항공사는 물론 Non–IATA 항공사도 가입할 수 있다. 한국은 1990년부터 실시하고 있다.

항공권의 관리나 도난의 위험이 경감되는 효과를 가져왔다.

(6) 대리점 규칙

IATA 항공회사는 IATA가 임명한 여객 및 화물 대리점만을 이용할 수 있다. IATA 대리점의 자격요건, 임명절차, 권리의무, 벌칙 등은 모두 IATA 운송회의의 결의(Resolution)형태로 규정화되어 있다. 이들 규정을 운용하기 위하여 IATA는 지역별 대리점위원회를 개최하고 있으며, 이 위원회가 승인한 대리점은 IATA 사무총장과 대리점계약을 체결함으로서 각 항공회사로부터 발매항공권이나 운송장에 대하여 소정의 대리점 수수료를 받는다.

(7) 수송원가

운송회의의 하부조직으로 원가위원회가 있다. 운항경비는 각 항공회사의 경영방식에 따라 다르지만, 원가 위원회에서는 각사의 원가자료를 기초로 하여 이것을 IATA 기준으로 산정한 후 가중·평균하여 항공운송업계의 평균 수송원가를 설정하여 운임결정의 기초자료로 제출하는 역할을 한다. 일반적으로 좌석 당 또는 톤당 운항경비는 운항량의 증가와 함께 저하되지만 노선망의 적절한 조합으로 이것이 저하되지 않도록 조정한다.

(8) IATA의 장래 전망

IATA가 국제항공수송의 발달에 기여한 공적은 대단히 크다. 항공권 및 항공권이면약관의 통일, 기타 항공운송증권 및 항공운송약관의 표준화, 항공기업 간의 연대운송체제 확립, 고객에 대한 항공의 편의제공 등 많은 분야에 기여했다. 무엇보다도 IATA의 가장 중요한 역할은 국제항공운임을 결정하는데 있으나, 또한 이 기능은 IATA가 비판받게 되는 주원인이 되고 있다. IATA의 운임결정기능은 협회의 설립당초부터 관계국 모두가 인정한 것이 아니며 일부 국가의 반대가 있었다. 특히 기업의 자유주의 전통을 중시하는 미국은 이 기능을 문제시하여 1945년의 협회 설립 이래 현재까지 그 비판을 그치지 않고 있다. 1946년 버뮤다에서 개최된 영미항공회의에서 미국의 강력한 반대가 있었으나 영국은 1년 기한을 조건부로 미국으로 하여금 IATA의 운임결정기능을 인정하게 하는데 성공하였다. 그 후에 기한부조건은 사문화되어 이 기능은 거의 항구적으로 승인된 것과 같게 되었다.

그러나 1978년 6월 9일에 미국항공위원회는 IATA의 국제항공운임결정기능을 계속 인정할 것인지의 여부와 미국의 독점금지법의 적용을 면제할 것의 인가를 결정하기 위한 조사를 하기에 이르렀다.[19] 그 결과 1981년 5월에 동 위원회는 운임결정에 관한 제 협정이 반경쟁적이라고 단정하고 본건에 관하여는 재조사할 필요가 있다는 이유로 결정일로부터 2년간에 한하여 우선 승인 및 면제를 한다는 최종적인 결정을 했다. 그러나 동 결의는 (i) 미국의 항공기업은 북대서양의 운임조정회의에 참가하지 말 것, (ii) 국제민간항공기구 등의 대표자와 함께 미국항공위원회의 대표자를 참관인으로 참가시킬 것, (iii) 혁신적인 운임 및 요율(Innovative Fare and Rate)의 도입을 방해하지 않을 것을 제한조건으로 승인하였다.[20]

국제항공수요의 계속적인 증가와 대형제트기의 도입으로 항공수송원가가 저렴해지고 안정성이 향상되면서 발전도상국까지 자국 항공회사의 설립을 서두르게 되었고, 많은 새로운 항공회사가 국제항공에 진출하는 결과를 가져 왔다. 한편 선진항공회사도 철저한 합리화를 통한 운임의 인하가 가능하였으나 반면에 부정기 항공의 활발한 시장침투로 항공회사간의 경쟁이 더욱 격심하게 되었다. 이것은 종래의 IATA의 운임결정이나 결정된 운임을 준수하는데 중대한 영향을 주었으며 기업 간의 의견 대립은 IATA의 운임결정기능을 마비시킬 정도로까지 운임체계의 혼란을 야기시켰다.

이러한 현상에 대하여 IATA는 국제항공시장에서의 질서의 회복과 유지를 위하여 여러 가지 대응책을 강구하여 실시해 왔다. 미국도 IATA의 기능을 인정한 것은 IATA가 국제항공의 질서회복과 건전한 발전을 위해 공헌해 왔으며 앞으로 IATA의 활약이 기대되기 때문이라 볼 수 있다.[21]

---

19) 미국정부는 IATA의 운임결정기능을 부정하는 Show Cause Order 발행. IATA운임협정이 독점금지법의 적용에서 제외될 이유를 제시하지 않는 한 이를 승인하지 않겠다는 내용이다.

20) 이것이 원인이 되어 1978년에 IATA의 조직을 대폭적으로 변경하였다. 동 개혁에 따르면 IATA의 활동은 ,첫째 협의 활동(Trade Association: 기술, 연대운송, 항공회사간의 운임정산 등 활동), 둘째 운임조정활동(Tariff Coordination: 운임수준, 규칙, 대리점수수료 등의 심의 결정활동)의 2개 부분으로 구분되었다. 개혁 후 IATA 항공사는 전자의 참가는 의무사항이고 후자의 참가는 임의사항이 되었다. 대한항공, "IATA의 위상변화와 가입항공사의 증가", 「주간 항공정보, No. 425」(1990. 8. 17).

21) IATA의 기능이 지금까지의 엄격한 규제를 완화하고 "제약기관"에서 "조정기관"으로 기능이 변화하고 있다.

3. 정부간의 지역협력기관

ICAO 외에 지역의 항공문제를 해결하고 국제항공의 건전한 발전을 도모하기 위하여 각 지역에 정부조직으로서의 국제협력기관이 발족하여 활발히 운영되고 있다.

(1) 구주민간항공회의(ECAC)

ECAC(European Civil Aviation Conference)는 1953년에 개최된 구주외상회의의 초청에 의해 1954년 4월에 구주항공운송협력회의(Conference on Coordination of Air Transport in Europe)의 결의로 설립되었다. ECAC는 구주 내 국가로서 1954년의 구주항공운송협의의 구성국이 전원일치로 가입을 승인한 경우에 가입할 수 있다. 회의의 주 임무는 구주지역의 항공수송의 발전을 목적으로 하여 1956년에 "구주내의 부정기항공업무의 상업적 권리에 관한 다수국간협정"의 채택, 1960년에 "수입항공기의 감항증명에 관한 다수국간 협정"의 채택, 1975년에 "북대서양 Charter 항공에 관한 항공당사국간 협정"의 채택 및 1982년 8월 1일에 발효한 "미국과 구주 12개국과의 북대서양 운임에 관한 각서" 등 많은 성과를 거두었다. 현재 본부는 파리에 있다.

(2) 라틴아메리카 민간항공위원회(LACAC)

LACAC(Latin American Civil Aviation Commission)는 1973년에 설립되었으며 라틴 아메리카 지역에서의 민간항공에 대한 협력촉진을 목적으로 하고 있다. 이 회의는 라틴 아메리카의 제국을 구성원으로 한다. 정기총회는 2년에 1회 개최되고 하부기관으로서의 이사회가 있으며 본부는 리마에 있다.

(3) 아프리카 민간항공위원회(AFCAC)

AFCAC(African Civil Aviation Commission)는 1969년에 구성국간의 국제항공의 질서있는 발전과 상호협력을 목적으로 설립되었다. 이 위원회는 아프리카 통일기구의 전문기관으로서의 지위를 갖고 있다. 정기전체회(Ordinary Plenary Session)는 2년에 1회 개최되며, 이사회는 매년 1회 개최된다.

동 위원회는 1975년에 "부정기항공의 규칙을 위한 공동정책을 채택했으며 이외에도 구성국의 항공회사를 위한 항공요원의 훈련을 목적으로 한 훈련계획을 채택하였다. 본부는 다카르(Dakar)에 있다.

(4) 아랍민간항공이사회(ACAC)

ACAC(Arab Civil Aviation Commission)는 1965년에 아랍연맹(Arab Union)이사회의 결정에 의해 아랍지역에서의 항공운송의 발전을 목적으로 설립되었다. 이 위원회는 아랍연맹 및 국제민간항공기구와의 협력 하에 아랍지역의 항공에 관한 제 절차의 통일화를 추진하고 있다. 이것은 아랍연맹 전문기관으로서의 지위를 갖고 있으며 본부는 라바트(Rabat)에 있다.

(5) 구주항공안전기구(EUROCONTROL)

EUROCONTROL(European Organization for the Safety of Air Navigation)은 1963년에 설립된 기구로서 현재는 벨기에, 프랑스, 서독, 아일랜드, 룩셈부르크, 네덜란드, 영국의 7개국으로 구성된다. 이 기구는 참가국의 각 지역에서 항공기의 안전운항에 대한 협력을 목적으로 하며 구성국가의 일정한 고도 이상의 영공의 항공관제를 공동으로 관리하고 있다. 상설기관으로서는 안전운항 상설위원회와 항공관제 서비스 기관이 있으며 본부는 브뤼셀에 있다.

4. 항공회사간의 지역협력기관

(1) 정기항공회사간의 지역협력기관

각 지역의 항공수송이 비약적으로 발전하고 항공회사의 수가 증가하면서 각 지역의 항공사들은 지역별 항공협력기관을 신설하고 그 활동을 강화하여 왔다. 이들 협력기관의 주된 임무는 지역 내 항공에 관한 공통문제의 조사와 검토를 목적으로 하고 있다.

1) 아시아·태평양 항공기업협회(AAPA, 前 OAA)

OAA(Orient Airlines Association)는 1966년에 아시아 지역에 있는 항공기업 6사의 사장

이 마닐라에 모여서 지역 내 항공의 발전을 위하여 제 문제를 조사·협력·조정할 목적으로 OARB(Orient Airlines Research Bureau: 동양항공기업조사회)를 설립하였고 1970년에 OAA로 명칭을 변경하였다. 이 협회는 지역 내의 광범위한 협력을 이루고 있다. 회원은 일본, 한국, 대만, 홍콩, 필리핀, 태국, 말레이시아, 싱가포르, 인도네시아, 오스트레일리아의 국제정기항공회사 12개사로 구성되어 있다. 본부는 마닐라에 있었으며 사장회(Assembly of Presidents)와 이사회(Executive Committee)가 있고 그 하부에 기술, 보안, 영업, 통계의 4개 위원회가 있다.

기술위원회는 운항의 안전, 기재의 공동구입 또는 공동사용 등의 문제를 담당하며, 보안위원회는 공항보안시설, 하이재킹의 방지, 항공권류의 위조방지 등을 담당하고, 영업위원회는 시장의 개발, 수입의 개선, 특수화물의 취급 등을 담당하고 있다. 그 외에 조사소위원회와 원가소위원회 등이 있다. 최근에는 지역을 확대하여 아시아·태평양 항공사협회(Association of Asia Pacific Airlines: AAPA)로 명칭을 변경하였으며 본부를 말레이시아 쿠알라룸러에 두고 있다.

2) 구주항공기업협회(AEA)

AEA(Association of European Airlines)는 1952년에 화란항공, 스위스항공, 벨기에항공, 영국항공 및 스칸디나비아 항공에 의해 통계 및 항공의 경제면의 연구를 목적으로 설립된 항공조사기관으로서의 EARB(European Airlines Research Bureau: 구주항공기업조사회) 설치로부터 비롯하였다. 그 후 1974년에 그 활동범위를 회원 항공기업 간의 상업, 기술 및 정책면에 있어서의 상호협조로까지 확장하면서 명칭도 현재의 AEA로 변경하였으며 구주의 유력한 항공회사를 회원으로 계속 영입하고 있다. 본부는 브뤼셀에 있으며 회원은 구주의 19개 국제정기항공회사로 구성되어 있다. 사장회의(Assembly of Chairman)와 3명으로 구성된 이사회(Committee of Three Chairman)의 하부에 정책, 경제, 기술의 3개 위원회가 있다. 회원에게는 월별 구주항공수송 통계 및 연도별 항공수송을 분석한 경제자료가 제공된다. 1979년 미국에서의 DC-10형기의 감항증명 효력 정지사건에 대하여는 회원 항공회사가 공동보조를 맞추어서 대처하는 등 활발한 활동을 하고 있다.

3) 아랍항공기업기구(AACO)

AACO(Arab Air Carrier's Organization)는 1968년에 아랍 항공기업 간의 협력과 조정을 목적으로 설립되었으며 본부는 베이루트에 있다. 회원은 아랍연맹 구성국의 12개 정기항공회사로 구성되어 있다. 이 단체는 연차총회(Annual General Meeting)와 그 외에 기술, 운송, 교육, 기내식 서비스 등 6개의 상설위원회가 있다.

4) 아프리카항공기업협회(AAFRA)

AAFRA(Association of African Airlines)는 1968년에 아프리카의 15개 항공기업이 주축이 되어 항공기업 상호간의 협력, 아프리카 지역의 관광촉진 및 국제회의에서의 공동보조를 목적으로 설립되었으며 본부는 나이로비에 있다. 회원은 아프리카통일기구(Organization of African Unity)의 회원국에 속하는 국제정기항공회사로 구성되어 있다. 총회(General Assembly), 이사회 외에 기술·운송·재무·법무 등의 4개의 상설위원회가 있다.

5) 미국항공운송협회(ATA)

ATA(Air Transport Association of America)는 1936년에 설치되었으며 사무국은 워싱턴에 있다. 회원은 미국 및 캐나다의 정기항공회사 26개사이다. 이 협회는 미국의 국내 단체로서의 성격이 강하며 캐나다의 항공회사는 2개사만이 참가하고 있다.

(2) 부정기항공회사간의 지역협력기관

1) 국제항공기업협회(IACA)

IACA(International Air Carrier Association)는 1972년에 설립된 Charter 전문항공회사의 단체이다. 동 협회는 1973년에 정관을 개정하여 정기항공회사도 Charter 항공을 운영하면 회원이 될 수 있도록 했다.

이 협회의 목적은 Charter 항공의 필요성을 넓게 홍보하고 또한 Charter 항공의 질적 개선을 촉진함에 있다. 회원은 정회원(Active Member)과 준회원(Associate Member)으로 대별되며 정회원은 국제 Charter 항공을 전문으로 하는 항공회사로서 국제민간항공기구의 가맹 국에 속한 국가의 항공회사로 한정하고 있다. 기관으로서는 총회, 상설위원회 외에 연수회를 두고 있으며 본부는 제네바에 있다.

2) 미국항공기업협회(NACA)

NACA(National Air Carrier Association)는 사무국을 워싱턴에 두고 있는 미국의 부정기 항공회사간의 협회로서 16개사로 구성되어 있다.

Chapter

03 항공협정

제1절 항행의 자유의 인정과 확립

시카고 회의의 주요한 의제 중의 하나인 항행의 자유는, 그 완전한 자유를 주장하는 미국과 제한된 자유만을 보장하는 영국을 비롯한 구주제국 간에 격심한 대립의 결과 확립되지 않았다. 국제민간항공협약에서는 부정기 항공에 대한 자유만을 일정한 조건하에 각 체약국이 향유할 수 있을 뿐이고, 각국은 타국의 허가 없이는 정기항공운송을 위해 그 영역으로 취항하는 것은 물론 영공통과의 권리도 인정받지 않았다. 이는 곧 각국이 타국의 영공을 항행하여 정기항공운송을 행하기 위해서는 각 국가마다 개별적으로 그러한 허가를 받아야 함을 의미한다. 그러한 불편함을 각국은 이미 인식하고 있었으나, 의견의 차이를 해소하지 못해 국제민간항공협약이 그 문제를 완벽히 해결하지 못한 반면 국제민간항공협약과는 별개로 국제항공업무통과협정[1]과 국제항공운송협정의 두 개의 협약이 성립되었다.

국제항공업무통과협정은 정기국제항공업무에 있어서 각 체약국이 타 체약국에 대하여 자국의 영역을 무착륙으로 횡단하는 특권[2]과 운수이외의 목적으로 착륙하는 기술

1) 정기항공에 관한 다수국간 협정으로서 제1 및 제2의 자유만을 인정하고 있어 두 개의 자유의 협정(Two Freedom Agreement) 또는 Transit 협약이라고도 한다.

2) 영공통과(Fly-over)의 자유.

착륙의 특권[3], 즉, 두 가지의 하늘의 자유만을 인정하였다(제1조 제1항).

또한 이러한 특권은 국제민간항공협약의 규정에 따라 행사하지 않으면 안된다는 것과 (동조 제2항), 운수 이외의 목적으로 착륙할 특권을 타 체약국이 허용하는 경우에도 체약국은 그 착륙지점에서 합리적인 급유, 정비, 지상조업 등 상업상 업무의 제공을 요구할 수 있도록(동조 제3항) 규정하고 있다. 국제항공업무통과협정은 1945년 1월 30일에 발효하여 현재 세계 주요 국가의 대부분이 가맹하였으며 국제항공의 발달에 크게 공헌하고 있다. 우리나라도 1960년 6월 22일에 가맹하였다.

한편 국제항공운송협정은 다섯 가지의 하늘의 자유를 상호승인 할 것을 인정하였다. 다섯 가지의 하늘의 자유를 규정한 국제항공운송협정은 1945년 2월 8일에 발효했지만 영국을 비롯한 주요국이 참가하지 않았고 당초에 참가했던 미국도 나중에 탈퇴함으로서 실효를 잃고 말았다. 이 협정의 의의는 하늘의 자유의 개념을 명확하게 분류하고 정의하였다는 점에 있다.

이와 같이 시카고 회의에서는 상업항공, 즉, 정기국제항공업무에 필요한 제3, 제4 및 제5의 자유에 대한 다국 간 협약을 성립시키는데 실패했으며 이 때문에 정기국제항공업무의 개설은 2국간의 개별적인 항공협정에 의존하지 않을 수 없게 되었다.

시카고 회의에서는 정기국제항공업무에 관한 권리(운수권)를 상호부여 하는 것은 체약국간에 체결되는 2국간 항공협정에 의해 이루어지도록 하면서 2국간 항공협정의 표준방식을 작성하여 각국에 권고했다. 그러나 이 표준방식은 2국간 협정에서의 가장 중요한 부분인 수송력에 관한 원칙, 운임 결정의 원칙 등에 대하여 전혀 규정하지 않았기 때문에 표준방식으로서의 목적을 충분히 달성할 수 없었다.

결국 1946년 2월에 미국과 영국은 2국간 항공협정을 처음으로 체결하였으며 이것이 이후 각국의 2국간 항공협정 체결에 있어서 표준형이 된 소위 버뮤다 협정이다.

3) 운수이외의 목적(Non-Traffic Purpose)을 위한 착륙을 인정하는 기술착륙의 자유.

제2절 항공협정

1. 버뮤다 협정

버뮤다 협정은 시카고 표준방식을 채택하여 체계적인 형태를 갖춘 최초의 항공협정이며[4] 전후 각국이 체결한 2국간 항공협정의 기본모델이 되었으며, 전후의 국제민간항공의 발전을 위한 초석이 되었다. 우리나라가 각국과 체결한 항공협정도 대부분 이 버뮤다 방식을 따르고 있다는 것이 통설이다.

버뮤다 협정은 크게 다음의 세 가지 부분으로 구성된다.

1) 양국의 지정항공기업이 제공할 수송력에 관한 원칙을 규정한 결의(최종의정서의 본문)

2) 양국의 지정항공기업이 수행할 항공업무에 관한 원칙을 규정한 것으로서 협정의 본문에 해당

3) 운임결정에 관한 원칙, 양국 항공기업이 항공업무를 수행하는 노선, 항공기의 변경(Change of Gauge)에 대한 규정(부속서) 등

동 협정의 주요내용을 보면 1) 양국 항공기업이 운영할 노선의 특정, 2) 특정노선의 정기업무를 운영할 항공회사를 지정할 권리의 교환, 3) 항공기업의 수송력을 항공기업의 자유결정에 일임하는 수송력의 사후심사주의(Ex-post Factor Review)[5], 즉, 수송력에 관한

4) 이천표, "서비스 교역자유화의 기대효과와 접근 방안(항공 및 해운서비스)" 한국개발연구원, 「정책연구자료」 88~95(1988), p.15. 국제민간항공협약이 2국간 항공협정의 표준방식이 보호주의적 색채가 농후한 데 비하여, 자유주의적 요소를 가미한 것이 버뮤다 협정이며 제5의 자유를 보다 널리 인정하고 운항횟수(수송력)와 수송실적에 대한 제한 상대국이 이의를 제기하지 않는다는 점이 특징이다. 그러나 1976년 6월 23일에 체결된 신 버뮤다항공협정은 수송력의 사전심사주의 원칙을 채택하고 있다.

5) 국제항공에 있어서 수송력의 결정방법으로서는 (i) 자유결정방식(Free Determination Method), (ii) 사후심사방식(Ex-post Factor Review Method), (iii) 사전 결정방식(Pre-Determination Method)의 세 가지가 있음. 미국과 네덜란드, 칠레는 자유결정방식이나 사후결정방식을 주장하고 있으며 그 외의 대부분의 국가는 사전심사주의를 주장하고 있다. 증편이나 대형기의 신규투입을 함에 있어서 시장규모와 비교하여 타당성이 있을 경우에 인정하는 것이 사전심사방식이고

기본적인 무제한주의의 설정, 4) 항공 운임은 국제항공운송협회(IATA)의 Rate Conference Machinery에 의해 설정한다는 것과 엄격한 규제를 주요골자로 하고 있다.

수송력 제공에 관한 원칙은 하늘의 자유, 즉, 수송력의 규제조항이 불필요하다고 주장하는 미국과 하늘의 자유의 제한, 즉, 수송력의 제한을 주장하는 영국과의 타협의 결과, 영국의 주장을 추상적으로 표현함으로서 자유주의에 대한 제약조건을 명시하고 있다. 이 때문에 버뮤다 협정을 표준으로 하여 체결한 항공협정에서는 그 추상적인 표현으로 인한 애매성이 항상 협정당사국간에 문제가 된다. 특히 제공하는 수송력을 체약국이 사전에 심사할 수 있느냐 없느냐가 항상 분쟁의 초점이 되고 있다.

운임결정에 관한 원칙은, 첫째, 양 체약국간에 적용하는 운임은 양 체약국의 승인을 얻도록 규정하고 있으며, 둘째, 1년 기한부이지만 국제항공운송협회(IATA)의 운임결정기능을 인정하였다. 이것은 수송력 결정의 원칙의 경우와는 반대로 버뮤다 회의에서 영국이 미국에 승리했다고 할 수 있는 부분이다. 또한 미국은 1년 후에도 동 기능에 대하여 계속적으로 승인을 갱신하여 최근에 이르고 있다. 이와 같이 버뮤다 협정은 운임에 대하여는 엄격하게 규제하는 대신에 수송력에 대해서는 규제하지 않고 자율적인 조절을 원칙으로 하고 있다.

양국의 항공기업이 항공업무를 운영하는 「노선의 특정」에 대하여는 부속서에서 영국 측 노선과 미국 측 노선으로 나누어 기점, 중간지점, 상대국 지점 및 이원 지점에 대하여 각각 지명을 명기하도록 하고 있다. 또한 협정 본문은 양국 항공기업이 수행하는 항공업무에 대한 원칙을 규정하고 있지만, 그것은 시카고 회의에서 채택된 표준방식에 준하여 작성되었다.

2. 제2 버뮤다협정

항공협정(Bilateral Air Service Agreement)의 표준이 된 1946년의 버뮤다 협정은 영·미 양국의 타협의 산물이었으며, 영국은 이 협정이 제5의 자유의 행사에 관하여 영국에 불공평한 결과를 가져왔다는 이유로 항상 불만과 비판적인 입장을 취해 왔다.

투입한 후에 심사하는 것이 사후심사방식이다.

그리하여 1946년에 체결한 버뮤다 협정은 시대의 변천과 함께 영국에 대하여 현저하게 불리하다는 이유로 1976년에 영국은 동 협정의 폐기를 미국에 통고하였고[6], 그 결과로 1977년 7월 23일에 버뮤다 섬에서 영·미 양국은 새로운 항공협정인 제2 버뮤다협정(Bermuda II Agreement)을 체결하였다. 이것은 1946년의 협정을 대폭 개정한 것으로서 새로운 협정의 체결 당시에 영국은 이것이 새로운 항공협정의 모델이 된다고 생각하였다.[7] 이 협정은 전문과 21개조의 협정본문과 4개의 부속서로 구성하였다.

1946년의 버뮤다 협정과 새로운 버뮤다 협정의 내용상의 차이를 요약·비교해 보면, 1) 협정업무의 내용으로서 부정기항공업무(Charter International Air Service)의 추가, 2) 상대국 영역에 있어서의 국내운송(Cabotage)의 금지에 대한 명문 규정화, 3) 지정항공기업의 수의 특정 노선별 제한, 4) 화물전문 항공업무(All-Cargo Air Service) 개념의 새로운 도입과 화객혼합 항공업무(Combination Air Service)와의 구분, 5) 항공보안(Aviation Security)에 대한 새로운 규정의 설정, 6) 수송력에 대한 제1버뮤다 협정의 원칙을 준수하되 구체적 기준으로서 이용률 개념의 도입(수송력 조정방식의 설정), 7) 운임에 대하여 항공기업 간의 운임협정과 운임 그 자체를 분리하는 새로운 개념의 도입 등에 있다.

한편 부속서는 양국항공기업의 운영노선의 특정 및 특정노선의 운영에 관한 원칙(제1부속서), 대서양에서의 수송력(제2부속서), 운임(제3부속서), 차타항공업무(제4부속서)에 관한 구체적 내용을 담고 있다.

이 협정은 내용상 미국 항공기업에게 불리하게 개정되었고 원래 자유로운 국제항공업무의 운영을 지향해온 미국의 항공기업으로는 제2버뮤다 협정의 제한적인 내용을 도저히 받아들일 수 없다는 이유 때문에 각 항공사들로부터 강력한 비판을 받지 않을 수 없었다. 이것이 계기가 되어 미국은 새로운 국제항공정책을 채택하기에 이르렀으며, 1978년에 국무성은 저운임 및 Charter 항공의 촉진, 수송력의 자유화, 항공기업의 복수지정을 주요 골자로

6) 1976년 6월 22일 대미 항공협정의 폐기 통고의 문장의 일부를 보면 "Her Majesty's Government believe that the time has come to renegotiate the Bermuda Agreement as a whole. Accordingly, they request consultations under the terms of Article 13 and, pending the outcome of such consultations, they serve notice of termination of the Bermuda Agreement, ..."이라고 표현하고 있다.

7) 제2 버뮤다협정은 1946년의 협정과는 달리 항공협정의 모델이 되지 못하고 단발적인 협정으로 끝나고 말았다.

하는 신 국제항공교섭의 방침을 공표했다.

그리하여 동년 10월에 미국 정부는 국내항공의 규제를 완화하는 항공운송산업 규제완화법(Airline Deregulation Act)을 제정하였고, 다음 해인 1979년에는 국제항공 운송경쟁법(International Air Transportation Competition Act)을 제정하였다. 이것은 종래보다 더 강력한 항공의 자유화를 지향하는 새로운 항공정책이라는 점에 특징이 있다. 이와 같이 미국은 제2버뮤다 협정을 수정하여 미국 위주의 모델 항공협정(The U.S. Model Agreement)을 채택하고 이것을 기준으로 외국과의 항공교섭을 추진하게 되자 제2버뮤다 협정은 1946년의 버뮤다 협정이 각국의 제2국간 항공협정의 표본이 된 것과는 달리 단발적인 협정으로 그치고 말았다. 그러나 국내에서는 단시일에 추진되었던 규제완화도 국제선에서는 상대국의 주권을 방해하는 결과가 되기 때문에 조속히 진전을 보지 못했다.

미국의 자유경쟁촉진법의 기본자세는 IATA의 운임조정기능에 대한 부정이라는 형태로 표면화 되었다. 1978년 6월의 이유제시명령(Show Cause Orders)은 미국이 IATA의 운임협정에 독점법 위반의 의심이 있다고 하여 이것은 인가하지 않을 방침을 명백히 한 것으로서 이에 대하여 이의가 있는 자에 대하여는 그 이유를 개진할 것을 요구하는 명령이다. 이 사건은 그 후에 IATA 회원자격은 운임협정 참가 회원과 직능활동(Trade Association)회원으로 분리하게 했으며 구주민간항공회의(ECAC)간에만 적용하는 지역(Zone)운임의 설정 등이 부산물로 탄생하였지만 결국 이것이 IATA 운임조정기능의 붕괴와 운임자유화의 계기가 되었다.

3. 1978년 미국의 모델항공협정

앞에서 살펴본 바와 같이 제2버뮤다 협정은 미국항공기업에 불리하게 개정되었다는 이유로 조인 직후부터 미국 내에 있어서 통렬한 비판을 받았다. 이에 따라 1978년 미 국무성이 연방 상하 양원의 항공소위원회의 청문회와 국제항공정책 관계자 및 항공기업의 의견을 반영하여 저운임 및 Charter 항공의 촉진, 수송력의 자유화, 항공기업의 복수지정을 주요 내용으로 하는 신 국제항공정책[8]을 공표하였는데 이것이 1978년 미국의 모델항공협정(The U.S Model Agreement)이다.

이에 따라 미국은 1978년에만 내용상의 차이가 있긴 하지만 이 모델항공협정에 기초를 둔 항공협정을 네덜란드, 이스라엘, 한국, 독일, 벨기에와 체결하였다. 특히 1981년에 체결한 타일랜드와의 항공협정은 거의 모델항공협정 내용 그대로인 것으로 알려지고 있다. 그러나 이 모델항공협정은 미국 내의 지점을 상대국에 너무 많이 양보하였다는 미국 항공기업으로부터의 격렬한 비난과 미국정책당국에 의한 협정의 중요성에 대한 무용론 제기 등에 의해 미국의 항공정책은 방침을 전환하게 된다.

동 협정의 주요 내용은 ① 전문에 정부의 개입과 규제를 최소한으로 하고 항공기업 간의 경쟁을 기초로 한 국제항공의 촉진을 기본이념으로 하고, ② 항공기업의 복수지정제 채택, ③ 수송력에 있어서의 공평하고 균등한 기회의 확보, ④ 영업·운송·판매 활동에 관한 상업적 기회의 보장, ⑤ 약탈적 또는 차별적 운임의 방지 또는 부당운임으로부터의 소비자 보호 등에 관한 운임에 관한 규정, ⑥ 안전과 보안에 관한 규정, ⑦ Charter 항공의 촉진에 관한 규정 등이다.

4. 미국의 모범·오픈스카이 협정

1990년대에 들어서자 경제의 자유화와 글로벌화와 더불어 항공의 자유화도 시대적 요청이 되었다. 우선 EU가 1993년에 항공자유화의 최종단계의 실시에 들어갔고 ICAO도 1994년에 항공운송회의를 개최하여 국제항공시스템의 자유화 제안을 하는 등 항공의 자유화는 움직일 수 없는 시대적 흐름이 되었다. 이러한 항공자유화의 흐름을 배경으로 미국은 1994년 11월에 국제항공운송에 따른 정책시안을 공표하고, 널리 미국 국민의 의견을 청취한 다음 1995년 4월에 새로운 국제항공운송정책[9]을 발표하였는데 이것이 모범·오픈스카이 협정(Model Open Sky Agreement)이다. 이것은 미국이 1978년 모델항공협정에 의한 정책 발표 후 17년만의 일이었다. 미국의 이러한 정책은 일반적 목표로서 시장원리에 의하여 움직이고 있는 자유시장의 실현을 내세우고 개별적인 목표로서 운임과 서비스에

8) United State Policy for Conduct of International Transportation Negotiation, August 21, 1978.

9) U.S International Air Transportation Policy Statement, April 1995.

대하여 소비자를 위한 선택폭의 증가, 미국 내 여러 도시간의 국제항공운송에의 연결, 항공기업에 대한 제한 없는 기회의 제공 및 공평한 항공시장을 확보하는데 있다. 이러한 정책의 실시와 관련하여 세계적으로 개방된 항공시스템을 확립할 때까지는 시간이 걸리겠지만 주요 무역국 간에 항공자유화 협정을 체결하고 또한 제3 및 제4의 자유의 수요가 부족한 국가와도 그것이 목표달성을 위하여 공헌할 경우 이 협정을 체결하는 것으로 하였다.[10] 처음 미국은 유럽 9개국을 대상으로 오픈스카이 협정을 체결하는 것으로 방침을 정하였지만 1995년 2월 스위스가 이것에 합의한 것을 시작으로 이들 9개국 모두와 오픈스카이 협정을 체결하는데 성공하였다.

오픈스카이 협정체결에 합의함에 따라 1996년 2월에는 독일과 아시아·태평양 지역에서도 1997년 4월에 싱가포르와 동년 5월에 뉴질랜드와 체결을 시작으로 1998년 여름까지는 한국, 브루나이, 대만 및 말레이시아와 체결하였고 그 수는 전체 30개국을 상회하고 있다.

원래 표준 오픈스카이 협정은 미국이 항공교섭에 대한 새로운 항공협정의 원안으로서 작성된 것이지만 세계적인 항공네트워크의 형성이 진전됨에 따라 그 내용의 통일이 바람직하다는 생각에서 항공교섭에 있어 미국의 유연성이 점점 약해져 가고 있는데 이것이 2국간 협정에서의 새로운 문제점으로 부각되고 있다.[11]

이 모범 모델·오픈스카이 협정은 전문, 17개의 본문 및 3개의 부속서로 구성되어 있다. 전문에서는 ① 항공기업의 자유 경쟁을 기초로 한 국제항공시스템 형성의 촉진, ② 국제항공운송기회의 확대, ③ 여객 및 하주에 대한 저운임에 따른 다양한 서비스의 제공, ④ 국제항공운송에 있어서의 안전과 보안의 확보에 대해서 규정하고 있으며 본문에서는 ① 정의, ② 권리의 부여, ③ 항공기업의 지정과 운영허가, ④ 운영허가의 취소, ⑤ 출입국 등에 관한 국내법의 적용, ⑥ 안전, ⑦ 보안, ⑧ 상업상의 기회, ⑨ 관세와 부과금, ⑩ 사용료, ⑪ 공정한 경쟁, ⑫ 운임, ⑬ 협의, ⑭ 분쟁의 해결, ⑮ 협정의 폐기, ⑯ 협정의 등록, ⑰ 협정의 발효 등을 규정하고 있다.

10) 板本昭雄, 三好 晋, 前揭書, 71頁.

11) 板本昭雄, 三好 晋, 前揭書, 71頁.

부속서에서는 제1부속서가 정기항공의 노선권과 운항권을 제2부속서가 Charter 항공에 관한 규칙을 제3부속서가 CRS(Computer Reservations System)에 관해 규정하고 있다. 이 중 주요 내용을 살펴보면 다음과 같다.

① 노선권은 본문 및 제1부속서와 제2부속서에 규정되어 있는데 제1부속서에서는 정기항공에 관하여 배후지점(Points Behind), 자국 내 지점, 중간지점(Intermediate Points), 상대국 지점 및 이원지점(Points Behind)간의 자유로운 노선권을 인정하고 있다. 그러나 Cabotage 구간의 노선권 및 자국 내 지점의 생략, 즉, 제7의 자유는 인정하지 않고 있다. 제2부속서에서는 Charter 항공에 대해서 양 당사국간 및 상대국과 제3국 사이의 노선권의 자유를 인정하고 있지만 자국 내 지점에서의 연속운항(Continuous Operation)을 조건으로 하는 곳에서의 제7의 자유에 대해서는 소극적이다.

② 운항권은 정기항공에 관하여 제1부속서가 운항의 방향(Direction), 편명(Flight Number), 지점의 조합(Combination), 운항지점의 순서(Order), 지점의 생략(Omission of Stop), 항공기의 변경(Change of Aircraft)의 자유를 규정하고 있다. 협정 본문 제8조 제7항은 코드쉐어(Code Sharing), 스페이스 블록(Blocked−Space), 리스주선(Leasing Arrangements) 등을 항공기업 간 제휴내용으로 인정하고 있는데 그 전제로서 운항권의 자유가 있는 것은 물론이다. 그러나 제3국 항공기업과의 알선의 경우는 그 제3국이 상대국의 항공기업과 같은 권리를 허여하는 것이 조건으로 되어 있다. 이것들의 알선은 얼라이언스(Alliance)라고 불리는 기업제휴의 중요요소이고 얼라이언스는 항공네트워크의 세계화의 수단으로서 계속 이용되고 있다.

③ CRS에 관하여서는 제3부속서에 상세한 규정을 두고 있다. CRS는 항공기업의 좌석관리를 위해 개발된 전자관리시스템이지만 항공기업과 항공대리점 및 소비자를 잇는 중요한 매체일 뿐만 아니라 현재는 항공기업의 현대적 경영에 불가결한 수단으로 되어 있다. CRS의 이용기반이 특정한 항공기업 또는 특정한 시장에 편중되어 있으면 항공기업 간에 공평한 경쟁이 보장되지 않는다. 그 때문에 CRS의 적정한 이용과 CRS간의 공정한 경쟁을 확보하기 위하여 협정본문의 특칙으로 제3부속서에 상세한 규정을 둔 것이다.

④ 제1부속서에는 화물의 복합운송(International Services)에 관한 규정을 두고 있다.

항공운송이 지상운송에 의하여 보완되는 것은 네트워크 운송을 고려한다면 당연한 것이지만 항공기업에 의한 지상운송기업의 이용이나 제휴가 자유롭지 못하다면 효율적인 네트워크가 형성되지 못한다. 제1 부속서는 이 자유를 보장하기 위하여 규정을 둔 것이다. 그러나 항공네트워크와 관련하여 지상운송이 어디까지 보완할 수 있는가 하는 문제는 소비자에 대한 책임문제와 함께 앞으로의 과제이다.[12]

⑤ 항공기업 간 협정에 관하여 본문에 「상업상의 기회」의 조항을 규정하고 있다. Code-Share, Space-Block의 결정은 새로운 항공기업 간의 협력의 주요내용이다. 이러한 항공기업 간의 협력은 항공네트워크 주요내용으로 항공네트워크의 세계화에 있어 불가결한 것이다.

한편, 항공기업 간의 협력이나 제휴는 소비자 이익의 보호와 항공기업 간의 공평한 기회의 확보 등의 공익적 입장에 중요한 요소로 포함되고 있으며 이에 대한 세이프 가드(Safe Guard)도 함께 고려할 필요가 있다.[13]

⑥ 기타 운임 및 안전과 보안, 분쟁의 해결에 관한 규정은 78년의 모델항공협정과 거의 다르지 않다.

5. 2국간 항공협정

2국간의 항공협정은 대부분의 경우 다음과 같은 사항에 대한 규율을 그 주된 목적으로 하고 있다.

(1) 운영허가[14]

항공회사가 항공협정상 인정된 정기국제항공업무를 개시하기 위해서는 소속국가의 항공회사의 지정(Designate)과 협정 상대국으로부터의 업무의 운영허가를 취득하지 않으면 안 된다.

---

12) 板本昭雄, 三好 晋, 前揭書, 73~74頁.

13) 板本昭雄, 三好 晋, 前揭書, 74頁.

14) Carrier's Permit 또는 Operating Permit, 항공당국이 그 국가의 국내법에 따라 발급하는 항공업무 운영을 위한 포괄적 허가를 말한다.

항공회사가 지정을 받으면 이것을 지정항공기업(Designated Airline)[15]이라 하며 지정항공기업은 상대국의 항공당국의 협정당국에 협정업무의 운영허가를 신청할 수 있다.

(2) 특권부여

항공협정의 당사국은 상호 상대국의 지정항공기업에 대하여 제1, 제2 및 특정노선에 있어서 제3, 제4, 제5의 자유를 행사할 수 있는 특권을 부여하고 있다.

제1, 제2의 자유에 대하여는 상술한 바와 같이 다국간 협약인 국제항공업무통과협정에서 규정하고 있기 때문에 구태여 이를 2국간의 항공협정에서 합의할 필요가 없으나 반드시 항공협정의 당사국이 동 협약에 가입하고 있는 것이 아니며 경우에 따라서는 항공협정 체결 후에 탈퇴할 수도 있기 때문에 2국간 항공협정에서도 규정하는 것이 바람직하다.

(3) 노선특정

항공협정은 양 당사국가의 지정항공기업이 정기국제항공업무를 위해 운영하는 노선을 특정한다. 노선의 특정은 본문에 부속되는 부표(Schedule)에 표시된다. 노선의 특정은 일반적으로 지점을 자국 내의 지점, 당사국간의 지점, 상대국 내의 지점 및 상대국에서 제3국내의 지점으로 도표화하거나 단순히 지점을 자국 내의 지점으로부터 순차로 연결 표시하는 방법을 사용한다.

(4) 수송력규제

정기국제항공업무를 운영함에 있어서 지정항공기업이 제공하는 수송력을 결정하기 위한 기준으로서 항공협정은 일반적으로 다음과 같은 원칙을 설정해 놓고 있다. 여기서 수송력이란 특정의 노선에 있어서 항공기의 유상탑재량에 특정 기간의 운항횟수를 곱한 것을 말한다.

---

15) 공히 인정하고 있는 제도로서 항공기업과 그 소속국가와의 관계를 명확히 할 뿐만 아니라 그 국가에 항공기업이 복수로 존재할 경우 이들 항공기업과 특정 노선과의 관계를 명확히 함으로서 체약국간에 불필요한 혼란이 발생하는 것을 방지하고 있다.

① 당사국의 지정항공기업이 정기국제항공업무를 수행함에 있어서는 협정이 정한 노선에 공평하고 균등한 기회를 갖도록 할 것.

② 당사국의 지정항공기업에 부당한 영향을 미치지 않도록 할 것.

③ 수요와 밀접한 관계를 가질 것.

④ 당사국간의 화객의 운송을 위한 수송력의 공급을 제1차 목적으로 할 것.

(5) 운임

정기국제항공업무에 있어서 운임은 지정항공기업 간의 합의 후에 양 당사국의 승인을 받지 않으면 안 된다. 항공협정에서는 원칙적으로 지정항공기업 간의 운임에 관한 합의는 가능한 한 IATA가 결정하도록 위임하고 있으나 이것이 불가능한 경우에는 지정항공기업 간의 합의에 일임하고 있다.

6. 항공기업 간의 운송협정

국가 간의 협정 이외에 (i) 항공협정에 대신하는 운수협정, (ii) 항공협정 체결의 전제가 되는 운수협정, (iii) 항공협정을 보완하는 운수협정 등 항공기업 간의 협정체결에 의해 국가 간의 정기항공운송이 이루어질 수 있는 경우도 있다. 이러한 운수협정은 항공협정과의 관계에 있어서 중요한 지위에 있었으나 근래에는 항공협정 자체가 변화함에 따라 운수협정의 지위와 내용도 변화하고 있고, 항공기업 간의 제휴의 범위의 확대에 맞추어 항공기업 간 협정의 내용도 다양화 하고 있다.

(1) 항공협정에 대신하는 운수협정

정치적 사유등과 같은 특별한 사유에 의해서 국가 간에 항공협정을 체결하는 것이 불가능한 경우에 양국의 항공기업 간에 체결된 운수협정만에 기초하여 국제항공운송을 위한 항공노선이 개설되는 경우이다. 이 경우에 운수협정은 양국 간의 항공협정을 대신한다고 할 수 있다.

일부 국가의 경우, 자국 항공사가 상대국에 취항할 가능성이 적다는 이유 때문에 특별한 사정이 없는 한 국가의 방침으로써 항공협정을 체결하지 않기도 한다. 반면에, 자국 내 행정령에 의해 외국항공사가 자국에 취항하는 것을 허가하여, 일단 운송 수요는 충족하고 필요에 따라서는 언제든지 일방적으로 그러한 허가를 취소 내지 철회하는 방식이 선호되는 것이다.

(2) 항공협정 체결의 전제가 되는 운수협정

자국의 항공기업이 취항하고 있는 노선에 외국 항공기업이 취항하려 할 경우에 정부는 그 외국 항공기업의 취항을 인정하지 않을 수 없으며 그 결과 자국 항공기업에 미치는 영향이 크다. 이와 같은 경우에 외국 항공기업의 취항으로부터 자국 항공기업을 보호하기 위해서는 항공협정 체결을 전제조건으로 운수협정을 체결하는 경우가 있다. 이러한 사례는 중동지역의 제 국가에서 흔히 볼 수 있으며 최근에는 구주 및 아시아의 일부에서도 이러한 사례를 볼 수 있다.

이러한 형태의 가장 전형적인 것으로는 외국 항공기업의 취항으로 자국의 항공기업이 입게 될 손실을 보상(Compensation Fee) 또는 자국의 항공기업이 외국 항공기업의 취항을 반대하지 않는 조건으로서 승낙료(No Objection Fee)의 징수 등을 들 수 있다. 그러나 이러한 형태의 운수협정은 내용이 천차만별이며 공동운항 또는 이익참가의 체제가 압도적으로 많다.

(3) 항공협정을 보완하는 운수협정

항공협정을 보완하는 운수협정으로서는 수송력에 관한 것이 대부분이다. 수송력의 규제는 시카고 회의에서는 물론 1946년의 버뮤다 회의에서도 가장 중요한 과제였다. 버뮤다 회의에서 수송력의 규제에 대하여 추상적인 원칙만이 합의되었기 때문에 이를 모델로 한 각국의 항공협정은 대부분이 수송력의 규제에 대하여는 구체적인 수단을 결여하고 있다. 따라서 항공기업이 항공수송을 현실적으로 수행하기 위해서는 정부간에 별도의 협의를 거쳐서 결정하거나 아니면 양국의 항공기업 간에 운수협정의 체결이 필요하다.

이러한 운수협정으로서는 수입 풀(Revenue Pooling) 협정과 공동운항(Joint Operation) 협정이 대표적이다. 이러한 운수협정은 다음과 같은 세 가지의 이점이 있다. 첫째, 수송력을 과잉 제공함으로서 발생하기 쉬운 항공기업 간의 불필요한 경쟁을 배제할 수가 있다. 둘째, 항공기의 가동률의 향상·공동판매 활동 및 잉여 인원의 삭감 등에 의해 운항원가를 절감할 수 있다. 셋째, 특정시간대에 운항편의 집중을 피하고 이용자에 대한 보다 좋은 서비스를 제공할 수가 있다. 이들은 과당경쟁으로부터 항공기업의 보호와 그 결과 얻는 이익을 이용자에게 환원한다는 사고에 기초를 두고 있다.

수입 풀 협정 및 공동운항협정의 구체적인 내용을 보면 대부분의 경우 각 항공기업이 이들 협정을 비밀로 하고 있기 때문에 상세하게는 알 수 없으나 그 중에서 대표적인 것을 보면 다음과 같다.

수입 풀은 우선 수송력의 과잉공급을 피하기 위하여 항공기업 간의 합의로 각각 제공하는 수송력을 결정하고 그 범위 내에서 각 항공기업은 항공기를 독자적으로 운항하여 생긴 수입을 특별계정에 풀로 넣어 이것을 사전에 결정한 방식에 따라 기업 간에 배분하는 것이다. 협정에 따라서는 일방의 항공기업의 운항비가 타방의 운항비에 비하여 아주 높은 경우도 있기 때문에 이에 대비하여 일정한 운항비를 풀 수입으로부터 뺀 후에 잔액을 합의한 방식에 따라 항공기업 간에 배분하는 경우도 있으며 또한 판매 장려의 의미에서 풀 해야 할 특정의 비율을 모든 수입으로부터 공제한 후 잔액을 풀하는 경우도 있다.

한편 풀 협정을 체결한 항공기업의 경쟁력에 차이가 있는 경우에는 풀 수입의 정산에 있어서 경쟁력이 우수한 항공기업의 수입이 그렇지 못한 항공기업으로 일방적으로 지출되게 된다. 이것은 판매 장려의 정신에 역행하게 되므로 이러한 모순을 제거하기 위하여 지불한도(Ceiling of Payment)를 설정하여 이것을 초과하는 수입에 대하여는 지불을 하지 않거나 아니면 풀 수입의 한도액(Revenue Ceiling)을 설정하여 이것을 초과하지 않도록 하고 있다.

풀 수입의 배분방식은 각 항공기업이 제공하는 수송력의 비율에 따라 이루어지는 것이 원칙이지만 사용항공기의 기종에 따라 집객력이 다른 경우가 있기 때문에 풀 수입을 각 항공기업의 운항 편수에 의해 배분하고 사용항공기의 집객력과 항공기의 수송력을 고려하여 항공기의 기종별 계수를 설정하여 다른 기종의 항공기가 풀 업무에 사용되는 경우에 대비하고 있다. 이것을 항공기계수(Aircraft Coefficiency)라고 부른다. 편수를 사용하지 않고 실제로 제공된 좌석 수를 기준으로 수입을 분배할 경우도 있다.

공동운항에 대하여는 양국의 항공기업이 운항노선을 특정하여 공동운항노선으로 결정하고 그 노선에 대하여 계산상의 운항원가를 결정함과 동시에, 그 노선운영으로 생긴 수입이 운항원가를 상회할 경우에는 일정한 배분방식에 의해 이윤을 항공기업 간에 분배하고 운항원가가 수입을 상회할 경우에는 항공기를 운항한 항공기업이 손실을 부담하는 것을 원칙으로 하고 있다. 또한 공동운항편에 대한 관계 항공기업의 선전 및 판매는 각각의 판매조직을 이용하여 공동으로 실시하는 것이 원칙이다. 공동운항에 사용된 항공기에는 관계 항공기업의 명칭이나 마크를 부착하는 경우도 있으며 객실승무원을 공동으로 승무시키는 경우도 있다.

(4) 새로운 항공 기업 간 협정

지금까지의 항공기업 간 협정은 수송력 규제 위주였었는데 미국의 항공규제 완화 및 EU의 항공자유화 진전과 경제의 글로벌화와 더불어 국가의 항공기업에 대한 규제가 후퇴하고 새로운 항공기업 간 협정이 요청되었다. 즉, 항공운송이 글로벌 경제의 하부구조(Infrastructure)로서의 역할을 제대로 하기 위해서는 운송을 네트워크화하고 네트워크화한 운송을 글로벌화 할 필요가 있게 되었다. 이러한 운송네트워크의 글로벌화는 단독의 기업으로서는 불가능하기 때문에 여기에 항공기업 간의 제휴의 필요성이 생겨나게 된 것이다. 이에 따라 항공기업 간 협정이 이루어지게 되었는데 소위 항공 얼라이언스 협정(Alliance Agreement)이 그 전형이다. 항공 얼라이언스 협정은 포괄적인 명칭인바 협정의 형식으로서는 그 당사자 협정과 다수 당사자 협정이 있고 내용면에서는 협정에 따라서 그 내용이 다양하다. 흔히 대표적으로 열거되는 것으로는 코드쉐어(Code Sharing), 스페이스 블록(Blocked Space), 웨트리스(Wet-Lease), 공동운항(Joint Operation), 수입풀(Revenue Pooling), CRS 공용, 상용고객 우대제, 경영정보의 교환 등이 있다.

최근에는 이러한 업무제휴가 시설 및 인력공동활용, 지상조업, 정비 등 모든 분야에서 협력관계를 형성해 나가고 있다. 또한 범세계적인 항공제휴가 지역을 대표하는 몇 개의 항공기업들 간에 제휴 그룹망을 형성하여 전 세계 노선망 구축을 목적으로 일어나고 있고 현재 4~5개의 그룹망으로 구체화되고 있다. 그리고 이러한 모든 제휴의 단계를 초월하여 하나의 판매회사로 항공기업의 업무를 다국적 기업으로서 공동판매회사를 설립하는 단계로까지 발전하고 있다.

이러한 항공 얼라이언스는 무제한으로 비대화하게 되면 항공기업 간의 공정한 경쟁을 저해하게 되고 소비자의 이익을 해치게 된다. 따라서 이렇게 거대화하고 있는 항공기업 간 업무제휴를 어떻게 규제하는가가 앞으로의 과제가 될 것으로 보인다. 이것은 항공기업 간 업무제휴 규모의 글로벌화에 비추어 국제적인 규제와 협조가 요청되는 분야이다.

제3절 우리나라의 항공협정

1. 개관

우리나라는 2010년 12월 현재 세계 87개국과 항공협정을 체결하고 있다. 우리나라의 항공협정은 1957년 미국과 최초로 항공협정을 체결한 이래 일본, 동남아의 여러 나라와 협정 체결을 확대해 나갔다. 한·미간의 최초의 항공협정은 미국 측에 무제한의 운수권과 이원권을 부여한 반면 우리측의 운수권은 극히 한정된 불평등 항공협정이었다. 한·일간의 항공협정은 1967년 5월 16일 동경에서 체결되었고 1967년 8월 30일 발효된 바 있으나 시대의 변화에 따라 항공회담을 통하여 여러 차례 개정된 바 있다. 유럽국가와는 1960년대부터 꾸준히 항공협정 체결을 확대해 나갔다. 영국과는 1954년 7월 2일 한·영간의 잠정항공협정이 체결되었고 1960년 5월 26일 서울-홍콩간의 항공업무재개에 관한 한·영협정이 체결된 바 있다. 다시 1964년 11월 19일 한·영간의 서울-홍콩간의 항공업무에 관한 협정이 체결되었고 1970년 4월 30일 동협정이 개정된 바 있다. 이어 1972년 5월 2일 새로운 한·영 항공협정이 체결되었고 그 후 항공회담을 통하여 1984년 3월 5일 한·영 정부간의 각자의 영역간 및 그 이원권의 항공업무를 위한 협정이 체결된 바 있다. 1990년대 이후에는 국적 항공사의 취항반경이 확대되면서 지리적으로 우리나라와 먼 국가들과도 협정을 체결하면서 그 범위를 확대해 나가고 있다.

우리나라가 체결한 대부분의 항공협정은 미국 등 일부 국가를 제외하고는 그 내용이 대동소이하다고 볼 수 있다. 항공협정 대상 중 지정항공사 조항과 관련하여서는 우리나라는 제2민항 출범이후 신규체결협정은 복수제로 규정하였고, 기존의 협정은 단수제를 복수제로 개정하는 정책을 취하여 오고 있다. 다만 상대국이 단수제를 고수할 경우에는 불가피하게 단수제로 합의할 수밖에 없다.

한·미 항공협정은 우리나라가 체결한 항공협정 중 특별히 중요한 의미를 갖고 있으므로 별도로 고찰해 보고자 한다.

2. 한미항공협정

(1) 한미항공협정의 경과

최초의 한미항공협정은 불평등항공협정 그 자체였는데 이 불평등의 시발은 1949년에 체결된 한미잠정운수협정으로서, 이는 미군정치하에 주한미군이 부여한 운송권을 합법화하기 위한 잠정협정으로, 미항공사의 일방적인 권리를 부여하는 내용이었다. 다시 말해서, 동 협정은 한국 측의 권리는 언급도 되지 않은 불합리한 것이었다.

1953년 12월 한국은 잠정협정의 불합리한 조항을 시정하여 호혜적인 관계를 개선하고자 정식 항공협정체결을 제의하였다. 그 당시 한국은 6.25동란 이후 재해복구를 미국에 전적으로 의존하고 있던 상황이어서 미국 측으로부터 냉담한 반응을 받았으나 끈질긴 교섭 끝에 4년만인 1957년 4월 정식항공협정을 체결케 되었다. 이 협정에서 한국은 '한국 내 제지점–중간제지점–알래스카와 시애틀'을, 미국은 '미국내제지점–중간기착점–서울 및 이원제지점'의 노선권을 서로 교환하였다. 그러나 한국은 당시 한국 간 국교가 없는 상태여서 노선 구조상 중간제지점이 되어야 하는 일본에 기착할 수 없는 데다 미국에서는 서울 경유 동남아노선 등을 개시할 수 있는 서울 이원권을 허용케 되어 잠정협정상의 불평형 상태를 면치 못했다.

한국은 1969년 민영항공사로서 정식 출범한 대한항공의 미국취항에 대비하고 기존협정상 노선구조의 불균형을 시정하기 위하여 1970년 2월 항공회담에서 실리가 적은 북태평양노선을 중부태평양노선으로 변경하고 미국 내 추가지점을 미국 측에 요청했으나 미국 내 운항지점으로서 '알래스카 및 시애틀'을 '호놀룰루 및 로스앤젤레스'로 변경하는데 그쳤으며 이러한 내용을 1971년 3월 양국정부의 각서교환으로 발효시켰다. 한국은 1972년 6월과 1973년 12월에 각각 개최된 항공회담에서 미국 내 추가 노선권을 요구했으나 미국 측의 반대로 성과를 얻지 못했다.

1978년 9월 개최된 항공회담에서 앞에서 설명한 미국 측의 신항공정책을 수용하는 대가로 한국은 기존 미국 내 운항지점인 호놀룰루 및 로스앤젤레스에 뉴욕을 추가하는 '양해각서(Memorandum of Understanding)에 합의 서명하였다. 그러나 이 양해각서는 6개월이 지난 1979년 3월에 미항공사의 지상조업을 보장하며 이를 위한 전문화물청사를 김포공항안에 한국정부 또는 미항공사가 2년 내 완공할 것을 명시하는 부속서한을 한국정부가 추가로 수정하고서야 발효되었다.

한미항공협정상 불평등을 시정하기 위한 항공회담이 1980년 4월 개최되었다. 이 회담에서 양국정부대표는 1978년 부속서한에 명시된 미항공사를 위한 화물청사건립세부조건을 정하고 노선권의 불균형을 시정하기 위해서 한국 측에 '시카고, 오클랜드, 앵커리지 및 미국 이원 구주 내 1개 지점'의 노선권 부여 주요내용으로 하는 양해각서에 합의 서명하였으나, 미국 화물기의 전용화물청사의 신축을 둘러싼 한·미간의 이견 노정으로 외교문서화되지 못해 그 효력이 상실되고 말았다. 이후 10여 년 동안 8차례의 개정회담이 계속되었으나 별다른 진전이 없었다. 1991년 6월 가서명된 양해각서로 미국 내 10개 지점에 대한 운수권을 추가로 획득하고 유럽, 중남미 2개 지점의 이원권 획득과 컴퓨터 예약시스템(CRS)의 개방, 화물청사의 신축 등 임대 조건이 이루어졌다. 이 양해각서에서는 「미국 측 또는 미국 항공사의 잘못으로 문제가 발생하더라도 원래 합의대로 이행하기로」하여 1957년 이후 심한 불균형 상태에 놓인 한·미 항공관계 시정의 계기를 마련하게 되었던 것이다. 그러나 한·미간 항공협정 상에서 실질적인 평등이 이루어진 것은 미국의 항공자유화 정책에 따라 1998년 6월 9일 한·미간에 체결된 자유화 항공협정(Open Sky Agreement)의 성립에서부터라고 할 것이다.

(2) 한미 항공자유화 협정체결과 그 의의

최근 미국은 1995년 발표한 항공자유화 정책에 따라 항공사간 국경을 초월하여 무제한 자유완전경쟁을 보장하는 「자유화 항공협정(Open Sky Agreement)」을 체결코자 노력한 결과,

네덜란드·싱가포르·말레이시아 등 20여 국가와 항공자유화 협정을 체결하였고, 또한 우리나라와도 2~3년 동안의 교섭을 거쳐, 1998년 6월 9일 워싱턴에서 서명하였다. 비록 항공자유화정책이 전 세계에 걸친 노선망을 완벽하게 구축한 미국의 입장에서 미래의 항공시장을 석권하기 위한 전략의 하나로서 이해되는 측면도 있지만 이로써 한·미간의 항공협정상의 불평등 문제는 해소되었다고 할 것인 바 그 주요내용을 살펴보면 다음과 같다.

첫째는, 노선권의 균형화다. 지난 반세기 동안의 불평등한 노선구조는 완전히 균형화 되었다고 볼 수 있다. 즉, 한국 측은 한국의 배후 제지점-한국 내 제지점-중간 제지점-미국 내 제지점-이원제지점의 노선권을, 미국 측은 미국의 배후 제지점-미국 내 제지점-중간 제지점-한국 내 제지점-이원제지점의 노선권을 확보하였다. 특이한 것은 종래는 본래 출발지점이 자국 내 지점이었으나 상호배후지점에서부터 출발해도 가능하도록 공식 합의한 점이다. 즉, 북경-서울-동경-로스앤젤레스-상파울로 왕복노선도 가능토록 자유화 되었다는 뜻이다.

둘째는, 노선 상 무제한 기종변경(Change of Gauge)이 가능해졌다는 점이다. 즉, 상대국 목적지, 중간 이원지점에서 시장규모에 따라 항공기의 기종숫자를 변경하여 여객 도는 화물의 분산 운송이 가능해졌다.

셋째는, 제3국 항공사와의 영업협력(Third Country Code Shares)이 가능해졌다. 협정 제8조 제7항(블록 스페이스 코드쉐어링, 리스협정과 같은 항공사 상호 마케팅 협정 관련 조항)에 의하여 제3국과의 영업협정을 맺어 사업을 영위하는 것인데, 예를 들면 우리나라 국적 항공사가 중남미 항공사와 제휴하여 서울-미국-중남미 국가 간을 공동운항 또는 코드 공유(Code-Sharing) 운항하는 것이다.

넷째는, 항공사 승무원을 포함한 임대차(Wet-Lease)가 가능해졌다. 항공기 검열 정비의 교체 및 피크 시 교통 흐름의 수요에 대처할 수 있도록 하기 위하여 각국의 지정 항공사간에 제한된 기간 내의 Wet-Lease가 허용된다. 즉, 임대 항공사가 자사명의로 등록된 항공기와 자사 승무원을 임차 항공사에 임대해 주는 것이다. 이 경우 승객에 대한 운항안전과 책임 및 육상에서 제3국에 대한 제반 손해를 확실하게 규정해야 한다(임차 항공사가 운수권을 행사하는 경우에 항공기만 임대하는 경우 Dry-Lease라고 함).

다섯째는, 복합운송의 권리(Intermodal Rights)의 허용이다. 협정 제8조 제8항(복합운송의 항공·육상·해상을 연계한 운송수단에 대한 관련 조항)에 의하면 국적 항공사는 미국 내에서 복합 운송(항공운송과 육·해상 운송의 연계 운송) 업무를 본격적으로 수행할 수 있게 되었다. 즉, 공항간의 'Port to Port' 운송에서 'Door to Door' 운송이 가능해져 고객 서비스를 향상시킬 수 있으며 수익을 증대시킬 수 있다.

여섯째는, 인천국제공항의 업무 재배치다. 당시 2001년 초 개항 예정인 인천국제공항 업무의 재배치와 관련해서 미국 측은 다음과 같은 요구를 하였다.

① 항공사 운항의 재배치가 발생할 경우 미국 항공사 운항의 재배치 고려
② 제반 국제 운항은 단일 공항 내에 위치하여야 함
③ 재배치 결정은 항공사의 국적을 기준으로 차별이 없어져야 함

이에 대해 제반 국제 운항은 인천국제공항에 위치할 것이며 항공사 운항의 재배치는 비차별적 기준아래 이루어질 것이라고 표명하였다. 또한 인천국제공항에서 미국의 지정 항공사는 필요한 절차에 따라서 독점적으로 자사의 화물 공간을 소유하여 사용하거나 기타 항공사와 화물 공간을 공유 재 임대할 기회를 갖는다. 그 외에도 한·미 항공사간 상업적 협조시 독점금지면제(Antitrust Immunity), 한국 국민의 미국비자 발급 면제(Requirement) 또는 완화, 승객 집단 항의(Sit-Ins)에 대한 문제, 항공상 운항 및 사업상의 편의 도모(Facilitation) 등에 대하여도 협조키로 하였다.

동 한·미 항공자유화협정 체결의 결과 미국 내 12개 지점만으로 운항 가능하였던 국적 항공사는 항공 시장 잠재력이 무한한 미국취항이 가능해 졌으며, 이원권도 3개 지점에 국한되었으나 이제 모든 지점에서 캐나다, 중남미, 유럽 등 어느 곳으로 향하는 승객 및 화물을 운송할 수 있는 권리를 확보하게 되었다.

또한 미국의 유력 항공사들과의 포괄적인 영업제휴가 가능해졌고 다양한 미국행 노선의 구성이 가능해져 미국행 고객들은 더욱 편리한 스케줄을 제공받을 수 있을 뿐만 아니라, 마일리지 프로그램 제휴 항공사의 시설 이용 등을 통해 높아진 서비스를 제공받을 수 있게 되었다.

이와 같이 한·미 항공자유화 협정체결로 한·미간 무제한의 노선권 교환, 운임 자유화, 부정기 운항자유화, 무제한의 기종 변경과 항공기 포괄적 임대차 허용, 제3국 항공사와의 영업협력 허용 등으로 한·미 양국 항공사들은 제한 없는 영업 활동을 전개할 수 있게 되었다. 따라서 우리국적 항공사로서는 미국의 초대형 항공사(Mega Carrier)와 경쟁하여 이겨야 하는 문제가 생존의 문제로서 다가오게 되었다.

우리나라의 항공협정 체결현황

(2016년 5월 기준)

지 역	복 수 제	단 수 제
아시아(28개국)	중국, 태국, 일본, 부르나이, 인도, 몽고, 베트남, 말련, 홍콩, 필리핀, 싱가폴, 우즈베키스탄, 마카오, 인도네시아, 파키스탄, 카자흐스탄, 키르키스탄, 네팔, 캄보디아, 아제르바이잔, 미얀마, 타이완, 스리랑카, 몰디브 등	방글라데시
유럽(27개국)	영국, 체코, 독일, 아이슬랜드, 유고, 루마니아, 몰타, 불가리아, 핀란드, 화란, 러시아, 스웨덴, 덴마크, 노르웨이, 벨기에, 스위스, 우크라이나, 오스트리아, 포르투갈, 룩셈부르크, 폴란드, 그리스, 이탈리아 등	
미주(10개국)	미국, 칠레, 브라질, 아르헨티나, 캐나다, 멕시코, 페루, 콜롬비아, 파라과이, 파나마	
아프리카(12개국)	튀니지, 수단, 남아공, 모로코, 이집트, 케냐, 에티오피아, 세이셸	리베리아, 지부티, 가봉, 나이지리아
중동(12개국)	아랍에미레이트, 바레인, 오만, 이란, 카타르, 이스라엘, 사우디아라비아, 터키 등	쿠웨이트, 요르단, 이라크
대양주(5개국)	호주, 뉴질랜드, 피지, 팔라우, 파푸아뉴기니	
계(94개국)	86개국	8개국

Chapter 04

항공운송인의 책임

제1절 바르샤바 체제하의 항공운송인의 책임

1. 바르샤바 체제의 성립 및 구성

항공운송에 관한 규칙의 통일을 위한 최초의 국제협약으로서 바르샤바협약(Warsaw Convention)이 1929년 12월 12일 채택되었으며[1], 이 협약은 여객, 수하물 및 화물의 손해에 대한 항공운송인의 책임원칙을 정하고 있다. 그 후 바르샤바협약을 개정하는 헤이그의정서(Hague Protocol)가 1955년 9월 28일 채택되었다.[2]

바르샤바협약이 채택된 이후 그동안 바르샤바협약을 현대화하고 최신화하기 위한 진척의 부진으로 항공운송인들과 정부들에게 커다란 불만을 야기시켜 왔으며, 마침내 1999년 5월에 바르샤바협약을 최신화하기 위한 회의가 캐나다 몬트리올에서 국제민간항공기구(ICAO)에 의해 소집되어 동년 5월 28일 신 바르샤바협약 즉, 몬트리올협약(Montreal Convention)[3]이 채택 서명되었고, 2003년 11월 4일 발효되었다.[4]

---

1) 2018년 12월 말 현재 바르샤바협약 가입국은 152개국이며, 우리나라는 가입하지 않았다.

2) 2018년 12월 말 현재 헤이그의정서 가입국은 137개국이며, 우리나라는 1967년 10월 11일 가입하였다.

3) Convention for the Unification of Certain Rules for International Carriage by Air, 28 May 1999, ICAO DCW. No.57.

새로이 채택된 몬트리올협약은 본질적으로 1929년 바르샤바협약, 1955년 헤이그의정서(Hague Protocol), 1961년 과달라하라협약(Guadalajara Convention), 1966년 몬트리올협정(Montreal Agreement), 1971년 과테말라의정서(Guatemala City Protocol), 1975년 몬트리올 제1, 제2, 제3 추가의정서 및 제4 의정서(Montreal Additional Protocols No. 1, 2, 3, Montreal Protocol No. 4) 및 1996년 국제항공운송협회 항공사 간 협정(IATA Intercarrier Agreement) 등을 통합한 것이다.

국제항공운송에 관한 1929년 바르샤바협약(1933. 2. 13 발효)을 비롯하여 이를 개정 보완하고 있는 1955년 헤이그의정서(1963. 8. 1 발효), 1961년 과달라하라협약(1964. 5. 1 발효), 1966년 몬트리올협정(1966. 5. 16 발효), 1971년 과테말라의정서(미발효), 1975년 몬트리올추가의정서(제1 추가의정서: 1966. 2. 15 발효, 제2 추가의정서: 1996. 2. 15 발효, 제3 추가의정서: 미발효, 제4 의정서 1998. 6. 14 발효), 1996년 국제항공운송협회 항공사 간 협정(1996. 5 발효) 및 1999년 몬트리올협약(2003. 11. 4 발효)을 총칭하여 바르샤바 체제(Warsaw System)라고 한다.

2. 바르샤바 체제하의 운송인의 책임제도 변천

(1) 바르샤바협약

1) 책임원인

바르샤바협약 제17조에 의하면, 운송인은 여객의 사망, 부상 또는 기타의 신체상해의 경우에 입은 손해에 대해서 그 입은 손해의 원인된 사고가 항공기 상에서 발생하거나 또는 승강을 위한 작업 중에 발생하였을 경우에는 책임을 진다.

동 협약 제18조 제1항에 의하면, 운송인은 위탁수하물 또는 화물의 파괴, 멸실 또는 훼손의 경우에 입은 손해에 대해서 그 입은 손해의 원인된 사고가 항공운송 중에 발생한 경우에는 책임을 진다. 여기서 항공운송 중이라 함은 수하물 또는 화물이 비행장 또는 항공기

4) 2018년 12월 말 현재 몬트리올협약 가입국은 136개국이며, 우리나라는 2007년 9월 20일 가입하여 동년 12월 29일 발효되었다.

상에서 또는 비행장 외에 착륙한 경우에는 장소의 여하를 불문하고 운송인의 관리 하에 있는 기간을 포함한다. 그리고 항공운송의 기간에는 비행장 외에서 행하는 육상운송, 해상운송 또는 하천운송까지 미치지 아니한다. 다만, 이러한 운송이 항공운송계약의 이행에 있어서 적재, 인도 또는 환적을 위하여 행하여진 경우에는 손해는 반증이 없는 한 항공운송 중에 발생한 사고의 결과이었다고 추정된다(동 협약 제18조 제2항 및 제3항).

동 협약 제19조에 의하면, 운송인은 여객, 수하물 또는 화물의 항공운송에 있어서 연착으로 발생한 손해에 대하여 책임을 진다.

2) 과실추정책임주의

바르샤바협약은 운송인의 책임에 관하여 과실추정책임주의를 채택하고 있는 바, 항공운송 중에 발생한 사고에 대하여 운송인이 스스로 과실이 없다는 것을 증명하지 못하면 운송인의 과실이 있는 것으로 추정하여 책임을 진다. 따라서 사고에 대하여 운송인이 면책되기 위해서는 무과실에 대한 입증책임을 운송인이 지게 된다.

동 협약 제20조 제1항에 의하면, 운송인은 운송인 및 그의 사용인이 손해를 방지하기 위하여 필요한 모든 조치를 취하였다는 사실 또는 그 조치를 취할 수 없었다는 사실을 증명한 경우에는 책임을 지지 아니한다고 규정하여 운송인에게 무과실의 입증책임을 부과하고 있다.

동 협약 제20조 제2항에 의하면, 화물 및 수하물의 운송에 있어서 손해가 조종, 항공기 취급 또는 항법상의 잘못으로 인하여 발생하였고, 그리고 기타 모든 점에서 운송인과 그의 대리인이 손해를 회피하기 위하여 필요한 모든 조치를 취하였다는 것을 운송인이 증명한 경우에는 책임을 지지 아니한다.

3) 책임한도

바르샤바협약은 항공운송 중에 발생한 사고에 대하여 운송인의 책임을 제한하여 일정한 한도액을 설정하고 있다. 즉, 바르샤바협약 제22조 제1항에 의하면, 여객운송에 있어서 운송인의 책임은 여객 1인당 125,000 프랑의 금액을 한도로 한다. 다만, 운송인과 여객은 더 높은 책임한도액을 약정할 수 있다.

동 협약 제22조 제2항에 의하면, 위탁수하물 및 화물의 운송에 있어서 운송인의 책임은 1킬로그램당 250 프랑의 금액을 한도로 한다. 다만, 송하인이 짐 꾸러미를 운송인에게 인도할 때에 도착지에서 인도받을 때의 가액을 특별히 신고하여 요구에 따라 추가금액을 지급하였을 경우에는 그러하지 아니하다. 그 경우에 운송인은 신고가액이 인도할 때의 송하인의 실제가액보다 크다는 것을 증명하지 아니하는 한 신고금액을 초과하지 않는 금액을 지급할 책임을 진다.

동 협약 제22조 제3항에 의하면, 휴대수하물에 대하여 운송인의 책임은 여객 1인당 5,000 프랑의 금액을 한도로 한다.

동 협약 제23조에는 운송인의 책임을 면제하거나 본 협약에 규정되어 있는 한도보다 더 낮은 한도를 정하는 조항은 무효가 된다고 규정하여 면책특약을 금지하고 있다.

동 협약 제25조 제1항에 의하면, 손해가 운송인의 고의 또는 소가 계속된 법률에 따라 고의에 상당하다고 인정되는 운송인 측의 과실로 인하여 발생된 경우에, 운송인은 그의 책임을 배제 또는 제한하는 본 협약의 규정을 원용할 권리를 가지지 못한다. 또한 동 협약 제25조 제2항은 손해가 고용범위 내에서 행동하는 운송인의 고용인에 의하여 동일 상황하에서 발생된 경우에, 마찬가지로 운송인은 상기 규정을 원용할 권리를 가지지 못한다고 규정하여 운송인은 무한책임을 지게 된다.

4) 책임면제

바르샤바협약 제21조는 피해자의 과실이 손해의 원인이 되었거나 기여하였다는 것을 운송인이 증명한 경우에는 법원은 자국의 법률규정에 따라 운송인의 책임을 전부 또는 일부 면제할 수 있다고 규정하여 피해자의 과실상계를 허용하고 있다.

5) 운송인에 대한 손해배상청구

바르샤바협약 제24조 제1항 및 제2항에 의하면, 운송인의 책임에 관한 소는 명의의 여하를 불문하고 본 협약에 정하여진 조건 및 제한 하에서만 제기할 수 있으며, 다만, 여객의 사망, 부상 또는 기타 신체상해의 경우에 소를 제기하는 권리를 가지는 자의 결정 및 이러한 자가 각자 가지는 권리의 결정에 영향을 미치지 아니한다. 따라서 운송인의 행위가 운송계약의 불이행이 되는 동시에 불법행위가 되는 경우, 운송인에 대한 소는 그 청구원인이 계약불이행책임을 묻는 것이든 불법행위책임을 묻는 것이든 본 협약에 정해진 조건 및 제한이 적용된다.

동 협약 제26조 제2항에 의하면, 훼손의 경우에 수하인은 훼손을 발견한 후에 즉시, 늦어도 수하물의 경우 수령일로부터 3일 이내에, 화물의 경우 수령일로부터 7일 이내에 이의를 제기하여야 한다. 연착의 경우 수하물이나 화물이 처분될 수 있는 날로부터 늦어도 14일 이내에 이의가 제기되어야 한다. 동 협약 제26조 제3항에 의하면, 모든 이의는 운송증서에 유보를 기재하거나 또는 상기 기간 내에 별개의 서면 통지를 함으로써 제기되어야 한다. 동 협약 제26조 제4항에 의하면, 상기 기간 내에 이의를 제기하지 아니하면 운송인에 대한 소는 운송인 측에 사기가 있는 경우를 제외하고 수리되지 아니한다.

동 협약 제28조 제1항 및 제2항에 의하면, 손해에 관한 소는 원고의 선택에 의하여 어느 1개의 체약국의 영역에 있어서 운송인의 주소지, 운송인의 주된 영업소 또는 운송인이 계약을 체결한 영업소 소재지의 법원 또는 목적지의 법원의 어느 쪽에 제기되어야 하며, 소송절차의 문제는 소가 계속된 법원의 법률이 적용된다.

동 협약 제29조 제1항 및 제2항에 의하면, 손해에 관한 권리는 목적지에 도착일, 항공기가 도착하여야 할 일자 또는 운송의 중지일로부터 기산하여 2년의 기한 내에 소가 제기되지 아니한 경우에는 소멸되며, 제소기간의 계산방법은 소가 계속된 법원의 법률에 의하여 결정된다. 여기서 2년의 제소기간은 소멸시효가 아니라 제척기간이다.

(2) 헤이그의정서

바르샤바협약을 현실에 맞게 개정하기 위하며 1955년에 채택된 헤이그의정서의 운송인의 책임에 관한 주요 개정내용은 다음과 같다.

1) 화물 및 수하물 운송인의 무과실 입증책임

헤이그의정서는 바르샤바협약 제20조 제2항의 화물 및 수하물의 운송에 있어서 손해가 조종, 항공기 취급 또는 항법상의 잘못으로 인하여 발생하였고, 그리고 기타 모든 점에서 운송인과 그의 대리인이 손해를 회피하기 위하여 필요한 모든 조치를 취하였다는 것을 운송인이 증명한 경우에는 책임을 지지 아니한다는 규정을 삭제하였다(동 의정서 제10조).

2) 책임한도

헤이그의정서는 운송인의 책임한도에 관한 바르샤바협약 제22조를 삭제하고 이를 다음과 같이 대체하였다(동 의정서 제11조). 헤이그 개정 바르샤바협약 제22조 제1항에서 여객의 운송에 있어서 각 여객에 대한 운송인의 책임은 25만 프랑의 금액을 한도로 한다. 소가 계속된 법원의 법률에 따라 손해배상이 정기지급의 방법으로 정해질 수 있는 경우에는 정기지급금의 원본은 25만 프랑을 초과하여서는 아니된다. 다만 여객은 운송인과의 특약에 의하여 보다 고액의 책임한도를 합의할 수 있다.

동 개정 바르샤바협약 제22조 제2항 a)에서 위탁수하물 및 화물의 운송에 있어서 운송인의 책임은 1킬로그램당 250 프랑의 금액을 한도로 한다. 다만 여객이나 송하인이 짐 꾸러미를 운송인에게 인도할 때에 도착지에서 인도받을 때의 가액을 특별히 신고하여 요구에 따라 추가금액을 지급하였을 경우에는 그러하지 아니하다. 그 경우에 운송인은 신고가액이 도착지에서 인도할 때의 여객이나 송하인의 실제가액보다 크다는 것을 증명하지 아니하는 한 신고금액을 초과하지 않는 금액을 지급할 책임을 진다. 본 조 b)에서 위탁수하물이나 화물의 일부 또는 그 속에 포함된 물품의 멸실, 훼손 또는 연착의 경우에 운송인의 책임한도액을 결정함에 있어서 고려될 중량은 관계 짐 꾸러미나 짐 꾸러미들의 전 중량으로 한다. 다만, 위탁수하물이나 화물의 일부 또는 그 속에 포함된 물품의 멸실, 훼손 또는 연착이 동일 수하물표나 동일 항공화물운송장에 포함된 다른 짐 꾸러미들의 전 중량이 책임한도를 결정함에 있어서 고려된다.

동 개정 바르샤바협약 제22조 제3항에서 여객이 보관하는 물품에 관하여 운송인의 책임은 여객 1인당 5,000 프랑을 한도로 한다.

동 개정 바르샤바협약 제22조 제4항에서 본 조에 규정된 책임한도는 이에 부가하여 법원이 자국의 법률에 따라 원고가 부담한 소송비용 및 소송의 기타비용의 전부 또는 일부를 재정함을 막는 것은 아니다. 전기 규정은 소송비용 및 소송의 기타비용을 제외하고 재정받은 손해액이 운송인이 손해발생일로부터 6개월 이내 또는 이 기한이 소송개시보다 늦으면 소송의 개시이전에 원고에 대하여 서면으로 신청한 금액을 초과하지 아니한 때에는 적용하지 아니한다.

헤이그의정서는 면책특약 금지에 관한 바르샤바협약 제23조에 제2항을 추가하였는데(동 의정서 제12조), 헤이그 개정 바르샤바협약 제23조 제2항에서 본 조 제1항은 운송된 화물의 원천적 하자, 성질 또는 결함으로부터 야기되는 멸실이나 훼손을 규율하는 규정에는 적용하지 아니한다.

헤이그의정서는 운송인의 무한책임 부과에 관한 바르샤바협약 제25조 제1항 및 제2항을 삭제하고 다음과 같이 대체하였는데(동 의정서 제13조), 헤이그 개정 바르샤바협약 제25조에서 제22조에 규정된 책임한도는 운송인, 그의 고용인 또는 대리인이 가해할 의사로써 또는 부주의하게 또는 손해가 아마 발생할 것이라는 인식으로써 행해진 작위나 부작위로부터 손해가 발생하였다고 증명되는 경우에 적용되지 아니한다. 다만, 이러한 고용인이나 대리인의 작위나 부작위의 경우에 있어서 그는 그의 직무범위 내에서 행동하고 있었음을 증명한 경우에도 또한 같다.

헤이그의정서는 바르샤바협약 제25조 다음에 운송인의 고용인 및 대리인의 책임에 관한 조항을 삽입하고 있는데(동 의정서 제14조), 헤이그 개정 바르샤바협약 제25조A 제1항에서 소송이 본 협약이 관계되는 손해로부터 발생되어 운송인의 고용인 또는 대리인에 대하여 제기되는 경우에는 이러한 고용인 또는 대리인은 직무의 범위 내에서 행동하였음을 그가 증명하는 한 운송인 자신이 제22조를 원용할 권리가 있는 책임한도액을 원용할 권리를 가진다. 동 개정 바르샤바협약 제25조A 제2항에서 이러한 경우에 운송인, 그의 고용인과 대리인으로부터 배상받을 수 있는 총액은 전기의 한도액을 초과하여서는 아니된다. 동 개정 바르샤바협약 제25조A 제3항에서 본 조 제1항 및 제2항의 규정은 고용인 또는 대리인이 가해할 의사로써 또는 부주의하게 또는 손해가 아마 발생할 것이라는 인식으로써 행하여진 작위나 부작위로부터 손해가 발생하였다고 증명되는 경우에는 적용되지 아니한다.

3) 운송인에 대한 손해배상청구

헤이그의정서는 바르샤바협약 제26조 제2항의 운송인에 대한 이의제기 기한에 관한 규정을 개정하고 있는데(동 의정서 제15조), 헤이그 개정 바르샤바협약 제26조 제2항에서 훼손의 경우에 수하인은 훼손을 발견한 후 즉시, 늦어도 수하물의 경우 수령일로부터 7일 이내에, 화물의 경우 수령일로부터 14일 이내에 이의를 제기하여야 한다. 연착의 경우 수하물이나 화물이 처분될 수 있는 날로부터 늦어도 21일 이내에 이의가 제기되어야 한다.

(3) 과달라하라협약

계약운송인이외의 자가 수행한 국제항공운송에 관한 일부규칙의 통일을 위한 바르샤바협약을 보충하는 협약으로서 1961년에 채택된 과달라하라협약은 계약운송인과 실제운송인의 책임에 관하여 다음과 같이 규정하고 있다.

① 과달라하라협약 제3조 제1항에 의하면, 실제운송인 및 그의 고용인과 대리인이 직무범위 내에서 행동하는 경우에 그들의 작위 및 부작위는 실제운송인이 수행한 운송에 관련하여 계약운송인의 작위 및 부작위로 간주한다. 동 협약 제3조 제2항에 의하면, 계약운송인 및 그의 고용인 및 대리인이 직무범위 내에서 행동하는 그들의 작위 또는 부작위는 실제운송인이 수행하는 운송에 관련하여 실제운송인의 작위 및 부작위로 간주된다. 다만, 이러한 작위 또는 부작위는 실제운송인에게 바르샤바협약 제22조에 규정된 한도를 초과하는 책임을 지게하지 아니한다. 계약운송인이 바르샤바협약 상 부과되지 아니한 의무를 부담하는 특약 또는 바르샤바협약 상 부여된 권리의 포기 또는 바르샤바협약 제22조에 의도된 도착지에서 인도시의 가액의 특별신고는 계약운송인이 합의하지 아니하는 한 실제운송인에게 영향을 미치지 아니한다.

② 과달라하라협약 제4조에 의하면, 바르샤바협약 상 운송인에게 행해질 이의제기 또는 주어질 지시는 계약운송인에게 보내지거나 또는 실제운송인에 보내지거나 간에 동일한 효과를 가진다. 다만, 바르샤바협약 제12조에 규정된 지시는 계약운송인에게 보내진 경우에만 효력이 있다.

③ 과달라하라협약 제5조에 의하면, 실제운송인이 수행한 운송에 관련하여 실제운송인 또는 계약운송인의 고용인 또는 대리인은 그가 직무범위 내에서 행동하였음을 증명하는 경우에 본 협약 상 그 고용인 및 대리인의 운송인에게 적용되는 책임한도를 원용할 권리를 가진다. 만약 바르샤바협약 상 책임한도가 원용되는 것을 방해하는 방식으로 운송인이

행동하였음을 증명하는 경우에는 제외한다.

④ 과달라하라협약 제6조에 의하면, 실제운송인이 수행한 운송에 관련하여 실제운송인, 계약운송인 또는 직무범위 내에서 행동하는 고용인 또는 대리인으로부터 회복할 수 있는 총금액은 본 협약 상 계약운송인 또는 실제운송인에 대하여 재정될 수 있는 최고금액을 초과하지 아니한다. 그러나 언급된 자들의 아무도 그에게 적용되는 한도를 초과하는 금액에 대하여 책임을 지지 아니한다.

⑤ 과달라하라협약 제7조에 의하면, 실제운송인이 수행한 운송에 관련하여 원고의 선택에 따라 실제운송인 또는 계약운송인에 대하여 또는 쌍방 공동으로 또는 단독으로 이들 운송인들에 대하여 손해에 관한 소송이 제기될 수 있다. 소송이 이들 운송인들의 하나 만에 대하여 제기되는 경우, 그 운송인은 다른 운송인이 소송이 계속된 법원의 법률이 적용되는 소송절차, 조치 및 효력에 참가되도록 요구할 권리를 가진다.

⑥ 과달라하라협약 제8조에 의하면, 본 협약 제7조에서 의도된 손해에 관한 소송은 원고의 선택에 따라 바르샤바협약 제28조에 규정된 바와 같이 계약운송인에 대하여 소송이 제기될 수 있는 법원에 제기되거나 또는 실제운송인이 통상 거주하거나 또는 주된 영업소를 가지고 있는 장소에 관할권을 가지는 법원에 제기되어야 한다.

⑦ 과달라하라협약 제9조 제1항에 의하면, 본 협약 상 계약운송인 또는 실제운송인의 책임을 경감하거나 또는 본 협약에 따라 적용되는 한도보다 낮은 한도를 정하고자 하는 계약조항은 무효로 한다. 그러나 이러한 조항의 무효는 전체계약의 무효를 수반하는 것은 아니며, 전체계약은 계속 본 협약 조항의 적용을 받는다. 동 협약 제9조 제2항에 의하면, 실제운송인이 수행한 운송에 관하여, 전항은 운송된 화물의 고유한 결함, 성질 또는 하자로부터 야기되는 멸실 또는 훼손을 규율하는 계약조항에 적용하지 아니한다. 동 협약 제9조 제3항에 의하면, 적용된 법률을 결정하거나 또는 관할권에 관한 규칙을 변경함으로써 당사자들이 본 협약에 규정된 규칙을 침해할 목적으로 손해가 발생하기 전에 체결된 운송계약 및 모든 특별계약에 포함된 조항은 무효가 된다. 다만, 화물운송에 관한 중재조항은 중재가 제8조에 언급된 하나의 관할권 내에서 제기되는 경우 본 협약을 조건으로 허용된다.

(4) 몬트리올협정

1966년에 채택된 몬트리올협정은 동 협정에 가입한 항공사에 의한 미국을 출발지, 목적지 또는 예정기항지로 하는 국제운송에 있어 여객의 사망, 부상 또는 기타 신체상해의 경우 운송인의 책임한도 등에 관하여 다음과 같이 규정하고 있다.

① 몬트리올협정 제1항 제1호에 의하면, 사망, 부상 또는 기타 신체상해의 경우 여객 1인당 책임한도는 소송비 및 경비를 포함하여 미화 75,000 달러의 금액이며, 소송비 및 경비를 별도로 재정하는 국가에서 제기된 손해배상청구의 경우 소송비 및 경비를 제외한 미화 58,000 달러의 금액이다.

② 몬트리올협정 제1항 제2호에 의하면, 여객의 사망, 부상 또는 기타 신체상해로 발생하는 손해배상청구에 관하여 운송인은 바르샤바협약 또는 헤이그 개정 바르샤바협약 제20조 제1항의 운송인이 무과실을 증명한 경우 책임을 지지 아니하는 규정상의 방어를 원용하지 아니한다. 본 협정의 어느 것도 고의적으로 여객의 사망, 부상 또는 기타 신체상해로 인한 손해를 야기한 자에 의하여 또는 관하여 제기된 손해배상청구와 관련하여 운송인의 권리와 책임에 영향을 미치는 것으로 간주되지 아니한다.

③ 몬트리올협정 제2항에 의하면, 운송인은 항공권을 여객에게 인도할 때 항공권에, 항공권과 함께 봉투에 넣거나 항공권에 부착한 별지에 또는 항공권 봉투에 여객의 운송이 바르샤바협약 또는 헤이그 개정 바르샤바협약이 적용되는 것과 책임제한에 관한 고지를 적어도 10포인트 이상의 현대 활자로 그리고 바탕과 대조되는 잉크로 인쇄하여야 한다. 피해자의 추가적 보호를 위해 통상 사적 보험회사에 보험을 부보할 수 있다. 이러한 보험은 바르샤바협약 또는 이러한 특별운송계약 상 운송인의 책임제한에 영향을 미치지 아니한다.

(5) 과테말라의정서

1955년 헤이그 개정 바르샤바협약을 개정하기 위해 1971년 채택된 과테말라의정서는 발효되지 못하였으며, 운송인의 책임에 관한 주요 개정내용은 다음과 같다.

① 과테말라의정서 제6조에 의하면, 여객의 사망 또는 신체상해로 인한 손해 및 수하물의 멸실 또는 훼손으로 인한 손해에 대하여 운송인은 무과실책임을 진다. 다만 여객 및 수하물의 연착으로 인한 손해와 화물의 손해에 대하여는 운송인은 과실책임을 진다.

② 과테말라의정서 제8조에 의하면, 여객운송에 있어서 운송인의 책임은 여객의 사망 또는 신체상해의 경우 여객 1인당 150만 프랑, 여객의 연착의 경우 여객 1인당 62,500 프랑을 한도로 한다. 수하물의 파괴, 멸실, 훼손 또는 지연의 경우 여객 1인당 15,000 프랑을 한도로 한다.

③ 과테말라의정서 제9조 제2항에 의하면, 여객 및 수하물 운송에 있어서 본 협약에 규정된 책임한도는 최고한도를 구성하며 어떤 상황의 발생하더라도 초과될 수 없다. 즉, 책임한도액의 절대성을 규정하고 있다.

④ 과테말라의정서 제12조에 의하면, 여객의 사망, 상해 또는 연착 그리고 수하물의 파괴, 멸실, 훼손, 또는 연착으로 인한 손해에 관하여 여객의 주소 또는 영구적 주거를 갖는 체약국내에 운송인이 갖는 영업소를 관할하는 법원에도 소송을 제기할 수 있다.

⑤ 과테말라의정서 제14조에 의하면, 본 협약의 어떤 규정도 여객의 사망 또는 상해에 관하여 협약 상 손해배상청구인에게 지불할 보상을 보호하기 위해 한 국가가 그 영역 내에서 제도를 설립 운용하는 것을 금지하지 않는다. 즉, 국내보조보상제도의 도입 가능성을 규정하고 있다.

(6) 몬트리올추가의정서

1) 몬트리올 제1 추가의정서

1975년 채택된 몬트리올 제1, 제2, 제3 추가 의정서 및 제4 의정서에서는 운송인의 책임한도액의 통화단위를 금본위제인 골드프랑(Gold Franc)에서 국제통화기금(IMF)의 특별인출권(Special Drawing Rights: SDR)으로 변경하였다. 1929년 바르샤바협약을 개정하기 위해 1975년에 채택된 몬트리올 제1 추가의정서는 운송인의 책임한도에 관하여 다음과 같이 규정하고 있다.

몬트리올 제1 추가의정서 제2조에 의하면, 바르샤바협약 제22조를 삭제하고 이를 다음과 같이 대체하고 있다. 즉, 몬트리올 개정 바르샤바협약 제22조 제1항에서 여객운송에 있어서 여객 1인당 운송인의 책임을 8,300 특별인출권(SDR)의 금액을 한도로 한다. 소송이 계속된 법원의 법률에 따라 손해배상이 정기지급의 방법으로 정해질 수 있는 경우, 정기지급금의 원본은 본 한도를 초과하지 못한다. 다만 운송인과 여객은 특약에 의하여 보다 고액의 책임한도를 합의할 수 있다.

동 개정 바르샤바협약 제22조 제2항에서 위탁수하물 및 화물의 운송에 있어서 운송인의 책임은 1킬로그램당 17 특별인출권을 한도로 한다. 다만 송하인이 짐 꾸러미를 운송인에게 인도 시에 도착지에서 인도받을 때의 가액을 특별히 신고하여 요구에 따라 추가금액을 지급하였을 경우에는 그러하지 아니하다. 그 경우에 운송인은 그 금액이 도착지에서 인도할 때의 송하인의 실제가액보다 크다는 것을 증명하는 경우에는 그러하지 아니하다.

동 개정 바르샤바협약 제22조 제3항에서 여객이 보관하는 물품에 관해서 운송인의 책임은 332 특별인출권을 한도로 한다.

2) 몬트리올 제2 추가의정서

1955년 헤이그 개정 바르샤바협약을 개정하기 위해 1975년에 채택된 몬트리올 제2 추가의정서는 운송인의 책임한도에 관하여 다음과 같이 규정하고 있다.

몬트리올 제2 추가의정서 제2조는 헤이그 개정 바르샤바협약 제22조 제1항의 여객운송에 있어서 운송인의 책임한도액을 여객 1인당 16,600 특별인출권으로, 위탁수하물 및 화물의 경우 1킬로그램당 17 특별인출권으로, 여객이 보관하는 물품의 경우 여객 1인당 332 특별인출권으로 개정하고 있다. 단지 여객운송의 경우 운송인의 책임한도액에 대한 화폐단위를 헤이그 개정 바르샤바협약 상의 화폐단위인 프랑에서 특별인출권으로 변경하고 있다.

3) 몬트리올 제3 추가의정서

1955년 헤이그의정서 및 1971년 과테말라의정서에 의해 개정된 바르샤바협약을 개정하기 위해 1975년 채택된 몬트리올 제3 추가의정서는 발효되지 못하였으며, 운송인의 책임한도에 관하여 다음과 같이 규정하고 있다.

몬트리올 제3 추가의정서 제2조는 헤이그 및 과테말라 개정 바르샤바협약 제22조 제1항의 여객운송에 있어서 운송인의 책임한도액을 여객의 사망 또는 신체상해의 경우 여객 1인당

100,000 특별인출권으로, 여객의 연착의 경우 여객 1인당 4,150 특별인출권으로, 수하물의 파괴, 멸실, 훼손 또는 연착의 경우 여객 1인당 1,000 특별인출권으로 개정하고 있다.

4) 몬트리올 제4 의정서

1955년 헤이그 개정 바르샤바협약을 개정하기 위하여 채택된 1975년 몬트리올 제4 의정서는 운송인의 책임에 관하여 다음과 같이 규정하고 있다.

① 몬트리올 제4 의정서 제4조는 개정 바르샤바협약 제18조 제3항에서 운송인은 화물의 파괴, 멸실 또는 훼손이 오직 다음과 같은 하나 또는 그 이상의 사유로 기인되어 발생되었다는 것이 증명되는 경우 책임을 지지 아니한다고 추가하고 있다. a) 화물의 고유한 결함, 성질 또는 하자, b) 운송인, 그의 고용인 또는 대리인 이외의 자가 행한 화물의 결함있는 포장, c) 전쟁 또는 무력충돌, d) 화물의 입국, 출국 또는 통과에 관련되어 행한 공공기관의 행위.

② 몬트리올 제4 의정서 제5조는 헤이그 개정 바르샤바협약 제20조에서 여객, 수하물 및 화물의 운송에 있어서 연착으로 인한 손해의 경우에만 운송인은 자신, 그의 고용인 및 대리인이 손해를 방지하기 위하여 필요한 모든 조치를 취하였다는 사실 또는 그 조치를 취할 수 없다는 사실을 증명하는 경우에 책임을 지지 아니한다고 개정하고 있으며, 화물의 파괴, 멸실 또는 훼손에 의한 손해에 대하여는 운송인의 무과실 항변에 관한 규정을 두고 있지 아니하다.

③ 몬트리올 제4 의정서 제8조는 헤이그 개정 바르샤바협약 제24조 제2항에서 화물운송에 있어서 본 협약에 규정된 책임한도액은 최고한도액을 구성하며 어떤 상황이 책임에 발생하더라도 초과될 수 없다고 추가하고 있다.

④ 몬트리올 제4 의정서 제9조는 헤이그 개정 바르샤바협약 제25조에서 여객 또는 수하물의 운송에 있어서만 운송인, 그의 고용인 또는 대리인이 가해할 의사로써 또는 부주의하게 또는 손해가 아마 발생할 것이라는 인식으로써 행해진 작위나 부작위로부터 손해가 발생하였다고 증명되는 경우에 본 협약 제22조의 운송인의 책임한도가 적용되지 아니한다고 개정하고 있으며, 화물운송에 있어서는 위와 같은 운송인이 책임한도 적용배제에 관한 규

정을 두고 있지 아니하다.

⑤ 몬트리올 제4 의정서 제10조에 의하면, 헤이그 개정 바르샤바협약 제25 A조 제3항에서 여객 및 수하물운송에서만 그 고용인 또는 대리인이 가해할 의사로써 또는 부주의하게 또는 손해가 아마 발생할 것이라는 인식으로써 행해진 작위나 부작위로부터 손해가 발생하였다고 증명되는 경우에는 본 조 제1항 및 제2항의 고용인 또는 대리인이 운송인의 책임한도에 관한 본 협약 제22조를 원용할 수 있다는 규정이 적용되지 아니한다고 개정하고 있으며, 화물운송에 있어서는 위와 같은 고용인 또는 대리인의 운송인의 책임한도 원용 배제에 관한 규정을 두고 있지 아니하다.

(7) 국제항공운송협회(IATA) 항공사 간 협정

1955년 이후 개정된 바르샤바협약 체제의 책임한도가 현재 대부분의 국가에서 총체적으로 부적합하고 국제항공사들이 여객의 이익을 위해 그들을 인상시키려고 사전에 함께 행동해 왔음을 주목하여, 여객배상책임제도에 대한 국제항공운송협회(IATA) 항공사 간 협정이 1995년 10월 말레이시아 쿠알라룸푸르에서 개최된 IATA 연례총회에서 채택되었으며, 한편 동 협정에 서명한 항공사들이 그들의 운송약관 및 태리프(Tariff)에 반영시킴으로써 동 협정을 실행하기 위한 조치에 관한 협정을 1996년 5월 미국 마이애미에서 체결하였다. 이 두 협정의 주요내용은 다음과 같다.

① 항공사는 바르샤바협약 제17조의 의미 내에서 여객의 사망, 부상 또는 기타 신체상해에 대한 손해배상청구액으로서 바르샤바협약 제22조 제1항의 회복 가능한 보상적 손해에 대한 책임제한을 포기하기 위한 조치를 취한다. 여기서 회복 가능한 보상적 손해액은 여객의 주소지법에 의하여 결정되고 재정된다.

② 항공사는 협약의 규정에 의한 일체의 이용 가능한 항변권을 보유한다. 다만 사정이 정당화하는 바와 같이 특정금액의 회복 가능한 보상적 손해액까지의 항변권의 포기를 포함하여 어떠한 항변권을 포기할 수 있다.

③ 항공사는 지급한 금액에 대해서는 기부 또는 손해배상의 권리를 포함하여 제3자에 대하여 구상권을 보유한다.

④ 항공사는 100,000 특별인출권을 초과하지 아니하는 손해배상청구의 부분에 대하여 협약 제20조 제1항 상의 무과실 항변권을 원용하지 아니한다.

(8) 몬트리올협약

바르샤바협약 및 관련 협약을 현대화하고 하나로 통합하여야 할 필요성과 국제항공운송에 있어서 소비자 이익보호의 중요성 및 손해배상원칙에 입각한 적절한 보상의 필요성을 인식하며 1999년 채택된 몬트리올협약은 제3장에서 운송인의 책임 및 손해배상의 범위, 제5장에서 계약운송인 및 실제운송인의 책임에 관하여 규정하고 있다. 몬트리올협약에 새로이 규정하고 있는 운송인의 책임에 관한 주요내용은 다음과 같다.

① 몬트리올협약 제21조에 의하면, 여객의 사망 또는 상해의 경우에 운송인의 이원적 책임제도를 채택하여 제1단계로 여객 1인당 100,000 특별인출권(2009년 12월 30일 113,100 특별인출권으로 인상 개정)까지의 손해에 대하여 엄격책임주의(또는 무과실책임주의)에 기초하고 있으며, 제2단계로 여객 1인당 100,000 특별인출권(2009년 12월 30일 113,100 특별인출권으로 인상 개정)을 초과하는 손해에 대하여는 과실추정책임주의에 기초하고 있다.

② 몬트리올협약 제19조에 의하면, 운송인은 여객, 수하물 또는 화물의 항공운송 중 연착으로 인한 손해에 대하여 책임을 부담하되, 다만 운송인은 자신 또는 그의 고용인 또는 대리인이 손해를 회피하기 위해 합리적으로 요구되는 모든 조치를 다했다는 사실 또는 그러한 조치를 취할 수 없었다는 사실을 증명한 경우에는 책임을 지지 아니한다.

③ 몬트리올협약 제22조 제1항에 의하면, 여객의 운송에 있어 연착에 기인하여 손해가 발생된 경우 운송인의 책임한도는 4,150 특별인출권(2009년 12월 30일 4,694 특별인출권으로 인상 개정)으로 한다. 동 협약 제22조 제2항에 의하면, 수하물의 운송에 있어 수하물의 파괴, 멸실, 훼손 또는 연착이 발생된 경우 운송인의 책임한도는 위탁수하물과 휴대수하물의 구분없이 여객 1인당 1,000 특별인출권(2009년 12월 30일 1,131 특별인출권으로 인상 개정)으로 한다. 몬트리올협약 제22조 제5항에 의하면, 여객의 운송에 있어 연착된 경우 및 수하물의 운송에 있어 수하물의 파괴, 멸실, 훼손 또는 연착된 경우 동 협약 제22조 제1항 및 제2항의 운송인의 책임한도에 관한 규정은 아마도 손해가 발생될 것이라는 인식을 가지

거나 또는 무모하게 손해가 발생될 것이라는 의도를 가지고 행한 운송인, 그의 고용인 또는 대리인의 작위 또는 부작위로부터 발생되었다는 것이 증명되었을 경우 그 조문의 적용을 배제하고 있으나, 화물의 운송에 있어 화물의 파괴, 멸실, 훼손 또는 연착된 경우에는 위와 같은 운송인의 책임한도에 관한 규정의 적용을 배제하는 규정을 두고 있지 아니하다.

④ 몬트리올협약 제24조에 의하면, 동 협약 제21조 내지 제23조에서 정한 운송인의 책임한도액은 물가상승율을 감안하여 5년마다 재검토되어야 한다.

⑤ 몬트리올협약 제28조에 의하면, 여객의 사망 또는 상해를 야기하는 사고의 경우 운송인은 자국법이 요구하는 경우 자연인 또는 배상을 청구할 권한있는 자의 즉각적인 경제적 필요를 충족시키기 위해 지체없이 선급금을 지급하여야 한다.

⑥ 몬트리올협약 제33조 제2항은 여객의 사망 또는 상해로 인한 손해에 관하여 소송은 사고 발생 당시 여객의 주요하고 영구적인 거소를 관할하는 법원에 제기할 수 있도록 규정하여 제5 재판관할권을 인정하고 있다.

제2절 몬트리올협약 상 항공운송인의 책임

1. 몬트리올협약의 성립 및 구성

몬트리올협약은 국제항공운송에 있어서 통일된 운송인의 책임제도를 규정하는 단일 협약문서를 새로 만들어내기 위한 시도로서 바르샤바 체제의 각 협약문서들의 규정들을 수용하고 있다. 또한 몬트리올협약은 바르샤바협약의 기본구조를 유지하고 있으면서 국제항공사법의 통일을 재정립하는데 성공하였다.

몬트리올협약 전문(Preamble)은 3가지 기본원칙 즉, 현대화 및 통합화의 필요, 새로운 여객운송 책임을 위한 기본요소 및 국제항공운송사업의 질서 정연한 발전의 바람직함 등을 구체화하고 있다. 무엇보다도 몬트리올협약의 가장 중요한 요소는 운송인들이 무한책임(Unlimited Liability)의 위험을 부담해야 한다는 원칙이며, 또한 명백하게 운송인들의 보호

가 소비자의 보호로 변화되었다는 점이다.[5)]

몬트리올협약은 전문, 7개 장 및 57개 조문으로 구성되어 있으며, 제1장 총칙(제1조~제2조) 제2장 여객, 수하물 및 화물의 운송에 관한 증서와 당사자의 의무(제3조~제16조), 제3장 운송인의 책임 및 손해배상의 범위(제17조~제37조), 제4장 복합운송(제38조), 제5장 계약운송인 이외의 자에 의한 항공운송(제39조~제48조), 제6장 기타규정(제49조~제52조), 제7장 최종조항(제53조~제57조) 등에 관하여 규정하고 있다.

몬트리올협약 제1조에서는 협약의 적용범위를 다음과 같이 규정하고 있다. 즉, 몬트리올협약은 항공기에 의하여 유상으로 운송되는 사람, 수하물 또는 화물의 모든 국제운송에 적용되며 또한 항공운송기업에 의하여 무상으로 행하여지는 운송에도 똑같이 적용된다(동 협약 제1조 제1항). 그러나 우편물의 운송에는 적용되지 않는다(동 협약 제2조 제2항).

여기서 국제운송이라 함은 당사자 간의 약정에 의하면, 운송의 중단 또는 환적이 있느냐 없느냐를 불문하고 출발지 및 도착지가 2개의 당사국의 영토 내에 있는 운송 또는 출발지 및 도착지가 단일의 당사국의 영토 내에 있고 더욱이 합의된 예정기항지가 본 협약의 당사국에 있느냐 없느냐를 묻지 않고 다른 어떤 국가의 영토 내에 있는 운송을 말한다. 단일의 당사국의 영토 내의 두 지점 간의 운송이 다른 어떤 국가의 영토 내에 합의된 예정기항지가 없는 것은 국제운송이 아니다(동 협약 제1조 제2항).

2인 이상의 순차운송인에 의한 운송은 당사자가 단일운송으로 취급하였을 때에 단일의 계약형식에 의하거나 일련의 계약형식에 의하거나를 불문하고 본 협약의 적용상 불가분의 운송으로 간주되며, 단지 단일의 계약이나 일련의 계약이 동일국의 영토 내에서 전부 이행된다는 이유 때문에 국제적 성질이 상실되지 않는다(동 협약 제1조 제3항).

본 협약은 계약운송인이외의 실제운송인에 의한 운송에도 적용된다(동 협약 제1조 제4항).

5) I.H.Ph. Diederiks-Verschoor, *An Introduction to Air Law*, 7th edition, Kluwer Law International, 2006, p.115.

2. 항공운송증서

(1) 항공운송증서의 개요

항공운송증서는 항공운송인과 여객 또는 송하인 간에 운송계약이 체결되었음을 증명하는 증서로서, 일반적으로 여객운송의 경우에 여객항공권, 수하물 운송의 경우에 수하물표, 화물운송의 경우에 항공화물운송장이 발행된다.

여객항공권, 수하물표 및 항공화물운송장 등 항공운송증서의 법적 성질은 운송계약의 존재 및 조건을 증명하는 증거증권에 불과하다. 따라서 항공운송증서를 발행하지 아니하거나 또는 항공운송증서의 일부 기재사항을 누락하는 등의 항공운송증서로서의 요건을 준수하지 아니한 경우에도 운송계약의 존재 또는 효력에 아무런 영향을 미치지 않는다(헤이그 개정 바르샤바협약 제3조 제2항, 제4조 제2항, 제11조 제1항, 몬트리올협약 제3조 제5항, 제9조).

항공운송인의 책임과 항공운송증서와의 관계에 관하여 협약의 규정을 보면, 바르샤바협약에서는 운송증서가 발행되지 아니한 경우 또는 운송증서에 운송인의 책임제한에 관한 고지를 기재하지 아니한 경우에 운송인은 책임제한에 관한 협약의 규정을 원용할 권리를 가지지 아니한다(헤이그 개정 바르샤바협약 제3조 제2항, 제4조 제2항, 제9조). 한편 몬트리올협약에서는 운송증서의 발행 및 기재사항 등에 관한 협약의 규정을 준수하지 아니한 경우, 또는 여객의 사망, 상해 및 수하물의 파괴, 멸실, 훼손 및 연착에 대한 운송인의 책임제한을 여객에게 서면으로 고지하지 아니한 경우에도 운송인의 책임제한에 관한 규정을 포함한 본 협약의 규정이 적용된다(몬트리올협약 제3조 제5항, 제9조).

(2) 여객항공권

1) 여객항공권의 교부

몬트리올협약 제3조 제1항에 의하면, 여객의 운송에 관하여 개인용 또는 단체용의 운송증서를 교부하여야 한다. 또한 동 협약 제3조 제2항에 의하면, 제1항에서 표시된 정보를 보존하는 어떠한 다른 수단도 제1항에 규정된 증서의 교부에 대체할 수 있으며, 이러한 다른 수단이 이용되는 경우에 운송인은 여객에게 보존된 정보의 기재서면을 교부할 것을 제의하여야 한다. 이 규정은 전통적인 여객항공권에 대체하여 전자항공권의 교부가 가능하도록 하고 있으며, 현재 인터넷에 의한 전자항공권의 교부가 보편화되어 있다. 전자항공권은 전자적으로 발행되고 소비자에게 이메일(E-mail)로 발행된다. 이러한 단순화는 항공사를 위해 상당한 비용절감을 가져오고 있으며, 약간의 항공사들은 종이항공권을 요구하는 여객에게 추가비용을 부과하기 시작했다.[6)]

2) 여객항공권의 기재사항

몬트리올협약 제3조 제1항에 의하면, 여객항공권에는 ① 출발지 및 도착지의 표시, ② 출발지 또는 도착지가 단일의 당사국의 영토 내에 있거나 하나 또는 둘 이상의 예정기항지가 타국의 영토 내에 있을 때에 이와 같은 예정기항지 중 적어도 한곳의 표시 등을 기재하여야 한다.

또한 동 협약 제3조 제4항에 의하면, 운송인은 본 협약이 적용되는 경우 본 협약이 적용된다는 것과 여객의 사망, 상해 및 수하물의 파괴, 멸실, 훼손 및 연착에 대한 운송인의 책임을 제한할 수 있다는 취지를 여객에게 서면으로 고지하여야 한다.

바르샤바 원협약 제3조 제1항에서는 여객항공권의 기재사항으로 ① 발행의 장소 및 일자, ② 출발지 및 도착지, ③ 예정기항지, ④ 항공운송인의 성명 및 주소, ⑤ 운송이 본 협약에 정해진 책임에 관한 규칙에 따른다는 진술 등 5가지 항목을 규정하고 있으나, 몬트리올협약은 전자항공권의 발행에 대비하여 기재사항을 3가지 항목으로 단순화하고 있다.

여객항공권의 기재사항에 관한 법원의 판례를 보면, Chan v. Korean Airlines Ltd. 사건에서 원고는 1966년 몬트리올협정에 명시된 활자 크기보다 작은 활자로 인쇄된 여객항공권이 신체상해에 대한 운송인의 책임을 제한할 수 있는가 여부의 문제를 주장하였다. 이에 대해 법원은 여객항공권을 규정하는 바르샤바협약의 규정을 수하물표 및 항공화물운송장의 요건을 명시하는 규정들과 비교하면서, 협약의 규정은 수하물표 및 항공화물운송장이 적절하게 교부되거나 작성되지 아니한 경우 운송인은 바르샤바협약 제22조의 책임제한을

6) Paul Stephen Dempsey and Michael Milde, *The International Air Carrier Liability: The Montreal Convention of 1999*, McGill University Institute of Air & Space Law, 2005, p.87.

원용하지 못하도록 하고 있는 것을 주목하였다.[7)]

3) 여객항공권의 효력

몬트리올협약 제3조 제5항에 의하면, 제1항, 제2항 및 제4항의 규정을 준수하지 아니한 경우에도 운송계약의 존재 및 효력에 영향을 미치지 아니하며, 그럼에도 불구하고 책임제한에 관한 규정을 포함한 본 협약의 규정이 적용된다.

바르샤바 원협약 제3조 제2항에서는 여객항공권의 부존재, 불비 또는 멸실은 운송계약의 존재 또는 효력에 영향을 미치지 아니하며, 운송계약은 이 경우에도 본 협약의 규정이 적용된다. 다만, 운송인이 교부된 여객항공권없이 여객을 인수한 경우 운송인의 책임을 배제 또는 제한하는 본 협약의 규정을 원용할 수 없다고 규정하고 있다. 한편 몬트리올협약에서는 여객항공권을 교부하지 아니하거나, 일부 기재사항이 누락되거나 또는 운송인의 책임제한에 관한 고지를 하지 아니한 경우에도 운송인의 책임제한에 관한 협약의 규정이 적용된다.

4) 전자항공권의 법적 문제

전자항공권 발권에 관련된 법적 문제로는 계약 성립시기와 재판관할의 문제가 있다. 첫째, 인터넷으로 여객항공권의 판매계약을 체결하는 경우 계약 성립시기를 언제로 볼 것 인가 즉, 발신주의를 취할 것인가 도달주의를 취할 것인가 하는 문제가 있다. 이에 관하여는 몬트리올협약 등 항공운송에 관한 협약에 규정이 없으므로 계약법의 일반원리에 의할 수 밖에 없다. 우리 민법 제111조 제1항에서 대화자 간의 계약 성립시기는 도달주의를 취하고, 동법 제531조에서 격지자 간의 계약 성립시기는 발신주의를 취하고 있다. 여기서 인터넷을 통한 전자상거래가 대화자 간의 계약에 해당하는지 격지자 간의 계약에 해당하는지가 문제되는데, 전자항공권 발권의 경우뿐만 아니라 인터넷 전자상거래가 거의 동시적으로 실시간으로 대화자 간처럼 이루어지는 현실과 승낙자는 승낙데이터가 도달하지 않는 사실을 쉽게 알 수 있다는 점을 고려하여 대화자 간의 계약으로 보아 계약 성립시기는

---

7) Chan v. Korean Airlines Ltd. 490 U.S. 122 at 122(1989): Paul Stephen Dempsey and Michael Milde, *op. cit.*, p.92.

도달주의를 취하는 것이 타당하다고 본다.[8]

우리 전자거래법 제6조에서 전자문서의 수신시기에 관하여 전자문서는 다음 각 호의 1에 해당하는 때에 수신된 것으로 본다고 규정하고 있다. 즉, ① 수신자가 전자문서를 수신할 정보처리시스템을 지정한 경우에는 수신자가 관리하는 정보처리시스템에 입력된 때, ② 수신자가 전자문서를 수신할 정보처리시스템을 지정하지 아니한 경우에는 수신자가 관리하는 정보처리시스템에 입력된 때이다.

둘째, 전자항공권 발권의 경우 재판관할에 관한 문제로서, 항공운송인에 대한 손해배상청구소송의 재판관할에 관해서는 몬트리올협약 제33조에서 규정을 두고 있으므로, 인터넷항공권 발권의 경우 재판관할에 관해서는 동 협약의 규정을 따라야 할 것이다, 몬트리올협약 제33조에서 5개의 재판관할을 인정하고 있는데, 손해배상청구권자는 자신에게 가장 유리한 재판관할지를 선택하고자 할 것이며, 따라서 인터넷을 통해 항공권 구매계약을 체결한 경우 계약체결장소를 어디로 볼 것인가가 문제된다. 몬트리올협약 제33조 제2항에서 여객의 사망 또는 상해로 인한 손해배상청구소송의 경우 제5 재판관할을 도입하여 여객의 영구 주소지와 거소지에서 소송을 제기할 수 있도록 규정하고 있는 바, 전자항공권 발권의 경우 인터넷사이트의 접속이 대부분 여객의 주소지에서 이루어지고 있으며, 인터넷에 의한 항공권 판매가 급속히 증가하고 있는 현실을 감안할 때 제5 재판관할을 채택할 필요가 있다고 할 것이다.

결국 항공운송인의 홈페이지는 실제로 영업장의 역할을 한다고 볼 수 있으므로, 실제적인 영업장의 위치가 어디에 있든가 또는 호스트 서버(host server)가 어디 있든가 여객이 홈페이지에 접속하여 계약의 청약과 승낙이 이루어지는 장소 즉, 대부분의 경우 여객의 주소지와 거소지를 계약 체결장소로 보아 이에 재판관할권이 있다고 할 것이다.[9]

(3) 수하물표

몬트리올협약 제3조 제3항에 의하면, 개개의 위탁수하물마다 수하물 식별표를 교부하

8) 김종복, 「신국제항공법」, 한국학술정보(주), 2012, 297~298면.

9) 김종복, 전게서, 299~300면.

여야 한다. 동 협약 제3조 제4항에 의하면, 운송인은 본 협약이 적용되는 경우 본 협약이 적용된다는 것과 수하물의 파괴, 멸실, 훼손 및 연착에 대한 운송인의 책임을 제한할 수 있다는 취지를 여객에게 고지하여야 한다. 동 협약 제3조 제5항에 의하면, 제3항 및 제4항의 규정을 준수하지 아니한 경우에도 운송계약의 존재 및 효력에 영향을 미치지 아니하며, 그럼에도 불구하고 책임제한에 관한 규정을 포함한 본 협약의 규정이 적용된다.

바르샤바 원협약 제4조 제1항에서는 수하물표의 기재사항으로 ① 발행의 장소 및 일자, ② 출발지 및 도착지, ③ 운송인의 성명 및 주소, ④ 여객항공권번호, ⑤ 수하물표의 소지인에게 수하물을 인도한다는 진술, ⑥ 수하물의 수량 및 중량, ⑦ 동 협약 제22조 제2항에 따라 신고된 가액, ⑧ 운송이 본 협약에서 정하는 책임에 관한 규정에 따른다는 진술 등을 규정하고 있다. 또한 동 협약 제4조 제2항에서는 수하물의 부존재, 불비 또는 멸실은 운송계약의 존재 또는 효력에 영향을 미치지 아니하며, 운송계약은 이 경우에도 본 협약의 규정이 적용된다. 다만, 운송인이 교부된 수하물표 없이 수하물을 인수한 경우 또는 수하물표에 위의 ④, ⑥ 및 ⑧항에서 정하는 기재사항이 포함되지 아니한 경우에는 운송인의 책임을 배제 또는 제한하는 본 협약의 규정을 원용할 수 없다고 규정하고 있다. 한편 몬트리올협약에서는 수하물표를 교부하지 아니하거나, 일부 기재사항이 누락되거나 또는 운송인의 책임제한에 관한 고지를 하지 아니한 경우에도 운송인의 책임제한에 관한 협약의 규정이 적용된다.

수하물표의 기재사항에 관한 법원의 판례를 보면, Spanner v. United Airlines, Inc. 사건에서 법원은 항공운송인이 수하물의 수량 및 중량을 포함하고 있는 수하물표를 교부하지 아니한 경우, 여객이 이러한 실수로 손해를 당했는지 여부에 불구하고 협약의 책임제한 규정을 원용할 수 없다고 명백하게 판시하였다.[10)]

10) Spanner v. United Airlines, Inc., 177 F.3d 1173 at 1176(9th Cir. 1999); Paul Stephen Dempsey and Michael Milde, *op. cit.*, p.93.

(4) 항공화물운송장

1) 항공화물운송장의 작성 교부

① 항공화물운송장의 교부

몬트리올협약 제4조 제1항에 의하면, 항공화물의 운송에 관하여 항공화물운송장(Air Waybill)을 교부하여야 한다. 또한 동 협약 제8조 (a)에 의하면, 1개 이상의 짐 꾸러미가 있는 경우, 화물의 운송인은 송하인에게 개별적인 항공화물운송장을 작성하여 줄 것을 청구할 권리를 가진다.

동 협약 제4조 제2항에 의하면, 행해질 운송기록을 보존하는 다른 수단으로 항공화물운송장의 교부를 대체할 수 있다. 다른 수단이 이용되는 경우, 송하인의 요청이 있는 경우 운송인은 화물을 식별할 수 있는 화물수령증을 송하인에게 교부하여야 하며 다른 수단에 의해 보존되는 기록에 포함된 정보에 접근할 수 있도록 하여야 한다.

이 규정은 전통적인 항공화물운송장에 대체하여 다른 수단 즉, 전자항공화물운송장의 교부가 가능함을 규정하고 있는데, 이 경우 송하인은 그의 요청에 의해 화물을 식별할 수 있는 화물수령증을 교부받고 전자기록 정보에 접근할 수 있는 권리를 가진다.[11]

이와 같이 몬트리올협약은 항공화물운송장의 교부를 요구하고 있으나, 누구에게 그것을 교부할 것인가에 관하여는 언급이 없다. 바르샤바 원협약 제5조 제1항은 운송인이 송하인에게 항공화물운송장을 작성하여 자기에게 교부할 것을 요구할 권리를 가진다고 규정함으로써, 몬트리올협약보다 더욱 상세한 규정을 두고 있다. 그러나 몬트리올협약은 오직 항공화물운송장은 교부되어야 한다고 요구하고 있다. 추측건대 항공화물운송장은 여전히 송하인에 의하여 작성되어 운송인에게 교부되어야 한다고 해석된다.[12]

몬트리올협약에 의하면, 항공화물운송장은 송하인이 작성하여 교부하도록 규정하고 있으나, 실제로는 송하인이 작성하여 교부하는 경우는 거의 없으며, 항공화물대리점이나 혼재운송인들이 항공회사로부터 항공화물운송장의 용지를 받아 거기에 필요한 사항을 기입하고 화물의 인도를 받은 후 항공회사의 대리인으로 송하인용 원본에 서명하거나 항공회

11) 김종복, 전게서, 286~287면.

12) Paul Stephen Dempsey and Michael Milde, *op. cit.*, p.98.

사가 서명하여 송하인에게 교부한다.

항공회사가 발행하는 항공화물운송장과 혼재업자 또는 대리점이 발행하는 항공화물운송장을 구분하기 위하여 항공회사가 발행하는 항공화물운송장을 Master Air Waybill(MAWB)이라고 부르며, 혼재업자 또는 대리점이 개별 송하인의 화물에 대하여 발행하는 항공화물운송장을 House Air Waybill(HAWB)이라고 부른다.

우리 대법원 판례에 의하면, 송하인이 항공운송주선인에게 운송을 의뢰하는 경우에는 그 운송주선인이 항공운송인의 지위에서 송하인용의 혼재항공화물운송장(House Air Waybill)을 작성 교부하게 되며, 그 혼재화물이 항공회사에 인도될 때 그 운송주선인은 송하인의 지위에 서서 항공회사로부터 항공화물운송장(Master Air Waybill)을 작성 교부받게 되는 것이라고 하여 운송주선인이 운송인의 지위에서 항공화물운송장을 발행한다고 판시하였다.[13]

② 항공화물운송장의 서식

몬트리올협약 제7조 제1항 내지 제3항에 의하면, 항공화물운송장은 송하인에 의하여 원본 3통이 작성된다. 제1의 원본에는 "운송인용"이라고 기재하고 송하인이 서명한다. 제2의 원본에는 "수하인용"이라고 기재하고 송하인 및 운송인이 서명한다. 제3의 원본에는 운송인이 서명하고 화물을 인수받은 후 송하인에게 그것을 인도한다. 여기서 운송인의 서명 및 송하인의 서명은 인쇄 또는 날인하여도 된다.

동 협약 제7조 제4항에 의하면, 만약 송하인의 청구에 따라 운송인이 항공화물운송장을 작성하였을 경우, 반증이 없는 한 운송인은 송하인을 대신하여 그렇게 한 것으로 간주한다.

바르샤바 원협약 제6조 제1항은 항공화물운송장은 송하인이 원본 3통을 작성하여 물품과 함께 교부되어야 한다고 규정하고 있다. 그러나 몬트리올협약은 항공화물운송장이 물품과 함께 교부되어야 한다는 요건을 삭제하고 있다. 이러한 변경은 항공화물운송장의

13) 대법원 1995. 6. 13. 선고 92다19293 판결.

작성완료 이전에 항공화물의 적재를 시작하는 것을 가능하게 하고 있다.[14]

독일 법원 판례에 의하면, 항공화물운송장의 수하인용 제2원본을 화물과 함께 송부하지 아니하고 송하인에게 교부한 경우, 운송인은 송하인이 그것을 이용하여 저지른 사기행위에 대하여 수하인에게 책임을 져야 한다고 판시하였다.[15]

바르샤바 원협약 제6조 제3항에 운송인은 물품의 인수 시에 서명하여야 한다는 요건이 있었으나, 이 요건은 헤이그의정서 제5조에서 운송인은 항공기에 화물을 적재하기 이전에 서명하여야 한다고 변경되었으며, 이러한 요건은 몬트리올협약에서 삭제되었다.

우리 대법원 판례에 의하면, 제5차 개정 신용장통일규칙 제27조 a항 i호에 의거 신용장에서 항공운송서류를 요구한 경우에는 은행은 신용장에 별도로 명시하고 있지 않는 한, 그 명칭에 관계없이 문면 상 운송인의 이름이 표시되고 운송인 또는 대리인이 서명하거나 기타 다른 방식으로 인증한 서면을 수리하여야 하며, 운송인의 모든 서명 또는 인증에는 반드시 운송인이라는 확인이 있어야 하고, 운송인을 대신하여 서명하거나 인증한 대리인은 반드시 운송인의 명의와 자격도 명시하여야 한다고 규정하고 있는 바, 신용장에서 항공화물운송장의 제시를 요구하고 있는 경우, 신용장 개설은행은 위 규정에서 정한 요건을 충족하는 서류만을 신용장 조건에 합치하는 서류로서 수리하여야 하고, 항공화물운송장이 위와 같은 요건을 충족하고 있는지 여부는 신용장 관련 다른 서류의 기재를 참고하지 아니하고 해당 항공화물운송장의 문언만을 기준으로 하여 형식적으로 엄격하게 판단하여야 한다. 그런데 신용장에 따라 제시된 항공화물운송장의 발행인 란에 운송인으로 기재된 자가 운송인의 대리인으로 서명함으로써, 항공화물운송장의 문언만으로는 그 항공화물운송장이 운송인에 의하여 서명 발행되었는지, 운송인의 대리인에 의하여 서명 발행되었는지 신용장 개설은행의 입장에서 판단하기 어려운 경우, 항공운송서류에 관한 신용장통일규칙 제27조 a항 i호의 요건을 충족하는 항공화물운송장이 신용장 개설은행에 적법하게 제시되었다고 볼 수 없다고 판시하였다.[16]

---

14) Paul Stephen Dempsey and Michael Milde, *op. cit.*, pp.107~108.

15) Supreme Court, Germany(Fed. R.), 19 March 1976 : 1977 *ZLW* 79.

16) 대법원 2007. 5. 10. 선고 2005다57691 판결.

③ 항공화물운송장의 기재사항

몬트리올협약 제5조에 의하면, 항공화물운송장에는 ① 출발지 및 도착지의 표시, ② 출발지 및 도착지가 단일의 당사국 영역 내에 있거나 하나 또는 그 이상의 약정기항지가 다른 국가의 영역 내에 있을 경우에는 최소한 한곳의 그러한 기항지의 표시, ③ 적송품의 중량의 표시 등을 기재하여야 한다.

국제항공운송협회(IATA)는 그의 화물서비스 결의편람(Air Cargo Services Resolutions Manual)에서 대부분의 항공산업이 지지하는 지침과 함께 표준 국제 항공화물운송장을 채택하고 있다.[17]

바르샤바 원협약 제8조는 항공화물운송장에 포함될 것이 요구되는 17가지 항목의 별개의 정보목록을 규정하고 있으나, 몬트리올협약은 3가지 항목으로 축소하여 단지 운송경로와 적송품의 중량만을 명시하는 간단한 항공화물운송장으로 대체하고 있다. 여기서 운송경로의 명시는 몬트리올협약 제1조 제2항의 조건에 의한 국제운송임을 결정하기 위해 필수적이다. 또한 적송품의 중량은 동 협약 제22조 제3항에 매 킬로그램당 19 특별인출권(SDR)으로 명시된 운송인의 최고책임액을 결정하기 위해 중요하다.

이에 관한 외국법원의 판례를 보면, Brink's Ltd. v. South African Airways 사건에서 법원은 항공화물운송장에 기항지가 나타나 있는 운항시간표를 명백히 참조토록 함으로써 기항지의 기재요건을 충족하였다는 근거로 운송인이 항공화물운송장에 기항지의 기재를 이행하지 않은데 대하여 책임을 지우지 않았다.[18]

2) 항공화물운송장의 효력

① 항공화물운송장 요건의 불준수 시 효력

몬트리올협약 제9조에 의하면, 동 협약 제4조 내지 제8조의 규정을 준수하지 아니하는 경우 운송계약의 존재 또는 효력에 영향을 미치지 아니하며, 그럼에도 불구하고 책임제한에

17) IATA 표준국제항공화물운송장은 1981년에 최초 개발되었으며, 국내 및 국제항공화물운송장은 운송약관을 포함하는 이면은 크게 다를지라도 표면은 본질적으로 동일하다: Paul Stephen Dempsey and Michael Milde, *op. cit.*, p.99.

18) Brink's Ltd. v. South African Airways, 93 F. 3d 1022 at 32(2nd Circuit. 1996): Paul Stephen Dempsey and Michael Milde. *op. cit.*, p.102.

관한 규정을 포함한 이 협약의 규정들이 적용된다.

이 규정은 운송인이 일정한 기재사항 즉, ① 항공화물운송장의 작성일자 및 장소, ② 출발지 및 도착지, ③ 예정기항지, ④ 송하인의 성명 및 주소, ⑤ 최초의 운송인 및 수하인, ⑥ 물품의 성질, ⑦ 짐 꾸러미의 개수, ⑧ 물품의 중량, 수량, 용적 또는 치수, ⑨ 물품 및 그의 포장의 외관상태 등을 포함하는 적절한 항공화물운송장을 작성하지 않은 경우에 그것에 의해 발생한 책임에 관한 제한을 배제하는 바르샤바 원협약 제9조의 요건을 크게 변경하고 있다.

이 규정은 더 이상 동 협약 제4조 내지 제8조의 요건들을 형식화하고 있지 않는데, 그 이유는 이들 요건들의 불이행에 대한 처벌이 더 이상 없기 때문이다. 그럼에도 불구하고 몬트리올협약의 다른 곳에는 특정 정보가 항공화물운송장에 포함된다는 것을 운송인이 보장하는 유인들이 있다. 즉, 동 협약 제11조에서 짐 꾸러미의 개수뿐만 아니라 화물의 중량, 크기 및 포장에 관한 항공화물운송장의 기재사항은 반증이 없는 한 기재된 사실에 관한 증거가 된다고 규정하고 있다. 더욱이 동 협약 제22조 제3항에 의한 책임제한(매 킬로그램당 19 SDR)은 적송품의 중량에 의해 좌우된다. 그러므로 운송인은 적송품의 무게를 잘 측정해 보도록 통보를 받게 되고 각 짐 꾸러미의 중량과 전체 적송품의 중량을 항공화물운송장에 기재할 것이다. 또한 동 협약 제22조 제4항에 의거 만약 어느 일부 짐 꾸러미의 파괴, 멸실 또는 훼손이 항공화물운송장에 포함된 다른 짐 꾸러미의 가액에 영향을 미치는 경우, 그때 전체 적송품의 총중량은 최고 책임제한액을 결정하기 위하여 고려되어야 한다.[19]

항공화물운송장에 기재하여야 할 사항이 협약에 규정되어 있기는 하지만 그 기재에 흠결이 있더라도 항공화물운송장 자체가 무효가 되는 것이 아니라, 오직 기재의 책임있는 당사자가 그에 따른 불이익을 받는 것에 그친다. 실제에 있어서 대부분의 항공회사는 IATA 표준 항공화물운송장을 이용하고 있지만, 반드시 표준 항공화물운송장을 사용해야 하는 것은 아니며, 표준 항공화물운송장에 수정, 변경을 가하여 사용하더라도 항공화물운송장

---

19) Paul Stephen Dempsey and Michael Milde, *op. cit.*, pp.109~110.

의 법적 성질은 변하지 않는다.[20]

항공화물운송장의 작성은 화물운송계약의 성립요건은 아니고 계약에 근거하여 당사자가 항공화물운송장의 교부 또는 수령의 청구권을 취득하는데 불과하다. 따라서 당사자는 명시 또는 묵시의 특약에 의하여 청구권을 포기할 수 있다. 항공화물운송장의 교부가 없는 경우 또는 있다고 하다라도 부적법한 경우이거나 항공화물운송장을 상실한 경우에도 운송계약의 효력은 하등 방해를 받지 않는다.[21]

항공화물운송장의 요식증권성에 대하여는 이를 인정하는 견해도 있으나, 원래 운송계약은 불요식의 낙성계약이므로 항공화물운송장의 작성이 항공화물운송계약의 성립요건은 아니다. 그러나 만약 항공화물운송장을 작성한다면 반드시 요식성을 갖추어야 하느냐가 문제될 수 있는 데 그 기재에 흠결이 있더라도 항공화물운송장 자체가 무효가 되는 것은 아니다. 따라서 항공화물운송장은 요식증권이 아니며, 항공화물운송장의 증거증권성을 강조한다면 요식성의 필요도 없다고 할 것이다. 몬트리올협약에서는 단지 협약의 적용여부와 중량에 의하여 산정되는 책임제한액을 결정하는데 필요한 정보만을 항공화물운송장에 포함하도록 하고 있다.[22]

② 항공화물운송장 기재사항에 대한 책임

몬트리올협약 제10조 제2항에 의하면, 송하인은 본인 또는 그의 대리인이 제공한 기재사항의 불비, 부정확 또는 불완전으로 인하여 운송인 또는 운송인이 책임을 부담하는 타인이 입은 모든 손해에 대하여 운송인에게 보상한다. 이 규정은 송하인은 그가 제공한 정보의 결함에 대하여 운송인을 보상할 것을 요구하고 있다.

실무적으로 포워더(Forwarder: 운송주선인)가 송하인을 대신하여 항공화물운송장을 작성하는 경우가 많으며, 이 경우 포워더의 지위가 운송인의 대리인으로도 행위하는 것으로 해석될 여지가 있다. 송하인이 포워더가 운송인의 대리인이라고 주장할 경우 운송인이

---

20) 최준선, 「국제항공운송법론」, 삼영사, 1987, 199면.

21) 김두환, 「국제항공운송법론」, 한국학술정보(주), 2005, 172면.

22) 홍순길·신홍균·김종복, 「신국제항공우주법」, 한국항공대학교 출판부, 2006, 156면.

책임을 물을 수 있는 상대방이 송하인인지 또는 포워더인지 여부에 대한 분쟁이 발생하여 법률관계가 복잡해질 가능성이 많은 점을 고려하여 운송인, 송하인, 포워더 간의 법률관계를 명확하게 하도록 운송인이 직접 송하인에게 책임을 물을 수 있는 규정을 몬트리올협약 제10조 제2항 후단에 두고 있다.

우리 대법원 판례에 의하면, 운송주선인의 도착지 운송취급대리점이 세관에 신고하는 적하목록의 수하인란에 항공화물운송장 상의 수하인인 신용장 개설은행이 아니라 실수입자로 기재한 것이 운송취급대리점의 주의의무 위반이 되는가 하는 점이다. 관세행정의 편의와 화물의 신속한 입출고를 위하여 적하목록의 수하인을 항공화물운송장 상의 수하인이 아닌 실수입자로 기재하는 것이 보편화되어 있고 보세창고업자들도 이러한 사정을 잘 알고 있으므로 운송취급대리점이 적하목록의 수하인을 신용장 개설은행이 아니라 실수입자로 기재한 것만으로 운송대리점으로서의 주의의무를 위배하여 화물의 무단 반출을 용이하게 한 것이라고 볼 수 없으며, 따라서 운송취급대리점은 항공화물운송장 상의 수하인에 대하여 운송계약상의 채무불이행 책임을 지지 아니한다고 판시하였다.[23]

③ 항공화물운송장의 증거력

몬트리올협약 제11조에 의하면, 항공화물운송장은 반증이 없는 한, 그러한 증서에 언급된 계약의 체결, 화물의 인수 및 운송의 조건에 관한 증거가 된다. 짐 꾸러미의 개수뿐만 아니라 화물의 중량, 크기 및 포장에 관한 항공화물운송장의 기재사항은 반증이 없는 한, 기재된 사실에 관한 증거가 된다. 화물의 수량, 부피 및 상태는 그들이 송하인의 입회하에 점검되고 그 사실을 항공화물운송장에 기재한 경우 또는 화물의 외양에 관한 기재를 한 경우를 제외하고는 운송인에게 불리한 증거를 구성하지 않는다.

이 규정에 따라 화물의 수량, 중량, 부피, 포장 및 상태에 관한 운송증서의 추정적 증거력이 인정되기 때문에 손해배상청구인은 화물의 손해에 대한 운송인의 과실을 입증할 필요가 없다. 송하인은 오직 화물이 양호한 상태로 운송인에게 인도되었다는 것, 화물이 손상된 상태로 도착하였다는 것 또는 전혀 도착하지 않았다는 것, 그리고 손해액 등을 입증

23) 대법원 2004. 7. 22. 선고 2001다67164 판결.

할 필요가 없다. 그러나 이것은 예외 없이 절대책임을 의미하는 것은 아니며, 항공운송인이 동 협약 제18조 제2항에 수록된 사실들의 어느 것을 증명하는 경우에 엄격책임으로부터 면제될 수 있다.[24]

항공화물운송장은 화물을 대표하는 유가증권이 아니라 단순한 증거증권으로서 운송계약의 체결, 화물의 인수 및 운송조건의 추정적 증거를 구성할 뿐이다. 따라서 운송계약의 당사자는 항공화물운송장의 기재가 사실과 다르다는 것을 반증을 들어 주장할 수가 있다. 예를 들면, 항공화물운송장이 작성되었음에도 불구하고 운송계약의 체결이 없었다든가 또는 운송인이 화물을 인수하지 않았다는 것에 관해서, 또는 항공화물운송장에 기재된 화물의 신고가격보다 실제가격이 더 높다는 것에 관해서 반증을 들어 주장할 수 있다.

항공화물운송장은 운송인에 의한 물품 수령의 추정적 증거이기 때문에 운송인의 구내에 있는 동안 물품이 손해를 입는 경우 운송인은 책임을 진다.[25]

④ 화물의 처분권 행사

몬트리올협약 제12조 제1항에 의하면, 송하인은 운송계약에 의한 모든 채무를 이행할 책임을 조건으로, 출발공항 또는 도착공항에서 화물을 회수하거나, 운송도중 착륙할 때에 화물을 유치하거나, 최초 지정한 수하인 이외의 자에 대하여 도착지에서 또는 운송도중에 화물을 인도할 것을 요청하거나 또는 출발공항으로 화물을 반송할 것을 청구함으로써 화물을 처분할 권리를 가진다. 송하인은 운송인 또는 다른 송하인을 해하는 방식으로 이러한 처분권을 행사해서는 아니되며, 이러한 처분권의 행사에 의하여 발생한 어떠한 비용도 변제하여야 한다.

동 협약 제12조 제3항에 의하면, 운송인은 송하인에게 교부한 항공화물운송장의 제시를 요구하지 아니하고 화물의 처분에 관한 송하인의 지시를 따른 경우, 이로 인하여 항공화물운송장의 정당한 소지인에게 발생된 어떠한 손해에 대하여도 책임을 진다. 다만 송하인에 대한 운송인의 구상권은 침해받지 않는다.

24) Paul Stephen Dempsey and Michael Milde, *op. cit.*, p.113.

25) Air France v. Belamich, Courd'Appel de Paris, 9 February 1990: RFDA 1990; I.H.Ph. Diederiks-Verschoor, *op. cit.*, p.114.

송하인이 화물처분권을 행사하려면 반드시 운송인으로부터 교부받은 송하인용 항공화물운송장을 운송인에게 제시하여야 한다. 따라서 항공화물운송장은 화물처분권 행사에 있어서 자격증권으로서의 기능을 한다. 만일 운송인이 송하인에게 항공화물운송장의 제시를 요구하지 않고 화물을 처분하는 경우 책임을 질 수 있다.

이에 관한 미국법원의 판례를 보면, Philip A. Feinberg Inc. v. Varig, S.A. 사건에서 송하인이 화물의 반송을 요구하였을 때 운송인이 송하인에게 송하인용 항공화물운송장의 회수를 요구하지 않았으므로, 송하인이 화물의 반송을 받은 후 수하인으로부터 받은 신용장에 의거하여 발행한 환어음에 항공화물운송장 또는 기타 필요서류를 첨부하여 은행에 매도(Negotiation)하여 환어음금액(물품대금)을 지급받은 경우 운송인은 수하인의 손해에 대하여 책임을 져야 한다고 판시하였다.[26]

⑤ 화물의 도착통지 및 인도

몬트리올협약 제13조 제2항에 의하면, 운송인은 별도의 약정이 없는 한 화물이 도착하자마자 수하인에게 통지할 의무가 있다. 여기서 도착통지의 상대방은 항공화물운송장에 통지하기로 합의한 수하인과 기타인이다.[27] 통지는 통상적인 방법으로 발송되며, 이를 수령하지 않거나 수령의 지연에 대하여 운송인은 책임을 지지 않는다.[28]

우리 대법원 판례에 의하면, 1955년 헤이그 개정 바르샤바협약 제13조 제2항에 따라 운송인은 반대의 특약이 있는 경우를 제외하고 화물이 도착한 때에는 그 뜻을 수하인에게 통지하여야 하는데, 항공화물운송장 약관 제28조에 운송인은 화물이 도착한 경우 수하인 또는 항공화물운송장에 지정된 사람에게 통지하도록 규정되어 있으므로 피고 운송취급대리점이 이 약관에 따라 항공화물운송장의 통지처인 실수입자에게 화물도착 사실을 통지한 이상 개정 바르샤바협약에 따른 통지의무를 이행한 것으로서 이와는 별도로 수하인인

26) New York Supreme Court, New York County, 16 September 1978 : 13 *Avi* 17,626.

27) IATA 표준항공화물운송장에는 통지처(Notify Party)란이 있으며, 신용장이 개설된 경우 신용장 발행은행이 수하인으로, 매수인(수입업자)이 통지처로 기재된다.

28) IATA 화물운송약관 제8조 제1항.

원고에게도 화물의 도착을 통지하여야할 의무가 있다고 볼 수 없다고 판시하였다.[29)]

동 협약 제13조 제1항에 의하면, 수하인은 화물이 도착지에 도착하였을 때 운송인에게 정당한 비용을 지급하고 운송의 조건을 충족하면 화물의 인도를 요구할 권리를 가진다.

동 협약 제13조 제3항에 의하면, 운송인이 화물의 멸실을 인정하거나 또는 화물이 도착하였어야 할 날로부터 7일이 경과하여도 도착하지 아니한 경우 수하인은 운송인에 대하여 계약으로부터 발생된 권리를 행사할 수 있다. 따라서 화물이 도착하지 않은 경우 운송인이 화물의 멸실을 인정하거나 또는 화물이 도착하였어야 할 날로부터 7일이 경과해도 도착하지 않았을 경우 수하인에게 화물인도청구권이 발생한다.

우리 대법원 판례에 의하면, 항공화물의 운송에 있어서 운송인이 공항에 도착한 수입항공화물을 통관을 위하여 보세창고업자에게 인도하는 것만으로 항공화물이 운송인이나 운송주선인의 지배를 떠나 수하인에게 인도된 것으로 볼 수 없다 할 것이므로,[30)] 항공화물이 통관을 위하여 보세창고에 입고된 경우에는 운송인과 보세창고업자 사이에 항공화물에 관하여 묵시적 임치계약이 성립한다고 볼 것이고, 따라서 보세창고업자는 운송인과 임치계약에 따라 운송인 또는 그가 지정하는 자에게 화물을 인도할 의무가 있고, 한편 운송인은 항공화물운송장상의 수하인이나 그가 지정하는 자에게 화물을 인도할 의무가 있으므로, 보세창고업자로서는 운송인의 이행보조자로서 항공운송의 정당한 수령인인 수하인 또는 수하인이 지정하는 자에게 화물을 인도할 의무를 부담한다고 판시하였다.[31)]

항공화물운송에 있어서 운송주선인은 House Air Waybill 상의 수하인 혹은 그 수하인이 지시하는 자에게 화물을 인도할 의무를 지고 실제운송인인 항공운송인은 Master Air Waybill 상의 수하인 혹은 그 수하인이 지시하는 자에게 화물을 인도할 의무를 진다. 통상 Master Air Waybill 상의 수하인은 운송주선인의 도착지 대리점이나 파트너 운송주선인이 되는 바, 이들은 실제운송인으로부터 화물을 인도받아 이를 House Air Waybill 상의 수하인에게 인도하는 업무를 담당하게 된다.

29) 대법원 2004. 7. 22. 선고 2001다67164 판결.

30) 대법원 1996. 9. 6. 선고 94다46404 판결.

31) 대법원 2004. 1. 27. 선고 2000다63639 판결.

그러나 수입화물은 실수입자가 지정한 영업용 보세창고로 입고되기 때문에 House Air Waybill상의 수하인의 지시가 없는 상태에서 실수입자에게 불법 인도되는 경우가 있는 바, 이와 같이 화물이 불법 인도된 경우에 정당한 권리를 가진 수하인에 대하여 운송주선인 및 그의 도착지 운송취급대리점이 어떠한 책임을 지는 가의 문제가 생긴다.

이에 관한 우리 대법원 판례를 보면, 화물이 운송계약상의 수하인인 신용장 개설은행에게 인도되지 않고 수입자에게 인도됨으로써 운송주선인은 수하인에 대하여 채무불이행 책임을 져야 하지만, 당시의 관세법과 보세화물관리에 관한 고시에 따라 실수입자가 보세창고업자들을 선임하였고, 화물이 보세창고에 입고된 지 불과 1일 또는 1주일 만에 출고되어 운송주선인 및 그의 도착지 운송취급대리점으로서는 화물의 행방을 파악하기도 어려웠으며, 운송취급대리점이 화물인도지시서를 발행한 사실도 없고 수하인용 항공화물운송장도 운송취급대리점이 보관하고 있어 운송주선인 및 그의 운송취급대리점으로서는 보세창고업자들이 정상적인 절차를 거치지 아니하고 화물을 수하인이 아닌 사람에게 함부로 인도하리라는 것을 미리 예견할 수 있다고 보기 어렵다. 따라서 운송주선인이나 그의 운송취급대리점이 보세창고업자들을 선임하고 감독함에 있어 과실이 없고 상당한 주의를 다하였다고 인정되며, 한편 운송주선인의 대리인인 도착지 운송취급대리점이 화물의 도착통지와 적하목록의 작성 등 운송취급인으로서의 의무를 이행함에 있어 주의의무를 다하지 아니한 과실이 있다고 볼 수도 없으므로 운송주선인도 채무불이행 또는 불법행위책임을 지지 아니한다고 판시하였다.[32)]

3. 여객운송인의 책임

(1) 책임원인

1) 여객의 사망 또는 신체상해

몬트리올협약 제17조 제1항에 의하면, 운송인은 여객의 사망 또는 신체상해의 경우에 입은 손해에 대하여 그 사망 또는 상해의 원인된 사고가 항공기 상에서 또는 승강의 작업

32) 대법원 2004. 7. 22. 선고 2001다67164 판결.

과정에서 일어난 것을 유일한 조건으로 하여 책임을 진다.

본 조항에서 신체상해의 용어 해석과 관련하여 정신적 상해를 포함하는가 여부의 문제가 제기되고 있다. 이에 관한 외국법원의 판례를 보면, Eastern Airlines V. Floyd 사건에서 미국 연방대법원은 바르샤바협약 제17조는 순수한 정신적 상해에 대한 손해배상은 허용하지 아니한다고 판시하였다. 이 사건의 개요를 보면, Eastern 항공사의 항공기가 바하마를 향해 이륙한 후 엔진 3개가 모두 동력을 잃고서 날카롭고 겁나게 강하하기 시작하였으며, 비행승무원이 여객들에게 항공기를 바다에 불시 착수할 필요가 있을 것이라고 통보하였다. 거의 기적적으로 조종사는 엔진을 재가동하여 항공기를 안전하게 마이애미 국제공항에 착륙시켰다. 여객들은 처음에 승무원을 그들의 구세주로서 칭찬하였으나, 그럼에도 불구하고 나중에 심각한 정서적(신체적이 아님) 상해를 입었다고 손해배상청구를 제기하였다.[33]

그러나 상기 Eastern Airlines V. Floyd 사건에서 해결되지 않고 남겨진 문제는 바르샤바협약이 신체적 상해에 수반된 정서적 고통을 받은 여객에 대한 손해배상을 포함하는 가에 관한 것이다. 이에 관한 법원 판례를 보면, Jack v. Trans World Airlines 사건에서 항공기가 뉴욕 캐네디 국제공항에서 이륙이 중지된 동안 추락을 수반한 경우에 미국 연방법원은 본 사건의 손해는 사고로 인한 손해가 아니며, 신체적 상해로 인한 손해이다. 신체적 상해로 기인된 손해로서 정서적 고통을 보는 것은 "사고에서 입은 손해"의 문구에서 인과관계의 구성요소를 판독하는 것이지만 그것은 Floyd 사건에서 금지되지 아니한다고 결론지으면서, 오직 신체적 상해에 따르는 정서적 고통은 손해배상이 가능하다고 판시하였다.[34]

2) 수하물의 파괴, 멸실 또는 훼손

몬트리올협약 제17조 제2항에 의하면, 운송인은 항공기 상에서 또는 수하물이 운송인의 관리하에 있는 동안에 위탁수하물의 파괴, 멸실 또는 훼손을 야기하는 사고가 발생한

33) Eastern Airlines v. Floyd, 499 u.s. 530 111 S.Ct. 1489 (1991): Paul Stephen Dempsey and Michael Milde, *op. cit.*, p.128.

34) Jack v. Trans World Airlines, Inc., 854 F. Supp. 654 Cn.D. Cal. 1994: Paul Stephen Dempsey and Michael Milde, *op. cit.*, p.131.

경우 수하물의 파괴, 멸실 또는 훼손으로 인한 손해에 대하여 책임을 진다. 그러나 운송인은 수하물 고유의 하자, 성질 또는 수하물의 불완전에 기인한 손해에 대해서는 그 한도 내에서 책임을 지지 아니한다. 개인 소지품을 포함한 휴대수하물의 경우에는 운송인의 과실이 있는 경우에만 책임을 진다.

동 협약 제17조 제3항에 의하면, 운송인이 위탁수하물의 멸실을 인정하였거나 또는 위탁수하물이 도착해야만 하는 날 이후 21일의 기간이 경과하더라도 도착하지 아니하였을 때에 여객은 운송인에 대하여 운송계약으로부터 발생되는 권리를 행사 할 수 있는 권리를 가지게 된다.

3) 여객 또는 수하물의 연착

몬트리올협약 제19조에 의하면, 운송인은 여객 또는 수하물의 연착으로 인한 손해에 대하여 책임을 진다. 그럼에도 불구하고 운송인은 자신 또는 그의 고용인 및 대리인의 손해를 피하기 위해 필요한 모든 조치를 다했다는 사실 또는 그러한 조치를 취할 수 없었다는 사실을 증명한 경우에는 책임을 지지 아니한다. 이와 같이 몬트리올협약은 여객 또는 수하물의 운송 중 연착으로 인한 손해에 대하여 운송인에게 과실책임을 지우고 있다.

이에 관한 외국법원의 판결을 보면, 알라스카에서 프랑크푸르트까지 비행하는 여객이 냉동연어 짐 꾸러미를 위탁수하물로 운송하였는데, 그는 탑승수속카운터에서 "개봉제한"이라는 표시를 하였다. 2일 간의 지연으로 인해 여객이 그의 수하물을 인도받았을 때 연어는 부패되어 있었는 바, 법원은 항공운송인은 지연의 경우에 부패하기 쉬운 물품의 훼손에 대해 그의 책임을 면제할 권리가 있다고 판시하였다.[35]

(2) 책임한도

1) 여객의 사망 또는 상해의 경우 배상

몬트리올협약 제21조 제1항에 의하면, 운송인은 여객 1인당 113,100 특별인출권(SDR)[36]

35) Amtsgericht Frankfurt am Maim, 10 November 1995; *TranspR*, 1996, p.348; I.H.Ph. Diederiks-Verschoor, "The Liability for Delay in Air Transport", *Air and Space Law*, Volume XXVI, Number 6, November 2001, Kluwer Law International, p.306.

을 초과하지 않는 제17조 제1항의 여객의 사망 또는 신체상해의 경우에 입은 손해에 대한 책임을 배제하거나 제한하지 못한다. 동 협약 제21조 제2항에 의하면, 여객 1인당 113,100 특별인출권을 초과하는 제17조 제1항의 손해에 대하여 운송인이 그러한 손해가 운송인 또는 그의 고용인 또는 대리인의 부주의 또는 불법한 작위 또는 부작위에 기인하지 않았거나, 또는 그러한 손해가 오직 제3자의 부주의 또는 불법한 작위 또는 부작위에 기인하였다는 것을 증명하는 경우에는 책임을 지지 아니한다.

이와 같이 몬트리올협약은 항공사고로 인한 여객의 사망 또는 신체상해의 경우 운송인의 책임에 대하여 이원적 책임제도를 도입하고 있다. 즉, 1단계로 항공사고로 인한 여객의 사망 또는 신체상해의 경우에 운송인은 여객 1인당 113,100 특별인출권까지 책임을 배제하거나 제한할 수 없는 엄격책임(무과실책임)을 부담하게 되며, 2단계로 113,100 특별인출권을 초과하는 손해에 대해서는 운송인이 자신의 과실이 없었음을 증명하는 경우에 책임을 지지 아니하는 과실추정책임주의를 채택하고 있다.

2) 연착 및 수하물에 대한 책임한도

몬트리올협약 제22조 제1항에 의하면, 여객의 운송에 있어서 제19조에 규정되어 있는 연착에 기인되어 손해가 발생된 경우에 운송인의 책임은 여객 1인당 4,694 특별인출권[37]으로 제한된다.

동 협약 제22조 제2항에 의하면, 수하물의 운송에 있어서 파괴, 멸실, 훼손 또는 연착의 경우에 운송인의 책임은 여객 1인당 1,131 특별인출권[38]으로 제한된다. 다만, 여객이 위탁수하물을 운송인에게 인도할 때에 도착지에서 인도시의 가액을 특별히 신고함으로써 요구에 따라 추가요금을 지급한 경우에는 그러하지 아니하다. 이와 같은 경우에 운송인은

---

36) ICAO는 2009년 12월 30일 여객의 사망 또는 상해의 경우 운송인의 책임한도를 여객 1인당 동 협약 제정 당시 100,000 특별인출권이었으나 113,100 특별인출권으로 인상시켰다.

37) ICAO는 2009년 12월 30일 여객의 연착의 경우 운송인의 책임한도를 여객 1인당 동 협약 제정 당시 4,150 특별인출권이었으나 4,694 특별인출권으로 인상시켰다.

38) ICAO는 2009년 12월 30일 수하물의 파괴, 멸실, 훼손 또는 연착의 경우 운송인의 책임한도를 여객 1인당 동 협약 제정 당시 1,000 특별인출권이었나 1,131 특별인출권으로 인상시켰다.

신고가액이 도착지에 있어서 인도시의 실제가액를 초과하지 않는다는 것을 증명하지 않는 한 신고가액을 초과하지 않는 금액을 지급할 책임을 진다.

동 협약 제22조 제5항에 의하면, 본 조 제1항 및 제2항의 여객의 연착 및 수하물의 파괴, 멸실, 훼손 또는 연착의 경우에 운송인의 책임한도에 관한 규정은 아마도 손해가 발생될 것이라는 인식을 가지거나 또는 무모하게 손해가 발생될 것이라는 의도를 가지고 행한 운송인 또는 운송인의 사용인 또는 대리인의 작위 또는 부작위로부터 발생되었다는 것이 증명되었을 경우에는 적용되지 아니한다. 다만, 고용인 또는 대리인의 이러한 작위 또는 부작위의 경우에 이러한 고용인 또는 대리인의 고용범위 내에서 행위를 하였다는 것이 역시 증명되어야 한다.

동 협약 제22조 제6항에 의하면, 본 조 및 제21조의 여객의 사망 또는 신체상해의 경우 그리고 여객의 연착 및 수하물의 파괴, 멸실, 훼손 또는 연착의 경우에 책임한도는 법원이 자국의 법률에 따라 원고가 부담한 소송비용 및 소송에 관련된 기타비용에 이자를 포함한 금액의 전부 또는 일부를 추가로 재정하는 것을 방해하지 아니한다.

(3) 책임면제

몬트리올협약 제20조에 의하면, 손해배상을 청구하는 자 또는 그로부터 권한을 위임받은 자의 부주의 또는 기타 불법한 작위 또는 부작위가 손해를 일으켰거나 또는 기여되었다는 것을 운송인이 증명하는 경우에 운송인은 그러한 부주의 또는 불법한 작위 또는 부작위가 손해를 일으켰거나 기여한 정도에 따라 손해배상청구권자에 대한 그의 책임의 전부 또는 일부가 면제된다. 여객의 사망 또는 상해의 이유로 손해배상이 여객이외의 자에 의하여 청구되었을 때에는 운송인은 그 손해가 그 여객의 부주의 또는 불법한 작위 또는 부작위에 의하여 일으켰거나 기여하였다는 증명의 정도에 따라 그의 책임의 전부 또는 일부를 똑같이 면제시킬 수 있다. 본 조는 제21조 제1항의 여객의 사망 또는 신체상해의 경우에 113,100 특별인출권을 초과하지 않는 손해에 대한 운송인의 무과실책임에 관한 규정을 포함한 본 협약의 모든 책임규정에 적용된다. 본 규정은 여객 및 수하물 클레임의 경우에 운송인의 기여과실 방어를 보호하고 있다.

이에 관한 외국법원의 판례를 보면, Chisholm v. TWA 사건에서 “좌석벨트 채울 것(Fasten Seat Belt)" 표지가 켜져 있었을 때 난류 속에 있는 항공기 주변을 걷고 있었던 여객의 상해는 여객의 기여과실로써 인정되었다.[39]

(4) 선급금 지급

몬트리올협약 제28조에 의하면, 여객의 사망 또는 상해를 야기하는 항공기 사고의 경우에 운송인은 자국법에 의해 요구되는 경우 자연인 또는 배상을 받을 권한이 있는 자의 즉각적인 경제적 필요를 위해 지체없이 선급금을 지급하여야 한다. 이러한 선급금 지급은 운송인의 책임을 인정하는 것이 아니며 추후 운송인이 손해배상으로 지급할 금액에서 상쇄될 수 있다. 본 조는 여객의 사망 또는 상해의 경우 본인 및 가족들의 경제적 궁핍을 구제해 주기 위하여 몬트리올협약에서 새로 규정한 것이다. 몬트리올협약 제28조의 근원은 EC 규칙(Regulation) 2027/27에 있으며, 명시된 기한 내에 해당 선급금을 지급하도록 모든 지역항공사들에게 의무를 부과하고 있다.

선급금은 자국법의 규정에 따라 지급하여야 하는 바, 우리나라의 경우 2011년 11월 24일에 발효된 개정상법 제6편 항공운송편 제906조 제1항 내지 제3항에서 선급금의 지급에 관하여 몬트리올협약 제28조와 동일한 내용으로 규정하고 있으며, 선급금의 지급액, 지급절차 및 방법 등에 관하여는 대통령령으로 정하도록 하고 있다.

이에 따라 2011년 11월 24일 시행된 상법 시행령 제49조 제1항에서는 운송인이 지급해야하는 선급금을 여객 사망의 경우에 1인당 1만6천 계산단위의 금액, 여객 신체상해의 경우에 1인당 8천 계산단위의 금액 범위 내에서 진찰·검사, 약재·치료재료의 지급, 처치·수술 및 그 밖의 치료, 예방·재활, 입원, 간호, 이송 등 명칭을 불문하고 그 상해의 치료에 드는 비용 중 손해배상청구권자나 민법에 따라 부양의무자가 실제 부담한 금액으로 한다. 동 시행령 제23조 제2항에서는 손해배상청구권자가 선급금을 청구할 때에는 운송인에게 선급금을 청구한다는 취지와 청구금액을 명시한 서면 또는 전자문서에 ① 가족관계기록부 또는 그 밖의 법률상 권한있는 청구권자임을 증명할 수 있는 서류, ② 여객 신체상해의 경우에는 치료비 영수증 등 상해의 치료에 드는 비용을 실제 부담하였음을 증명할 수

39) Chrisholm v. TWA 1963[1] L1LR626, 4 *Avi* 17,247.

있는 서류를 첨부하도록 하고 있다.

(5) 이의제기 시한

몬트리올협약 제31조에 의하면, 위탁수하물의 인도를 받을 권리가 있는 자가 이의를 제기하지 않고 위탁수하물을 수령하는 것은 반증이 없는 한 위탁수하물이 양호한 상태로 그리고 운송서류 또는 기타 수단으로 보존하는 기록에 따라 양호한 상태로 인도하였다는 명백한 증거가 된다. 한편 위탁수하물의 훼손의 경우 인도를 받을 권리를 가지는 자는 훼손을 발견한 후 즉시 또한 늦어도 위탁수하물을 수령한 날로부터 7일 이내에 운송인에게 이의를 제기하여야 한다. 그리고 연착의 경우에 이의는 인도를 받을 권리를 가지는 자가 수하물을 처분할 수 있는 날로부터 21일 이내에 이의를 제기하여야 한다. 이 경우에 개개의 이의는 서면으로 작성되어야 하며, 전술한 기한 내에 주어지거나 발송되어야 한다. 만약 전술한 기한 내에 이의를 제기하지 않을 경우 운송인에 대한 소송은 운송인 측에 사기가 있는 경우를 제외하고 인정되지 않는다.

이에 관한 외국법원의 판례를 보면, Moses v. Air Afrique 사건에서 법원은 항공사 직원이 수하물 파괴를 증언했다는 사실은 여객이 운송인에게 공식적 서면이의를 해야 한다는 요건을 제거하는 것이 아니다는 근거로 여행자가 시기에 늦게 제기한 클레임을 기각하였다.[40]

(6) 재판관할권

몬트리올협약 제33조 제1항에 의하면, 손해에 관한 소송은 원고의 선택에 따라 하나의 당사국의 영토 내에서 운송인의 주소지, 운송인의 주된 영업소의 소재지, 운송인이 계약을 체결한 영업소의 소재지를 관할하는 법원 또는 도착지를 관할하는 법원 중에서 어느 한 곳에 제기되어야 한다.

동 협약 제33조 제2항에 의하면, 여객의 사망 또는 상해로 인한 손해의 경우 소송은 본조 제1항이 정한 한 곳 또는 사고 당시 여객의 주요한 영구적 거주지로서 운송인이 자신

---

40) Moses v. Air Afrique, 99Civ.541(JG), 2000WL 306853(E.D.N.Y. Mar. 21, 2000).

소유의 항공기 또는 상업적 계약에 따른 다른 운송인의 항공기로 항공여객 운송서비스를 제공하는 장소이며, 운송인 자신 또는 상업적 계약을 가지고 있는 다른 운송인이 소유하거나 임대한 건물로부터 항공여객운송 사업을 영위하고 있는 장소에서 소송을 제기할 수 있다.

동 협약 제33조 제3항에 의하면, 제2항의 목적을 위해 (a) "상업적 계약"이라 함은 대리점 계약을 제외한 항공여객 운송 공동서비스 규정에 관련된 운송인 간에 체결된 계약을 의미한다. (b) "주요한 영구적 거주지"라 함은 사고 당시 여객의 고정적이고 영구적인 하나의 주소를 의미한다. 이 경우 여객의 국적은 결정적인 요인이 되지 않는다.

동 협약 제33조 제4항에 의하면, 소송절차는 소송이 계속된 법원의 법률이 적용된다.

몬트리올협약은 여객의 사망 또는 상해로 인한 손해배상소송의 경우에만 제5 재판관할권을 인정하고 있는데, 이는 여객 또는 생존자들이 사고 당시 여객의 주요한 영구적 거주지가 있는 국가의 관할 법원에 소송을 제기할 수 있는 길을 열어주고 있다.

4. 화물운송인의 책임

(1) 책임원인

몬트리올협약 제18조에 의하면, 운송인은 화물의 파괴, 멸실 또는 훼손으로 입은 손해에 대하여 그 손해의 원인이 항공운송 중에 발생되었다는 것을 유일한 조건으로 하여 책임을 부담하게 됨을 규정하고 있다. 또한 제19조는 운송인은 화물의 항공운송 중 연착으로 인한 손해에 대하여 책임을 부담하게 됨을 규정하고 있다.

한편 몬트리올협약 제18조는 운송의 전 기간 중의 사고에 대하여 운송인의 엄격책임(무과실책임)제도를 도입하고 있는 반면에 운송인은 화물의 파괴, 멸실 또는 훼손이 ① 화물의 고유한 흠결, 품질 또는 하자, ③ 운송인, 고용인 또는 대리인 이외의 자가 행한 화물의 결함이 있는 포장, ③ 전쟁 또는 무력분쟁, ④ 화물의 입국, 출국 또는 통과에 관련되어 행한 공공기관의 행위 등의 하나 또는 둘 이상의 사유로 기인되어 발생하였다는 것이 입증되는 때에는 책임을 지지 아니한다.

이 규정은 몬트리올협약 상 화물의 파괴, 멸실 또는 훼손에 대한 운송인의 책임원칙이 무과실책임으로 규정됨에 따라 형평성을 유지하기 위한 방편으로 운송인의 면책사유를 별도로 열거한 것이다. 몬트리올협약은 운송인의 면책사유로서 천재지변(Act of God)을 포함하고 있지 않은데, 이는 항공법을 다른 운송수단에서 운송인의 책임법과 더욱 조화를 이루게 하고 있다. 아마도 대기난류(Turbulence) 및 유사한 사고는 천재지변으로 해석되어 그로 인한 대부분의 손해배상청구에 대해 항공운송인의 책임은 면제된다고 생각된다. 또한 보통법상의 천재지변의 개념은 시민법상의 불가항력(Force Majeure)과 동등하다는 사실에 특히 주목해야 할 것이다.[41]

몬트리올협약 제19조 의하면, 운송인은 자신, 그의 고용인 및 대리인이 손해를 피하기 위해 합리적으로 요구되는 모든 조치들을 취했다는 사실 또는 그러한 조치들을 취할 수 없었다는 사실을 증명하는 경우에는 연착으로 발생한 손해에 대해 책임을 지지 아니한다.

이 규정은 화물의 연착으로 인한 손해에 대하여 운송인의 엄격책임을 부과하지 않고 과실추정책임을 부과하고 있다. 몬트리올협약은 바르샤바협약 제20조에서 사용된 "필요한 모든 조치" 용어 대신에 "합리적으로 요구되는 모든 조치" 용어를 사용함으로써 운송인이 더욱 용이하게 그의 책임을 배제하도록 하고 있다. 그럼에도 불구하고 본 협약의 이 규정에 의하면 운송인은 비행이 기계적 또는 안전 이유 때문에 지연된 경우 그러한 지연이 방지할 수 있는 것이었다면 지연에 대해 책임을 질 수 있다. 그러나 만약 지연이 오직 기계적 또는 안전 이유 때문이었다면 그러한 지연은 방지할 수 있는 것이 아닐 것이다. 실제로 지연이 방지할 수 있는 것이었다면 그러한 지연에 대해 운송인에게 책임을 지우는 것이 공정할 것으로 보인다.[42]

이에 관한 외국법원의 판례를 보면, Mfrs. Hanover Trust Co. v. Alitalia Airlines 사건에서, "필요한 모든 조치"라는 문구는 요컨대 위험에 대한 적절한 모든 주의 즉, 피고에게 합리적으로 이용 가능하고 멸실을 방지하기 위하여 합리적으로 누적하여 산정된 조치로서 정의되어 왔다.[43]

41) Paul Stephen Dempsey and Michael Milde, *op. cit.*, p.168.

42) Paul Stephen Dempsey and Michael Milde, *op. cit.*, pp.214~215.

43) Mfrs. Hanover Trust Co. v. Alitalia Airlines, 429 F. Supp. 964 at 967(D.C.N.Y. 1977).

몬트리올협약에는 연착에 대한 정의를 두고 있지 아니하므로 그 해석에 대한 문제가 발생할 수 있으나 연착은 운송계약상 정해진 일자와 시간에 목적지에 도착하지 아니한 것이므로, 이는 운송 당시의 항공기 운항 상황 등 사실적 요인을 고려하여 합리적으로 판단해야 할 것이다. 운송인의 책임원인 가운데 연착은 화물이 운송계약에 명시된 시간에 목적지에 도착하지 아니하는 때에 발생하는데 화물운송에 있어서 연착은 여러 가지 원인들이 있을 수 있다. 즉, 예약 못함, 공간부족, 화물의 적재 못함, 부적당한 항공기에 적재, 정당한 장소에서 화물을 내리지 못함 또는 정당한 장소에 관련 서류들을 인도하지 못함 등이다.[44]

우리 대법원 판례에 의하면, 개정 바르샤바협약 제19조에 따라 운송인은 화물의 항공운송에 있어서의 연착으로 인하여 발생하는 손해에 대하여 책임을 지며, 이때 연착으로 인하여 발생하는 손해는 개정 바르샤바협약 제18조 제2항의 항공운송 중에 발생하는 손해만을 뜻하는 것이 아니고 화물의 경우 그 탑재가 늦어져 발생하는 손해도 포함한다고 판시하였다.[45]

항공화물운송인의 책임원인에 관하여 몬트리올협약의 규정과 다른 국제화물운송협약의 규정을 비교해 보면, 몬트리올협약은 화물의 파괴, 멸실 또는 훼손으로 인한 손해에 대하여 운송인에게 무과실책임을 지우고, 연착으로 인한 손해에 대하여는 과실책임을 지우고 있다. 반면에 UNCITRAL(유엔국제거래법위원회) 국제해상화물운송협약은 화물의 멸실, 훼손 또는 연착으로 인한 손해에 대하여 운송인에게 과실책임을 지우되 운송인의 과실은 추정되므로 운송인이 면책되기 위해서는 주의의무를 다하였음을 증명하여야 한다(동 협약 제18조 제2항). 한편 국제도로화물운송협약(CMR) 상 운송인은 화물의 멸실, 훼손 또는 연착이 동 협약에 규정된 일반적 면책사유의 사실로 인하여 발생하였다는 것을 증명하면 책임을 면하는데(동 협약 제17조 제2항, 제18조 제1항), 일반적 면책사유 중 네번째 면책사유 "운송인이 회피할 수 없었던 상황으로서 그 상황으로 인한 결과를 운송인이 방지할 수 없었던 경우"의 해석과 관련하여 운송인이 면책되기 위해서는 최대한의 주의의무가 요구된

---

44) I.H.Ph.Diederikes-Verschoor, "The Liability for Delay in Air Transport", *Air & Space law*, Vol.XXVI. No.6, Kulwer Law International, 2001, p.300.

45) 대법원 2002. 10. 22. 선고 2002다32523 등, 공 2002. 12. 15.[168], 2792.

다고 해석하는 것이 일반적이다. 여기서 최대한의 주의의무란 상당한 주의의무와 적법한 모든 조치를 취할 의무의 중간정도의 주의의무를 말하며, 따라서 국제도로화물운송협약상 운송인은 과실책임과 무과실책임의 중간 형태의 책임을 진다고 할 수 있다.[46]

몬트리올협약 제18조에 의하면, 운송인은 '항공운송' 중의 화물의 손해에 대하여 책임을 진다. 여기서 항공운송이라 함은 화물이 운송인의 관리 하에 있는 기간을 포함하되, 항공운송의 기간에는 공항 외부에서 행한 육상운송, 해상운송 또는 내륙수로의 운송에는 미치지 않는다. 그러나 그와 같은 운송이 항공운송계약의 이행을 함에 있어서 화물의 적재, 인도 또는 환적을 위하여 행하여졌을 때에 어떠한 손해도 반증에 따른다는 것을 조건으로 하여 항공운송 중에 발생된 하나의 사건의 결과라고 추정된다.

만약 운송인이 당사자들 간의 약정에 따라 항공운송으로 행할 것이 예정되어 있었던 운송의 전부 또는 일부를 송하인의 동의를 받음이 없이 다른 어떠한 하나의 운송수단에 의한 운송은 항공운송의 기간 내에 있는 것으로 간주된다.

이 규정은 운송인이 송하인의 동의없이 임의로 대체운송의 방법을 선택한 경우에도 동 화물은 본 협약의 규율대상이 되도록 한 것이다. 예를 들면, A지역에서 B지역까지의 항공화물운송에 있어서 항공사가 임의로 A지역에서 C지역까지 항공운송을 한 다음 C지역에서 B지역까지 트럭을 이용한 육상운송을 한 경우에도 본 협약이 적용되는 것이다. 원래 항공운송의 목적으로 계약된 화물이 항공이외의 수단에 의해 운송되었다는 이유만으로 협약의 규율을 배제한다면 부당하다 할 것이며, 특히 육상운송수단에 의한 대체운송의 경우 UN국제복합운송협약(1980)과 국제도로화물운송협약(CMR)이 적용되어 화물 1킬로그램당 8.33 SDR의 낮은 배상액이 적용될 수 있다는 점에서 본 규정은 선의의 화주를 보호하기 위한 것으로 인식된다.[47]

한편 몬트리올협약 제18조는 항공운송에 포함되는 기간을 화물이 운송인의 관리 하에 있는 기간으로 정의하고 있는데, 이러한 공식은 화물이 세관창고 또는 공항 외부에 있지만

46) 최종현, "몬트리올협약상 항공화물운송인의 책임-,해상운송 및 도로운송협약과의 비교법적 고찰", 「국제거래법연구」 제17권 제2호, 국제거래법학회, 2008.12, 186~187면.

47) 김종복, 전게서, 270~271면.

운송인의 관리 하에 속해있는 상황에 까지 운송인의 책임을 미치게 할 것이다.[48]

운송실무상 화물은 비행장이나 항공기 내에 있는 경우에만 운송인의 관리 하에 있는 것이 아니고, 비행장 근처의 창고 등에 있는 경우도 화물이 화주에게 인도되기 전에는 운송인의 관리 하에 있는 것으로 볼 경우가 있다 할 것이다.

이에 관한 외국법원의 판례를 보면, Siemens Limited v. Schenker International(Australia) Pty ltd. 사건에서 Schenker사가 Siemens사의 베르린 공장으로부터 호주 멜보른으로 통신장비를 운송키로 하고 멜보른의 툴래머린공항에서 4킬로미터 떨어진 Schenker Australia사의 보세창고까지 트럭으로 운송하는 도중 공항 바로 밖에서 팔레트 2개가 트럭에서 떨어져 훼손되는 사고가 발생하였는데, Schenker사는 동 운송이 바르샤바협약 제18조의 범위 내의 운송이며 제22조의 책임제한이 적용된다고 주장하였는 바, 호주 항소법원은 본 사고는 항공운송 중이 아닌 공항 밖에서 발생한 것이 명백하므로 바르샤바협약 제22조의 책임제한이 적용되지 않는다고 판시하였다. 그러나 비록 동 운송에 바르샤바협약이 적용되지 않는다고 하더라도 적어도 항공화물운송장 이면에 기재된 책임제한 규정은 적용되어야 한다는 피고의 주장에 대하여 항공화물운송장의 책임제한 조항은 바르샤바협약 범위 밖의 일부 운송에 대해서도 적용된다고 판시하였다.[49]

항공화물운송인의 책임기간에 관하여 몬트리올협약의 규정과 다른 국제화물운송협약의 규정을 비교해 보면, 몬트리올협약 상 운송인은 항공운송 중의 화물의 손해에 대하여 책임을 진다. 반면에 UNCITRAL 국제해상화물운송협약 상 운송인은 화물을 수령한 때로부터 인도할 때까지의 기간에 발생한 화물의 손해에 관하여 책임을 진다(동 협약 제12조). 한편 국제도로화물운송협약(CMR)상 운송인은 화물을 수령한 때로부터 인도할 때까지 사이에 발생한 화물의 손해에 대하여 책임을 진다(동 협약 제17조 제1항).

---

48) Thomas J. Whalen, "The New Warsaw Convention : The Montreal Convention", *Air & Space Law*, Vol. XXV, No.1, Kluwer Law International, 2000, p.20.

49) Schenker International(Australia) & Anor v. Siemens Limited, NSWCA 172 (Jun. 11, 2002): 김종복, 전게서, 266~267면.

(2) 책임한도

몬트리올협약 제22조 제3항에 의하면, 화물의 파괴, 멸실, 훼손 또는 연착된 경우에 운송인의 책임은 1킬로그램당 19 특별인출권(SDR)[50]으로 제한된다. 다만, 송하인이 포장화물을 운송인에게 인도할 때에 목적지에서 인도 시에 가액을 특별히 신고하여 필요에 따라 추가요금을 지급하였을 경우에는 그러하지 아니하다. 그 경우에 운송인은 신고가액이 목적지에서 인도시에 송하인의 실제가액보다 크다는 것을 증명하지 못하는 한 신고가액을 초과하지 않는 가액을 지급할 책임을 진다.

외국법원의 판례에 의하면, 송하인의 운송가격신고는 운송인으로 하여금 고가물에 대한 위험을 알리고 필요한 조치를 취하게 하기 위한 것이므로 신고가격이 화물의 중량 1킬로그램당 19 SDR을 상회하는 경우에 필요한 것이며, 그보다 낮은 신고가격은 무의미하므로 운송인의 책임한도액도 신고가액으로 제한되지 않는다.[51]

몬트리올협약 상 화물에 관한 운송인의 책임제한은 운송인의 고의나 손해 발생의 염려가 있음을 인식하면서 한 무모한 행위로 인하여 손해가 발생한 경우에도 배제되지 아니한다(동 협약 제22조 제5항의 반대해석).[52] 이와 관련하여 고의 또는 중과실로 인한 화물의 멸실, 훼손 또는 연착에 대하여 운송인의 책임제한을 배제하는 것은 운송법의 기본적인 정신이므로 몬트리올협약의 입장은 이러한 운송법의 기본 정신에 반하는 것으로 볼 수 있다.

그러나 항공화물운송에서는 ① 운송인의 책임을 무과실책임으로 하여 피해자를 보호한다는 점, ② 송하인이 화물의 가액을 신고함으로써 이러한 책임제한의 적용을 받지 않을 수 있도록 허용한다는 점, ③ 항공화물운송계약의 당사자는 대부분 상인이라는 점, ④ 화주측은 항공화물보험에 가입하여 전부의 손해를 전보받을 수 있다는 점, ⑤ 책임제한을 배제할 수 없도록 함으로써 책임제한의 배제여부를 둘러싼 분쟁을 예방하여 분쟁해결을

---

50) ICAO는 2009년 12월 30일 화물의 파괴, 멸실, 훼손 또는 연착의 경우 운송인의 책임한도를 화물 1킬로그램당 동 협약 제정 당시 17 특별인출권이었으나 19 특별인출권으로 인상시켰다.

51) B.R.I. Coverage Corp. v. Air Canada, U.S. District Court, Eastern District of New York, 4 November 1989 : 22 *Avi* 17, 576.

52) Bin Cheng, "A New Era in the Law of International Carriage by Air : From Warsaw(1929) to Montreal(1999)", *International and Comparative Law Quarterly*, October 2004, p.848 ; Paul Stephen Dempsey and Michael Milde, op. cit., p.197 ; Chips Plus inc. v. Federal Express Corp., 281F.Supp. 2d758, 765n.8(E.D.Pa. 2003).

위한 비용이 절약되고 배상이 신속하게 될 수 있다는 점 등을 고려한 부득이한 입법이라고 생각된다.[53]

동 협약 제25조는 운송인이 이 협약에 정한 책임한도보다 더 높은 한도를 정하거나 어떠한 경우에도 책임한도를 두지 않는다는 것을 운송계약에 명기할 수 있다고 규정하고 있다. 이 조항은 운송인이 보다 높은 책임한도 더욱이 무한책임으로 규정하는 것을 허용하고 있다.

반면에 동 협약 제26조는 운송인의 책임을 면제하거나 또는 이 협약에 규정되어 있는 한도보다 더욱 낮은 한도를 정하고 있는 조항은 무효가 된다고 규정하고 있다. 따라서 운송인이 협약에 정한 것보다 낮은 책임한도를 정하는 것을 금지하고 있다.

동 협약 제27조는 당사자들이 항공운송을 위한 특정일자 및 시간을 약정하는 계약을 체결할 자유를 인정하고 있으나, 운송인이 연착에 대한 책임을 전부 또는 일부 면제하는 조건을 명시하는 운송약관의 조항은 동 협약 제26조에 의해 무효가 된다.

동 협약 제22조 제4항에 의하면, 화물의 일부 또는 그 안에 포함되어 있는 어떠한 물건의 파괴, 멸실, 훼손 또는 연착의 경우에 운송인의 책임이 제한되는 금액을 결정함에 있어 고려되어야 할 중량은 관련되는 포장화물 총중량만이다. 그럼에도 불구하고 화물의 일부 또는 그 안에 포함되어 있는 물건의 파괴, 멸실, 훼손 또는 연착이 동일한 항공화물운송장에 기재되어 있는 다른 포장화물의 가치에 영향을 미칠 때에, 그러한 포장화물의 총중량은 또한 책임한도를 결정함에 있어 고려되어야 한다.

이 규정은 적은 부분의 화물의 멸실, 훼손 등으로 인해서 관련 화물 전체의 멸실, 훼손 등으로 인정될 경우 큰 피해를 입게 되는 화물의 소유자 또는 권리자를 보호하기 위하여 필요한 규정이다. 이에 관한 외국법원의 판례를 보면, Deere and Company v. Lufthansa 사건에서 컴퓨터의 중요부분이 파손되어 대체가 불가능하고 파손된 부품만의 구입 또는 임차가 불가능하며, 파손으로 인하여 컴퓨터 전체의 가치가 크게 영향을 받았으므로, 책임한도액의 계산은 파손된 부분의 중량이 아니라 파손된 부분을 포함하여 영향을 받은 전체의 중량을 기준으로 하여야 한다고 판시하였다.[54] 또한 Vibra v. Alitalia and Lufthansa

---

53) 최종현, 전게논문, 188~189면.

54) Deere and Company v. Lufthansa, U.S. Court of Appeal, 7th Circuit, 16 August 1988 : 21 *Avi* 17,513.

사건에서 5상자의 적송품가운데 1상자가 늦게 인도되었는데, 이것은 적송품 전체의 인도지연이 있는 것으로 간주되었으며, 그 이유는 이 상자에 장비의 조립 및 작동에 절대적으로 필수적인 부품들이 포함되어 있었기 때문이었다.[55]

항공화물운송인의 책임제한에 관하여 몬트리올협약의 규정과 다른 국제화물운송협약의 규정을 비교해 보면, 몬트리올협약은 화물 1킬로그램당 19 SDR로 운송인의 책임을 제한하며 이러한 책임제한은 어떠한 경우에도 배제되지 아니한다. 반면에 UNCITRAL 국제해상화물운송협약은 화물의 멸실 또는 훼손으로 인한 손해에 대하여는 매 포장당 또는 선적단위당 875 SDR과 중량 1킬로그램당 3 SDR 중 큰 금액을 한도로 운송인의 책임을 제한하며(동 협약 제59조 제1항), 화물의 연착으로 인한 경제적 손해에 대하여는 운임액의 2.5배로 운송인의 책임을 제한한다(동 협약 제60조). 위와 같은 운송인의 책임제한은 손해배상청구인이 동 협약의 위반으로 인한 손해가 운송인 자신의 고의 또는 손해 발생의 염려가 있음을 인식하면서 무모하게 한 작위 또는 부작위로 인하여 생긴 것임을 증명한 때에는 적용되지 아니한다(동 협약 제63조). 한편 국제도로화물운송협약(CMR)은 화물의 멸실 또는 손상으로 인한 손해에 대하여는 화물의 중량 1킬로그램당 8.33 SDR을 한도로 운송인의 책임을 제한하며(동 협약 제23조 제3항), 화물의 연착으로 인한 경제적 손해에 대하여는 운임액으로 운송인의 책임을 제한한다(동 협약 제23조 제5항). 위와 같은 운송인의 책임제한은 운송인이나 그의 사용인 또는 대리인의 고의적 위법행위 또는 법정지법 상 이에 상당하는 귀책사유로 인하여 생긴 것임이 증명된 때에는 적용되지 아니한다(동 협약 제29조).

(3) 책임면제

몬트리올협약 제20조에 의하면, 손해배상을 청구하는 자 또는 그로부터 권한을 위임받은 자의 부주의 또는 불법한 작위 또는 부작위가 손해를 일으켰거나 또는 기여되었다는 것을 운송인이 증명하는 경우에 운송인은 그러한 부주의 또는 불법한 작위 또는 부작위가 손해를 일으켰거나 기여한 정도에 따라 손해배상청구권자에 대한 그의 책임의 전부 또는 일부가 면제되어야 한다. 이 규정은 화물클레임의 경우에 운송인의 기여과실 방어를 보호

55) Vibra v. Alitalia and Lufthansa, Tribunale de Milano, 1976 ; 1991 *ASL* 299, No.84.

하고 있다.

이에 관한 외국법원의 판례를 보면, A.G. World Experts v. Arrow Air 사건에서 비행이전에 지상의 냉난방시설 기지에 있었어야 했던 돼지 화물이 폐사한데 대해 송하인의 부주의가 있었다고 판결하였는데, 그 원인으로 송하인의 기여과실이 역시 한 가지 역할을 하였기 때문이다.[56]

(4) 이의제기 시한

몬트리올협약 제31조에 의하면, 화물의 인도를 받을 권리가 있는 자가 이의를 제기하지 않고 화물을 수령하는 것은 반증이 없는 한 화물이 양호한 상태로 그리고 운송서류 또는 기타 수단으로 보존하는 기록에 따라 인도되었다는 명백한 증거가 된다. 한편 화물 훼손의 경우 인도를 받을 권리를 가지는 자는 훼손을 발견한 후 즉시 또한 늦어도 화물을 수령한 날로부터 14일 이내에 운송인에게 이의를 제기하여야 한다, 그리고 연착의 경우에 이의는 인도를 받을 권리를 가지는 자가 화물을 처분할 수 있는 날로부터 21일 이내에 이의를 제기하여야 한다.

이 경우에 개개의 이의는 서면으로 작성되어야 하며, 전술한 기한 내에 주어지거나 발송되어야 한다, 만약 전술한 기한 내에 이의를 제기하지 않을 경우 운송인에 대한 소송은 운송인 측에 사기가 있는 경우를 제외하고 인정되지 않는다.

여기서 이의제기는 위의 기한 내에 서면에 의하여야 하고 구두에 의한 이의제기는 효력이 없다. 이의를 제기하는 서면에는 손해액을 표시하지 않더라도 유효하고 화물이 훼손 또는 도착하지 아니하였다는 사실 및 운송인에게 책임이 있다는 사실을 통지하면 충분하다. 실무에서 사용하고 있는 운송인이 마련한 클레임통지서(Claim Notice Form)에 화주가 기재하는 것도 유효한 이의제기로 보아야 할 것이다.[57] 일단 이의를 제기한 후 추가로 화물의 훼손이 발견되면 위의 기한 내에 다시 추가로 이의를 제기하여야 한다.[58] 수하인에 의해

56) A.G. World Experts v. Arrow Air, D.C. florida, 1990 : 22 *Avi* 18,221.

57) 김종복, 「항공판례의 연구」, 한국학술정보(주), 2008, 110면.

58) Stud v. Trane International Airlines, U.S. Court of Appeal, 9th Circuit, 8 March 1984 : 18 *Avi* 17,684.

화물이 인수되고 명백히 양호한 상태로의 수령통지서가 작성된 경우에도 불구하고 수하인은 화물 수령 후 이의기한 내에 숨은 훼손에 대한 손해배상청구를 제기할 권리를 가진다.[59]

몬트리올협약은 화물의 훼손의 경우에만 위와 같은 이의제기 시한을 규정하고 있다. 따라서 화물이 전부 멸실된 경우에는 위와 같은 이의제기 없이 화물에 대하여 손해배상을 청구할 수 있다.[60] 이와 관련하여 화물이 일부 멸실된 경우에도 위 이의제기에 관한 규정이 적용되는가 하는 점이 문제가 된다. 이에 관하여는 각국의 입장이 일치하지 아니하나 일반적으로는 하나의 화물의 일부가 멸실되거나 하나의 운송용기에 내장된 화물 중의 일부가 멸실된 경우에는 화물의 훼손에 해당된다고 본다. 이에 반해 하나의 항공화물운송장에 기재된 여러 개의 화물 중의 일부가 멸실 된 것은 화물의 훼손이 아니라 일부 화물의 전부 멸실에 해당되어 위와 같은 이의제기가 불필요하다고 보는 것이 일반적이다.[61]

이에 관한 우리 지방법원의 판례를 보면, 항공기로 운송되어 도착한 사슴 659마리 가운데 38마리가 폐사하였는데, 이중 19마리는 항공운송 중 기내에서 폐사하고 나머지 19마리는 공항 동물검역장에서 검역 중 폐사한 사건에서 법원은 사슴 38마리가 폐사한 것은 1개 포장단위를 기준으로 하거나 항공화물운송장의 화물단위를 기준으로 하거나 어느 경우든지 물건의 일부 파괴로서 개정된 바르샤바협약 제18조 제1항 소정의 훼손에 해당한다고 보아 화물수령일로부터 14일 이내에 이의를 제기하지 않은 원고의 대위청구를 기각하는 판결을 내렸다.[62]

또한 우리 대법원 판례에 의하면, 수출화물의 적체로 원고 주식회사 아라항역과 아시아나항공 주식회사 사이의 이 사건 화물에 대한 운송계약 체결이 늦어짐에 따라, 원고가 1차로 발행한 항공화물운송장의 운송일정보다는 5일, 다시 발행한 항공화물운송장의 운송일정보다는 1일 늦게 이 사건 화물이 수하인에게 인도된 뒤 4개월 정도 지나서야 원고에게 이 사건 화물의 연착으로 인한 손해배상을 청구하는 서면 통지를 하였으므로, 이 사건

---

59) Commercial Union Insurance Co. v. Alitalia Airlines, 347F.3rd448at468(2nd Circuit 2003).

60) 국제항공운송협회(IATA) 통일 국제항공화물운송장에는 항공화물운송장 발행일로부터 120일 이내에 화물 불인도의 통지를 요구하고 있다 : Paul Stephen Dempsey and Michael Milde, *op. cit.*, p.215.

61) Malcolm Clark, Contracts of *Carriage by Air*, LLP, 2002, pp.175~177: 최종현, 전게논문, 195면.

62) 서울지방법원 판결, 98나7048: 김종복, 전게 항공판례의 연구, 102~104면.

화물의 연착으로 인한 원고의 손해배상책임이 소멸하였다고 판시하였다.[63]

(5) 재판관할권

몬트리올협약 제33조 제1항에 의하면, 손해에 대한 소송은 원고의 선택에 따라 하나의 당사국의 영토 내에서 운송인의 주소지, 운송인의 주된 영업소의 소재지, 운송인이 계약을 체결한 영업소의 소재지를 관할하는 법원 또는 목적지를 관할하는 법원 중에서 어느 하나에 제기되어야 한다. 동 조 제4항에 의하면, 소송절차는 소송이 계속된 법원이 속하는 국가의 법률에 의한다. 손해배상청구권자는 화물의 멸실 또는 훼손에 대해 소송을 제기할 수 있는 법정이 위의 4개로 제한되는데, 법정은 이 협약의 당사국 내이어야 한다.

동 협약 제33조 제1항의 재판관할권과 관련된 문제점으로는, 동일 사건에 대하여 원고가 선택할 수 있는 재판관할이 4곳까지 인정되고 있는 바, 협약 체결국 간이라고 하더라도 외국판결에 대한 쌍무적 승인 및 집행에 관한 강제수단이 없기 때문에 동일한 원고가 여러 법원에 제소할 수 있게 되고 이 경우 법원은 다른 법원의 결정에 관여할 수 없기 때문에 피고(운송인)로서는 상당히 불리하게 된다. 아울러 특정국가의 법원을 선호하는 경향마저 생긴다. 따라서 이러한 문제들을 해결하려면 이중제소의 금지, 소의 병합, 외국판결의 집행력 부여 등의 규정이 필요하고 국제적 통일기관의 설치가 요망된다 할 것이다.[64]

(6) 중재

몬트리올협약 제34조에 의하면, 화물운송계약의 당사자들은 이 협약에 의거 운송인의 책임에 관련된 어떠한 분쟁도 중재에 의하여 해결되어야 한다는 뜻을 규정할 수 있다. 이러한 합의는 서면으로 되어야 한다. 그리고 중재절차는 손해배상청구권자의 선택에 따라 동 협약 제33조에 규정되어 있는 재판관할권 중 하나에서 개최되어야 한다.

중재인 또는 중재법원은 본 협약의 규정을 적용한다. 본 조의 중재관할권 및 중재 준거법에 관한 규정은 각 중재조항 또는 합의의 일부로 간주되므로 이 규정에 위반하는 중재

63) 대법원 2002. 10. 22. 선고 2002다32523 등, 공 2002. 12. 15.[168], 2792.

64) 김종복, 전게 신국제항공법, 347면.

조항 또는 합의의 어떠한 문언도 무효이다.

이와 같이 동 협약 제34조는 분명하게 항공화물운송장에 중재조항의 삽입을 허용하고 있으며 그리고 이러한 조항의 강제력을 인정하고 있다. 또한 중재에 있어서 동 협약 규정들의 적용을 제한하는 합의조건은 무효인 것이다. 분쟁해결수단으로 중재는 지난 수십년 간 법원에서의 전체 규모의 소송보다 매우 낮은 비용으로 분쟁을 신속히 처리하기 때문에 계속 증가하는 현상을 보여 오고 있다.[65]

5. 항공운송인의 책임에 관한 통칙적 내용

(1) 책임한도의 재검토

몬트리올협약 제24조 제1항에 의하면, 동 협약 제21조 내지 제23조에서 정한 책임한도는 5년마다 재검토되어야 하며, 첫번째 재검토는 본 협약의 발효일로부터 5년 말에 이루어져야 하며, 만약 본 협약이 5년 이내에 발효하지 못하는 경우에는 발효일 첫해에 이루어져야 한다. 이는 본 협약의 발효일 또는 개정 이래의 누적 물가상승률에 상당하는 물가상승요인에 의해 이루어진다. 물가상승요인의 결정에 사용되는 물가상승률은 특별인출권으로 구성된 통화를 가진 국가의 소비자물가지수의 연 상승 또는 하락률의 평균에 가중치를 부여하여 산정한다.

동 협약 제24조 제2항에 의하면, 만약 인플레이션 계수가 10퍼센트를 초과할 때는 전항의 규정에 따라 재검토를 할 수 있고 기탁처는 당사국들에게 책임한도의 개정을 통고할 수 있다. 이와 같은 개정은 당사국들에게 통고된 후 6개월에 효력이 발생한다. 만약 당사국들에게 통고된 후 3개월 이내에 과반수의 당사국들이 자국의 불승인을 등록하는 경우에는 그 개정은 발효되지 아니하며 기탁처는 당사국들의 회합문제를 고려할 수 있다. 기탁처는 모든 당사국들에게 개정의 발효에 관하여 즉각 통고하여야 한다.

동 협약 제24조 제3항에 의하면, 본 조 제2항의 절차는 만약 당사국의 1/3이상이 본 협약의 발효일 또는 전 개정일로부터 본 조 제1항의 물가상승요인이 30퍼센트를 초과하는 것

65) I.H.Ph. Diederiks-Verschoor, *An Introduction to Air Law*, 7th edition, Kluwer Law International, 2006, p.120.

을 그러한 효과에 대한 의사를 표시한 경우에는 언제나 적용 가능하다.

국제민간항공기구(ICAO)에서 조사한 결과 2003년 11월 4일 몬트리올협약이 발효한 이후 5년 동안 특별인출권(SDR)을 구성하는 미국, 영국, 독일, 유럽연합(EU) 및 일본 등 5개국의 소비자물가지수의 인플레이션율이 13.1퍼센트 상승하였으므로 동 협약 제24조 제1항 및 제2항에 따라 2009년 12월 30일 항공운송인의 책임한도를 다음과 같이 인상시켰다. ① 여객의 사망 또는 상해의 경우 1인당 동 협약 제정 당시 100,000 SDR이었으나 113,100 SDR로 인상, ② 여객의 연착의 경우 1인당 동 협약 제정 당시 4,150 SDR이었으나 4,694 SDR로 인상, ③ 수하물의 파괴, 멸실, 훼손 또는 연착의 경우 여객 1인당 동 협약 제정 당시 1,000 SDR이었으나 1,131 SDR로 인상, ④ 화물의 파괴, 멸실, 훼손 또는 연착의 경우 1킬로그램당 동 협약 제정 당시 17 SDR이었으나 19 SDR로 인상 등이다.

(2) 책임한도의 약정

몬트리올협약 제25조에 의하면, 운송인은 본 협약이 정한 책임한도 보다 더 높은 한도를 정하거나 어떠한 경우에도 책임한도를 두지 아니한다는 것을 명기할 수 있다.

(3) 계약조항의 무효

몬트리올협약 제26조에 의하면, 운송인의 책임을 면제하거나 또는 본 협약에 규정되고 있는 책임한도보다 더욱 낮은 한도를 정하는 것은 무효이며 이와 같은 어떠한 조항의 무효도 계약의 모든 것을 무효로 하는 것은 아니며 계약은 계속하여 본 협약의 적용을 받게 된다.

(4) 손해배상청구의 기초

몬트리올협약 제29조에 의하면, 여객, 수하물 및 화물의 운송에 있어서 손해에 관한 소송은 이 협약, 계약, 불법행위 또는 기타 어떠한 사항에 근거하든지 그 명의 여하를 불문하고, 소를 제기할 권리를 가지는 자와 그들 각각의 권리에 관한 문제를 침해함이 없이, 이 협약에 규정되어 있는 조건 및 책임한도에 따라서만 제기될 수 있다. 여하한 소송에 있어서 형사적 손해, 징벌적 손해 또는 기타 다른 보상을 받지 못하는 손해는 회복되지 아니한다. 여기서 언급하고 있는 "명의의 여하를 불문하고(However Founded)"란 바로 소송법상의

"청구원인의 여하를 불문하고"의 뜻이다.

바르샤바협약 제24조 제1항은 "제18조 및 제19조에서 정하여진 경우에는 책임에 관한 소는 명의의 여하를 불문하고 본 협약에 정하여진 조건 및 제한 하에서만 제기할 수 있다"라고 규정하고 있는 바, 여기서 "명의의 여하를 불문하고"의 해석을 둘러싸고 이를 계약상의 채무불이행에 기한 손해배상청구권 이외에 불법행위법상의 불법행위를 원인으로 한 손해배상청구도 할 수 있는 가에 대하여 종래 학설과 판례상 많은 논란이 있었다.

우리나라의 경우 바르샤바협약 제24조 제1항의 "명의의 여하를 불문하고"의 해석에 있어서 학설은 청구권 경합을 취하는 입장과 부인하는 설로 나뉘고 있으나, 다수설은 국제항공운송에 있어서는 청구권 경합론이 대두될 여지가 없다는 입장이었다.[66] 한편 우리나라의 판례는 종래 청구권 경합을 인정하는 판결과 협약의 배타성을 인정하는 판결로 일치하지 않고 있었으나, 1986년 대법원 판결로 협약의 배타성을 인정하는 방향으로 입장을 변경하였다.[67]

몬트리올협약 제29조는 바르샤바협약 제24조와는 달리 청구원인 관계를 명문화하고 있는데, 운송인의 책임에 관한 소는 그 기초가 어떠한 것에 근거하든지 간에 즉, 계약에 근거하든지, 불법행위에 근거하든지 또는 다른 원인이든지 간에 본 협약이 정하고 있는 조건과 제한을 받는다고 규정하여 협약의 배타적 적용을 명확히 하고 있다.

이에 관한 외국법원의 판례를 보면, El Al Israel Airlines v. Tseng 사건은 뉴욕 캐네디 국제공항에서 텔 아비브 행 El Al 이스라엘 항공사의 항공편에 탑승과정 중에 여객인 Tsui Yuan Tseng의 강압적인 보안검사에 관련된 사건으로서, Tseng 양은 폭행과 부당감금의 불법행위를 주장하면서 미국 주 법원에 소송을 제기하였다. El Al 항공사는 그 사건을 미국연방 지방법원에 이송하였으며, 그 법원은 이 클레임에 바르샤바협약이 적용된다고 판시하였으나, Tseng 양이 신체상해를 입지 않았고 그녀의 상해는 "사고"의 결과가 아니였기 때문에 바르샤바협약 제17조에 의거 심리되어서는 아니된다고 결론지었다. 2급심 법원은 항소에 관하여 의견이 일치하였으나 폭행과 부당감금에 대한 원고의 클레임은 바르샤바협약이

66) 최준선, 전게서, 245면.

67) 1986. 7. 22. 대법원 판결, 82 다카 1372: 김종복, 전게 신국제항공법, 339면.

적용되지 않고 주 불법행위법에 의해 소추될 수 있다고 판시하였다. 그러나 미국 최고법원은 그녀의 클레임이 바르샤바협약 상의 책임조건을 만족시키지 못하는 때에 여객이 지방법률에 의거 인적 상해로 인한 손해에 대해 소송을 유지하는 것을 바르샤바협약이 배제하고 있다고 결론지었다. 다시 말하면, 국제여행일정 중에 항공기상에서 또는 탑승하거나 내리는 과정에서 발생하는 사고에 의해 생긴 상해에 대한 보상은 바르샤바협약 상 허용되지 아니할 경우 전혀 받을 수 없는 것이다.[68]

(5) 고용인 및 대리인에 대한 손해배상청구

몬트리올협약 제30조에 의하면, 이 협약과 관련된 손해로 인해 운송인의 고용인 또는 대리인을 상대로 소송이 제기되는 경우 그 고용인 또는 대리인은 그들의 직무 범위 내에서 행동하였음을 증명하는 경우, 이 협약 하에서 운송인 자신이 주장할 권리가 있는 책임의 조건 및 한도를 원용할 권리를 가진다. 그러한 경우, 운송인 그의 고용인 및 대리인으로부터 회수 가능한 총금액은 전술한 책임한도를 초과하지 못한다.

또한 화물운송의 경우 운송인의 고용인 또는 대리인은 그들의 고의나 무모하게 그리고 손해가 발생할 것을 인식하면서 행한 작위 또는 부작위로 인하여 손해가 발생하였음이 증명된 경우에도 협약 상 운송인의 책임제한을 원용할 수 있다.

(6) 제소기한

몬트리올협약 제35조에 의하면, 손해에 관한 권리는 소송이 목적지에 도착하는 날, 항공기가 도착하여야만 되었던 날 또는 운송이 중지되었던 날로부터 기산하여 2년의 기간 내에 제기되지 않는 경우에는 소멸된다. 그 기간의 계산방법은 사건이 계류되어 있는 법원이 적용하는 법률에 의해 결정된다.

여기서 2년의 기간은 제척기간이며, 소의 원인이 무엇이든 적용된다. 또한 운송인에게 고의가 있는 경우에도 그리고 사기가 있는 경우에도 적용된다. 운송인의 이행보조자도

---

68) El Al Israel Airlines v. Tseng, 525 U.S. 155(1999); Paul Stephen Dempsey and Michael Milde, *op. cit.*, pp.210~211.

본 조를 원용할 수 있다고 본다.[69]

이에 관한 외국법원의 판결을 보면, Fireman's Fund Insurance Co. v. Panapina, Inc. 사건에서 국제항공화물의 일부 멸실에 대해 항공운송인을 상대로 제기한 송하인을 위한 보험업자의 소송제기는 물품의 도착이 주장된 후 2년이 지나 제기되어 제소기한이 경과하였으므로 운송인의 소송 기각 신청이 인정되었다.[70]

(7) 순차운송인의 책임

몬트리올협약 제36조에 의하면, 몇 명의 순차운송인이 행한 운송의 경우에, 화물을 인수하는 각 운송인은 이 협약에 규정된 규칙에 따르게 되며 또한 운송계약이 각 운송인의 감독 하에 행해진 운송의 부분을 취급하고 있는 한 운송계약의 당사자들의 1인으로 간주된다.

또한 순차운송의 경우 화물손해에 관하여는 송하인이 최초의 운송인에 대하여 소송을 제기할 권리를 가지고 있으며, 인도를 받을 권리를 가지고 있는 수하인은 최종의 운송인에 대하여 소송을 제기할 권리를 가지고 있다. 더욱이 각 사람은 화물의 파괴, 멸실, 훼손 또는 연착이 발생된 기간 중에 운송을 행한 운송인에 대하여 소송을 제기할 수가 있다. 이러한 운송인들은 송하인 또는 수하인에 대하여 연대적 및 개별적으로 책임을 부담한다.

이에 관한 외국법원의 판례를 보면, Commercial Union Insurance Co. v. Alitalia 사건에서 파스타 포장기계의 화주가 운송주선인에게 물품을 넘겨주었고 항공화물운송장에 운송주선인 자신을 송하인 및 수하인으로 기재하였다. Alitalia항공사는 운송주선인만이 제소할 입장에 있으며, 훼손된 물품 제조자의 대위 보험회사는 그 입장에 있지 않다고 주장하였다. 이에 대응하여 법원은 바르샤바협약 제30조 제3항은 순차운송인에 의해 제공된 운송의 경우에만 한정되는 것이며, 여기서 그 경우가 아니라고 판시하였다. 법원은 순차운송의 문맥 범위 밖의 운송에 대해 협약은 어느 당사자들이 화물손해 소송을 제기할 입장에 있는 가를 논의하고 있지 않다고 말하였다. 제조자(또는 그의 피대위자)는 자기(제조자)를

69) 김종복, 전게 신국제항공법, 280면.

70) Fireman's Fund Insurance Co. v. Panapina, Inc. U.S. District Court, Northern District of Illinois, 17 January 2001 ; 17 *Avi* 18,042.

이해관계있는 진정한 당사자로 만드는 운송주선인과의 법적 관계를 가지고 있음을 증명할 수 있는 경우에 항공사를 상대로 소송을 제기할 수 있다고 판시하였다.[71]

(8) 제3자에 대한 구상권

몬트리올협약 제37조에 의하면, 본 협약의 어떠한 규정도 본 협약의 규정에 따르는 손해에 대하여 책임을 지는 자가 가지고 있는 어떠한 다른 사람에 대한 구상권의 존부에 영향을 미치지 아니한다.

(9) 계약운송인과 실제운송인의 책임

몬트리올협약 제5장 제39조에서 제48조까지 규정들은 1961년 과달라하라협약의 규정들의 대부분을 수용하고 있다. 이 조항들은 운송의 일부를 송하인과 계약을 하지 않은 실제운송인이 행한 경우에도 계약운송인이 계약한 운송 전체에 대해 책임을 지는 것임을 인정하고 있다.

실제운송인은 운송계약의 당사자가 아니므로 원칙적으로 송하인 또는 수하인에 대하여 계약상의 책임을 지지 아니하고 각국의 국내법에 따라 불법행위책임만을 부담한다. 그러나 몬트리올협약은 이러한 실제운송인은 자기가 실행한 운송구간에서 생긴 손해에 관하여 동 협약에 따라 손해를 배상할 책임을 진다고 규정하고 있다. 이는 "계약운송인 이외의 자에 의하여 행하여지는 국제항공운송에 관한 일부 규칙의 통일을 위한 바르샤바협약을 보완하는 협약" 즉, 과달라하라협약의 내용을 수용한 것이다. 따라서 몬트리올협약 상 실제운송인은 동 협약에 따른 법정책임을 부담한다.[72]

동 협약 제40조에 의하면, 실제운송인이 이 협약에서 규율되고 있는 운송의 전부 또는 일부를 행하는 경우에, 계약운송인 및 실제운송인 쌍방은 이 협약의 규칙에 적용을 받게 되는데, 계약운송인은 계약에서 정해진 운송의 전부에 관하여, 실제운송인은 자기가 행한 운송에 관하여서만 이 협약의 규칙에 적용을 받게 된다.

---

71) Commercial Union Insurance co. v. Alitalia Airlines, 347F.3nd448(2nd Circuit 2003).

72) 최종현, 전게논문, 175면.

동 협약 제41조에 의하면, 실제운송인 및 그의 고용인 및 대리인이 그들의 직무범위 내에서 행한 자의 작위 및 부작위는 실제운송인이 행한 운송에 관하여서 역시 계약운송인의 작위 또는 부작위로 간주된다. 계약운송인, 그 고용인 및 대리인이 그들의 직무범위 내에서 행한 자의 작위 및 부작위는 실제운송인의 작위 및 부작위로 간주된다. 그럼에도 불구하고 그러한 작위 및 부작위로 인하여 실제운송인은 협약 제23조, 제24조 및 제25조에 규정된 금액을 초과하는 책임을 부담하지 않는다. 그리고 계약운송인이 이 협약에 의해 부과되지 않는 의무를 부담하는 특약 또는 이 협약에 의해 부여된 권리의 포기 또는 목적지에서 인도 시 가액의 특별 신고도 실제운송인이 합의하지 않는 한 실제운송인에게 영향을 미치지 않는다.

동 협약 제44조는 실제운송인이 행한 운송에 관하여 실제운송인 및 계약운송인과 더불어 그들의 고용인 및 대리인이 그들의 직무범위 내의 행위를 한 자로부터 취득할 수 있는 배상총액은 이 협약에 근거한 계약운송인 또는 실제운송인의 어느 일방에 대하여 재정할 수 있는 최고액을 초과하지 않는다고 규정하고 있다.

이 규정은 손해배상청구자가 실제운송인, 계약운송인 및 그들의 고용인이나 대리인으로부터 복수의 회복을 하는 것을 금지하고 있다. 따라서 손해배상청구자는 상환의 달성을 가능하게 하기 위해 보상적 손해액을 받을 수 있으나, 그 이상은 받을 수 없다.[73]

동 협약 제45조에 의하면, 실제운송인이 행한 운송에 관하여 손해에 관한 소송에는 원고의 선택에 따라 실제운송인 또는 계약운송인에 대하여, 또는 쌍방에 대하여 공동 또는 개별적으로 제기할 수 있다. 그리고 소송이 이들 운송인 중 한 사람에 대해서만 제기되는 경우 그 운송인은 타방 운송인에게 그 소송절차에 참가하도록 요구할 권리를 가지게 된다.

동 협약 제47조는 계약운송인 또는 실제운송인의 책임을 면제해 주거나 또는 낮은 한도를 정하는 것은 무효가 된다고 규정하고 있다.

(10) 보험

몬트리올협약 제50조에 의하면, 체약국은 자국의 운송인으로 하여금 본 협약 상의 책임

73) Paul Stephen Dempsey and Michael Milde, *op. cit.*, p.236.

을 담보하는 보험을 유지하도록 요구하여야 한다. 운송인은 취항하는 체약국으로부터 본 협약상의 책임을 담보하는 적절한 보험을 유지하고 있다는 증명을 제공하도록 요구받을 수 있다.

제3절 로마협약 상 항공기 운항자의 지상 제3자에 대한 책임

1. 로마협약의 성립 및 개정경위

항공기의 추락 또는 물건의 낙하로 인하여 지상 제3자에게 손해가 발생한 경우 항공기 운항자와 제3자간의 관계를 규제하는 법률이 국가마다 상이하여 불편을 초래하였으므로 국제항공운송에 있어서 협약에 의한 법률의 통일성이 요청되어 왔다.

그리하여 1933년 로마에서 각국 대표들이 모여 "항공기에 의한 지상 제3자에 대한 손해에 관한 규칙의 통일을 위한 협약"(1933년 로마협약)을 서명하여 1942년 발효되었다. 그 후 1952년에 1933년 로마협약을 대신할 새로운 협약인 "외국항공기에 의하여 지상 제3자에게 발생된 손해에 관한 협약(Convention on Damage Caused by Foreign Aircraft to Third Parties on the Surface)"(1952년 로마협약)이 채택되어 1958년 발효되었다. 그러나 1952년 로마협약은 일부 강대국들이 비준하지 않고 있어 문제점이 제기되고 있었기 때문에 ICAO 법률위원회에서 1978년에 "로마협약을 개정하는 몬트리올의정서"가 채택되어 현재 발효되어 있다.

그러나 1978년 개정 로마협약은 미국, 영국, 독일, 프랑스, 일본 등 대부분의 선진국들이 비준하고 있지 않기 때문에 역시 문제점이 부각되고 있는 실정이다. 그리하여 ICAO 법률위원회에서 1999년 몬트리올협약(Montreal Convention)상의 항공운송인의 책임제도의 근본적인 개혁에 맞추어 로마협약의 현대화를 위한 개정작업을 2000년부터 추진해 왔으며,[74] 특히 ICAO는 2001년 9월 11일 테러사건 이후 특별히 항공기 손해가 큰 재해적 손실을 초래하는 경우에 항공운송인의 책임과 제3자 희생자에 대한 배상을 취급하기 위한 법적 틀을 개발하는데 적극적으로 노력하여 왔다.

그동안 ICAO 사무국(특히 법률국), 사무국 연구그룹 및 1952년 로마협약의 현대화에 관한 이사회 특별그룹(SGMR) 등에 의한 이러한 작업의 누적적 결과로서 2008년 4월 ICAO 제33차 법률위원회에서 2개의 신 협약안을 작성하였으며, 2009년 5월 2일 몬트리올에서 개최된 외교회의에서 채택되었는데, 그 하나는 "항공기에 관련되는 불법방해행위로부터 발생하는 제3자 손해배상에 관한 협약(Convention on Compensation for Damage to Third Parties, Resulting from Acts of Unlawful Interference Involving Aircraft: 이하 '불법행위보상협약'이라 칭함)"[75]이고, 다른 하나는 "항공기에 의하여 발생된 제3자 손해배상에 관한 협약(Convention on Compensation for Damage Caused by Aircraft to Third Parties: 이하 '일반위험협약'이라 칭함)"[76]이다. 그러나 이 2개의 신 협약이 발효하려면 35개국의 비준서 또는 가입서의 기탁이 필요하나 2018년 말 현재 불법행위보상협약은 9개국, 일반위험협약은 12개국만이 비준서 또는 가입서를 기탁한 상태이므로 아직까지 신 협약은 발효되지 못하고 있다.

2. 로마협약 상 지상 제3자에 대한 책임

(1) 적용범위

1978년 개정 로마협약 제23조에 의하면, 다른 체약국에 의하여 등록된 항공기에 의하여 또는 등록여하를 불문하고 다른 체약국에 주된 영업소를 가지거나 또는 그러한 영업소를 가지지 않는 경우 그의 주소를 가지고 있는 운항자의 항공기에 의하여 체약국의 영토에서 발생된 손해에 적용된다. 그리고 공해에서의 선박이나 항공기는 그것이 등록된 국가의 영토의 일부로서 간주된다.

이와 같이 로마협약은 다른 체약국에 등록된 항공기 또는 다른 체약국에 주된 영업소

---

74) Shawcross and Beaumont, *Air Law*, Fourth Edition, Volume 1, Butterworths, 1989, pp.v/115, 116, 124; 김두환, 전게서, 376~378면.

75) ICAO, Working Paper LC33-WP/3-24, 1/5/08.

76) ICAO, Working Paper LC33-WP/3-24, 1/5/08.

나 주소가 있는 운항자의 항공기가 체약국의 영토 내에서 제3자에게 입힌 손해에도 적용된다. 이것은 피해 당사자를 더욱 보호하는 것을 의미한다.

개정 로마협약 제26조에 의하면, 군대, 세관 또는 경찰 항공기에 의하여 발생된 손해에는 적용되지 않는다. 그러나 로마협약은 우편수송항공기 뿐만 아니라 상업목적으로 사용되는 국가소유의 항공기에도 적용된다.[77)]

(2) 책임원칙

개정 로마협약 제1조 제1항에 의하면, 지상에서 손해를 입은 자는 그 손해가 오직 비행 중의 항공기 또는 그로부터 낙하된 사람 또는 물건에 의하여 발생된 것이 입증되면 이 협약에 규정된 바에 따라 배상을 받을 권리를 가진다. 그럼에도 불구하고 손해가 그것을 일으키는 사고의 직접적 결과가 아닌 경우, 또는 그 손해가 현행 항공교통규칙에 따라 공역을 통한 단순한 항공기의 통과로 인하여 생기는 경우에 배상을 받을 권리가 없다.

이것은 손해가 존재하고 특정인에 의하여 손해를 입었다는 증명만 있으면 발생되는 책임의 형태이다. 고의나 과실의 증명은 여기서 요구되지 않으며, 책임은 가해자의 주의요구수준의 준수와 상관없이 발생된다.[78)] 여기서 손해라 함은 지상 제3자의 사망, 신체상해 또는 재산상의 손해를 의미한다.

개정 로마협약은 제2조 제1항 및 제3항에서 명백히 한 바와 같이 절대책임원칙을 포함하고 있다. 즉, 협약의 의미 내에서 항공기 운항자에게 책임이 귀속되며, 항공기등록부를 통하여 쉽게 추적할 수 있는 소유자는 만약 어떤 다른 사람의 통제 하에 있었다는 것을 증명하지 못하면 운항자인 것으로 추정된다.

운항자는 보통 항공회사일 것이지만, 또한 개인적 목적으로 항공기를 사용하는 개인일 수도 있다. 그리고 소유자와 운항자는 대부분 동일인이다.[79)]

---

77) I.H.Ph.Diederiks–Verschoor, An *Indroduction to Air.*, 7th edition, Kluwer Law International, 2006, p.152.

78) I.H.Ph. Diederiks–Verschoor, *op. cit.*, p.152.

79) I.H.Ph.Diederiks–Verschoor, *op. cit.*, p.159.

(3) 책임면제

로마협약은 상술한 책임원칙에 예외를 규정하고 있다. 개정 로마협약 제5조에 의하면, 이 협약의 규정에 의하여 책임이 있는 자는 손해가 무력분쟁이나 내란의 직접적 결과인 경우 또는 책임있는 자가 공공당국의 행위에 의하여 항공기의 사용을 박탈당한 경우에 책임을 지지 않는다. 개정 로마협약 제6조 제1항에 의하면, 책임있는 자는 그 손해가 오직 피해자 또는 그의 사용인이나 대리인의 태만, 불법행위 또는 부작위에 의하여 발생된 것임을 증명하는 경우에는 책임을 지지 않는다. 만약 손해가 피해자의 태만, 불법행위 또는 부작위에 의하여 기여되었음을 책임있는 자가 증명하는 경우, 손해에 기여한 태만, 불법행위 또는 부작위의 한도로 배상이 감경된다. 그럼에도 불구하고 사용인이나 대리인의 태만, 불법행위 또는 부작위의 경우에 피해자가 그의 사용인이나 대리인이 그의 권한 밖에서 행동하였음을 증명하는 경우 이러한 면제 또는 감경은 없게 된다.

로마협약에 의하면 운항자 또는 그의 사용인이나 대리인이 그러한 행위를 방지할 수 없었다는 사실에도 불구하고, 운항자는 제3자가 장치한 폭탄에 의해 발생된 손해에 대하여 책임을 진다.[80]

(4) 책임한도

로마협약은 항공기 운항자를 보호하기 위하여 유한책임원칙을 채택하고 있다. 개정 로마협약 제11조 제1항 및 제4항에 의하면, 운항자의 책임한도는 손해발생 당시 손해의 원인이 된 항공기의 최대이륙중량에 의하여 결정되며, 항공기의 중량별 책임한도는 다음과 같다. 즉, ① 항공기 중량이 2,000킬로그램 이하인 경우에는 30만 특별인출권(SDR), ② 항공기 중량이 2,000킬로그램 초과하여 6,000킬로그램 이내인 경우에는 30만 SDR로 하되 2,000킬로그램을 초과하는 매 킬로그램당 175 SDR을 추가, ③ 항공기 중량이 6,000킬로그램 초과하여 30,000킬로그램 이내인 경우에는 100만 SDR로 하되 6,000킬로그램을 초과하는 매 킬로그램당 62.5 SDR을 추가, ④ 항공기 중량이 30,000킬로그램을 초과하는 경우에는 250만 SDR로 하되 초과하는 매 킬로그램당 65 SDR을 추가한다.

80) I.H.Ph.Diederiks-Verschoor, *op. cit.*, p.155.

이와 같이 항공기의 최대이륙중량에 따라 책임전체에 대한 한도를 단계적으로 정하고 있으며, 동 협약 제11조 제2항 및 제4항에서 사망 또는 신체상해의 경우 책임한도는 사망 또는 상해된 1인당 125,000 SDR로 정하고 있다.

미국은 아직까지 이러한 책임한도액이 특히 대형항공기와 관련하여 너무 낮다고 생각하고 있으며, 로마협약의 체약국내에서 발생되는 손해의 경우에 미국의 운항자가 절대적으로 책임을 지게 될 것이라는 이유로 로마협약에 가입하지 않고 있다. 또한 미국은 사망 및 상해에 대한 책임에 관한 특별한도 규정에 반대하고 있다.[81]

개정 로마협약 제12조 제1항에 의하면, 만약 손해를 일으킬 의도를 가지고 행한 운항자, 그의 사용인이나 대리인의 고의의 작위 또는 부작위에 의하여 손해가 발생되었음을 피해자가 증명하는 경우에는, 운항자의 책임은 제한되지 않는다. 다만 이러한 사용인 또는 대리인의 해당 작위 또는 부작위의 경우에, 또한 그가 그의 고용 중에 그리고 그의 권한의 범위 내에서 행동하고 있었음이 증명되는 것을 조건으로 한다. 동 협약 제12조 제2항에 의하면, 만약 항공기를 사용할 권한있는 자의 승인없이 불법으로 항공기의 사용을 탈취한 경우 그의 책임은 제한되지 않는다.

(5) 책임의 보증

로마협약은 손해배상청구에 대한 보험을 만족시키기 위해 고려된 요건에 관한 상세한 규정을 두고 있다. 개정 로마협약 제15조 제1항에 의하면, 항공기 운항자는 배상권리가 적용한도까지 존재하는 체약국의 영토에서 생긴 손해에 대한 그의 책임에 관하여 보험에 의하여 담보되거나 다른 담보에 의하여 보증되어야 한다는 것을 체약국이 요구할 수 있다. 운항자는 상공을 비행당한 국가가 그렇게 요구하는 경우 이러한 보증의 증거를 제공하여야 한다.

동 협약 제15조 제2항에 의하면, 상공을 비행당한 체약국은 만약 보험자 또는 보증을 제공하는 기타인이 재정적으로 로마협약에 의하여 부과된 의무를 충족할 수 없다고 믿는 경우에 항공기 등록국가, 운항자 소속국가 또는 보증이 제공된 기타 체약국가와 어느 때라도

81) I.H.Ph.Diederiks-Verschoor, *op. cit.*, pp.156~157.

협의를 요구할 수 있다.

개정 로마협약 제17조 제2항에 의하면, 만약 보증이 1대 항공기의 운항자의 경우에 로마협약 제11조의 규정에 따라서 적용한도와 동등한 금액인 경우, 그리고 여러 대의 항공기 운항자의 경우에 최고한도를 조건으로 2대 항공기에 적용되는 책임한도의 총액이상의 금액인 경우, 보증은 충분한 것으로 간주된다.

동 협약 제17조 제3항에 의하면, 손해배상청구 통지가 운항자에게 주어지는 즉시 운항자는 보증금액과 적용 책임한도를 초과하지 않는 손해배상청구금액의 총액과 동등한 금액까지 보증이 유지된다는 것을 보장하여야 한다. 위에 언급한 금액은 모든 손해배상청구가 처리되었을 때까지 유지되어야 한다.

(6) 관할권 및 제소기한

개정 로마협약 제20조 제1항에 의하면, 로마협약의 규정에 의한 소송은 손해가 발생한 체약국의 법원에만 제기될 수 있다. 그럼에도 불구하고 1인 이상의 원고들과 피고들 간의 합의로 다른 체약국의 법원에 제소할 수 있지만, 그러나 이러한 소송절차는 어떠한 방법으로 손해가 발생한 국가에서 제소하는 자의 권리를 침해하는 효과를 가지지 않는다. 또한 당사자들은 어떠한 체약국에서 분쟁을 중재에 회부할 것을 합의할 수 있다.

동 협약 제20조 제1항 및 제2항에 의하면, 로마협약에 의한 소송은 손해를 일으킨 사고일로부터 2년의 기한 내에 제기되어야 한다. 기간의 정지 또는 중단의 근거는 소송을 심리하는 법원의 법률에 의하여 결정되지만, 그러나 어떠한 경우이든 소송을 제기할 권리는 손해를 일으킨 사고일로부터 3년의 만기로 소멸된다.

3. 신 로마협약 상 항공기 운항자의 지상 제3자에 대한 책임

(1) 불법행위보상협약 상 지상 제3자에 대한 책임

2009년에 채택된 불법행위보상협약 상 항공기에 관련되는 불법행위로부터 발생하는 지상 제3자의 손해에 대한 항공기 운항자의 책임에 관한 주요내용은 다음과 같다.[82]

1) 적용범위

불법행위보상협약 제2조 제1항에 의하면, 불법행위의 결과로써 국제항공편에 비행 중의 항공기에 의하여 발생하는 체약국의 영토에서 일어나는 제3자의 손해에 적용된다. 이 조항은 운항자가 체약국에서 온 자이든 아니든 체약국의 손해는 보상된다.

일정한 경우에 또한 본 협약은 체약국이 아닌 국가에서 일어나는 손해에도 적용된다, 체약국의 운항자가 비체약국에서 손해를 발생시키는 경우에 체약국회의(Conference of Parties: COP)가 운항자에게 재정적 지원을 제공하도록 결정할 수 있다.

동 협약 제2조 제1항에 국제적 요소가 있는 반면에 본 조 제2항은 본질적으로 국내적 상황에 적용 가능성을 규정하고 있다. 체약국의 선택에 따라 본 협약은 또한 불법행위의 결과로서 국제항공편이 아닌 항공편의 항공기에 의해 발생되는 그 체약국 영토 내에서 일어나는 그러한 손해에 적용된다.

2) 운항자의 책임

운항자의 책임은 엄격하다. 불법행위보상협약 제3조 제1항은 운항자는 오직 손해가 비행 중의 항공기에 의하여 발생되었음을 조건으로 손해를 보상할 책임이 있다. 손해배상청구권자가 과실의 입증을 필요로 하지 않는다. 사망, 신체적 상해와 정신적 상해로 인한 손해 그리고 재산상의 손해는 배상될 수 있으며, 환경적 손해는 또한 그러한 보상이 손해가 발생한 국가의 법률에 의하여 규정되어 있는 경우에 보상될 수 있다.

3) 운항자의 책임한도

불법행위보상협약 제4조에 의거 운항자의 책임은 항공기의 중량에 근거하여 최소항공기에 대한 75만 특별인출권(SDR)으로부터 최대 항공기에 대한 7억 SDR까지를 한도 또는 최고한도로 한다. 이러한 책임 최고한도는 오직 동 협약 제23조의 예외적 상황에서만 배제될 수 있다.

운항자의 책임은 각 항공기 및 사고당 다음 금액을 초과하지 않는다. ① 항공기 최대이

82) ICAO Working Paper A37-WP/31 LE/2 22/6/10 Revised 13/7/10 Appendix A.

륙중량이 500킬로그램 이하인 경우 75만 SDR, ② 항공기 최대이륙중량이 500킬로그램 이상 1,000킬로그램을 초과하지 않는 경우 150만 SDR, ③ 항공기 최대이륙중량이 1,000킬로그램 이상 2,700킬로그램을 초과하지 경우 300만 SDR, ④ 항공기 최대이륙중량이 2,700킬로그램 이상 6,000킬로그램을 초과하지 않는 경우 700만 SDR, ⑤ 항공기 최대이륙중량이 6,000킬로그램 이상 12,000킬로그램을 초과하지 않는 경우 1,800만 SDR, ⑥ 항공기 최대이륙중량이 12,000킬로그램 이상 25,000킬로그램을 초과하지 않는 경우 8,000만 SDR, ⑦ 항공기 최대이륙중량이 25,000킬로그램 이상 50,000킬로그램을 초과하지 않는 경우 1억 5,000만 SDR, ⑧ 항공기 최대이륙중량이 50,000킬로그램 이상 200,000킬로그램을 초과하지 않는 경우 3억 SDR, ⑨ 항공기 최대이륙중량이 200,000킬로그램 이상 500,000킬로그램을 초과하지 않는 경우 5억 SDR, ⑩ 항공기 최대이륙중량이 500,000킬로그램 이상인 경우 7억 SDR로 규정하고 있다.

4) 국제민간항공보상기금

불법행위보상협약 제8조에 의하면, 체약국의 영토에서 손해를 입은 사람들에게 배상을 지급하기 위한, 체약국으로부터 온 운항자가 비체약국에서 손해를 일으키는 경우에 재정적 지원을 제공하기 위한, 그리고 사고에 관련된 항공기에 탑승한 여객들에게 보충적 보상을 제공할 것인가 여부를 결정하기 위한 주된 목적을 가지고 국제민간항공보상기금(International Civil Aviation Compensation Fund)이라 부르는 기구를 창설하도록 계획되어 있다.

손해총액이 제4조의 한도액을 초과하는 범위의 배상은 국제민간항공보상기금에 의하여 지급된다(동 협약 제18조 제1항). 다시 말하면, 운항자가 책임질 손해가 있는 경우에 그의 최고의 한도수준까지 지급하며, 그리고 국제민간항공보상기금은 최고한도 수준이상으로 추가보상을 지급한다. 운항자들이 최고 한도금액까지 보험을 획득 할 수 있을 것으로 기대된다. 만약 보험을 이용할 수 없는 경우, 또는 오직 항공운송의 계속적 운영에 상반되는 비용으로 이용할 수밖에 없는 경우에 국제민간항공보상기금은 본 협약 제3조 및 제4조에 의거 운항자가 책임질 손해액을 지급할 수 있다(동 협약 제18조 제3항).

5) 보상

일반적으로 국제민간항공보상기금에서 이용 가능한 최대 보상금액은 각 사고당 30억 SDR이다(동 협약 제18조 제2항).

6) 체약국 회의

국제민간항공보상기금은 국제적 법인격을 가지고 있으며, 모든 체약국들과 국장이 주재하는 사무국으로 구성되는 주된 정책수립기구인 체약국회의(COP)를 포함하고 있다. 체약국회의는 특히 국제민간항공보상기금의 규정, 보상지침, 투자지침을 수립하고, 국제민간항공보상기금에게 행해질 기여금을 확정하고, 비체약국에서 사고의 경우에 운항자에게 재정적 지원이 제공될 경우를 결정한다. 체약국회의의 모든 권한과 의무의 목록은 불법행위보상협약 제9조에 규정되어 있다. 체약국회의는 달리 결정하지 않는 한 1년에 한번 회합한다.

7) 국제민간항공보상기금에의 기여금

불법행위보상협약 제12조에 의하면, 국제민간항공보상기금에의 기여금은 체약국의 공항에서의 국제 상업항공편에 출발하는 각 여객 및 각 화물의 톤에 대하여 징수되는 강제적인 금액이다. 체약국이 동 협약 제2조 제2항에 의거 국내 선택적 수용선언을 한 경우, 해당금액은 또한 체약국의 2개 공항간의 국내 상업항공편에 출발하는 각 여객 및 각 화물의 톤에 대하여 징수된다.

각 여객 및 화물의 톤에 대한 기여금은 여행일정이 기착지 또는 환승지를 포함하든 아니하든 각 여행일정에 대해 한번이상 징수되지 아니한다. 체약국회의는 일반항공으로부터의 기여금의 금액을 특정할 수 있도록 계획되어 있다. 운항자는 기여금의 금액을 징수해서 그들을 국제민간항공보상기금에 송금한다. 일반적으로, 계속해서 2년 내에 국제민간항공보상기금에 의해 징수되는 기여금의 금액은 90억 SDR을 초과하지 아니한다(동 협약 제14조 제3항).

8) 기여금의 기간 및 비율

불법행위보상협약 제14조는 그 체약국을 위하여 협약의 발효시기부터 행해질 체약국으로부터 출발하는 여객 및 화물에 대한 기여금의 기간과 비율을 결정하여야 한다고 규정하고 있다. 그리고 또한 최초의 기여금은 국내 선택적 수용선언에 의하여 포함되는 항공편에 출발하는 여객 및 화물에 대하여 지급된다. 기여금은 이용 가능한 금액이 4년 내에 30억 SDR에 달하도록 확정된다. 만약 이용 가능한 기금이 예상할 수 있는 장래에 제공될 것 같은 보상 또는 재정적 지원에 관련하여 충분하다고 생각되고 30억 SDR 수치에 도달하는 경우, 체약국회의는 징수를 중단하도록 결정할 수 있다.

9) 기여금의 징수와 체약국의 의무

운항자가 기여금을 징수하지 아니하는 경우, 국제민간항공보상기금의 국장은 납부해야 할 금액의 회수를 위하여 적절한 조치를 취한다(동 협약 제15조 제2항). 각 체약국은 일정한 통계 및 기타 데이터를 제공할 것을 보장하며, 그렇게 하지 아니할 경우 결과로서 일어나는 기여금의 부족에 대해 책임을 생기게 할 수 있다.

10) 면제

손해가 손해배상청구자 또는 희생자에 의해 생기는 경우, 운항자 또는 국제민간항공보상기금은 보상을 지급할 책임으로부터 전부 또는 일부 면제된다(동 협약 제20조).

11) 추가적 보상

운항자의 책임한도는 예외적인 경우에 배제될 수 있다. 불법행위보상협약 제23조에 의하면, 손해총액이 제4조에 의거한 운항자의 책임한도와 이에 더하여 제18조 제2항에 의거한 국제민간항공보상기금에서 지급할 수 있는 금액(예를 들면, 손해액이 첫째 단계와 둘째 단계를 초과함)을 초과하는 경우, 손해를 입은 사람은 운항자로부터 추가적 보상을 청구할 수 있다. 이것을 달성하기 위해 그 사람은 운항자 또는 그의 고용인이 손해를 일으킬 의도를 가지고 또는 무모하게 그리고 손해가 아마 발생할 것이라는 인식을 가지고 행해진 작위 또는 부작위에 의한 사고의 발생에 기여한 경우에, 운항자는 만약 그의 고용인의 선임과 감시를 위한 제도가 설정되고 이행되었다는 것이 증명되는 경우 그러한 추가적 보상에 대해 책임을 지지 아니한다. 제23조 제4항은 운항자 또는 그의 최고 경영자가 무모하지 않았다고 추정되는 상황들을 규정하고 있다.

12) 운항자의 구상권

불법행위보상협약 제24조에 의하면, 불법행위를 저지르거나, 조직하거나 또는 자금조달한 사람에 대하여, 그리고 또한 어떠한 다른 사람에 대하여 구상권을 가진다. 마찬가지로, 국제민간항공보상기금이 손해배상청구자에게 지급을 한 경우에, 불법행위를 저지르거나, 조직하거나 또는 자금조달을 한 사람에 대하여, 제23조에 설정된 조건하에 있는 운항자에 대하여, 그리고 어떠한 다른 사람에 대하여 구상권을 가진다.

동 협약 제26조는 구상권에 대한 일정한 제한을 규정하고 있다. 동 협약 제27조에 의하면, 운항자가 아닌 항공기의 소유자, 임대인, 금융업자 또는 일정한 상황에서 제작자에 대하여 구상권이 있지 아니하다.

13) 배타적 구제

불법행위보상협약 제29조는 배타적 구제를 규정하고 있다. 본질적으로 불법행위로 인한 제3자 손해보상을 위한 소송은 오직 본 협약 상의 책임조건 및 한도에 따라 운항자 또는 국제민간항공보상기금에 대하여 제기될 수 있다. 제3자에 의한 배상청구는 어떠한 다른 사람에 대하여 제기될 수 있다. 그러나 배타적 구제조항은 불법행위를 저지르거나, 조직하거나 또는 자금조달한 사람에 대한 소송에는 적용하지 아니한다.

14) 관할법정 및 판결의 승인과 집행

보상을 위한 소송은 오직 단일 관할법정 즉, 손해가 발생한 체약국의 법원에만 제기될 수 있다(동 협약 제32조 제1항). 또한 법원이 내린 판결은 그들이 그 법원의 체약국에서 집행될 수 있을 때에, 판결의 승인과 집행이 어떠한 특정 상황 하에서 거부될 수 있을지라도, 어떠한 다른 국가에서 집행될 수 있다(동 협약 제34조).

(2) 일반위험협약 상 지상 제3자에 대한 책임

2009년에 채택된 일반위험협약 상 항공기에 의하여 발생하는 지상 제3자의 손해에 대한

항공기 운항자의 책임에 관한 주요내용은 다음과 같다.[83]

1) 적용범위

일반위험협약은 불법행위의 결과로서가 아닌 국제항공편에 비행 중의 항공기에 의해 체약국의 영역 내에서 일어나는 제3자 손해에 적용한다. 다시 말하면, 다른 협약에 의거 낙하하지 아니하는 모든 경우를 포함한다. 또한 일반위험협약 제2조 제2항은 본 협약의 제도가 국내 항공편에 적용된다는 것을 한 국가가 선언하기 위한 가능성을 허용하고 있다.

2) 운항자의 책임

일반위험협약 제3조 제1항에 의하면, 운항자는 손해가 오직 비행 중인 항공기에 의해 발생되었다는 조건으로만 제3자가 입은 손해에 대해 책임을 진다. 이러한 책임은 엄격하고 과실에 근거를 둔다. 사망, 신체적 상해 및 정신적 상해 그리고 재산상 손해는 보상될 수 있다. 또한 환경적 손해는 그러한 보상이 손해가 발생한 체약국의 법률에 의해 규정되어 있는 경우에 보상될 수 있다.

3) 운항자의 책임한도

일반위험협약 제4조는 두 개 협약 간에 가장 근본적인 출발점을 표시하고 있다. 불법행위의 결과로서 발생한 손해의 경우에 일반적으로 운항자의 책임은 최고한도가 배제될 수 있는 약간의 제한된 상황이 있을지라도 최고한도가 있다. 일반위험협약에서는 적어도 운항자에게 과실이 있거나 또는 손해가 전적으로 다른 사람의 과실로 인한 경우에 이러한 최고한도가 있지 아니하다.

동 협약 제4조 제1항에 의하면, 운항자는 관련 항공기의 중량에 근거하여 각 사고에 대해 엄격하게 책임을 진다. 중량의 범주와 금액은 불법행위보상협약 제4조에서 보는 것들과 동일하다. 사실상 운항자의 전반적인 엄격책임에는 최고한도가 있다. 그러나 이러한 한도는 손해가 운항자, 사용인이나 대리인의 과실로 인하지 아니하였다거나 또는 손해가 오직

83) ICAO Working Paper A37-WP/31 LE/2 22/6/10 Revised 13/7/10 Appendix B.

다른 사람의 과실로 인하였다는 것을 운항자가 증명하는 경우에만 적용된다. 이러한 운항자의 잠재적 무한책임의 결과는 일반위험협약이 국제민간항공기금 및 관련조항들을 규정하고 있지 아니하다는 것이다. 본 협약 초안자들은 역사적으로 일반위험으로부터의 제3자 손해는 항상 보상되어야 하며 항공운송산업 전체에 위협을 가져오지 아니한다고 느꼈다.

4) 배타적 구제

일반위험협약 제12조의 배타적 구제조항은 불법행위보상협약에서 보는 것과 다르다. 운항자에 대해 제기되는 제3자 손해보상을 위한 소송은 본 협약의 조건에 따라서만 제기될 수 있다. 본 조항은 손해배상청구자가 책임에 관한 규정들과 같은 본 협약의 규정들을 회피하기 위한 노력을 하기 위해 다른 법률의 출처를 원용하거나 의존하는 것을 방지하기 위해 의도되어 있다. 불법행위보상협약 제29조는 모든 배상청구들을 운항자에게 전달하며 특히 이러한 손해 보상을 위해 어떠한 다른 사람에게 배상청구를 하지 아니한다고 규정하고 있다. 그러나 일반위험협약문에는 전달하는 것이 규정되어 있지 아니하다. 운항자에 대한 배상청구는 오직 본 협약의 책임조건 및 한도에 따라서만 제기될 수 있다. 그러나 배상청구는 오직 운항자에 대해서만 제기될 수 있다고 언급하고 있지 아니하다. 제13조에 의하면, 운항자가 아닌 항공기의 소유자, 임대인 또는 금융업자는 일반위험협약 또는 체약국의 국내법에 의거 책임을 지지 아니하며, 그래서 이러한 사람들에 대해 배상청구를 할 이익이 없지만, 다른 잠재적 책임있는 사람들은 배상청구를 당할 수 있다.

5) 관할법정 및 판결의 승인과 집행

관할법정(일반위험협약 제16조) 및 판결의 승인과 집행(동 협약 제17조)에 관한 절차규정들은 다른 협약에 비교할 수 있는 조항들과 동일하다. 본 협약의 조항에 의한 보상을 위한 소송은 손해가 발생한 영역이 속하는 체약국의 법원에만 제기될 수 있다(동 협약 제16조 제1항). 심리이후 또는 결석에 의해 동 협약 제16조에 의거 관할권있는 법원이 내린 판결은 그들이 그 법원의 체약국에서 집행될 수 있는 때에 그 체약국에 의해 요구된 정규절차가 준수되는 즉시 집행될 수 있다(동 협약 제17조 제1항).

4. 항공기 운항자의 지상 제3자에 대한 책임에 관한 각국 입법례

(1) 영국 민간항공법

영국의 1982년 민간항공법(Civil Aviation Act) 제3편 민간항공규정(Part III Regulation of Civil Aviation) 제76조는 항공기 소유자의 지상손해에 대한 책임에 관하여 다음과 같이 규정하고 있다.

비행, 이륙 또는 착륙 중인 항공기로부터 낙하하는 물건, 동물 또는 사람에 의하여 지상 또는 수면의 사람 또는 재산에 실질적인 멸실이나 훼손이 발생되는 경우, 그 멸실이나 훼손이 피해자의 과실로 발생되거나 기여하지 않는 한, 멸실이나 훼손에 관한 손해액은 만약 그 멸실이나 훼손이 항공기 소유자의 고의, 과실이나 태만으로 발생되었다면 과실, 고의 또는 다른 소송원인의 증명없이 보상받을 수 있다(동 법 제76조 제2항).

전술한 실질적인 멸실이나 훼손이 ① 손해액이 오직 위의 제2항에 의하여 전술한 멸실이나 훼손에 관하여 보상받을 수 있고, ② 전술한 멸실이나 훼손에 관한 손해액을 지급할 법적 책임이 항공기 소유자 이외의 사람에서 생겨나는 상황들에서 발생되는 경우, 소유자는 전술한 멸실이나 훼손에 관한 손해배상청구에 대하여 그 다른 사람으로부터 구상받을 권리가 있다(동 법 제76조 제3항).

여기서 "멸실 이나 훼손"은 사람에 관련하여 생명의 상실 또는 인적 상해를 포함한다(동 법 제5편 잡칙 제105조 제1항). 또한 "실질적" 멸실이나 훼손이 무엇을 의미하는지 명확하지 아니한 바, 그것은 물리적 멸실이나 훼손을 의미하여야 한다는 견해가 있다. 원고는 사람 또는 재산상의 물리적 손해를 입증하여야 하며, 만약 그가 입증할 수 없는 비물리적 손해 예를 들면 약간의 이익의 상실을 입었다면 그는 이 조항에 의거 배상을 받을 수 없을 것이다.[84]

(2) 독일 항공운송법

독일의 2004년 개정 항공운송법(Luftverkehrsgesetz: Luftvg)은 제2장(책임) 제1절(항공

84) Shawcross and Beaumont, *op. cit.*, p.v/134.

기에 의하여 운송되지 않는 사람과 물건에 대한 책임) 제33조~제44조에서 항공기 운항자의 지상 제3자에 대한 책임에 관하여 규정하고 있는 바,[85] 이 가운데 주요규정의 내용은 다음과 같다.

항공기 운항 중의 사고로 인하여 사람을 사망하게 하거나, 신체상해를 입히거나 건강을 침해하거나 또는 물건에 손상을 가한 경우에 항공기 보유자는 그 손해를 배상할 의무가 있다(동 법 제33조 제1항). 이 조항은 지상손해에 대하여 항공기 보유자의 무과실책임을 규정하고 있으며, 사람의 사망과 신체상해 뿐만 아니라 건강침해로 인한 손해에 대하여도 항공기 보유자의 배상의무를 규정하고 있다. 여기서 건강침해로 인한 손해에는 건강을 해하는 기타의 정신적 손해까지 인정한 것으로 볼 수 있다.[86]

항공기 보유자의 인지 또는 동의없이 항공기를 이용한 자는 항공기 보유자를 대신하여 배상의무를 진다. 그러나 항공기의 무단사용이 보유자의 과실에 의한 것인 때에는 그 보유자는 무단 사용자와 함께 손해배상의 책임을 진다(동 법 제33조 제2항).

피해자의 과실이 손해의 발생에 영향을 미쳤을 때에는 배상의 의무와 범위는 그때의 사정 특히 손해가 주로 어느 당사자에 의하여 발생하였는가를 참작하여 이를 정한다(동 법 제34조, 독일민법 제254조). 손해배상의무자는 사고로 발생한 손해에 대하여 항공기의 중량을 기준으로 산정된 금액을 한도로 배상책임을 진다. 즉, ① 모형항공기의 경우 최고중량이 20킬로그램까지 내연기관에 의해 구동되지 않는 다른 항공기의 사고의 경우 750킬로그램까지의 경우 150만 유로화까지 ② ①항에 해당되지 않는 항공기의 경우, 중량 1,200킬로그램 이상부터 2,000킬로그램까지 해당되는 항공기의 경우 450만 유로화까지 ④ 중량 2,000킬로그램 이상부터 5,700킬로그램까지 해당되는 항공기의 경우 900만 유로화까지 ⑤ 중량 5,700킬로그램 이상부터 14,000킬로그램까지 해당되는 항공기의 경우 2,400만 유로화까지 ⑥ 중량 14,000 킬로그램 이상에 해당되는 항공기의 경우 6,000만 유로화까지 배상책

85) 독일 항공운송법상 항공기 운항자의 지상 제3자에 대한 책임조항들은 제33조(지상손해에 대한 항공기 보유자의 책임), 제34조(피해자의 과실), 제35조(사망의 경우 손해배상범위), 제36조(상해의 경우 배상범위), 제37조(손해배상의 유한책임), 제38조(배상의 연금지급), 제39조(소멸시효), 제40조(배상청구자의 의무자에 대한 사고통지의무), 제41조(둘이상의 항공기에 의한 손해발생의 경우), 제42조(책임에 관한 연방법 적용), 제43조(배상보장 강제보험) 등이다.

86) 김선이·권민희, "로마협약의 개정과 국내입법의 필요성에 관한 소고", 「항공우주법학회지」 제23권 제1호, 한국항공우주법학회, 2008. 6, 23면.

임을 진다. 여기서 중량이란 항공기의 이륙을 위해 허용된 최대중량을 가리킨다(동 법 제37조 제1항).

사람의 사망 또는 상해를 입은 경우 배상의무자는 각 사람에 대하여 60만 유로화 또는 매년 3만6천 유로화의 연금을 지급할 책임이 있다(동 법 제37조 제2항).

동일사고로 인하여 수인에게 생긴 손해액이 제1항의 책임한도액을 초과하는 경우에는 개개의 배상액은 제4항의 인적 손해의 배상에 우선 충당되는 경우를 제외하고, 그 손해총액의 책임한도액에 대한 비율에 따라서 감액한다(동 법 제37조 제3항).

손해배상청구권이 물적 손해와 인적 손해의 양자에 기인한 것인 때에는 제1항에 의하여 산정된 금액의 3분의 2는 인적 손해의 배상에 우선적으로 충당된다. 만약 이 금액이 충분하지 않을 경우에는 각 청구권에 대한 지분율에 따라서 분배된다(동 법 제37조 제4항).

배상청구권자가 손해와 배상의무자를 인지한 때로부터 늦어도 3월 이내에 의무자에 대하여 사고를 통지하지 아니한 때에는 이 법에 의하여 인정되는 권리를 상실한다(동 법 제40조).

다수의 항공기에 의해 손해가 발생하여 항공기 보유자들이 제3자에 대해 법률상 손해배상의무를 부담하는 경우에 보유자 상호 간의 손해배상의 의무와 범위는 손해가 특히 어느 당사자에 의해 더 많이 발생하였는가 하는 사정에 따라서 정해진다(동 법 제41조).

항공기 보유자는 손해배상청구권을 보장하기 위하여 시행령에 의해 특정되는 금액의 한도 내에서 책임보험을 가입하거나 또는 금전이나 유가증권의 공탁을 통해 청구권 담보가 이행되어야 한다(동 법 제43조 제1항).

(3) 중국 민용항공법

중국의 1998년 개정 민용항공법은 제12장(지상 제3자의 손해에 대한 책임) 제157조 내지 제172조에서 항공기 운항자의 지상 제3자의 손해에 대한 책임에 관하여 규정하고 있는 바,[87] 이 가운데 주요규정의 내용은 다음과 같다.

---

87) 중국 민용항공법상 항공기 운항자의 지상 제3자의 손해에 대한 책임조항들은 제157조(지상 제3자의 손해에 대한 배상책임), 제158조(민간 항공기 운항자에 적용), 제159조(항행관리권한자의 연대책임), 제160조(책임의 배제), 제161조(책임의 감면), 제162조(항공기 충돌의 경우 배상책임), 제163조(항공기등록소유자 및 항행관리권한자의 항변권), 제164

비행 중인 또는 공중으로부터 낙하된 민간 항공기에 기인하여 사망 또는 인적 상해를 입거나, 재산상의 손해를 입은 지상(수면 또는 수중 포함)에 있는 자는 배상을 받을 권리를 가진다. 그러나 그 손해가 그 곳에서 발생된 사건의 직접적인 결과가 아니거나 국가의 관련 항공교통규정과 일치하게 공역내의 통과라는 단순한 사실에 기인되었을 경우에는 손해를 입은 자는 배상을 받을 권리를 가지지 않는다(동 법 제157조 제1항). 이 조항은 지상 제3자의 손해에 대한 항공기 운항자의 무과실책임을 규정하고 있으며, 신체적 상해뿐 만 아니라 정신적 손해에 대하여도 배상받을 권리를 규정하고 있다. 여기서 "비행 중"이라는 용어는 실제적인 이륙을 목적으로 민간 항공기에 동력이 켜지는 순간부터 시작하여 착륙이 끝나는 순간까지의 기간을 의미한다(동 법 제157조 제2항).

동 법 제157조에 규정된 배상책임은 민간 항공기의 운항자에게 적용된다. 여기서 "운항자"라는 용어는 손해를 일으켰던 당시에 민간 항공기를 사용하였던 자를 의미한다. 그러나 만약 민간 항공기의 항행관리가 직접적이든 간접적이든 간에 민간항공기의 사용권을 보유한 자에 의하여 계속 유지된다면 그 자는 운항자로 고려된다(동 법 제158조 제1항 및 제2항).

만약 항행관리에 권한을 가진 자의 동의없이 민간 항공기를 사용한 자가 지상 제3자에게 손해를 입혔을 경우에 항행관리에 권한을 가진 자는 그러한 사용을 방지하는데 상당한 주의를 다였다는 것을 입증하지 못하는 한 불법사용자와 연대하여 책임을 진다(동 법 제159조).

본 장의 규정에 의하여 달리 책임이 있는 자는 그 손해가 무력충돌이나 민란의 직접적인 결과일 경우 또는 법에 따라 공권력에 의하여 민간 항공기를 사용할 수 있는 권리를 박탈당하였을 경우에는 책임을 지지 않는다(동 법 제160조).

본 장의 규정에 의하여 달리 책임이 있는 자는 그 자가 손해가 오로지 손해를 입은 자 또는 그의 사용인 또는 대리인의 과실에 기인되었다는 것을 입증하는 경우에는 손해에 대한 책임이 면제된다. 만약 책임을 지는 자가 손해를 입은 자 또는 그의 사용인이나 대리인의 과실에 의하여 손해가 기여되었다는 것을 입증하는 경우에는 배상은 과실이 손해에

조(고의없는 운항자 등의 책임), 제165조(타인에 대한 구상권), 제166조(보험가입·보증취득), 제167조(보험업자와 보증인의 항변), 제168조(피해자의 보험업자·보증인에 대한 제소), 제171조(제소기한), 제172조(비용적 손해) 등이다.

기여하였다는 정도에 따라 감경된다(동 법 제161조 제1항).

두 대 이상의 민간항공기가 상호 충돌 또는 방해하여 동 법 제157조에서 의도된 손해가 발생하는 때 또는 두 대 이상의 민간 항공기가 공동으로 그러한 손해를 발생시킨 때에 관련된 각 민간 항공기는 손해를 발생시킨 것으로 고려되고 각 민간 항공기의 운항자는 책임을 진다(동 법 제162조).

운항자, 소유자, 동 법 제159조에 의하여 책임이 있는 자 또는 그들 각각의 사용인 또는 대리인은 고의로 손해를 일으킨 그러한 자를 제외하고, 본 장에 명시적으로 규정된 바와 달리 비행 중의 민간 항공기 또는 그로부터 낙하된 사람이나 물체에 의하여 발생된 지상의 손해에 대하여 책임을 지지 않는다(동 법 제164조).

민간 항공기 운항자는 지상 제3자에 대한 책임에 대하여 보험을 가입하거나 또는 이에 상응하는 보증을 취득하여야 한다(동 법 제166조).

지상 제3자에 대한 손해배상에 관한 소송은 손해가 발생된 사고일로부터 2년의 제소기한을 준수해야 한다. 그러나 어떠한 경우에도 그러한 기한은 손해가 발생된 사고일로부터 3년의 기한을 넘지 않는다(동 법 제171조).

(4) 한국 상법 항공운송편

우리나라에는 항공기 운항자의 지상 제3자의 손해에 대한 책임에 관하여 아무런 특별법규가 없었기 때문에 민법의 불법행위 법리에 따라 과실책임원칙을 적용할 수밖에 없는 실정이었다. 따라서 지상 제3자 피해자의 보호를 위하여 국제적인 추세에 따라 항공기 운항자의 무과실책임을 인정하는 국내입법을 할 필요성이 있었으므로, 2011년 11월 24일에 시행된 상법 제6편 항공운송편 제3장에 항공기 운항자의 지상 제3자의 손해에 대한 책임에 관한 규정을 두고 있다. 상법 제6편 제3장의 지상 제3자에 대한 책임에 관한 규정들의 내용은 1952년 로마협약과 1978년 몬트리올 개정의정서(개정 로마협약)를 입법모델로 한 것으로, 항공기 운항자의 책임감면(동 법 제898조), 항공기 운항자의 배상책임(동 법 제931조), 적용의 제한(동 법 제932조), 항공기 운항자의 유한책임(동 법 제933조), 유한책임의 배제(동 법 제934조), 항공기 운항자의 책임의 소멸(동 법 제935조), 책임제한의 절차(동 법 제936조) 등을 규정하고 있다. 이러한 규정들의 내용에 관하여는 본 장 제4절 한국 상법 항공운송편 상 항공운송인의 책임 "6. 항공기 운항자의 지상 제3자의 손해에 대한 책임"에서 자세히 설명하고자 한다.

제4절 한국 상법 항공운송편 상 항공운송인의 책임

1. 상법 항공운송편의 제정경위 및 구성

(1) 항공운송편 제정의 필요성 및 경과

우리나라의 항공운송산업이 지속적으로 성장함에 따라 항공운송을 둘러싼 사법적 분쟁도 신속히 증가해 왔으며 앞으로 더욱 증가할 것으로 예상되고 있다. 그런데 우리나라에는 항공운송에 관한 사법적 법률관계를 규율하는 법률이 마련되어 있지 아니하였기 때문에 이러한 분쟁을 효율적으로 해결하는데 많은 문제가 있어왔다.

국내항공운송에 있어서는 항공운송에 관련된 분쟁에 육상운송 혹은 해상운송에 관한 상법의 규정을 적용 혹은 유추 적용하여야 한다고 주장되어 왔으나, 항공사고는 전손성, 순간성, 거액성, 지상종속성, 국제성 등 육상이나 해상사고와는 다른 특수성을 가지기 때문에 육상운송규정이나 해상운송규정의 유추적용은 적절하지 아니한 면이 많았다. 실무에서는 항공운송약관에 의해 분쟁을 해결하고자 시도해 왔으나 항공운송약관은 언제든지 그 유효성이 다투어질 수 있기 때문에 법적 안정성이 크게 훼손될 수밖에 없었다. 그러므로 국내항공운송에서는 항공운송에 관한 사법적인 법률관계를 규율하는 법률의 제정이 시급하였다.

그리하여 2008년 1월 28일 법무부가 국내항공운송법의 제정을 위한 "상법 항공운송편 제정 특별위원회"를 발족하였고, 2008년 8월 6일 "상법일부 개정 법률안"을 입법 예고하였으며, 2008년 12월 31일 국회에 정부안을 제출하였고, 2011년 4월 29일 국회 본회의를 통과하여, 2011년 11월 24일부터 상법 제6편 항공운송편이 시행되고 있다.

(2) 항공운송편의 구성 및 제정원칙

상법 제6편 항공운송편은 3개 장 40개 조문으로 구성되어 있으며, 제1장 통칙(상법 제896조~제898조), 제2장 운송: 제1절 통칙(상법 제899조~제903조), 제2절 여객운송(상법 제904조~제912조), 제3절 물건운송(상법 제913조~제920조), 제4절 운송증서(상법 제921조~제929조), 제3장 지상 제3자의 손해에 대한 책임(상법 제930조~제935조) 등에 관한 규정을 두고 있다.

상법 항공운송편의 제정원칙을 보면 다음과 같다. 첫째, 규정 중 항공운송인의 책임체계부분은 국제항공운송과의 일관성을 위하여 협약의 내용을 대부분 그대로 수용하였다. 이에 따라 제정안이 수용한 주요 협약은 1999년 몬트리올협약, 실제운송인의 책임관계를 정한 1961년 과달라하라협약, 지상 제3자에 대한 손해배상책임에 관한 1952년 로마협약 및 이에 대한 1978년 몬트리올 개정의정서 등이다. 둘째, 규정 중 그 밖의 사항에 관하여는 상법 내의 육상운송 및 해상운송 규정과의 일관성을 유지하도록 하였다. 이에 따라 항공운송편 규정은 육상운송 및 해상운송의 조문을 준용하거나 표현방식 등을 참조하여 조문을 제정하였다. 셋째, 국내의 다른 관련 법령, 특히 항공안전법, 특정동산저당법, 항공기등록령, 항공철도사고조사에 관한 법률 등과 중복 또는 충돌되지 아니하도록 하였다.[88]

2. 항공운송인의 책임에 관한 통칙규정

(1) 항공기의 의의 및 적용범위

1) 항공기의 의의

상법 항공운송편 제896조는 "항공기"란 상행위나 그 밖의 영리를 목적으로 운항에 사용하는 항공기를 말한다. 다만, 대통령령으로 정하는 초경량 비행장치는 제외한다고 규정하고 있다. 한편 2011년 11월 24일 시행된 상법 시행령 제47조(초경량 비행장치의 범위)에서는 법 제896조 단서에서 "대통령령으로 정하는 초경량 비행장치"란 항공안전법 제2조 제3호에 따른 초경량 비행장치를 말한다고 규정하고 있다. 항공안전법 제2조 제3호의 "초

88) 최준선 감수, 「상법항공운송편 해설」, 법무부, 2012, 2~10면 참조.

경량 비행장치"란 항공기와 경량항공기 외에 공기의 반작용으로 뜰 수 있는 장치로서 자체중량, 좌석수 등 국토교통부령으로 정하는 기준에 해당하는 동력비행장치, 행글라이더, 패러글라이더, 기구류 및 무인비행장치 등을 말한다.

2) 적용범위

상법 항공운송편 제897조는 운항용 항공기에 대하여는 상행위나 그 밖의 영리를 목적으로 하지 아니하더라도 이 편의 규정을 준용한다. 다만 국유 또는 공유항공기는 운항의 목적·성질 등을 고려하여 이 편의 규정을 준용하는 것이 적합하지 아니한 경우로서 대통령령으로 정하는 경우에는 그러하지 아니하다고 규정하고 있다. 2011년 11월 24일 시행된 상법 시행령 제48조(항공운송편 규정의 준용이 제외되는 항공기의 범위)에서는 법 제897조 단서에서 "대통령령령으로 정하는 경우"란 다음 각 호 즉, ① 군용·경찰용·세관용 항공기, ② 항공안전법 제2조 제1호 각목의 용도로 사용되는 항공기, ③ 그 밖에 영리행위에 사용되지 아니하는 항공기로서 비상용·인명구조용 항공기 등 사실상 공용에 사용되는 항공기 등의 어느 하나에 해당하는 국유 또는 공유의 항공기인 경우를 말한다.

(2) 운송인 등의 책임감면

상법 항공운송편 제898조는 운송인이나 항공기 운항자가 손해배상청구권자의 과실 또는 그 밖의 불법한 작위나 부작위가 손해를 발생시켰거나 손해에 기여하였다는 것을 증명한 경우 손해를 발생시켰거나 손해에 기여한 정도에 따라 운송인이나 항공기 운항자의 책임을 감경하거나 면제할 수 있다고 규정하고 있다.

본 조는 기여과실의 법리에 따라 손해배상청구권자의 과실상계에 관하여 규정하고 있으며, 운송인이 절대책임(무과실책임)을 지는 경우에도 적용된다. 본 조는 1999년 몬트리올협약 제20조 및 1952년 로마협약 제6조를 반영한 규정이다.

(3) 비계약적 청구에 대한 적용 등

상법 항공운송편 제899조 제1항은 운송인의 책임에 관한 규정은 운송인의 불법행위로 인한 손해배상책임에도 적용한다고 규정하고 있다. 본 항은 운송계약으로 인한 여객운송 및 물건운송 모두에 적용된다. 본 항은 몬트리올협약 제29조를 반영한 규정이다.

제899조 제2항은 여객, 수하물 또는 운송물에 관한 손해배상청구가 운송인의 사용인이나 대리인에 대하여 제기된 경우 손해가 사용인이나 대리인의 직무집행에 관하여 생겼을 때 사용인이나 대리인은 운송인이 주장할 수 있는 항변과 책임제한을 원용할 수 있다고 규정하고 있다. 본 항은 소위 히말라야 약관으로서 사용인이나 대리인의 정당한 직무집행을 보호하고자 하는 것이며, 여객운송, 수하물운송 및 물건운송 모두에 적용된다. 본 항은 몬트리올협약 제30조 제1항을 반영한 규정이다.

제899조 제3항은 제2항에도 불구하고 여객 또는 수하물의 손해가 운송인의 사용인이나 대리인의 고의로 발생하였거나 또는 여객의 사망·상해·연착(수하물의 경우 멸실·훼손·연착)이 생길 염려가 있음을 인식하면서 무모하게 한 작위 또는 부작위로 발생하였을 때 사용인이나 대리인은 운송인이 주장할 수 있는 항변과 책임제한을 원용할 수 없다고 규정하고 있다. 본 항은 여객운송의 경우에 여객이나 수하물에 대한 손해가 사용인이나 대리인의 고의적 행위 등에 의한 경우에는 운송인의 항변과 책임제한을 원용할 수 없으며 손해 전부에 대하여 책임을 지도록 규정하고 있으며, 물건운송의 경우에는 적용되지 아니한다. 본 항은 몬트리올협약 제22조 제5항을 반영한 규정이다.

제899조 제4항은 운송인과 사용인이나 대리인의 여객, 수하물 또는 운송물에 대한 책임제한금액의 총액은 이 장에 따른 운송인의 책임한도를 초과하지 못한다고 규정하고 있다. 본 항은 몬트리올협약 제30조 제2항을 반영한 규정이다.

(4) 실제운송인에 대한 청구

상법 항공운송편 제900조 제1항은 계약운송인의 위임을 받아 운송의 전부 또는 일부를 수행한 실제운송인에 대하여도 이 장의 운송인의 책임에 관한 규정을 적용한다. 다만, 순차운송에 해당하는 경우는 그러하지 아니하다고 규정하고 있다. 본 항은 실제운송인이 수행한 운송계약상 일부 또는 전부의 운송에 대하여도 계약운송인의 책임에 관한 규정이 적용되며, 여객운송 및 물건운송 모두 적용되지만 순차운송의 경우에는 적용되지 아니함을 규정하고 있다. 본 항은 몬트리올협약 제40조를 반영한 규정이다.

제900조 제2항은 실제운송인이 여객·수하물 또는 운송물에 대한 손해배상책임을 지는

경우 계약운송인과 실제운송인은 연대하여 그 책임을 진다고 규정하고 있다. 본 항은 독일 항공운송법 제48조 b항을 반영한 규정이다.

제900조 제3항은 제1항의 경우 제899조 제2항부터 제4항까지를 준용한다. 이 경우 제899조 제2항·제3항 중 "운송인"은 "실제운송인"으로, 제899조 제4항 중 "운송인"은 계약운송인과 실제운송인으로 본다고 규정하고 있다. 본 항은 제899조 제2항은 준용하여 실제운송인의 사용인이나 대리인도 그 직무집행과 관련하여 손해가 발생한 경우 실제운송인의 항변과 책임제한 규정을 원용할 수 있음을 규정하고 있으며, 제899조 제3항을 준용하여 실제운송인의 사용인 또는 대리인의 고의 등으로 인한 여객 또는 수하물의 운송사고의 경우 책임제한이 배제됨을 규정하고 있으며, 제899조 제4항을 준용하여 계약운송인과 실제운송인 및 이들의 사용인 또는 대리인의 책임제한금액의 총액은 항공운송편에 규정된 책임제한의 한도를 초과할 수 없음을 규정하고 있다. 본 항은 몬트리올협약 제41조 제1항, 제43조 및 제44조를 반영한 규정이다.

제900조 제4항은 이 장에서 정한 운송인의 책임과 의무 외에 운송인이 책임과 의무를 부담하기로 하는 특약 또는 이 장에서 정한 운송인의 권리나 항변의 포기는 실제운송인이 동의하지 아니하는 한 실제운송인에게 영향을 미치지 아니한다고 규정하고 있다. 본 항은 실제운송인이 여객이나 송하인과 계약운송인 간의 특약관계로 인해 가중된 책임을 부담하는 것을 방지하기 위하여 계약운송인의 책임가중 특약이 실제운송인에게 미치기 위하여 실제운송인의 동의가 있어야 함을 규정하고 있다. 본 항은 몬트리올협약 제41조 제2항을 반영한 규정이다.

(5) 순차운송

상법 항공운송편 제901조 제1항은 둘 이상이 순차로 운송할 경우 각 운송인은 운송구간에 관하여 운송계약의 당사자로 본다고 규정하고 있다. 본 항은 몬트리올협약 제36조 제1항을 반영한 규정이다.

제901조 제2항은 순차운송에서 여객의 사망, 상해 또는 연착으로 인한 손해배상은 그 사실이 발생한 구간의 운송인에게만 청구할 수 있다. 다만, 최초운송인이 명시적으로 전구간에 대한 책임을 인수하기로 약정한 경우 최초운송인과 그 사실이 발생한 구간의 운송

인이 연대하여 그 손해를 배상할 책임이 있다고 규정하고 있다. 본 항은 몬트리올협약 제36조 제2항을 반영한 규정이다.

제901조 제3항은 순차운송에서 수하물의 멸실, 훼손 또는 연착으로 인한 손해배상은 최초운송인, 최종운송인 및 그 사실이 발생한 구간의 운송인에게 각각 청구할 수 있다. 본 항은 수하물의 멸실, 훼손, 연착으로 인한 손해배상은 여객이 최초운송인과 최종운송인 모두에게 손해배상을 청구할 수 있고, 만일 어느 운송구간에서 멸실, 훼손, 연착이 발생했는지가 확인되면 그 구간의 운송인에게도 손해배상을 청구할 수 있음을 규정하고 있다. 본 항은 몬트리올협약 제36조 제3항을 반영한 규정이다.

제901조 제4항은 순차운송에서 운송물의 멸실, 훼손 또는 연착으로 인한 손해배상은 송하인이 최초운송인 및 그 사실이 발생한 구간의 운송인에게 각각 청구할 수 있다. 다만, 제918조 제1항에 따라 수하인이 운송물의 인도를 청구할 권리를 가지는 경우 수하인이 최종운송인 및 그 사실이 발생한 구간의 운송인에게 손해배상을 각각 청구할 수 있다고 규정하고 있다. 본 항은 몬트리올협약 제36조 제3항을 반영한 규정이다.

제901조 제5항은 제3항과 제4항의 경우 각 운송인은 연대하여 그 손해를 배상할 책임이 있다고 규정하고 있다. 본 항은 몬트리올협약 제36조 제3항을 반영한 규정이다.

제901조 제6항은 최초운송인 또는 최종운송인이 제2항부터 제5항까지의 규정에 따라 손해를 배상한 경우 여객의 사망, 상해 또는 연착이나 수하물·운송물의 멸실, 훼손 또는 연착이 발생한 구간의 운송인에 대하여 구상권을 가진다고 규정하고 있다. 몬트리올협약 제37조에서 순차운송인 간의 구상권을 각국의 국내법에 맡기고 있는 반면, 본 항은 상법 제138조 제2항의 취지를 유추하여 손해를 배상한 최초운송인 또는 최종운송인이 실제 사고가 발생한 구간의 운송인에 대하여 그 사실을 입증하여 구상할 수 있도록 규정하고 있다.[89]

(6) 운송인 책임의 소멸

상법 항공운송편 제902조는 운송인의 여객, 송하인 또는 수하인에 대한 책임은 그

89) 최준선 감수, 전게서, 50면.

청구원인에 관계없이 여객 또는 운송물이 도착지에 도착한 날, 항공기가 도착할 날 또는 운송이 중지된 날 가운데 가장 늦게 도래한 날부터 2년 이내 재판상 청구가 없으면 소멸한다고 규정하고 있다. 본 조의 기간은 소멸시효가 아니라 제척기간이다. 본 조는 몬트리올협약 제35조 제1항을 반영한 규정이다.

(7) 계약조항의 무효

상법 항공운송편 제903조는 이 장의 규정에 반하여 운송인의 책임을 감면하거나 책임한도액을 낮게 정하는 특약은 효력이 없다고 규정하고 있다. 본 조는 몬트리올협약 제26조를 반영한 규정이다.

3. 여객운송인의 책임

(1) 여객에 대한 책임

1) 여객의 사망·신체상해에 대한 책임

상법 항공운송편 제904조는 여객의 사망 또는 신체의 상해로 인한 손해는 사고가 항공기 상 또는 승강 작업 중 발생한 경우에만 책임을 진다고 규정하고 있다. 상해의 범위와 관련하여 정신적 상해를 포함시킬 필요가 있는 지에 대한 논란이 있으나, 우리나라의 경우 정신적 상해를 포함시킬 경우 정신적 상해에 대한 명확한 기준이 없어 소송 남발의 우려도 있는 점을 고려하여 몬트리올협약 제17조 제1항에 따라 신체의 상해로만 규정하고 있다.[90] 본 항은 몬트리올협약 제17조 제1항은 반영한 규정이다.

2) 운송인의 책임한도액

상법 항공운송편 제905조 제1항은, 제904조의 손해 중 여객 1명당 113,100 계산단위[91]

---

90) 최준선 감수, 전게서, 63면.

91) 몬트리올협약 제24조는 협약 발효 후 5년 주기로 물가상승요인을 감안하여 책임한도를 재검토 할 수 있도록 규정하고 있는데, 이 규정에 따라 ICAO는 2009년 12월 30일부로 여객의 사망·신체상해의 경우 책임한도를 여객 1명당 113,100 SDR로 인상 개정하였으므로, 이를 반영하여 본 조를 개정(2014. 5. 20.)하여 여객의 사망·신체상해의 경우 책임한도를

까지는 운송인의 배상책임을 면제하거나 제한할 수 없다고 규정하고 있다. 본 항은 항공기 사고로 인한 여객의 사망·신체상해의 경우 여객운송인의 책임한도액은 여객 1명당 113,100 계산단위까지는 절대책임(무과실책임)과 유한책임을 채택하고 있다. 본 항은 몬트리올협약 제21조 제1항을 반영한 규정이다.

제905조 제2항은 운송인은 제904조의 손해 중 여객 1명당 113,100 계산단위의 금액을 초과하는 부분에 대하여는 다음 각 호의 어느 하나 즉, ① 그 손해가 운송인, 사용인 또는 대리인의 과실 또는 불법한 작위나 부작위에 의해 발생하지 않았다는 것, ② 그 손해가 오로지 제3자의 과실 또는 불법한 작위나 부작위에 의해 발생 하였다는 것을 증명하면 배상책임을 지지 아니한다고 규정하고 있다. 본 항은 여객 1명당 113,100 계산단위를 초과하는 배상액은 피해자 보호를 위해 과실추정책임주의와 무한책임주의를 채택하여 이른바 2단계 책임제도를 도입하고 있다. 즉, 113,100 계산단위를 초과하는 부분의 배상액에 대해서는 운송인에게 과실이 있는 것으로 일단 추정을 하고, 운송인이 책임을 면하기 위해서는 운송인 측에 과실이 없었다거나 또는 오로지 제3자의 과실 등에 의해 손해가 발생하였음을 운송인이 스스로 입증하도록 규정하고 있다. 본 항은 몬트리올협약 제21조 제2항을 반영한 규정이다.

3) 선급금 지급

상법 항공운송편 제906조 제1항은 여객의 사망 또는 신체의 상해가 발생한 항공기 사고의 경우에 운송인은 손해배상청구권자가 청구하면 지체없이 선급금을 지급한다. 이 경우 선급금의 지급만으로 운송인의 책임이 있는 것으로 보지 아니한다고 규정하고 있다. 본 항은 항공기 사고 시 유족들의 경제적 곤란의 문제를 해결하기 위한 법적 근거를 규정하고 있다. 선급금의 지급은 운송인의 법적 책임을 인정하는 것이 아님을 주의적으로 규정하고 있다. 본 항은 몬트리올협약 제28조를 반영한 규정이다.

제906조 제2항은 지급한 선급금은 운송인이 손해배상으로 지급하여야 할 금액에 충당할 수 있다고 규정하고 있다. 본 항은 몬트리올협약 제28조 후단을 반영한 규정이다.

여객 1명당 상법 항공운송편 제정 당시 100,000 계산단위이었으나 113,100 계산단위로 인상하였다.

제906조 제3항은 선급금의 지급액, 지급 절차 및 방법 등에 관하여는 대통령령으로 정한다고 규정하고 있다. 이에 따라 2011년 11월 24일 시행된 상법 시행령 제49조(항공기 사고로 인한 선급금의 지급액 등) 제1항에서 운송인이 지급하여야 하는 선급금은 ① 여객 사망의 경우 1인당 1만6천 계산단위의 금액, ② 여객 신체상해의 경우 1인당 8천 계산단위의 금액 내에서 진찰·검사, 약제·치료재료의 지급, 처치·수술 및 그 밖의 치료, 예방·재활, 입원, 간호, 이송 등 명칭 여하를 불문하고 그 상해의 치료에 드는 비용 중 손해배상청구권자 또는 민법에 따라 부양의무자가 실제 부담한 금액으로 규정하고 있다. 제49조 제2항에서 손해배상청구권자가 선급금을 청구할 때에는 운송인에 대하여 선급금을 청구한다는 취지와 청구금액을 명시한 서면 또는 전자문서에 ① 가족관계등록부 또는 그 밖의 법률상 권한있는 청구권자임을 증명할 수 있는 서류, ② 여객의 신체상해의 경우에는 그 상해의 치료에 드는 비용을 실제 부담하였음을 증명하는 서류를 첨부하여 청구하도록 규정하고 있다.

4) 연착에 대한 책임

상법 항공운송편 제907조 제1항은 여객의 연착으로 인한 손해에 대하여 책임을 진다. 다만, 운송인이 자신과 그 사용인 및 대리인이 손해를 방지하기 위하여 합리적으로 요구되는 모든 조치를 하였다는 것 또는 조치가 불가능하였다는 것을 증명한 경우에는 그 책임을 면한다고 규정하고 있다. 본 항은 여객운송에 있어서 연착에 대한 운송인의 면책사유를 규정하고 있으며, 과실추정책임주의를 채택하고 있다. 본 항은 몬트리올협약 제19조를 반영한 규정이다.

제907조 제2항은 제1항에 따른 운송인의 책임은 여객 1명당 4,694 계산단위[92]의 금액을 한도로 한다. 다만, 여객과의 운송계약상 그 출발지, 도착지 및 중간 착륙지가 대한민국 영토 내에 있는 운송의 경우에는 여객 1명당 1,000 계산단위의 금액을 한도로 한다고 규정하고

92) 몬트리올협약 제24조 규정에 따라 ICAO는 2009년 12월 30일부로 여객 연착의 경우 책임한도를 여객 1명당 4,694 SDR로 인상 개정하였으므로, 이를 반영하여 본 조를 개정(2014. 5. 20.)하여 국제선 여객의 연착의 경우 책임한도를 여객 1명당 상법 항공운송편 제정 당시 4,150 계산단위이었으나 4,694 계산단위로 인상하였으며, 다만 국내선 여객 연착의 경우 책임한도를 여객 1명당 상법 항공운송편 제정 당시 500 계산단위이었으나 1,000 계산단위로 인상하였다.

있다. 본 항은 여객의 연착에 대한 책임한도액으로 몬트리올협약 상의 책임한도액인 여객 1명당 4,694 계산단위와 동일하게 규정하되, 다만 국내여객운송의 경우 책임한도액을 여객 1명당 1,000 계산단위로 하향 규정하고 있다. 본 항은 몬트리올협약 제22조 제1항을 반영한 규정이다.

제907조 제3항은 제2항은 운송인 또는 그 사용인이나 대리인의 고의로 또는 연착이 생길 염려를 인식하면서 무모하게 한 작위 또는 부작위에 의해 발생한 것이 증명된 경우 적용하지 아니한다고 규정하고 있다. 본 항은 운송인, 사용인, 대리인의 고의 등으로 인하여 연착이 발생한 경우에 무한책임을 지도록 규정하고 있다. 본 항은 몬트리올협약 제22조 제5항을 반영한 규정이다.

(2) 수하물에 대한 책임

1) 수하물의 멸실·훼손에 대한 책임

상법 항공운송편 제908조 제1항은 운송인은 위탁수하물의 멸실 또는 훼손으로 인한 손해는 항공기 상에서 또는 운송인의 관리 하에 있는 기간 중 발생한 경우에만 책임을 진다. 다만, 위탁수하물의 고유한 결함, 특수한 성질 또는 숨은 하자로 인해 발생한 경우에는 그 범위 내에서 책임을 지지 아니한다고 규정하고 있다. 본 항은 운송인의 위탁수하물의 손해에 대한 책임에서 과실추정주의를 채택하고 있다. 본 항은 몬트리올협약 제17조 제2항을 반영한 규정이다.

제908조 제2항은 운송인은 휴대수하물의 멸실 또는 훼손으로 인한 손해에 대해서는 그 손해가 자신, 사용인이나 대리인의 고의 또는 과실에 의해 발생한 경우에만 책임을 진다고 규정하고 있다. 본 항은 운송인의 휴대수하물의 손해에 대한 책임에서 과실책임주의를 채택하고 있다. 본 항은 몬트리올협약 제17조 제2항 후단을 반영한 규정이다.

2) 수하물의 연착에 대한 책임

상법 항공운송편 제909조는 운송인은 수하물의 연착으로 인한 손해에 대하여 책임을 진다. 다만, 운송인, 사용인 및 대리인이 손해를 방지하기 위하여 합리적으로 요구되는 모든 조치를 하였다는 것 또는 조치가 불가능하였다는 것을 증명한 경우에는 그 책임을 면한다고 규정하고 있다. 본 항은 수하물의 연착에 대한 운송인의 책임과 면책사유를 규정하고 있다. 본 항은 몬트리올협약 제17조를 반영한 규정이다.

3) 수하물에 대한 책임한도액

상법 항공운송편 제910조 제1항은 제908조와 제909조에 따른 운송인의 손해배상책임은 여객 1명당 1,131 계산단위[93]의 금액을 한도로 한다. 다만, 여객이 운송인에게 위탁수하물을 인도할 때에 도착지에서 인도받을 때의 예정가액을 미리 신고한 경우에는 운송인은 신고가액이 위탁수하물을 도착지에서 인도할 때의 실제가액을 초과한다는 것을 증명하지 아니하는 한 신고가액을 한도로 책임을 진다고 규정하고 있다. 본 항은 몬트리올협약 제22조 제3항을 반영한 규정이다.

제910조 제2항은 제1항은 운송인 또는 그 사용인이나 대리인의 고의로 또는 수하물의 멸실, 훼손 또는 연착이 생길 염려가 있음을 인식하면서 무모하게 한 작위 또는 부작위에 의하여 손해가 발생한 것이 증명된 경우에는 적용하지 아니한다. 본 항은 운송인의 책임한도액 규정의 적용이 배제되는 경우를 규정하고 있다. 본 항은 몬트리올협약 제22조 제5항을 반영한 규정이다.

4) 위탁수하물의 일부 멸실·훼손 등에 대한 통지

상법 항공운송편 제911조 제1항은 여객이 위탁수하물의 일부 멸실 또는 훼손을 발견하였을 때에는 위탁수하물을 수령 후 지체없이 그 개요에 관하여 운송인에게 서면 또는 전자문서로 통지 발송하여야 한다. 다만, 멸실 또는 훼손이 즉시 발견할 수 없는 것일 경우에는 위탁수하물을 수령한 날로부터 7일 이내에 그 통지를 발송하여야 한다고 규정하고 있다. 본 항은 위탁수하물이 일부 멸실·훼손된 경우 여객의 이의제기 방법과 이의제기 기간에 대하여 규정하고 있다. 일부 멸실·훼손을 발견한 경우를 전제로 하고 있으므로 전부 멸실·훼손의 경우에는 본 조항이 적용되지 아니하며 통지가 없더라도 완전한 상태로 수하

93) 몬트리올협약 제24조 규정에 따라 ICAO는 2009년 12월 30일부로 수하물에 대한 책임한도를 여객 1명당 1,131 SDR로 인상 개정하였으므로, 이를 반영하여 본 조를 개정(2014. 5. 20.)하여 수하물에서 대한 책임한도를 여객 1명당 상법 항공운송편 제정 당시 1,000 계산단위이었으나 1,131 계산단위로 인상하였다.

인에게 인도된 것으로 추정되지 아니하게 하는 등 언제든지 멸실·훼손을 주장하여 배상을 청구할 수 있다는 결론이다.[94] 본 항은 몬트리올협약 제31조 제2항을 반영한 규정이다.

제911조 제2항은 위탁수하물이 연착된 경우 여객은 위탁수하물을 처분할 수 있는 날부터 21일 이내에 이의를 제기하여야 한다고 규정하고 있다. 본 항은 몬트리올협약 제31조 제2항을 반영한 규정이다.

제911조 제3항은 위탁수하물이 일부 멸실, 훼손 또는 연착된 경우에는 제916조 제3항부터 제6항까지를 준용한다고 규정하고 있다. 본 항은 물건운송에 관한 제916조 제3항부터 제6항까지의 규정 즉, 이의제기가 없으면 정상적으로 인도된 것으로 추정하는 규정, 검사에 대한 양당사자의 편의제공의무 규정, 제소기한 및 이에 대한 예외규정, 본 조의 입법취지에 반하는 특약의 효력에 대한 규정 등을 준용함을 규정하고 있다.

4. 물건운송인의 책임

(1) 운송물의 멸실·훼손에 대한 책임

상법 항공운송편 제913조 제1항은 운송인은 운송물의 멸실 또는 훼손으로 인한 손해에 대하여 그 손해가 항공운송 중(운송인의 운송물 관리기간 포함)에 발생한 경우에만 책임을 진다. 다만, 운송물의 멸실 또는 훼손이 다음 각 호의 사유 즉, ① 운송물의 고유한 결함, 특수한 성질 또는 숨은 하자, ② 운송인, 사용인 또는 대리인 외의 자가 수행한 운송물의 부적절한 포장 또는 불완전한 기호 표시, ③ 전쟁, 폭동, 내란 또는 무력충돌, ④ 운송물의 출입국, 검역 또는 통관과 관련된 공공기관의 행위, ⑤ 불가항력 등으로 발생하였음을 증명한 경우에는 그 책임을 면한다고 규정하고 있다. 본 항은 물건운송에서 운송물의 멸실·훼손의 경우의 무과실책임주의, 책임기간 및 면책사유를 규정하고 있다. 손해의 원인과 관련하여 몬트리올협약 제18조 제1항에서는 파괴, 멸실, 훼손으로 규정하고 있으나, 우리 상법에서는 파괴의 개념을 사용하지 않고 손해의 원인을 멸실·훼손으로 규정하고 있다. 면책사유와 관련하여 몬트리올협약 제18조 제2항 (c)에서는 "전쟁 또는 무력충돌"로 규정하고

94) 최준선 감수, 전게서, 99면.

있으나, 우리 상법에서는 "전쟁, 폭동, 내란 또는 무력충돌"로 규정하고 있다. 면책사유 중 본 조 제1항 제5호에서 "불가항력"을 면책사유로 규정하고 있으나, 몬트리올협약 제18조 제2항에서는 이를 면책사유로 규정하고 있지 아니하다. 운송인의 책임기간으로 "항공운송 중"이라 함은 항공기가 출발지 공항에서 이륙하여 목적지 공항에 도착할 때까지의 기간을 의미한다. 본 항은 몬트리올협약 제18조 제1항 내지 제3항을 반영한 규정이다.

제913조 제2항은 제1항에 따른 항공운송 중에는 공항 외부에서 한 육상, 해상 또는 내륙수로 운송은 포함되지 아니한다. 다만, 그러한 운송이 운송계약을 이행하면서 운송물의 적재, 인도 또는 환적의 목적으로 이루어진 경우에는 항공운송 중인 것으로 추정한다고 규정하고 있다. 본 항은 몬트리올협약 제18조 제4항을 반영한 규정이다.

제913조 제3항은 운송인이 송하인과의 합의에 따라 항공운송하기로 예정된 운송의 전부 또는 일부를 송하인의 동의없이 다른 운송수단에 의한 운송으로 대체하였을 경우에는 그 다른 운송수단에 의한 운송은 항공운송으로 본다고 규정하고 있다. 본 항은 몬트리올협약 제18조 제4항을 반영한 규정이다.

(2) 운송물 연착에 대한 책임

상법 항공운송편 제914조는 운송인은 운송물의 연착으로 인한 손해에 대하여 책임을 진다. 다만, 운송인, 사용인 및 대리인이 손해를 방지하기 위하여 합리적으로 요구되는 모든 조치를 하였다는 것 또는 조치가 불가능하였다는 것을 증명한 경우에는 그 책임을 면한다고 규정하고 있다. 본 항은 운송물의 연착의 경우 운송인은 과실추정책임을 지는 것으로 규정하고 있다. 본 조는 몬트리올협약 제19조를 반영한 규정이다.

(3) 운송물에 대한 책임한도액

상법 항공운송편 제915조 제1항은 제913조와 제914조에 따른 운송인의 손해배상책임은 손해가 발생한 해당 운송물의 1킬로그램당 19 계산단위[95]의 금액을 한도로 하되, 송하

95) 몬트리올협약 제24조 규정에 따라 ICAO는 2009년 12월 30일부로 화물에 대한 책임한도를 1킬로그램당 19 SDR로 인상 개정하였으므로, 이를 반영하여 본 조를 개정(2014. 5. 20.)하여 국제선 운송물에 대한 책임한도를 1킬로그램당 상법 항공운송편 제정 당시 17 계산단위이었으나 19 계산단위로 인상하였다.

인과의 운송계약상 그 출발지, 도착지 및 중간 착륙지가 대한민국 영토 내에 있는 운송의 경우에는 손해가 발생한 해당 운송물의 1킬로그램당 15 계산단위의 금액을 한도로 한다. 다만, 송하인이 운송물을 운송인에게 인도할 때에 도착지에서 인도받을 때의 예정가액을 미리 신고한 경우에는 운송인은 신고가액이 도착지에서 인도할 때의 실제가액을 초과한다는 것을 증명하지 아니하는 한 신고가액을 한도로 책임을 진다고 규정하고 있다. 본 항은 몬트리올협약 제22조 제3항은 반영한 규정이다.

제915조 제2항은 제1항의 항공운송인의 책임한도를 결정할 때 고려하여야 할 중량은 해당 손해가 발생된 운송물의 중량을 말한다. 다만, 운송물의 일부 또는 운송물에 포함된 물건의 멸실·훼손 또는 연착이 동일 항공화물운송장 또는 화물수령증에 적힌 다른 운송물의 가치에 영향을 미칠 때에는 운송인의 책임한도를 결정할 때 그 다른 운송물의 중량도 고려하여야 한다고 규정하고 있다. 본 항은 몬트리올협약 제22조 제4항을 반영한 규정이다.

(4) 운송물의 일부 멸실·훼손 등에 관한 통지

상법 항공운송편 제916조 제1항은 수하인은 운송물의 일부 멸실·훼손을 발견하면 운송물을 수령한 후 지체없이 그 개요에 관하여 운송인에게 서면 또는 전자문서로 통지를 발송하여야 한다. 다만, 멸실 또는 훼손이 즉시 발견할 수 없는 것일 경우에는 수령일부터 14일 이내에 그 통지를 발송하여야 한다고 규정하고 있다. 본 항은 운송물의 멸실·훼손의 경우에 이의제기 방법과 기한에 대해 규정하고 있다. 운송물이 전부 멸실된 경우에는 본 규정이 적용되지 아니한다. 본 항은 몬트리올협약 제31조 제2항을 반영한 규정이다.

제916조 제2항은 운송물이 연착된 경우 수하인은 운송물을 처분할 수 있는 날부터 21일 이내에 이의를 제기하여야 한다고 규정하고 있다. 본 항은 몬트리올협약 제31조 제2항을 반영한 규정이다.

제916조 제3항은 제1항의 통지가 없는 경우에는 운송물이 멸실 또는 훼손없이 수하인에게 인도된 것으로 추정한다고 규정하고 있다. 본 항은 몬트리올협약 제31조 제1항을 반영한 규정이다.

제916조 제4항은 운송물에 멸실 또는 훼손이 발생하였거나 그런 것으로 의심되는 경우에는 운송인과 수하인은 서로 운송물의 검사를 위하여 필요한 편의를 제공하여야 한다고 규정하고 있다. 본 항은 운송인과 수하인은 멸실 또는 훼손 여부를 확인하기 위해 상호 협조하여야 한다는 주의적 규정이다.

제916조 제5항은 제1항과 제2항의 기간 내에 통지나 이의제기가 없을 경우에는 수하인은 운송인에 대해 제소할 수 없다. 다만, 운송인, 사용인이나 대리인이 악의인 경우에는 그러하지 아니하다고 규정하고 있다. 몬트리올협약 제31조 제4항에서는 "운송인 측의 사기가 있는 경우"라고 규정하고 있으나, 우리 상법에서는 "운송인 또는 그 사용인이나 대리인이 악의인 경우"로 수정하고 있다. 본 항은 몬트리올협약 제31조 제4항을 반영한 규정이다.

(5) 운송물의 처분청구권

상법 항공운송편 제917조 제1항은 송하인은 운송인에게 운송의 중지, 운송물의 반환, 그 밖의 처분을 청구할 수 있다. 이 경우에 운송인은 운송계약에서 정한 바에 따라 운임, 체당금과 처분으로 인한 비용의 지급을 청구할 수 있다고 규정하고 있다. 본 항은 몬트리올협약 제12조 제1항을 반영한 규정이다.

제917조 제2항은 송하인은 운송인 또는 다른 송하인의 권리를 침해하는 방법으로 처분청구권을 행사해서는 아니되며, 운송인이 송하인의 청구에 따르지 못할 경우에는 지체없이 그 뜻을 송하인에게 통지하여야 한다고 규정하고 있다. 본 항은 몬트리올협약 제12조 제1항 및 제2항을 반영한 규정이다.

제917조 제3항은 운송인이 송하인에게 교부한 항공화물운송장 또는 화물수령증을 확인하지 아니하고 송하인의 처분에 따른 경우 운송인은 그로 인하여 항공화물운송장 또는 화물수령증의 소지인이 입은 손해를 배상할 책임을 진다고 규정하고 있다. 본 항은 몬트리올협약 제12조 제3항을 반영한 규정이다.

제917조 제4항은 제918조 제1항에 따라 수하인이 운송물의 인도를 청구할 권리를 취득하였을 때에는 송하인의 처분청구권은 소멸한다. 다만, 수하인이 운송물의 수령을 거부하거나 수하인을 알 수 없을 경우에는 그러하지 아니하다고 규정하고 있다. 본 항은 몬트리올

올협약 제12조 제4항을 반영한 규정이다.

(6) 운송물의 인도

상법 항공운송편 제918조 제1항은 운송물이 도착지에 도착한 때 수하인은 운송인에게 운송물의 인도를 청구할 수 있다. 다만, 송하인이 제917조 제1항에 따라 처분청구권을 행사한 경우에는 그러하지 아니하다고 규정하고 있다. 본 항은 몬트리올협약 제13조 제1항을 반영한 규정이다.

제918조 제2항은 운송물이 도착지에 도착하면 운송인은 다른 약정이 없는 한 운송인은 지체없이 수하인에게 통지하여야 한다고 규정하고 있다. 본 항은 수하인이 인도청구권을 행사할 수 있도록 하기 위해 운송인은 운송물이 도착지에 도착한 사실을 지체없이 수하인에게 통지하도록 규정하고 있으며, 당사자 간에 통지를 하지 않도록 약정할 수 있다. 본 항은 몬트리올협약 제13조 제2항을 반영한 규정이다.

(7) 운송인의 채권시효

상법 항공운송편 제919조는 운송인의 송하인 또는 수하인에 대한 채권은 2년간 행사하지 아니하면 소멸시효가 완성한다고 규정하고 있다. 본 조는 몬트리올협약에는 채권의 소멸시효규정이 없으나, 국내 육상운송법 및 해상운송법에는 규정이 있으므로 균형을 맞추기 위해 규정한 것이다. 운송인의 책임은 2년의 제척기간이 적용되는 것과 균형상 운송인의 채권의 소멸시효기간도 2년으로 규정하고 있다. 다만 여객운송에 관하여는 운송인의 채권이 발생할 여지가 적다고 보아 육상여객운송 및 해상여객운송의 경우와 같이 채권의 시효규정을 두지 않고 있다.[96]

96) 최준선 감수, 전게서, 133면.

5. 운송증서와 항공운송인의 책임

(1) 여객항공권

상법 항공운송편 제921조 제1항은 운송인이 여객운송을 인수하면 여객에게 다음 각호의 사항 즉, ① 여객의 성명 또는 단체의 명칭, ② 출발지와 도착지, ③ 출발일시, ④ 운항할 항공편, ⑤ 발행지와 발행연월일, ⑥ 운송인의 성명 또는 상호 등을 적은 개인용 또는 단체용 여객항공권을 교부하여야 한다고 규정하고 있다. 여객항공권의 기재사항 중 몬트리올협약 제3조 제1항 (c)는 예정기항지에 관하여도 규정하고 있으나, 본 조 제1항에서는 이를 규정하고 있지 아니하다. 기재사항과 관련하여 실무상 관행을 고려하고 선하증권에 관한 규정을 참조하여 제1호 여객의 성명 또는 단체의 명칭, 제3호 출발일시, 제4호 운항할 항공편, 제5호 발행지와 발행연월일, 제6호 운송인의 성명 또는 상호 등을 추가하여 규정하고 있다. 이 가운데 제5호의 기재사항은 여객에게 재판관할을 분명히 알려주기 위한 것이다.[97] 본 항은 몬트리올협약 제3조 제1항을 반영한 규정이다.

제921조 제2항은 운송인은 제1항 각호의 정보를 전산정보처리조직에 의하여 전자적 형태로 저장하거나 그 밖의 다른 방식으로 보존함으로써 제1항의 여객항공권 교부에 갈음할 수 있다. 이 경우 운송인은 여객이 청구하면 제1항 각호의 정보를 적은 서면을 교부하여야 한다고 규정하고 있다. 본 항은 서면으로 된 여객항공권을 발행하는 대신에 전자여객항공권 등의 다른 방식으로 발행할 수 있음을 규정하고 있다. 본 항은 몬트리올협약 제3조 제3항을 반영한 규정이다.

(2) 수하물표

상법 항공운송편 제922조는 운송인은 여객에게 개개 위탁수하물마다 수하물표를 교부하여야 한다고 규정하고 있다. 본 조는 몬트리올협약 제3조 제3항을 반영한 규정이다.

---

97) 최준선 감수 ,전게서, 139면

(3) 항공화물운송장

1) 항공화물운송장의 발행

상법 항공운송편 제923조 제1항은 송하인은 운송인의 청구를 받아 다음 각 호의 사항 즉, ① 송하인의 성명 또는 상호, ② 수하인의 성명 또는 상호, ③ 출발지와 도착지, ④ 운송물의 종류, 중량, 포장의 종별·개수와 기호, ⑤ 출발일시, ⑥ 운송할 항공편, ⑦ 발행지와 발행연월일, ⑧ 운송인의 성명 또는 상호 등을 적은 항공화물운송장 3부를 작성하여 운송인에게 교부하여야 한다고 규정하고 있다. 항공화물운송장의 기재사항 중 몬트리올협약 제5조 (b)는 예정기항지에 관하여도 규정하고 있으나, 본조 제1항에서는 이를 규정하지 아니하고 있다. 기재사항과 관련하여 본조 제1항에서는 현행 항공화물운송 실무를 반영하고 상법 선하증권의 기재사항에 관한 규정을 참조하여 제1호 송하인의 성명 또는 상호, 제2호 수하인의 성명 또는 상호, 제4호 운송물의 종류, 포장의 종류·개수와 기호, 제5호 출발일시, 제6호 운송할 항공편, 제7호 발행지와 발행연월일, 제8호 운송인의 성명 또는 상호 등을 추가하여 규정하고 있다.[98] 본 항은 몬트리올협약 제4조, 제5조 및 제7조 제1항을 반영한 규정이다.

제923조 제2항은 운송인이 송하인 청구에 따라 항공화물운송장을 작성한 경우 송하인을 대신하여 작성한 것으로 추정한다고 규정하고 있다. 본 항은 몬트리올협약 제7조 제4항을 반영한 규정이다.

제923조 제3항은 제1항의 항공화물운송장 중 제1원본에는 "운송인용"이라고 적고 송하인이 기명날인 또는 서명하여야 하고, 제2원본에는 "수하인용"이라고 적고 송하인과 운송인이 기명날인 또는 서명하여야 하며, 제3원본에는 "송하인용"이라고 적고 운송인이 기명날인 또는 서명하여야 한다고 규정하고 있다. 서명과 관련하여 몬트리올협약 제7조 제3항은 서명에 관하여만 규정하고 있으나, 본조 제3항에서는 문서작성 방식에 따라 기명날인도 추가하여 규정하고 있다. 본 항은 몬트리올협약 제7조 제3항을 반영한 규정이다.

제923조 제4항은 제3항의 서명은 인쇄 또는 그 밖의 다른 적절한 방법으로 할 수 있다고 규정하고 있다. 서명의 방식과 관련하여 몬트리올협약 제7조 제3항은 자서이외에 인쇄

98) 최준선 감수, 전게서, 148~149면.

또는 "스탬프(Stamp)"를 규정하고 있으나, 본조 제4항에서는 "스탬프"란 용어 대신에 "그밖의 다른 적절한 방법"으로 수정하여 규정하고 있다. 본 항은 몬트리올협약 제7조 제3항을 반영한 규정이다.

제923조 제5항은 운송인은 송하인으로부터 운송물을 수령한 후 송하인에게 항공화물운송장 제3원본을 교부하여야 한다고 규정하고 있다. 본 항은 몬트리올협약 제7조 제2항 후단을 반영한 규정이다.

2) 항공화물운송장의 대체

상법 항공운송편 제924조 제1항은 운송인은 제923조 제1항 각 호의 항공화물운송장에 기재 정보를 전산정보처리조직에 의해 전자적 형태로 저장하거나 그 밖의 다른 방식으로 보존함으로써 항공화물운송장의 교부에 대체할 수 있다고 규정하고 있다. 본 항은 몬트리올협약 제4조 제2항을 반영한 규정이다.

제924조 제2항은 제1항의 경우 운송인은 송하인 청구에 따라 송하인에게 제923조 제1항 각호의 정보를 적은 화물수령증을 교부하여야 한다고 규정하고 있다. 본 항은 몬트리올협약 제4조 제2항을 반영한 규정이다.

(4) 운송물의 성질에 관한 서류

상법 항공운송편 제926조 제1항은 송하인은 세관, 경찰 등 행정기관이나 그 밖의 공공기관 절차를 이행하기 위하여 필요한 경우 운송인의 요청받아 운송물의 성질을 명시한 서류를 운송인에게 교부하여야 한다고 규정하고 있다. 본 항은 몬트리올협약 제6조를 반영한 규정이다.

제926조 제2항은 운송인은 제1항과 관련하여 어떠한 의무나 책임을 부담하지 아니한다고 규정하고 있다. 본 항은 몬트리올협약 제6조를 반영한 규정이다.

(5) 항공운송증서에 관한 규정 위반의 효과

상법 항공운송편 제927조는 운송인 또는 송하인이 제921조부터 제926조까지를 위반한 경우에도 운송계약의 효력 및 이 법의 다른 규정 적용에 영향 미치지 아니한다고 규정하고 있다. 본 조는 여객항공권, 수하물표, 항공화물운송장, 화물수령증 등의 항공운송증서를 발행하지 아니하거나 항공운송증서의 일부 기재사항을 누락하는 등의 경우에도 운송계약의 존재나 효력에 아무런 영향을 미치지 아니하고 상법에 따른 책임제한을 받을 수 있음을 규정하고 있다. 본 조는 몬트리올협약 제3조 제5항 및 제9조를 반영한 규정이다.

(6) 항공운송증서 등의 기재사항에 관한 책임

상법 항공운송편 제928조 제1항은 송하인은 항공화물운송장에 적었거나 운송인에게 통지한 운송물의 명세 또는 운송물에 관한 진술이 정확하고 충분함을 운송인에게 담보한 것으로 본다고 규정하고 있다. 본 항은 몬트리올협약 제10조 제1항을 반영한 규정이다.

제928조 제2항은 송하인은 제1항의 운송물의 명세 또는 운송물에 관한 진술이 정확하지 아니하거나 불충분하여 운송인이 손해를 입은 경우에는 운송인에게 배상할 책임이 있다고 규정하고 있다. 본 항에서 송하인의 책임은 무과실책임이다. 본 항은 몬트리올협약 제10조 제2항을 반영한 규정이다.

제928조 제3항은 운송인은 제924조 제1항에 따라 전산정보처리조직에 의해 전자적 형태로 저장·보존되는 운송에 관한 기록이나 화물수령증에 적은 운송물의 명세 또는 운송물에 관한 진술이 정확하지 아니하거나 불충분하여 송하인이 손해를 입은 경우 송하인에게 배상할 책임이 있다. 다만, 제1항에 따라 송하인이 그 정확하고 충분함을 담보한 것으로 보는 경우에는 그러하지 아니하다고 규정하고 있다. 본 항에서 운송인의 책임은 무과실책임이다. 본 항은 몬트리올협약 제10조 제3항을 반영한 규정이다.

(7) 항공운송증서 기재의 효력

상법 항공운송편 제929조 제1항은 항공화물운송장 또는 화물수령증이 교부된 경우 그 운송증서에 적힌 대로 운송계약이 체결된 것으로 추정한다고 규정하고 있다. 본 항은 몬트리올협약 제11조 제1항을 반영한 규정이다.

제929조 제2항은 운송인은 항공화물운송장 또는 화물수령증에 적힌 운송물의 중량, 크기, 포장의 종별·개수·기호 및 외관상태 대로 운송물을 수령한 것으로 추정한다고 규정하고 있다. 본 항은 몬트리올협약 제11조 제2항을 반영한 규정이다.

제929조 제3항은 운송물의 종류, 외관상태 외의 상태, 포장 내부의 수량 및 부피에 관한 항공화물운송장 또는 화물수령증의 기재내용은 송하인이 참여한 가운데 운송인이 그 기재내용의 정확함을 확인하고 그 사실을 항공화물운송장이나 화물수령증에 적은 경우에만 그 기재내용 대로 운송물을 수령한 것으로 추정한다고 규정하고 있다. 본 항은 몬트리올협약 제11조 제2항 후단을 반영한 규정이다.

6. 항공기 운항자의 지상 제3자의 손해에 대한 책임

(1) 항공기 운항자의 배상책임

상법 항공운송편 제930조 제1항은 항공기 운항자는 비행 중인 항공기 또는 항공기로부터 떨어진 사람이나 물건으로 인하여 사망, 상해 또는 재산상 손해를 입은 지상(지하, 수면 또는 수중 포함)의 제3자에 대하여 손해배상책임을 진다고 규정하고 있다. 본 항에서 항공기 운항자의 책임의 성격은 과실을 요하지 않는 절대책임이다. 손해배상책임의 범위는 사망, 상해 또는 재산상의 손해에 국한되고 정신적 상해 또는 위자료는 포함되지 아니한다. 정상적인 항공기 이착륙이나 비행 중 발생한 소음, 진동으로 인하여 발생한 손해의 경우는 항공기 운항자의 배상책임이 인정되지 아니한다.[99] 본 항은 로마협약 제1조 제2항을 반영한 규정이다.

제930조 제2항은 "항공기 운항자"란 사고 발생 당시 항공기를 사용하는 자를 말한다. 다만, 항공기 운항을 지배하는 자가 타인에게 항공기를 사용하게 한 경우 운항지배자를 항공기 운항자로 본다고 규정하고 있다. 본 항은 로마협약 제2조를 반영한 규정이다.

제930조 제3항은 항공기등록원부에 기재된 항공기 소유자는 항공기 운항자로 본다고 규정하고 있다. 본 항은 로마협약 제2조를 반영한 규정이다.

제930조 제4항은 "비행 중"이란 이륙을 목적으로 항공기에 동력이 켜지는 때부터 착륙이 끝나는 때까지를 말한다고 규정하고 있다. 본 항은 "비행 중"의 개념에 관한 정의 규정으로서 이륙을 목적으로 항공기에 동력이 켜지는 때부터 시작되므로, 이륙을 목적으로

99) 최준선 감수, 전게서, 173~174면.

활주를 시작하였으나 아직 이륙하지는 못한 상태에서 지상의 사람이나 물건을 충격한 경우도 포함된다. 본 항은 로마협약 제1조 제2항을 반영한 규정이다.

제930조 제5항은 2대 이상 항공기가 관여하여 제1항의 사고가 발생한 경우 각 항공기 운항자는 연대하여 제1항의 책임을 진다고 규정하고 있다. 본 항은 로마협약 제7조를 반영한 규정이다.

제930조 제6항은 운항지배자의 승낙없이 항공기가 사용된 경우 운항지배자는 이를 막기 위해 상당한 주의를 하였음을 증명하지 못하는 한 승낙없이 항공기를 사용한 자와 연대하여 제932조에 정한 한도 내의 책임을 진다고 규정하고 있다. 본 항은 항공기를 불법으로 사용하는 중에 지상 제3자에 게 손해를 입힌 경우에 운항지배자가 불법사용을 저지하기 위해 상당한 주의를 한 경우에만 면책이 되며, 그러하지 아니한 경우에는 항공기 불법사용자와 연대책임을 지도록 규정하고 있다. 본 항은 로마협약 제4조를 반영한 규정이다.

(2) 면책사유

상법 항공운송편 제931조는 항공기 운항자는 제930조 제1항에 따른 사망, 상해 또는 재산상 손해의 발생이 다음 하나 즉, ① 전쟁, 폭동, 내란 또는 무력충돌의 직접적인 결과로 발생하였다는 것, ② 항공기 운항자가 공권력에 의해 항공기 사용권을 박탈당한 중에 발생하였다는 것, ③ 오로지 피해자 또는 피해자의 사용인이나 대리인의 과실 또는 그 밖의 불법한 작위나 부작위에 의해서만 발생하였다는 것, ④ 불가항력 등에 해당함을 증명하면 책임을 지지 아니한다고 규정하고 있다. 항공기 운항자의 면책사유와 관련하여 로마협약 제5조에는 '무력충돌 또는 내란'으로 규정되어 있으나, 본 조 제1호에서는 "전쟁, 폭동, 내란 또는 무력충돌"로 규정하고 있으며, 또한 로마협약에는 "불가항력"이 면책사유로 규정되어 있지 아니하나, 본 조 제4호에서는 면책사유로 규정하고 있다. 본 조는 로마협약 제5조 및 제6조를 반영한 규정이다.

(3) 항공기 운항자의 유한책임 및 배제

1) 항공기 운항자의 유한책임

상법 항공운송편 제932조 제1항은 항공기 운항자의 제930조에 따른 책임은 하나의 항공기가 관련된 하나의 사고에 대하여 항공기 이륙을 위하여 법으로 허용된 최대중량에 따라 다음 각 호에 정한 금액 즉, ① 최대중량 2천 킬로그램 이하 항공기의 경우 30만 계산단위 금액, ② 최대중량 2천 킬로그램 초과 항공기의 경우 2천 킬로그램까지 30만 계산단위, 2천 킬로그램 초과 6천 킬로그램까지 매 킬로그램당 175 계산단위, 6천 킬로그램 초과 3만 킬로그램까지 매 킬로그램당 62.5 계산단위, 3만 킬로그램 초과 부분에는 매 킬로그램당 65 계산단위를 각각 곱하여 얻은 금액을 순차로 더한 금액 등을 한도로 한다고 규정하고 있다. 본 항은 항공기 운항자의 책임제한의 기초가 되는 항공기 중량에 관하여 항공기의 이륙을 위하여 법으로 허용된 최대중량으로 규정하고 있다. 본 항은 로마협약 제11조 제1항 및 제3항을 반영한 규정이다.

제932조 제2항은 하나의 항공기가 관련된 하나의 사고로 인하여 사망 또는 상해가 발생한 경우 항공기 운항자의 제930조에 따른 책임은 제1항의 금액 범위에서 사망하거나 상해 입은 사람 1명당 12만5천 계산단위의 금액을 한도로 한다고 규정하고 있다. 본 항은 인적 손해의 경우에 적용되는 항공기 운항자의 개별적 책임제한에 관하여 규정하고 있다. 본 항은 로마협약 제11조 제2항을 반영하고 있다.

제932조 제3항은 하나의 항공기가 관련된 하나의 사고로 여러 사람에게 생긴 손해의 합계가 제1항의 한도액을 초과하는 경우, 각각의 손해는 제1항의 한도액에 대한 비율에 따라 배상한다고 규정하고 있다. 본 항은 로마협약 제14조 (a)를 반영한 규정이다.

제932조 제4항은 하나의 항공기가 관련된 하나의 사고로 사망, 상해 또는 재산상의 손해가 발생한 경우 제1항에서 정한 금액 한도에서 사망 또는 상해로 인한 손해를 먼저 배상하고, 남은 금액이 있으면 재산상 손해를 배상한다고 규정하고 있다. 본 항은 하나의 사고로 인적 손해와 물적 손해가 발생한 경우 책임한도액은 인적 손해의 배상에 우선 충당되고, 남은 금액이 있는 경우 물적 손해의 배상에 충당되도록 규정하고 있다. 본 항은 로마협약 제14조 (b)를 반영한 규정이다.

2) 유한책임의 배제

상법 항공운송편 제933조 제1항은 항공기 운항자, 그 사용인이나 대리인이 손해를 발생시킬 의도로 제930조 제1항의 사고를 발생시킨 경우에는 제932조의 책임한도를 적용하지 아니한다. 이 경우 항공기 운항자의 사용인이나 대리인의 행위로 인하여 사고가 발생한 경우에는 그가 권한 범위 안에서 행위하고 있었다는 사실이 증명되어야 한다고 규정하고 있다. 본 항은 항공기 운항자 또는 그 사용인 또는 대리인의 고의로 사고가 발생한 경우에 책임제한이 배제됨을 규정하고 있다. 본 항은 로마협약 제12조 제1항을 반영한 규정이다.

제933조 제2항은 항공기를 사용할 권한을 가진 자의 동의없이 불법으로 항공기를 탈취하여 사용하는 중 제930조 제1항의 사고를 발생시킨 자에 대해서는 제932조의 책임한도를 적용하지 아니한다고 규정하고 있다. 본 항은 로마협약 제12조 제2항을 반영한 규정이다.

(4) 항공기 운항자의 책임의 소멸

상법 항공운송편 제934조는 항공기 운항자의 책임은 사고가 발생한 날부터 3년 이내 재판상 청구가 없으면 소멸한다고 규정하고 있다. 본 조는 항공기 운항자의 손해배상책임의 소멸기간의 법적 성질을 제척기간으로 하여 3년 이내에 재판상 청구가 없으면 소멸하는 것으로 규정하고 있다. 로마협약 제21조는 기본적으로 2년의 시효를 규정하면서도 기간의 정지 또는 중단의 경우에도 사고일로부터 3년을 넘으면 제소하지 못하도록 규정하고 있으나, 본 조에서는 규정을 단순화하기 위해 기간은 3년으로 하고 기간의 성질은 제소기간으로 규정하고 있다.[100]

(5) 책임제한의 절차

상법 항공운송편 제935조 제1항은 이 장의 규정에 따라 책임을 제한하려는 자는 채권자로부터 책임한도액을 초과하는 청구금액을 명시한 서면에 의한 청구를 받은 날부터 1년 이내 법원에 책임제한 절차 개시의 신청을 하여야 한다고 규정하고 있다. 본 항은 상법 제776조(책임제한의 절차)의 예에 따라 책임제한 절차의 개시를 신청할 수 있는 기한을 1년으로 규정하고 있다.

제935조 제2항은 책임제한 절차 개시의 신청, 책임제한 기금의 형성·공고·참가·배당,

100) 최준선 감수, 전게서, 195면.

그밖에 필요한 사항에 관하여는 성질에 반하지 않는 범위에서 「선박소유자 등의 책임제한절차에 관한 법률」의 예를 따른다고 규정하고 있다. 본 항은 상법 제776조의 규정을 참조하여 「선박소유자 등의 책임제한절차에 관한 법률」의 규정을 준용함을 규정하고 있다.

제5절 항공운송인의 책임과 항공보험

1. 항공보험의 개요

항공기 사고의 경우 특성상 그 피해액이 막대함에 따라 항공운송기업의 존립을 위태롭게 할 뿐만 아니라, 이는 곧 피해자에 대한 보상이 어려워지는 원인이 되기도 한다. 항공보험은 이러한 위험성을 가진 항공운송기업의 책임분산과 피해자의 보호라는 두 가지 목적을 갖게 되며, 오늘날 국제항공운송에 있어 불가결한 것으로서 그 필요성이 높아져 가고 있다. 따라서 항공운송에 관한 국제협약과 대다수의 국가가 항공보험을 강제 가입하도록 규정하고 있다.

1929년 바르샤바협약에서 처음으로 항공보험에 대한 논의가 제기된 이래 다양한 협약에서 항공보험에 대하여 규정해 왔다. 이 가운데 바르샤바협약을 현대화한 1999년 몬트리올협약 제50조에서는 항공운송인의 배상책임에 대한 보험의 강제 가입의무에 대하여 명시하고 있다. 우리나라의 항공입법 역시 항공보험에 대해서 항공사업법 제70조에서 항공사업자는 국토교통부령이 정하는 바에 따라 항공보험에 가입하지 아니하고는 항공기를 운항할 수 없다고 규정하고 있다.[101]

항공보험은 크게 기체보험과 배상책임보험으로 분류할 수 있으며, 배상책임보험으로 주요한 것은 여객배상책임보험, 화물배상책임보험, 제3자 배상책임보험, 전쟁 및 하이재킹

101) 김선이·정다은, "항공보험에 대한 약간의 고찰-항공보험의 담보범위를 중심으로", 「항공우주법학회지」 제25권 제2호, 한국항공우주법학회, 2010. 12, 44면.

보험 등이 있다.

2. 항공 기체 및 배상책임보험

(1) 기체보험

기체보험(Hull Insurance)은 엔진, 기타 구성부품을 포함한 항공기의 물리적 멸실 또는 훼손에 대해 피보험자를 보호하기 위한 보험이다. 전통적인 기체담보는 화재, 도난 또는 충돌과 같은 위험에 의해 발생하는 항공기의 멸실 또는 훼손에 대해 피보험자를 보호한다.

일반적 항공보험에 있어서 보험자들은 그들의 선택에 따라 부보금액 한도까지 그리고 공제액 조건으로 담보되는 위험으로부터 발생하는 명세표에 기재된 항공기의 우발적 멸실 또는 훼손에 대한 보상, 대체 또는 수리를 할 것을 인수한다. 또한 담보는 항공기의 비행개시 후 일정기간 동안 보고되지 않는 경우에 실종을 포함한다. 항공기 훼손의 경우 보험자는 그것을 수리하고 비용을 부담하거나 항공기 훼손에 대해 피보험자에게 현금을 지급하거나 또는 피보험자에 의하거나 그의 지시에 의해 행해진 수리에 대해 보상을 하기 위한 조치를 할 선택권을 가진다.

기체 보험증권에는 보험가액 또는 협정가액조건으로 기재된다. 보험가액 보험증권의 경우 당사자들은 담보가 부보되는 시기에 보통 항공기 시장가액을 나타내는 숫자에 합의하며, 그리고 이것은 실제적 멸실이 이 숫자를 초과하는 경우에도 피보험자가 보상받을 수 있는 최대가능금액이 된다. 대부분의 일반 항공보험증권은 보험가액 조건으로 기재된다. 협정가액 보험증권은 항공사보험에 있어서 특히 항공기가 융자 또는 임대되는 경우에 이용되며, 그리하여 피보험자는 전손 또는 추정전손의 경우에 전액 지급을 받는 것이 보장된다.

항공기가 전손 또는 추정전손이고 보험증권이 보험가액으로 되어 있는 경우 보험자는 항공기를 대체하거나 또는 부보금액을 초과하지 않는 금액을 피보험자에게 지급할 수 있다. 보험자가 항공기를 대체하기로 선택한 경우, 그들은 피보험자와 달리 약정하지 아니하는 한 대체될 항공기와 동일한 제작과 유형 그리고 합리적으로 유사한 상태의 항공기를 피보험자에게 제공할 의무가 있다. 보험자가 멸실된 항공기에 대해 피보험자에게 금액을 지급하기로 선택한 경우 반대의 약정이 없는 한 보험자는 멸실 일자에 항공기의 시장가액이 보험증권의 조건에서의 부보금액을 초과하지 않는다면 피보험자에게 항공기의 시장가액을 지급하도록 요구된다.

일반적 항공에 있어서 보통 담보되는 항공기에의 위험은 비행, 자력에 의한 이동(Taxying), 계류 중에 또는 지상에서의 멸실 또는 훼손이다. 이에 관한 외국법원의 판례를 보면, Kuwait Airways Corpn v. Kuwait Ins Co 사건에서 법원은 "지상위험"이란 표현은 달리 정의되지 않는 한 지상에서 발생하는 모든 관련 위험들을 나타내는 것으로 보는 것이 적절하며. 그들만으로 적당하게 명시된 항공기 또는 부품에 영향을 미칠 수 있다고 판시하였다.[102]

항공기의 멸실 또는 훼손을 담보하는 많은 기체 보험증권들은 항공기의 마멸, 기능저하, 고장, 어떠한 부품에서 어떤 식으로 발생하는 결함 또는 고장, 그 부품 내에서 결함 또는 고장의 결과는 면책된다. 또한 보통 점진적이고 누적적인 효과를 가지는 어떤 것에 의해 발생하는 어떠한 부품의 훼손은 면책된다. 그러나 보통 기록된 단일사고에 기인하는 한 부품의 훼손은 상기의 면책사유 중 어떠한 결과로서 이어지는 피보험항공기의 우발적 멸실 또는 훼손으로서 담보된다.

이러한 면책의 효과는 비록 보험증권이 멸실 또는 훼손이 우발적이어야 한다고 요구하는 경우에 여하간 마멸 및 점차적 기능저하가 담보되지 않는다고 기재되어 있다 하더라도, 피보험항공기의 정상적인 이용을 통해 발생하는 피할 수 없는 마멸 및 점차적 기능저하에 대해서 담보를 면책하는 것이다. 어떠한 부품 내에서 결함이나 고장의 결과를 포함하여 부품의 결함이나 고장에 대한 면책은 젯트엔진에서 발생하는 폭발뿐만 아니라 그 결과로서 생긴 그 엔진의 훼손이 부품의 결함이나 훼손을 생기게 한 경우에 담보를 면책한다. 그러나 그러한 젯트엔진의 폭발의 결과로서 생기는 항공기의 다른 부품의 훼손은 비록 그것이 면책위험의 결과로서 발생하는 것일지라도 우발적 항공기의 멸실 또는 훼손으로서 담보될 것이다.[103]

---

102) Kuwait Airways Corpn v. Kuwait Ins Co [1996] 1 Lloyd's Rep 664, 681; Rod D Margo, *Aviation Insurance*, Second edition, Butterwerths, 2000, p.233.

103) Rod D Margo, *op. cit.*, pp.221~224, 232~233, 235~236.

(2) 여객배상책임보험

여객배상책임보험은 항공기 운항자의 여객에 대한 법적 배상책임으로부터 항공기 운항자를 보호하는 것을 담보한다. 항공사의 경우 피보험자가 사고로 인하여 일어나고 피보험 운항으로부터 또는 관련하여 일어나는 신체상해로 인한 손해 또는 재산손해로서 법적으로 지급할 책임이 있는 모든 금액을 항공사를 위해 보험자가 지급할 것을 인수한다. 또한 보험증권은 일반적으로 피보험자의 고용인의 과실에 대한 피보험자의 법적 배상책임을 담보하며, 고용인의 고용과정에서 그리고 그들의 권한범위 내에서 행동하는 동안에 고용인의 개인적 배상책임을 담보하기 위한 문체로서 기재할 수 있다.

일반적 항공보험증권은 여객이 피보험 항공기에 탑승하는 동안, 항공기내 또는 항공기로부터 내리는 동안 여객의 우발적인 신체상해(치명적이든 아니든)에 대하여 보험자가 법적으로 지급할 책임을 지고 그리고 보상 손해액으로써 지급해야 할 모든 금액에 대하여 보험자가 피보험자를 보상하도록 규정할 수 있다. 또한 보험증권은 수하물 및 여객의 개인용품의 멸실 또는 훼손을 담보할 수 있다.

보험증권은 흔히 항공기에 탑승하는 동안, 항공기내 또는 항공기로부터 내리는 동안에 여객에 대한 피보험자의 법적 배상책임으로 담보를 제한하더라도 여객에 대한 책임은 이러한 기간 밖에서 존재할 수 있으며, 이에 대해 피보험자는 담보를 요구할 수 있다. 담보는 항공운송 중 여객의 연착에 대한 법적 배상책임을 포함할 수 있다.

담보는 여객이 항공기에 탑승하기 전에 법률이 허용하는 한도까지 피보험자가 그의 배상책임을 배제 또는 제한하기 위해 필요한 조치를 취하는 것을 조건으로 행해질 수 있다. 여기서 필요한 조치에 여객항공권이나 수하물표의 발행을 포함하는 경우에 이것은 여객이 항공기에 탑승하기 전 합리적인 시간에 여객에게 인도되고 정확하게 작성되어야 한다.

보험증권에는 여객의 배상청구에 대하여 지급할 수 있는 최고한도를 표시한다. 이러한 한도는 각 사고에 대해 여객 좌석당 금액 또는 각 사고에 대해 1인당 금액 그리고 각 사고당 최고총액으로 명시될 수 있다. 여객배상책임 담보가 제3자 배상책임 담보와 함께 기재되는 경우에 두 개의 위험범주에 대한 최고 단일 보상한도를 두는 복합 단일한도가 적용될 수 있다.

보험증권에서 여객의 상해가 사고에 의해 일어났다는 것을 요구하는 경우에는 여객의 신체상해 또는 사망을 일으키는 약간의 종류의 예기하지 않은 재난 또는 다루기 힘든 사고가 있어야 한다.

이에 관한 외국법원의 판례를 보면, Air France v. Saks 사건에서 미국 대법원은 사고는 예상하지 않거나 보통이 아닌 또는 여객의 외부에서 발생하는 것이어야 하며, 여객이 항공기의 보통의, 정상적 및 예상된 운항 중에 그 자신의 내부적 반응의 결과로써 상해가 일어나는 것은 충분하지 아니하다고 판시하였다.[104)]

"신체상해(치명적이든 아니든)"란 용어에 의해 추측되는 것은 실제의 육체적이나 정신적 손해 또는 약간의 종류의 외상이다.

이 보험에서 담보는 일반적으로 필요한 경우 담보가 더 넓은 용어로 기재될 수 있더라도 항공기에 탑승하는 동안, 항공기내 또는 항공기에서 내리는 동안에 여객에 대해서 피보험자에게 제공된다. 여객은 항공기 운항에 관련된 의무를 수행하지 아니하는 사람으로 항공기에 타고 가거나 여행하는 사람이다. 어느 사람이 보험증권의 목적을 위한 여객인가 여부는 보험증권의 기재용어 및 사건의 사실에 좌우된다.[105)]

(3) 화물배상책임보험

화물배상책임보험은 운송인의 보호, 보관 또는 관리 하에 있는 동안에 물품의 멸실 또는 훼손에 대한 법적 배상책임으로부터 항공운송인을 보호하는 보험이다.

화물의 멸실, 훼손이나 연착 또는 우편물의 멸실이나 훼손에 대한 항공운송인의 배상책임은 일반적으로 표준항공기보험증권의 배상책임 부문에 의해 담보되지 아니하므로, 항공운송인은 이러한 위험에 대해 추가담보를 부보할 수 있다. 이러한 담보는 별도 보험증권으로 또는 기존 배상책임보험증권에 배서함으로서 부보될 수 있다.

화물배상책임보험에서 보험자는 피보험자가 몬트리올협약 상 또는 보험자가 합의한 기타 운송약관 상 화물의 물리적 멸실 또는 훼손에 대해 법적으로 지급할 책임이 있는 어느 하나의 항공기나 장소 당 명시된 금액까지 모든 금액에 대해 피보험자를 보상할 것을 인수

104) Air France v. Saks 105 S Ct 1338(1985); Rod D Margo, *op. cit.*, p.246.

105) Rod D Margo, *op. cit.*, pp.247~248.

한다. 여기에는 몬트리올협약에 규정된 정상적 책임한도를 초과하여 운송을 위한 특별가액 신고가 항공화물운송장의 발행 시 또는 기타 운송계약 시 또는 그 이전에 송하인에 의해 행해지는 화물을 포함한다.

화물배상책임보험에서 담보는 항공화물운송장의 발행 시 또는 기타 운송계약 시에 개시되며 최종창고에서 피보험자 또는 그의 대리인에 의해 인도 시 또는 순차운송인에게 인도 시에 종료된다.

보험증권은 피보험자가 보험증권상 담보된 화물의 취급에 관하여 책임면제, 손해 안줌 또는 보상조항들을 포함하는 계약을 체결하는 것을 허용한다. 다만 이러한 계약의 체결은 항공운송인의 정상적 영업 운용에 따라야 하고, 보험자에게 통지되어야 하며, 보험자는 추가보험료를 요구할 권리를 가진다.[106]

(4) 제3자 배상책임보험

제3자 배상책임보험은 피보험 항공기의 운용의 결과로서 사망을 포함하는 손해 또는 상해를 입은 여객이외의 제3자에 대한 배상책임으로부터 피보험자를 보호하는 보험이다.

보험증권에 용어 기재가 다양한 반면, 보험자는 일반적으로 피보험 항공기 또는 그로부터 낙하하는 사람 또는 물체에 의하여 일어나는 치명적이든 아니든 신체상해에 관한 손해 및 재산손해로써 법적으로 지급할 책임이 있는 모든 금액에 대해 피보험자를 보상할 것을 인수한다.

항공사 및 대규모 운항자의 경우 다만 항공기 운항에 관련되지 아니한 위험에 대하여 보험에 부보하는 것이 가능하다. 그러나 보험자들은 최근에 이러한 담보를 제공하기를 꺼려하여 왔다.

비행 중인 항공기의 소음과 지상의 사람이나 재산의 멸실 또는 훼손 간의 필요적 인과관계가 적절한 사건에서 설정될 수 있는 것으로 보이더라도, 보험증권은 일반적으로 직접 또는 간접적으로 소음(인간의 귀에 들릴 수 있든 아니든), 진동, 초음속비행폭발음 및 관련 현상으로 일어난 배상청구를 배제하고 있다.

---

106) Rod D Margo, *op. cit.*, pp.259~260.

이에 관한 외국법원의 판례를 보면, Lloyd Instrument Ltd v. Northern Star Ins Co Ltd 사건에서 항공기가 들판에서 풀을 뜯어먹고 있는 말에 근접하여 나타남으로써 항공기의 소음과 목격으로 인해 말이 놀라서 담장 또는 다른 물체 안으로 뛰어 들어가서 말에게 상해를 입게 한 경우, 말의 상해와 항공기의 소음 및 항공기의 목격이 두개의 근접한 원인이 된 경우에 보험증권상 배상청구는 배제될 것이다. 그러나 말의 상해가 항공기의 소음과 목격이 동시에 발생한 작용에 의해 일어난 경우에 그 손실은 여전히 피보험위험에 의해 일어난 것이 될 수 있다고 판시하였다.[107]

미국과 같은 어떠한 국가에서 날씨를 변동시키는 것이 허용되는 경우에 지상 손해에 대한 배상청구는 이러한 작용들에 의해 유발되었다고 추정되는 과도하거나 부적당한 강우로 인해 발생할 수 있다. 이러한 위험은 보통이 아닌 작용의 성질 때문에 특별하게 담보되어야 할 것이다.

일반적으로 제3자 배상책임보험 담보에서 면책은 피보험자의 고용이나 피보험자를 위한 의무의 과정 중에서 행동하고 있는 동안의 피보험자의 관리자, 고용인이나 동업자, 항공기 운항에 종사하고 있는 동안의 비행요원, 객실이나 기타 승무원, 여객이 입은 사망 또는 손실을 포함하는 상해, 그리고 피보험자의 보호, 보관 또는 관리 하에 있는 재산의 멸실이나 훼손으로부터 발생하는 배상청구에 관한 것이다.

또한 일반적으로 공해 및 오염, 전기 및 전자기 방해, 재산의 이동방해, 추락, 화재, 폭발, 충돌 또는 비정상적인 항공기 운항을 일으키는 기록된 비행 중의 비상사태에 의해 직접 또는 간접적으로 야기된 배상청구는 담보로부터 배제된다.[108]

(5) 전쟁 및 하이재킹보험

1968년 12월 28일 이스라엘이 베이루트공항을 공습한 이후 런던 보험시장은 전쟁 및 하이재킹 면책조항을 도입하였으며, 일정한 개정을 거친 후 현재 모든 항공 기체 및 배상책임 보험증권에 삽입되어 있다. AVN 48B로 알려져 있는 이 면책조항을 일부분으로 형성하고

---

107) Lloyd Instruments Ltd v. Northern Star Ins Co Ltd [1987] 1 Lloyd's Rep 32; Rod D Margo, *op. cit.*, p.252.

108) Rod D Margo, *op. cit.*, pp.251~253.

있는 보험증권은 다음과 같은 사유에 의해 야기된 배상청구를 담보하지 아니한다고 선언하고 있다.

a) 전쟁, 침략, 외적의 활동, 적대행위(선전포고이든 아니든), 내전, 모반, 혁명, 반란, 계엄령, 군사적 또는 찬탈한 권력 또는 권력 찬탈의 시도, b) 원자력, 핵분열, 핵융합 또는 다른 유사한 반응 또는 방사능이나 방사성 물질을 사용한 전쟁무기의 적대행위로서의 폭발, c) 동맹파업, 폭동, 시민소요 또는 노동쟁의, d) 주권의 대리인 여부를 불문하고 그것으로부터 생기는 멸실 또는 훼손이 우발적인 것이든 또는 의도적인 것이든 간에 정치적 또는 테러행위를 목적으로 하는 1인 이상의 어떠한 행위, e) 모든 악의가 있는 행위 또는 태업행위, f) 몰수, 국유화, 나포, 억지, 억류, 사유화 또는(민간, 군사 또는 사실상이든) 정부의 명령이나 공공 또는 지방기관의 명령에 의한 소유권 또는 용익권의 징발, g) 하이재킹 또는 피보험자의 동의없이 행동하는 항공기 탑승자에 의해 행해진 비행 중에 항공기 또는 승무원에 대한 불법한 나포 또는 부정한 지배의 실행(이러한 나포 또는 지배의 시도를 포함) 등이다.

AVN 48B 면책조항이 첨부된 보험증권은 피보험 항공기가 위에 기술한 어떠한 위험을 이유로 피보험자의 관리밖에 있는 동안에 발생한 배상청구는 담보하지 아니한다고 규정하고 있다. 항공기는 보험증권의 지리적 제한에 의해 배제되지 않는 비행장에서 피보험자에게 안전하게 귀환 시에 피보험자의 관리로 복귀된 것으로 간주된다.

항공 기체 및 배상책임 전 위험(all risks) 보험증권으로부터 전쟁 하이재킹 위험이 배제되었기 때문에 항공보험시장은 피보험자가 더 높은 보험요율이나 추가 보험료의 지급 시에 일정한(모두가 아닌) 배제된 위험에 대해 담보를 부보할 수 있는 방법으로서 "후 기입(Write Back)" 조항을 도입하였다.

기체 및 배상책임 전 위험 보험증권에 후 기입(Write Back)될 수 있는 위험들은 항공기 기체 및 항공기 배상책임에 대해 확장된 담보배서에 의해 처리된다. 배상책임의 경우에 AVN 48B 면책조항에 의해 배제된 전 위험은 b)항에 포함된 사유들을 제외하고 배상책임 전 위험 보험증권에 후 기입(Write Back)될 수 있다.

항공 및 전쟁위험 보험자들 간에 국제협정에 의해 AVN 48B 면책조항 b)항에 의해 배제된 위험들에 대해 담보를 후 기입(Write Back)하거나 부보하는 것은 불가능하다. 그러므로 원자력, 핵분열, 핵융합 또는 다른 유사한 반응 또는 방사능이나 방사성 물질을 사용한 전쟁무기의 적대행위로서의 폭발에 의해 야기된 배상청구에 대해 담보를 부보하는 것은 불가능하다.[109]

사실상 모든 항공보험증권은 모든 기체 및 배상책임 담보에 적용할 수 있는 전쟁, 하이재킹 및 기타 위험 면책조항을 포함하고 있다. 보통 "전쟁위험(War Risks)"이라고 부르는 면책은 약 30가지 위험들을 포함하고 있다. 전쟁위험에 대한 담보는 거의 추가 보험료없이 대부분의 보험자로부터 이용할 수 있었다. 그러나 이러한 전쟁위험 담보는 2001년 9월 11일 테러리스트 공격이후 모두 변경되었다. 보험자들이 더 이상 아주 적은 보험료로 담보를 인수할 수 없다는 것은 명백해 졌다. 그 이후 보험자들은 또다시 추가 기체 및 배상책임 보험료로 전쟁위험 담보를 제공하였다. 전쟁위험에 대한 기체 및 배상책임 담보는 별도로 구매될 수 있다.[110]

3. 항공보험에 관한 국제협약 및 입법례

(1) 항공보험에 관한 국제협약

1) 국제협약상 항공보험의 연혁

모든 항공기의 운항에 의해 발생되는 사고는 보통 두 분류의 손해에 대한 소송으로 운항자에 대하여 제기된다. 첫째는 운송계약에서 발생하는 계약상의 의무로 인한 책임에 대하여 상해를 입은 여객과 손해를 입은 수하물 또는 화물의 화주가 제기하는 소송, 둘째는 운항자와 어떤 계약상의 관계는 없으나 불법행위로 인한 책임에 대하여 지상에서 손해를 입은 제3자가 제기하는 소송이 있다.[111] 따라서 항공보험에 관한 국제협약 역시 앞서 언급한 두 분류의 손해와 관련하여 발전되었다고 볼 수 있다.

국제민간항공에서 항공보험에 관한 의무는 1929년 바르샤바협약에서 최초로 제기되었

---

109) Rod D Margo, *op. cit.*, pp.325~327.

110) Alexander T. Wells and Bruce D. Chadbourne, *Introduction to Aviation Insurance and Risk Management*, Third Editiom, Krieger Publishing Company, 2007, pp.151~152.

111) Luis Jorge Gongora, "*Aviation Insurance*", Institute of Air and Space Law McGill University, 1998, p.17.

다. 동 협약에서 항공기의 운항에 수반되는 여객과 제3자의 위험에 대한 여러 형태의 항공보험의 강제화에 대한 도입문제에 대하여 처음으로 제기되었으나 이에 대한 다양한 견해로 인하여 의견이 합치될 수 없었다.[112] 그러나 이 협약은 항공보험에 대한 문제를 제기함으로써 이후의 국제협약에서의 입법화의 발판을 마련하였다는데 그 의의를 둘 수 있다.

1929년 바르샤바협약 이후의 1933년 로마협약은 비행 중의 항공기에 의해 야기된 지상의 사람 또는 재산의 손해에 대하여 항공기 운항자에게 명백한 책임을 지우고 있는데, 이 협약의 제12조에서는 체약국의 영토내의 모든 등록된 항공기는 다른 체약국의 영공을 비행하기 위해서는 동 협약상의 항공운송인의 손해배상책임액 한도에서 보험을 가입하거나 기타 보증을 받아야 한다고 규정하고 있다. 따라서 각 체약국은 국내법에 보험 대신 또 다른 형식의 담보, 즉, 보험외의 보증을 받는 것이 가능다고 입법할 수 있었다. 그러나 이 규정은 보험에 가입한 사람들과 관련된 보험회사의 의무에 관한 의문의 해결을 각 체약국의 입법에 위탁했기 때문에 항공관련규정에 대하여 국제적으로 통일성을 추구하고자 하는 동 협약의 목적과 효과에 대한 많은 의심과 불신을 야기하였으며, 책임보장 조항의 미비로 인하여 21개국의 서명이 있었으나 비준국은 5개국에 불과하게 되어 이의 개정을 위하여 1938년 브뤼셀의정서가 작성되었다. 브뤼셀의정서는 보험회사가 항공기로 인하여 손해를 입은 사람들의 소송에 대해 항변을 제기할 수 있는 발판을 마련하였으나 동 의정서는 다만 2개 국가에 의해서만 비준되었다.

1933년 로마협약과 브뤼셀의정서가 결과적으로 실패한 이후의 1952년 로마협약 제15조는 피해자의 손해배상청구권의 집행력을 확보하여 주기 위하여 항공보험을 가입하도록 하는 동시에 공탁규정을 마련하였다. 즉, 운항자에게 자기의 책임을 다하는데 충분한 금액의 담보를 준비할 의무를 부과하였다.[113] 제15조는 모든 체약국은 다른 체약국에 등록된 항공기의 운항과 관련된 운항자의 책임에 관하여 보험에 가입하거나 보험을 대신할 수 있는 보증을 받아야만 할 것을 요구할 수 있다고 규정하였다. 그리고 해당 보험이 동 협약 상의

112) Rod D Margo, *op. cit.*, p.8.

113) 김선이, 권민희, "로마 협약의 개정과 국내입법의 필요성에 관한 소고", 「항공우주법학회지」 제23권 제1호, 한국항공우주법학회, 2008. 6~7면.

요건을 갖추고 있고 책임능력을 갖춘 권한이 있는 정당한 보험자에 의해 인수된 경우에는 만족스러운 것으로 받아들이나, 그렇지 못하면 체약국은 보험을 만족스러운 것으로 받아들이지 않고 항공기의 항행을 거절할 수 있다고 규정하였다. 또한 동 협약은 체약국은 자국을 통과하는 항공기에 대해 보험증권 및 보험자의 책임능력을 증명하는 서면을 수반하도록 요구할 수 있다고 규정하는 한편 보험자의 항변사유에 대해서도 규정을 두고 있다. 그러나 동 협약에는 미국, 영국, 프랑스 등 강대국이 참여하지 않고 있으며 항공기에 따라 지상 제3자의 손해를 규제하는 국제협약으로서 비효율적이라고 하게 됨으로써 로마협약의 근대화를 위하여 1978년 몬트리올 외교회의에서 개정을 위한 의정서가 채택되고, 이 의정서에 따라 개정된 협약이 1978년 개정 로마협약이다. 그러나 1978년 개정 로마협약 역시 내용적으로 다수의 문제가 있어 세계적으로 널리 적용되는 것은 의문시되고 있다.

기존 로마협약 체제의 문제점과 9.11 사태 이후 항공보험시장의 위기로 인하여, 지상 제3자 손해를 신속하고 충분하게 보호하고 9.11과 같은 대 재앙적 손해가 발생하더라도 항공운송기업의 위험을 분산함으로써 항공운송의 지속성을 보장하기 위하여 로마협약의 현대화가 반드시 필요하게 되었고, 이에 2009년 몬트리올 신 로마협약이 채택되었다.[114] 2009년 몬트리올 신 로마협약은 불법행위보상협약과 일반위험협약으로 구분되는데, 양 협약 모두 보험가입 의무를 정하고 있다.[115] 또한 불법행위보상협약은 국제민간항공보상기금(International Civil Aviation Compensation Fund)을 설치하여 9.11 사태와 같이 대규모 제3자 피해가 발생할 경우 제4조에 따라 최대 7억 SDR 까지는 항공사가 가입한 보험에서 지급하지만, 그 이상의 피해액은 동 기금에서 감당하고자 하였다. 그러나 향후 이 두 협약의 발효

114) 홍순길, "항공기에 의한 제3자 피해보상에 관한 고찰-2009 몬트리올 신 로마협약을 중심으로-," 「항공우주법학회지」 제24권 제2호, 2009. 12, 8~9면.

115) 일반위험협약의 제9조에서는 동 협약 제4조에서 규정하고 있는 운항자의 책임제한과 관련하여 각 체약국은 자국의 운항자들로 하여금 본 협약이 정한 책임을 담보하는 적절한 보험 또는 보증을 유지해야 한다고 하고 있으며(제9조 제1항), 운항자는 취항지국으로부터 책임을 보증하는 보험 또는 담보를 유지하고 있음을 증명하는 자료를 요구받을 수 있다. 따라서 체약국은 자국의 운항자에게 적용하는 기준과 같은 기준을 타국의 운항자에게도 적용하여야 한다고 규정하고 있다(제9조 제2항). 불법행위보상협약은 전쟁위험을 담보하는 것이기 때문에 전시 충돌이나 민간 소요 시에 적용 배제되는 것이 아니고, 항공기 운항자의 항공보험을 항공기 중량별로 강제하되 보험료가 과다할 경우 항공기 별 사건당 배상 상한으로 보험을 드는 대신 총계기준으로 보험을 들도록 하여 보험료 부담을 줄여주고 일정상황에서는 보험을 들지 않아도 되게 하였다(제7조 제1항).

가능성은 불투명한 상태이다.

2) 1999년 몬트리올협약 상 항공보험

① 항공보험의 강제화

1997년 4월부터 5월에 걸쳐 개최되었던 ICAO 법률위원회에서는 몬트리올협약에 항공운송인의 위험을 담보할 수 있는 보험에 관한 규정의 신설에 관하여 각국대표들 간에 합의를 하지 못하였기 때문에 조항 신설에 대한 가부의 최종결정을 외교회의에 맡기기로 하였다. 그 후 몬트리올 외교회의에서는 여객과 운송인의 보호를 위하여 바르샤바협약 및 헤이그의정서에 없는 책임보험의 강제부보조항을 신설키로 합의하여 이를 규정하였다.

동 협약 제50조는 체약국은 항공사가 본 협약상의 손해배상책임을 담보하는 보험을 가입할 것을 요구할 수 있고 해당 항공사가 취항하는 국가의 정부는 항공사에 대하여 이러한 보험의 가입을 증명하는 서류를 요구할 수 있다고 규정하였다. 체약국이 자국의 항공운송인에 대하여 적절한 보험의 가입을 유지하도록 요구함과 동시에 해당 항공사가 취항하는 나라에서도 그 항공사가 적절한 보험을 유지하고 있는가를 판단할 수 있도록 규정을 두고 있는 것이다.

그러나 동 협약 제50조에서 규정하고 있는 "적절한 보험"이 구체적으로 어느 정도의 수준을 일컫는지에 대하여 명확한 설명이 없으므로 해석에 대한 논의의 문제가 존재하며, 또한 체약국이 이 의무를 지키지 않는 경우에 어떠한 처벌 규정을 두지 않음으로써 각 체약국들에게 그 책임을 전가하고 있다.

② 적절한 보험의 해석

몬트리올협약 제50조의 해석에 대해서는 여러 의견이 제기되고 있다. 기본적으로 제50조의 해석의 문제는 크게 항공보험의 담보범위에 대한 것이며, 이것은 보험의 형태와 보상한도액에 대한 해석의 문제로 나타난다.

항공보험의 담보범위에 대한 해석에 있어, 제50조가 의미하는 "적절성"이란 보험업자에 의해 결정될 가능성이 가장 높다고 하는 견해가 있고,[116] 또 다른 견해는 특히 무한책임의 환경 내에서 "적절한 보험"이라는 용어는 막연하고 불명확하며, 책임 노출은 책임이 결정되는 법적 시스템을 포함한 여러 가지 변수, 책임의 원리 그리고 사고의 피해자 또는 상속인에게 가해지는 손해의 수준과 형태에 달려있기 때문에, 무엇이 한 국가 또는 지역 내에 적절한 보험인가라는 의문은 다르게 생각해보면 반드시 중요한 문제라 할 수 없다고 하고 있다.[117]

제50조에 의해 가입해야 하는 보험의 형태에 대해서는 동 협약의 제50조를 독립적인 조항으로 보는 것이 아니라 몬트리올협약의 한 조항으로써 그 협약의 다른 조항을 살펴보았을 때, 제17조의 여객의 사망과 상해와 수하물의 손해, 제18조 화물의 손해 그리고 제19조의 연착에 대한 규정이 있음을 비추어 여객, 수하물, 화물 더 나아가 연착까지만 적용해야 한다고 볼 수 있다.[118]

보상한도액에 대한 해석의 문제는 1999년 몬트리올협약 제정을 위한 논의과정에서도 제기되었는데, 이에 대한 회의 의장의 견해에 따르면, "적절한 보험의 수준을 초과하는지"의 여부는 사실과 각 특정 사건이 갖고 있는 환경에 달려있으며, 각 이해관계자 간의 의견이 일치하지 않은 경우 이를 해결하는 것은 이해관계자 간의 문제가 될 것이라고 하였다. 또한 각각의 사건에 있어 "무엇이 적절하고 무엇이 적절하지 않은지"에 대해 명확한 규정을 고안하는 것은 불가능하다고 언급했다. 따라서 각 국가는 해당 국가의 항공운송인에게 강제해야 하는 보상한도액을 정하는데 자유로울 수 있다고 추정할 수 있다.[119]

(2) 항공보험에 관한 주요국의 입법례

1) 유럽연합(EU)

유럽연합은 미국의 9.11 테러이후 항공산업에 대한 보험 의무에 관심을 갖기 시작하였다. 일반운송정책의 체제 내에서 그리고 소비자보호의 촉진과 항공운송인 간의 경쟁의 왜곡을 피하기 위해 EU는 여객과 수하물, 화물 그리고 제3자에 대한 항공운송인의 책임을

116) Paul Stephen Dempsey & Michael Milde, *op. cit.*, p.240.

117) Rod D Margo, *op. cit.*, p.19.

118) Sebastian Fernandez Pena, "Defining Insurance Coverage Adequacy Under the Montreal Convention", *Annals of Air and Space Law*, 2009, p.366.

119) Sebastian Fernandez Pena, *op. cit.*, p.369.

담보하기 위한 보험의 "상당한 최소한의 수준"을 확보하고자 하였다.

이에 EC 규칙(Regulation) 2407/92 제9조에서는 항공운송인은 사고에 의해 발생한 책임–특히 여객, 수하물, 화물, 우편물과 제3자에 대하여–을 담보하기 위해 보험에 가입해야 한다고 규정하고 있다. 이 의무는 EC 규칙 2427/97 제3조 제1항 (b)에서 더욱 상세히 정의되고 있는데, 이 조항에서는 항공운송인은 동 규칙의 제3조 제2항에서 규정하고 있는 한도인 100,000 SDR(특별인출권)까지 보장하여야 하며, 이를 초과하는 범위는 합리적인 수준에서 보장하여야 한다고 규정하고 있다. 그러나 여기에서도 1999년 몬트리올협약의 제50조와 같이 "합리적인" 한계가 어디인지 명확하지 아니하였다.[120]

따라서 보험의 "상당한 최소한의 수준"을 명확하게 확보하고자 하는 목적 하에 제정된 것이 "항공운송인 및 항공기 운항자에 대한 보험 필요요건에 관한 EC규칙 785/2004"이며, 2005년 4월 30일 발효되었다. 이 규칙의 내용은 다음과 같다.

이 규칙은 경쟁의 왜곡을 줄임으로서 역내 항공시장에 기여하고자 최소한의 보험을 요구하는 것을 목적으로 한다. 이 규칙의 목적은 상업 및 개인용 항공 모두에 있어 여객과 수하물, 화물 그리고 제3자에 관련한 항공운송인과 항공기 운항자에 대한 최소한의 보험 의무를 규정하기 위한 것이다(동 규칙 제1조 제1항). 우편운송에 대하여는 EC규칙 2407/92와 각 회원국가의 국내법에 명백히 하고 있다(동 규칙 제1조 제2항). 이 규칙은 각 회원국의 영토 전역에 걸쳐 비행하거나 입출항하는 모든 항공운송인과 항공기 운항자에게 적용된다(동 규칙 제2조 제1항).

이 규칙은 항공운송인과 항공기 운항자가 특히 여객, 수하물, 화물과 제3자에 관련하여 항공 특유의 책임–전쟁, 테러리즘, 하이재킹, 태업, 항공기의 불법점유와 민간소요를 포함–과 관련한 위험을 담보하기 위한 보험에 가입해야 하는 것을 요구한다(동 규칙 제4조 제1항). 항공운송인과 그리고 항공기 운항자는 항공보험의 증명이 요구되는 경우 반드시 이 규칙에서 명백히 하고 있는 보험 의무에 대한 준수를 회원국가의 소관관청에서 발급한 보험증권 또는 기타 유효한 보험의 증거 등으로 증명하여야 한다(동 규칙 제5조 제1항).

여객과 관련된 책임의 최저 보상한도액은 여객 1명당 250,000 SDR이다. 그러나 2700킬

120) European Civil Aviation Conference(ECAC)/25(SP)–WP/2, 20/11/00, p.2.

로그램 또는 그 이하의 최대이륙중량 항공기의 비상업적운항의 경우 각 회원국은 이 보상한도액보다 낮게 책정할 수 있다. 다만, 이는 여객당 최저 100,000 SDR까지 한정된다(동 규칙 제6조 제1항). 수하물 책임의 경우 상업적 운항에서 보상한도액은 여객당 1,000 SDR이다(동 규칙 제6조 제2항). 화물 책임의 경우 상업적 운항에서 보상한도액은 1킬로그램당 17 SDR이다(동 규칙 제6조 제3항). 책정된 최저 보상한도액의 수준은 비정기 항공운송인에 의한 회원국 영역 내에서의 비행과 그리고 EU 영역 내에서 이륙 또는 착륙을 하지 않는 EU 이외의 국가에 등록된 항공기를 이용하는 항공기 운항자에 의한 회원국의 영역 내에서의 비행에는 적용되지 않는다(동 규칙 제6조 3항).

제3자 책임의 경우 1사고당 그리고 1항공기당 최저 보상한도액은 다음과 같이 항공기의 최대이륙중량에 의해 결정된다. ① 항공기 중량이 500킬로그램 이하인 경우 75만 SDR, ② 항공기 중량이 500킬로그램 초과하여 1,000킬로그램 이내인 경우 150만 SDR, ③ 항공기 중량이 1,000킬로그램 초과하여 2,700킬로그램 이내인 경우 300만 SDR, ④ 항공기 중량이 2,700킬로그램 초과하여 6,000킬로그램 이내인 경우 700만 SDR, ⑤ 항공기 중량이 6,000킬로그램 초과하여 12,000킬로그램 이내인 경우 1,800만 SDR, ⑥ 항공기 중량이 12,000킬로그램 초과하여 25,000킬로그램 이내인 경우 8,000만 SDR, ⑦ 항공기 중량이 25,000킬로그램 초과하여 50,000킬로그램 이내인 경우 1억5,000만 SDR, ⑧ 항공기 중량이 50,000킬로그램 초과하여 200,000킬로그램 이내인 경우 3억 SDR, ⑨ 항공기 중량이 200,000킬로그램 초과하여 500,000킬로그램 이내인 경우 5억 SDR, ⑩ 항공기 중량이 500,000킬로그램 이상인 경우 7억 SDR이다.

만약 항공운송인 또는 항공기 운항자가 각 사고기준에서 전쟁 또는 테러의 위험으로 인한 제3자에 대한 보험을 가입하는 것이 불가능하다고 판단되면, 이러한 항공운송인 또는 항공기 운항자는 총계기준으로 보험 가입을 하여 이러한 위험을 담보하는 의무를 만족시킬 수 있다. 의회는 위의 총계기준에서의 총계가 위 표에 제시된 금액과 상당함을 보장하기 위해 이 규칙의 적용을 면밀히 감시하여야 한다(동 규칙 제7조 제1항).

각 회원 국가는 당해국가의 항공운송인과 항공기 운항자가 이 규칙을 따르는 것에 대해 보장하여야 한다(동 규칙 제8조 제1항). 비정기항공운송인 또는 어떤 회원국에서도 이륙 또는 착륙하지 않는 EU 이외의 국가에 등록된 항공기뿐만 아니라 비교통 목적을 위해

상기 항공기로 각 회원국에서 기항하는 경우에도 각 회원국은 제8조 제1항의 목적과 제7항의 기득권을 침해하지 않기 위해 이 규칙에서 규정하고 있는 보험요청에 따라 그 증거를 요구할 수 있다(동 규칙 제8조 제2항). 이 규칙의 위반에 대한 회원국의 제재 부과는 반드시 효과적이고, 균형적이며 또한 재발을 방지하는 효과를 갖도록 하여야 한다(동 규칙 제8조 제4항). 정기 항공운송인에게는 운항자격증의 취소도 이러한 제재에 포함될 수 있다(동 규칙 제8조 제5항). 비정기항공운송인과 EU 이외의 국가에 등록된 항공기를 이용하는 항공기 운항자들에 대하여는 이 제재에 회원국가의 영토에 대한 착륙을 거절할 권리를 포함한다(동 규칙 제8조 제6항). 이 규칙의 조항들을 만족할 수 없는 회원국의 경우 관련 항공운송인 또는 항공기 운항자가 적절한 항공보험의 증거를 제공할 때까지 반드시 항공기의 이륙을 금지해야 한다(동 규칙 제8조 제7항).

EU의 규칙에 담겨 있는 내용은 모든 내용이 불특정 다수의 적용 대상자에게 권리와 의무를 부여하는 것으로 EU의 모든 영토에 걸쳐 법적 효력을 가지며, 제정과 동시에 자동적으로 회원국 국내법의 효력을 갖는다. 따라서 EU의 "항공운송인 및 항공기 운항자에 대한 보험 필요요건에 관한 EC 규칙 785/2004" 제정 이후 각 회원국들은 이를 의무적으로 국내법화 하였으며, 일부 국가들은 당해 국가에 맞는 제재와 최저 보상한도액에 대하여도 규정하고 있다.

영국의 경우 민간항공(보험)규칙 2005를 2005년 4월 2일 제정하였으며 2005년 4월 30일부터 발효되고 있다. 이 규칙을 준수하기 위해 항공기 운항자들은 일반적으로 최초로 항공기를 등록하거나 소유권을 변경할 때마다 적절한 보험의 증거를 요구받게 된다. 또한 민간항공청(Civil Aviation Authority)은 무작위로 적절한 보험의 증거에 대한 감사를 실시할 수 있다. 이 규칙은 제3자를 비롯한 여객, 수하물, 화물에 대한 적절한 보험의 증거를 요구할 수 있는 권한을 민간항공청에게 부여하고 있다. 민간항공청은 적절한 보험을 가입하지 않은 항공기에 대한 비행권을 취소할 수도 있으며 더불어 형사처분권도 가질 수 있음을 제12조에 명확하게 규정하고 있다. 이에는 보험의 상세내역을 제공하지 못하거나 적절한 보험이 없이 비행하다 적발되는 경우가 있다. 전자의 경우 유죄판결에 의한 1,000 파운드화 이하의 벌금이 부과되며, 후자의 경우 즉결심판에 의하여 5,000 파운드화 이하의 벌금과 기소에 의한 유죄판결에 의하여 2년 이하의 징역을 가할 수 있다. 그러나 형사처분은 영국

내의 항공운송인이나 항공기 운항자에게만 한정된다.

독일의 경우 2005년 4월 30일 EU의 규칙(EC) 785/2004이 발효하게 되었다. 이에 독일은 1999년 몬트리올협약 제21조와 제22조, EC 규칙 785/2004 제6조, 그리고 항공자격규칙(Luftverkehrs-Zulassungs-Ordnung) 제103조와 항공교통법(Luftverkehrsgesetz) 제45조에서 제47조의 내용을 근거로 여객, 수하물 그리고 화물에 대한 보상한도액을 국내 사정에 맞게 규정하고 있다. 제3자에 대한 최저 보상한도액은 EC 규칙 785/2004의 발효로 인하여 EC 규칙 785/2004 제7조에서의 규정을 따르고 있다.[121)]

2) 미국

미국 연방행정명령집(Code of Federal Regulations: CFR) 제205편(Part 205)의 205.1에서는 교통부(Department of Transportation: DOT)의 허가 하에서 운항하기 위한 그리고, 국내 또는 국제적으로 또는 두 개 모두의 항공운송에 종사하기 위한 미국과 외국직항 항공운송인에게 사고에 대한 배상책임보험의 가입이 강제되고 있다.

CFR 205.5에서는 항공운송인의 항공기의 운항 또는 유지로 인하여 발생된 재산손해와 사람의 신체적 상해 또는 사망에 대한 모든 손해를 보상해야하는 의무를 가지고 있다고 규정하고 있으며, 또한 여객과 제3자의 손해에 대한 최소한의 담보 즉, 보상한도액을 유지해야 한다고 규정하고 있다. 그 내용은 다음과 같다.

(b) 정기 항공운송인을 포함-미국 에어택시(Air-Taxi) 운항자와 캐나다 전세에어택시 운항자를 제외-한 미국과 외국의 직항 운송인들은 다음과 같은 담보를 유지해야만 한다. (1) 여객승무원을 제외한 비고용 화물승무원을 포함한 사람의 생명 또는 신체적 상해와 재산 손해에 대한 제3자 항공사고 책임담보는 사람의 경우 한 사고당 300,000 달러, 각 사고당 한 항공기에 전체에 대하여 전체 20,000,000 달러-60좌석 이하 또는 18,000파운드 최대 유료하중 용적 이하의 항공기는 제외-이며, 항공운송인은 각 사고당 한 항공기 전체에 대하여 오직 2,000,000 달러의 담보를 유지할 필요가 있다. (2) 여객에 대한 항공운송을 제공하는 모든 항공운송인은 (b)(1)에서 요구하는 담보와 더불어 항공여객의 사망 또는

121) Luftfahrt-Bundesamt, B1-443.0/05, http://www.germanaviation.com/downloads/insurance-sums.pdf

신체적 상해에 대한 항공사고 책임 보험담보를 유지해야만 한다. 최저 보상한도액은 각 여객당 300,000 달러, 각 사고당 한 항공기의 전체에 대하여 300,000 달러에 항공기내 설치된 여객좌석의 수의 75%를 곱한 값이 된다.

(c) CFR 제298편(Part 298)에 의해 등록된 미국 에어택시 운항자들은 다음의 담보를 유지하여야 한다. (1) 비고용 화물승무원을 포함하고 여객을 제외한 사람의 사망 또는 신체상해의 제3자에 대한 항공사고 책임의 담보는 각 사고당 한사람에 75,000 달러 그리고 각 사고당 한 항공기의 전체에 대하여 300,000 달러이며, 재산의 손실 또는 손해에 대하여는 각 사고당 최저 100,000 달러를 담보하여야 한다. (2) 여객을 운송하는 미국의 에어택시 운항자는 (c)(1)에서 요구하는 담보와 더불어 항공여객의 사망 또는 신체적 상해에 대한 항공사고 책임보험 담보를 유지해야 한다. 최저 보상한도액은 각 여객당 75,000 달러, 각 사고당 한 항공기의 전체에 대하여 75,000 달러에 항공기내 설치된 여객좌석의 수의 75%를 곱한 값이 된다.

(d) CFR 제294편(Part 294)에 의해 등록된 캐나다 전세 에어택시 운항자들은 다음과 같은 담보를 유지하여야 한다. (1) 비고용 화물승무원을 포함하고 여객을 제외한 사람의 사망 또는 신체상해 그리고 재산의 손해의 제3자에 대한 항공사고 책임의 담보는 각 사고당 한 사람에 대하여 75,000 달러, 각 사고당 한 항공기의 전체에 대하여 2,000,000 달러–30좌석 이상 또는 7,500파운드 최대 유료하중 용적 이상의 캐나다 전세에어택시 운항자 제외–이다. 또한 최대인가이륙중량이 35,000파운드 이하인 항공기는 각 사고당 한 항공기의 전체에 대하여 20,000,000 달러의 담보를 유지하여야 한다. (2) CFR 제294편(Part 294)에 의한 여객운송서비스에 종사하고 있는 캐나다 전세 에어택시 운항자는 (d)(1)에서 요구하는 담보와 더불어 항공여객의 사망 또는 신체적 상해에 대한 항공사고 책임보험 담보를 유지해야만 한다. 최저 보상한도액은 각 여객당 75,000 달러, 각 사고당 한 항공기의 전체에 대하여 75,000 달러에 항공기내 설치된 여객좌석의 수의 75%를 곱한 값이 된다.

(e) 상기 (b), (c), (d)의 규정에도 불구하고 운송인은 각 사고에 대하여 포괄적 단일한도로 보험에 가입할 수 있다.

(f) 책임담보는 운송인의 경제적 조건이나 지급능력 또는 파산의 여하에 따라 결정되지 않는다. 이 규정에서 요구하고 있는 금액에 대한 책임의 제한은 각 사고마다 분리되어 적

용된다. 어떤 한 사고에 의하여 보험증권 또는 플랜(Plan)에서 지급된 금액은 다른 사고로 발생된 손해의 지급에 대한 담보를 감액할 수 없다.

미국의 법 하에서는 수하물과 화물, 항공운송 지연에 관한 손해에 대한 책임보험 담보는 강제되지 않는다. 그러나 화물의 경우 항공운송인들은 화물을 적하하는 것이 허가되면 화물책임보험의 존재여부에 대한 서면 고지를 화주에게 제공하여야 한다고 CFR 205.8에서 규정하고 있다.

3) 캐나다

캐나다 운송법(Transportation Act) 제57조에서는 항공서비스의 운항은 특히 면허와 보험을 갖고 있어야만 한다고 규정하고 있다. 또한 동법 제61조, 69조 및 73조에 따라 캐나다 운수국(Canadian Transportation Agency)에서 발행하는 국내, 정기 국제, 비정기 국제 항공서비스 운항에 대한 면허를 소지하고자 하는 자는 해당 면허에 대한 규정된 책임보험 담보를 갖고 있어야만 한다. 또한 동법 제86조 (1)(c)에 따라 항공서비스 또는 항공기에 대한 책임보험 담보에 대한 요구에 대해서 항공운송규칙(Air Transportation Regulations)(SOR/88-58)이 제정되었다. 이 규칙의 제7조 (1)에서는 가입하여야 하는 보험의 범위와 보험의 보상한도액까지 규정하고 있으며,[122] 그 내용은 다음과 같다.

항공운송서비스의 운항과 관련된 모든 사고 또는 준 사고에 대한 아래와 같은 보험 없이는 항공운송인은 국내 또는 국제 항공운송서비스를 운항할 수 없다.

(a) 여객의 사망 또는 상해에 대한 위험을 담보하는 책임보험은 서비스에 종사하고 있는 항공기의 여객좌석의 수에 300,000 달러를 곱한 값에 의해 결정되는 총액 이상으로 담보된다.

(b) 공공의 책임의 위험을 담보하는 보험의 보상한도액은 다음과 같다. (i) 서비스에 종사하고 있는 항공기의 최대이륙중량이 7,500 파운드 미만인 경우 1,000,000 달러 이상, (ii) 서비스에 종사하고 있는 항공기의 최대이륙중량이 7,500 파운드 이상 18,000 파운드 미만인 경우 2,000,000 달러 이상, (iii) 서비스에 종사하고 있는 항공기의 최대이륙중량이

122) Sebastian Fernandez Pena, *op. cit.*, pp.374~375.

18,000 파운드 이상인 경우 2,000,000 달러와 18,000 파운드를 초과하는 항공기의 최대이륙중량의 파운드에 150 달러를 곱한 값에 의해 결정되는 총액을 더한 값 이상이다.

고용인의 운송인에 대한 손해에 대한 소송을 규정하는 적절한 보상관련 법률이 있는 경우 이 규정의 제7조 (1)(a)의 여객에 대한 보험의 담보는 확장되어 적용되지 않는다(동 규칙 제7조(2)).

항공운송인은 어떤 사고 또는 준 사고에 대해서도 이 규정의 제7조 (1)에서 규정된 보상한도액을 감액하는 예외규정 또는 포기규정을 삽입할 수 없다. 그러나 다음과 같은 경우는 제외된다(동 규칙 제7조 (3)).

(a) 국제 항공보험 산업에 의해 채택되고 있는 일반적인 예외조항을 포함한 규정 (i) 전쟁, 하이재킹 그리고 기타 위난, (ii) 소음, 오염과 기타 위난 또는 (iii) 항공 방사능 오염

(b) 화학표류(Chemical drift)와 관련된 규정

(c) 어떤 계약 또는 협정 하의 항공운송인에 의해 추정되는 책임에 대해 적용되지 않는다. 그러나 동 규칙에서도 역시 미국의 경우와 마찬가지로 수하물과 화물 그리고 항공운송 지연에 관한 손해에 대한 책임보험 담보는 강제되지 않는다.

4) 한국

우리나라의 항공보험에 대한 입법현황을 살펴보면, 항공사업법 제70조에서 “항공사업자는 국토교통부령이 정하는 바에 따라 항공보험에 가입하지 아니하고는 항공기를 운용할 수 없다”고 규정하고 있다. 그러나 우리나라의 항공사업법은 단순히 항공보험을 가입해야 한다고 규정하고 있으며, 항공보험의 범위에 대한 명확한 규정은 없는 상태이다. 그리고 항공사업법 제2조 제37호에서 “항공보험이라 함은 여객보험·기체보험·화물보험·전쟁보험·제3자 보험 및 승무원보험과 그 밖에, 국토교통부령으로 정하는 보험을 말한다”고 규정하고 있으나, 정의규정을 강제 가입해야 하는 보험의 범위로 확대 해석하는 것은 무리가 있다.

항공보험의 책임한도액에 대하여는 항공사업법 시행규칙 제70조 제2항에서 우리나라가 가입하고 있는 “항공운송의 책임에 관한 제 국제협약”에서 규정하는 책임한도액이라 규정하고 있다. 그리고 이 적용이 불합리한 경우에는 국토교통부장관이 정하는 항공운송인의 책임한도액을 그 한도로 본다. 여기서 말하는 국토교통부장관이 정하는 항공운송인의 책

임한도액은 따로 명문화되어 있지 않으며, 각 사례에 맞게 판단하게끔 되어있다.

이 외에 항공보험과 관련된 일반적인 사항에 대하여 항공사업법 시행규칙 제70조 제1항에서는 항공사업법 제70조의 규정에 의하여 항공보험에 가입한 자는 가입자의 주소, 성명(법인의 경우에는 그 명칭 및 대표자의 성명), 가입된 보험의 종류, 보험료 및 보험금액, 보험의 종류별 발효 및 만료일자, 보험증서의 개요를 기재한 보험가입신고서에 보험증서 사본을 첨부하여 국토교통부장관에게 제출하여야 한다고 규정하고 있다. 이 경우 이를 변경 또는 갱신한 때에도 마찬가지의 과정을 거쳐야 한다.

Chapter

05 항공범죄

제1절 서론

1. 개요

(1) 범죄의 국제화

국제적인 범죄행위를 국제사회가 직접 법을 통해 처단하여 정의를 구현하고 평화를 실현하려는 노력은 역사와 함께 계속되어 왔다. 범죄는 인류의 역사와 더불어 꾸준히 증가함은 물론 시대 상황에 따른 새로운 유형의 범죄가 발생하며 그 속도는 놀랍게 변화하고 있다. 예를 들어 컴퓨터 범죄, 환경범죄, 마약범죄, 조직범죄 그리고 최근에는 외국인 범죄까지 시대적 흐름에 따라 범죄도 역시 새로운 형태로 변모하고 있으며 개인과 사회를 해치고 있다. 최근에는 국제사회의 교류가 빈번해짐에 따라 국가 간의 인력 및 물자의 교류가 급격하게 증가하고 이에 따라 국제범죄도 심각한 양상을 보이고 있다. 2차 세계대전을 겪으면서 이데올로기의 심각한 대립과 갈등, 국가 간의 무역전쟁, 개인의 도덕적 무감각 현상의 증대 등의 변화 속에 범죄는 점점 조직화, 광역화, 지능화, 흉폭화 되어버리고 말았다. 이는 더욱이 국제화, 다국적화의 현상의 변화 속에 국제 사회에서도 예외는 아니다. 특히 국제 사회에서는 인종과 종교 및 이데올로기 등 대립과 갈등 가운데 테러범죄라는 인류의 안전과 평화를 위협하는 범죄가 점차 증가하는 현상이 나타나고 있다.

이런 국제 사회의 범죄에 대한 대응방안을 모색하기에는 쉽지 않은 장애요인이 있다. 우선 국가 간의 협조체제가 효율적이지 못하고 국가 상호 간의 이해관계의 대립으로 인하여 문제 해결이 쉽지 않다. 새로운 국제범죄의 출현과 범죄의 국제화 현상에 대한 대처방안의 강구는 현재 해결해야 할 문제이다. 그러나 그런 와중에서도 국제 평화를 위하여 국제 범죄에 대한 수사, 처벌과정을 통한 공조가 필요하리라 생각된다.

현대 국제 사회의 복잡한 관계 속에서 인류의 복지, 안전과 평화, 그리고 인간의 존엄성을 보장하기 위하여 국제 사회가 국제 범죄로부터 스스로 방어하기 위하여 여러 조치를 강구하기에 이르렀다. 이런 국제 범죄 문제를 심층적·체계적으로 파악하기 위하여 국제 범죄의 양상 및 국제 범죄에 대처하기 위한 노력을 수사 및 재판의 시각에서 검토하고 테러리즘에 대한 형사사법 공조를 통한 국제범죄의 대책을 연구할 필요가 있다.

이는 개인의 보호라는 개별적 가치보다 국제 사회 전체의 공익보호라는 보편적 가치가 우선한다는 인식에서부터 시작되어야 할 문제이다. 국제 범죄에 대처하기 위한 방법은 각 국가의 법과 제도에 따라 다르기 때문에 공통된 이념과 방법을 도출하는 것이 쉽지 않다. 국제 범죄라는 정의는 "국제사회" 국제적인 성격과 '범죄'라는 형사법적인 의미가 함께 있어 이를 해결하기 위해서는 이 특징을 모두 고려하여야 한다. 즉, 국제 범죄를 규제하기 위한 법과 제도에서 국제법상의 협약, 협약, 협정들에 대한 국내법과의 상호 관계정립을 검토하여야 한다.

(2) 항공범죄

항공범죄는 항공기 내에서 승객의 안전과 재산에 위해를 가하는 행위로부터 항공기에 대한 하이재킹, 테러행위까지 그 태양이 다양하고 항공기의 안전운항에 중대한 위협요인이 되며 국제적 성격이 강하기 때문에 항공범죄에 관한 규제 및 처벌도 국제적 협조나 합의를 필요로 한다.

최근 글로벌 시대에 과학의 발전과 더불어 항공산업도 눈부신 속도로 빠르게 확산되어 항공 대중화 시대를 맞이하게 되었다. 하지만 이와 함께 항공기를 이용한 범죄 역시 급속히 증가하게 되었다. 이리하여 그동안 비행중인 항공기에서 발생할 수 있는 특정한 범죄를 규율하기 위해 동경협약[1]이 제정되었고, 비행중인 항공기 납치 범죄를 다루는 헤이그협약[2]이 만들어 졌다. 그리고 민간항공안전에 대한 불법행위 억제를 위한 협약, 몬트리올협약[3]이 1971년에 제정되었다. 그러나 40여 년 이라는 시간이 지나면서 날로 항공범죄는 지능화되고 치밀해지고 거대화 되어졌다. 급기야 2001년 9월 11일, 무슬림 과격단체 알카에다의 항공기를 이용한 테러, 2006년 8월 액체폭탄을 이용한 미국의 동시다발 테러 미수사건을 비롯하여 최근 2010년 11월에는 우편물 폭발사건 등 새로운 유형의 테러들이 발생하였다. 특히, 런던 히드로 공항에서 액체 폭탄이 발견된 후 공항에 이를 탐지 가능한 적절한 장비가 없어 기내 액체류 반입 금지라는 사태가 벌어지기도 하였다.[4] 또한 종이폭탄이라는 신종 폭발물의 발견은 다시 한 번 테러의 위협에 대한 경각심을 불러일으키기 충분하였다.

1971년에 만들어진 몬트리올협약은 최근 발생하는 신종 테러를 규율하기에는 역부족이었다. 그러자 ICAO에서는 이같이 지능적으로 발전하고 있는 항공기 테러를 방지하기 위한 노력으로 급기야 2001년 9.11 테러 이후 ICAO 이사회에 민간항공 안전에 대한 새로운 위협에 대처[5]할 것을 요구하는 ICAO 총회 결의안(A33-1) 채택되었고, 2009년에는 1970년 헤이그협약(항공기의 불법납치 억제를 위한 협약) 및 1971년 몬트리올협약(민간항공안전에

---

1) 1963년 9월 14일 동경에서 체결된 '항공기 내에서 행하여진 범죄 기타 행위에 관한 협약'(Convention on Offences and Certain other Acts Committed on Board Aircraft) 우리나라는 1971년 가입함.

2) 1970년 12월 16일 헤이그에서 체결된 '항공기의 불법납치 방지를 위한 협약'(Convention for the Suppression of Unlawful Seizure of Aircraft) 우리나라는 1973년에 가입함.

3) 1971년 9월 23일 몬트리올에서 체결된 '민간항공의 안전에 대한 불법 행위의 방지에 관한 협약'(Convention for the Suppression Unlawful Acts against the Safety of Civil Aviation) 우리나라는 1973년에 가입함.

4) 국제민간항공기구(ICAO)에서 체약국에 대해 액체, 젤류 및 에어로졸의 항공기내 휴대 반입 제한 조치를 권고함에 따른 것으로 미국(2006. 8. 11 시행) 및 EU 소속 국가(2006. 11. 6 시행) 운항편에 대하여만 실시하던 것을 국제선 모든 편(환승편 포함)으로 확대 적용함.

5) 많은 나라가 항공기 안전문제에 대한 경각심을 갖고 별도의 국내법을 제정하는 계기가 되었으며, 우리나라도 1974. 12. 26. 법률 제2742호로 항공기 운항 안전법을 제정하였음. 그러나 동 국내법은 제3조에서 1963년 동경 협약 상의 범죄에 대해 적용한다하고 제8~10조에서는 1970년 헤이그협약 상 납치도 처벌 범죄에 추가하여 질서가 없으며 1971년 몬트리올협약 상의 범죄는 아예 누락시킴으로 맞지 않은 입법이 되었음. 동 법은 2002. 8. 26. 전면 개정되어 법률 제6734호 항공안전 및 보안에 관한 법률로 변경된 후 수차 개정하여 2009. 6. 9부터 시행되었음. 그러나 이는 다시 개정이 될 것이며 항공레저스포츠의 활성화 및 이용자의 안전확보를 위해 경량항공기 제도를 도입하고 항공운송업자의 허가를 정기와 비정기로 구분하여 오던 것을 국내항공운송사업과 국제항공운송사업으로 구분하는 것으로 변경한 것 등이 반영되었음. 항공안전 및 보안에 관한 법률은 2013. 4. 5. 법률 제11753호 항공보안법으로 변경되어 2014. 4. 6. 부터 시행되었음.

대한 불법행위 억제를 위한 협약) 개정안 작성을 위한 제34차 법률위원회가 개최되었다.

그 후속 절차로 2010년 중국 베이징에서 ICAO 북경외교회의(2010. 8. 30~9. 10)가 우리나라를 포함한 ICAO 회원국 80개국 약 400명의 관계자들이 참석한 가운데 개최되었고 이 항공보안외교컨퍼런스(Diplomatic Conference on Aviation Security)의 핵심 주제는 당연히 항공보안 강화 문제였다. 1971년 몬트리올협약과 이를 개정한 1988년 Airports Protocol[6]을 수정하고 보완하여 2010년에 북경협약을 탄생시켰다. 즉, 21세기 글로벌 항공산업이 직면한 테러에 대응하기 위해 '국제 민간항공과 관련된 불법적 행위의 억제를 위한 협약'(Convention on the Suppression of Unlawful Acts Relating to International Civil Aviation) 및 '항공기의 불법 납치 억제를 위한 협약 보조 의정서'(Protocol Supplementary to the Convention for the Suppression of Unlawful Seizure of Aircraft) 등 2건의 항공보안 협정이 체결되었다.

최근 항공교통의 안전도가 현저하게 향상되었고 통계적으로 볼 때도 타 교통수단에 비해 안전한 편이지만 한번 사고가 발생하면 인명과 재산의 피해가 타 교통수단에 비해 매우 큰 것이 또한 사실이다. 항공테러 발생률은 현격하게 줄어들었으나 아직도 항공기를 이용한 테러는 그치지 않고 있다. 이런 상황에서 국제사회는 항공분야에서 테러방지를 위하여 좀 더 공항의 안전을 위하여 검색을 강화하는 등 대비를 철저하게 하는 추세이다. 최근의 테러는 새로운 모습으로 위협을 하기에 이르렀다. 휴대용 물건, 액체용액을 이용하여 미국-영국 간 항공기를 폭파시키려는 테러행위를 기도하는 등 항공기 폭파는 테러행위의 중요한 표적이 되고 있으며 이에 따라 민간항공기의 비행안전 문제가 큰 관심을 끌고 있는 실정이다. 무고한 민간인의 생명을 빼앗는 이러한 테러주의 행동은 현행 국제법을 위반했을 뿐만 아니라 개별국가와 국제사회의 민간항공기운송과 그 안전에 대한 믿음을 중대하게 손상시킨 것이다.

지금까지 ICAO가 중심이 되어 현재까지 채택된 다음과 같은 항공범죄에 관한 국제협약과 더불어 최근 제정된 북경협약 및 북경의정서를 살펴보기로 하겠다.

---

6) 1988년 2월 24일 체결된 '국제민간항공의 공항에서의 불법적 폭력 행위 방지에 관한 의정서(Protocol for the Suppression of Unlawful Acts of Violence Serving International Civil Aviation), 동 의정서는 10개국이 비준한 1989. 8. 6. 발효함(의정서 제6조)

① 1963년 9월 14일 동경에서 체결된 「항공기 내에서 행하여진 범죄 및 기타 행위에 관한 협약(Convention on Offences and Certain other Acts Committed on Board Aircraft): 동경협약」

② 1970년 12월 16일 헤이그에서 체결된 「항공기의 불법납치 방지를 위한 협약(Convention for the Suppression of Unlawful Seizure of Aircraft): 헤이그협약」

③ 1971년 9월 23일 몬트리올에서 체결된 「민간항공의 안전에 대한 불법한 행위의 방지에 관한 협약(Convention for the Suppression of Unlawful Acts against the Safety of Civil Aviation): 몬트리올협약」

④ 1988년 2월 24일에 체결된 「국제민간항공의 공항에서의 불법적 행위 방지에 관한 의정서(Protocol for the Suppression of Unlawful Acts of Violence at Airports Serving International Civil Aviation): 몬트리올협약 보충의정서」

⑤ 1991년 3월 1일 몬트리올에서 체결된 탐색목적의 플라스틱 폭발물의 표지에 관한 협약(Convention on the Marking of Plastic Explosives for the Purpose of Detection): 플라스틱 폭발물 표지협약」

상기 항공범죄에 관한 국제협약 및 의정서들은 현재 전 세계적으로 발효가 되고 있어 세계 각국이 반드시 준수하여야만 되는 협약 및 의정서들이므로 항공안전 및 보안에 관련이 있는 국제법 체계의 근간이 되고 있다.

위의 5개의 국제협약 외에도 주요 선진국 정상들이 국제항공안전 및 테러리즘에 관한 본 선언(1978. 7. 17 서독 수도 본에서 제4차 서방 선진국 정상회담에서 채택)과 오타와 선언(1981. 7. 21 제7차 서방 선진국 정상회담에서 채택)이 중요한 정치적 영향을 미치고 있으며 IFALPA(국제항공사 조종사 협회 연맹)의 제반결의도 중요한 의미를 갖는다. 또한 국제민간항공협약에서는 제17부속서에 불법한 방해 행위에 대한 국제민간항공의 보안보호에 관한 규정을 두고 있다.

여기서는 민간항공기 테러행위의 본질 및 현행 국제법상의 규제와 관련된 문제를 살펴보고 다음으로 국제사회의 실천 상황과 관련하여 이러한 테러행위 범죄의 관할과 인도 문제를 분석한다.

2. 항공테러

(1) 테러행위의 정의

테러리즘이란 무고한 사람들을 공포 상황에 몰아넣고 여론의 주목을 받아 자신들의 주장을 극적으로 알리며 목표를 달성하려는 행위를 일반적으로 의미한다. 테러리스트는 정치적 목적을 극단적 방법으로 달성하려는 조직의 구성원들인 경우가 많지만, 기타 범죄적 동기에 의한 경우도 많다. 테러의 대상은 무고한 희생자인 경우가 대부분이므로 테러의 목적이 정당하더라도 테러리스트의 행위는 정당화될 수 없는 것이다.

2001년 9.11 사건의 발생은 국제사회의 테러행위방지에 대한 중대한 전환점이 되었다. 동년 9월 28일 국제연합 안전보장이사회는 제1373호 결의를 통하여 테러행위 자체와 테러행위에 대한 자금지원, 계획 및 선동행위는 모두 국제연합헌장의 목적과 원칙에 위반되는 범죄행위임을 지적하였다. 2003년 1월 안전보장이사회는 제1456호 결의에 첨부된 「테러와 투쟁하는 문제에 관한 선언(Declaration on the Issue of Combating Terrorism)」을 통하여 국제연합헌장과 국제법의 관련 규정에 따라 모든 국가, 국제조직 및 지역적 국제조직이 적극적으로 참여하고 협력하여 테러주의와 공동으로 투쟁할 것을 선언하고,[7] 국제사회는 서로 다른 종교와 문화를 테러의 대상으로 삼는 것을 방지하기 위하여 다른 문명 간의 대화를 강화하고 이해를 증진시킴과 동시에 더욱 더 反테러행위 운동을 강화하고 아직 해결되지 못한 지역 간 충돌을 처리할 것을 강조하였다.

미국은 테러주의의 정의를 「국가 또는 그 대리인이 비전투요원에 대하여 정치적인 동기에 기초하여 대중에 영향을 미칠 의도로 사전 모의된 폭력 범죄를 수행하는 것」[8]라고 규정하고 있다. 그러나 미국 국방부는 테러주의 행위의 정의를 「어느 특정한 조직이 정치적 또는 의식적인 형태의 목적을 위하여 위협 또는 불법적인 무력을 빌어 개인 또는 비군사적 목표를 공격하여 공포를 조성하거나 사회불안을 조성하는 것」으로 보고 있다.[9] 한편 영국은

---

7) 聯合國安全理事會2003 年1 月20 日第4688 次會議之第1456 號決議所附之《打擊恐怖主義宣言》的前言部分, 〈http://daccessdds.un.org/doc/UNDOC/GEN/N03/216/05/PDF/N0321605.pdf?OpenElement〉

8) U.S.C. Title 22, §2656f(d).

9) 美國國務院網站, <http://usinfo.state.gov/mena/Archive/2006/Apr/28-604340.html>

테러행위의 정의를 「정치적인 목적에 근거하여 폭력을 사용하는 것으로서 공중 또는 그 일부를 공포에 빠트리기 위하여 폭력을 사용하는 모든 행위를 포함한다」라고 하고 있다.[10] 프랑스는 또한 「개인 또는 조직이 공포 또는 위협을 사용하는 방식으로 법률질서를 파괴하려고 의도하는 것」으로 정의하고 있다.[11]

이상의 국제입법 및 각국의 실천으로 보았을 때, 테러행위는 "치밀한 계획을 통하여 일반 대중에 대한 폭력위협 또는 폭력사용의 방식으로 정부가 얻고자 하는 것을 성취하거나 정부에 대항하는 행동이며 성질상 정치적 동기를 가지고 있으며 객관적으로 강박적인 위협을 통하여 개인, 또는 대중, 또는 단체 또는 정치단위로 하여금 당해 행위자가 요구하는 것을 받아들이거나 양보하도록 하는 행위"라고 정의할 수 있을 것이다.

간단히 말해서 테러주의는 정치적 목적 하에서 행위자 개인 또는 단체가 직접 개인이나 그 재산에 대하여 행하는 일종의 계획적인 폭력행위로서 그 결과 사회대중의 불안과 공포의 심리상태를 조성하는 것이다. 그런데 최근 국제 항공기는 주요 인물을 포함하여 세계 각국의 각 계층 사람들이 이용함으로 언론 및 여론의 주목을 광범위하게 받을 수 있으므로 테러리스트들의 목적 달성에 매우 효과적인 대상으로 인식되고 있다. 따라서 항공 테러가 유행처럼 자행되기 시작하였다.

(2) 항공테러의 정의

항공기상의 테러행위의 본질에 대해서 살펴본다면, 행위 자체가 가지는 폭력성으로 사람에 대한 사상을 초래할 뿐만 아니라 동시에 국제적인 요소를 가지게 되므로 어떻게 국제항공테러행위를 효과적으로 방지하고 제재할 것인가는 국제법상의 핵심문제가 되었다.

국제법상 이른바 항공기 불법납치행위는 단순히 항공기 자체를 납치하기 위한 것은 아니며 대부분이 테러주의자들이 그 어떠한 요구조건을 성취하고자 한다. 2001년의 9.11 테러공격은 국제민간항공운송의 안전이 테러조직이 중대한 도전을 받고 있음을 보여주고 있

---

10) 英國恐怖主義法案, <http://www.opsi.gov.uk/Acts/acts2000/00011--b.htm>

11) 프랑스 정부의 2005년 수정된 恐怖主義法案<http://www.lloyds.com/Lloyds _Worldwide/Country_guides/France+(inc.+Monaco)/French_Terrorism_Act.htm>

다. 돌이켜 보면, 1960년대 이후의 테러행위와 민간항공안전사건은 일반적인 테러행위가 항공기를 대상으로 한 것에 불과하였지만, 1960년대 중반에는 팔레스타인해방기구(PLO)의 구성원이 항공기 납치를 정치적 수단으로 삼기 시작하였으며 1970년에는 PLO는 미국의 TWA Airlines의 B707기, 스위스 항공(Swiss Air) DC-8기, 영국의 BOAC(The British Overseas Airways Corporation) VC-10기를 팔레스타인이 점령하고 있는 비행장으로 납치한 후 항공기를 폭파하고 여객을 인질로 삼아 체포된 자신들의 동료를 석방하도록 요구하였다. 1986년에는 중동의 이슬람국가들의 테러주의자들이 미국 TWA와 Pan Am(Pan American World Airways)의 민간항공기를 납치하였으며 그 중 TWA의 B727기는 그리스 아테네 공항으로 비행하던 중 폭탄의 폭발로 4명의 여객이 사망하였으며 Pan Am B747기는 납치된 후 테러주의자들이 카라치 공항에서 탑승한 21명을 살해하였다. 2년 후 Pam Am 101기가 스코틀랜드 록커비(Lockerbie) 상공에서 테러분자에 의하여 폭파되어 259명이 모두 사망하였다. 1994년부터 1995년의 5년 동안 국제적으로 정치적 목적으로 또는 어떠한 요구의 목적으로 항공기를 납치한 사건이 점차 감소하는 추세를 보였으나, 1999년 12월 인도항공사의 A300기가 테러주의자에 의하여 납치되어 1인의 탑승객을 살해하고 인도 당국에 수감 중인 캐시미르 이슬람유격대원의 석방을 요구하였다.[12]

항공테러를 정의하자면, 일반적으로 항공에 대한 테러로 정치적·사회적 목적을 가진 개인이나 집단이 그 목적을 달성하거나 상징적 효과를 얻기 위하여 비행중 또는 운항중인 항공기 자체, 승무원이나 승객, 항행안전시설 또는 공항시설에 대한 불법 폭력 점거를 통해 정치적 목적의 달성을 그 특징으로 하는 범죄를 말한다. 근래 공항에서의 테러공격이 증가하면서 항공 테러범죄 실행의 직·간접적 연결고리가 되고 있는 점에 비추어 국제민간항공에 이용되는 공항 시설에 대한 공격 역시 국제 항공테러로 간주된다.

국제민간항공기구(ICAO)는 민간항공과 관련된 불법행위를 테러(테러리즘)라고 부르는 대신 '불법방해행위'(Acts of unlawful interference)[13]로 규정하고 있는데 이는 테러리즘보다 훨씬 광의의 개념으로 민간항공 안전위협과 관련된 모든 행위를 불법방해행위로 규정하고

12) Paul Wilkinson and Brian M. Jenkins, Aviation Terrorism and Security (Portland, OR: Frank Cass, 1999): Ch. 1.

13) ICAO 용어의 정의.

있다. ICAO에서 정의하고 있는 불법방해행위는 민간항공 및 항공운송의 안전을 위협할 수 있는 행위 또는 이러한 행위를 시도하는 것을 말하는데 ① 운항중인 항공기 불법점유(항공기 납치), ② 지상주기 항공기 불법점유, ③ 기내 또는 비행장에서 인질극, ④ 항공기, 공항 또는 항행안전시설에 대한 무력 불법침입, ⑤ 범죄를 저지를 목적으로 기내 또는 공항으로 무기, 위험장치 또는 물품을 반입하는 행위, ⑥ 공항 또는 민간항공시설 내에 있는 운항 또는 주기 중인 항공기, 승객, 승무원, 지상조업요원, 일반인의 안전을 위협하는 거짓 정보를 제공하는 행위가 해당된다.

(3) 항공테러의 특성

항공테러에 있어 항공기 납치의 경우 다른 범죄행위보다 빈발한 이유는 세계적인 관심을 집중시킬 수 있어 테러리스트 요구사항을 쉽게 알릴 수 있으며, 적은 비용으로 최대의 효과를 얻을 수 있는데다 항공기 특성상 항공기를 공중에서 납치하면 원하는 지역으로 쉽게 이동시킬 수 있으며, 대형항공기의 경우 많은 승객을 인질로 삼아 협상도구로 이용할 수 있어 테러조직이 선호하고 있다. 또한 항공기 납치와 함께 공항도 테러조직의 주요 타켓이 되고 있는데 사람들이 많이 이용하는 다중시설로 사건발생시 세계적인 이목을 집중시킬 수 있으며, 공공시설로 테러리스트 접근 또한 상대적으로 쉬운데다 적은 비용과 인력으로 큰 피해를 유발시킬 수 있다.

1960년대 말부터 본격화된 항공기 납치행위는 국제사회의 대중교통 수단인 항공기 여객, 승무원을 집단납치, 이를 테러조직의 정치적 목적을 달성하기 위한 협박수단으로 이용하거나 인질 석방의 대가로 몸값을 요구하여 금품을 강탈하기도 하며, 그 과정에서 인질을 살해하거나 항공기를 파괴하기도 하는 야만적, 반사회적, 약탈적 범죄이다. 지난 1987년 대한항공 858편 공중폭파사건과 1989년 시아파 회교도들에 의한 프랑스 UTA 항공 772편 아프리카 니제르 상공 폭파사건에서 보듯이 항공기내에 익명으로 폭탄을 설치, 여객, 승무원을 집단살해하는 등 범죄의 성격이 잔인하며 그 수법이 무차별적, 대량 파괴적이라는 점에서 반인도적, 반문명적, 엽기적 범죄이다. 또 때로는 1988년 Pan Am 항공 103편 로커비 폭파사건과 같이 부수적으로 지상피해를 수반하기도 한다.

이와 같이 민간항공기 불법 납치, 파괴행위는 무고한 여객, 승무원에 대한 납치, 감금,

협박, 공갈 또는 살상하는 통상의 범죄행위를 수반한다. 따라서 그러한 테러행위가 단지 정치적 동기에 의하여 촉발되어 '정치적 목적'을 달성하기 위한 수단으로 행해졌다는 이유만으로 이를 정당화할 수는 없을 것이다. 항공기 불법 납치, 파괴 행위에는 정치범 불인도의 원칙을 적용할 수 없다. 이러한 이유로 항공기 불법 납치, 파괴행위는 공히 일반 국제법상의 집단살해, 전쟁범죄, 인도에 반한 죄 그리고 마약거래 또는 노예무역 등과 같이 국제형사범죄로 간주되고 있다.

범인의 입장에서 보면 불법납치는 특정 국가에 대하여 정치적 요구 또는 공갈을 할 수 있는 반면, 불법 파괴는 익명으로 범할 수 있는 장점이 있으나 정치적 요구 등을 내세우기 어렵다. 동시에 항공기 불법납치는 불법파괴에 비해 위험부담이 더 큰 행위이다. 불법 납치는 불법체포, 감금죄와 같이 실행의 착수에서 종료까지 일정시간동안 위법상태가 계속되어야 하는 계속범이므로 이 시간동안 항공기 등록국 또는 도착지국 또는 승객의 국적국에 의한 진압, 사살, 또는 체포,재판 회부의 위험부담이 크다. 이러한 이유로 80년대 이후 항공테러는 차량폭탄, 우편물 폭탄과 같은 '얼굴 없는' 테러 수법에 편승, 폭파 위주의 테러로 변모하였다. 그러나 1987년 대한항공 858편 폭파사건 및 1988년 Pan Am 항공기 폭파사건의 범인들이 모두 체포, 기소, 유죄판결을 받음으로써 항공기 폭파범 역시 처벌을 면할 수 없다는 선례가 확립되면서 항공테러는 2001년 9.11 뉴욕에서의 동반 자살충돌 테러로 변모되었고, 새로운 전기를 맞고 있는 시점이다.

(4) 항공테러의 유형

1) 항공기 납치

적은 비용과 인력으로 최대의 효과를 달성할 수 있으며, 전 세계의 관심이 집중되어 테러범의 주장을 쉽게 전파할 수 있고, 또한 항공기 탑승자를 인질로 삼아 협상에 이용할 수 있으며, 또한 관련 국가의 인질은 대상 국가를 협박하는데 이용되기도 한다.

항공기 납치(Unlawful seizure of aircraft)는 가장 대표적인 항공 테러 유형으로 1931년 1월 21일 페루혁명분자가 혁명 행동강령을 살포하기 위해 펜암 우편물 수송기를 납치한 것이 세계 최초의 항공기 납치사건으로 기록되고 있다. 이때 납치된 조종사 리카드스는 30년 후 1961년 8월 3일 컨티넨탈 항공기가 납치됨으로써 역사상 2번이나 납치된 조종사로도 기록

되고 있다. 항공테러 중 항공기 납치가 수적으로 많은 이유는 테러리스트들이 그들의 정치적 목적을 주장하는데 적은 비용과 인력으로 짧은 시간에 최대한의 효과를 발휘할 수 있는 방법이 항공기 납치임을 알고 있기 때문이다. 특히 국제교류가 증대해 다양한 국적의 항공기 이용객을 이용하여 국제적인 이목을 모을 수 있고, 통신체계의 발달로 전 세계 구석구석까지 TV 등을 통해 테러목적과 테러범의 주장을 손쉽게 알릴 수 있다는 장점을 가지고 있다. 또한 항공기 이용객을 인질로 삼아 공격목표 대상국가를 위협할 수 있다는 것이 항공기 납치 증가의 원인이기도 하다. 현재까지 900여회 항공기 납치테러가 발생하였으며 항공 운송에 있어 가장 큰 위협이 되고 있다. 최근에는 단순 납치에 그치지 않고 9.11 테러에서 보듯이 납치한 항공기를 이용해 제2의 목표물에 자살충돌을 감행함으로써 피해가 더욱 커지고 있다.

2) 공항시설 공격

항공기 납치보다 용이하며, 공항출입자를 대상으로 무차별 총격을 가하거나 항공기의 안전운항에 영향을 미치는 항행안전 시설에 대한 폭파 공격을 말한다.

1968년 12월 26일 자동소총과 수류탄으로 무장한 팔레스타인 해방인민전선(PDFL)[14] 테러리스트 2명이 그리스 공항에 이륙 대기하고 있는 뉴욕행 엘 알 항공기를 향해 무차별 사격과 수류탄을 투척하는 무장공격으로 승객 1명이 사망하고 항공기가 심하게 파손되는 사건이 발생하였다. 또한, 1972년 5월 30일 이스라엘의 로드 공항터미널에서 에어프랑스 항공편으로 입국하는 승객을 향해 고조 오카모토 등 3명의 일본 적군파[15] 테러리스트들이 수류탄과 자동소총을 난사하는 무차별 무장공격으로 28명이 사망하고 70여명이 부상당하는 사건이 발생하였는데 테러리스트 2명은 이스라엘 보안요원의 반격으로 사살되었고, 나머지 한명인 고조 오카모토는 생포되었다. 2003년 3월 4일에는 필리핀 다바오 국제공항 여객터미널 승객대기실에 방치된 가방이 폭발하여 미국인 1명을 포함하여 20명이 사망하고

14) 팔레스타인 해방인민전선(PDFL: Popular Democratic Front for the Liberation of Palestine) 아랍 민족주의 운동의 일환으로 G.하바시에 의해 창설.

15) 일본 적군파(JRA: Japanese Red Army) 1969년 2개의 극좌파가 연합하여 이루어진 일본의 테러리스트 단체로서 1970. 3. 31 JAL(요도호) 공중납치사건, 대사관 점검테러 등을 자행한 테러단체.

146명이 부상을 당하는 사건이 발생하였다. 이와 같이 공항시설물 공격은 항공기 납치 또는 폭파와 같은 고도의 전문성이 요구되지 않고, 특히 폭발물이 장착된 가방을 승객들이 밀집한 터미널내 방치하여 폭파시킴으로써 불특정 다수에게 피해를 입히고 쉽게 적발되지 않는다는 점에서 다시 증가추세에 있다.

3) 휴대용 지대공 미사일 공격

이착륙중인 항공기 및 저고도 저속 항공기에 대한 휴대용 지대공 미사일 공격이 미사일 확산에 따라 급증하고 있으며, 미사일의 성능 개선으로 명중률이 향상되고 있다. 이로 인해 항공기에 대한 1차 피해 뿐만 아니라 피격 후 추락으로 인한 지상의 2차 피해의 우려가 증가되고 있다.

1952년 4월 29일 에어프랑스 소속 민간항공기가 승객 12명과 승무원 5명을 싣고 독일의 베를린을 비행하던 중 소련 전투기의 미사일 공격을 받아 2명의 승객과 1명의 승무원이 부상당하고 베를린에 비상착륙한 사건이 발생하였으며 이는 민간 항공기에 대한 최초의 미사일 공격으로 기록되고 있다. 1975년 1월 13일에는 2명의 테러리스트들이 136명의 승객과 9명의 승무원이 탑승하고 몬트리올을 향해 파리 오를리공항을 이륙하기 직전에 있는 엘 알 항공사 소속의 여객기를 향해 소련제 RPG-7 대전차 미사일을 발사하였으나 미사일은 엘 알 여객기를 빗나가 대신 자그레브를 향해 운항할 예정이었던 유고슬로비아 여객기 연료탱크에 명중하였으며 목표물에 대한 미사일 공격이 실패하자 테러리스트들은 추가로 한 발의 미사일을 공항 건물을 향해 발사하였다. 1998년 10월 10일에는 아프리카 콩고에서 반정부군에 의해 발사된 지대공 미사일에 민간인 긴급대피를 위해 운항 중이던 항공기가 맞아 추락하여 40명 전원이 사망하였다. 이러한 미사일 공격(MANPADS)[16]은 9.11 이후 전세계적으로 강화된 항공보안대책에 맞서 테러조직들이 원거리에서 사용 가능한 무기를 선호하고 있는데다 최근 휴대용 견착식 미사일을 손쉽게 구입할 수 있어 민간항공의 위협적인 테러형태로 등장하고 있다. 이에 ICAO 및 미국 TSA에서는 미사일 공격을 방어하기 위한 시스템을 개발하고 있으며 시범 운영중에 있다.

16) MANPADS: Man Portable Air Defence Systems.

4) 항공기 폭파

보안검색이 허술한 위탁수하물에 특수 제작된 폭발물을 장착하는 경우가 많으며, 단 한 번의 시도가 대량 인명살상으로 이어지고 있다. 폭발물 제조에 사용되는 폭약은 X-ray 탐색이 어려운 플라스틱폭탄 및 액체폭탄이 사용되고 있으며, 폭탄의 특성상 폭파 후 증거인멸이 용이하다. 그러나 이러한 테러의 유형은 승객/휴대물품 및 위탁수하물에 관한 보안검색 강화 및 보안 장비의 개발로 인해 점차 줄어들고 있다.

항공기 공격·폭파(sabotage of aircraft)는 항공기에 대한 파괴활동행위로 1949년 5월 7일 필리핀 PAL(DC-3) 항공기가 최초로 공중에서 폭파되어 탑승자 13명이 모두 사망하는 사건이 발생하였다. 이 사건은 거액의 보험금을 타낼 목적으로 남편을 살해하기 위해 저지른 사건이었으며 현재까지 100건 이상의 항공기 공중폭파사건이 발생하였다. 세계 최대의 항공기 공중폭파사건은 1988년 12월 21일 팬암 103(B747) 항공기 공중폭파사건으로 런던을 출발하여 뉴욕으로 운항하던 중 영국 로커비 상공에서 공중폭발[17]하여 탑승자 259명과 폭파된 기체 잔해가 지상에 떨어져 로커비 주민 11명 등 총 270명이 사망하였다. 사건 조사결과 리비아 정보원인 압델 알 메그라히가 카세트녹음기 속에 SEMTEX[18] 플라스틱 폭발물을 장착하여 몰타공항에서 보안검색이 허술한 위탁수하물로 탁송하여 폭파시켰으며 영국정부의 테러범 인도요청에 리비아 최고지도자 카다피가 인도를 거부함으로써 리비아가 서방국가로부터 경제제재조치를 당하게 되었다. 이후 국제사회의 오랜 봉쇄에 따른 정치적, 경제적 한계상황으로 인해 1999년 4월 리비아는 범인인 알 메그라히와 라멜 할리파 피마흐 등 2명의 신병을 인도하였으며, 스코틀랜드 재판부는 2001년 1월 31일 선고공판에서 압델 알 메그라히(48세)에게 종신형을 선고하였고, 라멘 할리파 피마흐(44세)에게는 무죄를 판결하였다. 항공기 공중폭파는 항공기 납치사건에 비해 적게 발생하지만 공중에서 발생하기 때문에 다른 테러사건보다 피해가 엄청나다. 또한 테러범들이 자행한 항공기 공중폭파가 성공한 후에는 범인 스스로 범죄행위를 밝히지 않는 이상 배후인물은 물론 폭파 증거들을 추적하기가 쉽지 않다. 테러범들이 주로 플라스틱폭탄인 C4 또는 SEMTEX

---

17) 일명 로커비 사건.

18) SEMTEX: 체코산 플라스틱 폭발물로서 팬암 103 항공기 폭파테러 및 DC-10기 폭파에 사용된 폭발물.

를 사용하고 있는데 모양이나 색상을 자유자재로 변형할 수 있어 항공기 어느 곳이든 설치가 가능하다.

5) 사이버 및 생화학 등 신종테러

전통적인 항공기 테러유형과 달리 비교적 최근에 등장하고 있고 테러형태로 사이버테러와 생화학 테러를 들 수 있다. 사이버테러는 공항의 운항, 관제 등 대부분이 첨단 전산시스템으로 운영되고 있는 현실에서 전산시스템에 대한 사이버공격시 공항과 항공기 운영이 마비되는 상황이 발생할 수 있다. 또한 9.11 테러 직후 미국이 빈 라덴과 탈레반 정권에 대한 테러와의 전쟁과정에서 탄저균 우편물이 의회, 국무부, 대법원, 중앙정보부, 언론사, 백악관 심지어 일반인에게까지 배달됨으로써 탄저병 환자가 잇달아 발생하면서 미국 사회 전체가 심리적 공포 속에 빠져든 적이 있는데 테러조직에 의한 생화학무기 가능성도 점점 우려되고 있는 상황이다.

6) 항공기 자살테러

가미가제식 항공기 자살테러로 항공기를 납치하여, 건물에 충돌함으로 탑승객 뿐만 아니라 지상에 2차적 피해를 입히는 테러 유형이다. 단 한번의 테러로 대량의 인명살상이 가능하다.

7) 액체폭발물 이용 항공기 테러위협과 대응동향

항공기가 활성화되고 여러 협약과 협약이 맺어지며 항공기에 대한 수요와 운반, 수송 등이 늘어감에 따라 테러리스트들의 테러에 사용되는 목표에 비행기도 포함되어 악용되고 있다.[19] 과거 항공기의 보안이나 여러 점검대책이 미비하던 시절에는 하이재킹이나 단지

19) 영국경찰은 2006. 8. 9~10간 알카에다 연계혐의 항공기 폭파테러 기도자 24명을 검거(파키스탄 당국도 자국인 3~4명을 적발)하였다. 이들은 8. 16을 D-day로 런던발 미국행 항공기 5대를 뉴욕, 워싱턴, 보스턴, 시카고, LA 등 5개 도시에서 동시 폭파하고, 2차로 미국행 항공기 12대에 탑승, 미국, 대서양 상공에서 폭파를 기도하였다. 이들은 스포츠 음료에 액체 폭발물을 넣고 카메라 또는 MP3에 숨긴 기폭장치를 연결하여 항공기를 폭파하려 했던 것으로 밝혀졌는데 이들의 폭파대상 항공기는 유나이티드, 아메리칸, 컨티넨탈 항공사 소속 여객기였던 것으로 확인되었는데 이들은 8. 10~12간 액체폭발물을 보안검색대 통과 및 기내 반입 등 사전예행연습 후 실행에 옮길 계획이었다.

폭발물을 설치하는 것만으로도 항공기에 대한 테러, 지상물에 대한 테러가 성공했으나 점차적으로 국가들이 테러에 대한 보안대책을 마련해 감에 따라 테러리스트들의 테러도 점차 다양화되어 가고 있다. 테러조직들이 기존 X-ray 장비나 ETD, CTX 등 폭발물탐지기 등 현재의 공항 보안검색시스템으로 적발해 내기 어려운 액체폭발물을 이용하려 했다는 것은 테러조직들은 끊임없이 테러목적을 달성하기 위해 지능화되고 교묘해지고 있다는 것을 보여주고 있다.

① 액체폭발물의 정의

흔히 폭발물은 고체와 기체 형태로 생각하지만 액체 형태도 가능하다. 고체 폭발물 가운데 가장 잘 알려진 것은 다이너마이트와 TNT다. 액체 폭발물은 일반적인 연소와 달리 고성능 폭발물의 연소율은 음속을 능가할 만큼 극도로 신속하며 대기의 압력보다 큰 '과도압력을 유발한다. 파괴력을 일으키는 데는 상당한 과도압력이 필요치 않다. 불과 1%의 과도압력 만으로도 유리창을 깨뜨릴 수 있다. 10%의 과도압력은 인명을 살상할 수 있고 건물에 구조적 피해를 입힌다. 여객기의 경우, 2%의 과도압력이면 창이 부서지고 10%면 운항중인 기체가 손상되고 인명피해도 일으킬 수 있다.

② 액체폭발물의 위험성

액체폭탄의 원리는 TNT와 같은 고체 폭발물과 똑같으나, 고체와 액체를 혼합한 폭발물도 있다. 재료를 구입하는데는 일반 가정에서 쓰이는 화학약품을 사용해도 될 정도로 쉬우며, 순수한 액체폭발물은 숙련된 화학 전문가라면 어렵지 않게 만들 수 있으나, 고체와 액체를 혼합하는 방식으로 그다지 많은 지식도 요구되지 않아 그 위험성이 더 크다.

액체 폭발물 중 대표적인 것은 '액체 폭탄'으로 불리는 '니트로글리세린 이다. 니트로글리세린은 기름기가 흐르는 노란색 액체로 폭발성이 강력해 2-3ℓ정도만 기내에 반입해 터뜨려도 비행기의 한 면을 날려버릴 수 있을 것으로 지적되고 있다. 이 물질은 볼펜 꼭지 정도의 작은 기폭장치를 설치한 뒤 건전지로 작동되는 이동용 전자장치로 작은 충격만 가해도 폭파시킬 수 있기 때문에 테러에 악용되기 십상이다.

메틸 나이트레이트라는 액체 화학물질은 다른 물질과 섞이는 즉시 폭발하기 때문에 기폭장치 없이도 폭파시킬 수 있다. 대인 지뢰는 메틸 나이트레이트의 이런 특성을 이용해 지뢰를 밟을 경우 용기가 깨져 폭발이 일어나도록 만들어졌다. 매니큐어를 지우는 아세톤이나 소독제, 염색약 등도 따로 들고 들어가 이를 혼합할 경우, 폭발물이 되는 것으로 전문가들은 지적한다. 또 황산이나 소독제로 쓰이는 과산화수소 등도 TATP(트리아세톤 트리페록사이드)라는 폭발물질과 혼합할 경우 강력한 폭발력을 가질 수 있는 것으로 전해졌다.

③ 액체, 분무, 젤류 기내반입 제한 조치

2008년 6월 런던발 미국행 항공기를 납치 액체폭발물을 이용해 폭파시키려던 테러조직의 테러기도는 비록 실패로 끝났지만 기존 공항의 검색시스템이 적발해내기 불가능한 액체폭발물을 이용하려 했다는 것 자체만으로도 충격적인 사건이었다. 이 사건 직후 액체류에 대한 기내반입 제한조치가 미국과 영국에서 즉각 시행되었으며 연이어 유럽연합(EU)에서 액체·젤류에 대한 기내반입제한조치를 시행하였다. 일부 액체폭발물 탐지장비가 개발되어 설치된 공항이 있긴 하나 100% 신뢰할 수는 없고, 인증된 장비도 아니여서 추가로 장비를 도입해 해결할 수 있는 문제도 아니다. 현재로서는 보안검색과정에서 액체폭발물을 완벽하게 걸러낼 수 있는 방법이 별무하기 때문에 비효율적이긴 하나 가장 원초적 방법으로 액체·젤류의 기내 반입을 전면 통제하는 방법 밖에 없다. 이 방법은 간단해 보이긴 하지만 승객의 불편과 인내를 요구하고 공항보안검색과정에서 액체·젤류를 찾아내야 하는 수고를 가중시키고 면세점 등 관련 항공업계에 미치는 파급영향도 크다.

뿐만 아니라 ICAO는 2007년 1월 5일 190개 전 회원국에 액체·젤류(LAGs)[20]에 대한 보안통제 지침을 하달, 체약국들이 시행할 것을 권고함에 따라 전 세계적으로 확대 시행되었다.

(5) 항공테러의 변화[21]

항공테러의 추세는 항공기 납치의 경우 국가 간 국제협약과 공항 및 항공사의 계속적인

20) LAGs: Liquids, Aerosols and Gels

21) 김철환, 항공안전보안개론, 대왕사, 2004, 30~33면.

보안 강화와 효과적인 검색 시스템의 발전으로 점차 줄어드는 경향을 보이나, 비행중인 항공기에 대한 공격은 1980년대 이후 일정한 비율을 유지하고 있으며, 지상 목표물 공격은 지속적으로 증가하는 추세를 보이고 있다. 이는 항공기로의 직접적인 접근이 점차 어려워짐에 따라 상대적으로 접근이 용이하고, 공격이 쉬운 목표를 선택하여 공격하기 때문이다. 이러한 이유로 항공기에 직접적으로 접근하지 않고도, 안전하게 항공기를 공격하고 도주할 수 있는 휴대용 지대공 미사일 공격이 점차 증가하고 있다.

각 국가들은 테러지원국을 공격하거나 경제적인 제제를 가함으로써 테러 지원국의 테러 지원 활동을 약화시켰으며 테러 분자나 테러 조직을 사전에 분쇄하는 작전을 사용하기도 하였으며, 특수부대를 육성, 이용하는 Anti-Terrorism Program을 운영하는 등의 적극적 테러 방지 활동을 수행해 왔다. 그러나 항공운송은 테러리스트들의 매력적인 대상이 될 수 밖에 없는 상황이어서 항공보안 수준의 향상은 항공운송업의 지속적인 과제로 인식되고 있다.

1) 1940~1950년대

항공 테러리즘은 초창기 동구 공산권 국가에서 서방 자유국가로 탈출하여 정치적 망명을 하기 위한 수단으로 사용되었다. 제2차 세계대전 이후 동서로 나누어져 공산권국가들과 심각한 이데올로기 대결을 벌였던 서방국가들은 자유민주주의 체제의 우월성을 과시하기 위해 공산국가에서 서방자유진영으로 항공기를 납치하는 하이재커(Hijacker)에 대해 대부분 아무런 처벌없이 정치적 망명을 허락하였으며 심지어는 이들 하이재커들은 영웅시하는 경향을 보이기도 하였다. 이러한 경향은 항공기 납치를 더욱 촉진시키는 요소로 작용하기도 하였다.

2) 1960~1970년 초반

1960년 중반이후 테러리스트들이 항공기 납치를 그들의 정치적 목적을 달성하기 위한 수단으로 이용함으로써 항공기 납치는 심각한 문제로 등장하였다. 실제 1968년과 1972년 사이에 절정을 이룬 항공기 납치는 1969년 한 해만 해도 85건이 발생해 매주 2건의 납치사건이 발생하였는데 주로 미국에서 쿠바로 향하는 항공기 납치사건이 많이 발생하였다.

3) 1970년 중반~1990년

이 시기는 각국이 항공기 납치에 대한 대응을 위하여 모든 국제항공승객과 기내반입 수하물에 대하여 보안검색을 실시하는 것을 국제표준으로 하고, 각국 정부가 국가 민간항공보안프로그램을 운영하는 등 보안을 강화함에 따라 항공기 납치 뿐만 아니라 직접적인 항공기 폭파 등 다양한 항공테러의 수법이 등장하게 되었고 항공범죄의 발생 건수는 점차 줄어들게 되었다.

4) 1990년~2000년

그동안 감소되었던 항공기 납치사건이 다시 증가하였는데 92년 한해 12건의 항공기 납치사건이 발생하기도 하였다. 특히 중국을 탈출하여 대만이나 다른 국가로 향하기 위하여 항공기를 납치하는 경우가 많이 발생하였다.

5) 2001년~현재

2001년 9월 11일 항공기를 납치, 무기로 사용하는 새로운 형태의 테러가 발생하였으며, 생화학 테러와 견착식 미사일을 사용한 지상 외곽에서 이착륙하는 항공기에 대한 공격이 증가하고 있으며, 테러리스트들이 공항의 보안검색에 적발되지 않는 위장형 무기, 액체폭발물 등 신종 테러무기를 이용한 테러시도가 등장하고 있다.

6) 9.11 테러[22]

① 사건 개요

2001년 9월 11일 미국 뉴욕, 워싱턴 등에서 오사마 빈 라덴의 지시로 알 카에다 테러조직원 19명이 항공기 4대를 동시에 납치하여 조종사와 승무원 등을 살해하고 납치범들이 직접 조종하여 납치한 항공기 2대는 세계무역센터 건물에 충돌시키고, 1대는 미국 국방성(펜타곤) 건물에 충돌시켰으며, 나머지 1대는 백악관으로 향하다 승객들과 격투과정에서 펜실베니아 들판에 추락하는 동시 다발적인 자살충돌테러 사건이 발생하였는데 이는 사상

22) 미 9.11 테러 진상위원회 보고서, 2004.

최대의 항공테러사건이었다. 이 사건으로 항공기 4대에 탑승하고 있던 탑승객(승객 228명, 승무원 33명)을 포함해 세계무역센터 붕괴로 총 3,021명이 사망하고 약 2,000억 달러의 재산상 피해가 발생하였다.

9.11 테러는 알 카에다 테러조직이 항공보안이 상대적으로 허술한 미국내 국내선 항공기를 납치하였고 사전에 치밀한 계획과 납치범들이 직접 항공기 조정훈련을 받아 감행한 사건이었다. 이런 엄청난 테러를 자행하는데 동원된 테러범은 겨우 19명이었고 테러범들이 사용한 테러무기도 우리가 상상하는 총이나 폭발물이 아니라 단순한 휴대용 칼 또는 박스 절단용 커터 등을 이용하였다. 이 테러사건은 사상 유례가 없는 비국가적 행위자에 의한 테러행위였으며, 최초로 미국본토에서 자행된 대형테러공격이었다. 경제패권의 상징인 세계무역센터와 군사패권의 상징인 국방성을 공격함으로써 미국이 주도하는 세계경제체제와 국제안보체제에 도전한 것이다.

② 9.11 테러이후 항공보안 대응

ICAO는 9.11 테러 직후 몬트리올에서 개최된 제33차 ICAO 총회('01. 9. 25~10. 5)에서 A33-1 결의안으로 민간항공기를 민간항공과 관련된 테러행위 및 파괴무기로 오용하는 것에 대해 강력히 비난하는 선언을 채택하였다. 2002년 2월 19일에는 ICAO 체약국 장관급 항공보안회의가 개최되어 ICAO 관련 부속서 및 항공보안 규정을 보완하고 부속서 17에 항공안전 감독 규제능력을 강화하여 3년내 체약국이 보안점검을 실시토록 결의하였으며, 체약국의 공항 및 항공보안프로그램을 점검하는 항공보안 감사프로그램을 수립하여 체약국에 대한 ICAO 부속서 17(항공보안)의 준수실태를 점검하는 항공보안감사를 2008년까지 모든 체약국에 실시토록 결의하였다.

미국은 9.11 항공테러의 직접적인 피해국가로서 항공보안을 강화하여 많은 대책을 강구하였다. 2001년 11월 19일에 항공 교통보안법을 제정하였는데 이는 항공교통보안업무를 담당하는 FAA의 문제점을 보완하고, 교통보안 업무만을 전담하는 조직을 구성하여 미국 교통부(Department of Transportation: DOT) 산하에 차관을 청장으로 하는 교통보안전문 국가기구인 교통보안청(TSA)[23]을 신설하여 항공을 비롯한 버스, 철도 등 육상교통 및 해상운송, 항만보안 등 교통전반의 보안업무를 담당하도록 하였으며, 공항보안검색 강화를 위해 연방정부에 고용된 보안검색요원 28,000명을 배치하였다.

제2절 동경협약

동경협약의 목적을 요약하면 항공기의 안전과 기내의 인명과 재산 그리고 일반적으로 민간항공의 안전을 도모하기 위하여 제정된 것인데, 이와 같은 목적은 첫째, 관할권에 관한 규칙의 통일, 둘째 관할권의 공백을 채우는 문제, 셋째 기내의 법과 질서의 유지, 넷째 협약에 따라서 행동하는 사람의 보호, 다섯째 하기된 사람(Disembarked Persons)의 이익보호, 마지막으로 항공기 하이재킹의 문제 등을 다루기 위한 것으로 분류해 볼 수 있다.

1. 역사적 배경과 동경협약의 성립

국제항공법에서는 항공기 내에서 발생한 범죄에 대하여 어느 나라가 관할권을 가지는가를 결정하는 것이 필요하게 되었다. 이 문제는 1902년부터 국제항공법학자들의 주된 관심사였다. 1919년 체결된 파리협약이나 1944년에 체결된 시카고협약(국제민간항공협약)에서는 영공에 관한 주권원칙이 인정되어 왔다.

그러나 실제로 항공기 등록국 이외의 타국가가 관할권을 행사하고자 할 때 복잡한 문제가 발생한다. 더구나 공해상공을 비행하는 항공기의 경우에는 관할권의 공백이 생기며 경우에 따라서는 범죄가 발생했을 순간에 어느 나라 영공을 비행하고 있는지 분명치 않은 경우도 있기 때문이다.

국제법학회와 형법학회에서는 형사관할권의 입법화[24]의 필요성을 널리 호소하였으며

---

23) TSA: Transportation Security Administration

24) 토의과정에서 대두된 5가지 이론과 주장을 소개하면 다음과 같다.
ⓐ 영토이론: 범죄가 발생한 영공관할권의 법률이 적용되고 그 법원에서 처리되어야 한다.
ⓑ 국적이론: 항공기가 등록된 국가의 법에 적용되어야 한다.

1950년대에 들어와서 ICAO의 법률위원회가 이 문제를 기장의 법적지위와 관련하여 의제로 삼게 되었다. 이와 같은 배경 하에 1956년 카라카스에서 개최된 ICAO 총회에서 항공기내에 있어서의 범죄에 관한 재판관할권과 기장의 법적지위의 문제를 협약화하는 방향으로 결의를 하였다. 이 결의를 받아들여 ICAO의 법률소위원회가 이에 관한 협약 초안을 작성하였는데 1958년에는 몬트리올 초안이 그리고 1959년에는 그 수정안인 뮌헨초안이 작성되었다. 법률위원회는 1962년 8월부터 로마에서 최종초안을 작성하기 위한 회의를 개최하였고 그 결과를 기초로 하여 협약 채택을 위한 외교회의가 1963년 8월 20일부터 9월 14일까지 61개국의 대표가 참가하여 동경에서 열렸다. 이 외교회의에서 「항공기내에서 행하여진 범죄 및 기타행위에 관한 협약(Convention on Offences and Certain Other Acts Committed on Board Aircraft)」이 채택되었는데 동경에서 체결되었기 때문에 일반적으로 「동경협약」이라고 불리며 또한 「기내범죄방지협약」으로도 호칭되고 있다. 동경협약은 7장, 26개 조문으로 구성되어 있고 항공기내 범죄의 정의, 항공기내 범죄에 대한 재판관할권, 기장의 권한, 체약국의 권리와 의무, 범죄인의 인도 등을 주된 내용으로 하고 있다. 동경협약의 서명국은 41개국이고 1969년 12월 4일 발효되었다. 우리나라는 1971년 5월 20일 당사국이 되었으며 2018년 12월 현재 동 협약의 가입국은 186개국이다.

2. 동경협약의 범위와 목적

협약 제1조 제1항에 따르면 본 협약의 적용은 다음과 같다.

가) 형법상의 범죄와

나) 범죄의 구성여부를 불문하고 항공기와 기내의 인명 및 재산의 안전을 위태롭게 할 수 있거나 하는 행위 또는 기내의 질서 및 규율을 위협하는 행위에 적용된다. 그러나 제1

ⓒ 혼합이론: 항공기가 등록된 국가의 법과 더불어 범죄가 발생한 영공 관할국이 보안과 공공질서가 위협을 받을 때 그 국가의 법도 적용된다.

ⓓ 항공기 출발국가의 법이 적용되어야 한다는 이론

ⓔ 항공기 착륙국가의 법이 적용되어야 한다는 이론(이 경우 기장의 기착지 변경에 따라 관할권도 변경될 수 있다.)

조 제4항에 따라 군용, 세관 또는 경찰용 업무에 사용되는 항공기에는 적용되지 않는다.

위의 적용범위 중 가)의 형법상의 범죄(Offences against penal law)의 개념은 반드시 분명하지는 않다. 예컨대 세관, 위생, 기타 행정상의 범죄, 즉, 모든 법정범을 포함하는 것인지 그 여부는 분명치 않다. 이러한 것들도 형법상의 범죄에 포함된다는 설[25]이 있지만 항공기의 비행 중이라는 한정된 상황에서의 범죄라는 점을 고려하여 소극적으로 해석하는 것이 타당하다고 본다.[26]

나)와 관련하여서는 항공기 등의 안전의 침해이거나 침해의 위험성 유무, 또는 항공기내 질서 및 규율의 침해의 유무가 기준이 되어 판단되기 때문에 이것이 형법상의 범죄이냐 그 여부는 판정하기 어렵다. 역으로 밀수 또는 스파이 활동 등의 위법행위가 있더라도 이것들이 항공기내의 질서 등에 직접 관계가 없는 것은 제외된다. 가) 및 나)에 해당되는 행위인가 아닌가는 종국적으로 관할법원에 의하여 판단된다. 이와 같은 행위에 관하여 협약이 적용되는 것은 기장의 권한에 관한 경우를 제외하고는 이러한 것들이 체약국에 등록된 항공기의 비행 중이거나 공해상 또는 어느 국가의 영역에도 속하지 않는 지상에 있는 동안 기내에서 행하여진 것에 국한되기 때문에(동 협약 제1조 제2항) 일차적으로는 관할권은 등록국의 법원이 갖게 되고(동 협약 제3조 제1항) 부차적으로는 그 밖의 나라들의 법원이 갖게 된다.

여기서 비행 중이라 함은 항공기가 이륙의 목적을 위하여 동력이 시동을 건 때로부터 착륙을 위한 활주가 끝난 때까지의 기간을 의미한다(동 협약 제1조 제3항).

정치적, 인종적, 종교적 성격을 가지고 있는 범죄에 관하여는 동경협약의 목적에 비추어 볼 때 이러한 것들에 대한 조치를 승인하거나 요구할 수 없다고 볼 것이다.[27]

또한 본 협약은 항공기 및 항공기내의 인명과 재산의 안전의 보호를 목적으로 하는바 이를 위해

25) Nicolao M. Matte, Treaties on Air−Aeronautical Law, 1981, p.337, footnote(28).

26) 板本昭雄, 三好 晋,「新國際航空法」, 有信當, 1999, 172頁.

27) 板本昭雄, 三好 晋, 前揭書, 173頁.

가) 공해상공에서 범죄가 발생했거나 어느 나라 영공인지 구분이 안 되는 곳에서 발생한 범죄에 대하여 적용 형법을 결정하고,

나) 항공기의 안전을 저해하는 기상에서의 범죄와 행위에 대한 기장의 권리와 의무를 명확히 하고,

다) 항공기의 안전을 저해하는 범죄와 행위가 발생한 후 항공기가 착륙하는 지역 당국의 권리와 의무를 명확히 하는 것을 내용으로 하고 있다.

3. 재판관할권

동경협약은 항공기의 등록국은 동 항공기에서 행하여진 범죄나 행위에 대하여 재판관할권을 갖는다고 규정하고 있는바(동 협약 제3조 제1항) 재판관할권에 관하여 등록국주의를 원칙으로 채택하고 있다.

이와 같은 등록국주의를 채택한 결과로 동 협약은 체약국인 등록국에게 기내범죄를 재판하기 위한 국내법상의 재판관할권을 설정할 의무를 지우고 있다(동 협약 제3조 제2항).

한편 동 협약 제3조 제3항은 이 협약은「국내법에 따라 행사하는 어떠한 형사재판관할권도 배제하지 아니한다.」고 규정하고 있는 바 이는 어떠한 나라도 그의 국내법에 따라 형사재판관할권을 행사할 수 있다는 것을 규정한 것이다. 이를 형사재판관할권의 경합을 인정한 것으로 보는 학설이 있다.[28]

동 협약 제4조는 등록국이 아닌 체약국이 기내범죄에 관한 형사재판권의 행사를 목적으로 비행 중의 항공기에 대하여 간섭할 수 있는 경우를 다음과 같이 규정하고 있다.

가) 그 범죄가 그의 체약국에 대하여 영향을 미칠 경우

나) 그 범죄가 그의 체약국의 국민이나 또는 그의 체약국에 항구적인 거소를 가진 자에 의하여 또는 이들에 대하여 행해진 경우

다) 그 범죄가 체약국의 안전에 해를 주는 경우

28) Matte, *op. cit*, pp.338~339.

라) 그 범죄가 그의 체약국에서 시행되고 있는 비행 또는 항공기의 조종에 관한 규칙이나 법규에 위반된 경우

마) 그의 형사재판관할권의 행사가 다수국간의 협정에 기초하여 체약국의 의무의 준수를 필요로 하는 경우

비행 중의 항공기에 대해 간섭한다(Interfere with an aircraft in flight)는 것은 항공기를 착륙시키던지 지연시키게 할 수 있다는 것이다. 이와 같은 생각은 영공주권과의 관계에서 항공기의 비행하는 하위국의 권리로서 논의되었던 것이며 뮌헨 초안에서도 이것은 하위국의 권리로서 수정되었다. 그러나 동경협약에서는 이것은 조건부 권리로서 단순히 하위국뿐만 아니라 등록국 이외의 체약국 일반의 권리로 수정되었다. 그렇지만 비행 중의 항공기에 대한 간섭이라고 하더라도 하위국 이외의 나라가 행할 수 있는 대응이라는 것은 전혀 제한되어 있기 때문에 사실상 불가능에 가깝다. 또한 하위국의 간섭도 실제상의 방법에 있어서는 극히 한정적이다.[29]

동경협약 제4장 제11조는 항공기의 하이재킹을 다루고 있는데 다음과 같이 규정하고 있다.

① 기내에 탑승한 자가 불법적으로 폭행 또는 협박에 의하여 비행중인 항공기를 방해하거나 납치하는 행위 또는 기타 항공기의 관리를 부당하게 행사하는 행위를 범하였거나 또는 이와 같은 행우가 범하여지려고 하는 경우에는 체약국은 동 항공기가 적법한 기장의 통제에 들어가고 그가 항공기의 통제를 유지할 수 있도록 모든 적절한 조치를 취하여야 한다.

② 전항에 규정된 사태가 야기되는 경우 항공기가 착륙하는 체약국은 승객과 승무원이 가급적 조속히 여행을 계속하도록 허용하여야 하며 또한 항공기의 화물을 각각 적법한 소유자에게 반환하여야 한다.

---

29) 板本昭雄, 三好 晋, 前揭書, 174頁.

동 협약 제11조 (1)항에서 알 수 있는 것은 모든 체약국이 하이재커(Hijacker)에 대하여 적절한 조치를 취할 수 있는 권리가 있다는 점이다. 여기서 체약국을 복수로 명시한 것은 모든 체약국이 하이재킹이 발생한 경우에는 개입할 수 있다는 기초자의 의도를 알 수 있다. 따라서 항공기 등록국가이든 범죄와 관련 있는 국가이든 하토국[30]이든 관계없이 체약국 전체를 의미하고 있다. 동 협약 제11조 (1)항에서 언급하고 있는 '적절한 조치'(Appropriate Measure)란 입법관할권 뿐만 아니라 집행관할권의 행사도 의미한다.

4. 「비행 중(In Flight)」의 정의

본 협약의 제1조 제3항에 의하면 "항공기는 이륙의 목적을 위하여 시동이 된 순간부터 착륙활주가 끝난 순간까지를 비행 중인 것으로 간주한다."라고 규정하고 있다.

그러나 기장의 권한과 관련해서는 "항공기는 승객의 탑승이후 외부의 문이 폐쇄된 순간부터 승객이 내리기 위하여 상기 문들이 개방된 순간까지의 어떠한 시간도 비행 중인 것으로 간주한다."고 별도 규정을 두고 있다(제5조 제2항).

첫 번째 정의는 지상 제3자의 손해배상에 관한 로마협약(1952)에서 응용하였으나 두 번째 정의는 실제적인 목적을 위하여 동경협약에 추가되었다.

결국 위의 2가지 정의로서 항공기가 폐문된 상태에서는 어떤 순간에도 협약이 적용되도록 보장한 셈이다.

5. 기장의 권한과 책무

항공기 기장은 항공기의 운항 및 안전에 대하여 최종적인 책임을 지고 있는 자이다. 통상 항공기의 기장이라고 할 때는 첫째, 항공기에 탑승하여 항공기를 조종할 수 있는 자 또는 기장면장을 가지고 있는 자 둘째, 항공기에 실제 탑승하여 기장이라는 승무 역할에 따

30) 下土國은 영어로 'state overflown'인데 비행기가 어느 영토국을 비행할 때 그 국가를 말하며 '비행하부국'이라고도 부를 수 있다.

라 조종을 행하는 자 셋째, 비행 중 항공기의 운항 및 안전에 관하여 기장으로서 법정책임을 가지고 있는 자로 나눌 수 있는데 동경협약에서 말하는 기장은 세 번째 경우의 기장을 말한다.[31] 협약에서는 'Aircraft Commander'라고 표현하고 있다.

기장의 권한에 대해서는 본 협약 제6조 제1항에서 다음과 같이 규정하고 있다.

기장은 항공기내에서 어떤 자가 제1조 제1항에 규정된 범죄나 행위를 범하였거나 범하려고 한다는 것을 믿을 만한 상당한 이유가 있는 경우에는 그 자에 대하여 아래와 같은 목적으로 감금을 포함한 필요한 조치를 취할 수 있다.

가) 해당 항공기와 기내의 인명 및 재산의 안전의 보장

나) 해당 항공기 내의 질서와 규율의 유지

다) 본장의 규정에 따라 상기자를 관계 당국에 인도하거나 또는 항공기에서 하기 조치를 취할 수 있는 권한의 확보

또한 기장은 자기가 감금할 권한이 있는 자를 감금하기 위하여 다른 승무원의 원조를 명령하거나 권한을 부여할 수 있으며 또한 승객에게 명령할 수 있는 것은 아니지만 원조를 요청할 수 있다(동 협약 제6조 제2항).

이것들은 기장의 권한을 실효적인 것으로 하기 위하여 설정한 조치이다. 승무원이나 승객도 항공기 기내의 인명 및 재산의 안전을 보호하기 위하여 합리적인 예방조치가 필요하다고 믿을만한 상당한 이유가 있는 경우에는 기장의 권한부여가 없어도 즉각적으로 상기 조치를 취할 수 있다(동 협약 제6조 제2항).

본 협약에서의 범죄에 관한 판단은 전적으로 기장의 판단에 맡겨질 수밖에 없는데 이 협약에 따라 제기되는 소송에 있어서 항공기 기장이나 기타 승무원, 승객, 항공기 소유자나 운항자는 물론 비행의 이용자는 피소된 자가 받은 처우로 인하여 어떠한 소송상의 책임도 부담하지 아니한다고 하여(동 협약 제10조) 기장 또는 그 밖의 사람들이 항공기의

31) 이 경우의 기장은 항상 조종석에 있어가지고 그 항공기의 조종만을 맡는 것에 국한하지 않는다. 운항승무원을 복수로 편성하여 장거리 운항을 하는 경우 기장은 별도의 유자격자에게 맡기는 경우가 있다.

안전상 취한 조치에 대하여 위법성을 조각시키고 있다. 그러나 기장의 기타 조치에 관하여 권한의 남용이 있는 때에는 위법성은 조각되지 않는다.

기장이 이들 기내의 범죄행위에 대하여 권한을 행사할 수 있는 것은 항공기가 승객의 탑승 이후 외부로 통하는 모든 문이 폐쇄된 때로부터 승객이 하기하기 위하여 상기 문들이 열릴 때까지이다. 불시착의 경우에는 그 나라의 관헌이 도착하여 책임을 인계받을 때까지이다(동 협약 제5조 제2항). 국내항공에 있어서는 그 나라의 국내법이 적용되기 때문에 동경협약은 적용되지 않는다.

특정인에 가하여진 감금조치는 가)착륙지점이 비체약국의 영토 내에 있으며, 동 국가의 당국이 상기특정인의 상륙을 불허하거나 나)항공기가 불시착하여 기장이 상기 특정인을 관계당국 인도할 수 없는 경우 다)동 특정인이 감금상태 하에서 계속 비행에 동의하는 경우를 제외하고는 항공기가 착륙하는 지점을 넘어서까지 운송이 계속되어서는 아니 된다(동 협약 제7조 제1항). 항공기 기장은 기내에 특정인을 감금한 채로 착륙하는 경우, 가급적 조속히 그리고 가능하면 착륙이전에 기내에 특정인이 감금되어 있다는 사실과 그 사유를 당해국의 당국에 통보하여야 한다(동 협약 제7조 제2항).

한편, 기장은 항공기 또는 기내의 인명과 재산의 안전을 보장하기 위하여 또는 그 항공기내의 질서 및 규율유지를 위하여 필요한 경우는 협약 제 1조에서 규정하고 있는 범죄행위를 범하였거나 범하려 한다는 믿을만한 상당한 이유가 있을 때에는 누구임을 막론하고 항공기가 착륙하는 국가에 그 자를 하기시킬 수 있는 권한이 있다(동 협약 제8조 제1항).

이 경우 항공기 기장은 특정인을 하기시킨 국가의 당국에 대하여 특정인을 하기시킨 사실과 그 사유를 통보하여야 한다(동 협약 제8조 제2항).

또한 항공기 기장은 자신의 판단에 따라 등록국의 형사법에 중대한 범죄(Serious Offence According to the Penal Law)를 기내에서 범하였다고 믿을만한 상당한 이유가 있는 자에 대하여 누구임을 막론하고 항공기가 착륙하는 영토국인 체약국의 관계당국에 그 자를 인도할 수 있다(동 협약 제9조 제1항).

이 경우 기장은 가급적 조속히 그리고 가능하면 착륙이전에 동 특정인을 인도하겠다는 의도와 그 사유를 동 체약국의 관계당국에 통보하여야 하고(동 협약 제9조 제2항) 범죄인 혐의자를 인도하는 당국에 대하여 등록국의 법령 상 적법하게 소지하는 증거와 자료를 제공하여야 한다(동 협약 제9조 제3항).

중대한 범죄의 판단여부와 등록국의 법령상 적법한 증거와 자료인지 여부 판단 문제는 기장에게 어려운 문제이나 기장이 갖고 있는 일반적인 법적의식을 전제로 판단할 수밖에 없다. 기장이 이 협약의 조항에 근거하여 인도한 경우에는 체약국은 그 자를 인수하지 않으면 안 된다(동 협약 제13조 제1항). 즉, 당해 체약국은 기장이 인도하는 자를 수령할 의무가 있다.

6. 체약국의 의무와 권한

체약국의 의무와 권한에 대해서는 동경협약 제12조에서 제15조에 걸쳐 규정하고 있다. 체약국의 의무로서는 특정인의 하기조치를 용인할 의무(동 협약 제12조), 기장이 인도하는 자를 인수할 의무(동 협약 제13조 제1항), 동 협약 제11조 제1항에 규정된 행위(항공기의 불법점유)를 범한 피의자와 동국이 인수한 자의 신병을 확보하기 위한 구금 등 기타 조치를 취할 의무(동 협약 제13조 제2항), 이상의 사실에 대한 예비조사의무(동 협약 제13조 제4항) 등이 있다.

체약국의 권한으로서는 항공기에서 하기케 하거나 또는 인도 받은 자를 재판 또는 국외에 송환시킬 권한이 있다(동 협약 제13조 제5항, 동 협약 제14조).

또한 정당하다고 인정할 경우에는 그러한 자의 억류 또는 기타조치를 취할 수 있다. 이는 권한인 동시에 의무이기도 하다. 체약국이 억류 또는 기타 조치를 취하는 것은 그 자의 소재를 확실하게 하기 위한 것이지만 이것은 형사소송절차상 범죄인 인도절차를 개시하기 위하여 합리적으로 필요한 기간에 한한다(동 협약 제13조 제2항). 예비조사를 실시한 국가는 항공기의 등록국, 그 자의 국적국 및 기타 이해 관계국에 대하여 조사의 결과와 재판권을 행사할 의사가 있는 가의 여부를 통보하여야 한다(동 협약 제13조 제5항).

7. 인도

인도에 관한 사항은 제15조 및 제16조에서 언급되고 있으며, 특히 제16조에서 중요한 내용을 규정하고 있다.

즉, 제16조 제1항에 의하면 체약국에서 등록된 항공기 내에서 행하여진 범행은 범죄인 인도 목적을 위해 그 범죄가 실제로 발생한 장소에서 뿐만 아니라 항공기 등록국의 영토에서 발생한 것과 같이 취급되어야 한다. 그러나 제2항에서 전항의 규정에도 불구하고 본 협약의 어떠한 규정도 범죄인 인도를 허용하는 의무를 창설하는 것으로 간주되지 않는다고 하여 분쟁의 소지를 마련하고 있는데, 이는 협약으로서는 항공기내에서의 범죄를 범한 범죄인 인도협약으로부터 탈락을 방지함과 동시에 그 취급에 관하여 그것들을 범죄인 인도협약에 맡겼다고 보아야 할 것이다.

8. 국제공동 및 국제운항기구

공동으로 항공운송사업을 행하거나 국제기구에 의해 운영되는 경우에 대하여는 제18조에 명시되어 있다. 즉, 여러 체약국들이 이들 중 어느 한 국가에도 등록되지 아니한 항공기를 운항하는 공동항공운송운항기구나 국제적인 운영기관을 설치할 경우에는 이들 체약국은 그때 그때의 상황에 따라서 본 협약의 적용상 등록국으로 간주될 국가를 그들 중에서 지명하고 그 사실을 ICAO에 통고하여야 하며, ICAO는 본 협약의 모든 체약국에게 이와 같은 통고를 전달하여야 한다.

분쟁의 해결에 관한 조항은 제24조로서 본 협약의 해석이나 적용에 있어서 2개 또는 그 이상의 체약국간 분쟁이 있는 경우 해결방안을 제시하고 있는데 첫째, 당사국간 협상, 둘째, 제3자를 포함한 중재, 셋째, 국제사법재판소에 제소 이렇게 세 가지이다. 그러나 본 협약에 대한 서명, 비준 또는 가입 시에 어느 국가는 자국이 전항에 구속하지 아니한다는 것을 선언할 수 있다. 기타 체약국은 이러한 유보(Reservation)를 선언한 체약국과의 관계에서는 전항에 구속되지 아니한다(동 협약 제24조 제2항).

제3절 헤이그협약

1. 협약의 체결배경

1963년 동경협약이 체결된 후에도 하이재킹 행위는 빈번히 발생하였으며 특히 중동지역이나 캐러비안 지역에 집중되어 있다. 그리고 그 숫자도 1968년도에 30건을 넘어섰고 1969년에도 81건에 달하는 등 방치할 수 없을 정도에 도달하였다. 이에 ICAO는 1968년 9월 3일부터 26일까지 부에노스아이레스에서 개최된 총회에서 민간항공기의 불법탈취에 관한 결의를 채택하였고 이사회가 이 문제에 대처하기 위한 조치를 검토할 것을 결정하였다. 이 결의의 결과로 ICAO 법률위원회가 동경협약에서 충분히 대처할 수 없었던 여러 가지 문제점을 보완하는 새로운 협약의 초안을 기초하였고 1970년 12월에 새로운 협약을 채택하기 위한 외교회의가 헤이그에서 개최되어 「항공기의 불법한 납치의 방지에 관한 협약(Convention for the Suppression of Unlawful Seizure of Aircraft)」을 채택하였다. 이것이 소위 말하는 「헤이그협약」이며 「항공기 불법납치 방지협약」이라고 불리고 있다.

헤이그협약은 동경협약과 내용적으로 중복되는 규정도 있지만 하이재킹 방지라는 관점에서 볼 때 독립의 협약으로서 동경협약을 보완하고 있다는 점에 그 의의가 있다. 이 협약은 1971년 10월 14일 발효되었고 우리나라는 1978년 1월 18일 당사국이 되었다. 2018년 12월 현재 가입국은 185개국이다.

2. 범죄의 정의

헤이그협약은 제1조에서 비행 중의 항공기내에서 행하여진

가) 폭력(Force) 또는 위협(Threat)에 의하여 또는 그 밖의 어떠한 다른 형태의 협박(Any other form of Intimidation)에 의하여 불법적(Unlawfully)으로 항공기의 납치(Seizure) 또는 그와 같은 행위를 시도(Attempt)하고자 하는 경우 또는

나) 그와 같은 행위를 하거나, 하고자 시도하는 자의 공범자(Accomplice)의 경우

이를 분석·요약하면 동 협약의 범죄는 다음과 같다.

첫째, 비행 중인 항공기상에서 행해져야 한다. 헤이그협약은 「비행 중(In Flight)」의 개념에 대해 동경협약과는 달리 1개의 정의만 내리고 있는데 동경협약에 있어서 기장의 권한의 경우와 똑같이 항공기의 모든 출입문이 승객들이 항공기에 탄 후 문이 닫힐 때로부터 이들 출입문 가운데 어느 하나의 문이 승객들이 내리기 위하여 열릴 때까지를 의미하며 불시착의 경우는 권한이 있는 당국이 이 항공기와 더불어 기내에 있는 승객 및 재산에 관한 책임을 인수할 때까지를 의미한다(동 협약 제3조 제1항). 여기에 대해서는 하이재킹행위가 다수인에 의한 조직적 범죄로서의 성격을 지니고 있는 것이 통상적인 실정이기 때문에 단순히 비행 중의 항공기내에서 발생된 범죄행위만을 처벌하는 것만으로는 불충분하다는 견해가 있지만 이들 범죄행위자에 대한 처벌을 체약국의 국내법에 맡기는 수밖에 없다고 본다.

둘째, 동 행위가 불법이어야 한다.

셋째, 폭력의 사용이나 위협 또는 협박이 있어야 한다. 여기서 폭력의 개념에는 과거에는 물리적인 힘 즉, 유형력이라고 해석되어 왔지만 오늘날에는 과학의 발달로 인하여 가시적인 살상력을 가지고 있는 기기들이 개발되고 있기 때문에 폭력을 살상의 원인으로 하는 에너지의 모든 것으로 해석할 수 있으며 에너지의 행사를 폭력이라고 정의를 내리는 견해가 있다.[32]

넷째, 동 행위는 항공기를 납치 또는 그와 같은 행위를 시도하는 것을 포함하고 있다. 시도하는 것은 미수를 말하며, 미수가 되기 위해서는 범죄행위의 착수가 필요하다.

다섯째, 이상의 행위에 가담하는 행위인데 이는 공범으로서의 범죄행위가 된다. 가담이라는 것은 범죄행위에 참가하는 것으로서 협약상의 영문이 Accomplice로 사용하고 있기 때문에 단순한 방조행위뿐만 아니라 교사행위도 이에 해당한다. 그러나 범죄행위가 구성되기 위해서는 비행 중의 항공기내에서의 행위이어야 됨으로 지상에 있어서의 이와 같은 행위는 이 협약에서 말하는 범죄행위가 되지 않는다. 또한 동 협약 제2조에서 각 체약국은 범죄를 엄중한 형벌로 처벌할 수 있도록 의무를 진다고 하여 동경협약보다 진일보 했다고

32) 板本昭雄, 三好 晋, 前揭書, 184頁.

볼 수 있다.

3. 협약의 적용범위

동 협약은 군대, 세관 또는 경찰업무에 사용되는 항공기에는 적용하지 아니한다(동 협약 제3조 제2항). 이것은 동경협약과 같다. 한편 동 협약은 국내 비행에 있어서도 항공기의 이륙지 또는 실제의 착륙지가 그 항공기의 등록국의 영역 외에 있는 경우에도 적용된다(동 협약 제3조 제3항). 실제의 착륙지라는 것은 다른 장소를 착륙지로 예정한데도 불구하고 범죄행위에 의하여 변경되어 실제로 착륙된 장소를 말한다. 예컨대 우리나라의 김포공항에서 출발하여 부산공항으로 가는 정기항공편이 납치되어 일본의 하네다공항에 착륙하게 된 때에도 이 협약이 적용된다. 또한 범죄행위의 범인 또는 범죄 혐의자가 그 항공기의 등록국가 이외의 국가의 영역 내에서 발견된 경우에는 그 항공기의 이륙지 또는 실제의 착륙지의 장소여하를 불문하고 동 협약에 있어서의 범인 또는 용의자의 억류, 소추를 위한 의뢰, 범죄인의 인도 및 사법공조에 관한 규정은 적용된다(동 협약 제3조 제5항). 헤이그협약은 동경협약과 동일한 체약국이 공동의 항공운송운영조직 또는 국제운영기관을 설립하는 경우의 규정을 두고 있다. 이것에 의하면 항공기의 이륙지 및 실제의 착륙지가 동일한 국내에 있고 더욱이 그 나라가 그것들의 조직기관을 구성하고 있는 나라의 하나로서 그 항공기에 관한 재판관할권을 가지고 있고 등록국으로서 간주된 것으로 지정된 나라인 경우는 이 협약은 적용되지 않는다(동 협약 제3조 제4항).

4. 재판관할권

협약 제4조에 의하면 관할권은 다음의 체약국들에게 부여된다.

첫째, 항공기의 등록된 국가, 즉, 범죄가 그 나라에 등록된 항공기의 기상에서 발생했을 경우 둘째, 착륙지 국가, 기내에서 범죄가 행하여진 항공기가 아직 기내에 있는 범죄혐의자를 싣고 그 영토 내에 착륙한 경우 셋째, 항공기(승무원 없이) 임차인의 주된 영업사무소 소재국이나 주거지 국가 넷째, 범죄혐의자가 발견된 영토의 국가로서 범죄인을 위 어느 국가에도 인도하지 않은 경우, 사정이 정당하다고 인정된 경우 범인 및 범죄혐의자가 그 영토 내에 있는 체약국은 그를 구금하거나 그의 신병보호를 위한 기타조치를 취하여야 한다. 그 국가의 국내법에 규정된 바에 따라야 하나, 형사 또는 인도절차를 위함에 필요한 시간 동안만 계속될 수 있다(동 협약 제6조 제1항).

이러한 헤이그협약은 해당 관할국가가 범죄자에 대한 기소나 조사를 의무화하고 관할권의 일반원칙을 도입하여 범죄자가 세계 어느 곳에 있든지 처벌될 수 있게 하였다. 재판관할권 관련하여서 항공기의 등록국, 착륙국 및 임차국 가운데 어느 나라의 관할권을 우선적으로 취급하느냐에 관하여는 협약은 어떠한 규정도 두고 있지 않다. 즉, 협약은 이들 나라의 관할권을 경합적으로 인정하고 있다. 이를 경합재판관할권(Concurrent Jurisdiction)이라고 부른다. 이 경합재판관할권의 채택은 범죄인 인도와 관련하여 체약국 간 분쟁의 가능성이 있다. 공동 또는 국제등록에 따라 항공기를 운항하는 공동항공운송운영기구 또는 국제운영기관을 설립한 체약국들은 적절한 방법에 따라 각 항공기에 대하여 관할권을 행사하고 본 협약의 목적을 위하여 등록국가의 자격을 가지는 국가를 당해국 중에서 지명하여야 하며, 또한 국제민간항공기구(ICAO)에 대하여 그에 관한 통고를 하여야 하며, 동 기구는 동 협약의 전 체약국에 이 통고를 전달하여야 한다(동 협약 제5조).

5. 억류

범죄행위의 범인 또는 용의자가 소재하는 체약국은 상황이 그렇게 하는 것이 정당할 때에는 그의 소재를 확실하게 하기 위한 억류 및 기타 조치를 취하지 않으면 안 된다. 다만 이 기간은 형사소송절차 또는 범죄인 인도절차를 개시하기 위하여 필요로 하는 것에 국한된다(동 협약 제6조 제1항). 이와 같은 조치를 취한 나라는 사실에 관하여 예비조사를 행하지 않으면 안 되며 억류된 자가 그의 국적국의 적절한 대표와 즉시 연락을 취하는데 도움을 받아야 한다(동 협약 제6조 제2항, 제3항).

또한 억류국은 항공기의 등록국, 임차국, 억류된 자의 국적국, 기타 이해관계국에 대하여 그 자의 억류된 사실 및 그의 억류를 정당화하는 사정을 즉시 통고하여야 한다. 더욱이 예비조사를 행한 나라는 그들 나라에 대한 그 결과를 보고하여 자국이 재판권을 행사할 의도가 있느냐 그렇지 않느냐를 표시하지 않으면 안 된다(동 협약 제6조 제4항).

6. 인도

범죄인의 인도문제와 관련하여 헤이그협약은 동경협약 제15조 및 제16조의 내용과 반대 내용을 내포하고 있는 인상을 준다.

즉, 동 협약 제7조에서, "그 영토 내에서 범죄혐의자가 발견된 체약국은 만약 동인을 인도하지 않을 경우에는 예외 없이 또한 그 영토 내에서 범죄가 행하여진 것인지의 여부를 불문하고 소추를 하기 위하여 권한 있는 당국에 동 사건을 회부하여야 한다. 그러한 당국은 그 국가의 법률상 중대한 성질의 일반범죄의 경우에 있어서와 같은 방법으로 그 결정을 내려야 한다." 라고 명시하여 소추의무와 더불어 중벌을 의무화하였다.

그러나 제8조에서 인도를 요구하는 국가가 인도협약의 당사국일 경우 이 협약 내용을 반영한 요청국의 국내법에 따라 인도가 가능토록 허용되었다.

또한 헤이그협약은 정치적 망명을 주장하는 범죄자에 대하여는 언급을 하지 않고 있다. 따라서 헤이그협약 체약국이 납치범들에게 정치적 망명을 허용하고자 한다면 이를 방지할 수 있는 방안이 없다. 더 나아가서 체약국들이 범인을 인도하거나 기소하는 의무를 포기하려 할 때에도 이를 방지할 수 없으므로, 문제의 소지가 있다.

7. 기타 사항

헤이그협약도 승객이나 승무원이 그들의 여행을 계속할 수 있는 권리를 보장하고 화물의 경우 법적으로 자격 있는 수취인에게 보내는 권리를 보장하는 동경협약 11조와 유사한 조항을 채택하였으나 지체 없이(Without Delay)라는 말을 추가함으로서 그 내용을 더욱 강조하였다(동 협약 제9조).

체약국들은 범죄 및 제4조에 언급된 기타행위에 관련하여 제기된 형사소송 절차에 관하여 상호간 최대의 협조를 제공하도록 하여 사법공조를 규정하고 있다(동 협약 제10조 제1항).

체약국들은 또한 하이재킹 관련 사항이나 그에 대응한 조치 내용을 국제민간항공기구(ICAO) 이사회에 즉시 통보할 의무를 진다(동 협약 제11조).

마지막으로 헤이그협약의 해석이나 적용자에 관련한 모든 분쟁은 중재에 회부되어야 하며, 중재를 통하여 해결되지 않는 경우에는 분쟁을 국제사법재판소(International Court of Justice: ICJ)에 제출토록 하였다(동 협약 제1조).

단, 이 조항은 체약국들이 유보(Reservation)를 할 수 있다.

헤이그협약은 동경협약보다 전반적으로 개선되었음은 사실이다. 그러나 다음과 같은 몇 가지 문제점이 지적되고 있다.

첫째는, 앞에서도 언급했듯이 관할권과 관련하여 해당국가가 실제로 기소하지 않을 경우 이에 대하여 어떻게 대응할 것이냐가 문제이다.

둘째는, 하이재킹으로부터 발생한 인적, 물적 손해에 대하여 누가 책임을 지느냐 하는 문제이다. 바르샤바 체제는 이러한 경우에 항상 적절한 해결책을 제공하지는 않기 때문이다.

셋째로, 헤이그협약은 기내에 탑승한 보안관(Security Agents)의 지위와 권한에 대하여 명시하지 않고 있다. 이 문제는 헤이그협약 체결 국제회의에서 논의되었으나, IFALPA(항공사 조종사 협회 국제 연맹)과 IATA 대표들이 무장 보안관의 탑승이 오히려 항공기의 파손 가능성을 늘리고 위험하다는 생각에서 반대했기 때문에 제외되었던 것이다.

제4절 몬트리올협약

1. 협약의 체결배경

몬트리올협약은 헤이그협약에 의해 규제되지 않는 새로운 형태의 사건의 발생으로 헤이그협약을 보완하는 협약으로 탄생된 협약이라고 할 수 있다. 즉, 1969년 2월 18일 스위스 Zürich 공항에 주기하고 있던 이스라엘 항공의 항공기가 아랍 게릴라에 의해 습격을 받는 사건을 비롯하여 1970년 2월 21일 독일과 스위스에서 발생한 2건의 항공기 불법파괴 사건은 항공기 불법파괴를 억제하기 위한 국제사회의 가시적, 실효적 행동을 요구하였다. 즉, 이들 사건을 계기로 하여 민간항공에 대한 새로운 유형의 범죄행위가 만연될 징조가 보여 민간항공을 새로운 범죄행위로부터 보호하여야 한다는 의견들이 국제사회에 강하게 제기되었다. ICAO에서는 이러한 협약을 보완, 항공기 납치범에 대한 처벌뿐만 아니라 지상에서의 공격 및 항공시설에 대한 공격에 대한 처벌을 명확히 하기 위해 항공기 불법파괴를 억제하기 위한 국제사회의 가시적, 실효적 행동을 요구하였다.

이에 1970년 6월 ICAO는 몬트리올에서 긴급총회를 개최하여 국제민간항공에 대한 불법한 방해 행위에 관한 협약 초안의 준비를 법률위원회에 지시하였고 법률위원회는 1970년 10월 22일 협약의 최종 초안을 작성하였다. 이 협약 초안을 기초로 하여 새로운 협약 작성 및 채택을 위한 외교회의가 1971년 9월 8일부터 23일까지 몬트리올에서 개최되어 「민간항공의 안전에 대한 불법한 행위의 방지에 관한 협약(Convention for the Suppression of Unlawful Acts against the Safety of Civil Aviation)」이 채택되었다. 이 협약이 소위 말하는 「몬트리올협약」이며 「항공기 등 파괴방지협약」이라고도 불리운다.

이 협약은 1973년 1월 26일 발효되었고 우리나라는 1973년 9월 1일 당사국이 되었다. 2018년 말 현재 가입국은 188개국이다.

2. 범죄의 정의

몬트리올협약 제1조 제1항은 불법적으로 그리고 고의적으로 행하는 다음의 행위는 범죄가 된다고 그 정의를 규정하고 있다.

가) 비행 중인 항공기내에 탑승한 자에 대하여 폭력행위를 행하고 그 행위가 항공기의 안전에 위해를 가할 가능성이 있는 경우

나) 업무 중인 항공기를 파괴하는 경우 또는 그러한 항공기를 훼손하여 비행을 불가능하게 하거나 또는 비행의 안전에 위해를 줄 가능성이 있는 경우

다) 여하한 방법에 의하여서라도, 운항중인 항공기상에 그 항공기를 파괴할 가능성이

있는 장치나 물질을 설치하거나 또는 설치되도록 하는 경우

라) 항공시설의 파괴 혹은 손상하거나 그 운용을 방해하고 그러한 행위가 비행 중인 항공기의 안전에 위해를 줄 가능성이 있는 경우

마) 허위정보를 교신, 그로 인하여 비행 중인 항공기의 안전에 위해를 주는 경우

이에 대하여 이러한 행위를 시도하거나 가담하는 행위도 범죄를 범한 것으로 본다(동 협약 제1조 제2항).

본 협약에서 규정하는 범죄의 공통요건은 그것들이 불법(Unlawfully)하게 더욱이 고의적(Intentionally)으로 행하여지는 고의범이다. 비행 중의 개념은 헤이그협약과 동일하다. 다만 몬트리올협약에서는 「업무 중(In Service)」이라는 개념을 추가하고 있는데 업무 중이라 함은 비행 중의 개념보다 넓게 지상종업원 또는 승무원에 의하여 항공기의 비행 전의 준비(Preflight Preparation)가 개시된 때로부터 착륙 후(After any Landing) 24시간을 경과한 때까지를 말한다. 이는 항공보안을 고려한 것이다. 허위정보 교신은 몬트리올 외교회의에서 추가된 규정으로 허위로 알고 있는 정보를 통보함에 의하여 비행 중의 항공기의 안전을 해하는 행위는 모두가 여기에서 규정하는 범죄행위가 된다. 항공기의 운항에 관한 통보된 잘못된 정보가 항공기의 안전을 해하게 되는 경우는 종종 있지만 여기서는 허위임을 알면서 그 정보를 통보하여 그것에 의하여 비행 중의 안전을 해하는 행위만을 범죄 행위로 본다는 취지이다. 예컨대 폭약이 탑재되어 있다고 거짓통보를 하여 그 항공기를 긴급히 착륙하게 하는 행위가 이에 해당한다. 이상의 행위에 대한 미수 및 공범도 범죄행위로 되는데 공범에는 지상에서의 교사 및 방조도 포함된다.

3. 협약의 적용범위

본 협약은 동경협약 및 헤이그협약과 동일하게 군대, 세관 또는 경찰업무에 사용되는 항공기에는 적용되지 아니한다(동 협약 제4조 제1항). 또한 동 협약 제4조는 범죄행위의 종류에 따라 협약적용이 상이한 경우를 정하고 있다. 즉, 제1조 제1항의 가), 나), 다) 및 마)호에 정하여진 범죄행위에 관하여 그 항공기의 실제 또는 예정된 이륙지 또는 착륙지가

그 항공기의 등록국 이외의 경우, 범죄행위자가 등록국 이외의 경우, 범죄행위자가 등록국 이외의 나라인 경우에도 적용된다. 다음으로 이들 범인 또는 용의자가 등록국 이외의 나라에서 발견된 경우에도 적용된다(동 협약 제4조 제2항, 제3항, 제4항), 라)호의 범죄행위에 관하여 협약은 범죄행위의 대상이 되었던 항공시설이 국제항공(International Air Navigation)에 사용되었던 경우에만 적용된다. 즉, 그 시설이 국제성이 있으면 이것을 가지고 적용의 대상이 된다는 것이 협약의 취지이다(동 협약 제5조 제5항). 동 협약 제5조 제2항에서 제5항의 규정들은 미수 및 공범에도 적용된다.

4. 재판관할권

각 체약국은 다음과 같은 경우에 있어서, 범죄에 관한 관할권을 확립하기 위하여 필요한 제반조치를 취하도록 되어 있다(동 협약 제5조 제1항).

첫째, 범죄가 그 국가 영토 내에서 범하여진 경우

둘째, 범죄가 그 국가에 등록된 항공기에 대하여 또는 그 항공기의 지상에서 범하여진 경우

셋째, 범죄가 기상에서 범하여진 항공기가 아직 지상에 있는 범죄혐의자와 함께 그 영토 내에서 착륙한 경우

넷째, 범죄가 승무원 없이 임차된 항공기에 대하여 또는 그 기상에서 범하여진 경우 또한 범죄행위의 행위지, 범죄행위가 행하여졌거나 또는 그 대상이 되었던 항공기의 등록, 임차국 및 기내에서 범죄행위의 혐의자를 탑승한 채 착륙하는 항공기의 착륙국은 협약상의 범죄행위에 관하여 재판관할권을 설정하지 않으면 아니 된다(동 협약 제5조 제2항).

더욱이 영토 내에서 범죄혐의자가 발견된 체약국은 만약 동인을 인도하지 않을 경우 그 영토 내에서 범죄가 범하여진 것인지 여부를 불문하고 소추를 하기 위하여 권한 있는 당국에 동 사건을 회부하여야 한다(동 협약 제7조). 본 협약이 규정하는 범죄행위를 행하였던 자에 대한 처벌에 관하여 체약국은 헤이그협약에 있어서와 똑같이 무거운 형벌(Severe

Penalties)을 과하는 의무를 진다(동 협약 제3조).

5. 기타 규정

몬트리올협약 제10조 제1항은 체약국이 국제법 및 국내법에 따라 범죄행위를 방지하기 위하여 모든 실행 가능한 조치를 취하도록 범죄방지 의무를 규정하고 있다. 제12조는 범죄행위가 국제성을 지니고 있는 경우가 많이 있기 때문에 범죄행위가 행하여질 것이라고 믿는데 충분한 이유를 가지고 있는 체약국은 행위지국, 등록국, 임차국 또는 착륙국이 될 나라에 관하여 관계정보를 제공할 의무를 부과하고 있다. 이외에 범인 또는 용의자의 억류, 범죄인의 인도, 승객 및 승무원에 대한 편의제공, ICAO에 대한 통보, 기타 협약 등 자체의 적용에 관한 규정을 두고 있지만 이것들은 내용적으로 헤이그협약과 대체로 같다. 이것은 몬트리올협약이 헤이그협약을 보완하는 협약으로 탄생되어 당시 긴급한 필요성에 따라 단기간 내에 작성되지 않으면 아니 되었던 역사적 사정에 연유한다.[33]

제5절 몬트리올협약 보충의정서

1. 협약의 체결배경

국제사회가 동경·헤이그·몬트리올협약을 채택하면서 민간항공의 안전을 도모하였지만, 범죄의 주체인 지능적인 인간의 모든 행동을 몇 개의 협약으로 바로 잡을 수는 없었다. ICAO 법률위원회는 1970년대 초에 이러한 국가를 제재하는 방안을 강구하였으나, ICAO가 이에 관한 협약을 제정한다는 것이 유엔헌장 제41조 상에 명시한 유엔안보리의 권한을 침범하는 것이 되기 때문에 주저하였다. 그러나 1972년 5월 30일 3명의 테러리스트가 이스

33) 板本昭雄, 三好 晋, 前揭書, 197頁.

라엘의 Lod 공항에서 26명을 사상하는 사건을 시작으로 한, 또 한 차례의 테러사건 소용돌이는 1973년 8~9월 로마에서 개최되었던 ICAO 특별총회 겸 외교관 회의의 토의의제에 영향을 끼쳤다. 이 결과 ICAO 특별총회는 시카고 협약을 개정하여 협약당사국이 민항기·공항·항행시설 등에 대하여 무력을 사용하지 말도록 하는 내용 등을 포함한 안을 시카고 협약 제16장 2로 채택하고자 하였으나 2표 차이로 실패하였다.

한편 동시에 로마에서 개최된 외교관 회의는 헤이그협약과 몬트리올협약의 범인인도를 강제하는 내용의 의정서를 토의하였으나 채택하지 못하고 동 회의 역시 실패로 끝났다. 동 외교관 회의에서 그리스 대표는 몬트리올협약을 개정하여 국제민간항공의 안전을 저해하는 폭력행위가 공항구역 내에서 발생할 경우 이를 협약상의 범죄에 포함시킬 것을 제안하였으나 이것 또한 채택되지 않았다. 그리스의 동 제안은 1973년 8월 5일 아테네 공항 대합실에서 팔레스타인 게릴라가 무차별 총격과 폭탄투척을 한 사건에 영향을 받아 나온 것이다.

공항에서의 테러행위는 그 뒤 점증하여 1985년에만 프랑크푸르트·비엔나·로마·나리타 등 4곳의 국제공항에서 발생하였는바, 1986년의 제26차 ICAO 총회는 이의 대응방안으로 관련 협약 제정의 필요성을 강조하였다. 그 결과 ICAO의 법률위원회가 1987년 26차 회의를 소집하였으며, 동 초안은 1988년 2월 9~24일 몬트리올에서 개최된 항공법회의(International Conference on Air Law)에서 토의된 결과 몬트리올협약의 보충의정서로 채택되었다. 동 의정서 채택으로 몬트리올협약상의 범죄가 국제항공에서의 폭력행사행위와 공항시설 파괴행위를 포함하는 것으로 확대되었다.

1985년 12월 27일 발생한 로마공항과 비엔나공항 동시공격사건 이후 몬트리올협약에서 간과한 공항 및 체크인카운터에서 발생하는 불법방해행위에 대한 대응을 위하여 몬트리올 부속협정서(Protocol for the Suppression of Unlawful Acts of Violence at Airports Serving International Civil Aviation: 국제민간항공의 공항에서의 불법적 행위 방지에 관한 의정서)로 1988년 2월 24일 서명되었으며 불법적이고 의도적으로 국제공항에서 인명을 다치게 하거나 사망케 하는 폭력행위와 공항시설 또는 운항 중에 있지 아니한 항공기에 위해를 가하여 공항에서의 안전을 위협하는 파괴행위 등에 대하여 처벌하기 위하여 제정되었다.

협약은 항공기내에서 발생한 불법탈취, 점거 행위를 규율 대상으로 하고 있어 항공기 내부 또는 그 외부에서 항공기를 불법 파괴하는 신종 테러를 규율할 수 없었다. 몬트리올협약은 헤이그협약이 채택하고 있는 규정을 그대로 답습하고 있어 그 내용은 대동소이하다. 다른점이 있다면 규율대상행위, 즉, 범죄의 유형과 시간적, 지역적 적용범위 그리고 관할권 조항 일부 정도이다. 특히 내용적 적용범위와 관련, 항공기 불법파괴의 경우에는 불법납치와는 달리 범인이 항공기에 탑승하여 행한 범죄일 것이 요구되지 않는다.

2. 관할권

1988년 2월 9일~24일 몬트리올에서 개최된 항공법국제회의(International Conference on Air Law)에서 몬트리올협약의 보충의정서 채택으로 몬트리올협약 상의 범죄가 국제공항에서의 폭력행사행위와 공항시설 파괴행위를 포함하는 것으로 확대되었다.

제1조에서 동 의정서는 1971년 몬트리올협약을 보완하고 있으며 동 의정서의 당사국간에는 1971년 몬트리올협약과 동 의정서가 하나의 문서로 읽혀지고 해석될 것을 명시하고 있다. 제2조는 몬트리올협약 제1조에 새로운 1의 2(bis)가 다음과 같이 첨가될 것을 규정하고 있다.

"1의2. 어떠한 자도 어떠한 장치, 물질 또는 무기를 사용하여 불법적으로 고의적으로

(a) 국제민간항공에 제공된 공항에 있는 인명에게 심각한 손상 또는 죽음에 이르게 하거나 그러한 우려가 있는 폭력행위를 수행하는 경우

(b) 국제민간항공에 제공된 공항의 시설 또는 그곳에 비 운항중인 항공기를 파괴시키거나 손상을 주거나 또는 공항업무를 방해하는 행위

만일 그와 같은 행위가 동 공항의 안전을 위태롭게 하거나 그러한 우려가 있는 경우"

또한 동 의정서 제3조는 몬트리올협약 제5조에 다음과 같은 2의2(bis)가 첨가될 것을 규정하고 있다.

"2의2. 각 체약국은 제1조 1항 2 그리고 제1조 2항이 그와 같은 범죄와 관련이 있는 한 범죄혐의자가 자국의 영토 내에 있고 동 조 1항(a)에 언급된 국가에게 제8조에 따라서 그를

인도하지 않는 경우 그 관할권 확립에 필요한 조치를 취할 수 있다."

따라서 몬트리올 의정서 상 관할권은 동 의정서가 몬트리올협약을 보완하는 것이므로 몬트리올협약의 관할권과 같은 맥락에서 이해하면 될 것 같다.

제6절 북경협약과 북경의정서

1. 협약의 체결배경

1963년에 채택된 항공기 기내에서 발생한 불법행위에 관한 협약인 동경협약(Convention on Offences and Certain Other Acts Committed on Board Aircraft)은 항공기 납치에 관한 범죄를 막는데 기여하지 못하였다. 각국은 이를 방지하기 위한 국내법을 마련하였지만 이 또한 큰 성과를 낼 수 없었다. ICAO(International Civil Aviation Organization)는 이와 같은 상황에 대비하기 위한 노력으로 1970년 항공기 불법 납치 억제에 관한 헤이그협약(Convention for the Suppression of Unlawful Seizure of Aircraft)을 채택하기에 이르렀다. 헤이그협약은 항공기 납치에 대한 구체적인 정의를 제시하였으며, 항공기 불법납치행위에 영향을 받은 국가라면 어떤 나라든 관할권을 행사할 수 있도록 하였다.

그러나 헤이그협약은 오직 항공기 불법납치 및 항공기내에서 발생한 범죄만을 다루고 있기 때문에 공항시설에 대한 범죄행위는 헤이그협약에 의해 보호받을 수 없었다. 그 결과 1971년 민간항공의 안전에 대한 불법 행위의 억제에 관한 협약인 몬트리올협약(Convention for the Suppression of Unlawful Acts Against the Safety of Civil Aviation)과 1988년 몬트리올협약을 보충하는 의정서(Protocol for the Suppression of Unlawful Acts of Violence at Airports Serving International Civil Aviation, Supplementary to the Convention for the Suppression of Unlawful Acts against the Safety of Civil Aviation)이 차례로 채택되었다. 뒤이어 채택된 1991년 플라스틱폭발물 표시에 관한 협약(Protocol for the Suppression of Unlawful Acts of Violence at Airports Serving International Civil Aviation, Supplementary to the Convention for the Suppression of Unlawful Acts against the Safety of Civil Aviation)을 포함한 위 5개의 협약이 채택됨으로써 항공범죄의 감소에 크게 기여하였다.

하지만 이러한 국제 협약은 시간이 갈수록 지능적으로 발전하는 신종 테러를 방지하기에는 부족하였다. 특히 2001년 항공기를 납치하여 무기로 이용했던 9.11 테러는 민간항공의 보안에 허점을 보여주는 대표적인 사건이었다.

항공보안의 발전을 위한 노력의 일환으로 ICAO 법률위원회는 2010년 9월 10일 중국 북경에서 열린 외교회의에서 몬트리올협약과 몬트리올 보충의정서에 대한 개정안인 북경협약(The 2010 Beijing Convention on the Suppression of Unlawful Act Relating to International Civil Aviation)과 헤이그협약에 대한 보충의정서인 북경의정서(The 2010 Beijing Protocol to the 1971 Hague Convention on the Suppression of Unlawful Seizure of Aircraft)를 채택하였다. 북경협약과 의정서는 당사국들이 항공기를 무기로 이용하는 것을 포함하여 테러행위를 조직, 지휘, 자금조달 하는 행위 등 민간항공의 안전에 위협을 가하는 최근 생겨난 행위들을 불법화하고 있다.

북경협약은 국제민간항공기에 대한 공격 및 여러 유형의 항공범죄를 규정함에 있어서 과거 1971년 9월 23일 발효된 몬트리올협약과 1988년 2월 24일 발효된 몬트리올 의정서에서의 국제민간항공의 공항 서비스를 침해하고, 국제민간항공의 안전을 침해하는 불법행위를 억제하는 내용을 근간으로 이번 협약에서 민간항공기를 납치하여 무기로 사용하는 행위, 민간항공기에 대해 무기 공격 행위, 민간항공기를 활용하여 무기 및 관련 물자를 불법 운송하는 행위를 신규 항공범죄로 규정하였다. 이는 21세기에 항공수요가 급증되었고, 항공산업의 규모가 거대해짐에 따라 새롭고 다양한 유형의 항공범죄가 발생할 수 있는 위험성을 고려한 자세로 보여진다. 항공범죄 뿐만 아니라 일반 범죄도 시대가 변화함으로써 우리가 미처 생각하지 못한 유형의 범죄가 발생되고 있는 것이 현실이다. 따라서 기존 협약을 통해 항공범죄에 대한 신규 조항을 채택한 것은 이번 협약의 최대 결실일 것이다. 그리고 기존의 협약들은 승인을 하면 30일 이후에 그 효력이 개시되는 것이 비해 북경협약은 승인을 하면 그 즉시 이번 협약에 대한 정보를 수명할 수 있고, 효력이 즉시 개시된다.

북경협약은 채택된 즉시 18개국 국가대표가 서명했을 정도로 이에 대한 관심도와 기대치는 높았으며 북경 외교회의에 참석한 우리 대표단 역시 동 협약에 적극 기여하였으며 동 협약에 서명하였다. 우리정부는 추후 국내 절차를 걸쳐 비준하고자 하며, 동 협약은 22번째 국가가 비준서를 기탁한 후 두 번째 달의 첫 일에 발효하게 된다.

2. 북경협약의 주요 내용

(1) 북경협약의 특징

북경협약의 주요 내용으로는 첫째, 민간 항공기를 무기로 사용하거나 다른 항공기 또는 지상의 표적을 공격하기 위해 사용하는 행위도 범죄행위로 규정하고 있다. 민간 항공기를 납치하여 무기로 사용하는 행위, 민간항공기 내에서 무기를 사용하는 행위, 민간 항공기에 대해 무기 공격 행위를 신규 항공 범죄로 규정하여 민간 항공기에 대한 공격행위를 억제하며 해당 국가들에게 이를 처벌할 의무를 부여하고 있다. 둘째로 생화학 무기 및 이와 관련된 물질의 민간항공기를 활용한 불법 운송 역시 범죄행위로 간주하여 처벌을 강조하고 있다. 셋째로 군사적 활동 적용 배제하여 무력 충돌 시 군대의 활동에 대해서는 동 협약이 적용되지 않고, 국제인도법[34]을 적용하도록 하였다. 이와 함께 국가 관할권의 확대와 협약의 적용범위 확대로 인하여 범죄가 발생한 영토의 국가 또는 항공기의 등록 국가, 범인이 발견된 영토의 국가뿐만 아니라 범죄자 국적국가, 피해자의 국적국가 및 무국적자가 주소지를 둔 국가도 관할권 행사 가능하게 함으로 신종 항공범죄에 대항할 수 있으며 나아가 항공기와 공항을 공격하려는 세력들에 대한 피난처가 제공되면 안된다는 점을 명시하고 있다. 마지막으로 협약의 적용범위를 비행 시에서 서비스 범위내로 확대하였다. 이 협약의 특징은 궁극적으로 민간 항공 안전의 확보 및 테러 행위 억제에 기여하는 내용이다.

(2) 공범 개념의 확대

이전에는 테러활동의 배후에 대한 처벌규정이나 범위에 대해서는 명확하지 않았다. 예를 들어 9·11 테러사건에서 비행기 납치범들은 이미 사망하였고 그들의 배후에 있는 기획

34) 1971년 적십자국제위원회가 소집한 '무력분쟁에 적용될 국제인도법의 재확인과 발전을 위한 정부전문가회의'에서 사용된 것으로 좁은 뜻으로는 교전법규 중 특히 전쟁희생자의 보호를 목적으로 하는 법규(제네바 협정), 넓은 뜻으로는 개인의 존중을 확보하기 위한 모든 국제법규범임.

자와 조직자를 어떻게 척결할 것인지에 대해 현재까지의 국제협약은 명확하지가 않았다. 그런데 2010년 '북경협약'에서 ICAO는 사람들을 조직하거나 지휘해서 범죄를 저지르거나 공범으로 범죄 또는 불법행위에 참여하거나, 의도를 가지고 범죄자의 도피 조사, 기소 및 처벌까지 돕는 사람들까지도 범죄로 본다고 하였다. 북경협약이 효력을 발생한 후 범죄행위의 배후 조직자 및 지도자도 범죄자로 규정되어 민간항공안전을 방해하는 범죄활동 척결을 효과적으로 강화하게 될 것이다. 이는 민간항공영역에 대한 특수성을 충분히 고려했기 때문이다. 민간 항공영역에서 범죄자는 항공기의 안전을 해하기 위한 구체적인 범죄행위를 하지 않고 단지 범죄 위협만을 했다 하더라도 시도만으로도 그 위험성은 심각한 파괴를 가져올 수 있다. 그러므로 이러한 행위의 위험성을 충분히 인정하여 처벌에 대하여 새롭게 보완된 협약은 이러한 행위를 범죄척결 대상에 포함시켜 효과적으로 범죄준비 문제를 해결하고 보호범위를 확대하게 되었다. 이는 민항업계의 안전, 질서, 정상적인 발전에 도움이 될 뿐 아니라 승객들에게도 보다 안전한 환경을 제공하게 된다.

(3) 항공기를 이용한 범죄 추가

2010년 북경협약과 북경의정서에서는 특히 민간 항공기를 이용하여 지상의 목표에 대해 공격 하는 행위를 새로운 범죄 행위로 따로 열거하였다. 이는 항공기 납치범 또는 혐의자는 항공기를 공격 무기로 이용하여 지상의 목표를 공격하는 등 대규모 사상[35]으로 이어질 수 있기 때문이다. 이러한 종류의 범죄는 일반 여객납치에 비해 매우 심각하기에 2010년 '북경협약'에서 '어떤 사람이라도 비행 중인 항공기를 이용하여 인명사망, 심각한 상해 또는 재산 및 환경에 심각한 손상을 입힌 경우 이 사람을 범죄자로 본다'는 내용이 추가되었다. 이를 추가한 것은 국제적으로 항공기는 여전히 테러리스트들의 주요 목표물이기에 이런 행위를 새로운 범죄 종류로 추가하여 테러활동조직과 테러리스트들에게 경고의 메시지를 보

35) 2001. 9.11 Al-Qaeda 테러단체 소속 19명의 테러리스트가 미국 보스턴, 니와크, 워싱턴 DC를 출발하여 아메리칸 에어라인 2대의 항공기와 유나이티드 에어라인 2대의 항공기에 분산 탑승하여 항공기를 납치한 가운데 세계무역센터 TKdend이 건물에 각기 충돌시켜 동 건물과 인접건물을 붕괴 내지 폐허화, 나머지 한 대는 미 국방부 건물에 충돌, 나머지 한 대는 승무원과 탑승객이 테러리스트와 사투를 벌이면서 미국 펜실베니아 Shanksville에 추락함으로 약 2,974명의 민간인 희생과 피해액은 380억불 이상이였음.

내고 두려움을 느끼도록 하기 위한 목적이다.

이 외에 생물무기, 화학무기 및 핵무기 척결을 강화하기 위해 북경협약에서는 생물, 화학, 핵물질을 사용하여 민간 항공에 공격을 가하는 것과 민간 항공기를 이용하여 불법적으로 생물, 화학, 핵물질을 운반하는 데 대한 조항을 신설하였다. 이 두 협약은 위의 무기를 이용해 항공기에 공격을 가하는 행위를 단속함과 동시에 이러한 무기가 테러리스트들 수중에 들어가는 것을 효과적으로 막기 위해서이다.

(4) 관할권 명확화[36] 및 정치범 부정

무국적자가 당사국에서 범죄를 저질렀을 경우 그 당사국은 관할권을 행사 할 수 있게 함으로써 세계주의나 보호주의 이론에 입각하여 국내법을 적용하였던 것에 비하면 관할권 행사가 좀 더 명료하게 되었다.

과거에는 민항기 납치 및 기타 민간항공운송 파괴행위가 정치행위에 속하는지를 두고 국제사회에서 계속해서 논쟁이 있어 왔다. 과거 국제 민간 항공협약에서는 이러한 문제에 대해 명확한 규정이 없었다. 2010년 북경협약에서는 이런 성격의 범죄에 대해 명확하게 정치범죄로 보지 않을 것이며, 각 국도 정치범죄를 범죄자 인도 및 국제사법공조를 거절하는 이유로 사용하지 못하고, 여객기 납치 등을 꾀한 테러리스트들이 정치범대우를 받지 못하도록 하여 처벌을 강화하였다.

3. 북경협약과 몬트리올협약과의 비교

(1) 새로운 범죄 신설: 북경협약 Article 1, 1항

새로운 북경협약에서는 기존의 몬트리올협약 Article 1에서 규정한 범죄에 추가하여 새로운 범죄를 정의하고 있다. 우선 사망, 심각한 신체 상해 또는 환경 또는 재산의 심한

36) 영미법 국가는 영토 관할권만을 주장하여 항공기를 영토로 간주하지 않는 반면 대륙법계 국가의 경우 자국 국민이 범한 범죄에 대해 관할권을 주장. 즉, 자국에 등록된 항공기에서 발생한 범죄에 대해 관할권을 주장하는 국가는 약20여 개국에 불과하였고, 나라에 따라 국내법과 쌍무협약에 따라 범인 인도를 하는 나라(ex. 프랑스, 이탈리아 등)와 그렇지 않은 나라(ex. 영국 등)로 나누어지는 등 항공기 범죄에 있어 관할권관련 논란이 존재하였음.

피해를 주는 BCN 무기, 폭발성, 방사능, 기타 비슷한 물질을 운항 중인 항공기로부터 투하한 경우와 이들 무기로 항공기에 대하여든 항공기내에서 사용을 방치한 경우를 범죄로 하고 있다.[37]

또한 인류를 위협할 목적의 인명사망 또는 심각한 부상, 피해를 야기할 만한 폭발성 있거나 또는 방사능 물질이라든지 다음 2조에서 정의하고 있는 BCN 무기와 핵분열 재료 또는 장비와 관련되어 핵폭발 활동을 의도하거나 국제 원자력협회가 정하는 보호 장치 협약에 의하지 아니한 핵관련 활동 및 합법적인 허가 없이 BCN 무기 활용 무기를 제작하는데 도움이 되는 장치 등을 항공기로 운송하는 것을 첨부하여[38] 시대흐름에 따른 새로운 범죄를 규정하고 있다.

---

37) Article 1

1. Any person commits an offence if that person unlawfully and intentionally:

(g) releases or discharges from an aircraft in service any BCN weapon or explosive, radioactive, or similar substances in a manner that causes or is likely to cause death, serious bodily injury or serious damage to property or the environment; or

(h) uses against or on board an aircraft in service any BCN weapon or explosive, radioactive, or similar substances in a manner that causes or is likely to cause death, serious bodily injury or serious damage to property or the environment; or

38) (i) transports, causes to be transported, or facilitates the transport of, on board an aircraft:

(1) any explosive or radioactive material, knowing that it is intended to be used to cause, or in a threat to cause, with or without a condition, as is provided for under national law, death or serious injury or damage for the purpose of intimidating a population, or compelling a government or an international organization to do or to abstain from doing any act; or

(2) any BCN weapon, knowing it to be a BCN weapon as defined in Article 2; or

(3) any source material, special fissionable material, or equipment or material especially designed or prepared for the processing, use or production of special fissionable material, knowing that it is intended to be used in a nuclear explosive activity or in any other nuclear activity not under safeguards pursuant to a safeguards agreement with the International Atomic Energy Agency; or

(4) any equipment, materials or software or related technology that significantly contributes to the design, manufacture or delivery of a BCN weapon without lawful authorization and with the intention that it will be used for such purpose;

[표: 몬트리올협약과 북경협약 제 1, 2조 비교표]

<table>
<tr><th colspan="3">몬트리올협약</th><th colspan="4">북경협약</th></tr>
<tr><td rowspan="7">제1조</td><td>1항</td><td>abcde</td><td rowspan="7">제1조</td><td>1항</td><td>abcde</td><td>동일</td></tr>
<tr><td></td><td></td><td></td><td>fghi</td><td>신설</td></tr>
<tr><td>2항</td><td>a</td><td>4항 a</td><td></td><td>동일</td></tr>
<tr><td></td><td>b</td><td>4항 b</td><td></td><td>수정</td></tr>
<tr><td></td><td></td><td>2항</td><td colspan="2">신설</td></tr>
<tr><td></td><td></td><td>3항</td><td colspan="2">신설</td></tr>
<tr><td></td><td></td><td>5항</td><td colspan="2">신설</td></tr>
<tr><td rowspan="2">2조</td><td>ab</td><td></td><td rowspan="2">2조</td><td>ab</td><td></td><td>동일</td></tr>
<tr><td></td><td></td><td>cdefghij</td><td></td><td>신설</td></tr>
</table>

(2) Article 1 후반부(2~5항)

1) 4항 변경

몬트리올협약 제 1조 2항에서는 제1조의 1항에서 정의한 범죄에 추가적인 단서[39]를 달고 있다. 즉, (a) 본 조 1항에 규정된 범죄를 범하거나 범죄를 시도한 경우 또는 (b) 그러한 범죄를 범하거나 또는 범하려고 시도하는 자의 공범자인 경우에도 또한 범죄를 범한 것으로 한다[40]라고 규정을 해 범죄를 시도하거나 공범자인 경우에도 범죄로 취급하고 있다.

그러나 2010 북경협약 제 1조에서는 기존의 2항은 4항으로 옮기며 그 내용을 추가, 보충하고 있다. 구체적으로 공범자의 내용을 확대하였다. 몬트리올협약에서는 단순하게 "범죄를 시도하려는 자의 공범자"라고만 규율하였지만 좀 더 세분화하고 구체화 된 표현을 적용함으로써 공범자의 적용을 강화하였다. 즉, 몬트리올협약에서는 단순히 공범자(Accomplice)이라고 표현되었던 것을 세분화하여 정범에 참여하거나(Participate)[41] 범죄단체를

39) 2. Any person also commits an offence if he 라는 문구에서 also 라는 단어는 추가적인 내용을 담고 있음을 나타낸다.

40) (a) attempts to commit any of the offences mentioned in paragraph 1 of this Article; or
(b) is an accomplice of a person who commits or attempts to commit any such offence.

41) (c) participates as an accomplice in an offence set forth in paragraph 1, 2, 3 or 4(a) of this Article; or

조직하거나(Organize)[42] 지휘(Direct)하는 개념까지 확대하고 나아가 이들 범죄인을 숨겨주는 행위까지도 범죄로 확대 정의하고 있다.[43] 즉, 어떤 자가 제 1조 1, 2, 3, 4(a), 4(b) 혹은 4(c)의 행위의 범죄를 저지른 자 혹은 사법당국에 의해 수배가 되거나 범죄자라고 판결이 받은 자를 불법적으로 그리고 고의적으로 조사, 기소 혹은 처벌을 피하기 위해 도운 자 역시 범죄로 규정하였다.

이는 내용을 새롭게 신설해 날로 늘어나고 있는 신종 항공기를 이용한 범죄를 규율하고, 범죄 가담자의 범위를 좀 더 폭넓게 적용함으로써 항공기를 이용한 범죄자 혹은 공범을 규율하기 위한 좀 더 넓은 제시안을 내 놓았다.

2) Article 1, 2항 신설

북경협약 제 1조 2항에는 항공기를 통해 특수한 물체나 물질을 이용해 범해지는 범죄의 내용을 추가함으로써 신종 범죄로 떠오른 액체를 이용한 항공기 테러 혹은 종이폭탄 등을 이용한 범죄를 규율하고 있다.

누구든 불법적으로 그리고 고의적으로 어떠한 장치, 물질 혹은 무기를 사용하는 것은 범죄를 범한 것으로 한다.[44]

이전 몬트리올협약에서는 운항중인 항공기(Aircraft in Service)에만 적용이 되었다면 이번 북경협약에서는 공항의 안전을 위협하는 범죄행위까지[45] 다룸으로써 항공기내 뿐만이 아닌 테러의 또 다른 목적이 될 수 있는 공항에 적용될 수 있게 하여, 공항을 이용 중인 승객 혹은 대기 중인 항공기에까지 테러에 대한 규정의 확대 적용됨을 알 수 있다. 즉, 북

42) 4. Any person also commits an offence if that person:
(a) attempts to commit any of the offences set forth in paragraph 1 or 2 of this Article; or
(b) organizes or directs others to commit an offence set forth in paragraph 1, 2, 3 or 4(a) of this Article; or

43) (d) unlawfully and intentionally assists another person to evade investigation, prosecution or punishment, knowing that the person has committed an act that constitutes an offence set forth in paragraph 1, 2, 3, 4(a), 4(b) or 4(c) of this Article, or that the person is wanted for criminal prosecution by law enforcement authorities for such an offence or has been sentenced for such an offence.

44) Any person commits an offence if that person unlawfully and intentionally, using any device, substance or weapon:

45) if such an act endangers or is likely to endanger safety at that airport

경협약 제 1조 2항 (a), (b)에서 국제민간항공에 속한 공항에 있는 자에 대하여 심각한 부상이나 죽음을 초래할 수 있는 경우[46] 또는 국제민간항공에 속한 공항의 시설 혹은 공항에서 대기 중인 비행기 혹은 공항의 운영에 방해를 초래하는 파괴 혹은 심각한 손상을 야기하게 되는 경우를[47] 포함하였다.

3) Article 1, 3항 신설

불법적으로 그리고 고의적으로 타인에게 이러한 위협을 겪는 경우뿐만 아니라, 그 위협이 확실하다고 여기지는 징조를 나타내는 어떠한 상황 하에서도 범죄를 범한 것으로 본다[48]라는 내용을 추가하여 범죄의 위협이라고 여겨지는 정황이 있다면 범죄가 범해진 것으로 추정해 협약 해석상의 문제가 발생될 수 있던 내용을 구체화 하였다.

4) Article 1, 5항 신설

북경협약에서는 위에 언급되어진 내용 이외의 또 다른 항공기를 이용한 신종 범죄의 내용 혹은 각 국가마다 해석, 적용의 상이할 수 있음을 의식해 범죄라 취급할 수 있는 부분을 확장하는 조항을 신설하였다. 즉, 각 협약 당사국은 제1조 1, 2항 혹은 3항의 범죄를 범하기 위하여 동의하거나 이 동의한 범죄를 촉진하는데 있어서 공범자 중 한 명에 의하여 착수된 행위에 동참하는 행위를 고의적으로든 혹은 그렇지 않은 경우라도 범하거나 시도한 경우와 또한 공통의 목적을 가진 한 그룹에 의해 일반적인 범죄가 행해지는 경우도 범죄로 처벌하여야만 한다고 규정하였다.[49]

---

46) (a) performs an act of violence against a person at an airport serving international civil aviation which causes or is likely to cause serious injury or death

47) (b) destroys or seriously damages the facilities of an airport serving international civil aviation or aircraft not in service located thereon or disrupts the services of the airport,

48) (b) unlawfully and intentionally causes any person to receive such a threat, under circumstances which indicate that the threat is credible.

49) 5. Each State Party shall also establish as offences, when committed intentionally, whether or not any of the offences set forth in paragraph 1, 2 or 3 of this Article is actually committed or attempted, either or both of the following:
(a) agreeing with one or more other persons to commit an offence set forth in paragraph 1, 2 or 3 of this Article and, where required by national law, involving an act undertaken by one of the participants in furtherance of the

(3) Article 2

몬트리올협약 제 2조 (a), (b)와 북경협약 제 2조 (a), (b)는 동일하다. 그러나 북경협약 제 2조 (c)~(g) 신설되어 새로운 개념이 추가 되었다. 우선 (c)에서 “항공시설”은 항공기의 항법을 위해 필요한 신호, 자료, 정보 또는 체제를 포함한다고 하고 계속하여 유독성 화학물질(d), 방사능 물질(e), 핵물질(f) 그리고 생물학 무기, 화학무기 및 핵무기와 다른 방사능 폭탄 등을 포괄한 BCN 무기(h)를 예시하고 있다. 이를 자세히 살펴보면 다음과 같다.

(d) “유독성 화학물질”이란 생명과정에 대한 그것의 화학반응을 통하여 인간이나 동물에게 죽음, 일시적 무능력 상태, 영구한 상해를 유발할 수 있는 모든 화학물질을 의미한다. 이는 앞서 말한 모든 화학물질들을 출처 또는 제작 방법에 상관없이, 그리고 군수 또는 다른 곳의 시설에서 만들어졌는가에 상관없이 포함한다.

(e) “방사능 물질”이란 핵 물질과 자발적인 붕괴를 하는 핵종을 포함하며(하나의 방사물 또는 알파-, 베타-, 중성자 입자와 감마광선과 같은 이온화하는 방사물의 추가적인 형태) 그리고 방사능 또는 분열적인 속성 때문에 재산이나 환경에 죽음, 심각한 신체적인 상해 또는 상당한 손상을 유발하는 그 밖의 방사성의 물질을 의미한다.[50)] 방사능에 의해서 방출되는 방사선은 인체에 해로우며, 이것을 다룰 때는 세심한 주의와 엄중한 관리와 완벽한 시설이 요구된다.[51)]

---

agreement; or

(b) contributing in any other way to the commission of one or more offences set forth in paragraph 1, 2 or 3 of this Article by a group of persons acting with a common purpose, and such contribution shall either:

50) 불안정한 원소의 원자핵이 스스로 붕괴하면서 내부로부터 방사선을 방출하는 현상이 있다.이러한 성질을 가진 원자핵을 방사성 핵종(核種)이라 하고, 방사성 핵종을 함유하는 물질을 방사성 물질이라고 한다. 자연계에는 우라늄·라듐을 비롯하여 원자번호가 비교적 큰 약 40종에 이르는 원소의 원자핵이 이에 속하며, 원자핵 반응에 의해서 인공적으로 방사능을 띠게 한 것에는 원자번호 1인 수소에서 104번 원소인 쿠르차트븀(kurchatvium)에 이르는 약 1,000종의 방사성 핵종이 존재한다.

51) 이것이 우리에게 미치는 영향을 살펴보면 방사능에 의한 방사선 장애는 인체가 외부로부터 방사선을 쬐는 외부조사에 의해서도 일어나지만, 입·코·상처 등을 통해서 체내로 들어간 방사성 물질이 방출하는 방사선에 의한 내부조사에 의해서도 일어난다. 장애의 발생률은 일반적으로 쐰 방사선량이 많을수록 높지만, 유전효과나 백혈병의 발생 등과 같은 경우에는 방사선량이 아무리 작아도 발생률이 0이 되지는 않고 최소한의 값을 가질 가능성이 있다. 따라서 방사능에 대해서는 어떤 세기(허용량) 이하이면 절대 안전하다는 보증은 없으며, 아무리 작은 선량(線量)이라도 그것을 쬐는 사람의 수효가 많으면 많은 장애가 발생할 우려가 있다. 그러므로 원자력 발전, 원자력 함선, 핵폭발 등에 따르는 주민환

(f) "핵 물질"은 플루토늄-238중에서 농축도가 80퍼센트가 넘는 동위 원소; 동위원소 235 또는 233중에서 농축된 우라늄; 광석 또는 광석 잔여물의 형태로 된 것 외에 자연에서 발생하는 것과 같은 동위원소의 혼합물을 포함하는 우라늄; 또는 전에 말한 한 개 또는 그 이상을 포함하는 모든 원소; 를 제외한 플루토늄을 의미한다.

(g) "동위원소 235 또는 233 중에서 농축된 우라늄"은 동위원소 235 또는 동위원소 233 또는 동위원소 238에 대한 이 동위원소들의 합의 풍부한 비율이 자연에서 발생하는 동위원소 238에 대한 동위원소 235의 비율보다 큰 범위의 분량에서 동위원소 235와 233 모두를 의미한다.

(h) "BCN 무기"라 함은 크게 생물학 무기, 화학무기 그리고 핵무기와 다른 방사능 폭탄을 의미한다. 먼저 생물학 무기는 출처 또는 생산방법, 생산형태와 생산량에 상관없이 병의 예방, 보호 또는 그 밖의 평화적인 목적을 위해 정당성이 없는 미생물 또는 그 밖의 생물학적 물질 및 독소와 적대적인 목적 또는 무력충돌에 생물학적 물질 또는 독소를 사용하기 위한 무기, 장비 또는 계획적인 전달수단[52]을 말한다.

화학무기라 함은 유해화학물질과 그 전구물(Precursor)을 말한다. 그러나 이에는 공업용, 농업용, 연구용, 제약용 혹은 다른 평화적 목적에 기여하거나 유해화학물질과 화학무기에 대한 보호와 관련되어 있는 방어목적에 부합하거나 군사적 목적 및 국내폭동 진압목적을 포함한 법집행에 해당하는 경우는 제외한다. 또한 사망과 손해를 야기할 목적으로

경의 방사능 오염은 경계해야 한다.
1945~1963년 미국·소련 등은 대기권 내나 고공에서 총계 600Mt(이것은 일본 히로시마에 떨어진 원자폭탄의 3만 개에 해당한다)의 핵폭발을 실험함으로써 방사성 낙진(fall-out: 죽음의 재)을 전세계에 뿌려서 대기 속의 방사성 탄소 14C를 거의 배가시켰다. 최근까지 지표면에 강하한 양은 가장 해로운 90Sr만도 10 MCi 이상이며, 유전에 나쁜 영향을 미치는 1372Cs이 15MCi 전후이다. R.포링에 의하면, 이로 말미암아 백혈병·암환자가 수십만 명 증가하고, 태어날 기형아가 160만 명, 사산·조산아가 1,600만 명 전후로 증가할 우려가 있다고 한다.

52) (h) "BCN weapon" means:
(a) "biological weapons", which are:
(i) microbial or other biological agents, or toxins whatever their origin or method of production, of types and in quantities that have no justification for prophylactic, protective or other peaceful purposes; or
(ii) weapons, equipment or means of delivery designed to use such agents or toxins for hostile purposes or in armed conflict.

제작된 군수품과 폭탄 및 이와 직접적인 연관성 있는 장비도 역시 화학무기의 범주에 포함한다.[53]

또한 전구물이란 개념을 정립하여 모든 유해화학물질 생성단계에 참여하는 화학적 반응 물질까지도 위험 물질로 취급하고 있다.[54] 9.11 이후 현재 국제민간항공의 경계 대상의 범위가 확대되어 이제는 비행기 또는 비행기를 이용하여 직접 범죄를 저지르는 사람이나 그 사람을 배후에서 조종하는 사람들까지를 포함하고 있다. 즉, 테러 활동의 인물이나 배후를 척결 대상으로 하고 있다. 이는 범죄의 의도를 가지고 범죄자의 자금, 무기 또는 도피 조사나 그들의 테러 이후 사후 처리를 도와주는 사람들도 척결 대상으로 삼고 있다는 것을 의미한다.

이러한 움직임은 테러를 저지하기 위해서 기존의 국제항공협약에 대한 규정 강화로 이어져 북경협약은 기존 국제항공협약의 척결 대상보다 광범위하게 잡아서 기존의 법으로 규정하기 힘든 범죄자인 테러범이나 테러를 지원하는 단체에게 경고를 보내고 있다. 즉, 테러행위를 구체적으로 제한하기 위해서 생물무기, 화학무기 및 핵무기 척결을 강화하기 위한 규정을 두었다. 자세히 말하자면 생물, 화학, 핵물질의 기본 개념을 신설하거나 기존의 금지 협약을 인용하여 그것들을 가지고 민간항공에 공격을 가하는 것과 민간 항공기를 이용하여 불법적으로 생물, 화학, 핵물질을 운반하는 데 대한 협약을 신설하였다. 이런 화학

53) (b) "chemical weapons", which are, together or separately:
(i) toxic chemicals and their precursors, except where intended for:
(A) industrial, agricultural, research, medical, pharmaceutical or other peaceful purposes; or
(B) protective purposes, namely those purposes directly related to protection against toxic chemicals and to protection against chemical weapons; or
(C) military purposes not connected with the use of chemical weapons and not dependent on the use of the toxic properties of chemicals as a method of warfare; or
(D) law enforcement including domestic riot control purposes, as long as the types and quantities are consistent with such purposes;
(ii) munitions and devices specifically designed to cause death or other harm through the toxic properties of those toxic chemicals specified in subparagraph
(b)(i), which would be released as a result of the employment of such munitions and devices;
(iii) any equipment specifically designed for use directly in connection with the employment of munitions and devices specified in subparagraph (b)(ii).

54) (i) "Precursor" means any chemical reactant which takes part at any stage in the production by whatever method of a toxic chemical. This includes any key component of a binary or multicomponent chemical system;

무기, 생물무기 및 핵무기에 대한 협약들은 이들 무기를 이용해 항공기를 공격하는 행위를 단속뿐만 아니라 이런 무기들이 테러리스트에게 넘어가 그들이 제 2의 범죄를 하는 것을 막기 위한 의도도 포함되고 있다고 볼 수 있다.

테러행위를 막기 위한 화학무기, 생물무기 및 핵무기에 대한 협약들은 기존의 국제항공협약에서 찾아보기가 힘든데 이를 새롭게 규정한 것은 북경협약의 특색이라고 볼 수 있다. 그렇기에 화학무기, 생물무기 및 핵무기를 보다 확실히 하기 위해서는 이들과 연관된 다른 협약에서 찾아야 된다. 그 근원들은 화학무기금지협약[55], 생물무기금지협약[56] 및 핵무기확산금지협약[57]으로 볼 수 있는데, 이들 금지 협약들은 각각의 무기를 사용금지, 확산금지

55) 화학무기금지협약에 영향을 준 금지규정: 제1조 일반적 의무

1. 이 협약의 각 당사국은 어떠한 상황 하에서도 다음을 행하지 아니할 것을 약속한다.

가. 화학무기의 개발, 생산, 혹은 기타 방법으로 획득, 비축, 보유 또는 직접적이거나 간접적인 화학무기의 인도

나. 화학무기의 사용 다. 화학무기의 사용을 위한 모든 군사적 준비행위 라. 여하한 방법으로 제3자로 하여금 이 협약 당사국에게 금지된 활동에 종사하도록 지원, 장려 또는 권유하는 행위

제2조 정의 및 기준

이 협약의 목적상,

1. "화학무기"라 함은 다음 각 호의 하나 또는 전체를 의미한다.

가. 독성화학물질 및 그 원료물질. 단, 이 협약에서 금지되지 아니하는 목적을 위한 것으로서 그 형태와 수량이 이러한 목적과 일치하는 경우는 제외 나. 그 사용결과로 방출되는 가호에 규정된 독성화학물질의 독성을 이용, 사망 또는 그 밖의 상 해를 일으키도록 특수하게 설계된 탄약 및 장치다. 나호에 규정된 탄약 및 장치의 사용과 직접 관련된 용도를 위하여 특수하게 설계된 모든 장비

2. "독성화학물질"이라 함은 다음을 의미한다. 생명과정에 대한 화학작용을 통하여 인간 또는 동물에게 사망, 일시적 무능화 또는 영구적 상해를 유발시킬 수 있는 모든 화학물질. 여기에는 화학물질의 근원 또는 생산방법과 화학물질이 생산시설에 서 생산되었는지, 탄약내에서 또는 기타 장소에서 생산되었는지를 불문하고 이러한 모든 화학물질이 포 함된다(이 협약을 이행할 목적으로, 검증조치 적용대상으로 확인된 독성화학물질은 화학물질에 관한 부 속서에 포함된 목록에 열거되어 있다).

3. "원료물질"이라 함은 다음을 의미한다. 방법여하에 관계없이 독성화학물질의 생산단계에 투입되는 모든 화학반응물. 여기에는 이성분 또 는 다성분 화학체계의 모든 핵심성분이 포함된다(이 협약을 이행할 목적으로, 검증조치 적용대상으로 확인된 원료물질은 화학물질에 관한 부속서에 포함된 목록에 열거되어 있다).

4. "이성분 또는 다성분 화학체계의 핵심성분"(이하 "핵심성분"이라 한다)이라 함은 다음을 의미한다. 최종산물의 독성을 결정하는데 가장 중요한 역할을 하며 이성분 또는 다성분 체계에서 다른 화학 물질과 신속하게 반응하는 원료물질

56) 생물무기금지협약에서 영향을 준 금지규정: 협약의 당사국은 제1조 (1) 및 (2)에 규정하는 물질을 개발, 생산, 저장, 취득, 보유하지 않을 의무를 지고(제1조), 폐기 또는 평화적 목적에 사용할 의무(제2조), 어떠한 사람에 대하여도 양도하지 않을 의무 등(제3조)을 협약하고, 제1조의 규정의 물질의 개발, 생산, 저장, 취득, 보존을 금지하고 방지하기 위하여 필요한 조치를 할 의무를 제4조에서 규정하고 있다.

57) 핵확산금지협약에 영향을 준 금지규정:

제1조 핵무기보유 협약당사국은 여하한 핵무기 또는 기타의 핵폭발장치 또는 그러한 무기 또는 폭발장치에 대한

및 부속서나 별도의 규정을 통해서 각 무기들의 정의 및 종류를 분류한 것을 내용으로 하고 있다. 이들 내용은 북경협약에 나와 있는 화학무기, 생물무기 및 핵무기에 대한 협약의 내용에 영향을 주었다.

북경협약에 영향을 주는 이들 화학무기, 생물무기 및 핵무기에 대한 금지협약의 주요 내용을 보면 ① 타국의 양도 금지 ② 제3자에게 제공 및 활동 지원 금지 ③ 군사목적 이외의 사용 허가 허용범위 ④ 각 무기들과 그 무기를 이루는 구성요소의 정의와 종류 등으로 크게 나눌 수 있다. 이것은 곧 북경협약의 화학무기, 생물무기 및 핵무기에 대한 협약들의 대부분은 각 금지협약의 내용으로 구성되어 있으며 각각의 무기에 대한 개별적인 금지협약의 내용이 전체적인 내용으로 구성한 것으로 볼 수 있다.

다만 북경협약에 나와 있는 화학무기, 생물무기 및 핵무기에 대한 협약과 각각 무기금지협약에 나와 있는 화학무기, 생물무기 및 핵무기에 대한 금지 협약들은 커다란 큰 차이점이 있는데, 무기금지협약들은 국가를 대상으로 한 금지협약이므로 그 제약대상의 주체는 국가 대 국가임에 반면, 북경협약은 국가를 대상으로 한 금지협약이지만 그 제약대상의 주체가 국가뿐만 아니라 개인 또한 주체로 삼는다는 것이 무기금지협약과 다른 점이다. 이는 개인이나 단체인 테러리스트를 처벌하기 위해서라는 의도를 볼 수 있다.

(4) 북경협약의 관할권: Article 6~8

관할권 문제에 있어서 북경협약이 몬트리올협약보다 발전된 내용은 그리 크지 않다. 다만 다른 법과의 상관관계 문제가 약간 추가되었을 뿐이다.

몬트리올협약으로 인하여 많은 부분 관할권 문제가 해결되었다는 평가가 있었으나 무국적자의 문제와 다른 협약에서의 관할권 문제의 충돌시 어떤 협약이 우선시 되어야 하는

관리를 직접적으로 또는 간접적으로 어떠한 수령자에 대하여도 양도하지 않을 것을 약속하며, 또한 핵무기 비보유국이 핵무기 또는 기타의 핵폭발장치를 제조하거나 획득하며 또는 그러한 무기 또는 핵폭발장치를 관리하는 것을 여하한 방법으로도 원조, 장려 또는 권유하지 않을 것을 약속한다.

제2조 핵무기 비보유 협약당사국은 여하한 핵무기 또는 기타의 핵폭발장치 또는 그러한 무기 또는 폭발장치의 관리를 직접적으로 또는 간접적으로 어떠한 양도자로부터도 양도받지 않을 것과, 핵무기 또는 기타의 핵폭발장치를 제조하거나 또는 다른 방법으로 획득하지 않을 것과 또한 핵무기 또는 기타의 핵폭발장치를 제조함에 있어서 어떠한 원조를 구하거나 또는 받지 않을 것을 약속한다.

것에 대해 규율하지 못한다는 문제점을 안고 있었다. 북경협약에서는 이 부분에 대한 추가와 개정이 이루어져 관할권문제가 한층 더 명료하게 되었다. 먼저 무국적자의 문제를 살펴보면 몬트리올협약에 의한다면 무국적자의 범죄행위는 어떠한 국가가 관할권을 갖는가에 대한 공백이 있었다. 국내법에 의하여 세계주의나 보호주의 이론을 적용해 관할권을 행사하는 방법이 있었긴 하지만 이는 협약상으로 보장된 권리는 아니었다. 하지만 북경협약 8조 2항의 (b)에서 이를 규정하여 이 문제는 해결되었다. 즉,

2. 각 당사국은 다음과 같은 경우에도 관할권을 행사할 수 있다.

(b) 거주지가 없는 무국적자가 당사국에서 범죄를 범하였을 경우.[58]

이에 따라 무국적자가 당사국에서 범죄를 저질렀을 경우 그 당사국은 관할권을 행사할 수 있게 된다. 세계주의나 보호주의 이론에 입각하여 국내법을 적용하였던 것에 비하면 관할권 행사가 좀 더 명료하게 되었다.

다음으로는 다른 협약과의 관할권 경합의 경우에 우선 순위 문제에 대한 명확한 제정이다. 이는 6조와 7조에 명시되어 있다.

제6조 1. 이 협약은 특히 UN헌장 하의 국제민간항공과 국제 인권법의 원리와 목적에 따른 국제법하의 각 국의 주권 및 개개인의 권리, 의무, 책임에 영향을 미치지 않는다.

2. 국제분쟁 중의 군사활동은 국제 인도법에 따라 본 협약에 의해 적용되지 않으며 공식적인 군사훈련은 이 협약이 적용되지 아니하고 다른 국제법의 적용을 받는다.

3. 이 협약의 전 2항 규정은 합법 또는 불법적인 행위에 대한 용납 또는 다른 법의 적용을 금지한다고 해석해서는 아니 된다.[59]

---

58) 2. Each State Party may also establish its jurisdiction over any such offence in the following cases:

(a) when the offence is committed against a national of that State;

(b) when the offence is committed by a stateless person whose habitual residence is in the territory of that State.

59) Article 6

1. Nothing in this Convention shall affect other rights, obligations and responsibilities of States and individuals under international law, in particular the purposes and principles of the Charter of the United Nations, the Convention on

제7조 이 협약은 1968년 1월 모스크바·런던·워싱턴 핵무기 비확산 협약, 1972년 10월 런던·모스크바·워싱턴 생체 무기 또는 독성 무기의 개발금지 및 보유 금지 협약, 1993년 1월 13일 파리 화학무기 개발 금지 및 보유 금지 협약의 규정에 대하여는 적용되지 아니한다.[60]

다른 협약과 관할권 문제가 발생하였을 때 관할권 경합문제가 조금 더 명확히 함으로 북경협약은 몬트리올협약에서 발전한 모습을 보인다. 하지만 국제항공테러협약에서 지속적인 문제로 생각하던 관할권의 경합시 우선순위에 대해서는 역시 명쾌한 답을 내리지 못한다.

예를 들어 A국에 등록된 항공기에 내에서 무국적자인 갑이 B국에서 C국민에 대한 테러행위를 하였을 때 어느 국가가 관할권을 갖는 문제이다. 이 경우 협약에서 규정된 것은 없고 각 국의 조율에 맡길 수 밖에 없다. 물론 북경협약에서 11조[61]에 인권에 대한 협약을 신설하면서 어느 국가에서 재판을 받더라도 범죄자의 인권을 보호해야한다는 당위성을 설명하고는 있으나 관할권 문제는 단순히 범죄자의 인권 보호를 위하여 어디서 재판을 받아야 하나의 문제가 아니기 때문에 이는 큰 문제이다. 또한 각 국의 국내법 체계가 상이하고 정치적으로 법이 적용여부가 갈리는 경우도 있기 때문에 이에 대한 악용을 막기 위하여는 관할권의 경합에서의 우선순위의 문제가 시급히 제정되어야 한다. 물론 현실적으로 우선

International Civil Aviation and international humanitarian law.

2. The activities of armed forces during an armed conflict, as those terms are understood under international humanitarian law, which are governed by that law are not governed by this Convention, and the activities undertaken by military forces of a State in the exercise of their official duties, inasmuch as they are governed by other rules of international law, are not governed by this Convention.

3. The provisions of paragraph 2 of this Article shall not be interpreted as condoning or making lawful otherwise unlawful acts, or precluding prosecution under other laws.

60) Article 7

Nothing in this Convention shall affect the rights, obligations and responsibilities under the Treaty on the Non-Proliferation of Nuclear Weapons, signed at London, Moscow and Washington on 1 July 1968, the Convention on the Prohibition of the Development, Production and Stockpiling of

Bacteriological (Biological) and Toxin Weapons and on Their Destruction, signed at London, Moscow and Washington on 10 April 1972, or the Convention on the Prohibition of the Development, Production, Stockpiling and Use of Chemical Weapons and on Their Destruction, signed at Paris on 13 January 1993, of States Parties to such treaties.

61) 구금되어진 자 또는 어떠한 다른 조치가 취해지고 있거나 본 협약에 의해서 절차가 진해외어지고 있는 것으로 간주되는 자는 그 자가 현존하는 국가의 법률에 의한 적절한 보장 및 국제 인권법등 국제법의 해당조항을 포함하는 모든 권리를 향유할 수 있는 공정한 대우가 보장된다.

순위를 지정한다는 것이 어려운 일임에는 동감하나 앞으로 국제항공테러협약이 발전해 나감에 따라 이 부분도 해결될 것이라고 본다.

(5) 그 밖의 주요 내용

1) Article 9~10

제9조는 제1항에서 '사정이 그와 같이 허용한다고 인정된 경우, 범인 및 범죄혐의자가 그 영토 내에 소재하고 있는 당사국은 그를 구금하거나 그의 신병확보를 위한 기타 조치를 취하여야 한다. 동 구금 및 기타 조치는 그 국가의 국내법에 규정된 바에 따라야 하나, 형사 또는 인도절차를 취함에 필요한 시간 동안만 계속될 수 있다' 고 규정하고 그 이하 제2, 3, 4항에서 예비조사와 본국대표자와의 연락 및 통고절차 등을 규정하고 있는데 본 조는 '항공기 불법납치억제를 위한 협약' 제6조 및 '민간항공의 안전에 대한 불법적 행위의 억제를 위한 협약' 제6조에 규정된 것과 동일한 조문으로써 범인 및 범죄혐의자를 그가 현존하고 있는 국가의 국내법에 의한 구금과 조사 그리고 통고의무의 근거규정이 된다.

제10조도 제9조와 마찬가지로 '항공기 불법납치억제를 위한 협약' 제7조, '민간항공의 안전에 대한 불법적 행위의 억제를 위한 협약' 제7조와 동일한 조문으로써 범죄혐의자를 최초로 발견한 당사국이 다른 당사국에 그를 인도하지 않고 본국 스스로 사건을 회부할 수 있도록 규정하고 있다.

2) Article 11

앞의 두 조문이 몬트리올협약들의 규정을 그대로 다시 규정함과 달리 제11조는 앞의 '항공기 불법납치억제를 위한 협약'이나 '민간항공의 안전에 대한 불법적 행위의 억제를 위한 협약'에서는 규정되지 않은 조문으로써 이번 북경협약에서 새로이 추가된 것이다. 그 내용은 '구금되어진 자 또는 어떠한 다른 조치가 취해지고 있거나 본 협약에 의해서 절차가 진행되어지고 있는 것으로 간주되는 자는 그 자가 현존하는 국가의 법률에 의한 적절한 보장 및 국제 인권법등 국제법의 해당조항을 포함하는 모든 권리를 향유할 수 있는 공정한 대우가 보장된다'는 것인데, 이는 항공범죄가 아직 법적제도가 완비되지 않은 제3세계 국가 등에서 행하여 졌을 시 범죄혐의자 또는 범죄인의 구금 및 인도절차상 자칫하면 소홀히 여겨질 수 있는 범죄인의 인권을 한층 더 보호해 주기 위해 추가된 조문으로써 구 협약이 만들어진 시대상황에 비해 점차적으로 증대되어가고 있는 인권보호의 요청이 반영된 것이라 할 수 있다.

북경협약 제11조에서는 범죄혐의자등이 구금되거나 어떠한 조치가 취해지고 있는 경우 그 자가 현존하는 국가 및 국제법상 국제인권법에 의하여 공정한 대우를 누릴 수 있다고 규정하고 있는데 이는 항공범죄가 아직 법적제도가 완비되지 않은 제3세계 국가 등에서 행하여 졌을 시 범죄혐의자 또는 범죄인의 구금 및 인도절차상 자칫하면 소홀히 여겨질 수 있는 범죄인의 인권을 한층 더 보호해 주기 위해 추가된 조문으로써 구협약이 만들어진 시대상황에 비해 점차적으로 증대되어가고 있는 인권보호의 요청이 반영된 것이라 할 수 있다.

국민의 인권을 보호하는 것은 국가의 의무이며, 유엔은 세계인권선언(Universal Declaration of Human Rights)[62]과 여러 국제인권규약[63] 및 기구들을 통하여 각국의 인권보장을 도모해 오고 있다. 주요 인권협약들은 보고서제도, 개인청원제도, 국가 간 통보제도, 자발적 조사제도 등을 통하여 각국의 이행을 강제하고 있으며, 이를 위해 각 위원회를 두고 있

62) 1945년 창설된 UN은 헌장에서 인권보호에 관한 기본원칙을 밝히고 있으며, UN헌장은 국제문제로 인식되던 인권문제를 국제적 관심사로 전환하였으며 UN이 이를 합법적으로 다룰 수 있게 하였다.
UN은 1948년 12월 10일 총회에서 세계인권선언(Universal Declaration of Human Rights)을 채택하였다. 총회는 이 선언이 "모든 국민과 모든 국가에 대한 공통된 성취의 기준"임을 천명하였고 동 선원은 회원국들과 모든 국민들에게 이 선언에 명시된 권리와 자유의 효율적인 인정과 준수를 증진하고 보장해 줄 것을 촉구하였다. 하지만 이는 가맹국들이 지켜야할 공통의 기준을 제시하는 수준에 그치며 법적구속력은 없다. 그러나 오늘날 대부분의 국가 헌법 또는 기본법에 그 내용이 각인되고 반영되어 실효성이 클 뿐만 아니라 이후 1966년 UN이 세계 최초로 법적구속력을 가진 국제인권규약을 작성하는 기초가 된 것이다.

63) 국제인권규약과 세계인권선언의 가장 큰 차이점은 후자는 실시규정이 없는데 비하여, 전자는 실시규정을 두어 비준국가의 의무에 관하여 상세히 규정하고 있다는 점인데, 국제인권규약은 협약으로서 각 국가의 비준은 받으면 현실적으로 집행되는 법적인 강제력을 가지게 된다. 1966년 국제인권규약은 최초로 법적 구속력을 가진 세계적인 인권 관련 국제법이다. 이 규약은 '경제적·사회적 및 문화적 권리에 관한 규약'(A규약) '시민적 및 정치적 권리에 관한 규약'(B규약), 그리고 'B규약선택의정서'로 구성되어 있다. 부칙 형태의 선택의정서에는 권리 침해에 대하여 개인이 직접 감시기관에 통보하고, 협약 당사국들이 침해 사례에 대한 정보를 공유하도록 하는 내용과 침해 사례에 대한 조사 절차 등이 규정되어 있다. 이로써 국제인권규약에 가입한 국가에서 해당 권리의 침해가 발생하였을 때, 국내 법 체계에서 제대로 다루지 못한 문제를 유엔인권위원회에 제소하여 판결을 받을 수 있게 되었다. 그 외에도 1979년의 '여성에 대한 모든 형태의 차별 철폐에 관한 협약', 1984년의 '고문 및 그 밖의 잔혹한, 비인도적인 또는 굴욕적인 대우나 처벌의 방지에 관한 협약'(약칭 고문방지협약), 1989년의 '아동의 권리에 관한 협약' 등이 있다.

다. 그리고 인권위원회를 비롯한 유엔기관들도 인권보호를 위한 활동을 해오고 있다.

3) Article 12

북경협약 제12조는 헤이그 제8조와 1971년 몬트리올협약 제8조와 비교할 수 있다. 제1조에 명시되어있는 범죄는 체약국간에 현존하는 인도 협약상의 인도 범죄에 포함되는 것으로 간주된다. 체약국은 범죄를 그들 사이에 체결된 모든 인도 협약에 인도범죄로 포함할 의무를 진다. 헤이그 제8조와 몬트리올협약(1971) 제 8조는 The Offence라고 규정하는데 비해 북경협약 제12조 제1항은 The offences set forth in Article 1이라 규정하고 있다. 북경협약 제12조 제5항은 헤이그협약과 몬트리올협약과 달리 새로운 규정이 추가되었는데 이는 북경협약 제1조 제5항의 (a),(b)는 공동정범 및 종범의 문제인데 이에 대하여 죄질의 경중을 가리지 않고 동등한 범죄로 취급하는 것으로 규정되어 있다.[64]

4) Article 13조~14

북경협약 제13조는 제12조의 예외규정이고 제14조는 제13조를 보충하는 조항이다. 그리고 북경협약에서 새로운 문제에 대하여 언급하였는데 이것이 바로 북경협약 제13조와 제14조에서 언급한 정치범 취급문제이다. 이 협약은 과거에 민항기 납치 및 기타 민항운송 파괴행위가 정치행위에 속하는지를 두고 국제사회에서 계속해서 논쟁되어 왔다. 그러나 과거에 명확한 규정이 없어 이를 해결할 수 없었으나 위와 같은 내용을 북경협약 제13조와 제14조를 규정함으로써 이를 해결하였다.

2010년 북경협약에서는 이런 성격의 범죄에 대하여 정치범죄로 보지 않을 것이며, 각 국도 정치범죄를 범죄자 인도 및 국제사법공조를 거절하는 이유로 사용하지 못하고, 여객기 납치 등을 꾀한 테러리스트들이 정치범대우를 받지 못하도록 하여 처벌을 강화하였다.

즉, 제13조에서는 제1조에 명시된 범죄에 해당하지 않으면 범죄인도 또는 상호법적 지원을 위하여 정치적 범죄 또는 정치적 범죄와 연관된 범죄 도는 정치적 동기에 의한 범죄처럼

64) 5. The offences set forth in subparagraphs (a) and (b) of paragraph 5 of article 1 shall, for the purpose of extradition between State Parties, be treated as equivalent.
제1조 제 5항의 (a)와 (b)호에 명시된 범죄는 체약국간 범죄인도 목적을 위하여 동등하게 취급되어야 한다.

간주된다. 따라서 범죄 인도 또는 상호법적 지원에 기반을 둔 범죄에 대한 요청을 정치적 범죄 또는 정치적 범죄와 관련된 범죄 또는 정치적 동기에 의한 범죄와 관련된 이유만으로 거절될 수 없다고 규정하였다.[65]

나아가 제14조에서는 이 협약은 피요청국들이 제1조에 규정된 범죄에 대한 범죄인도 요청을 믿거나 인종, 종교, 국적, 민족적 기원, 정치적 의견, 성 또는 사람의 지위에 대한 어떠한 이유들로 편견을 야기시키는 그 요청에 따른 이유로 한 사람을 기소 또는 처벌하기 위하여 그러한 범죄들과 관련된 상호법적 지원을 하는 상당한 이유들이 있다면 범죄인도 의무가 부과된 것처럼 또는 상호법적 지원을 제공하기위한 것처럼 해석되어서는 안된다고 규정하고 있다.[66]

5) Article 23~25

이번 북경협약이 이전에 체결된 동경협약, 헤이그협약, 몬트리올협약 등 민간항공기 불법납치 등에 관한 협약들과의 폐기 조항 및 효력 개시 내용을 비교해 볼 필요성이 있다. 기존에 있는 동경협약, 헤이그협약, 몬트리올협약의 조항을 살펴보면 체약국이 수탁정부에게 협약의 폐기 통지를 했을 때 그 폐기 통고가 수탁정부에 접수된 시점으로부터 향후 6개월 후 폐기에 관한 효력이 발생한다고 규정되어있는 것에 반하여, 북경협약에서는 폐기 통고가 접수된 시점으로부터 향후 1년 후 폐기의 효력이 발생한다고 규정되어있다. 이는 국제민간 항공시장이 현재 매우 글로벌화되어 체약국들과의 긴밀한 관계가 유지되고 있는 바에

---

65) Article 13
None of the offences set forth in Article 1 shall be regarded, for the purposes of extradition or mutual legal assistance, as a political offence or as an offence connected with a political offence or as an offence inspired by political motives. Accordingly, a request for extradition or for mutual legal assistance based on such an offence may not be refused on the sole ground that it concerns a political offence or an offence connected with a political offence or an offence inspired by political motives.

66) Article 14
Nothing in this Convention shall be interpreted as imposing an obligation to extradite or to afford mutual legal assistance if the requested State Party has substantial grounds for believing that the request for extradition for offences set forth in Article 1 or for mutual legal assistance with respect to such offences has been made for the purpose of prosecuting or punishing a person on account of that person's race, religion, nationality, ethnic origin, political opinion or gender, or that compliance with the request would cause prejudice to that person's position for any of these reasons.

따른 조처로 보인다. 즉, 한 체약국이 협약을 폐기를 통고했을 시 그 효력이 바로 진행된다면 다른 체약국이 피해를 입을 수 있는 소지가 있으므로, 다른 체약국들의 이해관계에 따른 시간이 필요하므로 이 규정을 6개월에서 1년으로 기간이 연장된 것으로 생각된다. 그리고 이 폐기 통고 조항은 향후 체결될 국제민간항공에 관한 협약에도 동일하게 적용될 것으로 보인다.

그리고 체약국은 이 협약에 관한 사항을 90일 이내에 그 국가의 문서로 명시해야 한다고 규정하고 있다. 이는 언제 발생할지 모르는 즉, 과거와 달리 항공범죄 유형이 기술화, 지능화되고 있는 실정이며 항공범죄 발생률이 높아지고 있어 국제민간항공에 관한 범죄를 한 시라도 빠른 예방을 하기 위한 조치로 보인다.

또한 북경협약은 기존의 영어, 불어, 러시아어, 스페인어 뿐만 아니라 아라비아어, 중국어의 언어로 정식절차를 받아 비준이 되었다. 이는 기존 협약에 없었던 언어를 추가하여 비준이 된 것으로서 현재 국제민간 항공시장이 글로벌화 됨에 따라 아랍권과 중화권 국가들의 체약을 염두해 둔 것으로 보여지며, 항공범죄 예방에 있어서 전 세계가 공조해야 한다는 것을 내포하고 있는 것으로 생각한다.

4. 북경의정서

(1) 특징

북경의정서의 특징은 다음과 같다.

첫째, 범죄행위의 확대 및 구체화 에서는 첫째 민간 항공기를 무기로 사용하거나 다른 항공기 또는 지상의 표적을 공격하기 위해 사용하는 행위 또는 항공기나 다른 지상의 목표물을 공격하기 위해 위험한 물질을 사용한 행위를 추가적으로 범죄행위로 규정하고 있다. 항공기 납치범 또는 혐의자가 항공기를 공격무기로 이용하여 목표물을 공격할시 대규모 사상으로 이어질 수 있기 때문이다.

둘째, 민간 항공기를 이용해 생화학 무기 및 이와 관련된 물질을 불법적으로 운송하는 것 역시 범죄행위로 간주하여 처벌을 강조하고 있다. 이러한 조항은 생화학 무기 또는 이와 관련된 물질을 이용해 민간항공의 안전을 위협하는 행위를 단속함과 동시에 이러한 무기가 테러리스트들 수중에 들어가는 것을 효과적으로 막을 수 있을 것으로 기대된다.

셋째로 공범 개념의 확대이다. ICAO는 사람들을 조직하거나 지휘해서 항공기 또는 공항을 공격하는 행위 및 공범으로 범죄 또는 불법행위에 가담하거나 의도를 가지고 범죄자의 도피 조사, 기소 및 처벌을 돕는 행위까지도 범죄로 본다고 하였다. 이는 북경협약의 효력이 발생된 후 민간항공 안전을 방해하는 범죄활동 척결을 효과적으로 강화하게 될 것이다.

관할권의 명확화에 있어서는 무국적자의 범죄행위에 대한 관할권이 추가되었다. 무국적자가 당사국에서 범죄를 저질렀을 경우, 그 당사국이 관할권을 행사할 수 있게 함으로써 세계주의나 보호주의 이론에 입각해 국내법을 적용했던 기존의 법적용 체계에 비하면 관할권 행사가 좀 더 명료해졌다고 볼 수 있다.

과거에는 민간항공기 납치 행위를 정치행위에 속하는지에 대해 국제사회에서 논쟁이 끊이지 않았으나 2010년 북경협약에서는 이런 성격의 범죄에 대해 명확하게 정치범죄로 보지 않을 것이며, 각 국도 정치범죄를 범죄자 인도 및 국제사법공조를 거절하는 이유로 사용하지 못하고, 여객기 납치 등을 꾀한 테러리스트들이 정치범 대우를 받지 못하도록 하여 처벌을 강화하였다. 추가적으로 군사적 활동에 대한 적용을 배제하여 무력 충돌시 군대의 활동에 대해서는 동 협약이 적용되지 않고, 국제인도법을 적용하도록 함으로써 이 협약의 적용범위를 한정하였다.[67]

(2) 북경의정서 주요 개정내용

1) 범죄의 정의 구체화

북경의정서에서는 기존의 헤이그협약 Article1[68]에 나타나있는 범죄의 범위를 구체화 하

67) 황호원, 국제항공테러방지 북경협약(2010)에 관한 연구–몬트리올협약과의 비교를 중심으로–, 항공우주법학회지 제25권 2호(2010), 79~112면 참조.

68) Any person who on board an aircraft in flight:
(a) unlawfully, by force or threat thereof, or by any other form of intimidation, seizes, or exercises control of, that aircraft, or attempts to perform any such act, or (b) is an accomplice of a person who performs or attempts to perform any such act commits an offence(hereinafter referred to as "the offence").

였다. 우선 헤이그협약에서는 항공기내 또는 비행 중에 발생한 범죄만을 항공기 납치에 해당되는 것으로 한정시킨 것에 반해, 북경의정서에서는 항공기 내에서, 또는 비행 중에 발생한 범죄 외에 항공기 외부나 지상에서 발생한 범죄 또한 항공에 위협을 주는 행동으로 간주하여 항공기 납치를 시도한 범죄로 처벌할 수 있도록 규정하였다. 공범의 범위 또한 확대되었다. 이전에는 테러활동의 배후에 대한 처벌규정이나 범위에 대해서는 명확하지 않았다. 기존 헤이그협약에서는 "공범으로써 범행에 참여하는 행위 또는 범죄를 시도하는 행위"라는 조항으로 구체적이지 못하였으나, 북경의정서에서는 범죄를 조직하거나 다른 사람이 범죄를 저지르도록 시키는 교사(敎唆)행위, 상대방이 범죄를 저지른 것을 알면서도 처벌을 피할 수 있도록 도와준 자, 범행을 저지르는데 필요한 자금 제공한 자까지 추가하여 공범의 범위를 명확히 규정하였고, 그 범위가 구체화 되었음을 알 수 있다.

2) 정치범 불인정 구체화 및 관할권 명확화

일부 국가에서 정치성을 띠고 있다는 이유로 항공기 납치범의 인도를 거절한 사례가 없는 것은 아니지만, 대부분 헤이그협약의 Article 7[69]에 따라 정치적 성격을 띤 항공기 납치를 예외로 인정하지 않았기 때문에 납치범의 인도를 거절할 수 없었다. 중국 민간 항공기를 납치한 중국인 장진해(張振海)[70]의 경우가 그 사례 중 하나라고 할 수 있다. 북경의정서는 기존 헤이그협약의 Article 8에 두 개의 세부 조항을 신설하였는데, 그중 하나인 Article 8 bis는 정치범의 소추여부를 더욱 명확히 규정하였다. 이 조항의 내용은 "이 협약에 명시되어 있는 범죄는 정치와 관련된 범죄나, 정치적 동기에 의한 범죄로 간주하지 않기 때문에 정치범이라는 이유로 인도의 의무를 거절할 수 없다"는 것으로 이는 민간 항공기에

69) The Contracting State in the territory of which the alleged offender is shall, (if it does not extradite him, be obliged, without exception whatsoever and whether or not the offence was committed in its territory, to submit the case to its competent authorities for the purpose of prosecution. Those authorities shall take their decision in the same manner as in the case of any ordinary offence of a serious nature under their law of that State.

70) 천안문(天安門) 사태에 가담한 중국인 장진해(張振海)가 1989년 12월 16일 북경에서 미국으로 가는 중국 민간 항공기를 납치하여 일본 후쿠오카에 착륙한 사건. 중국이 그의 인도를 요청하자, 장진해는 자신이 정치범임을 주장하였으나 일본은 "항공기불법납치 억제를 위한 헤이그협약"에 의거하여 인도대상이 된다고 판단하여 1990년 4월 28일 장진해를 중국으로 정식 인도하였다.

대한 테러행위를 억제하는데 효과적인 역할을 할 것이며, 이는 항공업계의 발전에 도움이 되고 승객들에게 안전한 환경을 제공할 수 있는 계기가 될 것이다. 한편 또 다른 신설 조항인 Article 8 ter에서는 범인에 대한 처벌 또는 기소를 위한 인도요청이 인종, 종교, 국적, 인종적 태생, 성별 등을 근거로 요구한 것이라고 믿을 만한 상당한 근거가 있을 때에는 인도 또는 상호법적원조라는 의무를 이행해야 하는 것으로 해석되지 않는다는 내용의 조항으로 범죄인의 인도의무를 제한할 수 있는 규정을 신설하였다.

1988년 12월 21일 발생한 로커비[71] 사건은 정치범 인도와 관할권 행사에 관해 명확한 규정이 필요함을 나타내는 대표적인 예로 볼 수 있다. 관할권에 있어서는 헤이그협약 Article 4[72]의 조항에 새로운 조항을 추가하거나 기존의 조항을 변경함으로써 관할권 행사를 명료하게 하였다. 범죄가 당사국의 영토에서 일어났을 때, 범죄가 당사국 시민에 의해 범해졌을 때, 범죄가 당사국의 시민을 대상으로 범해졌을 때, 국적이 없지만 거주지가 당사국인 자에 의해 범죄가 범해졌을 때 등의 조항을 추가하여, 관할권을 정하는데 있어 분쟁의 소지를 크게 줄일 수 있을 것이다.

71) 1988년 12월 21일 스코틀랜드 Lokerbie 마을 상공에서 Pam Am항공기가 폭파되어 마을에 충돌한 사고로서 미국 시민을 포함한 259명의 승객과 승무원 그리고 11명의 마을 주민이 희생된 사건. 이 사건은 리비아 국적을 가진 자들에 의한 것으로 조사되어 그들의 송환을 리비아 당국에 요청하였지만 리비아는 스스로 그들을 재판하겠다고 제안하였다. 결국 이 사건은 1992년 1월 미국, 영국과 프랑스에 의해 유엔 안보리에 회부되어 리비아 정부에 대한 경제적 제재조치로 이어졌다. 제재조치를 받은 지 7년 후 영국, 미국, 리비아는 네덜란드와 같은 중립국에 법정을 구성하고 스코틀랜드 법률에 따르되 공정한 재판을 보증하는 것으로 해결점에 도달한다.

72) 1. Each Contracting State shall take such measures as may be necessary to establish its jurisdiction over the offence and any other act of violence against passengers or crew committed by the alleged offender in connection with the offence, in the following cases:

(a) when the offence is committed on board an aircraft registered in that State;

(b) when the aircraft on board which the offence is committed lands in its territory with the alleged offender still on board;

(c) when the offence is committed on board an aircraft leased without crew to a lessee who has his principal place of business or, if the lessee has no such place of business, his permanent residence, in that State.

2. Each Contracting State shall likewise take such measure as may be necessary to establish its jurisdiction over the offence in the case where the alleged offender is present in its territory and it does not extradite him pursuant to Article 8 to any of the States mentioned in paragraph 1 of this Article. This Convention does not exclude any criminal jurisdiction exercised in accordance with national law.

(3) 헤이그협약과 북경의정서 변경항목 비교

1) Article 1

북경의정서는 헤이그협약의 조항을 전부 담고 있지 않다. 다만 헤이그협약의 조항에 개정하거나 추가해야 할 내용만 부분적으로 담고 있다. 다음은 헤이그협약과 북경의정서에 규정되어 있는 범죄의 정의에 대한 항목을 비교한 표이다.

[표 1. 헤이그협약 Article1과 북경의정서 Article1의 항목 비교표]

Hague Convention		Beijing Protocol		
Article1	(a), (b)	Article1	1.	
			2.	(a),(b)
			3.	(a),(b),(c),(d)
			4.	(a),(b)–(i),(ii)

헤이그협약과 북경의정에서 범죄의 정의는 각 협약의 Article 1에서 찾아볼 수 있다. 헤이그협약에서는 범죄를 다음과 같이 규정하고 있다.

> "1. 비행중인 항공기내에서 (a)폭력 또는 그 위협에 의해 또는 그 밖에 어떠한 다른 형태의 협박에 의해 불법적으로 항공기를 납치 또는 통제하거나 그러한 시도를 한 경우 및 (b)이에 가담한 행위는 범죄로 본다."

북경의정서에서는 헤이그협약에 명시되어 있는 범죄의 정의를 확대 및 구체화 하였는데 의정서의 ArticleⅡ[73]에서 그에 대한 개정 내용을 찾아볼 수 있다. 북경의정서에서는 범죄의

---

73) 1. Any person commits an offence if that person unlawfully and intentionally seizes or exercise control of an aircraft in service by force or threat thereof, or by coercion, or by any other form of intimidation, or by any technological means.

2. Any person also commits an offence if that person :

(a) makes a threat to commit the offence set forth in paragraph 1 ; or

(b) unlawfully and intentionally causes any person to receive such a threat, under circumstances which indicate that

정의에 대한 세부 조항을 4개로 나누었는데, 그 내용은 다음과 같다.

"1. 불법 또는 고의적으로 항공기를 점거하거나 폭력 또는 어떤 다른 형태의 협박이나 기술적인 수단을 통해 운항 중인 항공기의 통제권을 행사하는 행위는 범죄로 본다.

2. 다음과 같은 행위를 한 자도 범죄를 범한 것으로 한다. (a) 1번 문항에 언급된 범죄를 범하기 위해 협박을 하거나 (b) 불법적, 고의적으로 다른 사람이 협박을 받도록 하고, 그 협박이 받아들여질 만한 상황일 때.

3. 다음과 같은 행위를 한 자도 범죄를 범한 것으로 한다. (a) 1 항목에 언급된 범죄를 시도하거나, (b) 1, 2, 3(a) 항목에 언급된 범죄조직을 조직하거나 다른 사람이 범죄를 저지르도록 시킨 행위, (c) 공범자로서 1, 2, 3(a)에 언급된 범죄에 가담한 행위 (d) 이 조의 세부조항 1, 2, 3(a), 3(b), 3(c)에 언급된 범죄로 여겨지는 행동을 저질렀다는 것을 알면서, 또는 형사상 기소가 되기 위해 수배가 된 자 인 것을 알면서도 불법적, 고의적으로 그 자가 기소 또는 처벌을 피할 수 있도록 도와준 자.

---

the threat is credible.

3. Any person also commits an offence if that person:
   (a) attempts to commit the offence set forth in paragraph 1 of this Article; or
   (b) organizes or directs others to commit an offence set forth in paragraph 1, 2 or 3(a) of this Article; or
   (c) participates as an accomplice in an offence set forth in paragraph 1, 2 or 3(a) of this Article; or
   (d) unlawfully and intentionally assists another person to evade investigation, prosecution or punishment, knowing that the person has committed an act that constitutes an offence set forth in paragraph 1,2,3(a),3(b) or 3(c) of this Article, or that the person is wanted for criminal prosecution by law enforcement authorities for such an offence or has been sentenced for such an offence.
4. Each State Party shall also establish as offence, when committed intentionally, whether or not any of the offences set forth in paragraph 1 or 2 of this Article is actually committed or attempted, either or both of the following :
   (a) agreeing with one or more other persons to commit an offence set forth in paragraph 1 or 2 of this Article and, where required by national law, involving an act undertaken by one of the participants in furtherance of the agreement; or
   (b) contributing in any other way to the commission one or more offences set forth in paragraph 1 or 2 of this Article by a group of persons acting with a common purpose, and such contribution shall either:
   (i) be made with the aim of furthering the general criminal activity or purpose of the group, where such activity or purpose involves the commission of an offence set forth in paragraph 1 or 2 of this Article; or
   (ii) be made in the knowledge of the intention of the group to commit an offence set forth in paragraph 1 or 2 of this Article.

4. 이 조항의 세부 항목 1, 2에 언급된 것이 실제로 범해졌거나 시도되었든지 다음에 언급된 것이 고의적으로 행해졌을 때 범죄로 규정한다.

(a) 한 명 또는 그 이상의 사람이 본 조항의 항목 1 또는 2에 언급된 범죄를 저지르는 것에 동의하였을 때, 그리고 국내법으로 정해진 곳에서 동의를 증진하기 위해 한명 또는 그 이상의 참여자에 의해 행해진 행동을 포함한다.

(b) 다른 방법으로 세부 항목 1, 2에 언급된 범죄행위 중 하나 또는 그 이상의 것에 기여하는 것-(i) 일반 범죄행위 또는 조직 확산의 목적으로 만들어 졌거나, (ii) 1,2 조항에 언급된 범행을 저지르기 위한 의도로 만들어진 것 또한 범죄로 성립된다."라는 규정을 통해 공범의 범위를 구체화하였다.

북경의정서는 세부 항목 1에서 비행중인 항공기 내(on board an aircraft in flight)라는 문구를 삭제하여 항공기 내에서 발생한 범죄를 넘어서 항공기 밖에서 발생한 범죄까지도 처벌을 가능하게 하였다.

2) Article 2

북경의정서는 헤이그협약의 Article 2 bis[74]조항을 신설하여 체약국의 법적책임(의무)를 규정하였다. 그 내용은 다음과 같다.

1. 체약국은 국가의 법적 원칙에 따라 그 법적기관을 통제 또는 관리에 대한 책임이 있는 사람이 1조에 언급된 범죄를 범하였을 때, 그 나라의 영토에 위치하거나 그 법체제 아래

---

74) 1. Each State Party, in accordance with its national legal principles, may take the necessary measures to enable legal entity located in its territory or organized under its laws to be held liable when a person responsible for management or control of that legal entity has, in that capacity, committed an offence set forth in Article1. Such liability may be criminal, civil or administrative.
2. Such liability is incurred without prejudice to the criminal liability of individuals having committed the offences.
3. If a State Party takes the necessary measure to make a legal entity liable in accordance with paragraph 1 of this Article, it shall endeavour to ensure that the applicable criminal, civil or administrative sanctions are effective, proportionate and dissuasive. Such sanctions may include monetary sanctions.

조직된 법적기관이 책임을 질 수 있도록 필요한 조치를 마련할 수 있다.

2. 그러한 법적 책임은 범죄자의 형사적 책임에 영향을 끼치지 않고 발생한다.

3. 체약국이 1번 문항에 따라 적절한 조치를 취할 때는 협약국은 적용되는 형사적, 민사적, 행정적 처벌이 효과적인지, 적절한지, 재범을 방지하는데 기여하는지에 대해 보장해야 하고 그러한 처벌은 재정적인 것도 포함한다.

3) Article 3

Article 3은 항목의 변화는 없으나 그 내용이 변경되었고, bis 항목이 신설되었다. 변경된 항목의 내용은 항공기의 비행 중 범위에 관한 것으로 기존의 헤이그협약이 "탑승 후 항공기의 출입문이 닫힌 순간부터 하강을 위하여 출입문이 열리는 때"까지 본 것에 반해 북경협약은 "지상직 직원 또는 승무원에 의한 사전 비행준비부터 착륙 후 24시간까지"를 비행의 범위로 변경하여 그 범위를 확대했음을 알 수 있다.

Article 3 bis[75]의 신설 내용은 다음과 같다.

"1. 이 협약은 국제법, 특히 유엔헌장의 목적과 원칙, 국제민간항공협약과 국제인도법에 따라 국가와 개인의 다른 권리, 의무, 그리고 책임에 영향을 주어서는 안 된다.

2. 국제인도법에 적용되는 군사적 충돌에 있어 군대의 행위는 이 협약을 적용하지 않는다. 그리고 공무를 수행하는 국가의 군대에 의해 착수된 활동은 다른 국제법을 적용하는 것을 감안할 때 이 협약을 적용하지 않는다.

3. 이 조항의 2번 문항은 불법적 행위에 대한 용납 또는 합법화를 의미하지 않는다. 또

75) 1. Nothing in this Convention shall affect other rights, obligations and responsibilities of States and individuals under international law, in particular the purposes and principles of the Charter of the United Nations, the Convention on International Civil Aviation and international humanitarian law.

2. The activities of armed forces during an armed conflict, as those terms are understood under international humanitarian law, which are governed by that law are not governed by this Convention, and the activities undertaken by military forces of a State in the exercise of their official duties, inasmuch as they are governed by other rules of international law, are not governed by this Convention.

3. The provisions of paragraph 2 of this Article shall not be interpreted as condoning or making lawful otherwise unlawful acts, or precluding prosecution under other laws.

한 다른 법규에 따른 기소를 불가능하게 하는 것으로 해석하지 않는다."으로, 군사적 충돌에 관해서는 이 협약을 적용하지 않지만 그것이 불법행위에 대한 면죄부가 될 수 없다는 것을 나타내고 있다.

4) Article 7

Article 7에서는 Article 7 bis[76] 항목이 추가되었다. 이 조항은 범인에 대한 인권이 보장되어야 한다는 내용을 담고 있으며 이는 다음과 같다.

"구금당한 자 또는 이 협약에 따라 조치가 취해졌거나 진행 중인 자는 공정한 처우를 보장받아야 한다. 모든 권리를 향유할 수 있는 것과, 범인이 속해 있는 국가의 법규와 해당되는 인권법을 포함한 국제법을 따를 것을 보장한다."

5) Article 8

헤이그협약에서는 Article 8 내에 1–4까지의 세부조항이 있었으나, 5번째 세부조항이 추가되었고, bis와 ter조항이 신설되었다.

세부조항 5번은 "5. 이 협약 1조의 4번 문항의 (a), (b) 항목에 언급된 범죄는 체결국간 인도의 목적에 따라 동등한 것으로 취급한다."라고 규정하여 (a), (b) 두 개의 항목에 속하는 범죄는 동등하게 처벌받아야 한다고 명시하였다.

Article 8 bis[77]와 ter[78]의 내용은 각각 다음과 같다.

---

76) Any person who is taken into custody, or regarding whom any other measures are taken or proceedings are being carried out pursuant to this Convention, shall be guaranteed fair treatment, including enjoyment of all rights and guarantees in conformity with the law of the State in the territory of which that person is present and applicable provisions of intranational law, including international human rights law.

77) None of the offences set forth in Article 1 shall be regarded, for the purpose of extradition or mutual legal assistance, as a political offence or as an offence connected with a political offence or as an offence inspired by political motives. Accordingly, a request for extradition or for mutual legal assistance based on such an offence may not be refused on the sole ground that it concerns a political offence or an offence connected with a political offence or an offence inspired by political motives.

78) Nothing in this Convention shall be interpreted as imposing an obligation to extradite or to afford mutual legal assistance, if the requested State Party has substantial grounds for believing that the request for extradition for offences set forth in Article 1 or for mutual legal assistance with respect to such offences has been made for the purpose of prosecut-

"1조에 언급된 범죄는 정치와 관련된 범죄나 정치적 동기에 의한 범죄로 간주되지 않는다. 따라서 그것이 정치적 범죄 또는 정치적 범죄와 연관된 범죄 또는 정치적 동기에 의한 범죄와 연관이 있다는 이유로 인도에 대한 요청은 거절될 수 없다."

"만약 그 체결국이 1조에 언급된 범죄에 대한 인도나 그 범죄에 대하여 상호법적원조를 요구하는 것이 사람이 인종, 종교, 국적, 민족적 출신, 정치적 의견, 성별에 의해 처벌 또는 기소할 목적일 때, 또는 그 요구를 따름으로 인해 그 사람의 입장에 해를 가할 것이라는 상당한 근거가 있다면 인도 또는 상호법적원조 의무를 이행하는 것으로 해석할 수 없다."

위의 bis와 ter 조항은 항공범죄를 저지른 자는 정치범이라는 이유로 처벌을 면할 수 없다는 것과, 처벌의 근거가 인종, 종교, 국적 등 사람의 배경에 따른 것일 때는 인도를 제한할 수 있는 규정을 함께 신설하였다.

(4) 결론

기존의 협약들은 민간항공의 보안을 위협하는 행위를 규율하는 법적 수단으로 널리 사용되어 왔다. 하지만 이 협약들은 채택 당시의 상황만을 고려하여 제정된 것으로 그 후에 새롭게 생겨나는 위협까지 규율할 수는 없다는 점에서 이번 2010년 베이징에서 채택된 북경협약과 의정서는 항공보안을 강화하는데 큰 기여를 할 것이다.

북경의정서는 9.11 테러와 같은 행동을 저지르려는 자들을 예방, 기소, 처벌하려는 국제사회 공동의 노력을 반영한 것으로, 국제 민간항공기 납치, 사보타주(Sabotage) 등의 행동을 불법화하였다. 그리고 그러한 행동이 처벌을 피해가지 못하도록 국가 간 협력을 가능하게 하는 한편 북경의정서의 신설조항 중 하나인 Article 7 bis[79]은 범죄혐의를 받고 있는 자의 공정한 처우와 인권에 관한 규정을 명시함으로써 범죄혐의 자의 인권을 보장해줄 것을

ing or punishing a person on account of that person's race, religion, nationality, ethnic origin, political opinion or gender, or that compliance with the request would cause prejudice to that person's position for any of these reasons.

79) Any person who is taken into custody, or regarding whom any other measures are taken or proceedings are being carried out pursuant to this Convention, shall be guaranteed fair treatment, including enjoyment of all rights and guarantees in conformity with the law of the State in the territory of which that person is present and applicable provisions of international law, including international human right law.

강조한다. 또한 신설조항인 Article 10 bis[80]에 의해 1조에 언급된 범죄가 일어날 것이라는 근거가 있을 때 그 국가의 법에 따라 그들이 가진 관련 정보를 공급해야 한다는 정보제공의 의무를 규정하여 체결국 간 범죄를 예방하는데 서로 도움이 되도록 하였다.

북경의정서는 국제민간항공기 불법납치에 대한 범죄를 규정함에 있어 그 범위가 확대되었고 구체화되었다는 점에서 기존에 헤이그협약 보다 항공납치범죄예방과 항공기를 위협하는 작은 범죄까지 효과적으로 처벌할 수 있다는 점에 의의가 있다.

하지만 Article 2[81]에 "체약국은 범죄를 엄중한 형벌로 처벌할 수 있도록 할 의무를 진다."라는 규정에 있어 구체적 처벌에 대한 사항이 명시되어 있지 않다는 점에서 그 내용을 좀 더 명확하게 규정할 필요가 있다. 북경협약과 의정서는 22번째 국가가 비준서를 기탁한 후 두 번째 달의 첫 일에 발효하게 된다.

제7절 항공범죄의 사법적 처리

1. 국제항공테러협약의 관할권

국제항공안전을 위태롭게 하는 범죄에 대하여 국제협약은 관할권 부분에서 보편적 관할원칙을 채택하고 있다. 동시에 각 협약에서는 각국의 국내법에 의거하여 형사재판권을 행사하는 가능성을 배제하지 않고 있다. 동경협약 제3조 및 제4조는 항공기 등록국, 항공기비등록국 모두에게 관할권을 행사할 수 있도록 하고 있지만, 그러한 관할권 행사는 범죄결과발생지국, 범죄인이나 피해자의 국적국이나 영구거주국 등에 한정하고 있다. 헤이그협약 제4조가 규정한 관할권은 항공기 등록국, 항공기 착륙국, 항공기 임차인의 주영업지국

80) Any State Party having reason to believe that one of the offences set forth in Article 1 will be committed shall, in accordance with its national law, furnish any relevant information in its possession to those States Parties which it believes would be the States set forth in paragraphs 1 and 2 of Article 4.

81) Each State Party undertakes to make the offences set forth in Article 1 punishable by severe penalties.

또는 영구거주국 및 범죄인 소재국이다. 그러나, 몬트리올협약 제5조가 규정한 관할권은 범죄발생지국, 항공기 등록국, 항공기 착륙국, 항공기 임차인의 주영업지국 및 범죄인 소재지국이다.[82]

(1) 관할권

재판관할권(Jurisdiction)이 가장 빈번히 사용되는 것은 한 국가가 자국의 인명과 재산 및 자국에서 발생한 사건에 대하여 행사하는 권력이라는 의미를 지칭할 때이다. 즉, 국가의 재판관할권이란 '국제법상 국가가 소추하고 범죄에 대하여 처벌할 수 있는 권한'이라고 정의하는데, 여기서 재판관할권이란 용어는 국가의 국제적 능력만을 관계하며, 국가 내의 법원이나 다른 정부기관의 권한을 표현하는데 사용되지는 않는다.[83]

영토 관할권 (일명 속지주의 또는 영토주의)	영토주의	
	확장된 영토주의(일명 주관적·객관적 영토주의)	
영토 외적 관할권	적극적 국적주의	
	소극적 국적주의	
	보호 또는 안전주의	
	보편주의	허용적 보편주의
		의무적 보편주의

1) 영토 관할권(Territorial Jurisdiction)

영토 관할권은 다음과 같이 영토주의와 확장된 영토주의로 나누어 볼 수 있다.

① 영토주의(속지주의, Territorial Principle)

국가는 그 영토 내에서 완전하고 배타적인 관할권을 가진다는 이 원칙은 국제관습법상

82) 몬트리올협약은 범죄발생지국이 관할권을 향유하도록 한 것은 당해 협약이 지상의 항공안전범죄를 규정하고 있기 때문이다.

83) 1935년의 하버드법과대학의 '범죄의 재판관할권에 관한 협약초안'(Draft Convention on Jurisdiction with respect to Crime)은 협약초안 제1조 (b)

확립된 기본적인 원칙이다. 그러므로 국가는 영토(육지)·영해·영공에서 발생한 범죄에 관하여 배타적 관할권을 가진다.[84] 이와 같이 체약국에 의한 영공주권원칙이 승인은 그들 상호관계뿐만 아니라 이 협약에 참가하지 않은 비당사국에까지 적용되는 것으로서 국제관습법상 확립된 원칙이라고 할 수 있다.

따라서 어느 국가의 영토나 영공·영해 상에서 발생한 범죄에 관하여 영토국은 경찰력을 사용하여 범인을 체포할 수 있고, 법원을 통해 재판할 수 있는 권한을 가지는데 항공기가 자국의 것이든 외국항공기든 간에 불문하고 관할권을 행사할 수 있다.

② 확장된 영토주의(일명 주관적·객관적 영토주의)

한 국가의 영토 내에서 발생한 범죄에 관하여는 영토 관할권의 행사에 문제가 없다. 그러나 서로 다른 요소를 지닌 범죄가 서로 다른 국가에서 발생했을 때에는 문제가 발생한다. 예를 들어, 국경지대에서 영토 밖에서 발사한 총에 의해 자국민이 사살되었을 때 누가 관할권을 가지는가? 이와 같은 문제에 대해서 특히 보통법(Common Law)계 국가들은 주관적·객관적 영토주의(Subjective-Objective Territorial Principle)라는 확장된 영토주의에 이하여 접근을 하고 있다.

우선 주관적 영토주의란 범죄가 자국에서 시작되어 자국영역 밖에서 완성되었을 때, 동 범죄에 관하여 영토국가가 관할권을 가질 수 있다는 원칙이고, 객관적 영토주의란 이와는 반대로 자국영역 밖에서 시작된 범죄가 자국영역에서 완성되었을 때, 동 범죄에 대한 관할권을 영토국가가 주장할 수 있다는 원칙이다.

2) 영토 외적 관할권

국제관습법상 국가는 자국영토 밖에서 자국의 안전이나 통화에 대하여 범죄를 행한 자국민이나 외국인에 대하여 관할권을 행사할 수 있다. 그러나 외국영토에서 행할 수 있는

84) 1919년의 Paris 협약(Paris Convention on the Regulation of Aerial Navigation) 제1조와 이 협약을 대치시킨 1944년 Chicago 협약 제1조도 '각국은 그 영토의 상공에서 완전하고 배타적인 주권을 가진다.'(Every state has complete and exclusive sovereignty over the airspace above its territory)고 명시함으로써 배타적인 영토주권 즉, 영공관할권을 표명하고 있다.

이와 같은 국가의 관할권은 입법관할권에만 국한되는 점을 유의해야 한다. 왜냐하면 협약 및 국제관습법의 원칙상 어느 국가가 타국의 승인 없이 타국의 영토 내에서 행한 강제관할권은 그 국가의 영토주권을 침해하는 것이기 때문이다.

① 적극적 국적주의(Active Personality Principle)

국제관습법상 국가는 영토적 한계와 무관하게 자국민에 대하여 관할권을 행사할 수 있는데 이를 (적극적) 국적주의 또는 속인주의라고 한다. 범죄발생지를 불문하고 법적결과가 자국민의 행위로 귀속될 때와 같은 영토 외적 입법관할권(Extra-Territorial Jurisdiction)은 각 국가의 자국민에 대한 인적주권에 기초를 두고 있는데, 동 원칙에 따르자면 각국이 자국의 국적을 지닌 선박이나 항공기에 대하여 그것이 공해상이나 무주지에 있건 또는 타국에 있건 또는 타국을 비행하든 간에 영토외적 입법관할권을 행사할 수 있다는 것이다.

② 소극적 국적주의(Passive Nationality Principle)

소극적 속인주의는 외국에서 외국인이 자국민에 대하여 범죄를 행하였을 경우 그 외국인에 대하여 처벌할 권리가 있다는 개념에서 출발한다. 이 원칙은 전술한 적극적 국적주의를 보완하는 이론으로서 적극적 국적주의가 외국에서 범죄를 저지른 자국민에 대하여 관할권을 가지는데 반하여, 소극적 국적주의는 외국에 있는 자국민에 대한 국적국가의 관심 역시 보호되어야 한다는 것이다. 다시 말해서 국가가 추구하는 최대의 복지는 자국민의 복지에 달려 있으므로, 국가는 자국민이 외국에 있을 때 자국민에 대하여 범죄를 행한 자에 대하여 처벌할 이해가 있다는 주장이다.[85]

③ 보호주의(Protective Principle)

이를 안전주의(Security Principle) 또는 보호된 이익주의(Protected Interest Principle)라고도 하는데, 국가가 자국의 안전·신용·정치적 독립이나 영토적 보전에 반하는 행위를 한

85) 1963년 동경협약 이전에도 범인이 어떠한 관할권에도 종속되지 않았을 때는 이와 같은 원칙이 적용될 여지는 있었으나, 현재의 동경협약 체제에서는 항공기 등록국만이 재판관할권을 가지고 있다. 따라서 동경협약의 체약국들 간에는 적어도 동 원칙이 적용되지 못할 것이다.

외국인에 대하여 영토외적 관할권을 행사할 수 있는 것을 의미한다. 따라서 간첩죄·선동죄·화폐위조 및 비자와 같은 공문서위조·해외공관의 침범뿐만 아니라, 자국의 경제에 실질적으로 위협이 되는 행동 등이 이에 포함된다.[86]

이와 같이 보호주의가 인정되는 근거는 국가의 정치적·경제적 중대이익이 관련되는 범죄인데도 범죄의 정치적 성격으로 말미암아 인도가 거부될 수도 있고 그렇다고 해서 범행지법에 의해 반드시 처벌되는 것도 아닌 경우에 발생되는 공백을 메우기 위한 것이라고 할 수 있다. 그러나 보호주의 하에서 보호되어야 할 법익에 대한 객관적 기준이 없다는 것이 이 원칙이 결함이다.

④ 허용적 보편주의(Permissive Universality Principle)

이 원칙은 범죄의 억제는 모든 국가에서 공통된 이해라는 사고에 기초하고 있는데 국제법은 국가들에게 국내법에 반하는 범죄와는 별도로 국제법에 반하는 범죄에 대하여 보편적 성질의 형사관할권을 부여하고 있다. 더구나 국제형사법원이 부재로 인하여 국제법은 국가들로 하여금 그와 같은 보편적인 범죄를 처벌하기 위하여 그들이 국내법원을 사용하도록 하는 것이다. 국제법상 전형적인 예로 해적(Piracy)을 인류일반의 적으로 간주하고 있다.

국제협약으로는 1958년 공해에 관한 협약 제15조와 1982년 UN 해양법협약 제101조도 해적에 관한 조항을 명시하고 있다.[87]

⑤ 의무적 보편주의(Obligatory Universality Principle)

의무적 보편주의라 함은 범죄의 어떤 관련이 있는 국가는 범인을 자국에서 재판하든지 아니면 다른 관계국에 인도하든지 해야 한다는 원칙이다. 그러므로 '인도 아니면 소추'

86) 하버드연구초안도 제7조에 다음과 같이 이 이론의 근거를 제시하고 있다. '국가는 그 영토 밖에서 외국인이 자국의 안전·영토보전 및 정치적 독립에 반하는 어떠한 행위를 한 경우에 이에 관한 관할권을 가진다. 다만 이 경우에 범죄를 구성하는 작위 또는 부작위가 그 행위지법상 외국인에게 보장된 자유의 행사인 경우는 제외된다.'

87) 1958년 공해에 관한 협약 제13조도 다음과 같이 이를 규정하고 있다. '모든 국가는 자국의 국기를 계약할 권한을 부여받은 선박에 의한 노예의 수송을 방지하고 처벌하기 위하여 그리고 노예의 수송을 위한 자국국기의 불법사용을 방지하기 위하여 유효한 조치를 취하여야 한다. 국기의 여하를 불문하고 어떤 선박에라도 피난하는 노예는 그 사실로서 자유의 몸이 된다.'

또는 '처벌 아니면 인도'라는 법언이 이를 표현하고 있다. 이 경우는 국가에게 의무를 부과하는 것이기 때문에 의무의 발생요건은 모두 협약에 의해 정해진다.[88]

(2) 정리

국제항공테러협약의 관할권을 분석하면 다음과 같은 결론을 얻을 수 있다.

첫째, 항공테러협약의 관할권 규정에서 공통으로 발견되는 것은 어느 협약도 관할권의 우선순위를 명시하지 않고 있다는 점이다. 결국 하이재킹 된 항공기가 착륙한 국가와 항공기 등록국간 관할권 문제가 발생하는데 대부분의 경우 착륙국이 하이재커를 처벌하는 예가 많은 것으로 알려졌다.

둘째, 국제법상 전통적인 관할권이론에서 많은 비판이 제기되었던 소극적 국적주의(Passive Personality Principle)가 국제항공테러협약의 제정 이후 각종 국제테러협약에서 점차적으로 발전되어가고 있는 경향을 볼 수 있다. 1973년의 뉴욕협약 제3조 1항, 1979년 인질협약 제5조 1항 (d) 그리고 1988년 로마협약 제6조 2항 (b)가 그 예이다. 또한 1979년 인질협약 제5조 1항 (c)와 1988년 로마협약 제6조 2항 (c)에서는 자국에게 작위 또는 부작위를 강요하기 위한 범행의 경우에도 그 대상국가가 관할권을 행사할 수 있도록 하고 있다. 만일 장래에 국제항공테러협약이 개정이 될 경우에는 국제항공테러범죄를 좀 더 효과적으로 억제하기 위하여 소극적 국적주의의 채택을 고려할 필요가 있다.

셋째, 헤이그협약이나 몬트리올협약은 범인의 국적주의를 부여하고 있지 않으나 인질협

88) 오늘날 의무적 보편주의가 적용되는 범죄로서 대표적인 것에 항공기납치 및 국제테러행위가 있다. 이 가운데 항공기납치의 방지 및 처벌을 위한 일반협약으로는 전술한 바와 같이 1963년 동경협약, 1970년 헤이그협약, 1971년 몬트리올협약이 있고, 국제테러행위에 관한 것으로는 1973. 12. 14. UN 총회결의 3166(XXVⅢ)으로서 총의(consensus)에 의해 채택된 '외교관 등 국제적 보호인물에 대한 범죄의 방지 및 처벌에 관한 협약'(Convention on the Prevention and Punishment of Crimes against Internationally Protected Persons, Including Diplomatic Agents)과 1979. 12. 17. UN총회 결의 34/146으로서 채택된 '인질억류에 대한 국제협약(International Convention against the Taking of Hostages)이 있다. 그리고 테러리즘의 처벌을 위한 지역적 국제협약으로는 1971. 2. 2. 미주기구 회원국들에 의해 워싱턴에서 체결된 국제적 중요성을 가진 사람 및 관련 강탈에 대한 범죄의 형식을 지닌 테러행위의 방지 및 처벌에 관한 협약'(Convention to Prevent and Punishment the Acts of Terrorism Taking the Form of Crimes against Persons and Related Extortion that are of International Significance)과 1976. 11. 10. 유럽평의회에 의해 채택된 '테러리즘의 억제에 관한 유럽협약'(European Convention on the Suppression of Terrorism)이 있다.

약은 제5조 1항 (b)에 인질억류범의 국적국가에게 관할권을 부여하고 있다.

마지막으로 인질협약 제 5조 1항 (b)는 무국적자가 상주하는 국가에서 만약 그가 인질억류범죄를 행했고, 그 국가가 그렇게 하는 것이 적절하다고 고려하는 경우 그에 대하여 관할권을 행사할 권리를 부여한다. 이와 같은 목적에서 볼 때 무국적거주자를 국민과 동일하게 보고 있는데 헤이그협약이나 몬트리올협약에서는 없는 조항이다.

2. 항공범죄의 처벌

현재 국제항공테러범죄에 대하여 협약의 당사국들은 "인도 아니면 소추"(Aut Dedere, Aut Judicare) 또는 "처벌 아니면 인도"(Aut Punire, Aut Dedere)의 원칙에 따라서 반드시 범인을 인도하거나 처벌하여야 하는 의무적 보편주의(Obligatory Universality Principle)의 적용 하에 있다.

(1) 소추

헤이그협약과 몬트리올협약은 두 협약이 동일한 문구로 범인의 소추에 관하여 제7조에 다음과 같이 명시하고 있다.

'영토 내에서 범죄혐의자가 발견된 체약국은 만약 그를 인도하지 않을 경우에는 예외 없이 또한 그 영토 내에서 범죄가 행하여진 것인지 여부를 불문하고 소추를 하기 위하여 권한 있는 당국에 동 사건을 회부하여야 한다.

당국은 그 국가의 법률상 중대한 성질의 일반범죄의 경우에 있어서와 같은 방법으로 결정을 내려야 한다.'

(2) 처벌

헤이그협약 제2조 및 몬트리올협약 제3조는 모두 각 체약국이 상기의 범죄행위에 대하여 처벌하는 것을 허용하여야 한다고 규정하고 있다.

'각 체약국은 범죄를 중벌로 처벌할 의무를 진다.'(헤이그협약 제2조)

'각 체약국은 제1조에 규정된 범죄를 중벌로 처벌할 의무를 진다.'(몬트리올협약 제3조)

헤이그협약과 몬트리올협약의 처벌규정이 차이점은 헤이그협약은 항공기불법납치행위만 처벌할 수 있음에 반하여, 몬트리올협약은 동 협약 제1조에 명시된 범죄 전부에 대하여 처벌을 할 수 있는 것이 다르다는 것 뿐 두 협약 모두 범죄인에 대하여 중벌을 과할 것을 명시하고 있다.

민간항공안전범죄와 테러행위가 결합되는 때에는 테러주의자가 흔히 정치범이라고 주장하여 처벌을 면하고자 하기 때문에 협약에서는 명시적으로 민간항공안전과 관련된 범죄는 정치범불인도의 원칙이 적용될 수 없다고 규정하고 있다. 정치범불인도의 원칙이 국제관습법이라고 하더라도 헤이그협약과 몬트리올협약의 규정에 따르면 이 원칙의 적용이 배제된다. 헤이그협약과 몬트리올협약은 모두 제7조에서 체약국영역내에서 체약국의 국적을 가진 범죄행위자를 발견한 체약국은 인도하지 아니하는 경우 반드시 예외없이 그 사건을 주관기관에 회부하도록 하고 있다. 당해 기관은 자국의 법률 중의 동일한 성격의 범죄에 관한 규정에 따라 사법절차를 진해하여 판결을 내려야 한다. 협약은 특별히 정치범죄가 아닌 보통범죄로서 심리하도록 하고 있다.

(3) 국제협약상의 범인 인도

1) 동경협약상 범인 인도

동경협약은 범인인도에 관하여 제16조에 다음과 같이 명시하고 있다.

"1. 체약국에서 등록된 항공기내에서 행하여진 범행은 범인인도에 있어서 범죄가 실제로 발생한 장소에서 뿐만 아니라 항공기 등록국의 영토에서 발생한 것과 같이 취급되어야 한다.

2. 전항의 규정에도 불구하고 본 협약의 어떠한 규정도 범인인도를 허용하는 의무를 창설하는 것으로 간주되지 아니한다."

동경협약은 재판관할권이 경합될 경우 우선순위의 형태를 규정하지 않고 동시에 존재케 하였다.

사실 재판관할권이 경합되는 경우라든가 범죄혐의자를 체포한 국가와 그를 인도하기를 원하는 국가 사이에 효력 있는 범인인도협약은 매우 유효한 도구가 될 것이다. 따라서 법률 위원회는 항공기 내에서 발생한 범죄에 대하여 재판관할권이 경합될 경우 범인인도협약이 항공기 내에서 발생한 사건에 허용될 것을 조건으로 범인인도협약이 유효하다. 동경협약 제16조 2항에 의하면 항공기 착륙국과 항공기 등록국가 사이에 범인인도에 관한 협약을 체결하지 않는 한 양 국가 사이에 명확한 인도의무는 발생하지 않는다고 명시하고 있다.

2) 헤이그 및 몬트리올협약상 범인 인도

헤이그협약 제8조는 범인인도에 관하여 다음과 같이 명시하고 있다.

"1. 범죄는 체약국들 간에 현존하는 인도협약상의 인도범죄에 포함되는 것으로 간주된다. 체약국들은 범죄를 그들 사이에 체결될 모든 인도 협약에 인도범죄로서 포함시킬 의무를 진다.

2. 인도에 관하여 협약의 존재를 조건으로 하는 체약국의 상호인도협약을 체결하지 않는 타체약국으로 부터 인도요청을 받은 경우에는 그 선택에 따라 본 협약을 범죄에 관한 인도를 위한 법적인 근거로서 간주할 수 있다. 인도는 피요청국의 법률에 규정된 기타 제 조건에 따라야 한다.

3. 인도에 관하여 협약의 존재를 조건으로 하지 않는 체약국들은 피요청국의 법률에 규정된 제조건에 따를 것을 조건으로 범죄를 동 국가들 간의 인도범죄로 인정하여야 한다.[89]

4. 범죄는 체약국간의 인도목적을 위하여 그것이 발생한 장소에서 뿐만 아니라 제4조 1항에 따라 관할권을 확립하도록 되어있는 국가들의 영토 내에서 범하여진 것과 같이 다루어야 한다."

몬트리올협약도 범인인도에 관하여 제8조에 헤이그협약과 완전히 동일한 규정을 두고 있으나 다만 동조 제4항에 다음과 같이 규정함으로써 약간의 차이를 두고 있다.

"4. 각 범죄는 체약국 간의 인도목적을 위하여 그것이 발생한 장소뿐만이 아니라 동 협약 제5조 1항 (b)·(c) 및 (d)에 의거하여 그 관할권을 확립하도록 되어 있는 국가의 영토 내

89) 김한택, 국제법상 항공범죄의 규제에 관한 연구, 1989, 박사학위논문, 117면.

에서 범하여진 것처럼 취급된다."

따라서 헤이그 및 몬트리올협약의 제8조에서 발견되는 유일한 차이점은 헤이그협약 제8조는 항공기의 불법납치라는 단일범죄를 다루고 있는 반면에 몬트리올협약 제8조는 항공기에 대한 불법적인 방해 즉, 동 협약 제1조에 구분되어 명시되어 있는 모든 범죄를 다루고 있다는 점이다.

3) 항공범죄협약상 정치범문제

1963년 동경협약은 정치범에 관하여 제2조에 "제4조의 규정에도 불구하고 또한 항공기와 기내의 인명 및 재산의 안전이 요청되는 경우를 제외하고는 본 협약의 어떠한 규정도 형사법에 위반하는 정치적 성격의 범죄나 또는 인종 및 종교적 차별에 기인하는 범죄에 관하여 어떠한 조치를 허용하거나 요구하는 것으로 해석되지 않는다."고 하여 정치범죄에 관하여는 협약의 적용을 배제시키고 있다.

이에 반하여 1970년의 헤이그협약과 1971년의 몬트리올협약은 정치범에 관한 규정을 두지 않고 있으므로, 이 두 협약은 하이재커들이나 항공기 사보뙤르(Saboteur) 들이 정치범의 성격을 지닌 경우 국제협약상 정치범불인도의 원칙이 적용되느냐 아니면 그 적용을 배제시키고 반드시 인도하거나 처벌하여야 하느냐의 문제가 발생한다.

우선 이와 같은 범죄가 정치범의 성격을 지녔다고 해도 정치범불인도의 원칙이 적용될 수 없다고 주장하는 근거는 헤이그 및 몬트리올협약의 체약국들은 인도의 개념을 현존하는 인도협약에 포함시켜야 할 뿐만 아니라 장래에 체결될 협약에서도 포함시키기로 합의하였으므로, 체약국들은 명백히 동 범죄를 현존하는 협약에 인도범죄로 포함시켜야 하고 결과적으로 체약국간에 현존하는 인도협약은 자동적으로 동 규정에 의하여 개정되어야 하므로, 특히 정치범죄의 범주에서 하이재킹 및 항공기 사보타지를 제외시켜야 한다는 것이다.[90]

이와는 반대로 많은 국가들의 법이 정치범과 자국민의 인도를 금지하고 있다. 따라서 헤이그협약에서도 그와 같은 권리가 포기된다고 볼 수 없다. 즉, 동 협약은 하이재킹을 인도

90) 김한택, 국제법상 항공범죄의 규제에 관한 연구, 1989, 박사학위논문, 123면.

범죄로 단지 명시하고 있을 뿐 하이재커가 반드시 인도되어야 하는가에 관하여는 각국의 국내법에 유보시키고 있다고 말할 수 있다. 그러므로 동 협약은 어떠한 경우에도 한 국가가 하이재커에게 정치적 망령을 부여하는 것을 방해하지 못하며 더욱이 헤이그 및 몬트리올협약의 범인인도규정은 의무적이 아니므로 정치범불인도의 원칙이 적용될 수 있다고 주장하는 의견도 있다. 다수의 학자들이 협약의 체약국은 범인인도협정에도 불구하고 정치적 성격의 범인들에 대하여 정치적 망명을 제공할 수 있다고 보고 있는 것 같다.

제8절 항공기 테러 방지를 위한 노력

항공테러 방지를 위한 국제적인 주요 활동은 국제민간항공기구(ICAO)나 국제항공운송협회(IATA)에 의해 대부분 수행되고 있다.

1. 국제민간항공기구(ICAO)

(1) ICAO의 항공보안 활동 관련 조직

ICAO 조직은 분류해보자면 의결 기구인 총회와 집행 기구인 이사회로 구성되는데, 항공보안활동 관련 업무를 수행하거나 영향을 미치는 조직은 다음과 같다.

첫째로 36개국으로 구성된 이사회 자체를 들 수 있는데, 이사회에서 결정된 사항은 대개 국제적 규율로 효력을 발휘할 수 있기 때문에 항공보안에 관련된 국제적 규정도 이사회를 통과해야만 효력을 발휘할 수 있으므로 이사회 자체가 항공보안 활동을 위한 국제적 노력에 영향을 상당히 미친다고 볼 수 있다. 또한 불법간여담당위원회(Committee On Unlawful Interference)는 17명으로 구성되며, 항공범죄 방지에 관한 최종 권고안을 이사회에 제출하는 일을 한다. 항공보안패널(Aviation Security Panel)은 ICAO 회원국과 국제적 기구에서 선발한 보안 전문가로 구성되었으며 1985년 에어인디아 사건 이후 결성되었으며 비상근으로 활동하고 필요한 경우 회의가 소집되며 Committee On Unlawful Interference에 보고하도록 되어 있다. 민간 항공기에 대한 항공기 납치 및 그 밖에 불법 방해행위를 규율하기 위한 노력에 있어서도 ICAO의 역할은 결정적인 것이 되어왔고, 또 그와 같은 경우에 체약국 상호간의 국제법적 행동기준을 발전시킴에 있어서도 ICAO의 역할은 매우 유익한 것이 되어 왔다.

(2) Annex 17

ICAO는 본문 96개 조항으로 된 국제민간항공협약서와 제1~18까지의 부속서(Annex)를 내놓고 있다. 분야별 부속서에서 명기한 안전성, 정확성, 효율성을 위한 국제표준을 수록한 각종 규격이나 기준, 지침을 내놓고 있는데 각 회원국에 대해 결코 강요하지 않고 항상 권고(Recommendation)라는 표현을 사용하고 있다. 그러나 말이 권고이지 이것은 어디까지나 엄격한 지침이자 거의 강제적이다. ICAO의 모든 보고서 및 서류 등은 en(영어), fr(불어), es(스페인어), ru(러시아어), ar(아랍어), zh(중국어) 등 6개국 언어로 수록되어 있다.

항공보안에 관한 내용은 총회결의와 이사회, 항공운송위원회, 항행위원회 및 불법방해위원회의 연구결과로 1974년 3월 22일 새 표준이 채택되어 부속서 17로 지정되었다. ICAO Annex 17은 세 개의 국제회의(동경, 헤이그, 몬트리올)에서 협정된 내용을 각 국가가 수행할 때 적용하는 실천표준(Standard Practice; Mandatory) 및 실천권고(Recommended practice; Optional)의 내용을 포함하고 있다. ICAO Annex들은 일반적으로 국제항공운송이 질서 있고 효율적으로 발전하고, 안전과 보안을 유지하기에 필요한 기술적, 절차적 표준과 권고 사항을 포함하고 있는데, 국가에 따라서는 이에 이의를 제기하고 ICAO 표준의 준수를 거부하기도 한다. 이 경우 ICAO는 이의 제기 국가와 이의 제기 내용에 대해 공표하는 것을 일반적 원칙으로 한다. 그러나 Annex 17에 대해서는 이의 제기 내용을 공표하지 않는다. 이는 테러리스트들이 이의 제기를 하고 보안에 대한 ICAO 표준을 준수하지 않는 공항을 테러에 이용할 수 있기 때문이다.

이 부속서는 민간항공에의 위협에 관한 양태의 변화와 새 실무경험을 반영하기 위해 몇 차례 개정되었는데 특히 9.11 이후인 2001년 12월 7일에 채택된 개정안은 부속서가 국제항공뿐만 아니라 국내항공까지 적용되게 하여 다른 부속서와 차별되는 특징을 가지게 되었다. 이 부속서는 현재까지 개정 9판까지 작성되었다. 이 부속서를 보완하는 문서로 ICAO는 Annex 17에서 규정한 표준과 권고를 준수할 수 있는 공항보안프로그램의 가이드라인을 제공하기 위해 별도의 '불법방해행위로부터 민간항공을 보호하기위한 보안매뉴얼' 다큐멘트(DOC 8973/4)를 'Model Airport Program'으로 발행하였는데 이를 통해 공항운영자가 보안프로그램을 계획할 때 고려해야 할 사항들을 전반적으로 활용할 수 있도록 하였다.

부속서 17은 각 체약국이 국가보안프로그램을 문서화 하여 적절한 기관이 프로그램의 개발, 집행, 유지를 담당하도록 하고 있다. 공항 역시 마찬가지로 보안프로그램을 서면으로 작성하여 운영하여야 한다. 보안프로그램에 관여하는 모든 인력은 신뢰성 및 일관성 담보를 위해 마련된 항공보안 요구조건을 모두 만족하여 자격인증을 받아야 한다.

헤이그협약 및 몬트리올협약 등이 형사처벌로서 불법행위를 억제하는 데 중점을 두었다면 부속서 17은 예방적 수단에 초점을 맞추고 있다. 부속서는 불법방해 행위에 이용될지도 모르는 무기, 폭발물 또는 모든 종류의 위험한 장치, 소지품, 물질 등을 어떠한 수단으로든 민간항공기 내에 들이지 못하도록 하는 체약국의 의무를 설정하였다. 그 내용을 살펴보면 다음과 같다.

필수적인 예방적 조치 중 하나는 에어사이드 지역으로의 비인가 접근을 미연에 방지하는 것이다. 공항은 보안제한구역과 신원확인시스템을 마련하여 사람과 차량의 비인가 출입을 방지해야 한다. 공항관계자와 동행하지 않고 보안제한구역에 출입하는 사람에 대해서는 사전에 그리고 지정된 검색대에서 반드시 신원조사가 이루어져야 한다.

항공기와 관련해서는 미리 준비된 보안검사나 수색이 이루어져야 하며, 일반 여객기의 경우 승객을 하기시키고 난 뒤 남겨진 물건이 없도록 조치해야 한다. 체약국은 상업항공을 이용하는 승객이 출발할 때 보안제한 구역으로부터 떨어져 있는 항공기에 탑승하기 전에 그 승객과 기내수하물을 검색하도록 조치할 의무가 있다. 승객과 기내수하물 검색은 세계적으로 보편화 되어 있는 관행이며 특히 9.11 이후 더 강화, 전문되었다. 위탁수하물은 상업항공운송에 이용되는 항공기에 적재되기 전 반드시 검색되어야 한다. 또한 체약국은 항공기에

탑승하지 않는 승객의 짐을 상업운송인이 운반하는 일이 없도록 않도록 해야 한다.[91]

민간항공에서는 승객뿐만 아니라 화물과 우편에 대해서도 항공기 적재 전에 반드시 보안검색이 이루어져야 한다.[92] 화물 전용 비행편에 대해서는 이런 검색을 의무화한 규정이 아직 없지만 대부분 국가에서는 검색을 시행하고 있다. 기내식, 상품, 물자 등도 마찬가지다.[93]

체약국은 사법 또는 행정소송에 회부되어 송환 중인 승객의 수송에 있어서 잠재적인 기내난동을 방지할 대비책을 수립해야 한다. 특히 본인의 의지에 반하여 강제추방되는 승객일 경우 더욱 대비가 필요하다. 또 이러한 승객의 탑승사실이 운항인과 기장에게 반드시 통보되어 유사시 적절한 절차가 적용될 수 있도록 해야 한다.[94]

기내 무기 휴대는 통상 허용되지 않지만 관계국의 특별허가를 통해 경찰관에 허용될 수 있다. 하지만 이 경찰관도 해당 비행에 관련된 모든 국가의 허가를 득해야 탑승이 가능하다.[95] 기내 무장경관을 배치하는 곳도 끊임없이 논의되었으나 대다수 국가에서 이를 허용하고 있지 않다.

항공기처럼 제한된 공간에서의 무기 사용은 무고한 승객을 다치게 하거나 민감한 항공장비에 해를 입힐 수 있다.

항공경찰의 배치 여부에 관한 국제사회의 합의가 없음에도 불구하고, 일부 국가는 자국영토 내 특정 공항으로 취항하는 모든 항공기에 무장 경관을 두어야한다고 고집하고 있다. 항공경찰은 특별훈련을 받은 정예요원으로서 반드시 '국가 공무원'이어야 하며 이들의 탑승은 철저히 기밀에 부쳐져야 한다.

탑승한 무장 경관의 수와 좌석번호는 반드시 기장에게 통보되어야 한다.[96] 하지만 기장이 항공경찰에 명령한다거나 그들의 결정에 우선하는 결정을 할 수 있는지의 여부는 아직

91) Standard 4.5.3
92) Standard 4.6.1
93) Standard 4.6.5
94) Standard 4.7.3
95) Standard 4.7.4
96) Standard 4.7.8

더 논의해봐야 할 문제이다.

2.3 각 체약국은 보안통제 및 절차의 효과성을 우선한다는 전제로, 민간항공과 그 활동의 지체 또는 방해를 최소한으로 하는 보안통제 및 절차를 가능한한 항상 마련해 놓는다.

이 권고사항의 신중한 표현 방식은 항공보안이 다른 어떤 이익에도 우선한다는 점을 분명히 드러내는 것이다. 절차 간소화를 다루고 있는 부속서 9.3.2(표준)에도 보안에 대한 이러한 태도가 잘 반영되어 있다

3.2 승객과 승무원에 대해 신속한 공항검색을 제공할 절차를 마련함에 있어, 각 체약국은 필요에 따라 항공보안, 국경통제, 마약류 검사, 출입국 관리 조치를 고려해야 한다.

부속서 17 권고관행 2.4.6에는 각 국이 ICAO가 개발한 모델 조항을 참고하여, 보안관련 규정을 항공운송에 관한 양자 협정에 삽입하도록 하고 있다. 지금은 이 권고관행이 널리 수용되어서 운수권 상호 교환의 필수 조항으로 자리매김 하였다.[97]

2. 국제항공운송협회(IATA)

IATA는 정기운송 항공사의 모임으로 항공운송의 안전하고 질서있고 경제적인 발전을 도모하는 것을 목표로 한다. IATA는 항공테러에 대비하고자 보안권고위원회(Security Advisory Committee)를 설치하여 항공 테러에 대처하기 시작했다. IATA는 공중에서 불법 행위가 진행 중일 때 문제 해결을 도울 뿐만 아니라 사후의 조사에도 참여한다. 사후 조사를 통하여 IATA는 보안활동의 문제점을 발견하고 개선점을 찾는데 주력한다.

또한, IATA는 공항에서 준수해야 할 최소한의 보안 기준을 제정하고 공항 보안이 항공범죄 방지에 적절한 역할을 수행할 수 있는지 테스트하기 위한 조사 활동도 수행한다. 조사 대상 공항은 이용율이 높은 관광지의 공항이나 주요 비즈니스 여객 이용 공항으로서 보안 수준이 의심되는 공항이었다. 어떤 경우에는 공항 당국에서 스스로 조사를 요청하기도 했었다. 조사팀은 IATA의 근본 목적(항공운송의 안전하고 질서 있고 경제적인 발전 도모의 목적)을 실현하는 역할 중의 하나로 생각하고 조사에 임하며, 조사팀의 구성은 공항

97) Michael Milde, International Air Law and ICAO, 2011, p.257.

에서 근무하는 항공사 직원이나 해당 지역에 관심 있는 국제적인 보안 전문가 3~4인으로 하는 것이 일반적이지만 조사활동의 지휘는 IATA 보안 담당 비서실(Security Secretariat)에서 담당한다.

IATA는 정기운송 항공사의 국제단체로 항공운송의 안전하고 질서있는 경제적인 발전을 도모하는 것을 목적으로 하고 있다. IATA는 1960년대 항공테러가 자주 발생하자 보안자문위원회(Security Advisory Committee)를 설치하여 항공테러에 대처하기 시작하면서 항공테러 방지 및 대처활동을 시작하였다. IATA는 공중에서 불법행위가 진행 중일 때 문제해결을 도울 뿐만 아니라 사후조사에도 참여한다. 사후조사를 통하여 IATA는 보안활동의 문제점을 발견하고 개선점을 찾는 데 주력한다. 또한 IATA는 공항에서 준수해야 할 최소한의 보안기준을 제정하고 공항보안이 항공범죄방지에 적절한 역할을 수행하고 있는지에 대한 모니터링 역할도 수행하고 있다. 이 모니터링 활동은 1980년대에 이용률이 높은 관광지의 공항이나 보안수준이 의심되는 공항, 조사를 요청한 공항 등을 대상으로 활발히 진행되었다. 이를 담당하는 IATA 모니터링팀은 공항에서 근무하는 항공사 직원이나 해당지역에 관심 있는 국제적인 보안전문가 3~4명으로 구성되는 것이 일반적이며 지휘는 IATA 보안담당 사무국(Security Secretariat)에서 담당한다. 이들은 주요 모니터링 결과를 토대로 보안 취약점을 발견하고 이에 대한 대책이나 수정을 건의한다. 이와 같은 IATA의 조사활동은 항공보안 수준향상에 크게 기여했던 것으로 평가되어 1989년 ICAO 이사회에서는 IATA의 활동을 거울삼아 실질적인 효과를 발휘할 수 있는 항공보안활동을 각 회원국에 촉구하게 하는 자극제 역할도 하였으며 그 결과로 ICAO는 Strategic Action Plan을 시도하게 되었다.

무해지역(Sterile Area)개념도 IATA에서 시작되었으며 항공테러방지에 지대한 공헌을 한 것으로 평가되고 있다. 또한 IATA는 보안훈련프로그램을 개발하여 각 항공사들의 보안담당자 육성을 지원하고 있으며 당초 대상이었던 개발도상국의 항공사뿐만 아니라 선진국의 항공사들도 이 프로그램을 활용하여 보안전문가를 양성하고 있다. 최근 IATA는 향후 각종 항공테러범들이 그들의 국적이나 사고지역의 해당국가와 상관없이 새로운 국제재판소(A new International Court)에서 재판을 받도록 하기 위하여 노력하고 있다.

3. 1978 Bonn 선언

국제회의를 통하여 항공범죄자를 체포·처벌할 수 있는 근거를 마련하였으나 이후 이를 준수하지 않는 경우 협약의 효력이 반감될 수밖에 없다는 지적이 나왔고 이에 대응하기 위해 1978년 7월 서독의 수도 Bonn에서 3차례의 회의에서 체결된 협약을 준수하지 않는 국가에 대해서는 본 협약에 가맹한 국가의 국적기에 의한 서비스를 중단하는 것을 내용으로 하는 '국제테러 활동에 관한 선언'(Declaration on International Terrorism)인 본선언이 미국, 영국, 프랑스, 독일, 일본 등 선진국의 주도 하에 1978년 채택되었다. 이후 1986년 국제테러리즘에 관한 도쿄정상회담에서도 테러지원국가에 대한 구체적인 제재조치를 결의함으로써 항공테러 방지를 위한 국제적인 노력이 실질적인 효과를 나타낼 수 있는 기틀을 마련하였다.

Bonn 선언은 헤이그협약상 민간항공기를 상대로 한 불법납치 또는 인질억류 범죄자에 대한 소추, 인도를 거부하거나 피랍 항공기의 반환을 거부하는 국가에 대하여 서방 7개국은 연대하여 그러한 국가에 대한 자국 국제 항공기들의 모든 취항을 중단하고, 동시에 그러한 국가에 등록된 항공사의 7개국 영역 내 운항 항공편을 모두 중단시키기 위하여 필요한 즉각적인 공동 조치를 취할 것과 타국 정부들도 이러한 서방 7개국의 입장에 동조, 합류하도록 권고한 내용이다. 1980년 6월 23일 베니스에서 회동한 서방 7개국 경제정상들은 Bonn 합의에서 표명된 테러리즘에 대한 단호한 대처 의지를 재확인하였다.

나아가 1981년 7월 20일 캐나다에서 회동한 서방 7개국 정상들은 Bonn 선언의 이행조치로서 테러리즘에 관한 오타와 성명을 채택하였다. 그러나 Bonn 선언은 서방 경제선진국 7개국간 법적 구속력이 없는 정치적 합의이며, 항공기 불법파괴범의 소추, 인도 의무 위반국에 대한 명시적인 언급을 결여한 한계를 가지고 있다. 또 동 선언은 납치범의 소추, 인도 의무 위반국에 대한 제제만을 언급하고 있으므로 예컨대 피랍항공기의 재급유를 위한 일시 기착을 허용하는 국가는 동 선언을 위반한 것으로 볼 수 없다. 협약이 명백한 협약의무 위반국에 대한 실효적 제제수단을 결여하고 있는 현실에서 Bonn 및 후속 선언은 정치, 경제적 효과와 함께 납치범 비호국에 "집단적" 제제를 통하여 협약 의무이행을 강제하는 법적 보완 수단으로서의 의의를 가진다. 이 선언은 다음과 같이 명시하고 있다.

'국가 및 정부의 수반들은 테러활동 및 인질화에 대해 우려를 갖고 자국 정부들이 국제 테러활동과 싸우기 위해 공동노력을 강화할 것을 선언한다. 이러한 목적을 위해 어떤 나라가 항공기를 납치한 자의 인도 또는 소추를 거부하거나 동 항공기를 반환하지 않을 경우에는 국가 및 정부의 수반들은 그들 정부가 그 나라에 대한 모든 비행을 정지하도록 즉각적 조치를 취해야 함을 공동 결의한다. 동시에 그들 정부는 그 나라로부터 오는 또는 다른 나라로부터 오는 것일지라도 그 나라의 항공기라면 모든 비행을 정지시키기 위해 조치를 개시할 것이다. 국가 및 정부의 수반들은 다른 정부들에게 이러한 일의 수행에 있어 그들에게 동참하도록 호소한다.'

즉, Bonn 선언은 국가에 대한 제재로서 다음 같이 3가지 유형의 비행에 대한 항공보이콧을 선언하고 있다.

첫째는, '당해국가에 대한 모든 비행을 중지하도록'(to cease all flights to that country)한다고 함은 Bonn 선언의 어느 당사국으로부터 위반국으로 가는 모든 비행을 중지하겠다는 의미이다.

둘째는, '그 국가로부터 오는 모든 비행을 정지시키기 위해'(to halt all incoming flights from that country)라고 함은 위반국으로부터 Bonn 선언의 당사국들의 영공에 진입하는 것을 방지하겠다는 의미이다. 여기서 주의할 것은 첫째의 경우와는 달리 비행의 즉각적인 중지는 요구되지 않는다는 점이다. 다만 그 대신 정부가 모든 입국비행을 정지할 조치를 개시해야 한다.

셋째, '관련국가의 항공기에 의해 어떠한 국가로부터 오는 모든 비행을 정지시키기 위해'(to halt all incoming flights from any country by the airlines of that country concerned)라고 함은 위반국의 항공사에 의해 선언의 어느 당사국의 영공에로 진입함을 방지하겠다는 의미이다. 이 경우에도 둘째 경우와 같이 즉각적인 중지는 요구되지 않는다.

그러나 Bonn 선언은 첫째, 항공기납치만을 다루고 항공기 자체에 대한 폭파, 기내에 있는 인명·재산에 대한 폭력, 기타 항공시설에 대한 공격 등 이른바 항공기 사보타지에는 선언이 적용되지 않으며, 항공기납치에 있어서도 어떤 국가가 항공기 납치범을 인도도 소추도 하지 않거나 당해 사고비행기를 반환하지 않는 등 사후 종범으로서 소극적으로 항공기 납치에 방조하는 정도의 행위에만 적용범위가 국한되어 기타 항공기납치에 대한 선언의 직접적인 지원행위에 대해서는 규율하고 있지 않다. 선언에서의 항공기납치범은 구체적으로 어떤 동기에서 범행을 했는가의 목적을 불문하고 마지막으로 선언의 대상인 항공기납치가 국제적 성격이어야 하는가 또는 국내적 성격의 것도 포함되는가 혹은 상법적 목적에 사용되는 항공기만에 국한되는가 아니면 비상업용의 항공기도 해당하는 지가 분명치 않은 문제점이 지적받고 있다.

제9절 항공보안법

1. 항공보안법의 개요

(1) 항공보안의 정의

항공보안은 의도적인 범죄에 의한 사고와 관련된 용어로서 국제민간항공기구(ICAO) 정의에 의하면 항공운항활동을 저해하는 범죄행위로부터 항공운송산업을 보호하기 위해 인적, 물적 자원을 동원하여 수행하는 모든 대책을 말한다. 일반적으로 불법방해행위로부터 민간항공을 보호하는 모든 일체의 행위를 의미한다. 공항시설보호도 포함된다.

(2) 항공보안법의 목적

항공보안법은 제 1조에 『「국제민간항공협약」 등 국제협약에 따라 공항시설, 항행안전시설 및 항공기 내에서의 불법행위를 방지하고 민간항공의 보안을 확보하기 위한 기준·절차 및 의무사항 등을 규정함을 목적으로 한다.』라고 규정하고 있다. 즉, 항공보안법이 설립된 목적은 조문에 언급한 불법행위 방지와 민간항공 보안확보라는 것을 쉽게 알 수 있다.

(3) 항공보안법의 법적 성격

'항공보안법'은 원래 '항공안전 및 보안에 관한 법률'에서 '안전'이라는 부분을 삭제하고 '보안'부분만을 다루어 만들어진 법이다. 이는 '사고'에 관한 규율은 국내의 '항공안전법'과 기타 국제 협약에서 다루고, 항공에 대한 '사건'보안에 관한 규정으로 '항공보안법'을 두는 것을 말한다. 즉, '보안사건'에 관하여는 이 법에 의해 범죄로 규정하고 처벌을 받게 되므로 쉽게 말하여 항공에 관련된 '형법'의 일종이라고도 볼 수 있을 것이다. '형법'의 법적 성격은 범죄자의 처벌을 통한 사회안전질서 확보와 범죄 예방 등 공익을 수호하는 데 있으므로 공적인 법 '공법'으로 보는 것이 타당하다.

(4) 항공보안법의 구성

항공보안법은 전체 8장, 51조로 구성되어져 있다.

제1장은 총칙으로 목적, 정의, 국제협약준수, 국가 책무, 공항운영자 협조 의무로 이루어져 있다

제2장은 항공보안 협의회 로 항공보안 협의회와 지방항공보안 협의회에 대한 세부 내용으로 구성되어져 있다.

제3장은 공항, 항공기 보안으로 공항시설의 보안, 공항보호구역 지정, 보호구역 출입허가 승객 안전 및 항공기 보안, 승객 등의 검색, 승객 아닌 자에 대한 검색, 통과 승객 등에 대한 검색, 상용화주, 기내식, 비행서류 보관 관리로 구성되어져 있다.

제4장은 항공기내 보안으로 무기 등 위해물품 휴대금지, 기장 등의 권한, 승객의 협조의무, 수감중인 사람 호송, 범인인도, 예비조사로 구성되어져 있다.

제5장은 항공보안장비내용으로 항공보안 장비, 교육훈련, 검색기록유지로 구성되어져 있다.

제6장은 항공보안 위협 대응으로 항공보안 위협정보 제공, 우발계획으로 구성되어져 있다.

제7장은 보칙으로 재정지원, 항공보안 감독, 자율신고 등으로 구성되어져 있다.

제8장은 벌칙으로 항공기 파손죄, 항공기 납치죄, 항공시설 파손죄, 항공기 항로변경죄, 직무집행 방해죄, 항공기 위험물건 탑재죄, 공항운영 방해죄, 항공기 안전운항 저해 폭행

죄, 항공기 점거 농성죄, 운항방해정보 제공죄, 과태료 등으로 구성되어져 있다.

2. 항공보안법 주요내용

(1) 목적

제1조에 항공보안법의 목적을 다음과 같이 명확히 정의하고 있다. 『「국제민간항공협약」 등 국제협약에 따라 공항시설, 항행안전시설 및 항공기 내에서의 불법행위를 방지하고 민간항공의 보안을 확보하기 위한 기준·절차 및 의무사항 등을 규정함을 목적으로 한다.』 이는 ICAO 국제협약에 근거한 민간항공보안 확보를 최고의 목적으로 규정하고 있다.

(2) 용어의 정의

항공보안법에서 다루는 용어는 구체적이지만 적용범위가 넓은 용어들이 많아 문제가 제기될 소지가 있기 때문에 따로 용어의 정의조항을 제2조에 두고 있다.

1) 운항중

① 운항중의 정의

'운항중'이란 승객이 탑승한 후 항공기의 모든 문이 닫힌 때부터 내리기 위하여 문을 열 때까지를 말한다. 과거 도쿄협약에서는 '비행중'을 두 가지로 정의하였다. 즉, 동 협약의 적용상 "항공기는 이륙의 목적을 위하여 시동이 된 순간부터 착륙 활주가 끝난 순간까지를 비행중인 것으로 간주한다." 하지만 항공기 기장의 권한에 관한 조항의 적용에서 "항공기는 승객의 탑승 이후 외부로 통하는 모든 문이 폐쇄된 순간부터 승객이 내리기 위하여 상기 문들이 개방되는 순간까지를 비행중인 것으로 간주한다."고 따로 규정하였다. 이후 헤이그 협약에서 '비행중'의 개념에 대해서는 현재의 '운항중'과 같은 한 개의 정의만을 규정하였다.

② 몬트리올협약의 운항중

행위자가 항공기 내에 탑승하지 않은 상태에서 행하여 질 수 있는 새로운 유형의 범죄들을 포함시키기 위해서 몬트리올협약은 '비행중'의 개념보다 넓은 '운항중'이라는 개념을 설정하면서 '서비스중'이라는 용어로 추가 정의하였다. 이는 베이징협약에서도 그대로 유지되었는데, 이에 따르면 "항공기는 특정한 비행을 위하여 지상요원 혹은 승무원에 의해 항공기의 비행전 준비가 시작된 때로부터 착륙후 24시간까지 운항중에 있는 것으로 본다". 이는 불법행위의 개념을 확대한 것으로 서비스 중에 있는 항공기, 항행시설 및 민간항공 일반의 안전을 저해하는 행위까지도 포함하여 처벌할 수 있다는 것이다. 그러나 '항공보안법'에서 이러한 내용까지 차용하게 될 경우 범죄의 확대해석이 가능하여 무고한 피해자들이 등장할 수 있으므로 원래대로 '운항중'이란 용어를 좁게 해석하였다.

2) 항공기내보안요원

'항공기내보안요원'이란 항공기 내의 불법방해행위를 방지하는 직무를 담당하는 사법경찰관리 또는 그 직무를 위하여 항공운송사업자가 지명하는 사람을 말한다. 국토교통부는 항공기내보안요원 운영지침을 규정하면서 구체적으로 항공기 내의 질서 및 안전을 해치는 행위를 방지하는 직무를 위하여 항공운송사업자가 객실승무원 중에 지명하는 사람이다.

3) 불법방해행위

'불법방해행위'란 항공기의 안전운항을 저해할 우려가 있거나 운항을 불가능하게 하는 행위로서 '항공보안법'상 종류는 다음과 같다.

가. 지상에 있거나 운항중인 항공기를 납치하거나 납치를 시도하는 행위
나. 항공기 또는 공항에서 사람을 인질로 삼는 행위
다. 항공기, 공항 및 항행안전시설을 파괴하거나 손상시키는 행위
라. 항공기, 항행안전시설 및 제12조에 따른 보호구역(이하 "보호구역"이라 한다)에 무단 침입하거나 운영을 방해하는 행위
마. 범죄의 목적으로 항공기 또는 보호구역 내로 제21조에 따른 무기 등 위해물품(危害物品)을 반입하는 행위
바. 지상에 있거나 운항중인 항공기의 안전을 위협하는 거짓 정보를 제공하는 행위 또는 공항 및 공항시설 내에 있는 승객, 승무원, 지상근무자의 안전을 위협하는 거짓

정보를 제공하는 행위

사. 사람을 사상(死傷)에 이르게 하거나 재산 또는 환경에 심각한 손상을 입힐 목적으로 항공기를 이용하는 행위

아. 그 밖에 이 법에 따라 처벌받는 행위

4) 보안검색

'보안검색'이란 불법방해행위를 하는 데에 사용될 수 있는 무기 또는 폭발물 등 위험성이 있는 물건들을 탐지 및 수색하기 위한 행위를 말한다.

5) 항공보안검색요원

'항공보안검색요원'이란 승객, 휴대물품, 위탁수하물, 항공화물 또는 보호구역에 출입하려고 하는 사람 등에 대하여 불법방해행위를 하는데 사용될 수 있는 무기 또는 폭발물 등 위험성이 있는 물품을 탐지 및 수색하기 위한 보안검색 업무를 수행하는 사람을 말한다. '항공보안검색요원'은 공항에서 항공기에 탑승하는 승객·휴대물품·위탁수하물 등에 대하여 항공안전 보안장비–엑스선 검색장비 및 금속탐지 장비 등–을 사용하여 불법방해행위에 사용될 수 있는 무기 또는 위험성이 있는 물건들을 탐지하고 수색하는 업무를 수행하고 국토교통부장관이 지정한 보안검색 전문교육기관에서 보안검색요원 초기교육 및 직무교육(OJT)을 이수하여 자격을 획득하여야 하며, 매년 정기교육을 실시하여야 한다.

(3) 항공보안협의회

1) 항공보안협의회의 성격과 목적

'항공보안협의회'는 '항공보안법' 제7조에 의거하여 항공보안에 관련되는 사항들을 협의하기 위한 기구로써 국토교통부 산하에 '항공보안협의회'를 두도록 되어있다. '항공보안협의회'의 설립 목적은 항공보안에 관한 계획의 협의, 관계 행정기관 간 업무 협조, 자체 보안계획의 승인을 위한 협의, 그 밖에 항공보안을 위하여 항공보안협의회의 장이 필요하다고 인정하는 사항 등을 협의하기 위함이다. 단 항공보안과 관련하여 '국가정보원법' 제3조에 따른 대테러에 관한 사항은 제외한다. 여기에서 제외되는 대상이란, 국외 정보 및 국내 보안

정보[대공(對共), 대정부전복(對政府顚覆), 방첩(防諜), 대테러 및 국제범죄조직]의 수집·작성 및 배포, 국가 기밀에 속하는 문서·자재·시설 및 지역에 대한 보안 업무, 「형법」 중 내란(內亂)의 죄, 외환(外患)의 죄, 「군형법」 중 반란의 죄, 암호 부정사용의 죄, 「군사기밀 보호법」에 규정된 죄, 「국가보안법」에 규정된 죄에 대한 수사, 국정원 직원의 직무와 관련된 범죄에 대한 수사, 정보 및 보안 업무의 기획·조정등은 국정원에서 직접 다루어야 할 사안이기 때문에 제외된 것으로 그 이외의 항공보안과 관련된 모든 사항은 '항공보안협의회'에서 협의하게 된다.

2) 항공보안협의회의 구성과 주요업무

'항공보안협의회'의 구성은 대통령령으로써 정하며 '항공보안법 시행령' 제2조에 의거하여 위원장 1명을 포함한 20명 이내의 위원으로 구성된다. 보안협의회의 위원장은 국토교통부 항공정책실장이 되며, 위원이 될 수 있는 자격 역시 동령 제2조2항 각호에 규정하고 있다.

① 위원의 구성

'항공보안협의회'의 위원은 외교부·법무부·국방부·문화체육관광부·농림축산식품부·보건복지부·국토교통부·국가정보원·관세청·경찰청 및 해양경찰청의 고위공무원단 또는 이에 상당하는 직급의 공무원 중 소속 기관의 장이 지명하는 사람 각 1명, 항공보안에 관한 학식과 경험이 풍부한 사람·공항운영자 또는 항공운송사업자를 대표하는 사람 중 국토교통부장관이 위촉하는 사람 등으로 구성되고, 위원장은 보안협의회를 대표하며 그 업무를 총괄한다.

위원장은 보안협의회의 회의를 소집하고 그 의장이 되며, 만약 위원장이 부득이한 사유로 그 직무를 수행할 수 없을 경우에는 위원장이 지명한 위원이 그 직무를 대행한다. 또한 보안협의회의 사무를 처리하기 위하여 간사를 두며, 국토교통부장관이 소속 공무원 중에서 임명한다.

② 항공보안협의회의 주요업무

법 제7조제1항제3호에 따라 보안협의회의 협의대상인 자체 보안계획은 공항운영자의 자체 보안계획의 수립 및 변경, 항공운송사업자의 자체 보안계획의 수립 및 변경 등이다. 여

가능성이라도 발견된다면, 많은 인명피해가 발생하지 않도록 신속하고 단호한 대처가 필요하다.

2) 신고자 보호 의무

제33조의 2의 제2항과 제3항은 신고자를 보호하는 규정이다. 민간항공 안전에 대한 관심과 경각심을 일으키기 위해서는 제3자의 의지와 노력이 필요하다. 신고자의 신분 보장과 제공한 정보의 목적에 맞는 사용은 신고자에 대한 최소한의 항공안전에 대한 신뢰에 대한 보장이다. 제2항은 신고자 개인적 신분에서 발생한 보호 규정이며, 제3항은 신고자의 사회적 관계에서 발생한 보호 규정이다.

3. 항공보안법 벌칙

(1) 제39조(항공기 파손죄)

운항중인 항공기의 안전을 해칠 정도로 항공기를 파손한 사람(「항공법」 제157조제1항에 해당하는 사람은 제외한다)은 사형, 무기징역 또는 5년 이상의 징역에 처한다(제39조 1항).

1) 형법

형법에서는 제366조에서 손괴의 죄에 관하여 규정하고 있다.

손괴죄란 타인의 재물·문서 또는 전자기록 등 특수매체기록을 손괴 또는 은닉, 기타 방법으로 그 효용을 해함으로써 성립하는 범죄이다. 3년 이하의 징역 또는 700만 원 이하의 벌금에 처하며, 미수범도 처벌한다(형법 제371조).

이 죄의 객체는 타인의 재물·문서 또는 전자기록 등 특수매체기록이며, 타인의 점유에 속하거나 자기의 점유에 속하거나를 불문한다.

이 죄의 행위는 손괴 또는 은닉 기타 방법으로 재물이나 문서 또는 전자기록 등 특수매체기록의 효용을 해하는 것이다. 손괴는 물건의 현상을 변경시키거나, 그 효용을 감소 또는 감실케 하는 일체의 행위를 말한다.

2) 항공보안법 제39조에의 적용

항공기를 파손하는 행위는 항공기의 현상을 변경시키고 그 효용을 감소 또는 감실케 하는 행위에 해당한다.

또한 항공기의 안전을 해칠 정도로 항공기를 파손하는 행위로 인하여 사람의 생명 또는 신체에 위험을 발생하게 한 때에는 형법 제368조 중손괴를 적용하여 1년 이상 10년 이하의 징역에 처할 수 있다.[98]

(2) 제40조(항공기 납치죄 등)

폭행, 협박 또는 그 밖의 방법으로 항공기를 강탈하거나 그 운항을 강제한 사람은 무기 또는 7년 이상의 징역에 처한다(제40조 1항).

1) 납치의 의미

항공기 납치는 무기에 의한 협박 등 폭력적인 수단을 사용하여 항공기를 점거하는 행위를 가리킨다. 즉, 폭력, 협박이나 사기 등을 통해 사람의 신체적 자유를 구속하고, 범죄자 자신 또는 제 3자의 지배하에 두어 억류하는 범죄이다. 이 경우에는 신체적 자유의 구속 자체보다는 주로 범죄자가 폭력적 행위를 통해 피해자가 탑승한 차량, 비행기 등을 포함한 피해자들을 그들이 원하지 않는 다른 장소로 강제로 이동시키는 것을 의미한다. 항공기 납치를 통한 테러행위가 빈번하게 시도되고 있다.

2) 형법상 폭행죄

사람의 신체에 대하여 폭행을 가하는 범죄로서 형법상 폭행은 다음과 같은 4가지 개념이 구별된다.

① 사람에 대한 것이든 물건에 대한 것이든, 모든 종류의 유형력의 행사를 말한다. 소요

98) 형법 제368조(중손괴) ① 전2조의 죄를 범하여 사람의 생명 또는 신체에 대하여 위험을 발생하게 한 때에는 1년 이상 10년 이하의 징역에 처한다. ② 제366조 또는 제367조의 죄를 범하여 사람을 상해에 이르게 한 때에는 1년 이상의 유기징역에 처한다. 사망에 이르게 한 때에는 3년 이상의 유기징역에 처한다.〈개정 1995. 12. 29.〉

죄(형법 115조)와 다중불해산죄(116조)에서 말하는 폭행이 이에 해당한다.

② 사람에 대한 직간접적인 유형력의 행사를 말한다. 공무집행방해죄(136조)에서 말하는 폭행이 이에 해당한다.

③ 사람의 신체에 대한 직접적 유형력의 행사를 말한다. 제125조에 규정된 폭행이 이에 해당한다.

④ 상대방의 반항을 억압할 만한 유형력의 행사를 말한다. 강간죄(297조)와 강도죄(333조)에서 말하는 폭행이 이에 해당한다.

폭행죄가 성립하기 위하여는 폭행의 고의가 있어야 한다. 상해의 고의를 가지고 폭행에 그쳤을 경우에는 상해미수죄(257조 3항)가 되므로, 상해의 고의는 폭행죄의 고의에는 포함되지 않는다.

3) 폭행죄의 종류와 처벌

① 단순폭행죄(260조 1항): 사람의 신체에 대하여 폭행을 가하는 죄이다. 2년 이하의 징역이나 500만 원 이하의 벌금, 구류 또는 과료에 처한다. 반의사불벌죄이고(260조 3항), 상습으로 이 죄를 범하면 1/2까지 그 형이 가중된다(264조).

② 존속폭행죄(260조 2항): 자기 또는 배우자의 직계존속에 대하여 단순폭행의 죄를 범하는 죄이다. 5년 이하의 징역 또는 700만 원 이하의 벌금에 처한다. 반의사불벌죄이고(260조 3항), 상습범은 형을 가중하며(264조), 10년 이하의 자격정지를 병과할 수 있다(265조).

③ 특수폭행죄(261조): 단체 또는 다중의 위력을 보이거나 위험한 물건을 휴대하여 단순폭행 또는 존속폭행의 죄를 범하는 죄이다. 5년 이하의 징역 또는 1000만 원 이하의 벌금에 처한다. 상습범은 가중 처벌하고(264조), 10년 이하의 자격정지를 병과할 수 있다(265조).

④ 폭행치사상죄(262조): 단순폭행 또는 특수폭행의 죄를 범하여 사람을 사상에 이르게 하는 죄이다. 상해죄 내지 상해치사죄(257~259조)의 예에 의하여 처벌한다.

4) 형법상 협박죄

① 협박죄의 정의

사람을 협박함으로써 성립되는 범죄이다(형법 283~286조).

② 협박죄의 내용

협박죄는 협박을 수단으로 하여 개인이 법적으로 보호되어 있다는 신뢰를 침해하는 죄이다. 사람의 행동의 자유를 침해하는 것은 협박에 포함되지 않는다. 또 재산상의 이득을 목적으로 하는 것이 아니기 때문에, 협박죄는 강도죄나 공갈죄와도 구별된다.

공포심을 일으키게 할 목적으로 해악을 가할 것을 통고하는 일체의 행위를 말하며, 그 통고로써 상대방이 사실상 공포심을 가졌는가 여부는 묻지 않는다(소요죄 및 협박죄의 협박).

상대방의 반항심을 억압할 정도의 공포심을 일으켜야 한다(강도죄·강간죄의 협박). 협박죄는 사람의 의사결정의 자유를 보호법익으로 하는 위험범이라 봄이 상당하고, 협박죄의 미수범 처벌조항은 해악의 고지가 현실적으로 상대방에게 도달하지 아니한 경우나, 도달은 하였으나 상대방이 이를 지각하지 못하였거나 고지된 해악의 의미를 인식하지 못한 경우 등에 적용될 뿐이다(대법원 2007. 9. 28. 선고 2007도606 전원합의체 판결).

③ 협박죄의 종류와 처벌

가) 사람을 협박하였을 때에는 단순협박죄가 되어 3년 이하의 징역, 또는 500만 원 이하의 벌금, 구류 또는 과료에 처한다(283조 1항).

나) 자기 또는 배우자의 직계존속에 대하여 협박하였을 때에는 존속협박죄가 되어 5년 이하의 징역, 또는 700만 원 이하의 벌금에 처한다(283조 2항). 위의 두 죄는 반의사불벌죄이다(283조 3항).

다) 단체 또는 다중의 위력을 보이거나 위험한 물건을 휴대하여 협박의 죄를 범하였을 경우에는 특수협박죄가 되어, 7년 이하의 징역 또는 1000만 원 이하의 벌금에 처한다(284조).

라) 형법은 협박죄의 특수성을 고려하여 그 상습범의 형을 그 죄에 정한 형의 1/2까지 가중한다(285조).

마) 단순협박죄·존속협박죄 및 특수협박죄의 미수범도 처벌된다(286조). 그리고 '폭력행위 등 처벌에 관한 법률'에 따르면, 상습적으로 협박죄를 범한 자는 3년 이상의 유기징역에 처하고, 야간 또는 2인 이상이 공동으로 협박죄를 범한 경우에는 형법에 정한 형의 1/2까지 형을 가중한다(2조 1·2항).

5) 항공기 강탈과 운항강제

① 항공기 강탈

강탈이란 남의 물건이나 권리를 강제로 빼앗는 행위를 말한다. 즉, 항공기 강탈은 항공기를 강제로 빼앗는 행위를 말한다.

② 항공기 운항강제

강제란 의사에 반하여 억지로 시키는 행위를 말한다. 즉, 항공기 운항강제란 항공기를 운항을 의사에 반하여 억지로 시키는 행위이다. 예를 들면 조종사(운항승무원)에게 특정 지점으로의 비행을 지시하거나 항공기에 위험을 줄 수 있는 조작을 억지로 하게하는 등의 행위를 들 수 있다.

(3) 제42조(항공기 항로 변경죄)

위계 또는 위력으로써 운항중인 항공기의 항로를 변경하게 하여 정상 운항을 방해한 사람은 1년 이상 10년 이하의 징역에 처한다.

1) 형법상의 위계와 위력

형법 제253조[위계 등에 의한 촉탁살인 등]에 위계와 위력이 나와 있다. 위계(僞計) 또는 위력(威力)으로써 사람의 촉탁 또는 승낙을 받아 그를 살해하거나, 자살을 결의하게 하여 자살케 함으로써 성립하는 범죄이다(형법 제253조).

① 위계: 목적이나 수단을 상대방에게 알리지 아니하고 그의 부지나 착오를 이용하여 그 목적을 달성하는 것을 말하며 기망뿐만 아니라 유혹도 포함한다.

② 위력: 사람의 의사를 제압할 수 있는 유형적·무형적인 힘을 말한다. 따라서 폭행·협박은 물론 사회적·경제적 지위를 이용하는 경우도 여기에 해당된다.

③ 항공보안법 제42조에는 위계와 위력으로 항공기의 항로를 변경한 자는 1년이상 10년 이하의 징역에 처하도록 하고 있다.

2) 항로

항공기가 운항하기에 적합한 공중의 통로를 항공로라고도 한다. 또한, 항로란 무선 항행원조 시설을 설비하여 회랑상으로 설치된 관제구 또는 그 일부이다. 항로의 너비는 육상에서는 18 km, 해상에서는 90 km이며, 그 높이는 지상 200 m에서 무한의 상공까지로 연결된 공간이다.

항로에 지상의 계류장이 포함되는가 하는 것이 논란이 되고 있다. 항로의 범위와 적용에는 명확한 결론은 나지 않은 상태이다.

3) 정상운행방해

항공기의 출발 및 도착에 이르기까지 항공기의 안전하고 정상적인 운항을 방해하는 일체의 행위를 포함하는 것이라 추정된다.

(4) 제43조(직무집행방해죄)

폭행·협박 또는 위계로써 기장등의 정당한 직무집행을 방해하여 항공기와 승객의 안전을 해친 사람은 10년 이하의 징역에 처한다.

1) 형법상의 공무집행방해죄와의 비교

형법 제136조(공무집행방해) ① 직무를 집행하는 공무원에 대하여 폭행 또는 협박한 자는 5년 이하의 징역 또는 1천만원 이하의 벌금에 처한다. 〈개정 1995. 12. 29.〉

② 공무원에 대하여 그 직무상의 행위를 강요 또는 조지하거나 그 직을 사퇴하게 할 목적으로 폭행 또는 협박한 자도 전항의 형과 같다.

① 공무집행방해죄

직무를 집행하는 공무원에 대하여 폭행 또는 협박을 함으로써 그 직무수행을 방해하는 죄이다. 직무집행의 범위는 넓으며 압류 또는 현행범의 체포와 같이 강제적인 집행에 한하지 않고, 공무소의 회의실에서 회의 중 이거나 서류를 운반하는 일도 모두 직무집행에 해당한다.

② 직무집행에 관한 판례

형법 제136조 제1항에 규정된 공무집행방해죄에서 '직무를 집행하는'이라 함은 공무원이 직무수행에 직접 필요한 행위를 현실적으로 행하고 있는 때만을 가리키는 것이 아니라 공무원이 직무수행을 위하여 근무중인 상태에 있는 때를 포괄하고, 직무의 성질에 따라서는 그 직무수행의 과정을 개별적으로 분리하여 부분적으로 각각의 개시와 종료를 논하는 것이 부적절하고 여러 종류의 행위를 포괄하여 일련의 직무수행으로 파악함이 상당한 경우가 있으며, 나아가 현실적으로 구체적인 업무를 처리하고 있지는 않다 하더라도 자기 자리에 앉아 있는 것만으로도 업무의 집행으로 볼 수 있을 때에는 역시 직무집행 중에 있는 것으로 보아야 하고, 직무 자체의 성질이 부단히 대기하고 있을 것을 필요로 하는 것일 때에는 대기 자체를 곧 직무행위로 보아야 할 경우도 있다(대법원 2002. 4. 12. 선고 2000도3485).

③ 형량의 비교

항공보안법의 형량이 형법의 공무집행방해죄보다 높은데 그 이유를 생각하면 항공기 기장 등의 직무집행을 방해하는 행위는 항공기와 승객의 안전에 매우 밀접한 영향을 미치며 치명적인 위협이 될 수 있고 그 결과의 위험도가 일반적인 공무집행방해의 결과보다 더 크기 때문이라고 생각된다.

(5) 제44조(항공기 위험물건 탑재죄)

제21조를 위반하여 휴대 또는 탑재가 금지된 물건을 항공기에 휴대 또는 탑재하거나 다른 사람으로 하여금 휴대 또는 탑재하게 한 사람은 2년 이상 5년 이하의 징역에 처한

다. 〈전문개정 2010. 3. 22.〉

1) 항공보안법 제21조 규정

제21조(무기 등 위해물품 휴대 금지) ① 누구든지 항공기에 무기[탄저균(炭疽菌), 천연두균 등의 생화학무기를 포함한다], 도검류(刀劍類), 폭발물, 독극물 또는 연소성이 높은 물건 등 국토교통부장관이 정하여 고시하는 위해물품을 가지고 들어가서는 아니 된다.

(6) 제47조(항공기 점거 및 농성죄)

1) 항공보안법 제23조 제3항

제23조제3항을 위반하여 항공기를 점거하거나 항공기 내에서 농성한 사람은 3년 이하의 징역 또는 3천만원 이하의 벌금에 처한다. 〈개정 2013. 4. 5.〉

2) 점거와 농성의 차이

점거는 어떤 장소를 차지하여 자리를 잡는 행위이고, 농성은 자신의 주장을 관철시키기 위한 목적을 이루기 위하여 한자리를 떠나지 않고 시위하는 행위를 말한다.

Chapter 06

항공기제조물 책임

제1절 서론

항공기사고가 항공기의 설계나 제조상의 하자 또는 부품의 결함에 기인했다면 제조업자가 책임을 지는 것은 당연하지만 항공기는 수많은 부품의 조립에 의해서 완성되는 고도의 기술이 집약된 제조물이라는 점과 항공기사고의 대부분이 순간성·전손성이라는 점에서 피해자가 사고의 원인을 규명하고 고의·과실을 입증한다는 것은 현실적으로 지극히 어려운 문제이다.

이에 항공기제조업자에 대해서도 항공기의 설계 또는 제조에 관하여 의무위반이 있다면 일반의 제조업자와 동일한 제조물 책임을 지울 필요성이 있게 된다. 항공기사고의 피해자로서는 항공운송인에게 책임을 묻는 것도 중요하지만 다른 한편 항공기제조업자에게 책임을 묻는 것도 중요한 문제이다.

또한 종래까지 항공기사고 피해자의 입장에서는 항공운송인에게 사고의 책임을 추궁하는 것이 비교적 용이하다는 점에서 항공운송인의 책임추궁에 중점을 두었지만 충분한 배상을 받기 위해서는 항공기제조업자의 책임을 묻는 것이 필요하다. 항공기제조업자의 책임에는 협약상의 책임제한 문제라든가 재판관할권의 제한 문제 등이 없다.

항공운송인의 입장에서도 항공기제조업자에게 제조물 책임을 물어야 할 경우가 있을 수 있다. 항공기 자체의 멸실의 경우는 직접 책임을 묻겠지만 항공운송인이 승객 등에게 손해배상을 해준 경우는 항공기제조업자에게 구상권을 행사할 수 있다.

항공기제조물 책임에 대해서는 국제적인 통일적 협약이 존재하지 않고 각국의 국내법에 맡겨져 있는 상태이다. 그 대표적인 나라가 미국인데 항공기에 대한 제조물 책임 소송의 대부분이 미국에서 이루어지고 있다고 해도 과언이 아닐 정도이다.

또한 항공기는 그 생산량이나 가격의 면에서 일반 대중 소비재와는 다른 면이 있고 제조 후 보통 20~30년간 장기적으로 운항에 사용되는 점을 고려한다면 피해자의 구제를 위하여 항공기제조업자의 책임을 무한정으로 인정하면 보험회사가 제조업자의 제조상의 위험의 인수를 기피하게 되어 극단적으로는 제조업자가 도산하게 될 수 있는 문제점이 있을 수 있다. 이 점에 있어서 항공기제조물 책임은 피해자의 보호와 동시에 제조업자의 보호도 동시에 고려되어야 하는 측면이 있다. 따라서 이를 위해 항공기제조물 책임보험을 강제보험화하는 제도의 확립이 요청된다.

우리나라도 2000년 1월 12일 "제조물 책임법"을 제정하여 2002년 7월부터 시행하고 있고, 항공기의 생산에 공동 참여하거나 부품을 제작 생산하여 공급하고 있으며 나아가 독자적인 대량 생산도 계획하고 있으므로[1] 항공기제조물 책임의 중요성은 그 어느 때보다도 크다고 할 것이다.[2]

제2절 항공기제조물 책임

일반적으로 제조물 책임[3]의 대상이 되는 제품에 있어 "결함"이라는 개념은 대량생산, 대량판매라는 시장구조를 통하여 규격화 된 대중소비재를 취급할 때 발생하는 위험성을

1) 우리나라는 항공기분야에 있어서 미국항공기제조회사와 전투기 및 헬리콥터의 조립생산이 이루어져 오고 있고 근래에는 KF-16기를 면허생산하였고 국산 공군훈련기 KT-1을 최초로 제작하였으며 KT-1B는 인도네시아 공군에 수출까지 되고 있다.

2) 홍순길외 2인, 「신국제항공우주법」, 한국항공대학교출판부, 2006, 212-213면 인용.

3) 일반 제조물 책임론에 대해서는 홍순길외 2인, 「신국제항공우주법」, 한국항공대학교출판부, 2006, 213~219면 인용.

기피하는 실정이다.

둘째, 항공기 제조상 결함으로 인한 사고는 대부분 인명의 치명적 손상으로 이어지며, 또한 항공기 전체의 멸실로 이어지는 경우가 상당수를 차지하는 바 기체, 엔진 등 부품의 가액이 천문학적으로 비싸고, 그 제조회사가 미국 등지의 해외기업인 경우가 많기 때문에 대규모의 국제적인 손해배상 책임에 대한 분쟁을 야기시킨다.

제3절 항공기제조업자의 책임법리

세계의 항공기사고의 원인을 살펴 본다면 사고의 원인은 운송인에게만 있지 않고 제조자에게도 과실이 있다고 판정될 때에는 법적인 측면에서 항공사고에 대한 손해배상책임이론 및 판례가 대륙법계(독일, 프랑스, 일본 등)와 영미법계간에 상이한 점을 발견할 수가 있다. 그러나 미국과 영국이 항공기생산에 있어 가장 오래되었으며 전세계 자유진영국가에서 약 75% 이상을 생산하고 있으므로 항공기제조업자의 법적책임문제도 영미에서 법이론과 판례가 먼저 나왔고 활발히 논의되고 있다. 이하에서는 먼저 미국에 있어 항공기제조업자의 법적책임을 살펴본 다음 대륙법계에서 항공기제조업자의 책임에 대하여 살펴보기로 한다.

1. 미국의 항공기제조업자의 법적책임[7)]

(1) 제조업자에 대한 책임개요

미국에 있어 항공기에 관한 "제조업자책임(Manufacturer's Liability)의 법"은 항공기사건에 대한 복잡한 문제를 해결하는 과정에서 때때로 "생산품책임(Products Liability)의 법"으로 불리어질 때도 있다. 사실 대부분의 어려운 항공기사건들은 제조회사들을 상대로 소송을

7) 김두환, 「국제·국내항공법과 개정상법」, 한국학술정보(주), 2011, 299~304면 인용.

구매자에게 매각된다. 다시 말하면 자국에서 제조된 항공기가 타국에 매각되어 제3국에서 항공사고가 일어날 때가 있다. 이러한 상황하에서 법인의 주소지가 있는 국가 또는 법인의 영업행위가 행하여지는 제4국에서 소송이 제기될 수가 있다.[9]

(2) 과실에 대한 책임(Liability for Negligence)

1) 제조상의 과실(Faulty Manufacture)

명백히 항공기제조업자는 항공기 또는 기기, 신품을 잘못 만들거나 조립한 과실에 대하여 승객 또는 조종사에게 책임을 부담하게 된다.[10] 소형항공기에서 사용되고 있었던 연료펌프 부착의 하자로 인하여 원고가 피고인 제조업자에 대하여 승소판결을 받은 사례가 있다.[11]

2) 설계상의 과실(Faulty Design)

항공기제조업자는 항공기의 설계상의 과실(Negligence)에 대하여 책임을 진다. 불법행위법 제398조를 볼 것 같으면 동산의 제조업자가 동산을 사용하는 자에 대하여 설계나 안전장치를 함에 있어 상당한 주의를 하지 않음으로 인하여 발생된 신체상의 손해에 대하여 책임을 진다고 규정하고 있다.[12]

3) 경고의 불이행(Failure to Warn)

제조업자는 이미 알고 항공기의 위험스러운 특징을 구매자에게 통지하지 않음으로 인하여 발생된 손해에 대하여 책임을 질뿐만 아니라 항공기매각후에도 이러한 통지의무는 계속된다.[13] 항공기구매자에게 제조업자가 부실한 경고를 할 때에는 책임을 지게 된다. 또한

---

9) Lee S Kreindler, ibid, SS. 3-7.

10) North American Aviation 대 Hughes 사건, 247 F2d 517(9th Cir 1957) cert, denied 355 U8914(1958): Starkey 대 Miami 항공주식회사소송사건, 10Avi 18106, 214 Sozd, 738(FlaApp 1968). 소송원인은 항공기내 보조연료탱크가 하자있는 것을 공급하였기 때문에 과실에 대한 책임을 져야 한다.

11) In Boeing Airplane Co v. Brown 291 F2d 310(9th Cir 1961).

12) Smith v. Piper Aircraft Cor, 18 FRD 169(MD Pa 1955); Northwest Airlines v. Glenn L Martin Co. supra, n 4.

13) De Vito v. United Airlines, 89 F Supp 88(EDNY 1951); Becker v. American Airlines, Inc. 200F Supg 243(SDNY 19[illegible]).

항공여객기의 제조업자가 항공사에게 위험스러운 특징을 경고하지 않을 경우에 이로 인하여 발생된 손해에 대하여도 승객에게 책임을 부담하게 된다.[14]

4) 매각 후의 계속적 경고의무

항공기제조업자들은 항공기를 매각한 후에도 항공기에서 발생되는 새로운 사항에 대하여 계속적으로 알고 있어야만 한다. 제조업자들은 항공기를 매각한 후 오랫동안 항공기구매자에게 "Service Letters" 또는 "Service Bulletins"를 발행하여 송부하여야 한다. 이러한 서비스 서한이나 책자에는 매각 후에 발생되었던 항공기의 특수한 이상과 이러한 이상을 처리하는 방법 또는 위험스러운 점이 있다면 이를 제거하는 방법 등이 그 내용에 기재되어야만 한다. 제조업자들은 항공기의 특징과 위험스러운 사항이 있으면 이를 연방항공청(FAA)에 알려 주어야 하고 FAA는 항공안전을 위하여 항공기의 변경을 명령하거나 암시하여 주는 감항성개선통보(Airworthiness Directives)를 정기적으로 모든 항공기 사용자에게 송부하여야 한다.

5) 안내서 발급의 불이행(Failure to Instruct)

항공기와 많은 구성부품은 작동하는 데에 소요되는 상세한 안내서를 필요로 하고 있다. 항공기는 고도로 정밀화된 복잡한 고안물이다. 그러므로 항공기의 모든 부품을 사용함에 있어 필요로 하는 상세한 안내서를 항공기제조업자는 구매자 또는 사용자에게 교부할 의무가 있다. 항공기의 운항 및 정비에 대하여 필요로 하는 안내서가 제트여객기 1대에 대하여 약 10권이나 되며 한 권의 지면수는 수백페이지에 달한다.

제조업자는 상세한 안내서를 조종사, 정비사, 각부문의 기술자들이 알 수 있도록 작성하여야만 되고 이 안내서는 모형도, 사진, 도면, 도해 등이 첨부되어야만 한다. 이러한 안내서 내용의 정보는 대단히 중요한 것이며 안내서가 부적절하게 또는 불충분하게 작성되었을 때에는 중대한 항공사고의 원인이 될 수가 있다. 항공기제조업자가 구매자에게 충분한 정보를 주지 않음으로 인하여 발생된 항공사고에 대하여 과실(Negligence)로써 법적책임을

---

14) De Vito v. United Airlines, supra, n 9; Lee S. Kreindler, ibid, §7, 02[3], pp.7~8.

지게 된다.[15]

5) 주의의 기준(Standard of Care)

항공기제조자는 정상적인 주의의무를 다하여 제작하여야만 될 것이고 대단히 상세하게 규정되어 있는 연방항공규칙에 따라 민간항공기를 설계하여 제작하지 않으면 안 된다. 이 규칙에 위반하여 항공기를 제작할 때에는 과실의 증거가 된다.[16]

최근 몇 년 동안 미국에 있어서 항공사고의 원인이 조종사에 의한 사고보다도 제조업자의 과실에 기인된 제작상 하자에 의하여 일어난 사고가 더 많다. 항공사고의 원인이 설계상의 과오에 의하여 일어나는 경우가 있으며, 정부가 최종적으로 검수증명, 용인을 하였을 때에는 민사법상 정부책임문제가 일어나게 된다. 이러한 검수증명은 안전운항과 직결되는 문제이므로 행정당국자는 항공기의 원자재의 검수, 부속품, 기계부품, 엔진, 프로펠러 등을 시험하고 최종적으로 시험비행까지 한다.

행정당국자는 검수와 시험비행등을 적절하게 하였느냐 또는 최소한도로 미국연방항공청안전규칙과 일치되느냐를 조사하여야만 된다고 미국의 민간항공법에 규정하고 있다.[17] 또한 미국항공사고소송사건에 있어서 원피고간에 피고인 제조업자의 항변으로서 조종사에게 기여과실(Contributory Negligence)이 있다고 주장하는 사례가 많이 있으며 인정된 판결도 있다.[18]

(3) 보증위반에 대한 책임(Liability for Breach of Warranty)

1) 명시적 보증(Express Warranty) 위반

항공기 및 부품 제조업자가 항공기의 명시적인 보증위반으로 인하여 발생된 손해에

---

15) Lee S Kreindler, ibid, §7.02[4], pp.7~12.

16) Murray v. Bensen Aircraft Corp. 259 NC 638, 131 SE 2d 367 (1963).

17) 1958년도의 미국민간항공법 제603조 (c)항을 볼 것 같으면 미연방항공청장의 감항성증명서발급에 대하여 다음과 같이 규정하고 있다. "If the Administrator finds that the aircraft conforms to the type certificate therefor, and, after inspection, that the aircraft is in condition for safe operation, he shall issue an airworthiness certificates."

18) Sivain v. Boeing Airplane Co, 337 F2d 940(2d Cir [NY] 1964). cert denied 380 US 951 (1965).

책임"으로 인정되고 있다. 항공기를 직접 공급한 매수인에 대한 매도인의 제조물 책임은 과실책임과 엄격책임 양자로 구분된다. 영미법상 전자는 불법행위책임에 의거하게 되는 것이고 후자는 매매계약상의 보증에 의거한 무과실책임으로 인정되고 있다. 구체적인 소송사건에 있어서 매수인이 결함있는 항공기에 의하여 손해를 입은 경우에 이 두 가지 것 중 어느 것을 선택하는 것이 편이한가 보기로 한다.

과실책임쪽을 택하여 매도인에 대하여 소제기를 하려면 절대적 조건으로 매도인의 과실을 입증하지 아니하면 아니 되기 때문에 무과실책임이 있는 보호책임을 추급하여 소제기하는 것이 소송 기술상 편리하다. 따라서 매수인이 매도인의 "제조물 책임"을 추급할 때에는 보증책임위반을 이유로 소제기하는 것이 보통으로 되어 있다.

제조업자가 제품(항공기)의 결함으로 인하여 구매자 또는 사용자에게 손해를 입힐 때에 하자에 대한 철저한 점검을 하지 못한 점에 대하여 불법행위로서 "엄격한 책임"을 부담하게 된다. 불법행위에 있어서 엄격책임론에 따르면 격지간에 있는 구매자, 구매자의 종업원, 사용자 또는 소비자, 승객에게까지 확대되어 하자에 대한 책임을 부담하여야만 된다는 이론이 나오게 된다.

2. 대륙법계의 항공기제조업자의 법적책임[22]

(1) 항공기제조업자의 하자담보책임론

영미법상의 제조물 책임이론을 대륙법상(독일, 프랑스, 일본 등)의 민사법분야에 전용해석하려고 할 때에 법리구성면에 있어 계약책임론과 불법행위책임론으로 나누어지는데 통설은 불법행위책임론이다. 영미법상의 제조물 책임론을 민사법상의 계약책임론으로 이론구성한다면 하자담보책임론[23]과 채무불이행책임론[24]으로 나눌 수 있으며 이 두 책임론은 당사자계약관계가 있음을 전제로 하고 있다.

---

22) 김두환, 「국제·국내항공법과 개정상법」, 304~307면 인용.

23) 민법 제580조 및 제581조.

24) 민법 제390조.

특히 담보책임에 관한 입법례를 보면 독일민법 제459조-제493조, 독일상법 제377조-제379조 사이에 규정하고 있고, 프랑스민법에는 제1641조부터 규정되어 있으며, 일본민법에서는 제561조-제578조, 일본상법 제526조-제528조 사이에 담보책임에 관한 규정을 두고 있다. 우리나라 민법은 담보책임에 관하여 제570조부터 제589조 사이에 규정되어 있고 상인간의 거래관계에 적용되는 하자담보책임에 관하여는 상법 제69조와 제70조에 각각 규정하고 있다.

항공기매매에 있어 대부분의 경우 항공기제조업자는 매도인이 되고 항공기운송인은 매수인이 되어 매매계약을 체결하며 잔금 지급 후 항공기를 인도 받게 되는 것이 대륙법상 적용되는 매매계약[25]의 이론이다. 그러나 항공기제작은 기체, 엔진, 수십만 내지 수백만종에 달하는 기기부품의 조립에 의하여 제작된다. 항공산업은 종합시스템산업이므로 기술적, 경제적 필요성에 따라 주계약자는 항공기구성품의 일부를 국내외적으로 전문계열 하청업체에 하청을 주어 제작하게 된다. 이러한 주문생산은 대륙법상 부합계약[26]의 일종이라고 볼 수 있다.

항공기제조업자가 항공기를 매각한 후 고유적인 하자로 인한 항공사고가 발생하여 구매자(운송인)에게 손해를 입혔을 때에 매수인이 구매당시 하자를 알지 못하였을 경우(선의무과실)에 한하여 민법 제580조 또는 상법 제69조의 하자담보책임조항에 의거 계약해제권, 대금감액권, 손해배상청구권이 구매자에게 있다고 볼 수 있다.

그러나 이 하자담보책임론을 적용할 때에 피해자가 제조업자의 제조과정상의 과실을 입증할 필요가 없다는 점에서 유리할지 모르나 피해자가 하자의 사실을 안 날로 붙어 6개월내에 권리행사를 하여야 하므로[27] 제척기간 6개월을 항공기사고 손해배상청구소송사건에 적용한다는 것은 기간이 너무 단기이므로 재고되어야만 한다고 본다. 항공사고의 특성인 시간성으로 인하여 사고원인조사를 함에 있어 장시일이 소요된다는 점과 영미법상 항공기 매각후에 계속 책임을 진다는 판례 등을 종합적으로 고려할 때에 피해자보호를 위하여

민법 제563조, 민법 제568조, 상법 제67조.

한국민법 제664조 도급, 일본민법 제632조 청부, 독일민법제631조 도급계약(Werkvertrag).

민법 제582조 또는 상법 제69조.

제척기간은 항공기에 한하여서는 별도 법규로 정하여야만 되리라고 본다.

(2) 항공기제조업자의 채무불이행책임론

제조물 책임론을 채무불이행책임론[28]으로 이해하는 입장에서는 제품의 하자로 인하여 야기되는 확대손해는 특별한 사정으로 인한 손해로서[29] 전보될 것이며 이와 더불어 채무불이행으로서 이행이익 내지 제조물자체의 배상청구, 수리 및 교부청구, 대금청구소송이 가능하다고 본다.

현행 민법에는 불완전이행에 관한 명문의 규정은 없으나 대륙법계의 판례 및 학설상 인정되는 것으로서 적극적 채권침해라고 보고 있다. 제조물 책임을 채무불이행책임으로 이론구성하는 이유는 제조업자가 제품에 대하여 ① 묵시의 보증, ② 품질보증서를 교부함으로 보증책임을 부담하며 이를 위반할 때에 채무불이행으로 보아 이론구성한 것으로 본다. 최근 독일학설에서도 인정하는 바와 같이 품질보증서의 발행은 "품질보증서의 범위 내에서 제조자로부터 최종 소비자에 대하여 직접 인수한 특별계약책임"을 형성한다고 말하고 있다.

항공기제조업자는 자기제품에 관하여 품질보증에 위반함으로써 채무불이행으로 인한 책임을 진다고 볼 수 있다. 그러나 항공기제조업자의 책임문제에 있어 하자담보책임론이나 채무불이행책임론은 계약관계를 전제로 하고 있으므로 매매당사자간에 적용하는 데 적합하다고 본다. 그러나 항공운송에 있어 항공사고로 인한 피해자는 여객 또는 화주이므로 이들과 운송인간의 법률관계가 운송계약에 기초하여 있는데 제조자의 제조물하자 또는 과실로 운송인(항공사등)이 운송채무를 이행하지 못하였을 때에 항공여객 또는 화주가 직접 항공기제조회사를 상대로 손해배상청구권을 행사할 수 있느냐가 검토되어야 할 문제라고 생각된다.

(3) 항공기제조업자의 불법행위책임론

제조물 책임론에 관하여 독일, 프랑스 및 일본 등에서 많은 판례와 학설이 나오고 있지

28) 민법 제390조.

29) 민법 제393조 제2항.

정하여야만 되리라고 본다.[30)]

제4절 관련문제

1. 항공기제조물 책임과 국제재판관할

국제적으로 유통되는 상품은 제조물 책임도 국제적이라 할 수 있는데 국제항공운송에 이용되는 항공기는 그 대표적인 것이라 할 것이다. 이 경우 국제성의 문제와 관련하여 항공기사고가 발생하면 재판관할과 준거법이 문제가 있게 된다. 그런데 항공기 제조물 책임 소송은 미국 이외에서 발생된 항공기사고라도 미국에서 제기하는 경우가 많다. 이는 대부분의 항공기가 미국에서 제작되고 있다는 이유 이외에 미국은 제조물 책임법이 발전되어 있고, 배심원제도에 의한 피해자에 유리한 재정을 기대할 수 있는데다가 징벌적 손해배상까지 인정되고 있어 비교적 고액의 배상을 받을 수 있다는 점에서 그 이유를 찾을 수 있다. 문제는 이 경우 미국에서의 재판관할이 인정되더라도 Forum Non-Convenience(불편의 법정법리)를 이유로 소가 각하되는 경우가 많다는 것이다. 이는 해당 법원이 재판관할권을 가지고 있더라도 다른 곳에 재판관할권이 있는 경우 당사자의 편의 또는 법정 정의의 실현차원에서 다른 곳에서 재판을 하는 것이 타당하다고 생각되는 경우 재량에 의해 소를 각하하는 것으로 항공기사고가 미국 이외의 지역에서 발생한 경우 증거수집의 편의성, 현장검증의 현실성 및 기타 사실심리의 신속성과 집행의 가능성 등을 고려하는 것이다.

이에 대한 리딩케이스로는 1981년의 Pipen Aircraft v. Reyno 사건이 있고 이 이론이 확립된 것은 1947년의 Gulf Oil Corporation Gilbert 사건이 계기가 되었다. 이 판결에서 법원은 불편의 법정법리의 적용 기준으로서 사적인 이익요소와 공적인 이익요소를 고려해야 한다고 하였다. 사적 이익요소로서는 ① 증거확보의 용이 ② 강제적 증인 환문의 가능성,

30) 김선이, 「항공사고책임론」, 한국항공대학교출판부, 2017년, 174면.

항공기의 특성상 제조 이후에도 수리·정비 등 제3자의 행위가 개입될 소지가 있으며 또 사고가 발생한 경우 사고원인의 규명 등 입증상의 어려움 등이 있기 때문이다. 특히 문제가 되는 것은 항공기사고의 전손성·손해의 거액성 때문에 항공기제조업자에 대한 엄격책임을 적용할 경우 보험사가 보험의 인수를 기피할 가능성이 있다는 점이다. 따라서 항공기 제작산업을 보호하고 예측할 수 없는 항공기사고의 위험으로부터 책임을 분산시키기 위해서는 항공기제조물 책임 보험제도의 확립이 필요하다고 보며 임의보험의 형태가 아니라 항공기제조업자에게 의무적으로 가입토록 하는 강제보험 형태가 되어야 할 것으로 본다.

PART 2. 우주법

Chapter 01

우주법의 법원과 우주의 법적 지위

제1절 우주법의 법원

1. 국제관습법

일반적으로 수락된 일반적 관행의 증거로서의 국제관습법(International Customs, as Evidence of a General Practice Accepted as Law)은 국제사법재판소(International Court of Justice: ICJ) 규정(Statute) 제38조에서도 언급되어 있다.[1] 어떤 학자는 계속해서 발전하고 있는 국제우주법의 또 다른 구성요소는 바로 국제우주관습법이며 초기의 국제우주관습법은 국제사회가 인공위성이 지구 주위를 궤도 비행하는 지역 및 그 외곽 지대를 우주로 간주하는 관행을 인정함을 나타낸 것이었다라고 지적하고 있다. 또한 일부 학자는 우주조약 제1조와 제2조는[2] 기존 국제법을 선언한 것이라고 보고 있다.[3] 즉, 이 조약 체결되기 이전의

1) 흔히 국제법의 법원으로는 국제조약외에 국제관습법을 들고 있으며, 법의 일반원칙에 대해서는 논란의 여지가 있다.

2) 이들 조항에서는 특히 우주, 달 및 기타 천체는 차별 없이, 평등에 입각하여 그리고 국제법에 따라 모든 국가에 의한 탐사와 이용에 자유롭다는 점 그리고 우주에서 과학적 조사의 자유가 있다는 점 및 우주, 달 및 기타 천체는 주권의 주장, 이용과 점유 또는 기타의 방법에 의하여 국가의 전유 대상이 될 수 없다는 점을 천명하고 있다.

3) P.P.C. Haanappel, *The Law and Policy of Air Space and Outer Space: A Comparative Approach*, (Kluwer Law, 2003), p.9.

국제연합 총회의 결의 등에서 나타난 내용이 이미 국제관습법화 되었다는 것이다. 실제로 우주의 탐사와 이용의 자유 및 우주, 달 및 기타 천체의 국가의 전유금지(Non-Appropriation)에 관한 주요 국제관습법은 약 10년 동안에 대단히 급속하게 발전되었으며 이러한 규칙들의 모든 국가에 대한 구속적인 성격은 어떠한 국가도 이 규칙들에 대하여 이의를 제기하지 않았다는 점에서 가장 잘 입증되고 있다는 것이다.[4] 바로 이러한 의미에서 우주조약 제1조와 제2조는 때로는 소위 '속성관습법'(Instant custom)[5]의 성문화(Codification)의 예로 언급되기도 한다.[6]

국제관습법의 성립에 있어서는 그 생성에 참여하는 국가의 수나 또는 그 기간이 정해져 있는 것은 아니다. 그 생성에 필요한 기간은 경우에 따라 다르지만 국제기구에서 나오는 결의의 영향으로 점차 그 기간이 단축되어가는 경향을 보이고 있다. 특히 국제연합은 국제관습법의 형성에 커다란 변화를 가져다주고 있다. 회원국들은 자주 접촉할 수 있게 되었고, 게다가 각종 제안이나 투표를 통하여 각국의 견해를 쉽게 확인할 수 있게 되어 국제관습법의 형성이 촉진되고 용이해진 것이다.[7] 현재의 우주활동과 관련하여 묵인(Silent Acquiescence)을 어떠한 관습법 규칙이 존재한다는 충분한 근거가 된다고 판단하는 학자도 있고 묵인이 아닌 명시적 승인(Explicit Recognition)이 필수적인 요건이라고 반론을 제기하는 학자도 있다.

원격탐사활동과 관련하여 장기간 그리고 광범위하게 지구와 자연자원에 대한 원격탐사의 수행되어 왔고 어떠한 국가도 이에 대해 아무런 이의를 제기한 적이 없기 때문에 피탐

---

4) Haanappel은 1970년대 지구정지궤도위성에 대한 주권을 선언한 적도 국가들에 의하여 항의가 있었으나 그 때는 이미 우주의 어느 부분에 대한 주권의 주장이 금지되는 국제관습법이 형성되어 있었기 때문에 그 시기가 너무 늦었다고 지적한다. Ibid., p.10.

5) 흔히 국제관습법(International customary law)을 국제관습(International custom)이라는 용어로도 사용하고 있으나, 사실인 관습과 관습법의 혼란을 피하기 위하여 여기에서는 국제관습법이라는 용어를 사용하고자 한다. Gary L. Scott and Craig L. Carr, "The International Court of Justice and the Treaty /Custom Dichotomy", Texas International Law Journal, Vol.16(1981), p.347.

6) Baily는 스푸트니크 1호가 발사된지 겨우 4년 사이에 일부 국가들이 관계국제관습법규를 선언한 것으로 받아들였던 1961년 국제연합 총회 결의 1721은 이른 바, 그러한 속성 국제관습법은 좋은 예라고 지적하고 있다. Sir Kenneth Baily, "Making International Law in the United Nations", *Proc. of the Am. Soc. of Int'l Law*, 1967, p.236.

7) Hanna Broker-Szegö, The Role of the United Nations in International Legislation, (North Holland Publishing, 1978), p.65.

사국의 사전동의가 없더라도 원격탐사를 수행할 권리가 있다는 국제관습법이 형성되어 있다고 주장하는 학자도 있다. 한편으로 다른 국가의 공역을 통한 우주로의 자유로운 통과와 지구로의 귀환과 관련하여 그러한 견해를 배척하는 학자도 있다. 이는 특정한 관행의 수락 증거로서의 "승인" 및 그러한 승인의 형태를 둘러싼 의견대립이라 할 수 있다.

그러나 승인이 적절하게 부여되고 있는 한, 국제연합총회의 승인을 그러한 승인의 표시로 보아야 한다는 견해도 있다. 이러한 국제관습법 형성의 '시간적 요소'와 관련하여 국제사법재판소의 Lachs 판사는 짧은 기간 그 자체는 그 형성에 아무런 장애가 되지 않는다고 보았다. 그는 영해의 무해통항권은 상호주의에 입각하여 발전해 온 것이며 많은 경우 우주활동을 수행하는 국가들이 다른 국가에 우주물체 발사계획을 사전에 알리거나 공역통과 허가를 요청하지 않지만 관련국가로부터 아무런 이의가 제기되지도 않았고 그러한 이의제기의 권리가 있다고 생각하지도 않는다. 그러나 우주물체가 외국의 상공을 자유롭게 통과할 수 있다는 국제관습법상의 권리가 있는 것은 아니다. 반대를 표명하지 않는다는 것이 국제관습법상의 권리의 존재를 인정한다는 의미는 아니라고 할 것이다. 다시 말해서 법적확신(Opino Juris)을 추정할 수 없다.[8)]

2. 국제조약

국제우주법(International Space Law)라 함은 우주(Outer Space)[9)]의 우주와 외기권탐색과 이용과 관련된 활동을 규율하기 위한 국제법의 일부 분야이며 "우주"에서의 활동뿐만 아니라 그러한 활동과 관련되어 있는 지상 및 대기권에서의 활동에 대해서도 규율하는 규범이라 할 수 있다. 따라서 우주비행사의 구조, 귀환 및 우주물체의 회수에 관한 모든 지상활동 외에도 지상에 낙하된 우주물체에 의하여 초래된 손해배상문제도 모두 국제우주법의 적용을 받게 된다. 국제우주법[10)]의 두드러진 특징 중의 하나는 현재까지는 대부분이

8) 국제관습법 형성에서의 국제연합의 총회결의의 중요성에 대하여는, 문준조외 1인, 「현대우주법론」, 한국법제연구원, 2009, 16면 이하 참조.

9) 우주와 외기권

10) 국제우주법의 형성과 발전에 대해서는, 문준조외 1인 「현대우주법론」, 29~62면 참조.

국제조약으로 구성되어 있다는 것이다. 이는 우주물체의 연구개발 및 발사가 국가 또는 정부의 지원을 받는 조직만이 수행할 수 있는 대규모 인적·물적 자원을 필요로 한다는 점에서 비롯된다.

우주법의 또 다른 독특한 특징은 대부분의 조약이 다자조약이라는 점이다. 특히 기본규칙과 원칙분야가 그러하다. 이는 국제연합이 그 시작부터 우주법의 창설에 결정적인 역할을 하였기 때문이다. 국제조약의 법원으로서의 성격은 논란의 여지가 없으므로 여기에서는 더 이상 논의하지 아니하기로 한다. 현재의 우주법의 기본틀은 관련조약들과 국제연합 총회의 결의 및 일련의 제원칙(Principles)의 형태를 띤 규칙의 총체이다.

1960년대 초부터 국제연합은 기존의 국제법과 양립할 수 있는 우주법체계를 창설하여 시행하기 위한 작업을 시작하였다.[11] 현재까지 다섯 개의 우주관련 다자간 국제조약이 채택되었는바, 1967년 「달과 기타 천체를 포함한 우주의 탐사·개발에서의 국가활동을 규율하는 제원칙에 관한 조약(Treaty on Principles Governing the Activities of States in the Exploration and Use of Outer Space, Including the Moon and Other Celestial Bodies: 이하 "우주조약"이라 한다)」[12]과 그 세부적인 이행을 위한 1968년 「우주비행사의 구조, 우주비행사의 귀환 및 우주에 발사된 물체의 회수에 관한 협정(Agreement on the Rescue of Astronauts, the Return of Astronauts and the Return of Objects Launched into Outer Space: 이하 "우주비행사의 구조 등에 관한 협정"이라 한다)」[13], 1972년 「우주물체에 의하여 발생한 손해에 대한 국제책임에 관한 협약(Convention on International Liability for Damage Caused By Space Objects: 이하 "책임협약"이라 한다)」[14], 1975년 「외기권에 발사된 물체의 등록에 관한 협약(Convention on Registration of Objects Launched Into Outer Space: 이하 "등록협약"이라 한다)」[15] 및 1979년 「달과 기타 천체에서의 국가 활동을 규율하는 협약

11) Adelta Legal, The Space Treaties, http://www.spacelaw.com.au/content/definitional.htm (2012년 7월 26일 방문).

12) Jan. 27, 1967, 18 U.S.T. 2410, 610 U.N.T.S. 205.

13) Apr. 22, 1968, 19 U.S.T. 7570, T.I.A.S. No. 6599, 672 U.N.T.S. 119.

14) Mar. 29, 1972, 24 U.S.T. 2389, 961 U.N.T.S 187.

15) Jan. 14, 1975, 28 U.S.T. 695, 1023 U.N.T.S. 15.

「Agreement Governing the Activities of States on the Moon and other Celestial Bodies)」[16] 등이 그것이다. 이들은 국제우주법의 기본적인 틀을 이루고 있다고 할 수 있다. 이들에 대해서는 후술하기로 한다.

제2절 영공과 우주의 경계 문제

1. 의의

지구의 상부 공간에 대해서는 영공과 우주라는 관념이 존재하고 국가들은 우주의 어떠한 곳에 대해서도 영유권을 주장한 바 없으며 우주의 이용을 규율하는 조약들도 국가의 영유권을 인정하고 있지 않다.[17] 또한 이에 관한 국제관습법도 형성되어 있지 않다고 할 수 있다. 영공과 영해[18]는 국가의 주권에 귀속되지만 우주와 공해는 개방제도(Open Regime)[19]가 적용되기 때문에 그 경계가 어디냐에 초점이 맞추어 진다. 영공의 한계를 둘러싼 논쟁은 우주비행의 특성, 대기가 존재하는 명확한 한계의 부재 및 어떠한 경계의 필요성에 대한 회의 등을 비롯한 여러 요인들로 인해 한층 복잡한 양상을 띠고 있다. 우주의 정의 및 경계획정에 관한 문제들은 여전히 검토가 이루어지고 있는 것이다. 영공의 상한에 대해서는 과학적·기술적 측면에서 이를 획정할 수 있는 객관적 타당성이 있는 기준을 발견하기 어렵기 때문에 현재까지도 논란만 계속하고 있을 뿐이다. 굳이 그 상한선을 설정할 필요가 있겠느냐는 극단적인 상한획정 무용론에서부터 결국은 합의에 의하여 결정할 수 밖에

16) 34 U.N. GAOR (Agenda Items 48, 49) at 1, U.N. Doc. A/Res./34/68 (1979).

17) Hamiton DeSaussure, "The Freedoms of Ounter Space and Their Maritime Antecedents", Nandarisiri Jasentuliyana,(ed.), Space Law: Development and Scope, (Praeger, 1992), p.2.

18) 영공과 영해의 개념에 대해서는 문준조외 1인, 전게서, 66~75면.

19) 1958년 공해협약 제2조 참조.

없을 것이라는 주장에 이르기까지 실로 다양하다.[20]

과거, 국제사회에서 대부분이 모든 국가들이 수락하는 3해리 영해의 범위에 대한 합의를 도출하기까지 수백 년의 시간이 필요하였다. 따라서 1957년 최초의 인공위성인 Sputnik 1호가 발사된 이후로 짧은 시간 동안 영공의 높이 경계에 대한 컨센서스가 이루어지지 못하였음은 놀랄 만한 일이 아닐 수도 있다.[21] 오히려 미국 등 많은 국가들은 현재로서는 정확한 경계설정의 필요성에 대해 공감하지 않는다. 영공과 우주의 경계문제는 COPUOS(Committee on Peaceful Uses of Outer Space: 우주의 평화적 이용위원회) 설치 이후로 줄곧 동 그 법률소위원회의 의제가 되어 왔다.[22] COPUOS의 법률소위원회와 과학기술소위원회에서도 여러 해에 걸쳐 이 문제를 논의하여왔다. 법률소위원회의 1980년 보고서에 의하면 여러 가지 이유를 들어 경계획정 그 자체에 반대한 국가들도 있었다. 이들 국가들이 제시한 대표적인 이유는 경계가 획정되어 있지 아니하지만 아무런 문제가 없었고 인공위성이 점차 지구에 더욱 가깝게 접근할 수 있어서 수평으로부터 100킬로미터를 영공의 상한으로 해야 할 아무런 과학적 근거도 없을 뿐만 아니라, 마음대로 상한은 정해놓으면 오히려 더 복잡한 문제가 발생한다는 것 등이다.

사실, Sputnik 1호가 발사된 후 오랜 기간이 경과하였으나, 불명확한 경계로 인하여 국가간의 분쟁이 발생한 경우는 거의 없었다. 다만, 몇몇 적도 국가들이 지구 상부의 약 22,000마일의 지구정지궤도에 대해 주권을 주장한 바 있지만[23] 국제사회에서 호응을 얻지 못하였다. 1967년의 우주조약(Outer Space Treaty) 등 우주관련 조약들에서도 영공과 우주의 경계문제를 다루고 있지 않다. 1919년 파리협약과 1944년 시카고협약, 1929년 바르샤바 체제 및 1999년 몬트리올협약 등으로 대변되는 국제항공법과 1967년 우주조약 등 다섯 개

20) Carl Q. Christol, The Modern International Law of Outer Space, (Pergamon Press, 1982), p.436.

21) 1957년 Sputnik 1호가 발사되기 이전에도 저술가들은 지구에 근접한 공역이 각기 다른 법제도가 적용되는 몇 개의 구역으로 구분되어야 하는가에 대하여 논의를 전개하였으나 이러한 주장은 국가들로부터 크게 호응을 얻지 못하였다.

22) 몇 가지 다른 법적 사안들의 경우에 그러하였듯이, 우주의 정의와 경계결정에 대한 논의는 COPUOS 과학기술소위원회에서 시작하였다. 그러나 1967년의 회기에서, 소위원회는 우주의 정확하고 영속적인 정의를 허용하는 과학적 그리고 기술적 기준을 확인할 입장이 아니라고 하였다.

23) 1976년 브라질, 콜롬비아, 콩고, 에콰도르, 인도네시아, 케냐, 우간다 및 자이레 등의 Declaration of the First Meeting of Equatorial Countries(Bogota)를 Bogota 선언이라고 부른다.

의 항공관련 조약 등으로 대변되는 국제우주법은 그 동안 별다른 충돌 없이 공존해오고 있는 것이다. 한편으로 이 두 법분야를 모두 포함하는 통일적 법제도(Uniform Regime)의 확립을 옹호하는 입장도 있다. 이는 경계획정의 필요성을 제거해버리는 접근방법이라 할 수 있다. 문제의 핵심은 항공법이 Airspace라는 용어가 실제로 포괄하는 범위를 찾아내지 못함으로써 우주와 관련하여 그 경계가 정확이 어디까지인가를 방치하여왔다는 것이다.

영공과 우주의 경계를 국제법으로 확정하지 못하고 있는 원인으로는 다음 세 가지를 들 수 있다. 첫째, 영토와 영해 상부의 영공은 국가주권이 미치는 것이지만, 우주는 그러하지 아니하다. 그러므로 국제법상 이 두 제도는 정반대이다. 둘째, 첩보(Spy) 비행기가 대체적으로 대단히 높은 고도에서 그리고 첩보 위성은 대단히 낮은 궤도에서 운행하고 있다는 사실을 고려해볼 때, 이러한 위성을 쏘아 올릴 수 있는 우주강국의 입장에서는 국가안보 또는 첩보활동을 위해서는 영공과 우주의 경계의 불확실성이 편하게 느껴질 것이다. 셋째, 영공과 우주를 구분하는 물리적(공간적) 기준이 각기 달리 해석되고 있다.[24]

2. 경계획정에 관한 학설

경계획정에 관한 다양한 의견들은 이미 1970년 이전에 제시된 것들이지만, 여전히 기본적으로 변화되지 아니하고 있다. 어떠한 경계획정 방안도 아직까지는 정치적으로 수락될 수 없으며 공역과 우주에서의 다양한 형태의 활동에 대한 보다 많은 경험이 축적되고 그 법적 의미에 대한 명확한 통찰을 하기 전까지는 그에 관한 어떠한 시도도 성공할 수 없을 것 같다.

1967년 우주조약의 채택 후 최초의 10년 동안만 하더라도 27개의 제안들이 COPUOS 법률소위원회에 제출되었으며[25] 대기권 개념을 원용하여 영공의 상한을 정하자는 안, 대기권을 몇 개의 층으로 구분하여 경계획정을 하자는 제안, 최대비행고도를 기준으로 제시한 제안, 비행체의 기체역학적 특성에 따라 결정하자는 제안, 인공위성이 지구에 가장 가깝게 접근하는 위치를 기준으로 하자는 제안, 지구의 중력을 기준으로 제시한 제안, 실효적

24) P.P.C. Haanappel, *The Law and Policy of Air Space and Outer Space: A Comparative Approach*, (Kluwer Law, 2003), p.2.

25) I.H. Ph. Diederiks–Verschoor, *An Introduction to Air Law*, (Kluwer Law, 2008), pp.17~18.

관할가능성 여부에 따라 결정하자는 제안, 공간 전체를 몇 개가 층으로 구분하자는 안 그리고 관련 기준들을 복합적으로 고려하여 결정하자는 절충안들이 그것이다.[26] 다른 한편으로는 반드시 영공의 상한선을 설정할 필요가 없다는 영공상한획정 무용론과 영공과 우주를 두루 망라하여 기능별로 보려는 기능주의적 접근방식도 있다.[27][28]

아무튼 아직까지는 그 동안 제시되었던 여러 제안중에서 그 어느 것도 합의에 이르지 못하였다. 그럼에도 불구하고, 여전히 우주활동은 궤도상의 또는 그 이원(以遠) 그 어느 것도 우주에 속한다는 가정하에 계속 진행되고 있다. 그러한 경계를 정의하기 위한 기술적 기반은 한편으로는 항공기 비행, 다른 한편으로는 궤도 비행의 과학과 기술이며, 항공기는 공기역학 비행을 하기 위한 상당히 많은 대기가 필요한 반면, 지구 궤도비행은 마찰, 감속, 가열 그리고 궁극적으로는 우주선의 분열을 일으킬 정도의 대기가 없어야 한다. 안정적인 공기역학 비행의 최대 고도가 안정적인 궤도 비행의 최저 고도에 훨씬 못 미친다는 점을 감안해 볼 때, 지구 공역과 우주의 경계를 설정할 수 있는 가능성은 충분히 존재한다. 그럼에도 불구하고 어디를 경계로 할 것인가에 대해서는 과학과 기술상으로 명확한 지침을 얻을 수 없다. 따라서 항공법과 우주법을 만드는 입법자들이 이 고도범위 내에서 경계를 선택할 수 밖에 없다.

COPUOS에서의 논의는 일반적으로 궤도를 선회하는 위성의 최저 근지점의 기준에 초점을 맞춰왔다. 에일린 갤로웨이(Eilene Galloway)가 지적한 바 있듯이 우주시대가 시작된 이후, 우주물체가 궤도에 진입하는 고도에서 우주가 시작되는 것으로 보고 있다. 이미 오랫동안 널리 알려진 이러한 과학 및 기술 지식을 고려해 볼 때, 이 문제에 관한 입장을 채택하기를 꺼리는 과학기술소위원회와 수년간 논의한 후에도 합의에 도달하지 못하는 법률소위원회는 과학 및 기술적 기준의 부족보다는 정치적 의지의 부족을 반영하는 것이다.

---

26) Carl Q. Christol, *The Modern International Law of Outer* Space, (Pergamon Press, 1982), p.448.

27) COPUOS의 법률소위원회와 과학·기술소위원회에서 여러 차례 이 문제를 논의하여왔다. 법률소위원회의 1980년 보고서에 의하면 여러 가지 이유를 들어 경계획정 자체에 반대한 국가들도 있었다. 가장 대표적인 이유는 경계가 획정되어 있지 않지만 실제로 아무런 문제가 없었고 인공위성도 점차 지구에 더욱 가깝게 접근할 수 있어서 수평으로부터 100킬로미터로 보아야 할 아무런 근거도 없을 뿐만 아니라 임의로 상한을 결정하게 되면 오히려 더 복잡한 문제가 발생할 수 있다는 것이었다. Ibid., p.493.

28) 경계획정에 관한 학설에 대한 상세한 것은 문준조외 1인, 전게서 78~82면.

제3절

지구궤도

1. 지구궤도의 분류

현재 실제의 상업적 타당성이 있는 여러 지구궤도들이 있다.

(1) Supacana의 분류[29)]

- Low Earth Orbit(LEO): 지구상공 200 km에서 5,500 km 사이의 고도에 있는 궤도
- Medium Earth Orbit(MEO): 10,000 km에서 20,000 km
- Geostationary Orbit(GSO): 약 36,000 km의 고도 가장 용도가 많으며 지구 적도 주변의 원(circle)을 구성하고 있다.
- High Elliptical Orbit(HEO): 가장 높은 지점은 40,000 km이고 가장 낮은 지점은 1,000 km

(2) Mosteshar의 분류[30)]

- Near Earth Orbit(NRO): 150 km–450 km
- LEO: 450 km–1,500 km
- MEO: 5,000 km–15,000 km
- HEO: 20,000 km–35,000 km
- GEO: 정확히 적도상공 35,786 km

이상의 궤도 중 GSO 즉, 지구정지궤도는 위성의 운행 특히 통신에 가장 유리한 위치에

29) I.B.R.Supacana, *The International Regulatory Regime Governing the Utilization of Earth Orbits*, (Leyden, 1998), pp.10~11.

30) Sa'id Mostershar, "Development of the Regime for the Law Earth Orbit and the Geostationary Orbit," G. Laferranderie and D. Crowther, eds. *Outlook on Space Law over the Next 30 Years*, (Martinus Nijhoff Publishers, 1997), pp.81~82.

있으며 우주기술 선진국들이 오랫동안 사용하여 왔다. COPUOS 2001년 회기에서 지구정지궤도는 그 특별한 특성을 가지고 있으며 우주의 일부라고 선언하였다.[31] 현재는 LEO에 대한 관심도 증가하고 있다. 왜냐하면 지구에서 가장 가깝기 때문에 가장 저렴한 비용으로 도달할 수 있다. 특히 통신에 대해서는 LEO가 지상과 우주 시스템의 결합가능성 등 적지 아니한 이점이 있다. 소형휴대용 수신기의 이용을 가능하게 해주며 GSO 위성시스템에서 공통적으로 나타나는 메시지의 송신시점과 수신시점간의 시간 지역도 회피할 수 있도록 해준다.[32] 물론 LEO도 단점도 가지고 있는 바, 위성의 수명이 GEO와 MEO의 위성보다 짧으며 단일의 범세계적 네트워크를 운영하려면 더 많은 위성이 필요하다.[33]

현재 지구궤도의 이용에 관한 국제적인 규제제도는 지리적·일시적·기능성 범위와 인적 적용범위 문제만을 다루고 있다. 한편, ITU(International Telegraph Union: 국제전신연합)의 협약과 규칙은 현재까지는 이상의 궤도 중에서 GSO만을 다루고 있다. 최근에 중요한 문제로 부상하고 있는 것은 지구저궤도(Low Earth Orbit: LEO)이다. LEO와 다른 지구궤도의 사용과 관련하여 국제기구의 역할이 필요할 것이다.

2. 지구정지궤도

지구정지궤도라 함은 앞서 살펴본 바와 같이 적도 상공 약 36,000 km(또는 22,300마일) 지점의 외기권을 말하며 이 지점에서는 인공위성이 동력에 의존함이 없이 지구가 회전하는 속도(23시간 56분의 공전 기간)와 동일하게(즉, 매초 약 3천미타, 마하 9의 초음속) 회전하므로 지구에서 보면 인공위성이 정지되어 있는 것처럼 보인다.[34] 이러한 이유로 지구정지궤도라고 부르며 위성과 위성 바로 밑 지면의 위치 간에 어떤 특별한 관계가 있어서 그러한 것이 아니다. 지구정지궤도는 하나의 위성을 통하여 지상방송국들간에 계속적인 접촉

---

31) Diederiks–Verschoor and Kopal, *op. cit.*,p.21.

32) Supancana, *op. cit.*, p.16.

33) Diederiks–Verschoor and Kopal,*op. cit.*,p.22.

34) 이 궤도는 지구에 대한 고정적이고 계속적인 위성이용활동을 가능하게 한다. 지구표면에서 35,888 km 떨어진 이 궤도 위에 인공위성 3개를 적당히 배치하면 지구 전표면에 대한 위성이용활동을 확보할 수 있다.

을 제공할 수 있는 유일한 궤도이며 유한한 자원이다. 위성직접텔레비전방송이나 원격탐사를 포함하여 여러 가지 목적을 위하여 지구의 궤도상의 인공위성의 증가함에 따라 지구정지궤도가 심한 압박을 받고 있다. 그 제한된 공간성 때문에 소수의 위성만이 특정한 동일 지점의 지구정지궤도에 배치될 수 있기 때문이다.

지구정지궤도는 ITU가 다루는 것이 타당한 기술적 문제와 COPUOS가 다루는 것이 타당한 정치적 법적 문제와 관련되어 있다. 선진국들은 기술전문가를 보유하고 있고 기술에 대한 관심을 가지고 있으므로 ITU의 기술적 접근을 선호하는 경향이 있는 반면, 개발도상국들은 기술적 전문지식이 부족하기 때문에 COPUOS의 정치적 법률적 접근을 선호하는 경향이 있었다. 이 문제는 이미 여러 차례 COPUOS에서 논의되었다. 지구정지궤도의 법적 지위에 대한 문제는 1975년 국제연합 총회에서 콜롬비아 대표단이 제기하였는바, 콜롬비아 대표단은 콜롬비아 영토 상공의 지구정지궤도의 5.5° 부분에 대한 주권을 주장하였다. 1976년 12월 적도 국가인 브라질, 콜롬비아, 콩고, 에쿠아도르, 인도네시아, 케냐, 우간다 및 자이레(그 후 가봉, 소말리아 등이 합류)는 보고타 선언(Bogota Declaration)을 공표하였으며 그들은 지구정지궤도가 자신들의 주권이 미치는 국가영역의 일부라고 주장하였다.[35] 적도 국가들은 이러한 지리상의 위치를 일종의 자연자원으로 생각하고 그에 대한 관할권을 주장하였던 것이다. 보고타선언은 우주조약이 우주에 대한 어떤 정의도 포함하고 있지 아니하며 COPUOS 법률소위원회에서 그러한 정의에 대한 합의를 도출하지 못하였다는 점에 주목하여 우주조약의 주권에 대한 조항이 "지구정지궤도에 적용되어서는 아니된다"고 주장하였던 것이다.

지구정지궤도는 지구가 행사하는 중력에 의존하고 있는 것이 사실이지만, 이는 모든 위성궤도 역시 마찬가지이다. 만일 '지구가 발생하는 중력 현상'에 연관된 물체들은 우주에 있는 것이 아니라고 인정된다면, 자연적인 것이든 인위적인 것이든 어떤 지구의 위성도 우주에 있는 것이 아닐 것이다. 그렇게 된다면 우주는 모든 가능한 지구위성 궤도 너머의

35) 보고타 선언은 "적도 국가들은 지구정지궤도는 우리 행성의 현실과 연관되어 있는 물리적 사실이라고 선언하는 바이다. 지구동기궤도의 존재는 지구가 발생하는 중력 현상과의 관계에만 좌우되며, 그렇기 때문에 우주의 일부로 여겨져서는 안 되기 때문이다. 그렇기 때문에 지구동기궤도의 부분들은 적도 국가들이 그들의 국가 주권을 행사하는 영토의 일부이다"라고 하고 있다.

영역, 달을 넘어서는 영역으로, 지구에서 대략 1백만 km 떨어진 거리가 될 것이다. 이것은 우주활동과 국제우주법에 대한 일반적인 이해와 관행과는 확실히 부합하지 않는다. 그럼에도 불구하고 보고타 선언의 원칙들과 적도 국가들의 주권 주장은 많은 국제회의에서 반복되어왔다. 이들의 주장은 종종 위성궤도에 관한 과학적 사실을 근거로 거부되어 왔으며, 적도 국가들 외에 다른 국가들로부터 결코 지지를 받지 못하였다. 우주의 자유이용과 소유화 금지를 규정한 1967년 우주조약의 제1조와 제2조를 들어 이들의 주장에 반박하였던 것이다. 지구정지궤도는 적도 국가들이 주장하는 바와 같이 제한된 천연자원임에 틀림이 없다. 그러나 지구정지궤도는 우주공간에 위치해 있는 우주자원이기 때문에 외기권조약과 달에 관한 조약규정에 따라 인류공동유산으로 간주되어야 하며, 특정국가의 소유가 될 수는 없다고 보아야 할 것이다.[36]

제4절 우주의 제(諸)자유

1. 의의

1963년의 「국가의 우주 탐사 및 이용 활동에 대한 법원칙 선언」은 우주의 자유를 규정하고 있는 바, 몇 가지 면에서 공해의 자유와 유사한 내용을 담고 있다. 이 선언의 규정들은 1967년 채택된 우주에 관한 최초의 다자조약인 우주조약(Outer Space Treaty)의 일부로 포함되게 된다. 이 우주조약은 모든 우주 비행에 관한 헌장이 되었고 구조협정(Rescue Agreement), 책임협약(Liability Convention), 등록협약(Registration Convention) 및 달협정(Moon Treaty)과 같은 뒤이은 4개의 이행 조약의 근간이 되었는 바, 이들 우주관련 조약들은 해양법의 일부 원칙을 반영하고 있다.

달과 기타 천체 그리고 우주공간으로 구성되는 우주는 국가소유의 대상이 되지 아니한

36) 지구정지궤도의 가치에 대한 상세함은 문준조외 1인, 전게서, 89~92면.

다. 따라서 앞서 언급한 1976년 12월 3일 Bogota선언을 통하여 적도 상공 약 36,000 km 지점의 이른 바 지구정지궤도에 대하여 주권을 주장한 것을 수락하기 어려운 요구라고 판단된다. 영공의 상공한계가 50마일 내지 100마일 정도로 인식되고 있는 현재의 상황을 고려해볼 때 더욱 그러하다. 한편 우주는 모든 국가들의 자유로운 탐사 및 이용에 개방되어 있다. 그러한 활동은 모든 국가의 이익을 위하여(For the Benefit and in the Interests of all Countries) 행하여져야 한다. 우주는 공유물(Res Communis Omnium)로 간주되고 있으며, 바로 이러한 점은 공해자유의 원칙과는 다르다. 우주공간은 전인류의 영역(Province of all Mankind)이다. 이러한 표현은 다소 막연한 느낌이 없지 않지만 우주공간이 인류공동의 유산임을 의미하는 것으로 1967년 국제연합 총회에서 채택된 우주조약으로 전우주가 인류공동의 유산임이 확인되었다.[37]

우주공간과 그 자원이 인류공동유산인 이상[38] 그 탐사나 개발 또한 모든 국가의 이익을 위한 것이어야 하고(우주조약 제1조, 달협정 제4조 제1항) 동시에 평화적인 목적을 위하여 이용되어야 한다(우주조약 제4조 달협정 제2조 제1항).

한편 제1차 국제연합해양법회의에서 채택된 4개의 협약 및 1982년 국제연합 해양법협약이 각각 공해에 대해 4개 자유와 6개 자유를[39] 규정하고 있는 데 비해 우주조약은 우주에 대해 탐사의 자유, 이용의 자유, 접근의 자유 및 과학적 조사의 자유와 같은 4개 자유를 규정하고 있다. 이에 대한 정확한 분류 기준에 대해서는 여러 의견이 있을 수 있지만 국제연합 해양법협약상의 분류가 그 출발점을 제공하고 있음은 분명하다. 그러므로 우주의 자유는 항행의 자유, 탐사의 자유, 무역 및 상업의 자유, 접근의 자유 및 거주의 자유로 분류될 수 있다.

37) Bradley Larschan and Bonnie C. Brennan, "The Common Heritage of Mankind Principle in International Law," *Columbia Journal of Transnational Law*, Vol.21(1983), p.327.

38) 이에 대해서는 Lea Brimayer & Natalie, "Land and Sea: Two Sovereignty Regime s in Search of a Common Denominator", *New York University Journal of International Law & Poltics*, Vol.33(2002), pp.706~707.

39) 국제연합 해양법협약 제87조는 6개의 자유를 열거하고 있다.

2. 항행의 자유(Freedom of Navigation)

1957년 Sputnik 1호가 우주로 발사되면서 인류 최후의 미개척영역에 대해 새로운 법질서가 정립되어야 한다는 점이 자명해졌다. 제기된 첫번째 법적 문제는 우주가 전용의 대상이 될 수 없는 개방되고 자유로운가 아니면 단순히 영공의 확장에 불과한 것인가이었다. 일부 군간부들은 영공과 우주의 불가분성(Indivisibility)을 지지하였다. 1958년, 미국 공군 참모총장이었던 Thomas White 장군은 모든 실제적 목적을 볼 때 영공과 우주는 통합되어 있어서 “연속적이고 불가분의 작전구역이 되며...... 양자간에는 구분이 없음을 인식해야 한다”라고 지적하였다.[40] 이러한 지적은 작전수행의 관점에서 또한 우주가 육군이나 해군이 아닌 공군의 국가안보의 관할영역에 속한다는 점을 분명히 하는 것이었지만, 영공과 우주라는 두 영역의 법적 구분에 다소의 혼란을 가져다 준 것도 사실이다.

그렇지만 Sputnik 1호가 발사되었을 때, 어떠한 국가도 자국의 영토 상공의 궤도를 항행한 것에 대해 항의하지 않았으며[41] 이러한 점에서 우주에서의 첫번째 자유인 항행의 자유가 국가들로부터 인정을 받게 되었다고 할 수 있다. 이는 지구 주위의 궤도를 도는 인공위성의 비행은 특권이 아니라 모든 국가에게 부여된 권리라는 점을 의미하는 것이라 할 수 있다. 이러한 면에서 우주비행은 공해상의 항해와 많은 공통점을 가지고 있음이 분명하다.

우주여행은 대기권을 통과하여 궤도상에서, 먼 우주(Deep Space)에서 그리고 천체 주위에서 이루어진다. 우주물체의 궤도로의 발사는 해양 항해가 지구상의 고정된 지점으로부터 사전 결정된 항로의 끝까지 행하여진 진다는 점에서 해양 항해와 가장 유사하다. 궤도에 진입한 우주물체는 더 이상 운송수단이 아니라 다른 임무가 발생할 수 있는 우주플랫폼(Space Platform)이 되는 것이다. 그럼에도 불구하고 우주비행의 성격이나 특징에 관계없이 인공위성을 발사하고, 인공위성을 궤도에 진입시키고, 달 또는 기타 천체에 착륙시키고 먼 우주로 보낼 수 있는 모든 국가의 고유한 권리는 모두 항행(Navigation)의 자유의 일부

40) DeSaussure, *op. cit.*, p.6.

41) 사실, 일부 학자들은 우주선(spacecraft)에 대한 외국 영공에서와 같은 무해통항권(right of innocent passage)을 주장하기도 하였지만 국제연합이나 그 어느 회원국도 그러한 권리를 주장하지 아니한 바 없다. Ibid., p.3.

이며 공해상의 항행의 자유와 유사하다. 공해상의 항행의 자유와 우주에서의 항행의 자유는 모두 국제관습법의 확립된 원칙으로 보아도 무방하다. 또 하나의 문제는 우주항행의 수단인 우주물체의 정의에 관한 것이다.[42]

3. 탐사의 자유(Freedom of Exploration)

탐사의 자유는 우주조약에 명시적으로 표현된 기본적인 자유라 할 수 있다. 우주 탐사의 자유와 관련하여 제기되는 가장 기본적인 문제는 이러한 자유가 국가(및 그 기관)에게만 인정되는 것인가 아니면 사적 실체(Private Entities)에게도 부여되는 것인가이다. 예컨대 콜럼버스와 마젤란(Magellan)의 항해는 국가의 재정지원을 받았지만 그 통제하에 있지 아니하였다. 탐사는 국가만이 수행할 수 있는 영역으로 남겨두어야 한다는 견해도 있다. 우주조약 제9조는 국가가 탐사를 수행함에 있어 지구 환경에 위해를 미치지 않고 다른 국가의 권리를 적절히 고려하도록 요구하고 있다. 또한 제8조는 국가가 자국의 등록부에 기재된 모든 우주물체에 대한 관할권과 통제권을 보유한다고 규정하고 있다. 제6조는 당사국은 우주에서의 자국민의 활동에 대하여 국제책임을 지도록 하고 있으며,[43] 우주에서의 자국의 비정부실체의 활동에 대한 국가의 허가와 지속적인 감독을 요구하고 있다. 이러한 규정에서 볼 수 있듯이 국가만이 우주활동을 할 수 있는 것은 아니다. 예컨대 미국은 적극적으로 민간산업 주도의 우주계획을 장려하고 있다.

4. 무역 및 상업의 자유(Freedom of Trade and Commerce)

우주조약은 달과 기타 천체상의 정거장, 장비 및 우주비행체(Space Vehicle)는 상호주의에 입각하여 다른 국가 당사자들의 대표(Representative)에 의한 사찰(査察: Inspection)에

---

42) 이에 대한 상세함은 문준조외 1인, 전게서, 96~97면.

43) 이에 대해서는 P.B. Larsen, "Future Protocol on Security Interests in Space Assets", *Journal of Air Law & Commerce*, Vol.57(2002), pp.1091~1092.

개방된다고 규정하고 있다. 그러나 이는 무역의 자유에 관한 것은 아니며 오히려 국제협약의 이행을 보장하고 국제평화와 안전을 유지하기 위하여 개방되는 방문과 관찰의 필요성에서 비롯된 권리라고 할 것이다. 상업이 우주로까지 확대된다면, 민간기업 등 민간인간의 경쟁을 위해서는 해양법에서 발견되는 항구 개방 및 자유무역주의를 우주법에 반영시켜야 할 것이다.[44] 우주조약에 명시된 이용의 자유는 대단히 광범위하기 때문에 우주에서의 상업에 관한 법제도를 형성하는데 도움이 되지 아니한다.

무역의 자유가 사적인 이익을 위하여 천체 자원을 개발(Exploit)할 자유를 포함하게 될 것인지는 인류공동의 유산(Common Heritage of Mankind: CHM)이라는 관념이나 달협정의 규정들을 살펴볼 때, 다소 부정적이다. 국제연합의 초기 결의들은 개발과 이용의 자유(Freedom of Exploitation and Use)를 언급하였지만, '1963년 법원칙 선언(1963 Declaration of Legal Principles)' 및 그 후 우주조약에서는 탐사 및 이용의 자유(Freedom of Exploration and Use)로 변경되었다. Carl Q. Christol 교수는 우주조약의 채택 이후 우주활동 국가들의 관행은 'use'의 의미에 우주에서의 자원의 개발이 포함됨을 확인할 수 있다고 지적하였지만,[45] 개발도상국들은 '인류공동유산'이라는 개념이 국제우주법의 일부로서 국가 또는 사적 실체에 의한 일방적인 천체 자원의 개발을 금지한다는 것을 의미한다는 강력한 입장을 견지하고 있다.[46]

달협정 제11조는 달에 '위치한'(In Place) 자원은 '인류공동유산'이라고 규정하고 있다. 미국과 구소련 모두 'In Place'라는 표현이 달의 자원이 채굴되어 더 이상 달에 '위치하지' 아니하게 되면 그 채굴자원은 채굴당사자의 재산이 될 수 있음을 의미한다고 해석하였다.[47] 그러나 달에 위치한 광물의 채굴이 가능해질 경우 국가들이 어떻게 인류공동유산의 개념

---

44) Lynn M. Fountain, "Creating Momentum in Space: Ending the Paralysis Produced by the "Common Heritage of Mankind" Doctrine", *Conn. L Rev.*, Vol.35(2003), p.1753.

45) Christol, *op. cit.*, p.15.

46) 이러한 인류공동유산의 개념이 우주에서의 상업적 활동을 가로막는 요인이 된다는 주장에 대해서는 Fred Kosmo, The Commercialization of Space: A Regulatory Scheme That Promotes Commercial Ventures and International Responsibility", *S. Gal. L. Rev.*, Vol.61(1988), p.1055.

47) DeSaussure, "The Freedoms of Ounter Space and Their Maritime Antecedents", Nandarisiri Jasentuliyana,(ed.), *Space Law: Development and Scope*, (Praeger, 1992), p.10.

이라고 예측된 것은 아니었다. 우주조약에 명시된 기본 원칙들이 좀 더 상세히 정립되고 세부사항이 추가되어 실행될 것이라는 기대가 있었다. 인류의 우주 비행 능력이 발전하면서 우주탐사 국가들을 비롯하여 여러 국가들이 조난 상황의 우주 비행사들의 지원 방안에 대해 점점 더 우려하게 되었고 결국 구조협정 초안이 마련되기에 이르렀다. 구조협정[14]은 본질적으로 우주조약의 예정된 조항에서 언급한 바에 따라 우주비행사의 구조와 귀환 및 우주물체의 귀환에 관한 규칙들을 정하고 있다. 이 협정은 본질적으로 우주조약 제5조를 구체화한 것이다. 따라서 우주조약 제5조는 우주에서 금지되고 있는 주권의 잔존 요소들을 포함하고 있다는 점에서 주목할 만한 구조협정 제8조와 결부시켜 해석되어야 한다. 제8조는 우주로 발사된 물체가 등록된 국가가 그 물체가 우주에 있는 동안 그 물체와 그 인원에 대하여 관할권과 통제권을 가진다고 규정하고 있다. 우주비행사는 인류전체의 이익과 양립될 수 없는 활동에 참여하여서는 아니되며 발사국은 우주비행사의 생명과 건강을 보호하기 위하여 가능한 모든 조치를 취하여야 한다. 우주에서 활동하는 우주비행사들은 상호간에 가능한 모든 원조를 제공하여야 하며 우주에서 우주비행사의 생명과 건강에 위험을 초래할 수 있는 현상을 발견한 당사국은 다른 당사국과 국제연합 사무총장에게 즉시 보고하여야 한다. 조난을 당하거나 발사국 영토밖에 비상착륙을 한 우주비행사에 대해서는 가능한 모든 원조를 제공하여야 하며, '안전하고 신속하게' 발사국으로 송환하여야 한다(우주조약 제5조).

구조협정의 몇몇 주요 조항들은 사고, 조난, 긴급 또는 불시착 상황으로 인해 다른 국가의 관할권 하에 있는 영토에 착륙한 우주선의 탑승자들을 즉각 구조할 수 있도록 발사 당국과 상기의 다른 국가가 협조하도록 하는 요건을 담고 있다. 다른 조항들은 공해상 또는 어느 국가의 관할권에도 속하지 않는 장소에 도달하게 된 탑승자들의 수색 및 구조 활동을 지원하고 상기 탑승자들이 발사 당국으로 즉시 안전하게 귀환할 수 있도록 하는 규정을 포함한다. 또한 구조협정은 우주 물체가 발견된 장소의 국가가 발사 당국의 요청 즉시 그러한 우주 물체를 회수하고 발사 당국으로 반환할 수 있도록 실제적 조치를 취하도록 하는 의무를 부과한다. 이 협정은 인도주의와 국가주권간의 균형을 유지하고 있다는 특징

14) 2017년 1월 현재 96개국이 가입하고 있다.

을 해석할 것인가의 문제는 여전히 미해결로 남아 있다. 달협정은 달의 천연자원 개발이 실현가능해지는 때에는 개발을 규율하기 위하여 조약 당사국들에 의한 국제개발체제의 확립을 필요하게 될 것이다.[48]

5. 접근의 자유(Freedom of Access)

우주조약 및 달협정에서 언급된 접근의 자유는 그 범위는 좁지만 중요한 자유이다. 달협정 제9조는 달 위의 정거장은 다른 국가들에 의한 달의 모든 지역에의 자유로운 접근을 방해하는 방식으로 설치될 수 없다고 규정하고 있다. 우주활동 국가가 자국의 시설의 위치를 전략적으로 설정함으로써 다른 국가의 진입을 막을 수 없도록 보장하고 있는 것이다. 이로써 천체의 어떠한 부분의 점유(Occupation)가 그 부분에 대한 배타성을 의미하지 아니한다는 원칙을 보강하고 있다. 우주조약은 이용, 점유 또는 기타의 수단에 의하여 우주에서의 주권을 주장하는 것을 명시적으로 금지하고 있다.

어느 국가가 천체의 어떠한 부분에 대한 접근을 거부하는 행위도 주권을 주장하는 것에 해당한다. 모든 우주활동 국가들에 의한 이러한 자유의 인정은 국가에 의한 자국 정거장의 전략적 위치설정을 통한 접근 제한이 용인되지 아니할 것임을 보장하는 것이다. 천체의 경우, 어떠한 국가의 특정 구역에 대한 배타성은 설령 이를 명확히 밝히지 않더라도 그 국가의 주권이 결과로서 비추어질 수 있다. 그러나 어떤 구역에 출입하고 통과할 수 있는 권리는 접근의 자유에 내재되어 있다 할 것이다.[49]

우주조약 및 달협정은 또한 개방사찰(Open Visitation)제도를 규정하고 있다. 이 두 조약 모두 달과 기타 천체 상의 장비와 우주비행체는 합리적인 사전 통지를 조건으로 다른 조약 당사국의 대표에게 개방되어야 함을 규정하고 있다. 각국의 관행은 우주물체의 궤도의 진입 및 선회는 발사국의 배타적 관할에 속한다는 사실을 보여주고 있다. 이에 따르면 궤도를

48) Eric Husby, "Sovereignty and Property Rights in Outer Space", *Journal of International Law & Practice*, Vol.3(1994), p.359.

49) DeSaussure, *op. cit.*, p.11.

비행하는 우주물체는 아마도 국가비상사태와 같은 경우를 제외하고는 사전 허가 없이 사찰을 받거나 탑승될 수 없다. 이는 해상의 선박에 부여되는 특권과 면제(Privileges and Immunities)에 비견될 수 있다. Lotus호 사건에서 국제사법재판소는 "공해상의 선박은 그 선박의 기국의 권한 이외의 어떠한 권한에도 종속되지 아니한다"라고 판시한 바 있다.[50] 이러한 기국독점주의(Flag State Exclusi-Vity) 규칙은 UNCLOS Ⅰ 및 Ⅲ 협약에 성문화되어 있으며 우주 공간에 적용하는 데에도 무리가 없을 것이다.

6. 거주 또는 점유의 자유

달과 화성은 21세기의 언젠가는 인류가 거주할 수 있게 될지도 모른다. 1985년 미국의 국가우주위원회(National Commission on Space)는 태양계에의 정착을 민간인 우주어젠다(Civilian Space Agenda) 목표의 일부로 제시한 바 있다.[51] 우주위원회는 콜럼버스가 서쪽으로 새로운 변경(Rontier)을 개척한지 5세기 후 '우리가 태어난 행성을 벗어나' 새로운 세계에 정착할 수 있을 것이며 태양계의 넓은 영역이 인류의 미래의 보금자리가 될 것이라고 주장한 바 있다. 이러한 노력에 소요될 것으로 추정되는 천문학적 비용의 문제는 우주탐사의 사적 실체에 의한 담당의 새로운 필요성을 촉발하고 있다.

한 때 미국이 건설한 시설에서 궤도를 돌며 1년 동안 생활하는 사람에게 연간 4000만 달러를 제공하자는 '우주정착인센티브(Space Homesteading Incentive)'법을 제안하는 시절까지 등장하기도 하였다. 스미소니언협회(Smithsonian Institution)[52]의 George Robinson 박

---

50) Brownlie, *Principles of Public International Law*, (sixth ed.), (Oxford University Press, 2003), pp.232.

51) DeSaussure, *op. cit.*, p.12.

52) 통칭은 스미스소니언 박물관이며,영국의 과학자 James Smithson의 유산으로 설립된 연구기관이다. 그의 유산은 존 C 컬훈과 다른 몇 명의 의회 의원에게 맡겨져 연방정부가 개입할 수 없었는데 존 퀸시 애덤스의 노력으로 정부 관할로 넘어가게 되었다. 이 기관은 1846년에 국회법에 의해서 워싱턴 D. C.에 설립되었다. 이사회는 미국 부통령, 대법원장, 3명의 상원의원, 3명의 하원의원 및 6명의 일반인들로 구성된다. 스미스소니언 협회의 관리를 받는 부서로는 미국예술기록보관소, 쿠퍼-휴이트 장식미술 디자인 박물관, 프리어 예술미술관, 허숀 박물관 및 조각공원, 국제환거래소, 존 F.케네디 공연예술 센터, 항공우주박물관, 미국육군박물관자문위원회, 국립미술관, 미국예술박물관, 역사기술박물관, 자연사박물관, 초상화미술관, 동물원, 방사선생물학연구소, 과학정보교환소, 스미스소니언 천체물리학연구소, 스미스소니언 열대연구소, 우드로윌슨 국제과학자 센터, 아서 M. 새클러 박물관, 국립 아프리카 예술박물관 등이 있다.

사는 수십년 전에 우주에서 생활함으로써 발생하는 법적·생물학적 문제를 분석한 바 있다. 그는 저서에서 지구밖의 거주(Extraterritorial Habitation) 시대가 도래하게 되면 지구밖에서 항구적인 거주를 하는 '우주인류(Spacekind)'라고 불리우는 완전히 새로운 부류의 인류가 등장하게 될 것이라고 쓰고 있다.[53] 거주의 자유는 사람들이 거주하기를 희망하는 장소를 선택할 수 있어야 함을 의미하는 법적 개념이다. 우주시대에는 과연 이러한 기본적 권리로 간주되는 거주이전의 자유가 어떻게 우주 이주를 희망하는 자에 대해서까지 확대 적용될 것인가의 문제도 등장하게 될 것이다.

그 밖에 스미스소니언 출판국에서 후원을 받아 월간지를 내고 있다.

53) DeSaussure, *op. cit.*, p.12.

Chapter 02

국제연합의 다자간 우주관련 조약

제1절 현행 우주관련 조약체계

1950년대 우주탐사가 처음으로 시작되었을 당시, 우주를 어떻게 정의할 것인가 우주는 누구의 소유인가 등의 문제를 둘러싸고 국제사회에 큰 반향을 일으켰다.[1] 1957년 미국과 그 서방동맹국들은 국제연합에 평화적 목적을 위해서만 우주를 이용하도록 하는 제안을 제출하였으나 당시 소련은 세계 최초의 위성 발사 및 최초의 대륙 간 탄도미사일을 실험을 하기 직전에 있던 상황이었기 때문에 이러한 제안에 반대하였다.[2] 1960년대 초부터 국제연합은 기존의 국제법의 틀과 양립할 수 있는 우주법체계를 창설하여 시행하기 위한 작업을 시작하였다.[3]

현재까지 다섯 개의 우주관련 주요 국제조약이 채택되었는바, 이를 다시 한번 언급하면

1) W. McDougall, "The Heavens and the Earth: A Political History of the Space Age", Glenn H. Reynolds & Robert P. Merges, eds. *Outer Space: Problems of Law and Policy*, (Westview Press, 1997), pp.5~6.

2) Arms Control Ass'n, Arms Control Association Fact Sheet: The Outer Space Treaty at a Glance, Sept. 2003, http://www.armscontrol.org/factsheets/outerspace.asp.

3) Adelta Legal, Adelta Legal, The Space Treaties, http://www.spacelaw.com.au/content/ definitional.htm(2012년 7월 26일 방문).

1967년 「달과 기타 천체를 포함한 외기권의 탐색과 이용에 있어서의 국가 활동을 규율하는 규칙에 관한 조약(Treaty on Principles Governing the Activities of States in the Exploration and Use of Outer Space, Including the Moon and Other Celestial Bodies: 이하 "우주조약"이라 한다)」, 1968년 「우주비행사의 구조, 우주비행사의 귀환 및 우주에 발사된 물체의 회수에 관한 협정(Agreement on the Rescue of Astronauts, the Return of Astronauts and the Return of Objects Launched into Outer Space: 이하 "구조협정"이라 한다)」, 1972년 「우주물체에 의하여 발생한 손해에 대한 국제책임에 관한 협약(Convention on International Liability for Damage Caused By Space Objects: 이하 "책임협약"이라 한다)」, 1975년 「외기권에 발사된 물체의 등록에 관한 협약(Convention on Registration of Objects Launched Into Outer Space: 이하 "등록협약"이라 한다)」 및 1979년 「달과 기타 천체에서의 국가 활동을 규율하는 협약(Agreement Governing the Activities of States on the Moon and other Celestial Bodies)」 등이 그것이다. 그 동안 국제연합은 개발도상국들이 우주사업을 수행하는 것을 지원하기 위한 방법을 다루는 회의들을 지속적으로 개최하여왔지만,[4] 5개의 우주관련 조약을 더 이상 발전시키지는 못하였다.

제2절 우주조약

1. 의의

가장 중요한 국제우주협약이자 국제우주법의 대헌장(Magna Carta)으로 불릴 수 있는 조약은 1963년 '국가의 우주 탐사 및 이용 활동에 대한 법원칙 선언'에서 이미 발표되었던

4) Julie C. Easter, "Spring Break 2023–Sea of Tranquility: The Effect of Space Tourism on Outer Space Law and World Policy in the New Millennium", *Suffolk Transnat'l L. Rev.*, Vol.26(2003), pp.355~358.

몇 가지 원칙에 기초한 1967년의 우주조약이다.[5] 우주조약은 1967년 10월 10일 발효하였으며, 국제우주법의 기본적인 기틀이 되고 있다.[6] 그러나 이 조약의 채택 당시의 정치적·사회적·경제적 상황은 현재의 국제적 환경과 크게 달랐다.[7] 소련은 우주조약을 기초하기 위한 위원회가 구성되기 1년 전에 이미 스푸트니크호를 발사하였으며 우주 계획에 참여하고 있던 대부분의 국가들은 다른 국가에 대한 자국의 기술적 우위를 과시하기 위한 목적만을 가지고 있을 뿐이었다. 당시 민간기업들은 우주경쟁에 뛰어들 수 있는 여지가 없었으며 상업위성을 발사할 계획도 가지고 있지 않았다. 우주조약은 인류의 공동유산(Common Heritage of Mankind)이라는 개념을 발전시켰으며 평화적인 목적만을 위하여 사용될 수 있는 것임을 천명하였다.[8] 우주조약은 평화적인 목적의 우주탐사·이용에 대한 모든 인류의 공통이익을 포함하는 조약당사국의 공통 목표와 이익을 천명하는 것으로 시작하고 있다. 이러한 관념은 우주탐사의 혜택이 경제 또는 과학의 발전과 관계없이 모든 인류에게 돌아가야 한다는 것이라 할 수 있다.[9] 우주조약의 기본정신과 원칙은 다음과 같다.

- 달과 다른 천체를 포함한 우주의 탐사와 이용은 모든 국가의 혜택을 위하여 또한 이익을 위하여 수행되어야 한다.
- 우주는 평등원칙에 입각하여 모든 국가가 자유롭게 탐사하고 이용할 수 있다.
- 우주는 주권의 주장에 의하여 또는 이용이나 점유 또는 기타의 방법으로 전유의 대상이 될 수 없다.
- 우주의 탐사와 이용시의 활동은 국제연합헌장을 포함한 국제법에 따라 국제평화와

5) 2017년 1월 현재 107개국이 가입하고 있다.

6) Lloyd Axworthy, Prevention of an Arms Race in Outer Space, A Disarmament Agenda for the 21st Century, DDA Occasional Papers No.6(U.N. Dep't for Disarmament Aff., New York, N.Y.), Oct. 2002, at 106, http://disarmament.un.org/ddapublications/op6contents.htm.

7) Jonathan Thomas, "Privatization of Space Ventures: Proposing a Proven Regulatory Theory for Future Extraterrestrial Appropriation", *Int'l L. & Mgmt.* Rev., Vol.1(2005), p.199.

8) *Ibid.* p.196.

9) 이에 대해서는 Daniel A. Porras, "Comment: The "Common Heritage" of Outer Space: Equal Benefits For Most of Mankind", *Cal. W. Int'l L. J.*, Vol.37(2006), p.153.

안전의 유지를 위하여 수행되어야 한다.

- 핵무기 또는 기타 대량파괴무기는 지구 주위의 궤도에 배치하는 것은 허용되지 아니한다.
- 달과 기타 천체는 이 조약의 모든 당사국이 오로지 평화적인 목적을 위해서만 이용되어야 한다.
- 국제협력과 이해가 촉진되어야 한다.
- 우주비행사에게는 모든 가능한 지원을 제공하여야 한다.
- 당사국은 우주에서의 자국의 활동(National Activities)에 대하여 국제책임을 진다.
- 우주물체가 등록되어 있는 국가는 그 물체와 그 물체의 인원(Personnel)에 대해서 관할권과 통제권을 가진다.
- 우주에서의 위험한 활동에 대해서는 협의가 행하여져야 한다. 국제연합 사무총장은 우주활동에 관하여 통보를 받으며 그러한 통보를 배포한다.
- 모든 정거장, 시설 등은 상호주의에 근거하여 다른 국가의 대표들에게 개방된다.

2. 주요 내용

제1조는 "우주는..... 평등의 기초하에 그리고 국제법에 따라 어떠한 차별 없이 모든 국가의 탐사·이용에 자유로워야 한다"라고 규정함으로써 모든 국가의 이용상의 기회균등 원칙을 천명하고 있다. 제1조 제1항은 우주의 탐사와 이용은 그 경제적 또는 과학적 발전의 정도와 관계없이 모든 국가의 혜택을 위하여 또한 이익을 위하여 수행되어야 하며 이는 모든 인류의 영역(Province of all Mankind)이라고 규정하고 있다.

우주조약 제1조 제2항에 따르면 평등에 기초하여 또한 국제법에 따라 어떠한 종류의 차별도 없이 모든 국가에게 우주를 탐사하고 이용할 수 있는 자유를 부여하고 있다. 당사국의 활동과 관련하여서는 '국제법에 따라'라는 요건에 대하여 제3조에서 명확히 규정하고 있다. 또한 천체의 모든 영역에 대한 출입은 모든 국가에 개방된다. 개방이라 함은 타국의 사찰을 허용한다는 의미이다. 이와 관련하여 달과 다른 천체상의 모든 기지, 시설, 정비 및 우주비행체(Space Vehicles)가 개방되는지가 문제이다. 천체 시설의 사찰은 천체상의 영역에 대한 사찰과는 달리 상호주의와 합리적인 사전통보를 조건으로 하고 우주조약 당사국간에만 인정되기 때문에 그 실효성이 의심스럽다. 우주조약은 '우주공간'에 있는 물체의 개방에 대해서는 명시적으로 규정하고 있지 않다. 우주조약에 의하여 금지되지 않는 정찰위성에 대한 사찰을 피하려는 미국과 구 소련의 입장이 반영된 것이라 할 수 있다.

제1조 제3항은 과학적 연구의 목적을 위한 천체의 모든 부분에 대한 접근의 자유를 규정하고 있다. '달과 기타 천체를 포함하여'라는 명확성을 도모한 용어가 우주조약 전반에 걸쳐 채택되어 있는 바, 여기에는 두 가지 이유가 있다. 첫째, 달은 천체임에도 불구하고 지구와 가깝기 때문에 이를 별도로 언급하고 있다. 둘째, 우주조약 채택 당시 달은 우주비행의 첫 번째 목적지였으며 그러한 비행을 위한 모든 준비가 이미 진행중이었다.

제2조는 "달과 기타 천체를 포함하는 우주는 주권의 주장에 의하여, 이용이나 점유에 의하여 또는 다른 방법에 의하여 국가의 전유대상이 되지 아니한다"라고 선언함으로써 우주법의 핵심원칙을 구현하고 있다. 이러한 점은 항공법과 우주법간의 큰 차이를 보여주고 있는 것이다. 항공법은 주지하다시피 국가주권을 반영하고 있으나 우주법에서는 주권의 주장을 금지하고 있는 것이다. 다만 현재 주권의 징후가-다소 미약하기는 하지만-원격탐사(피탐사국과 협의하여야 함)와 통신(사전동의를 요하고 있다)과 같은 일부 우주활동에서 명확해지고 있다.[10] 그러나 주권에 대한 금지는 우주법에서 기본적인 요소로서 명확히 표현되고 있고 따라서 모든 종류의 우주활동을 실현하는데 절대적인 법적 제한이라고 보아야 할 것이다. 우주조약의 제1조와 제2조는 이러한 원칙을 선언한 조항이라 할 수 있다.

제3조 및 제4조는 우주의 군사적 이용을 다루고 있다. 제3조는 우주에서의 모든 활동은 국제평화와 안전을 유지(Maintenance of International Peace and Security)하고 국제협력과 이해를 촉진(Promotion of International Cooperation and Understanding)하기 위하여 국제법과 국제연합헌장에 따라 수행되어야 함을 천명하고 있다. 이처럼 제3조는 국제연합헌장을 언급하고 있으며 국가에게 자위권(Right of Self-Defence)을 인정하고 있는 헌장 제51조를 우주법에 반영하였다는 점도 주목할 만하다. 우주조약에서는 우주에 핵무기를 배치하는 것과 달과 다른 천체들, 그리고 우주에서 군사적 활동을 하는 것을 금지하면서 1963년

10) *Ibid.*, p.26.

제원칙의 조항들을 보완하였다. 우주조약은 제원칙이 달과 다른 천체들에 적용되는 것을 강화했으며, 달과 다른 천체들의 모든 시설들이 다른 국가들에게도 공개되어야 한다고 규정하였다.

제4조 제2항에서는 달에 대한 언급이 있다. 여기에서는 우주 당사국은 달과 기타 천체를 오직 평화적인 목적을 위하여(Exclusively for Peaceful Purposes) 이용하여야 한다고 규정하고 있다. 군사요원, 군사장비와 군사시설의 사용은 달과 기타 전체에서는 비군사적 목적만을 위해 즉, 과학적 연구, 평화적 탐사 및 기타 평화적 목적만을 위해서만 허용된다.

우주조약 제5조는 우주비행사(우주비행사는 인류의 사절이라고 묘사되고 있다)에 대한 원조 외에도 우주비행사의 생명 또는 건강에 대한 위험이 될 수 있는 어떠한 현상을 다른 국가들과 국제연합 사무총장에게 통보할 의무를 규정하고 있다. 제5조의 규정은 1968년 구조협정에서 더욱 구체화되었다.

제6조는 정부기관에 의하여 수행되는 것이든 비정부 실체에 의하여 수행되든 것 관계없이 자국의 우주활동에 대한 그리고 자국의 활동이 우주조약에 부합되도록 수행하는 것을 보장하는 데 대한 국제책임원칙을 규정하고 있다. 조약당사국은 우주에서의 자국의 공적 또는 사적 실체의 활동에 대하여 국제책임을 지고 비정부 실체에 의한 활동은 각각의 정부로부터 적절한 허가 또는 승인을 얻어야 한다. 우주조약을 협상하던 국가들은 공적 및 사적 실체의 참여에 합의함으로써 국가와 더불어 우주활동을 전개에 대하여 사적 실체에게 길을 열어주었다. 이러한 합의의 중요성은 최근의 비국가적 실체의 우주활동 참여의 증가에 의해서도 확인되고 있다. 동시에 각국은 그들의 우주활동에 대해서 뿐만 아니라 자국의 국적을 가진 사인의 활동에 대해서도 책임을 져야 한다. 이러한 우주에서의 자국의 활동이라는 개념과 국가의 국제책임은 우주조약의 다른 원칙들과 조화되도록 이해하고 해석되어야 하다. 특히 달과 기타 천체를 포함하는 우주는 어떠한 방법으로도 국가의 전유대상이 될 수 없다는 제2조의 원칙과 조화되어야 한다.

제7조 및 제8조는 손해에 대한 책임 규칙 및 관할권 문제들 다루고 있으며 그 후 1972년 책임협약 및 1975년 발사조약에 의하여 그 내용이 구체화되었다. 어떠한 물체를 우주로 발사하거나 발사를 하도록 한 모든 당사국 및 자국의 영역 또는 시설로부터 물체가 발사된 당사국은 지상, 공역(Air Space) 또는 우주에서 그러한 물체 또는 그 부품에 의하여 다른

당사국 또는 그 자연인이나 법인에 입힌 손해에 대하여 국제책임을 진다(제7조). 이러한 광범위한 정의는 직접 발사에 참여한 국가에게 사실상 책임을 부과하는 것이지만, 과학자 또는 비용을 지불한 여객을 파견한 국가 또는 부품이나 운송 등의 지상 서비스를 제공한 국가의 책임은 불분명하다. 또한 발사하도록 한 행위(Procurement of a Lunch)에 대하여 충분히 구체적으로 정의하고 있지 않다.[11]

제9조는 모든 우주이용자들에 의한 협력과 상호원조의 원칙을 규정하고 있다. 이러한 협력은 우주의 탐사·이용은 유해한 오염 및 불리한 환경변화를 회피할 수 있도록 수행되어야 한다는 양해를 포함하고 있다. 당사국이 어떠한 활동이 유해할 수 있다고 판단하는 경우에는 그러한 활동을 진행하기 전에 적절한 국제기구와 협의하여야 한다. 그러므로 국가는 관계 당사자들과 협의하기 전에는 위험할 활동을 하지 아니할 의무가 있다. 이러한 의무위반은 위험한 활동으로 초래된 손해에 대한 책임을 부과할 것이다. 그러나 그러한 협의를 한 것만으로 국가의 책임이 면제되는지는 명확하지 않다.[12]

제9조에 다루고 있는 우주환경의 보호는 어떠한 목적으로 우주를 이용하는 자들간의 관심과 협력을 요하는 가장 중요하면서도 민감한 문제이다. 이 조항은 우주의 탐사와 이용시에 당사국들이 협력과 상호원조의 원칙의 지배를 받으며 우주에서의 활동은 다른 모든 이 조약 당사국의 상응하는 이익을 정당하게 주의하면서 수행되도록 하고 있다. 또한 조약당사국은 우주의 연구와 탐사를 수행하는 때에 유해한 오염과 지구외적 물질(Extraterritorial Matter)의 반입으로 초래되는 지구환경에의 불리한 변화를 회피하도록 하고 필요한 경우에는 이러한 목적을 위하여 적절한 조치를 취하여야 한다. 조약 당사국으로 하여금 자신 또는 자국민이 계획하는 활동 또는 실험이 다른 국가의 우주의 평화적인 탐사와 이용시의 활동에 대한 잠재적인 유해한 방해를 초래할 것이라고 믿을 만한 이유가 있는 경우 그러한 활동이나 실험을 진행하기 전에 적절한 국제적 협의(Consultation)를 할 의무를 부담시키고 있다.

제10조는 다른 조약당사국에 의한 자신이 발사한 우주물체 비행의 관찰 기회의 요청을

11) Marc S. Firestone, "Comment: Problems in the Resolution of Disputes Concerning Damages Caused in Outer Space", *Tul. L. Rev.*, Vol.59(1985), p.752.

12) *Ibid.*, p.752.

다룸에 있어서 평등에 기초하여 우주의 탐사 및 이용에 관한 국제협력을 촉진하고 있다. 그러나 그러한 기회의 성격은 관련 당사국간의 합의에 의하여 결정된다고 규정하고 있다.

제11조는 우주에서 수행되는 활동에 대한 국제연합 사무총장에의 통보 절차를 규정하고 있는 바, 사무총장은 그러한 정보를 받으면 지체 없이 효과적으로 배포하여야 한다. 또한 공중과 국제과학계(International Scientific Community)에게도 통보되어야 한다는 점은 주목할 만하다. 이 규정은 실제로 잘 준수되고 있는지는 의문이다. 예컨대 등록협약에 발사된 우주선의 기능수행 정보에 관한 등록협약상의 그러한 의무는 항상 지켜져 온 것은 아니다.

제12조는 달과 기타 천체상의 정거장, 시설, 우주비행체 및 장비에 대하여 다루고 있으며 이러한 것들은 다른 국가의 대표에게 상호주의에 입각하여 접근할 수 있도록 하고 있다. 이 규칙은 달협정에서 충분히 반영되고 있다.

이와 같이 제11조와 제12조는 책임에 관한 몇 가지 실체적 원칙을 정하고 있으나,[13] 그러한 규칙들은 포괄적인 내용을 담고 있지 아니하여 구체적인 경우에 현실적 적용이 의심스럽다. 더구나 우주활동을 둘러싼 분쟁해결에 관한 사법적·행정적 절차를 정하고 있지 않다. 이와 같이 우주조약이 분쟁해결에 관한 충분한 법적 근거를 마련하고 있지 못하고 있음을 고려하여 COPUOS는 1972년 책임협약안을 마련하였다.

제3절 구조협정

1. 의의

우주조약만이 인간의 우주 탐사 및 이용활동을 규제하는 유일한 법률 문서로 남을 것

13) 그 밖의 우주조약상의 일반원칙들을 실현하기 위한 규정들을 살펴보면 우주비행사의 구조와 귀환(제5조), 우주물체의 등록(제8조) 및 과학적 협력(제9조) 등이 있다.

을 찾아 볼 수 있다.[15]

2. 주요 내용

제1조는 우주비행사에 대한 원조에 관한 당사국의 의무범위를 확장하고 있다. 즉, 당사국으로 하여금 사고 또는 긴급시에 발사당국과 국제연합 사무총장에게 통지하도록 요구하고 있다.[16] 협약의 당사국은 우주비행사의 구조와 우주물체의 회수의무를 진다. 우주선의 승무원이 사고를 당하였거나, 조난중에 있다는 정보를 입수하였거나 이 사실을 직접적으로 발견하게 되면 그 우주선을 발사한 국가나 국제연합 사무총장에게 즉시 통보하고 이것이 불가능한 경우 가능한 모든 적절한 통신수단으로 사실을 공표하여야 한다.

제2조와 제3조는 승무원을 구조하고 돕는 것을 목적으로 하는 실제적인 조치에 대하여 다루고 있다. 제2조 전단에 따르면, 우주선의 승무원이 자국의 영역에 비상착륙하였을 때에도 즉시 그 구조를 위한 가능한 모든 조치를 취하여야 한다(제2조 전단). 그런데 제2조에서 발사당국에 의한 원조가 즉각적인 구조를 얻도록 하는데 도움이 되거나 수색 및 구조의 효과성에 실질적으로 기여하는 것일 경우, 발사당국은 수색과 구조 작업의 효과적인 수행을 위하여 체약국과 협력하도록 하는 규정 외에는 구체적인 설명을 하고 있지 않다.[17] 어떠한 상황에서 원조를 제공하여야 하는가와 관련하여 제2조와 제3조에 의하면 사고, 조난 및 긴급상황, 체약국 영토로의 의도하지 아니한 착륙, 공해 또는 국가의 관할권에 속하지 아니하는 기타의 장소로 착륙 등을 포함한다.

구조작업과 관련하여 우주비행사가 불가피하게 육지나 공해상에 떨어질 수 밖에 없는 사고나 사건이 발생한 후의 상황과 우주공간과 천체상에서의 사고후의 상황은 구별되어야

15) N. Jasentuliyana, “Regulation of Space Salavage Operations: Possibilities for the Future”, *Journal of Space Law*, Vol.22(1994), pp.5~21.

16) 응할 수 없는 심각한 상황이 존재하지 아니하는 한, 지체 없이 조난구조 요청에 응하여야 할 의무는 ITU의 규칙에서도 찾아볼 수 있다.

17) 이 조항은 COSMOS 954위성이 캐나다 영토로 추락한 후 원용한 바 있다. 캐나다는 소련 당국이 피해를 줄이기 위하여 수색 및 구조 작업에 참여하는 것을 허용하지 아니하였으며 소련은 보상 청구액보다 낮게 지불하기 위하여 이 조항을 근거로 제시하였다.

할 것이다. 우주에서의 구조는 구조선이 인명을 구하기 위하여 적시에 조난 우주발사체(Vehicle)에 도달할 수 있도록 준비된 대기상태에 있는 경우가 아니라면 불가능하다.

제4조는 조난 우주선의 인원은 즉시 그리고 안전하게 발사국의 대표에게 귀환되어야 한다고 규정하고 있다.

제5조는 사건발생 후의 우주선과 그 구성부분의 발견과 관련된 문제를 다루고 있다. 그러나 이러한 용어들이 정확하게 정의되고 있지 않아 이를 둘러싸고 많은 다양한 논평들이 이루어져 왔다. 우주물체나 그 부품을 자국의 영역내에서 발견한 국가도 이를 발사한 국가나 국제기구의 요청에 따라 그 회수를 위하여 실행가능한 조치를 취하여야 한다(제5조 제2항). 우주물체 및 그 구성부분의 경우에는 발사국의 요청이 있어야 하고(제5조 제1항) 경비를 부담하여야 한다(제5조 제5항)는 전제가 있지만, 우주비행사에 대해서는 그러한 조건을 붙이지 않고 있다.

제6조는 제5조와 달리 이 협정에서 사용하고 있는 용어에 관한 정확한 의미를 전달하고 있다. 구조와 귀환의 목적을 위한 가장 중요한 당국은 제6조에서 정의하고 있는 '발사당국'(Launching Authority)이다. 이에 대한 정의는 그 후의 책임협약이나 등록조약이 정의조항에 비해 아직 덜 성숙된 느낌을 준다. 이 협정의 목적상 '발사당국'이라 함은 '발사에 대한 책임을 진 국가 또는 국제정부간기구가 발사에 책임을 진 경우에는 그 기구'라고 언급하고 있다. 그러한 기구는 이 협약에서 규정한 권리와 의무를 수락한다는 점을 선언하여야 하며 그 기구의 대다수의 회원국들이 이 협정과 우주조약의 당사국이어야 한다. 그러므로 이 조항은 국제정부간기구에 대해서만 적용되며 비정부간기구에는 적용되지 아니한다.

제4절 책임협약

1. 의의

우주조약은 우주의 탐사·이용시에 부수적으로 발생할 수 있는 상황에 대하여 규정하려는 의도를 가진 것은 아니었다. 사실 그러한 사건들의 상당수가 예측할 수 없는 것이라 할 수 있다.[18] 이러한 이유 때문에 동 조약은 일련의 기본원칙만을 설정하려는 목적을 가지고 있을 뿐이고 우주와 관련된 모든 문제에 대한 해결책을 제시하지는 아니하고 있다.[19] 우주조약 제6조는 우주활동에 대한 일반적인 국제책임을 부과하고 있는 반면에 제7조는 발사국은 손해에 대하여 국제책임을 지도록 하고 있다.[20]

요컨대 책임협약은 구체적인 책임제도를 명시하지 아니한 우주조약 제7조 및 그리고 부분적으로 제6조의 규정을 더욱 구체화였으며 28개 조문으로 구성되어 있다. 비록 국가와 국제기구의 책임만을 그 적용범위로 하고 있기는 하지만 우주관련 사법상의 문제인 책임(Liability)을 다룬 유일한 조약이다. 책임협약은 우주 물체가 야기한 손해에 대한 국제적 배상 책임의 준거규칙과 청구권 제출 및 분쟁 해결 절차를 규정하고 있다.[21]

2. 주요 내용

그 서문에서는 '우주물체에 의하여 초래된 손해에 대한 책임에 관한 효과적인 국제적인 규칙과 절차를 마련하고 특히 그러한 손해의 희생자에 대한 완전하고 형평한 보상의 신속한 지급을 보장할 필요성'을 언급하고 있다. 책임협약에 포함된 두 가지의 중요한 용어에 정의조항은 우주법의 발전에 있어 매우 가치 있는 공헌으로 손꼽힌다.

제1조에서는 우주조약과 달리 책임협약은 몇 가지 용어에 대하여 구체적인 정의를 내리고 있다. 제1조(a)는 손해배상책임에 있어 중대한 의미를 갖는 손해의 개념에 대하여 인명의

18) Morris D. Forkosch, *Outer Space and Legal Liability*, (Nijhoff, 1982), p.41.

19) *Ibid.* p.54.

20) 이러한 용어는 대단히 애매한 것이어서 반드시 법률책임을 의미하는 것은 아니며 오히려 정책선언에 불과한 것이라고 판단하기 쉽다. 그러나 국제법이라는 용어를 사용한 제1조 및 제2조를 분석해볼 때, 국제법의 발전에 따라 충분히 법률적인 책임이 수반될 수 있는 것이다. 우주조약의 흠결 조항중 많은 부분이 5년 후 채택된 책임협약에 의하여 치유되었다. 이러한 면에서 책임협약은 두 가지 성과를 거두었다. 첫째는 법적 책임을 확립하고 정의하였으며 몇 가지 개념들을 보여주고 있다. 분쟁 당사자들이 합의에 도달하지 못한 경우의 청구위원회의 설치에 대하여 규정함으로써 법적 책임의 개념을 보다 명확히 하였다.

21) 김선이, "우주손해배상법에 관한 약간의 고찰", 「항공우주법학회지」 제22권 제2호, 한국항공우주법학회, 2007.

손실, 인체의 상해(Personal Injury) 또는 기타 건강의 손상 또는 국가나 개인(자연인이나 법인) 또는 국제정부간기구의 재산의 손실과 손해(Loss or Damage)로 정의하고 있다.[22]

발사라 함은 '발사의 시도'를 포함하며(제1조 (b)항), 발사국(Launching State)이라 함은 우주 물체를 발사하거나 또는 우주 물체의 발사를 구매한 국가 또는 (ii) 우주 물체가 발사된 영역 또는 시설의 소속국을 의미한다(제1조 (c)항). 발사국이라는 용어의 의미는 구조협정에서 처음으로 언급되었으며 책임협약과 등록협약은 발사국에 대하여 구조협약과 동일한 정의를 사용하고 있다. 협약은 발사국(Launching State)의 개념을 넓게 해석하고 있다. 발사국의 개념정의는 여러 국가가 우주물체를 공동으로 발사한 경우에 중요성을 갖는다.

등록협약에서는 결국 등록만이 있을 수 있는 반면에 책임협약에서는 여러 발사국간이 연대책임이 있을 수 있다. 예컨대 A국이 미국 영토에서 NASA(National Aeronautics and Space Administration, 미국항공우주국)에 의하여 발사된 통신위성을 가지고 있다면 미국과 A국이 책임협약상의 연대책임을 지게 되는 것이다. 그러나 A국의 민간회사가 미국에서 발사된 위성을 가지고 있다면 A국이 미국과 더불어 발사국이 되는지의 여부는 명확하지 않다. 모든 경우에 미국과 더불어 발사국이 되는 것은 아니라고 보아야 할 것이다. 그 민간회사가 자국정부로부터 미국에서 발사를 진행하기 위한 라이센스를 필요로 하는 경우에만 유일하게 A국이 발사국이 되는 것이다. 이러한 경우 A국이 간접적으로 미국에서의 발사를 구매(Procure)하였다고 말할 수 있을 것이다.[23]

이에 따라 현재 4가지 유형의 국가가 발사국으로서의 자격을 가질 수 있다. 즉, (1) 발사를 한 국가, (2) 발사를 하도록 한 국가, (3) 자국영토가 발사를 위하여 사용된 국가 및 (4) 자국의 시설로부터 우주물체가 발사된 국가이다. 그러므로 손해를 입은 자는 초래된 손해 총금액에 대한 책임을 이들 국가 중에서 선택하여 추궁할 수 있다. 문제는 어느 국가가 민

22) Cosmos 954사건에서 크게 논의된 것이 바로 이 손해에 관한 조항이다. 캐나다는 잠재적인 손해가 발생하는 것을 방지하기 위하여 상대한 비용을 지출하였지만 제1조(a)상의 생명손실, 인신상해, 건강손상 또는 재산 손실이나 손해는 발생하지 아니하였다. 그럼에도 불구하고 캐나다가 잠재적인 손해를 경감시키기 위하여 비용을 지출하였다는 근거로 그 비용을 청구할 수 있는가? 이에 대해서는 협약을 문리적으로 해석하는 견해와 손해를 경감시킬 의무를 '손해'라는 단어의 불가분의 구성요소로서 간주하는 견해로 명확히 나누어졌었다. 이 사건이 해결된 후에도 이에 관한 법적 쟁점은 여전히 해소되고 있지 않다.

23) Haanappel, *op. cit.*, p.98.

간회사의 활동에 대하여 책임을 질 것인가를 확인하고 결정함에 있어서 발생할 수 있음은 분명하다. 민간회사의 위성을 발사한 국가뿐만 아니라 민간회사가 발사한 위성을 제작 책임을 져야하는 국가도 있다.

한편 우주물체에 대해서는 우주물체의 구성 부분 및 그 발사체(Launch Vehicle)와 부품(Parts)을 포함한다(제1조 (d)항)라고만 정의하고 있을 뿐 우주물체 자체에 대해서는 정의하고 있지 않다. 다른 우주관련 조약에서도 우주물체에 대하여 정의를 내린 조항이 없기 때문에 이는 책임협약의 입법상 흠결이라고 생각된다. 당시 COPUOS가 우주물체의 의미는 충분히 이해할 수 있기 때문에 정의할 필요가 없다고 믿었음이 분명하다.[24]

한편 책임협약은 우주조약과 마찬가지로 국가중심적인 책임제도를 따르고 있으며, 우주물체에 의하여 초래된 손해에 대하여 발사국에 책임을 부과하고 있다. 개인이 입은 손해에 대해서는 책임협약의 배상청구절차는 관련 국가에 의한 경우만을 허용하고 있다. 현실적으로 당해 국가가 발사국에 청구를 제기하려면 정치적인 의지가 필요하다.[25] 손해배상 책임의 정도와 관련하여, 책임협약은 지구 표면에서 발생한 손해 및 비행중의 항공기에 발생한 손해에 대한 절대적 책임을 손해가 우주 공간에서 발생한 경우의 과실책임과 구분하고 있다. 즉, 제2조와 제3조는 두 가지 책임기준에 대하여 규정하고 있다. 즉, 절대적 책임(제2조 및 제4조 1(a))과 과실책임(제3조 및 제4조 1(b))이다. 협약은 책임(Liability)에 대한 정의를 하고 있지 않다. 그러므로 국내법상의 정의에서 유추하는 수밖에 없다. 책임의 부담과 관련하여 손해가 발생한 두 지역을 명확히 구분하였다.

제2조는 발사국이 우주물체에 의하여 지상에 또는 비행중인 항공기에 미친 손해에 대하여 절대적 책임을 진다는 원칙적 규정을 두고 있다. 고의·과실의 여부를 묻지 않는 것이다. 절대적 책임제도 하에서는 국가는 어떠한 상황 심지어 불가항력의 경우에도 책임을 지게 된다. 협약에서 이 원칙을 채택하는데 별다른 반대에 부딪치지 아니하였다. 그 수행과정에서의 극도로 위험한 활동은 사람, 토지 또는 타인의 물건(Chattel)에 대한 최상의

---

24) W.F. Foster, "The Convention on International Liability For Damage Caused By Space Objects", *Can. Y.B. Int'l L.*, Vol.10(1972) p.145.

25) Steven Freeland, "Article: Symposium: Issues in Space Law: Up, Up and Back: The Emergence of Space Tourism and Its Impact on the International Law of Outer Space", *Chi. J. Int'l L.*, Vo.6(2005), p.16.

주의로서도 제거할 수 없고 일반적인 관례(Common Usage)도 아닌 심각한 손해의 리스크(Risk)가 필연적으로 수반된다는 일반적으로 수락된 규칙이 있다.

반면에 제3조에 의하면 어느 발사국의 우주물체가 지구 표면 이외의 곳에서 다른 발사국의 우주물체 또는 동 우주물체상의 사람이나 재산에 손해를 발생시킨 경우에는 손해를 입힌 그 발사국이나 자신이 책임을 져야할 자의 과실이 있는 경우에만 이에 대한 배상책임이 있다. 그러나 과실에 대하여 명확한 정의를 하지 아니함으로써 배상청구문제를 해결할 수 있는 실체적인 규칙을 완벽하게 규정하지는 못하고 있다. 책임협약의 기초과정에서 미국은 직접책임과 간접책임을 구분하는 규정을 포함시키고자 하였으나 이 제안은 받아들여지지 못하였다.[26] 이와 같이 협약은 과실의 입증을 요구하고 있으면서도 과실에 대하여 정의를 하고 있지 아니하며 그 위반이 과실에 해당하는 주의의무(Duty of Care)에 대해서도 언급하고 있지 않다. 이와 같이 협약기초자들은 책임과 관련된 상세한 규정을 마련하기 보다는 의도적으로 몇 가지 중요한 문제들을 미해결상태로 남겨두었던 것이다.

즉, 우주에서의 손해발생 가능성은 희박하다고 판단하였으며[27] 기초자들은 과실책임과 관련하여 우주에서의 주의의무의 기준을 정의하고자 한다면 협약의 채택은 요원해질 것을 두려워했던 것이다.[28] 한편 협약안의 작성과정에서 무과실책임에 대해 헝가리는 자연재해에 대해서는 예외를 두어야 한다고 제안하였고 소련은 과실책임주의를 주장하였다. 헝가리는 또한 발사국의 국내법이 손해배상의 준거법이 되어야 한다고 제안하였다. 이는 비공산권국가들의 서방국가들에서 공통적인 불법행위법 개념에 대한 불신을 보여주는 것이며 국제중개(International Mediation)에만 의존하여 분쟁을 해결하는 것에는 반대하고 당사자들이 동수로 선임하는 중재위원회에 항소하는 것을 허용하는 조항을 두자고 제안하였다.

이러한 동서진영간의 의견차이외에도 유럽국가들 간에도 우주법의 절차와 실체 문제에 관한 큰 견해 차이를 보였다. 바로 이러한 미국, 공산권국가 및 유럽국가들간의 정치적 이해관계를 수용하기 위하여 분쟁해결에서의 국제적 교섭의 진행과 관련된 독특한 조항이

26) Marc S. Firestone, "Comment: Problems in the Resolution of Disputes Concerning Damages Caused in Outer Space", *Tul. L. Rev.*, Vol.59(1985), p.750.

27) Herbert Reis, "Some Reflection on the Liability Convention for Outer Space", *J. Space L.*, Vo.6(1978), pp.125~127.

28) Christol, *op. cit.*, p.370.

책임협약에 삽입되게 되었던 것이다.[29] 또한 제3조는 누가 과실을 입증하거나 이를 과실 없음을 입증할 거증책임을 지는가에 대해서는 아무런 언급이 없다. 이러한 맥락에서 사건의 사실관계가 이 문제를 결정하게 될 것이다. 왜냐하면 이 협약상의 배상은 특히 정의와 형평(Justice and Equity)의 원칙(Ex Aequo et Bono)에 따라 결정되기 때문이다.

제4조 및 제5조는 공동발사의 경우 발사국의 연대책임에 관하여 규정하고 있다. 즉, 제4조는 손해가 두 발사국에 의하여 제3의 발사국에 초래된 복잡한 상황에 대하여 다루고 있다. 이 문제는 협약의 정의조항에 의해서 많은 경우에 국가들의 연대책임이 발생하게 될 수 있다는 점에서 실제에 있어서 대단히 중요한 의미를 갖는다. 이러한 유형의 책임은 항공기에 의하여 지상의 제3자에 초래된 손해에 관한 1952년 로마협약에서 규정된 항공법상 연대책임을 차용한 것이다.[30] 배상의 규모는 피해당사자의 상황이 손해가 발생하지 않았던 것처럼 복구하기 위하여 국제법 및 정의와 평등의 원칙에 따라 결정되어야 한다.

제3국에 대한 책임은 그 두 발사국 중 어느 국가의 과실인가 또는 어느 국가가 책임져야 할 자의 과실인가에 근거하여 결정된다. 공동연대배상책임의 경우 각 가해국이 부담할 손해배상액은 과실의 정도에 따라 산정하되, 과실의 정도를 확정할 수 없는 때에는 균등하게 책임을 지게 된다. 이러한 배분원칙에도 불구하고 손해 당사국에게는 이들 국가 중 어느 한 발사국에 배상 전체를 구할 수 있는 권리가 인정된다. 이러한 경우 완전한 배상금을 지불한 국가는 다른 공동발사국에 대하여 구상권을 행사할 수 있다. 공동발사국들은 사전에 배상액분담에 관한 협정을 체결할 수 있지만, 이러한 협정이 있다고 할지라도 피해국은 책임협약에 의거하여 완전한 배상을 받기 위하여 공동발사국들중에서 선별하여 배상청구를 할 수 있는 권리를 보유한다.

우주조약 제6조에 의하면 발사국은 민간회사의 활동에 대하여 책임을 져야 하기 때문에 이러한 형태의 책임 외에도 그 회사가 설립된 국가가 민간회사의 활동에 대하여 책임을

---

29) Firestone, *op. cit.*, p.754.

30) COPUOS의 특별실무단(special Working Group)에서 "발사국의 개념의 적용" 문제의 심의 결과에 입각한 2004년 12월 10일의 결의 59/115에서 국제연합 총회는 국가들로 하여금 공동발사 또는 협력 프로그램에 관하여 책임협약에 따라 협정을 체결하도록 권고하였다. United Nations Treaties and Principles on Outer Space, UN Doc. ST/SPACE11.Rev.1, pp.60~61.

지게 된다면 문제가 된다. 국제협력이 이루어진 경우에는 2이상의 국가가 실패한 발사에 의하여 초래된 손해에 대하여 책임을 질 수도 있다. 그중에는 핵동력원을 탑재한 우주물체에 대하여 관할권과 통제권을 행사하는 국가도 포함될 것이다. Awford는 일정한 상황에서 발사국으로서 책임을 지게 될 15개 유형의 국가의 목록을 작성한 바 있다. 우주선에 의하여 초래된 손해와 관련하여서는 발사국이 우주조약에 따라 책임을 진다.

그러나 손해를 입은 당사자가 우주활동에 관련된 사적 실체를 대상으로 소송을 제기할 가능성이 더 크다. 그런데 손해가 제조업자의 과실에 의하여 초래될 수도 있을 것이다. 이러한 상황의 경우에는 현행 우주관련 조약으로는 충분히 해결하기 어렵고 보완적인 규칙이 책임협약에 포함되어야 할 것이다. 최근에는 공해상의 부유(浮游)플랫폼에서 위성을 발사하는 현상이 생겨났다. 그 최초의 예는 미국의 보잉사가 주 계약자인 Sea Lauch 컨소시움이 1999년 3월 우크라이나의 로켓으로 노르웨이 회사 Kvaerner가 관리하는 플랫폼에서 이루어진 발사이다. 플랫폼이 적도상(하와이 남쪽 1,400 km)에 있었기 때문에 위성을 궤도로 쏘아 올리는데 필요한 연료를 줄일 수 있었던 것이다. 이 사례에서는 특히 특정한 국가의 영토상에서 발사가 이루어지지 아니하였기 때문에 발사의 책임의 배분(Apportionment)에 관한 문제가 발생할 수 있다.

책임협약 제6조는 책임으로부터 면제와 그 조건에 대하여 규정하고 있는 바, 국가의 절대적 책임의 예외를 허용하고 있다. 발사국은 손해가 전적으로 또는 부분적으로 청구국 또는 청구국이 대리하는 자연인 및 법인의 중대한 과실 또는 손해를 초래하려는 의도적인 작위 또는 부작위로 인하여 초래된 것임을 입증하는 한도까지는 절대책임이 면제된다(제6조 제1항). 이러한 예외는 발사국이 특히 국제연합헌장과 1967년 우주조약을 포함하는 국제법에 따라 행동하였을 것을 조건으로 한다(제6조 제2항). 따라서 손해가 국제연합헌장과 1967년 우주조약을 포함하는 국제법과 일치하지 아니하는 발사국의 활동의 결과로서 초래된 경우에는 어떠한 경우에도 발사국의 책임은 면제되지 아니하며 완전한 배상책임을 지게 된다. 이 규정은 우주활동에 있어서의 국제법 준수의 필요성을 강조하고 있다. 1978년 소련의 위성 Cosmos 954호가 캐나다에 떨어졌으며 그 잔해에서 방사능이 검출되었으므로 소련은 법적인 배상책임을 인정하지 아니하였지만 캐나다에 3백만 캐나다 달러의 손해배상을 호의로(Ex Pratia) 지급하였다.

다시 말해서 그 손해가 특히 우주조약을 포함하는 국제법을 위반한 발사국의 활동으로 초래된 경우에는 그러한 면제를 받을 수 없다. 이 규정은 절대적 책임의 면제를 특별히 언급한 것이지만, 과실책임의 면제가 허용되는지 불분명하다.[31] '과실'과 마찬가지로 중대한 부주의(Gross Negligence)에 대해서는 정의하고 있지 아니하다. 우주활동에 적용되는 주의(Care)의 기준이 없어 우주에서의 중대한 부주의가 있다 하더라도 현실적으로 그에 대한 책임을 물을 수 없다. 또한 제3자의 행위 또는 자연재해가 손해를 초래한 경우 책임의 면제를 규정하고 있지 않다. 다만 책임이 과실에 근거한 경우 불가항력이나 제3자의 행위를 자신의 면책사유로 제시할 수 있도록 명확한 규정을 두어야 할 것이다. 한편 우주조약은 우주물체를 발사한 비정부실체가 초래한 손해에 대해 그 소속국에 책임을 부과하고 있으나 책임협약은 우주조약상의 그러한 책임전환주의를 명시하지 않고 있다. 그러므로 책임협약상의 배상피청구국이 우주조약에 의거하여 자국민이 초래한 손해에 대하여 배상책임이 있는지 불분명하다.[32]

우주조약 제7조에 의하면 우주물체 또는 그 부품으로 인하여 공역 또는 달과 다른 천체를 포함하는 우주에서 제3자에 손해가 발생하면, 그 우주물체를 발사하였거나 발사를 구매한 국가가 이로 인하여 피해를 입은 국가나 개인에 대하여 손해배상책임을 진다. 제7조는 그러한 손해가 발생한 장소에 대해 규정하고 있으나, 반드시 우주만을 국한한 것이라 보기 어렵고 지상이나 대기권도 포함하는 것으로 해석되어야 할 것이다. 우주조약에는 그 절차에 관한 규정이 결여되어 있었으나 1972년 책임협약이 체결됨으로써 이러한 결함이 보완되었다.

책임협약의 근저에 있는 기본원칙은 모든 손해에 대한 배상이다. 그러나 책임협약 제7조는 책임협약은 우주물체가 (1) 발사국의 국민, (2) 발사시 또는 발사 후 어느 시기로부터 하강할 때까지의 단계에서 그 우주물체의 작동에 참여하는 동안의 외국인 또는 (3) 발사국의

31) 제6조(1)은 협약의 절대책임이 실제로 절대책임인가 아니면 절대책임과 엄격책임(strict liability)의 중간쯤에 있는 책임인가의 문제가 제기된다. 왜냐하면 발사국이 그 손해가 청구국 또는 청구국이 대리하는 자연인이나 법인의 중과실(gross negligence) 또는 손해를 초래하려는 고의로부터 완전히 또는 부분적으로 기인하는 것임을 입증하는 한도내에서는 절대책임으로부터 면제되기 때문이다.

32) Firestone, *op. cit.*, p.760.

초청을 받아 발사 또는 회수예정지역의 인접지역에 있는 동안의 외국인에게 미친 손해에 대해서는 적용되지 아니한다.

책임협약 제8조는 협약이 국가간의 청구에 대해서만 적용됨을 명확히 하고 있다. 즉, 발사국에 대하여 배상을 청구할 수 있는 주체는 '손해를 입은 국가' 또는 '자국의 자연인 또는 법인이 손해를 입은 국가'이다. 자연인이나 법인은 이 협약에 의하여 청구를 제기할 자격을 갖고 있지 않다. 따라서 개인은 자신의 이름으로 배상을 청구할 수 없다. 이들의 청구는 자국 정부가 대리하여 행하여야 한다(제8조 제1항).

다만 어떠한 자연인 또는 법인이 그 국적국 밖에서 피해를 입은 경우, 국적국이 청구를 제기하지 아니하면 자연인 또는 법인의 피해를 입은 장소의 영토국이 간접피해를 입은 것으로 보아 배상을 청구할 수 있다(제8조 제2항). 국적국과 손해발생지국 그 어느 쪽도 배상을 청구하지 아니한 경우 다른 국가가 자국의 영주권자(Permanent Residents)가 입은 손해에 대하여 발사국에 배상을 청구할 수 있다(제8조 제3항). 상기 청구국이 발사국에 배상을 청구하기 전에 청구국 자신이나 자연인 또는 법인이 발사국의 국내적 구제절차를 거칠 필요가 없다. 그러나 이것은 청구국이나 자연인 또는 법인이 발사국의 법원이나 행정재판소 또는 기관에 배상청구를 제기하는 것을 막는 것은 아니다. 다만 국가는 청구가 발사국의 법원, 행정재판소 또는 기관에 제기되어 있거나 또는 당해 국가에 대해 구속력이 있는 다른 국제협정에 의하여 제기되어 있는 동일한 손해에 대해서는 책임협약에 의거한 청구를 제기할 수 없다.

특히 주목할 것은 국제기구도 자신이 입은 손해에 대해서도 직접 배상을 청구할 수 없으며 어떠한 국가가 그 국제기구를 대신하여 배상을 청구하여야 하는 것이다.

제9조는 손해배상청구는 청구국과 피청구국간의 외교적 채널을 통하여 제출되어야 함을 규정하고 있다. 만약 손해국이 발사국과 외교관계를 수립하고 있지 아니한 경우 청구는 제3국을 통하여 또는 국제연합 사무총장을 통하여 제기될 수 있다. 발사국에 대한 손해배상의 청구는 외교경로를 통하여 하고, 외교관계가 설정되어 있지 아니한 국가간에는 제3국을 통하여 할 수도 있다.

제10조는 원칙적으로 손해배상청구는 손해가 발생한 후 1년 이내에 발사국에 제출되어야 함을 규정하고 있다. 만약 어느 국가가 1년 이내에 손해의 발생을 알지 못하였다면 그

손해를 알게 된 날로부터 1년 이내에 청구를 제출하여야 한다.

제11조는 협약에 의거한 청구의 제기에 앞서 청구국 또는 청구국이 대리하는 자연인이나 법인이 이용할 수 있는 국내적 구제절차를 완료하도록 요구하고 있지 아니한다는 점에서 주목을 요한다. 그러나 손해 당사자가 국내적인 수단을 통하여 배상을 추구하는 것도 금지하지 않고 있다.

제12조는 "발사국이 이 협약에 의하여 손해에 대하여 지급할 책임이 있는 배상은 배상을 받을 자인 자연인 또는 법인, 국가 또는 국제기구에게 그러한 손해가 발생하지 아니하였더라면 존재하였을 조건으로 회복시켜주게 될 손해에 관한 배상(Reparation)을 제공하기 위하여 국제법에 따라 또한 정의와 형평의 원칙에 결정되어야 한다"라고 규정하고 있다. 이처럼 배상의 상한에 대해서는 규정하고 있지 않다. 또한 배상의 상한을 정하였더라면 보험제도를 이 문제에 관련하여 도입할 수도 있었을 것이다. 손해에 대한 적절한 배상이라는 이념은 제2조에 기본원칙이 규정되어 있으며, 책임협약 전체에 걸쳐 반영되어 있고 몇 개의 조항에서 적절하게 고려하고 있다. 제12조의 규정은 제1조에서 정의한 손해라는 용어와 결부시켜 검토하여야 한다. 그런데 상실한 이익 등 추후 발생한 손해 또는 그로 인한 심적 고통 등과 같은 비육체적 손해도 배상의 대상이 되는지 명확하지 않다. 또한 손해의 금액을 계산하는 방법도 규정하고 있지 않다. 단순히 국제법과 정의 및 형평의 원칙에 따라 배상이 결정된다고 규정하고 있을 뿐이다.

청구국이 배상청구서를 제출하였음을 발사국에게 통지한 날로부터 1년내에 제9조에서 규정한 양국이 외교교섭을 통하여 해결을 하지 못한 경우에는 일방 당사자의 요청에 의하여 관련 당사자들이 구성하는 3인으로[33] 구성되는 청구위원회(Claim Commission)를 설치하여야 한다(제14조 이하). 청구위원회는 배상청구의 타당성 여부를 결정하고, 타당한 경우 지불해야 할 배상액을 확정한다. 청구위원회의 결정은 당사자들이 그와 같이 합의한

---

33) 청구위원회는 발사국과 청구국이 각각 1인씩 임명하는 2인과 쌍방 당사자가 공동으로 선정하는 제3의 위원인 의장 등 3인으로 구성된다. 만약 의장의 선정에 대하여 합의에 도달하지 못한 경우, 어느 일방은 국제연합 사무총장에게 의장의 선정을 요청할 수 있다. 만약 청구위원회 구성을 요구한 후 4개월내에 합의에 도달하지 못한 경우 국제연합 사무총장이 지명한다. 당사자의 어느 일방이 정해진 기간내에 자신의 위원 1인을 선정하지 하니한 경우 의장은 타방 당사자의 요청에 따라 1인의 청구위원회를 구성한다(제16조 제1항).

경우에는 종국적이며 구속력을 가진다(제14(2)조). 그러한 합의에 도달하지 못하면 권고적인 성격의 판정을 내릴 수 있을 뿐이지만, 당사국은 이 판정도 성실하게 고려하여야 한다(제14조, 제19조 1항).[34] 그런데 위원회가 어떠한 절차를 이용할 것인가를 결정하는 기준이 없다. 이론상으로는 청구국과 피청구국이 합의하지 아니하는 절차도 자유롭게 선택할 수 있다.[35] 청구위원회는 배상청구의 본안에 대해 결정하고 지불되어야 할 금액을 정하게 된다(제18조). 위원회의 결정은 당사자들이 달리 결정하지 않는 한, 종국적인 구속력을 갖는다(제19조). 이는 만약 당사자들이 합의하지 않은 한, 결정은 단순한 권고적인 것에 불과함을 의미한다. 제21조는 우주물체에 의하여 초래된 손해가 인간의 생명에 대한 대규모의 위험이 되거나 또는 주민의 생활조건이나 중요 중심부의 기능을 심각하게 방해하는 경우의 추가적인 지원에 대하여 규정하고 있다. 이러한 경우, 발사국은 손해당사자에게 즉각적인 지원을 제공하는 것을 고려하도록 하고 있다. 캐나다와 소련은 Cosmos 954사건에서 소련이 책임을 인정하지 아니하면서도 은전적(Ex Gratia) 지급을 하였기 때문에 협의이상의 단계까지는 가지 않았다. 당시 캐나다는 미국의 지원은 받아들였지만 소련의 지원은 거부하였던 것이다. 결국 캐나다는 수색과 구조작업에 1400만 달러가 지출되었으나 3만 달러만을 소련으로부터 받았을 뿐이다. 이 사건은 외교적 체널을 통하여 협상이 되었을 뿐이고 청구위원회에 의하여 해결된 것은 아니었다.

한편으로 우주물체로 인한 배상문제와 관련하여 국제배상기금(International Compensation Fund)의 설치가 바람직한가에 대해서는 여러 학자들이 언급한 바 있다. 그러나 특히 참여하는 국가나 국제기구나 어느 정도까지 또한 어떠한 범위까지 자금을 출연할 것인가라는 중요한 문제를 해결하여야 한다. 만약 이러한 제안이 실현된다면 장기간의 복잡한 배상절차를 회피할 수 있게 해준다는 점은 긍정적으로 평가될 수 있을 것이다.

---

34) 청구위원회의 권한에 대해서는 논의과정에서 상당한 견해차이가 있었다. 토론과정에서 일부 국가는 의장에게 자유재량권을 부여하는데 찬성한 반면, 단순히 권고적 역할을 부여하자는데 입장을 표명하였다. 결국 제19조 제2항에서 "위원회의 결정은 당사자들이 그와 같이 합의한 경우에는 종국적이고 구속력을 가진다. 그러하지 못한 경우 위원회는 최종적인 권고적인 판정을 내리며 당사자들은 그 판정을 성실하게(in good faith) 고려하여야 한다. 위원회는 그 결정 또는 판정에 대하여 이유를 적시하여야 한다"라는 규정에서 볼 수 있듯이 절충안으로 이 문제를 해결하였다.

35) Ka Fei Wong, "Note: Collaboration in the Exploration of Outer Space: Using ADR to Resolve Conflicts in Space", *Cardozo J. Conflict Resol.*, Vol.7(2006), p.450.

제5절 등록협약

1. 의의

등록협약도 책임협약, 구조협정 및 등록협약과 마찬가지로 우주조약에 그 뿌리를 두고 있다. 등록협약은 우주조약 제8조를 구체화한 것으로 그 범위와 실제적인 효력을 확대하고 있다. 등록은 두 가지 필수적인 기능을 가지고 있다. 즉, 손해를 초래한 우주발사체를 확인할 수 있으며 완전한 세부적인 등록정보제도에 의하여 대량파괴 무기가 궤도에 쏘아 올려지는 것을 감시할 수 있다. 이러한 면에서 등록제도는 우주의 평화적 이용에 대해서도 커다란 기여를 할 수 있다. 그 서문에서도 '우주로 발사된 물체의 의무적인 등록제도는 특히 우주물체의 확인에 도움이 될 것이며 우주의 탐사와 이용을 규율하는 국제법의 적용과 발전에도 기여할 것이라고 믿으며'라고 규정하고 있다. 이 협약이 채택되기 전인 1961년에 이미 국제연합 총회는 우주에 물체를 발사한 국가들로 하여금 그러한 발사를 등록하기 위하여 사무총장의 통하여 COPUOS에 즉시 정보를 제공하여 주도록 요청한 바 있다. 물론 당시에는 등록을 의무적인 것으로 하는 국제법이 형성되어 있지 아니하였다.[36]

2. 주요 내용

이 조약의 정의조항인 제1조는 가장 중요한 조항 중의 하나이다. 책임협약 제1조의 예를 따라 '발사국'과 '우주물체'에 대해 정의하고 '등록국'에 대한 정의를 추가하였다. 발사국은 우주물체를 발사하거나 발사를 구매한 국가 및 또는 그 영토 또는 시설에서 우주물체가

36) 등록협약은 1974년 11월 12일 표결 없이 국제연합 총회에서 채택되었으며 1975년 1월 14일 서명에 개방되었고 1976년 9월 15일 발효하였다. 우주에 발사된 모든 물체에 대하여 국제연합 사무총장이 보관하는 의무적 등록을 규정하고 있는 바, 2017년 7월 현재 67개국이 가입하고 있으며 두개의 국제정부간기구가 참여하고 있다. ESA와 EOEMS(European Organization for the Exploitation of Meteorological Satellites)이 그것이다. ESA와 EOEMS가 가입한 것은 고무적이지만, 이 조약의 비준국은 우주조약의 비준국의 절반에 불과하다는 점은 이 조약의 중요성을 고려해볼 때 실망스러운 현상이다.

발사된 국가이다. 이 협약에서도 우주물체에 대한 명확한 정의를 내리지 못하고 있다.

등록조약은 제2조 내지 제5조에 의하여 이중등록제도(Double System)를 채택하고 있다. 제2조는 발사국으로 하여금 우주궤도로 또는 그 밖으로 발사된 우주물체를 '적절한'(Appropriate) 등록부에 등록하여야 한다. 등록을 의무적인 것이다. 다만 이에 대하여 등록협약은 그 이상의 구체적인 규정을 두고 있지 않다. 따라서 각각의 등록의 내용과 그러한 등록이 유지되는 조건은 관련 등록국이 정하도록 하고 있다는 것으로 해석되어야 할 것이다. 발사국이 2 이상인 경우, 당해 국가들은 어느 국가가 이 협약에 따라 우주물체를 등록할 것인지를 공동으로 결정하여야 한다. 책임과 관련하여서는 손해에 대하여 연대책임을 질 수 있는 수개의 발사국이 있을 수 있지만, 등록의 경우에는 그러하지 아니하다. 정의조항에 의하여 수개의 발사국이 있을 수 있지만 제2(2)조는 이들 국가들로 하여금 어느 국가가 등록국이 될 것인가를 결정하도록 함으로써 등록국에게 우주물체에 대한 관할권과 통제권을 부여하고 있는 우주조약 제8조의 규정을 염두에 두고 있다. 관할권과 통제권을 부여하는 것은 다수의 의견에 따르면 우주물체는 국적을 가지고 있지 아니하기 때문에 특히 중요한 의미를 가진다 할 것이다.

제3조는 국제연합 사무총장은 자신에게 제공된 정보를 등록부에 등재하도록 하고 있으며 등록부상의 정보에 대한 완전하고도 개방된 접근이 가능하도록 하고 있다. 발사국은 그러한 등록이 끝난 때에는 우주물체를 국제연합 등록부(UN Register)에 등록하기 위하여 가능한 한 신속하게 국제연합 사무총장에게 일정한 세부사항을 통지하여야 한다. 이와 관련된 주된 문제점은 국가들이 자신이 군사적 목적의 위성을 발사하였다는 사실 또는 그 진정한 임무를 공개하기를 꺼려한다는 것이다. 우주물체의 일반적인 목적에 대해서조차 국가들은 정보를 제공하고자 하지 않는 경우도 있다. 이는 국가간의 상호 불신때문이라 할 수 있다. 국가안보상의 이익에 대해서는 정당하게 고려하여야 하겠지만, 이 협약의 당사국들이 충분한 정보를 제공한다면 그러한 의심의 장벽을 극복하는데 도움이 될 것이다.

제4조는 등록을 위하여 공개하여야 할 정보에 대하여 규정하고 있는 바, (a) 발사국(들)의 국명, (b) 우주물체의 적절한 명칭(Designator) 또는 등록번호 (c) 발사 일시 및 발사지역 또는 위치 (d) 다음을 포함하는 기본 궤도매개변수(Parameters) (i) 노들주기, (ii) 궤도 경사각, (iii) 원지점, (iv) 근지점 (e) 우주물체의 일반적인 기능이다. 발사국은 최초의 정보를

제공한 후 등록부상의 정보를 자유롭게 업데이트할 수 있으며, 등록된 물체가 지구 궤도를 떠난 경우에는 국제연합 사무총장에게 통보하여야 한다. 통지하여야 할 세부사항에 대해서는 다소 일반적으로 설명하고 있으며 '가능한 한 빨리' 제4조(1)(a), '적절한'(Appropriate) 명칭(Designator) 제4조(1)(b), 또는 '일반적'기능 제4조(1)(e) 등 조심스러운 어휘로 완곡하게 표현하고 있다.

제4(1)(b)조와 제5조를 결부시켜 해석해보면 우주물체가 항상 명칭(Designator) 또는 등록번호로 표시되어야 할 필요는 없다. 사무총장은 제공된 정보를 사무국 등록부에 기록하여 보관하고 있다. 사무국 등록부에 기재된 정보는 완전히 개방된다. 등록협약은 또한 각국이 손해를 야기한 우주 물체의 확인 작업을 지원할 수 있도록 우주 감시 및 추적 시설을 소유하도록 하는 요건을 포함한다.

제6조는 협약의 어느 당사국이 자국에 대하여 또는 자국의 어떠한 자연인 또는 법인에 대하여 손해를 초래한 우주물체 또는 위험하거나 유해한 성격을 가질 수 있는 우주물체를 확인할 수 없는 경우, 다른 국가들 특히 우주감시장비(Space Monitoring Equipment)를 보유한 국가는 손해를 비칠 잠재성이 있는 물체를 확인하는데 지원을 제공하여야 한다고 규정하고 있다. 책임협약과 마찬가지로, 제7조는 제8조부터 제12조까지의 조항외에서 언급된 국가라 함은 우주에서 활동을 수행하고 있고 또한 이 협약과 우주조약을 수락한 국제비정부간기구를 포함하는 것으로 정의하고 있다.

두개의 국제정부간기구가 등록조약에 참여하였음은 주목할 필요가 있다. 그중 ESA(European Space Agency: 유럽우주국)에 대해서는 특별한 유의를 할 필요가 있다. ESA는 우주물체에 대한 자신의 등록부를 공개하여 왔지만 그 회원국 모두가 등록조약의 당사국인 것은 아니다. 이탈리아가 적절한 예이다. 이탈리아의 위성이 ESA에 의하여 발사되고 ESA 등록부에 등록된 경우 누가 그 위성에 대하여 관할권과 통제권을 가지는가? 정답은 어느 쪽도 아니라는 것이다. ESA는 국가만이 비준하고 가입할 수 있는 우주조약 제8조의 의미에서 볼 때 조약당사국(State Party to the Treaty)이 아니기 때문에 그 자격이 없으며 이탈리아는 등록부를 가지고 있지 아니하고 등록조약의 당사자가 아니므로 역시 그 자격이 없다.

만약 이탈리아가 등록부를 가지고 있다면 설령 등록조약의 당사국이 아니라 할지라도 상황은 달라질 것이다. 만약—이탈리아와 ESA간에 적용되지는 아니하지만—등록조약 제2조(2)에 따라 쌍방이 도달한 합의가 없어서 이탈리아의 위성이 우주물체로서 이탈리아와 ESA에 모두 등록된다면 이탈리아가 적절한 당사국이 될 것이다. 마지막으로 우주물체가 언제 그 지위를 상실하게 되는가의 문제가 있다. 우주잔해가 된 경우도 있을 수 있다. "각 등록국은 자신이 이전에 관련 정보를 전달하였고 현재는 이미 지구궤도에 있지 아니한 우주물체에 대하여 실현가능한 최대한의 범위내에서 또한 가능한 한 빨리 국제연합에 통보" 하도록 규정한 등록조약 제4조(3)이 이에 대한 답을 시사해주고 있다.

제6절 달협정

1. 의의

달협정[37]은 주요 우주 능력을 갖고 있지 않은 다섯 개 국가가 비준한 1980년 효력이 발생하였으며 2017년 1월 현재 18개국만[38]이 비준하였고 다른 4개국[39]이 서명하였을 뿐이다. 오스트레일리아를 제외하고는 우주강국 중 어느 국가도 비준하지 아니하였다.[40] 이처럼 저

37) 달 탐사는 우주시대가 시작되고 얼마 안 있어 1959년 시작되었다. 일부 탐사기는 달 주위를 비행하였고, 일부는 달 표면에 착륙했으며, 일부는 달 위성이 되었다. 가장 중요한 것은 여섯 개의 아폴로의 달 탐사 임무로, 이 임무를 통해 우주비행사들이 1969년부터 1972년까지 달 표면에 착륙하였다. 달 탐사와 이용의 법적 영향에 대한 논의가 1970년 COPUOS에서 시작되어 1979년까지 계속되었으며, 1979년 달협정이 만장일치로 총회에서 채택되었다.

38) Armenia, Austria, Australia, Belgium, Chile, Kazakhstan, Kuwait, Lebanon, Mexico, Morocco, Netherlands, Pakistan, Peru, Philippines, Saudi Arabia, Turkey, Uruguay, Venezuela(Bolivarian Republic of). http://treaties.un.org/Pages/ViewDetails.aspx?src= TREATY&mtdsg_no=XXIV-2&chapter=24&lang=en#2.

39) France, Guatemala, India, Romania. http://treaties.un.org/Pages/ViewDetails.aspx?src= TREATY&mtdsg_no=XXIV-2&chapter=24&lang=en#2.

40) 아직 비준하지 아니한 프랑스는 서명시에 다음과 같은 해석선언(Interpretative statement)을 하였다: France is of the view that the provisions of article 3, paragraph 2, of the Agreement relating to the use or threat of force cannot be construed as anything other than a reaffirmation, for the purposes of the field of endeavour covered by the Agreement, of the principle of the prohibition of the threat or use of force, which States are obliged to observe in their international

조한 비준상황은 1970년대 유행한 바 있지만 그 후 국제사회 전체가 받아들이고 있지는 아니한 '인류공동유산'(Common Heritage of Mankind) 원칙이 달협정에서는 중요한 역할을 하고 있다는 사실로부터 기인하고 있다. 달협정은 각국이 달의 천연 자원 활용이 머지 않았다는 전제하에 그러한 활용을 규제하는 국제 체제를 수립할 것을 요구하고 있다.

달협정의 조항들은 달뿐 만 아니라 태양계의 다른 천체들과 달과 다른 천체들 주위의 궤도와 이들로 향하는 궤도에도 적용이 된다. 이 부분에 대해, 달협정은 평화적 목적만을 위한 사용, 과학 연구의 자유, 광물과 다른 물질의 표본 채집과 이동을 할 권리를 규정하고 있다. 달협정은 또한 국제과학 특별구역(International Scientific Preserves) 설정과 지구와 달의 환경보호에 대한 조항들도 포함하고 있다. 달협정에서 중요하면서도 궁극적으로 논란을 일으키는 측면은 천연자원의 이용가능성에 대한 조항이다. 달협정은 달 자원의 개발이 경제발전에 도움이 될 수 있음을 암시적으로 인정하고 있다. 그러나 그러한 개발은 현재 경제적인 측면에서나 기술적인 측면에서나 실행가능성이 전혀 없고, 이러한 비전이 실현되려면 방대한 규모의 과학적 연구와 기술 개발이 필요할 것이다. 달자원의 상업적 이용이 실행 가능해질 때 이 활동을 관리하기 위한 국제체제가 수립될 것이라고 달협정은 규정하고 있다.

2. 주요 내용

달과 기타 천체에서의 국가의 활동에 관한 협정 체결의 필요성에 대해서는 달협정 서문에서 명확하게 규정하고 있다. 달협정은 달이 지구의 위성으로서 우주의 탐사에 대하여 수행하는 중요한 역할을 가진다는 점을 인정하고 있다. 달협정은 형평에 기초하여 달과 기타 천체에서의 국가간의 협력증진을 촉진하는 것을 목적으로 하고 있으며 달이 국제적인 분쟁의 장이 되는 것을 방지하려는 희망을 표명하고 있다. 협정은 21개 조문으로 되어 있으며 본문의 주요 내용은 다음과 같다.

제1조는 조약이 달 뿐만 아니라 태양계의 다른 천체 그리고 달주변의 궤도, 달까지의 및

relations, as set forth in the United Nations Charter.

달주위의 비행경로(Trajectories to and Around the Moon)에 대해서도 적용된다는 점을 명확히 하고 있다. 'Trajectories to'는 지구와 관련된 적대행위를 수행하기 위한 달의 사용을 금지한 제2항을 비롯하여 달의 평화적인 목적만을 위한 사용에 관한 규정을 포함하는 제3조에서도 되풀이 되고 있다. 제1조에 의하면 협정은 지구 밖의 태양계내의 천체에 대하여 적용되며, 다만 이러한 천체들 중 그 어느 것에 대하여 특정한 법규범이 시행되고 있는 한도내에서는 그 법규범에 따른다. '천체'라는 용어에 대하여는 우주관련 조약 중 그 어느 것에서도 정의하고 있지 않다. 달협정 제1조 제3항에서는 이 협정이 자연적인 방법으로 지구표면에 도달하는 지구밖의 물질에 대해서는 적용되지 아니한다고 규정하고 있다.

달협정 제3조는 우주조약 제4조와 대비시켜 분석해 볼 필요가 있다. 이 경우, 대단히 많은 다른 해석이 나올 수 있다. 특히 핵무기와 대량파괴무기 이외의 다른 무기의 실험이나 배치는 가능하다는 해석이 있을 수 있다. 달협정 제3조 제1항의 평화적 목적에 대한 언급은 더 이상의 구체적인 내용을 담고 있지 않아 모순되는 해석이 나올 수 있다. 달협정은 주로 우주기술강국인 미국과 소련간에 상반되는 입장에 직면한 바 있다. 이른 주로 달의 자원 개발과 관련되어 두드러졌다. 미국이 협정에서 얻고자 한 것은 기본적으로 국가가 최대한 정보를 제공하는 것이었으며 이 점을 주장한 목적은 다음과 같았다. 첫째, 정보는 밀접한 협력과 보다 조직화된 원조에 의하여 또한 다른 국가의 달에서의 임무를 회피함으로써 달 또는 기타 천체로의 특수비행(Mission)의 안전을 높일 수 있다. 둘째, 정보는 과학적 결과의 효과적인 이용을 가져오고 동일한 화학적 목적을 위한 새로운 노력과 활동을 회피할 수 있게 해준다. 셋째, 천체의 환경보호를 위해서는 협력이 절실히 필요한 바, 정보는 이러한 목적에 기여할 수 있다.

그러나 많은 국가들은 일정한 데이터에 관한 더 많은 정보를 제공한다는 약속을 할 준비가 되어 있지 않았기 때문에 결국 제5조에서 사무총장과 공중 및 국제과학계에 타당하고 실현가능한 최대한의 범위까지 달의 탐사와 이용에 관한 활동을 통보할 협정 당사국의 의무를 정하는데 그쳤다. 제2조에 언급된 국제제도(International Regime)의 확립을 둘러싸고도 입장의 차이가 드러났다. 미국은 그러한 제도가 확립되기 전에라도 자연자원의 개발을 시작하자는 입장이었으며 소련은 이에 대하여 반대하였다. 이상의 모든 관련 상황으로 인하여 강대국들은 이 협정에 서명하지 않았다.

제4조는 우주조약 이후 최초로 'Province of all Mankind'라는 모호한 표현을 사용하고 있는 바 이를 달에 대해서 적용시키고 있다.[41] 달협정의 많은 규칙들은 다른 우주조약들로부터 가져온 것이지만 '인류공동유산'이라는 용어는 달협정에서 최초로 등장한다. 우주조약 제1조에서 우주의 개발과 이용은 'Province of Mankind'라고 표현하고 있다. 이와 유사한 표현들을 다른 협정에서도 찾아볼 수 있으며 그러한 표현들은 각기 법적 해석을 하여야 한다. 'Province of Mankind'는 우주활동상의 권리와 의무를 지배하도록 의도된 도덕적 의미가 담긴 일반적인 정치적 원칙으로 보아야 한다. 제1조에 의하면 Province of Mankind의 핵심은 '모든 국가가 차별없이 우주를 탐사하고 이용하는 때의 국제협력'과 '다른 국가의 이익을 고려할 의무'라고 할 수 있다.

제6조에 의하면 이 협정의 당사국은 달에서 그 광물이나 기타 물질의 샘플을 채취하거나 달로부터 이동시킬 수 있는 권리를 가진다.[42] 이러한 샘플은 채취한 국가가 그 일부를 다른 국가와 국제과학계가 이용할 수 있도록 하는 것이 바람직하다는 점을 정당한 고려를 하여 과학적인 연구를 위하여 사용할 수 있는 재량을 가지게 된다.

제8조와 제9조는 당사국들이 달에서의 자국의 활동을 통하여 서로 간섭하지 아니한다는 것 그리고 달의 모든 부분에 대한 자유로운 접근이 가능하다는 것을 보장하기 위한 여러 규칙들을 포함하고 있다. 달협정은 완전히 우주조약에 따라 달은 주권의 주장, 이용 또는 점유의 방법에 의하여 또는 기타의 방법으로 국가의 전유대상될 수 없다는 원칙을 실천하고 있다. 예컨대 제9조는 달에 무인 및 유인 정거장을 설치하는 것을 허용하고 있다. 다만 일정한 제약이 따른다. 제9조 제2항은 우주정거장은 다른 국가의 인원, 우주선(Vehicle) 및 장비가 달의 모든 지역에 자유롭게 접근하는 것을 방해하지 아니하는 방식으로 설치되도록 하고 있다.

제11조는 인류공동유산(Common Heritage of Mankind)[43]에 관한 조항인 바, 이 조항의

---

41) 일부 학자들은 우주조약은 'Province of Mankind'의 개념을 탐사와 이용과 같은 활동과 연계시키고 있는 것이지 영토나 물체(Object)와 연계시키고 있지 않으며 그 두 가지 용어 즉, Province와 Mankind는 그 어느 것도 우주 전체에 적용될 수는 없다는 점을 공통점으로 가지고 있다고 주장한다.

42) 달 샘플의 수집 및 제거에 관한 특별규정을 포함하고 있으며 당사국(State Party)에 대해서만 적용될 뿐이며 명시하고 있지는 않지만 당사국의 자연인이나 법인에 대해서도 적용되지 아니한다.

처음 세개의 항은 달에 대한 사적인 소유권금지, 달과 그 자연자원은 인류의 공동유산이라는 것 등 선언적인 표현으로 되어 있다. 공동유산이라는 용어의 영향은 대단히 광범위하지만 주로 달의 자연자원의 개발과 관련되어 있다. 제1항은 달과 그 자연자원을 인류공동유산이라고 선언하고 있다. 달조약에서 유일하게 '공동유산'이라는 표현을 사용하고 있는 곳이다. 우주법의 저명한 학자인 Christol은 '인류의 공동유산' 원칙의 특징을 확인하고 그 원칙을 'Res Nullius', 'Res Communis' 등 다른 법원칙들과 구분할 필요가 있다고 지적한다. 그는 다음과 같은 구분을 할 필요가 있다고 주장한다. 첫째, 달과 천체의 공간적 영역과 그 자연자원은 다르다. 둘째, 우주조약 제2조의 공간적 영역의 국가에 의한 전유 금지와 일정한 자연자원에 대한 재산권을 얻는 법인(Legal Persons)의 권리는 다르다. 셋째, 우주조약 제1조와 특히 제2조 및 국가에 의한 우주 환경의 자유롭고 평등한 탐사와 이용을 허용하고 있는 기타 조항들의 규정들은 그러한 탐사, 이용 및 개발에 참여할 수 있는 국가이외의 다른 법인들의 권리와 대비시켜보아야 한다. 그의 이러한 주장에 대해서는 여러 가지 논란이 있을 수 있을 것이다.

제11조 제4항은 협정당사국이 어떠한 종류의 차별도 없이 형평에 입각하여 국제법과 이 협정의 조건에 따라 달을 탐사하고 이용할 수 있는 권리를 가짐을 확인하고 있다. 제5항은 달의 천연자원의 개발이 곧 실현될 것이기 때문에 그 개발을 규율하기 위하여 적합한 절차를 포함하는 국제제도를 구축할 것임을 천명하고 있다. 그러한 협정은 장래의 국제제도의 어떠한 원칙도 확립하지 않고 있다. 다만 제11조 제7항에 따르면 그러한 국제제도는 1) 달의 자연자원의 질서 있고 안전한 개발, 합리적인 관리 및 이용기회의 확대, 2) 모든 국가의 달 자연자원개발 혜택의 형평한 공유의 원칙이 포함될 것이다.

달협정은 개발도상국의 이익과 필요 및 달의 탐사에 직접 또는 간접으로 기여한 국가들의 노력에 대하여 특별한 고려를 하도록 하고 있다. 이와 관련하여 형평한 공유가 이루어

---

43) 인류의 공동유산의 개념은 천연자원과 관련하여 남극 및 심해저와 관련된 문제이기도 하다. 남극의 경우 인류공동유산이라는 개념이 특별하게 합의되어 있는 것은 아니지만, 1991년 Environmental Protocol to the Antarctic Treaty는 남극 천연자원의 탐사에 대해서는 50년간의 유예를 설정하였다. 심해저의 경우에는 1982년 해양법조약(Treaty on the Law of the Ses)상의 소위 'Area'에 대해 인류공동유산이 선언되었다. 1992년에는 Area에서의 개발에 대한 국제적 협정(International Agreement)이 채택되었다.

지도록 하기 위한 정확한 방법은 국제제도가 실제로 확립될 때까지는 세부적으로 정할 수 없다는 지적도 타당하다고 본다. 이 조약에 비준한 국가가 극히 소수인 바, 인류공동유산 등 선언적인 규정들의 진정한 법적 의미는 무엇인가에 대하여 의문이 제기될 수 있을 것이다. 자연자원의 개발을 규율하는 구체적인 '국제제도'(International Regime)는 성격상 당사국(State Parties)간의 합의에 의하게 될 것이다. 여기에서 Regime이라는 표현은 개발(Exploitation)기관의 창설 또는 그러한 기관의 부재의 가능성을 열어둔 중립적인 용어이며 개발에 대하여 적용되는 일련의 규칙을 의미한다 하겠다. 달 자원의 실험적인 개발은 아직까지는 탐사수준에 머무르고 있으므로 국제제도(International Regime)의 확립이 시급한 것은 아니며 당분간 실현되지도 아니할 것으로 보인다. 우주 강국이 모두 비준하고 다른 비준국의 숫자가 크게 늘어나지 아니하는 한, 달협정의 구체적이고 실효적인 시행은 어렵다고 할 것이다. 이러한 면에서도 볼 때, 현재는 진정한 상업적 이용에 대해서는 일종의 유예(Moratorium)가 존재하고 있다고 보인다. 제11조 제8항에 의하면 제도가 정착되기 전에는 모든 천연자원활동은 장래의 제도에 부합되도록 수행되어야 한다. 요컨대 제11조는 대단히 복잡한 조항이지만 그렇다고 특별히 애매하지도 않다. 견제와 균형(Checks and Balances)의 원리가 반영되어 있을 뿐이다.

제7절 우주관련 조약에 대한 종합적 평가

우주조약과 책임협약은 채택될 당시인 1960년대 말과 1970년대 초 우주탐사가 시작되던 시기의 상황이 반영된 채로 아무런 개정 없이 40년 이상의 세월이 흘렀다. 기술발전을 예상하지 못하였을 것이다. 여러 우주관련 조약의 내용에 대한 비판과 관련하여서는 이들 조약의 그 주요 목적이 국제평화와 안전의 유지 및 국제협력과 이해의 증진이라는 점에 유의할 필요가 있다. 우주관련 조약들에 명시된 국제법원칙들은 비록 그 범위는 좁지만 결코 무시할 수 없는 그러한 목적의 달성에 기여하고 있다. 예컨대 군비제한(Arms Control), 우주의 전유 금지, 탐사의 자유, 손해배상의 책임, 우주인·우주선의 안전과 구조, 우주활동 및 환경에 대한 유해한 간섭의 금지, 우주활동에 대한 통지와 등록, 분쟁 해결 등을 비롯한 많은 조항들을 보면 쉽게 이해할 수 있을 것이다. 따라서 우주법이 기초가 국제연합에서 마련된 우주관련 조약들에서 굳건히 뿌리내리고 있기는 하나, 채택당시에 요구되었던 정치적 타협 그리고 능력의 한계로 인해 불완전하며 불충분하다는 점은 분명하다. 그러므로 우주법제도는 새로운 정치적 전개상황과 기술의 진보를 반영하기 위하여 정기적으로 재검토되고 개정될 필요가 있을 것이다.[44] [45]

44) Heide Keefe, "Making the Final Frontier Feasible: A Critical Look at the Current Body of Outer Space Law", Santa *Clara Computer & High Technology Law Journal*, Vol.11(1995), pp.357~358.

45) 우주관련 조약의 개선방향에 관한 상세함은 문준조외 1인, 전게서, 163~167면.

Chapter 03

우주에서의 상업적 활동 및 환경보호

제1절 의의

1. 우주의 탐사와 이용분야

현재 인류의 우주의 탐사와 이용 활동은 다양한 형태로 이루어지고 있으며, 우주의 상업적 이용은 특히 통신 분야와 원격탐사 분야에서 두드러지게 나타나고 있다. 가장 최초의 상업적 우주시스템들은 통신위성이었으며,[1] 통신분야에서 가장 먼저 기상서비스 제공이나 직접텔레비전방송 등에서 등장하였다. 기상서비스는 우주시대 개막초기부터 제공되었지만, 대부분 정부가 지원과 자금을 제공하는 서비스이다. 직접텔레비전방송은 그 신호를 수신하여 상대적으로 저렴한 안테나로 많은 인구들에게 재보급할 수 있는 텔레비전 신호를 제공하기 위한 목적의 기술적 성과라 할 수 있으며, 그 광범위한 혜택–예컨대 고립된 지역에서의 텔레비전시청 등–은 아무리 강조해도 지나치지 않을 것이다. 몇 가지 예를 들어보면, 농업, 교육, 의료지원, 건강과 위생, 가족계획 등에서 큰 역할을 할 수 있다.

1) 통신위성은 전형적으로 지구상에서 국가의 경계를 뛰어넘는 신호를 송출하게 는 바, 예컨대 국제연합 총회의 1982년 「국제직접텔레비젼방송을 위한 국가의 지구인공위성 이용을 규율하는 제원칙(Principles Governing the Use by States of Artificial Earth Satellites for International Direct Television Broadcasting)」에 명시된 국가주권의 문제를 제기할 뿐만 아니라 지적재산권의 보호 문제를 제기한다.

직접방송과 원격탐사의 경우, 새롭고 경이로운 우주기술이 텔레비전방송과 천연자원 개발에 대변혁을 초래할 것이라는 우려로 인해 초기단계에서는 갈등이 격렬하였다. 그러나 그 후 기술이 발전함에 따라 또한 그 응용의 기술적·경제적 한계가 확인됨에 따라, 그러한 우려가 다소 과장된 것이었다는 점이 분명해졌다. 케이블텔레비전 보급의 급속한 발전이 인공위성직접방송의 경제적 매력과 상업적 타당성을 크게 떨어뜨렸고 위성직접방송시스템에 관한 많은 계획들이 포기되었다. 이와 유사하게 위성원격탐사[2]는 여전히 상업적 타당성이 요원하며 원격탐사시스템으로 부터 얻는 자료들에 대해서는 그 시스템 운영국들이 상당한 수준의 보조금을 투입하고 있다. 바로 이러한 사실들은 국가간의 컨센서스를 도출하는데 오히려 도움이 된 측면이 있다. 위성직접방송도 몇 년 동안만 다소 인내심 있게 논의를 지속하였더라면 원격탐사의 경우와 마찬가지로 위성방송의 복잡한 현실을 인식하는 분위기가 형성되어 논쟁속에서 다수결 투표로 채택된 결의가 아니라 일반적으로 수락되는 합의 즉, 컨센서스(Consensus)가 이루어졌을지도 모른다.

한편 위성을 통한 항행(Navigation) 서비스는 1960년대에 등장하였으나, 전반적인 상업화는 1980년대 이후 이루어졌다. 최근 위성기술만큼 극적으로 우리의 경제적·사회적·정치적·문화적 생활을 변화시킨 것도 드물다. 경제적·기술적·인적 자원은 우주활동을 수행하는데 당연히 필수적인 요소이다. 그 영향은 경제적 또는 재정적으로 쉽게 계량화될 수 없을 것이다. 이제는 위성기술을 사용하지 아니함으로써 우리 생활을 과거로 되돌리는 것은 불가능하다는 점에서 18세기와 19세기의 산업혁명에 비견할 정도로 혁명적이다. Communication이라는 용어는 인간관계와 사회에서 중요한 요소를 대변하여 왔으며 가장 엄격한 의미에서 그 용어는 신호(Signals) 또는 메시지를 타인에게 전달하고 전파하는 것을 의미하지만 최근의 상황과 관련지어 본다면 그보다 넓은 의미를 가진다. 즉, 2 또는 그 이상의 사람 또는 사람 집단간의 상호교호작용(Interaction)으로 해석되어야 한다. 한편 'Telecommunications'라는 단어는 이러한 과정이 장거리에 걸쳐 발생하는 것을 의미한다. 처음에는

---

2) 미국에서 지구관측을 위한 원격탐사는 나사(NASA)가 1972년 지구자원기술위성(Earth Resources Technology Satellite: ERTS)이라는 민간프로그램(Civilian Program)으로 시작하였고, ERTS는 1970년대를 거쳐 1980년대 중반까지 NASA가 운영하는 랜드샛(Landsat) 시스템으로 발전하였다. 1980년대에는 의회가 랜드샛 프로그램을 미국해양대기관리처(the National Oceanic and Atmospheric Administration: NOAA)로 이관하였으며, 그 이후 민간산업으로 전환되었다.

소규모로 그리고 제한된 범위로 시작한 공공 통신(Public Telecommunications)은 20세기 기술의 발전과 메스미디어의 발달에 의하여 영향을 받아 오래 전부터 그러한 한계를 벗어나게 되었다. 공공통신은 범세계적인 차원에서 국경을 초월하여 이루어지고 있으며 이는 위성기술에 의하여 크게 힘입은 바 크다. 우주법과 관련된 심각한 마찰을 불러일으켜온 것도 바로 이러한 초국경적 측면 때문이다. 그러한 마찰은 직접위성방송(Direct Broadcasting Satellite: DBS)[3] 부문에서 시작되어 COPUOS의 법률소위원회의 DBS에 관한 논의과정에서 최고조에 달하였다. 우주통신법은 일반통신법과 공통되는 내용이 많고 또한 그로부터 많은 법원칙을 끌어왔다. 우주통신법의 관련된 두드러진 특징 중에는 보험 문제, 지적재산권보호, EU에 대한 특별한 고려, Aeronautical Public Corres-Pondence(APC)[4]의 출현 등이 있다.

한편 Mir와 국제우주정거장(International Space Station: ISS)과 같은 대형우주구조물들은 주로 자원탐사에 대한 전망을 포함하는 우주, 달, 화성 및 기타 전체에서의 과학적 연구 및 탐사와 관련되어 있다. 우주의 잠재력은 현재로서도 상업적 목적을 위한 이용이 증가하고 있음을 통하여 확인할 수 있다. 예컨대 태양에너지위성도 조만간 상업화될 수 있을 것으로 전망된다. 우주통신, 원격탐사 및 우주비행과 같은 우주응용에 관한 주요 분야 외에도 우주와 관련된 부수적(Spin-Off) 제품과 공정(Process)에 의한 우주기술의 제2차적인 응용으로부터도 큰 혜택이 발생하게 된다. 이러한 것들은 건강과 의약품분야, 운송과 공공안전, 환경과 자원관리, 컴퓨터기술, 산업생산성 분야에서의 발전을 기여하게 될 것이다.

3) 적도 상공 3만 6,000 km의 정지 궤도상의 방송위성으로부터 전국의 가정에 직접 전파를 보내는 새로운 방송. 방송위성의 텔레비전 중계기에서 전파를 발사하므로, 고스트(다중상)가 없는 깨끗한 영상을 수신할 수 있고, 그 음성은 PCM방식에 의한 고품질의 디지털 사운드이므로 음이 깨끗하고 충실하게 재현된다. 위성방송의 수신에는 위성수신용의 패러볼라 안테나와 튜너가 필요하다. 난시청 해소를 위해 위성방송을 하지만, 그 전파는 목적하는 지역 외의 지역에도 도달할 가능성도 있다. http://enc.daum.net/dic100/ contents.do? query1=11XXXXX737.

4) Aeronautical Public Correspondence라 함은 항공기내에 있는 승객으로 하여금 지상에 있는 사람과 전화를 할 수 있도록 해주는 공공통신을 말하며 이 서비스는 위성 또는 지구에 기지를 둔 시스템에 의하여 제공될 수 있다. http://www.erodocdb.dk//docs/doc98/official/pdf/DEC9201E.PDF.

2. 우주조약 제6조와 비정부실체의 활동

우주의 상업적 이용과 관련하여 먼저 우주조약 제6조를 살펴볼 필요가 있다. 제6조는 "조약 당사국은 달과 기타 천체를 포함한 우주에서의 국가적 활동(National Activities)이 정부기관에 의하여 수행되든 비정부실체에 의하여 수행되든 관계없이 또한 이 조약에서 정한 규정에 부합되도록 수행되는 것을 보장하기 위하여 그에 대하여 국제책임을 진다. 달과 기타 천체를 포함한 우주에서 비정부실체들의 활동은 관할 조약당사국의 허가와 지속적인 감독을 요한다. 활동이 달과 기타 천체를 포함한 우주에서 국제기구에 의하여 수행되는 때에는 이 조약을 준수할 책임은 그 국제기구와 이에 참여하는 조약당사국들이 진다"라고 규정하고 있다.

따라서 민간 기업을 포함한 비정부실체들이 적극적으로 우주를 이용할 수 있지만, 관할 당사국의 허가와 지속적인 감독하에서만 가능하다. 우주에서의 상업활동 중에서 우주통신만이 이미 성숙한 산업이 되고 있다고 말할 수 있다. 그 밖의 다른 모든 활동은 아직 초보적인 단계에 있다. 우주통신기업의 민영화가 확대됨에 따라 우주조약 제6조의 문제–비정부간실체(Non–Governmental Entity)의 우주활동 참여와 그에 대한 통제–가 실제적인 차원에서 그 중요성이 커지고 있다.

3. 개도국의 필요에 대한 특별한 배려

1986년의 원격탐사 제원칙에 대한 합의에 뒤이어 '우주 공간의 탐사 및 이용은 개발도상국들의 필요사항을 특별히 고려하여 모든 국가의 혜택과 이익을 위하여 수행되어야 한다는 원칙'과 관련된 새로운 문제가 법률소위원회의 의제에 추가되었다. 이 문제는 우주탐사 및 우주기술의 적용이 모든 국가에게 혜택을 주는 것을 보장하여야 할 노력 또는 의무가 현재로서는 불충분하다는 개발도상국들의 견해를 반영한 것이었다. 개발도상국들은 우주조약 제1조 및 국제연합헌장 제55조와 제56조를 포함하는 국제적인 발전의 증진을 요구하는 다른 법률문서들에 입각하여 이러한 의제항목이 우주기술이 최대한 활용될 수 있도록 하는 새로운 법원칙 초안을 마련하는 데 있어 근거가 되기를 희망하고 있다.

제2절 위성을 통한 기상서비스

기상학은 흔히 기후에 관한 과학 및 기후예측과 관련된 용어이며 실제로는 전리층(Ionosphere)과 오존층(Ozonosphere)에 대한 연구를 포함하기 때문에 그 보다 훨씬 넓은 것들을 내포하고 있다. BC 4세기 아리스토텔레스는 바람과 날씨의 징후에 관한 『기상학(Meteorologica)』을 저술하였지만, 1800년대가 되어서야 자연과학으로서의 기상학이 발전하기 시작하였다. 기압계와 온도계 등을 사용할 수 있게 되면서 관찰과 연구의 기술이 향상되었던 것이다.[5] 19세기에는 기상관측소가 설치되었으며 그 후 관측데이터의 국제적인 조정과 교환이 이루어지게 되었다. 1873년 IMO(International Meteorological Organization: IMO)는 1951년 World Meteorological Organization(WMO)라는 이름으로 국제연합 전문기구가 되었다. WMO는 기상예보 목적의 인공위성이용을 지원하고 조정한다. 오늘날 기상정보는 항공이나 군사계획을 비롯한 다양한 용도로 사용될 수 있으며 그 수요는 전례 없이 증가하고 있다. 레이데 기술의 도입과 더불어 기상학은 큰 도움을 얻었다.

기상학은 위성응용기술로부터 도움을 받은 최초의 과학분야중의 하나이다. 1960년 4월 1일은 기상학에 완전히 새로운 시대의 시작을 알린 날이었다. 이날 최초의 기상위성 TIROS-I이 미국에 의하여 발사되었으며 TOS시스템의 설립으로 이어졌다. 그 후 이 시스템은 1966년에는 ESSA라고 부르는 보다 발전된 시스템에 의하여 대체되었다. 1967년 9월에는 소련의 Cosmos 144가 발사되어 기상(Meteor)시스템이 구축되었다. 이는 기상분야에서의 위성의 잠재력에 대한 두 강대국의 관심을 반영한 것이었다. 이 문제는 1968년 COPUOS에 의해서도 다루어졌다. COPUOS 회의의 보고서에서도 기상위성의 혜택을 다음과 같이 설명하였다: 대양에 대한 일상적인 감시는 폭풍, 태풍 및 허리케인의 발생에 대한 조기발견, 그들의 경로 결정, 및 태풍의 발전과 강도에 대한 매일 매일의 추정을 가능하게 해준다.

이러한 정보는 어떠한 폭풍에 의하여 영향을 받는 모든 국가에게 그 날 그 날 전해진다.

---

5) I. H. Ph. Diederiks-Verschoor and V. Kopal, *An Introduction to Space Law*, (Wolters Kluwer, 2008), p.54.

갑작스러운 폭풍이 경고를 받지 못한 준비되지 못한 지역으로 불어 닥치는 현상이 차츰 줄어들고 있다. 현재 기후와 관련하여 활동중인 위성은 세 가지 종류가 있다. 기상위성, 통신위성 및 원격탐사위성이 그것이다.[6] 원격탐사로 얻은 기상데이터는 무료이며 개발도상국의 이익을 위하여 계속하여 그와 같이 무료이어야 한다.

1970년대 국제연합 총회는 기상위성을 평화적인 목적으로만 사용하도록 촉진하기 위하여 많은 추가적인 조치에 관하여 결정하였다. 1974년 국제연합 총회는 소련의 발의로 「국제안전, 인간의 복리 및 건강의 유지와 양립되지 않는 군사적 목적 및 기타 목적으로 환경 및 기후에 영향을 미치는 행위의 금지에 관한 결의」(Resolution 3264(ⅩⅩⅥ))를 채택하였다. 이어 1976년에는 「환경변경 기술의 군사적 또는 기타 적대적 사용의 금지에 관한 협약(Convention on the Prohibition of Military and Any Other Hostile Use of Environmental Modification Techniques)」을 채택하는 또 다른 결의를 하였다. 이 협약은 1977년 5월 18일 제네바에서 서명되어 1978년 10월 5일 발효되었다.

한편 유럽에서는 통신 부문에서의 우주 협력외에 기상위성기술의 개발과 응용분야에서도 이러한 협력이 이루어졌다. 1960년 미국의 첫 번째 기상위성이 발사된 직후 유럽기상위성시스템의 구축을 위한 계획들이 시작되었다. EUMETSAT(European Organization for the Exploitation of Meteorological Satellite)의 역사는 ESA 및 그 전신인 ESRO로까지 거슬러 올라가며 참여국간에 최종 약정문을 승인한 ESRO 이사회의 결의와 더불어 1972년 시작되었다. 1972년, 유럽의 8개 국가들이 메테오샛(Meteosat) 프로그램을 발의하였으며 ESA의 전신인 유럽우주연구기구(European Space Research Organization: ESRO)에게 위탁되었다. 유럽에서 그 첫 번째 위성(Meteosat Satellite)이 1977년 발사되었으며[7] 이 기상위성을 지속적으로 운영하기 위하여 EUMETSAT는 1986년 설립되었다.

EUMETSAT는 모든 유럽국가들이 가입할 수 있는 정부 간 협약에 근거한 국제기구이다. EUMETSAT의 경비는 회원국의 재정기여금 및 다른 EUMETSAT의 수입(EUMET-

6) I.H. Ph. Diederiks–Verschoor, "Outer Space and the Earth Climate", *Hague Yearbook of International Law,* Vo.10(1997), pp.16~26.

7) 1977년 ESA에 의해 세계기상기구(World Meteorological Organization, WMO)의 세계기상감시(the World Weather Watch, WWW)의 일부인 세계기상위성관측시스템에 대한 한 유럽국가의 기여로서 메테오샛 1호 위성이 발사되었다.

SAT 협약 제9조)으로 충당한다. EUMETSAT의 주요 목표는 유럽의 운영기상위성을 구축하고, 이용하고, 유지하는 것이며 이사회(Council)와 사무국(Secretariat)이 있다. 이사회는 EUMETSAT의 최고기관으로서, 각 회원국은 하나의 의석과 표를 갖는다. ESA협약은 이사회의 다양한 권한 및 권한의 각 등급에 따른 다른 투표 절차들을 규정하고 있다(제5조).

사무국은 EUMETSAT의 일상적인 관리를 책임지고 있으며, EUMETSAT의 법적 대표이며 협의회가 내린 결정들을 실행하고 EUMETSAT가 부과한 임무들을 수행할 책임이 있는 사무국장이 주재한다. 현재 궤도상에서 기능하고 있는 메테오샛 위성은 두 개가 있다. 기상학(Operational Meteorology)에서 사용하기 위한 데이터를 제공하는 것에 더하여, 메테오샛은 기후와 환경 연구에 관련한 여러 프로그램에도 기여하여왔다.

제3절 위성통신서비스

모든 우주의 이용 중에서 위성통신은 현재의 삶에 가장 큰 영향을 미치고 있다. 위성연결은 현재 범세계적 통신네트워크의 필수적인 부분이 되고 있다. 위성전기통신의 잠재력은 일찍부터 예견되었다. 사실 우주 탐사는 상대적으로 정치하지 못한 제1세대 통신위성으로부터 얻어진 혜택만으로도 우주의 탐사에 막대한 지출을 할 만한 경제적 가치가 있음을 발견할 수 있었다. 양질의 통신은 선진국과 개발도상국을 막론하고 모든 국가에게 필수적이다. 바로 이러한 점 때문에 국제연합은 새로운 기술의 혜택은 모두에 의해 공유되어야 한다는 확고한 입장을 견지하였던 것이다. 우주시대 초기, 국제연합 총회에서는 위성통신은 "범세계적으로 무차별적으로 가능한 한 빨리 모든 국가가 이용할 수 있어야 한다"라고 판단하였으며 그 대부분은 이미 성취되었다.

우주기술, 특히 통신위성과 관련된 기술들은 대단히 빠르게 발전하므로 국제사회는 지속적으로 우주에 관련된 결정을 내리고, 법, 규칙 및 약정들은 제정하고 후속적인 보완작업을 하지 않을 수 없다. 우주활동에 대한 기본적인 법원칙은 국제연합과 그 전문기구들이 형성하여 왔다.

위성통신은 우주개발의 가장 중요한 산물이며 인간에게 영향을 미쳐왔다. 위성통신은 데일린 갤로웨이가 우주에서 일어날 것으로 예상했던 혜택들 중 가장 좋은 예이다. 위성통신을 규율하는 법들은 두개의 주요 부분으로 되어 있다. 하나는 위성과의 무선통신과 위성의 궤도선정(Orbital Positioning)에 대한 기술적 문제들을 다루는 것이며, 또 다른 하나는 위성통신의 구체적인 응용에 관한 것이다. 전자로서는, 무선주파수 사용의 전문적 사항들과 지구정지궤도상의 위치배정(Assignment of Positions)을 다루는 법들이 있다. 이 분야는 주로 국제기구인 국제전기통신연합(ITU)[8]의 영역이며, ITU를 통해서 관련 문제들을 협상하고 합의하고 규제하게 된다. 한편 후자의 경우에는, 통신위성의 이용을 규율하는 법들이 위성통신서비스를 제공하는 기구들[9]의 설립문서(Constitution)에서부터 이들 서비스가 제공되는 조건과 그러한 기구들을 그 사업과 관련하여 보호하는 규칙에 이르는 광범위한 범위의 문제들을 다루고 있다.

이 두 분야는 모두 우주법과 관련되어 있다. 우주시대 초기에 일련의 결의를 통해서 국제연합은 우주의 탐사와 이용의 혜택이 전 인류에게 주어져야 한다는 원칙이 전 세계적으로 수락되도록 하기 위하여 노력하였다. 이 같은 염원은 "우주의 이용은... 그 경제 또는 과학의 발전수준에 관계없이, 모든 국가의 혜택을 위하여 또한 이익이 되도록 수행되어야 한다"라는 우주조약 제1조에 반영됨으로써 입법화되었다. 이 조항은 다른 분야에서도 유효하다. 그러나 특히 위성통신시스템의 구축과 운영과 밀접한 관련이 되어있다. 이 조항의 원칙은 무선스펙트럼과 궤도위치(Orbital Positions) 및 국제통신위성기구들의 구성과 운영 등 두 분야에도 반영되어 있다. 이 원칙은 국가들이 어떻게 자국의 국내위성시스템과 전기통신법을 구축하고 제정하여야 할 것인가에 대해서도 영향을 미치게 된다.

---

8) 이에 대한 상세함은 문준조외 1인, 전게서, 179~191면.

9) 이에 대한 상세함은, 전게서, 192~210면.

제4절 직접텔레비전방송(Direct Television Broadcasting by Satellite)

직접방송위성은 TV신호를 중앙 지상국에서 수신하여 이 신호들을 가정이나 공동체 시설에 설치된 TV에 연결된 작고 저렴한 많은 수의 수신국으로 전송한다. 하나의 위성은 지구의 3분의 1만큼 넓은 지역 전역에 있는 수신기에 방송을 할 수 있는 바, 지상파TV송신기와 대비되는 것이다. 어느 국가의 중앙지상국에서 송신되는 내용을 다른 국가의 수신기가 받을 때, 방송은 국제적인 것이 된다. 이러한 직접텔레비전방송의 범세계적 도달범위를 고려해볼 때, 국제연합이 1967년 우주조약 체결직후 이 문제에 대하여 관심을 갖기 시작하였다는 것은 놀라운 일은 아니다.

위성방송의 과학 기반은 잘 알려져 있었고 미국의 응용기술위성(Applications Technology Satellite)인 ATS−6(1974)과 캐나다의 통신기술위성(Communications Technology Satellite)인 CTS(1976) 같은 실험용 방송위성은 그 기술의 가용성을 입증해 보여주었다. 그러나 위성 TV는 비싸고, 국가 또는 국제사회의 사용을 위한 것이든 어떻게 운영위성방송시스템이 자금을 조달할 수 있을 것인가가 불확실하였다. 국가 방송위성을 위한 임시 계획들이 개발되었지만, 해당 개발도상국과 사회주의 국가들에게는 국제 방송에 있어서 어떠한 이해도 없는 것 같았다. 그 결과 기술에 대한 현재, 또는 계획된, 또는 제안된 어떤 이용에 대해서가 아닌 기술이 발생시킬 수 있는 잠재적 손해에 대한 우려가 있었다.

국제연합 총회에서는 1972년 11월 9일 결의 Resolution 2916(XXVII)가 채택되었는 바, 이 결의에서는 국제협정을 체결하기 위하여 국가의 직접텔레비전방송을 위한 위성의 이용을 규율하는 원칙을 마련할 필요가 있음을 지적하고 있다.[10]

총회는 1982년 12월 10일 많은 서구 국가들의 반대를 뛰어넘어[11] 다수결로 「국제직접텔

---

10) 1972년 유네스코에서도 동일한 논쟁이 전개되었으며 마찬가지로 국가그룹 간에 뚜렷한 의견차이가 있었다. 유네스코에서의 논의 결과, 다수결 투표를 통해 '정보의 자유로운 흐름, 교육의 확대 및 문화교류확대를 위한 위성방송의 이용에 관한 지도원칙의 선언'(Declaration of Guiding Principles on the Use of Satellite Broadcasting for the Free Flow of Information, the Spread of Education, and Greater Cultural Exchange)이 채택되었다.

11) 이 결의는 많은 서방국가들이 반대했지만 사회주의국가 및 개발도상국들이 압도적인 찬성으로 통과되었다. 이러한 세계적으로 동서관계와 남북관계가 극심하게 긴장되어 있던 때에 이러한 대결이 발생하였다는 점에 주목할 필요가 있다.

레비전방송을 위한 국가의 지구 인공위성의 이용을 규율하는 제원칙(Principles Governing the Use by States of Artificial Earth Satellites for International Direct Television Broadcasting)」을 포함하는 결의(Resolution) 37/92를 채택하였다. 이 결의는–국가들의 사전 동의(Prior Consent)를 얻는 절차의 수정이라 할 수 있는–정보의 자유로운 흐름의 원칙을 인정하면서도 수신국과의 협정이나 약정을 조건으로 하는 인공위성에 의한 국제텔레비전방송을 확립하도록 하는 것이라 할 수 있다.[12]

이러한 제원칙은 총회 결의로 채택되었기 때문에 법적 구속력이 있는 문서가 아닐 뿐만 아니라 DBS(직접위성방송)에 관한 권고적 성격을 가질 뿐이다. 특히 결의가 컨센서스나 만장일치에 의한 것이 아니라는 점에서 사전 동의의 원칙이 일반국제관습법으로 확립되었다고 보기는 어려울 것이다. 이에 관한 국제협정이 가까운 장래에 가능할 것으로 보이지 않는다. 따라서 국가들은 국내법을 통하여 자국 영역내에서 수행되는 이러한 활동에 적용할 원칙을 정하게 될 것이다.

제5절 항공운항통제 및 통신과 항행을 위한 위성의 이용

1. 의의

오늘날 사회의 여러 분야에 큰 영향을 미쳐온 현대적 기술로부터 기대되는 가장 큰 혜택 중의 하나는 특히 항공운항통제를 위한 위성의 이용증가이다. 범세계적인 항공교통량은 그 동안 크게 증가하여 기존의 조직과 시설만으로는 항공교통통제가 그 기능을 수행하기 어렵게 되었다. 이에 대처하기 위한 최선의 방법은 항행통제(Navigation Control)를 위하여 위성을 이용하는 것이다. 이러한 면에서 항공당국과 우주당국간의 밀접한 협력이

이 문제는 COPUOS의 통상적인 컨센서스 절차가 확실히 실패하였던 첫번째 사례이다.

12) 이에 대한 상세함은 문준조외 1인, 전게서, 213~216면.

필요한 분야라고 할 수 있을 것이다. 이러한 현상은 더 나아가 법률분야에도 영향을 주고 있으며, 수많은 문제들을 제기하고 있다.

2. ICAO의 동향

1983년 ICAO는 통신, 항행 및 통제를 위한 위성을 보다 철저하게 사용함으로써 공역(Airspace)이 어떻게 보다 탄력적이고 효율적으로 사용될 수 있을 것인가를 또한 이로써 어떻게 보다 개선된 항공교통통제를 수행할 수 있을 것인가를 연구하기 위한 미래항행시스템위원회(Future Air Navigation System Committee: 이하 "FANS 위원회"라 한다)를 설치하였다. 시카고협약 제37조는 이 문제와 관련되어 있다. 이 조문은 다음과 같다: 각 체약국은 그 통일성이 항공운항을 촉진하고 개선하게 되는 모든 문제에서 항공기, 요원, 항공로 및 부대적 서비스(Auxiliary Services)와 관련된 규칙, 표준, 절차 및 조직에서의 실행가능한 최고 수준의 통일성을 확보하기 위하여 협력한다. 이러한 목적을 위하여 ICAO는 필요한 바에 따라 수시로 다음을 다루는 국제적인 표준 및 권고관행과 절차를 채택하고 개정한다.

a. 통신시스템과 지상표시(Ground Marking)를 포함하는 항행보조시설(Air Navigational Aids)
k. 조난 항공기 및 사고조사 및 수시로 적합하다고 판단되는 항공의 안전, 규칙성(Regularity) 및 효율성에 관한 기타 문제

시카고협약 제28조는 국가에게 자국 영역에 관한 모든 항공교통에 대한 궁극적인 책임과 통제권을 부여하고 있지만, 제3조(a)는 국가항공기는 시카고 협약의 적용대상에서 제외하고 있다는 점에서 문제는 더욱 복잡해진다. 또한 다수의 국가들간의 지역적인 협정에 따라 항공교통통제를 위한 기관을 설립하는 경우 어떠한 법이 적용될 것인가도 해결하여야 할 문제이다.[13]

13) 이 경우, 설립지 국가의 법이 적용되어야 한다는 법원칙이 존재하는 것도 아니다. 또한 엄격히 말해서 법적인 문제는

3. 위성항법시스템

그 동안 항공은 많은 위성항법시스템(Satellite Navigation System)을 사용하여 왔으며 특히 INMARSAT, 미국의 GPS(Global Positioning System)[14]와 러시아의 GLONASS가 주목할 만하다. GPS와 GLONASS는 원래 군사적인 목적으로 개발되었기 때문에 모든 항공요건(Aviation Requirements)을 충족시키는 것은 아니다. 한편으로 GPS와 GLONASS에 의존하는 다양한 시스템들이 구축되었는 바, EGNOS(유럽), MSAS(일본) 및 WAAS(미국) 등이 그것들이다. 또한 유럽의 독자적인 시스템인 Galileo System[15]이 구축중이며 원래 계획되었던 2008년보다[16] 다소 늦어진 2016년 운영을 시작하였다.[17] INMARSAT은 현재 항공기 통신의 상업적 측면과 안전외의(Non-Safety) 측면, 즉, 항공관리통신(Aeronautical

---

아니지만 그 중요성은 대단히 큰 재정적 부담의 문제도 남아있다. 대부분의 개발도상국들은 FANS 시스템에 참여하기 위한 충분한 재원을 가지고 있지 못하다. 그러나 항공은 세계 모든 지역에까지 그 범위가 미치고 있다. 이러한 문제를 해결하기 위한 방법으로 선진국들의 개발도상국들에 대한 지원이 필요하는가 등의 문제가 남아 있다. FANS는 현재는 ICAO CNS/ATM시스템(Communication Navigation and Surveillance/Air Traffic Management System)으로 명칭이 바꾸어졌다.

14) GPS(Global Positioning System) 또는 범지구위치결정시스템은 현재 완전하게 운용되고 있는 유일한 범지구위성항법시스템이다. 미국 국방부에서 개발되었으며 공식 명칭은 NAVSTAR GPS(NAVSTAR는 약자가 아님. 그러나 종종 Navigation System with Timing And Ranging이라고 하기도 한다)이다. 무기 유도, 항법, 측량, 지도제작, 측지, 시각동기 등의 군용 및 민간용 목적으로 사용되고 있다. GPS에서는 중궤도를 도는 24개(실제는 그 이상)의 인공위성에서 발신하는 마이크로파를 GPS 수신기에서 수신하여 수신기의 위치벡터를 결정한다. GPS 위성은 미국 공군 제50우주비행단에서 관리하고 있다. 노후 위성의 교체와 새로운 위성 발사 등 유지와 연구, 개발에 필요한 비용은 연간 약 7억5천만 달러에 이른다. 그러나 GPS는 전 세계에서 무료로 사용가능하다.

15) GNSS라고 불리는 전세계항행위성시스템(Global Navigation Satellite System)은 위성으로부터 전파수신기기에 가시거리(Line of Sight)가 확보되어있을 경우 몇 미터이내의 정확도로 위도, 경도 및 고도를 이용하여 위치를 결정하는데 지구전대역을 커버리지(coverage area)로 위치정보를 제공한다. 또한 지상에 고정기지국으로 수신기가 있을 경우 과학 실험용 기준시가 되는 정확한 시간을 계산하는 용도로도 사용된다. 현재 전대역에 서비스되고 있는 GNSS는 United States NAVSTAR Global Positioning System 즉, GPS라 불리는 시스템만 있고 2010년에 European Union's Galileo positioning system 즉, 갈릴레오라는 GNSS가 상용화될 전망이다. 현재 중궤도에서 24개 이상의 GPS 위성이 수신기의 장소, 속도, 방향을 결정하게 도와주고 있다. 1978년에 최초의 실험 위성이 발사된 이후 GNSS는 내비게이션의 없어서는 안 될 필수적인 도구로 자리 잡게 되는데 그 용도는 무궁무진하다. 지도 작성, 토지조사, 정확한 시간측정, 자동차 내비게이터, 그리고 CDMA 이동통신 시스템의 동기화 등이 그 대표적인 예이다.
http://blog.daum.net/kcc1335/616?srchid=BR1http%3A%2F%2Fblog.daum. net%2Fkcc1335%2F616.

16) F.G. von der Dunk, "Liability for Global Navigation Satellite Services: A Comparative Analysis of GPS and Galileo", Journal of Space Law, Vol.30(2004), pp.129~167.

17) http://www.esa.int/our_activites/navigation/galileo

Administrative Com-Munication)과 여객통신(Passenger Communication)에 중점을 두고 있다.

4. 통신항행위성 또는 통신항행감시위성

통신항행위성 또는 통신항행감시(Communication, Navigation and Surveillance: CNS) 위성은 본질적으로 인공위성시스템, 지구국(Earth Station)과 지상의 이동국(Mobile Station on Earth)과 관련된 이동위성서비스(Mobile Satellite Services)이다. 그러한 위성들은 최초에는 해상 CNS 목적으로 사용되었으며[18] 항공(Aeronautical) 목적으로도 사용될 수 있는 바, 이미 특히 미국의 GPS시스템을 이용하여 실험적으로 사용되고 있다.[19] 또한 GLONASS라고 하는 러시아 시스템도 있다. ICAO는 CNS의 항공목적을 위한 이용에 대한 규율에 관여하고 있다. 즉, CNS/ATM(Air Traffic Management를 위한 CNS)이다.[20]

GPS는 위성기술이 얼마나 다양한 용도로 사용될 수 있는지를 보여주고 있다. 예컨대 Navigation시스템은 이미 자동차에서 대단히 널리 사용되고 있다. 이동위성서비스는 전세계 모든 지역을 도달범위로 하고 있는 것으로는 GNSS(Global Navigation Satellite System)을 들 수 있다. 오랜 준비기간을 거친 후 유럽은 GALILEO라는 명칭이 붙은 시스템을 구축하기로 결정하였는 바, 이 시스템에서 EU와 ESA가 모두 참여하고 있으며 자금조달을 위하여 공사제휴가 이루이지고 있으며 EGNOS라고 부르는 항공목적을 위한 오차보정시스템(Augmentation System)을 갖게 될 것이다.

GALILEO시스템이 구축됨에 따라, 진정한 범세계적 GNSS-즉, 범세계적 기구의 후원을 받은 전세계적인 단일 시스템-에 대한 희망이 사라지게 되었다. 항공업계에서는

18) INMARSAT와 IMSO 참조.

19) 미국 국방부(Department of Defense: DOD)의 Global Positioning Satellite System도 민간인에 대한 서비스를 위하여 이용될 수 있다.

20) 세계 여러지역에서 ATC/ATM 시스템은 대단히 잘 발달되어 있기 때문에 그러한 시스템을 위성에 기반을 둔 시스템(Satellite Based System)을 대체하는 것은 불필요한 것으로 여겨지고 있다. 그러나 Russian Federation East of the Urals 또는 아프리카, 또는 태평양 지역과 같이 위성기반시스템이 더욱 효과적일 수 있는 지역들도 있다. 한가지 새로운 ATM기술, 즉, '자유비행'(Free Flight)의 경우에는 위성기반시스템이 필수불가결하다.

현재 명백해진 CNS/ATM 서비스의 분열에 대한 우려의 목소리도 나오고 있다. 그 동안 ICAO는 항공통신(Aeronautical Telecommunications)에 관한 Annex 10에 자신이 개발한 필요한 표준 및 권고관행(Standards and Recommended Practices: SARPs)을 추가하는 외에도 Global Navigation Satellite System(GNSS) Manual(2000)을 공표하였다. ICAO 법률위원회(Legal Committee)는 1990년대초 수차례 CNS/ATM의 법률측면을 검토하였지만, 이에 대한 결론을 내리지는 아니하였다. 1995년 이후 ICAO 이사회(Council)는 범세계적항행위성시스템과 관련된 법기반 확립에 관한 전문가패널(Panel of Experts on the Establishment of a Legal Framework with Regard to Global Navigation Satellite Systems)를 설치하였다.

2003년 1월 1일 우주왕복선 Columbia호는 지구로의 귀환 중에 미국 공역에서 폭발하여 되어 모든 탑승자들이 사망하였다. 그보다 17년 전인 1986년 1월 26일 우주왕복선 Challenger호도 이륙 직후 폭발하여 탑승자 전원이 사망하였다. Columbia호의 손실(Loss), 사건이 조사에 대한 조사 및 새로운 우주왕복선을 건조하지 아니할 것이라는 사실은 우주왕복선이 ISS(International Space Station: 국제우주정거장)와의 왕래를 위한 주요 운송수단이었던 ISS 프로프램의 지연을 불가피하게 할 것으로 예상된다. 러시아도 지구와 ISS 간에 우주비행사를 실어 나르는 탑재하중용량(Payload Capacity)을 제한하였다. 결국 이러한 사건들은 유인 우주비행의 자생력에 대해 회의를 품게 만들고 인간보다는 로봇을 이용하는 것이 바람직하지 않을까 하는 생각을 갖게 해준 측면도 있다.

제6절 지구원격탐사

지구원격탐사라 함은 항공기 또는 인공위성에 탑재한 센서(Sensor)를 통하여 지구를 탐지·분석하는 것을 말한다. 원격탐사는 이미 수십년동안 전세계적으로 실시되어온 인간활동이다. 탐사(Sensing) 또는 원거리탐지(Teledetection)는 항공기와 사진술이 인간사회의 진화의 필수적인 요소로서 뿌리내린 이후부터 행하여져 왔다. 그 후 인공위성에 의한 원격탐사가 세계에 등장하여 광활한 새로운 지평을 열게 되었다. 천연자원 탐사를 위한 위성의 사용은 초기 유인 우주비행에 장착된 휴대용 카메라와 함께 시작되었다. 미국이 전체 지구 위에서 자원에 대한 정보를 체계적으로 그리고 반복적으로 수집할 랜드샛 위성 시리즈에 대한 계획을 발표했던 1960년대 후반 국제사회의 관심이 더욱 커졌다.

항공정찰의 초기와 달리 현재의 상황은 특히 위성을 이용하여 우주에 인간이 접근할 수 있는 잠재력을 가진 크게 발전된 기술에 힘입은 바 크다. 다중대역(Multiband) 카메라와 단일체널열적외선스캐너(Single-Channel Thermal-Infra-Red Line Scanner) 등과 같은 도구들이 아주 오랫동안 공중관측(Aerial Survey)[21]의 표준 장비에 속하여왔지만, 현재 항공조사작업은 다중파장대(Multispectral) 스캐너(Scanners), 측면감시(Side-Looking) 레이더 및 마이크로파 방사분석법(Microwave Radiometry) 등을 포함하는 더욱 정교한 방법들에 의하여 수행되고 있다. 위성원격탐사(Satellite Remote Sensing)는 이러한 구성요소들을 오늘날의 우주기술과 결합함으로써 지구 자원을 모니터링하고 평가하는데 강력한 보조수단이 되고 있다. 그러한 원격탐사를 통하여 정기적으로 지구의 넓은 부분을 관찰하다는 사실은 두려운 잠재력을 보여주고 있다. 원격탐사문제(Remote Sensing of the Earth)는 우주활동의 자유 및 지구의 환경·자원에 관한 자료수집이라는 일반적인 이익과 자국의 천연자원에 관한 국가의 권리가 충돌한다.

1960년대 지구궤도 위성은 날씨예보의 범위와 정확성을 개선시킴으로써 기상 분야에 큰 진전을 가능하게 하였다. 그 10년 후 발사된 위성들은 선박운항을 위험에 빠뜨리는 빙산과 해저장애물의 확인 등 해양관찰을 할 수 있도록 해주었다. 적외선 사진술은 구름때문에 항상 잘 볼 수 없는 지역에 대해서도 정확한 영상을 얻을 수 있도록 해주었다. 농업

21) 공중관측(Aerial survey)이라 함은 항공사진을 활용하여 또는 적외선, 감마선(Gamma) 또는 자외선 등과 같은 전자기 스펙트럼의 다른 대역을 이용한 원격탐사 형상으로부터 정보를 수집하는 지오매틱스(Geomatics) 방법을 말한다. 공중관측은 또한 공중에서 어떠한 지역을 분석하여 작성된 도면(chart) 또는 지도를 참고할 수 있는 바, 이 경우 전형적으로 항공기, 헬리콥터 그리고 氣球(Balloons)를 이용하여 행하여진다. 공중관측은 보다 양호한 해상도, 품질 및 대기조건 때문에 위성영상기술을 이용하여 그 성과를 높이고 있으며 오늘날에는 사진측량법의 일종인 카메라가 공중에 설치되는 공중사진측량법(aerophotogrammetry)과 동의어로 흔히 인식되고 있다. 공중촬영영상(Aerial Images)에 대해서는 사진측량학 기술과 방법에 의하여 측정을 하게 된다. 공중관측은 지상에서는 볼 수 없는 많은 것들에 대한 정보를 제공할 수 있으며 다음과 같은 용도로 사용된다. 토지측량, 채광(採鑛), 고고학, 야생동물과 곤충 개체군(個體群) 조사, 植生(Vegetation)과 지피(地被)식물(Ground cover) 조사 및 정찰 등이다.
http://enc.daum.net/dic100/ contents.do ?query1=20X1069446.

분야에서는 작황 조사가 크게 개선되어 흉작을 조기에 탐지할 수 있게 되었다. 환경분야에서는 원격탐사는 해양, 육지 및 대기의 오염에 대한 조기 경보를 통하여 환경 보호에 기여하고 있으며 지진, 화산 폭발 및 핵폭발과 같은 재해로 초래되는 손해를 신속하고 정확하게 평가하는데 큰 기여를 할 수 있다. 물론 원격탐사는 국제환경협정의 준수를 관찰하는 데도 대단히 중요하다. 그러나 여기에는 두 가지 중요한 문제가 있다.

즉, 그러한 정보의 신뢰성과 독립성 및 그러한 정보에의 접근가능성이라는 요소이다. 특히 후자의 경우 상업적 원격탐사 활동의 수행으로 획득한 데이터의 이용과 관련되어 있으며 공공 이익과 사적 이익간에 또한 범세계적인 이익과 국가의 이익간에 균형점을 찾아야 할 필요성이 생겨났다. 위성원격탐사 활동은 지구 자원의 보다 효율적이고 양호한 활용에 기여할 수 있다. 원격탐사 활동의 수행에는 크게 두 가지 방법이 있다. 첫째, 소위 말하는 공역(Airspace)에서 수행하는 방법이 있다. 이 경우 항공기나 기구를 이용하게 되며 항공법이 적용된다. 또 다른 방법은 우주에서 위성을 통하여 수행하는 것이며 약 40년 동안 계속되어왔으며 현재는 그 규모와 효율성 측면에서 전자를 크게 앞지르고 대체하고 있다.

먼저 원격탐사시스템 운영의 소위 '우주부문'(Space Segment)과 다른 한쪽의 짝이라 할 수 있는 '지상부문'(Ground Segment)의 관계를 살펴보기로 하다. 우주부문의 기능은 지구 표면에 관한 데이터를 수집·기록하여 지구로 전송하는 것을 포함한다. 지상부문에서는 그 데이터를 수신하여 변환하고 해석하게 된다. 그 후에는 또 다른 중요한 원격탐사 단계인 데이터의 보급이 이루어진다. 이러한 데이터의 보급은 이를 둘러싸고 많은 논쟁을 불러일으켰으며 국가간의 쟁점사항이 되고 있다. 법적으로도 원격탐사에 대한 적합한 정의를 모색하기 위한 다양한 시도들이 행하여져 왔다. 그 정의에 대해서는 다음과 같은 의견들이 제시된 바 있다.

(1) 원격탐사라 함은 정보수집 장치가 조사의 대상과 접촉함이 없이 특정한 물체나 현상에 관한 정보를 수집하는 것이다.

(2) 우주로부터의 지구에 대한 원격탐사는 우주플랫폼으로부터의 관찰과 측정의 방법에 의하여 지구의 표면 또는 그 상하부의 현상의 성격과 조건을 특징지우는데 도움을 주는

방법론(Methodology)이라고 정의된다. 특히 현재는 이 방법은 전자기복사선(Electromagnetic Radiation)의 방출과 반사에 의존하고 있다.[22]

(3) 원격탐사라 함은 항공기 및 우주선이 탑재한 센서에 의한 지구 자원의 탐지·분석을 말한다.[23]

(4) 원격탐사는 ① 육지, 해상, 공역(Air) 또는 우주상의 고속 비행체(Craft)에 탑재된 센서에 의하여 지구상의 물체, 물질 및 상환에 관한 데이터를 수집하는 것과 ② 그러한 데이터를 정량화(Quantification) 및 가치평가(Qualification) 및 맵핑(Mapping)의 목적을 위하여 처리하는 것으로 구성된다.

이상의 정의들 중 첫 번째 정의는 극단적으로 광범위한 것으로 보이며, 두 번째 정의는 보다 기능주의적인 것이며 우주에서의 작업을 염두에 두고 있다. 세 번째 정의는 대단히 간결하다는 장점은 있지만 '센서'라는 용어의 해석에 너무 의존하고 있는 단점이 있다. 네 번째 정의는 다소 기능주의적이며, 다만 모니터링이나 데이터처리(Data Processing)의 기능이 너무 강조된 측면이 있다.

여기에서 한 가지 원격탐사에 대한 정의들에서 공통되는 핵심요소는 원격탐사가 감시하에 있는 대상과 물리적인 실제의 접촉이 없이 이루어진다는 것이다. 많은 학자들은 모니터링과 데이터 처리를 원격탐사 기능수행의 불가결한 부분으로 보고 있다. 원격탐사가 우주의 이용과 관련된 활동임에는 분명하지만 간과해서는 안 될 것은 피탐사 대상이 지구에 있고 그 최종단계는 지구에서 이루어진다는 것이다. 먼저 피탐사되는 대상이 국가인 경우, 국가주권의 문제와 관련되어 있다. 주권의 원칙은 항공법의 핵심적 요소라 할 수 있다. 1944년 시카고협약에서는 국가가 자국의 상부 공역에서 완전하고 배타적인 주권을 가진다고 선언하고 있다.

항공법과 우주법이 충돌할 수 있는 사례로는 다음을 들 수 있다. 항공기 정찰은 일종의

---

22) Draft Report of the UN Working Group on Remote Sensing of the Earth by Satellites, 2nd Session, 8 February, 1973, UN Doc. A/AC 105/C1/WG4/L4.

23) UN Department of Pubic Information, Press Release OS/V/57(21 August 1982), Section B, p.3.

원격탐사이며 만약 동의 없이 외국의 영토 상공에서 수행된다면 이는 명백한 불법이다. 우주법하에는 완전히 다른 개념이 일반적으로 수락되었을 뿐만 아니라 우주 조약 등에서 명시적으로 표명되었다. 즉, 모든 주권의 주장은 허용되지 아니하며 우주는 모든 국가의 혜택을 위하여 또한 이익을 위하여 모든 국가가 국제법에 따라 자유롭게 사용할 수 있는 것이다. 원격탐사 활동이 국가주권을 침해하는 것이라는 이유로 적법성을 부인하는 목소리가 없는 것은 아니다. 특히 그러한 활동에 대해 피탐사국의 사전동의를 얻어야 한다는 것이다. 현재 세계 모든 지역은 오랫동안 탐사되어 왔다는 것이다.[24)]

제7절 상업적 발사서비스

1. 현재의 상황

오늘날 우주에서의 다양한 활동들은 상당한 정도로 상업적인 목표를 추구하고 있다. 이는 위성의 발사활동이 꾸준히 증가하고 있는 사실에서도 입증되고 있다. 우주활동 초창기에는 이러한 상업적인 활동은 우주기술의 선도국가인 미국과 러시아에 의하여 강력하게 추진되고 지원되어 왔다. 미국에서는 우주 탐사의 상업적 중요성이 1988년 공식적으로 채택된 새로운 국가우주정책(National Space Policy)에 의하여 승인을 받고 촉진되어 왔다. 현재의 주요 국가들의 상황을 살펴보면, 위성발사 분야에서 미국, 유럽, 러시아 및 중국간에 치열한 경쟁이 진행되고 있다. 특히 중국은 다른 국가나 발사관련 기구들보다 훨씬 저렴한 비용으로 발사서비스를 제공하고 있으며, 러시아는 관련당사자들에게 상업적인 목적을 위하여 우주정거장[25)] Mir의 시설을 이용하도록 권유한 바 있다.

24) 원격탐사 데이터와 정보의 보급의 본질적인 기능, 우주로부터 지구의 원격탐사에 관한 제원칙에 대하여는, 문준조외 1인, 전게서, 227~241면 참조.

25) 이에 대한 상세함은, 전게서, 253~267면 참조.

2. 상업적 발사와 국내법의 제정

지구궤도를 포함하여 우주에 접근할 수 있는 유일한 방법은 아직은 로켓에 의하는 것이다. 현재 주요 발사대는 국가가 소유·운영되고 있는 바, 미국의 Cape Canaveral, 러시아의 Baikonur 및 프랑스의 Kourou가 그것들이다. 중국이 발사서비스를 제공하기 전까지만 해도 미국와 러시아의 시설만이 유인우주비행을 시작하기 위하여 사용되어 왔다. 지난 수십년 동안 많은 국가들이 그들의 발사활동을 상업화하였으며 비정부실체로 하여금 발사활동에 참여하는 것을 허용하여왔다. 뿐만 아니라 공해상에서의 민간 컨소시움(Consortium) 발사도 있었다.

그러한 결과 관련 국가들은 상업적인 민간발사활동을 규율하기 위한 국내법을 제정하였거나 향후 그러할 계획을 하고 있다. 그러한 입법은 우주조약 제6조에 의한 비정부실체의 활동에 대한 국가의 책임 그리고 책임협약상의 상업적 또는 민간의 활동을 포함하는 모든 발사활동에 대한 국가의 잠재적인 무거운 책임을 고려해볼 때도 필요한 것이라 생각된다. 국내우주입법들은 전형적으로 발사서비스 제공자로 하여금 자국의 인가를 얻도록 요구할 것이다. 그러한 인가는 발사활동이 그 발급국가의 국제적 의무에 부합되는 경우에만 부여하게 될 것이다. 인가를 받은 자는 통상적으로 제3자 책임보험에 가입하여야 하며 통상적으로는 다른 발사참여자들과는 상호책임추궁 상호포기(Cross–Waiver)에 대하여 또한 발사국과는 면책조항에 대하여 합의하여야 한다.[26] 현재 약 10여 개국이 발사관련 국내법을 제정하였다.[27]

3. 발사실패 리스크와 발사서비스 경쟁

한편 발사 실패는 여전히 우주통신산업을 재정적으로 취약한 상태에 머물게 한다. 국가는

26) 예컨대 영국의 1986년 우주법(Outer Space Act) 제3조, 제4조 및 제10조가 가장 좋은 예이다.

27) 미국은 가장 먼저 1984년 상업적우주발사법(Commercial Space Lunch Act) 및 1988년 상업적 우주발사법 수정법(Amendments)을 제정한 바 있으며 오스트레일리아, 브라질, 홍콩, 노르웨이, 러시아, 남아프리카, 스웨덴, 우크라이나, 영국 등이 관련 법을 가지고 있다.

흔히 재정적 부담을 스스로 감당하여야 한다. 사적 부문에서 보험은 발사전 리스크, 발사실패, 초기운행(Initial Operational) 리스크(일반적으로 최대 3년)에 대하여 가입할 수 있다. 그리고 위성 선체(Hull) 망실(Loss) 리스크에 대하여 가입할 수 있다. 그러나 보험료(Premium)는 발사실패의 빈도에 따라 변동하게 되지만 일반적으로 높아서 총투자액의 6% 내지 20%에 해당한다. 통신위성과 관련된 발사계약에서의 책임의 상호포기(Cross-Waivers)는 일반화되어 있어서 배상과 면책(Hold-Harmless)조항은 발사한 실체/국가에 유리하다.[28]

제8절 유인우주비행과 우주운송시스템

1. 의의

우주운송에는 여러 가지 시스템이 있다. 1970년대, 미국은 우주왕복선의 건조에 우선순위를 둔 반면에 소련은 운송우주선(Transport vehicle)으로서 Soyuz(유인) 및 Progress(무인)를 이용하는 우주정거장을 건설하는데 중점을 두었다.

첫 번째 우주왕복선은 1981년 4월 12일 발사되었다. 우주왕복선은 군사적·비군사적 기능 모두를 가지고 있으며 최대 30일의 기간 동안 총 7인(승무원 및 여객)을 탑승시킬 수 있다. 그 기능 중의 하나는 군사적 지원위성(Military Assistance Satellite)을 먼 궤도까지 올릴 수 있는 우주연락선(Space Tug)을 위한 플랫폼을 제공하는 것이다. 또한 다른 우주선에 연료를 공급하거나 임무를 행한 승무원을 교대시키거나 근거리 관찰을 위하여 우주선을 스캔(Scan)하는데 사용된다. 그러나 우주선의 제1차적인 기능은 지구궤도를 왕복하는 저렴한 비용의 운송을 하는 것이다. 그 최초의 임무는 우주실험실(Space-Lab)을 운송하는 것이었다. 화성 표면에 무인자동탐사기(Automatic Rover Explorer) 발사하거나 우주 정보를 수집하기 위한 우주에 무선전파망원경을 보내는데 사용되기도 한다. 그 밖에도 우주왕복

28) 이에 관한 상세함은 문준조 외 1인, 전게서, 243~246면 참조.

선은 인공위성을 궤도에 올리고 정비와 수선을 하는데 사용되어 왔으며 우주에 이미 설치된 시설간의 물건을 운반하는데도 유용하다. 우주왕복선이나 Soyuz와 달리 Progress는 무인이다. Soyuz는 수년 동안 궤도를 비행하여온 'Salyut' 우주정거장을 위한 공급과 정비작업을 수행하기 위하여 발사되었다. Soyuz 덕분에 그 우주정거장에 대한 수리를 할 수 있었다. 반면에 Progress는 공급품을 실어 나르는데 사용되었다. 그 동안 이러한 작업들은 과학적 목적으로만 사용되어 온 것으로 보인다. 소련의 우주비행국장 Solovyev는 우주정거장 Mir의 상업적 이용가능성을 강조하며 Progress 우주선의 귀환 캡슐 Progress 5도 상업적으로 이용될 수 있을 것임을 지적한 바 있다.[29]

2. 항공우주비행기

초음속 항공여행을 뛰어 넘는 단계로서 가까운 우주를 경유하여 지구상의 어느 지점들간의 우주 비행기를 이용한 운송도 장래에는 가능하게 될 수도 있다. 이 경우 항공여행인가 아니면 우주여행인가의 문제가 제기된다. 공역(Airspace)과 우주간의 구분에 대하여 기능적 접근을 한다면 아마도 전적으로 항공여행이라고 볼 수 있을 것이며 공간적인 접근방법에 의한다면 일부는 항공여행이고 일부는 우주여행이라는 볼 수 있을 것이다. 공법상으로는 후자의 접근방법은 우주 비행기가 우주에 있는 동안에는 국제업무통과협정(International Air Services Transit Agreement: IASTA)상의 의미인 통과비행(Over-Flight)의 권리를 얻어야 할 필요가 없을 것이다. 사법상으로는 이러한 형태의 항공우주(Aerospace) 여행이 바르샤바 체제(또는 몬트리올협약 체제)가 적용되는 것인지의 문제가 제기된다. 이에 대한 대답은 협약이 '공기'(Air)에 의한 또한 '항공기'(Aircraft)[30]에 의한 여행을 말하고 있기 때문

29) Diederiks-Verschoor and Kopal, *op. cit.*, p.84.

30) Aircraft: 최초의 정의는 1919년 Paris Convention Annex 1에서 내려졌다. 이에 따르면 비행기(Aeroplane)뿐만 아니라 글라이더, 氣球(Baloon), 케이블 氣球(Cable Ballon), helicopter도 포함하고 있다. 1944년 시카고협약 Annex 7에서도 동일한 정의를 내리고 있었다. 그러나, 1967년 11월 8일 그 표현을 "지구표면에 대한 반작용이 아닌 공기의 반작용으로 그 지지를 얻은 기계"로 개정하였다.

에 아마도 'no'가 될 것이다.[31] 그러나 항공우주운송인과 여객/화주간의 계약에 의하여 동 협약을 적용할 수도 있을 것이다. 지상에서의 제3자에 대한 손해에 대해 로마협약(Rome Convention)이 적용될 것인가 아니면 1972년 책임협약이 적용될 것인가 또는 두 협약 모두가 적용될 것인가는 논쟁거리가 될 수 있는 문제이다.

그 동안 새로운 발전이 이루어졌다. 몇 가지 유형의 항공우주비행기(Aerospace Planes)가 설계되었는 바, 우주왕복선이 그 첫 번째 표본이었다. 항공우주비행기는 영공과 우주 모두에서 이동할 수 있을 것이며 그 이동 범위는 우주왕복선 보다 훨씬 넓을 것이다. 먼저 이러한 항공우주비행기의 주된 목적은 목적지에 도달하고 통과중인(In Transit) 동안 지정된 목적을 달성하는 것이다. 결국 항공우주비행기에 항공법을 적용할 것인가 아니면 우주법을 적용할 것인가를 판단하는 좋은 기준은 그 비행기의 비행목적이라 할 수 있다. 그 주된 임무가 우주운송이라면 우주법을 적용하면 될 것이며 영공에서의 활동이 그 주된 목적이라면 항공법이 적용될 것이라는 것이다.[32] 항공우주물체(Aerospace Objects)에 관한 법적 쟁점은 이미 COPUOS 법률소위원회에서 논의되어 왔으나 여전히 논의만 지속되고 있을 뿐이다.

패이로드(Payload)에 손해가 발생한 경우 누가 책임을 져야하는가와 우주에서의 인적·물적 관할권도 중요한 문제이다.[33]

제9절 태양발전(Solar Power)위성

1. 태양에너지의 정의

태양에너지는 과학자들에 의하여 '태양으로부터 전자기 시스템(Electromagnetic System)

31) 1999년 몬트리올협약 서문 및 제1조 참조.

32) Diederiks-Verschoor and Kopal, *op. cit.*, pp.84~85.

33) 이에 대하여는 문준조외 1인, 전게서, 251~253면 참조.

을 통하여 방출되는 에너지'라고 정의되어 왔으며, 인간이 만든 열수집장치에 의한 직접적인 분리조치로써 열과 전기의 형태로 생산하는 에너지를 포함한다. 그러한 장치의 발명과 개발은 민사법과 국제법상의 지적재산권법 또는 특허법의 규칙들에 의하여 보호를 받게 된다. 태양의 정의와 관련하여 법학자들은 태양은 지구에 비추어지는 강렬한 열을 만들어 내는 밝은 별이라고 이해하고 있다. 그러므로 태양은 인간, 기타 동물을 비롯한 모든 생명체에 대한 기본적인 생명의 원천이다. 아마도 핵에너지를 제외하고는 지구상의 모든 알려진 에너지원은 태양에너지의 간접적인 형태들이라 할 수 있다. 태양발전위성(Solar Power Satellite: SPS)의 기능은 다음과 같은 몇 마디로 요약할 수 있다.[34] 즉, 태양에너지를 전기로 전환하여 지구로 전달하는 것이다. 그러한 위성의 잠재력은 그 동안의 에너지원의 부족으로 인하여 긴급한 상황이 발생하는 때에 대단히 유용할 것이다. 국제사회는 석유파동(Oil Crisis)이 발생한 1973년 이후 이러한 가능성에 대하여 인식하기 시작하였다.[35]

---

34) 태양발전위성이라 함은 인공위성에 거대한 태양발전장치를 실어 쏘아올린 뒤 여기서 얻는 전력을 마이크로파 등으로 변환시켜 지상에 보내면 이것을 다시 전력으로 변환시켜 이용하도록 하는 장치를 말한다. 이러한 방식은 첫째, 지상에 비해 우주공간에서는 복사 에너지가 약 10배나 크고, 둘째, 발전설비 비용이 저렴하고 복사선에 의한 성능의 저하가 더디며, 셋째, 기후조건에 의한 영향이 적다는 장점이 있다. SPS의 구상은 1968년 미국의 피터 글레이저가 기본개념을 제안했다. 그는 시스템으로 태양전지를 사용하는 태양광발전 방식과 거대한 열반사경을 이용한 집광식의 광-열발전 방식의 2가지 방식을 제안했다. 이중에서 광-열발전방식은 열 펌프나 터빈 발전기와 같이 움직이는 부분을 가진 기기를 필요로 하는 데 비해 태양광발전방식은 이런 가동부분이 없고 운전과 유지를 자동화·무인화하기 쉬울 뿐만 아니라 수명이 길다. 더욱이 최근의 태양전지기술의 진보로 단위 중량당 발생전력이 열발전보다 커지고 있다는 등의 여러 가지 장점을 가지고 있어 최근에는 태양광발전방식 쪽으로 기울어지고 있다. 태양광선 에너지는 밀도가 매우 낮기 때문에 거대한 구조물이 필요하게 된다. 예를 들면 5GW의 전력을 태양전지로 얻으려면 세로 5 km, 가로 6 km의 거대한 전지 2장이 있어야 한다. 그러나 하나가 3만t인 플랫폼을 지상 3만 6,000 km의 정지궤도까지 로켓으로 운반하려면 200만t에 가까운 연료가 필요하다. 그래서 달 기지가 완성되면 풍부한 달의 규소자원을 이용하여 실리콘 태양전지를 만든 뒤 우주에서 조립한다는 구상이 제안되고 있다. SPS에 사용될 태양전지로서 실리콘계와 갈륨비소계가 거론되고 있다. 실리콘 태양 에너지는 광전자변환효율이 12% 정도이지만 개량하면 효율을 더욱 높일 수 있다. 갈륨비소의 경우는 광전자변환율이 거의 30%에 이르고 성능의 저하율도 적다. 이밖에도 최근 큰 진전을 보이고 있는 결정성 실리콘 재료를 이용하는 태양전지도 주목을 받고 있다. 그러나 SPS 구상은 실현에 앞서 이 위성이 미칠 사회·환경에 대한 영향이 규명되어야 할 것이다. 과학계에서는 특히 인간의 건강이나 자연계의 생태계 균형에 미치는 영향을 과학적으로 분석할 필요가 있다고 지적하고 있다. 우주에서 보내오는 마이크로파 에너지 빔 속을 비행기나 새가 지나가도 아무런 영향이 없다고 주장하는 설도 있으나 이는 실험적으로 확인을 거쳐야 한다.
http://enc.daum.net/dic100/contents.do?query1=b22t2226a.

35) Diederiks-Verschoor and Kopal, *op. cit.*, p.97.

2. 태양에너지의 이용과 그 법적 의미

태양에너지의 이용이 국내법 분야에 미치게 될 영향을 평가함에 있어서는 다음 네 가지 법제도를 구분하여야 한다. 첫째, 지상과 관련된 문제로서, 태양에너지가 지상에서 수집되어 이용되는 경우 그러한 장비가 설치된 국가의 법을 고려하여야 한다. 여기에는 자국 영역(영공을 포함)에 대한 국가주권의 장애에 직면하게 된다. 또한 재산권 및 에너지공급관련 법제도를 가지고 있다는 사실로부터 발생하는 또 다른 문제들도 있다.

둘째, 해상과 관련된 문제로서, 태양에너지가 해양에 있는 부동발전소(Floating Power Plants)에서의 발전을 위하여 수집되어 이용되는 경우 1982년 국제연합 해양법협약(UN Convention on the Law of the Sea of 1982) 및 기타 조약과 국제관습법에 의하여 규율되는 해양법의 적용을 받게 될 것이다.

셋째, 영공과 관련된 문제로서, 항공기의 추진시스템으로서 영공에서 태양에너지를 수집·발생·이용하는 경우 영공에 관한 법제도가 적용될 것이다. 우주에서 발생시킨 태양에너지가 다른 법영역에서 이용되어야 할 경우에도 그러한 에너지가 영공을 통과하여야 한다는 점에도 시카고협약상의 원칙이 특히 중요하기 때문에 영공에 관한 법제도가 적용될 것이다. 시카고협약은 자국영토와 영해상공의 영공에 대한 국가의 주권을 인정하고 있다.

넷째, 우주와 관련된 문제로서, 현행 국제우주법 규칙상 태양에너지의 이용이 갖는 의미는 보다 구체적으로 검토할 필요가 있다. 우주에서의 태양력위성의 이용은 다음과 같은 요소들에 의하여 영향을 받을 것이다. 1967년 우주조약, 지구정지궤도, 책임협약, 등록협약, ITU 규칙 및 오염(Contamination and Pollution) 규칙 등이다. 우주조약은 우주의 개발과 이용은 모든 국가의 혜택을 위하여 또한 그 이익을 위하여 수행되어야 하며 이를 '모든 인류의 영역'(Province of all Mankind)라고 규정하고 있다.[36] 우주는 이용, 점유 또는 기타의 방법에 의하여 국가 주권의 주장을 할 수 없다. 한편 달협정에서 표현된 인류공동유산[37]

---

36) 이에 대해서는 David Tan, Towards a New Regime for the Protection of Outer Space as the "Province of All Mankind", *Yale Journal of International Law*, Vol.25(2000), p.145.

37) Brian M. Hoffstadt, "Moving the Heavens: Lunar Mining and the "Common Heritage of Mankind" in the Moon Treaty", *UCLA Law Review*, Vol.42(1994), p.575.

의 개념은 아직도 논란이 계속되고 있는 불확정적인 것이라고 평가되어야 할 것이다. 이와 관련하여 인류공동유산을 달협정 채택 당시의 정치적·사회적 이념의 표현이라고 간주하기도 하고 우주로부터 얻는 모든 혜택은 모든 인류를 위한 것이어야 함을 의미하는 진정한 법적 요구라고 주장하기도 한다.

기술적·실제적 이유 때문에, 태양력위성은 지구 적도상공 36,000킬로의 거리에 있는 지구정지궤도에 위치하여야 한다. 이 궤도에 위치하는 위성은 지구 자체와 공전주기가 동일하므로 지구에서 볼 때는 정지된 상태로 보인다. 지구정지궤도와 관련하여서는 Bogota 선언과 지구정지궤도의 제한된 수용량이라는 두 가지 문제가 제기되어왔다. 현재로서는 적도국가들의 주장이 받아들여지고 있지 않지만, 특히 지구정지궤도의 한정된 수용량으로 인하여 태양력위성이 활성화되었을 때에는 다시 한번 이 문제가 제기될 소지가 있을 것이다.

즉, 1976년 12월 3일 8개의 적도 국가들이 지구정지궤도에 대한 완전하고 배타적인 주권을 주장한 보고타 선언[38]을 발표하였는 바, 이 선언에서 지구정지궤도를 자연자원으로 간주하고 있다. 자연자원이라는 용어 및 그 이용은 달협정에서 규정되어 있지만, 그 정확한 내용에 대하여는 국제사회에서 아직 컨센서스가 이루어지지 못한 상황이다. 그러나 COPUOS 법률소위원회의 수차례 회의에서 표명된 일반적인 견해를 살펴보면, 주권의 주장이나 다른 형태의 우주의 전유(專有)는 모든 인류를 위한 탐사 및 이용의 자유를 규정한 우주조약의 표현이나 정신과는 배치되는 것으로 보고 있다. COPUOS 2001년 회기에서도 지구정지궤도는 우주의 일부라는 점에 대해서는 의견이 일치되어 있었지만, 이에 관한 합의가 이루어져야 과학기술소위원회에서 모든 국가 특히 개발도상국들의 이익을 증진시키기 위하여 과학적 지식과 조치의 진전에 초점을 맞추어 논의하는 것을 촉진할 수 있을 것이라고 판단하였다.[39] 태양에너지위성은 등록협약에 의하여 등록되어야 하며 그 정보는 국제연합 사무총장에게 제공되어야 하다. 또한 그러한 위성이 에너지를 전송하는 과정에서 발생한 피해와 손해에 대해서는 책임협약이 적용될 것이다. 한편, 태양에너지위성의

38) S. Gorove, "The Geostationary orbit–Issues of Law and Policy", *American Journal of International Law*, Vol.73(1979), pp.444~461.

39) 2001 Report of UNCOPUOS, Doc. A/56/20, para.126.

에너지전송기능수행이 ITU의 규칙의 적용대상이 될 수도 있을 것이다. 이는 순수하게 기술적인 문제와 관련되어 있다.

제10절 우주의 상업적 이용에 따른 법적 제문제

1. 상업적 우주시스템에 대한 실제적 문제들

우주에서 상업적 활동을 수행하는 데는 많은 장애요소들이 있다. 소요되는 막대한 투자자본 외에도 점차 확대와 변화를 겪고 있고 실패율도 높은 기술적 환경으로 인한 리스크 때문에[40] 항상 초기 자금조달이 문제가 된다. 자금조달이라는 문제가 해결된다 하더라도, 몇 가지 국내법상의 요건을 구비하여야 한다. 무선운영(Radio Operation)을 포함하게 되는 위성의 건조 허가, 위성 송신을 위한 무선허가 및 주무기관(미국의 경우 교통부)의 발사허가 등이 필요하게 된다. 이러한 요건을 구비하기 전 단계에서도 위성 건조, 지상시설 건설, 발사서비스, 무선주파수 환경과 호환성에 관한 분석에 관한 계약 및 회사의 각종 준비(운영 사업체의 설립 등)는 대단히 복잡하고 막대한 비용이 소유된다. 또한 상업적 서비스의 제공을 위해서는 그 시스템 운영과 유지(위성의 정상적인 기능에 관한 감시 등) 및 마케팅을 위하여 새로운 조직을 설치하거나 또는 기존의 조직을 지정하여야 한다. 이와 같이 사업구상 단계에서부터 사업 가동단계까지는 최소한 10년 이상이 소요된다. 사전 설계된 위성을 건조하는 경우에도 그 규모와 복잡성에 달라지기는 하지만, 보통 3년에서 5년이 소요된다. 발사는 일반적으로 30개월에서 36개월 이전에 계약이 체결되어야 한다. 또한 예

40) 수입을 창출하기 위하여 우주에 발사되는 시설들에 투자하는 것은 고도의 리스크(High Risk)가 수반된다. 관련 기술이 오랜 검증을 거치지 아니한 경우가 많고, 시설이 일단 우주에 발사되면 그 접근이 불가능하며 위치해 있는 환경 즉, 우주의 환경이 그다지 양호하지 않기 때문이다. 예컨대 통신위성에 투자하는 것은 아파트건물에 투자하는 것과 다르다. 우주 사업에서는 너무나 많은 것들이 잘못될 수 있어서 보험업자들이 우주 프로그램의 보상범위 중 많은 부분을 감당하는 것을 꺼리게 된다. 따라서 우주산업에 수반되는 명확하고 계량화될 수 있는 리스크가 아닌 경우 보험에 가입할 수 없고 설령 가입할 수 있다 하더라도 보험료의 부담이 너무 크다.

상보다 준비과정이 길어지게 되면 그 만큼 시스템 구축비용이 늘어나게 된다. 시스템이 운영되어 사용가능해지고 금전을 회수하기 시작하여 궁극적으로는 이윤이 창출될 때까지의 기간 동안에도 역시 장기간 막대한 금액이 소요될 것이다.

이러한 것들은 우주의 상업적 응용에서 직면하는 초창기의 문제의 일부일 뿐이다. 이러한 모든 준비를 완료한 후 막상 발사까지 성공적으로 마쳐서 위성이 궤도상에서 상업적 운영을 위한 준비가 되어 있다고 하더라도, 또 다른 실제적인 문제들이 남아있다. 예컨대 위성의 기능상의 문제가 발생한다면, 이를 수리하는 것은 거의 불가능하다. 위성의 반응제어시스템에 고장이 발생한다면(사실 여러 가지 요인 때문에 그러한 현상이 흔히 발생할 수 있다), 위성을 제어할 수 없게 된다. 이러한 상황이 되면 위성은 우주를 떠돌아다니게 되며 다른 우주물체와 충돌하여 이를 파괴할 수도 있다.

2. 국제협력의 필요성과 개발도상국의 특별한 필요

우주활동 및 개발도상국의 혜택과 관련된 개발도상국의 상황에 대해 살펴볼 필요가 있다. 우주의 이용은 모든 국가의 권리인 바, 이 원칙은 우주조약 제1조에 구현되어 있다. 그러나 현실적으로 개발도상국이 이러한 권리를 행사하는 것은 그들이 부담할 수 있는 것보다 훨씬 많은 비용이 소요되기 때문에 현실적으로 어려운 일이라 할 수 있다. 이러한 불리한 여건에도 불구하고 개발도상국들은 점점 적극적으로 우주활동에 참여하기 시작하였다. 교육과 정보제공의 위하여 위성을 사용하고 있는 인도와 인도네시아의 통신분야에서의 노력이 바로 대표적인 사례이다. 개발도상국들이 절실하게 필요로 하는 전통적인 통신수단을 구축하는 것은 대단히 많은 비용과 시간을 필요로 하므로 INTELSAT의 회원국이 되어 그 기구가 제공하는 기회를 활용할 수도 있을 것이다. 이미 80여 개의 개발도상국들이 미국 Landsat의 원격탐사자료를 이용하였다. 그러나 천연자원에 대한 원격탐사작업이 정부로부터 민간 산업으로 이관된다면 개발도상국들이 이용하기 어려워질 수 있을 것이다.[41]

「우주로부터 지구의 원격탐사에 관한 제원칙(Principles relating to Remote Sensing of the

41) Diederiks-Verschoor and Kopal, *op. cit.*, p.118.

Earth From Outer Space)」의 원칙(Principle)은 피탐사국가에게 무차별원칙과 합리적인 가격조건으로 자국 영역에 관한 제1차 자료와 처리된 자료에 접근권을 가지도록 보장하고 있다. 그런데 여기에서 '비용'이라는 용어는 다소 상업적인 접근을 시사해주고 있음이 분명하다. 개발도상국이 관여함으로써 이용할 수 있는 또 다른 분야는 태양력위성이라 할 수 있다. 어느 연구에 의하면 태양력위성 하나가 미국과 같이 전력소비량이 큰 국가에는 그 전력용량의 2% 증가시키게 되며 인도의 경우에는 하나의 태양력위성이 40%까지 용량을 증가시키게 된다. 그러나 비용문제가 그 개발을 가로막고 있다. 또한 개발도상국이 관심을 가질 수 있는 또 다른 분야는 우주에서 초래되는 환경적 피해를 방지하고 줄일 수 있는 분야이다.

한편으로 우주의 평화적인 개발에 관한 국제적 협력을 확대하고 심화시킬 필요성이 있는 바, 이를 위해서는 이 분야에 관한 법제도의 개발이 필요하다. 1988년 COPUOS는 '우주의 탐사와 이용이 개발도상국의 필요에 대하여 특별히 고려를 하여 모든 국가들에게 혜택이 돌아가고 이익이 되도록 수행되어야 한다는 원칙의 적용에 관한 법적측면의 검토'를 어젠다에 추가하였으며[42] 1996년 12월 13일 국제연합총회는 COPUOS의 작업의 결과로서 「개발도상국의 필요를 특별히 고려한 모든 국가의 혜택과 이익을 위한 우주의 탐사 및 이용에 관한 협력에 관한 선언(Declaration on International Cooperation in the Exploration and Use of Outer Space for the Benefit and in the Interest of All States, Taking Into Particular Account the Needs of Developing Countries)」[43]을 채택하였다. 이 선언은 개발도상국의 필요를 특별히 강조한 우주조약 제1조에 입각하고 있으며 '국가들은 형평하고 상호수락할 수 있는 기반하에 국제적인 협력에 자국이 참여하는 모든 측면을 자유롭게 결정할 자유를 가진다'는 점을 확인함으로써 현재의 상황을 반영하고 있다. 그러한 협력사업에서의 계약조건은 공평하고 합리적이어야 하며 관련 당사자의 정당한 권리와 이익에 충분히 부합되어야 한다.

42) UN Doc. A/AC/105/411.

43) UNGA Resolution 51/122.

3. 우주의 상업화를 위한 법제도의 구축 필요성

(1) 의의

상업적 우주산업은 많은 분야에서 상업적 우주법이 발전함에 따라 급속한 변화하고 있다. 특히 금융법과 계약법이 가장 대표적인 분야이다. 이 양자 모두 상업적 우주활동에 영향을 미치고 또한 영향을 받고 있다.[44] 금융법과 관련하여서는 민간의 상업적 우주비행의 출현 등과 더불어 정부가 재정을 지원하는 활동으로부터 사적인 자금조달 활동으로 점차 전환되어야 함은 분명하다. 이러한 발전을 지원하는 규칙을 정하기 위한 최초의 국제적인 노력은 UNIDROIT(International Institute for the Unification of Private Law: 사법통일국제협회)의 2001년 「운송장비의 국제담보권에 관한 케이프타운협약(Cape Town Convention on International Interests in Mobile Equipment)」과 그 「우주자산에 특정된 문제에 관한 의정서 초안(Draft Protocol on Matters Specific to Space Assets)」이다.[45] 이 협약의 주된 목적은 운송장비 즉, 선박, 철도, 철도차량(Rolling Stock), 항공기와 그 엔진 및 우주자산(Space Assets)에 대한 효율적인 자금조달을 확보하기 위하여 국제적 법제도를 확립하는 것이다. 이 새로운 국제문서의 항공기 부문은 이미 2006년 3월 1일 발효하였다. 우주 부문은 아직 요원하다. 협약과 의정서의 실제 적용가능성은 우주자산으로서의 위성과 트랜스폰더(Transponder)[46]에 한정될 것이다. 이들의 잠재적인 힘은 향후 우주산업의 발전이 지속됨에 따라 확대될 것이다. 우주에서의 상업적 활동이 증가함에 따라 발생할 가능성이 있는 법적 규칙으로는 특히 다음을 들 수 있다.

---

44) P.D. Nesgos, "Recent Developments in Commercial Space Law", Annals of Air and Space Law, Vol.22(1997), pp.433~440.

45) 김선이, "우주자산의정서에 관한 고찰", 「경희법학」(제47권 제1호), 경희대법학연구소, 2012, 133~184면 참조.

46) 트랜스폰더라 함은 송신기(Transmitter)와 응답기(Responder)의 합성어로 위성통신의 심장부인 전파중계기(電波中繼器)를 말한다. 지구국(地球局)으로부터의 전파를 수신, 주파수를 바꿔 지구에 재송신한다. 원래 레이더 시스템의 응답기를 가리키는 말로 쓰였으나 1963년 미국이 정지통신위성 '신콤'을 쏘아올린 뒤부터 주로 위성의 중계기를 뜻하게 되었다. 통신위성의 통신능력은 트랜스폰더의 수에 의해 결정된다. 1965년에 쏘아올린 INTELSAT 위성 I호는 전화 244회선 또는 텔레비전 1채널밖에 갖추지 못하였으나 80년에 쏘아올린 V호는 트랜스폰더를 32계통이나 갖추고 있어 전화 1만2000회선과 텔레비전 2채널도 송신할 수 있다.

① 우주잔해(Debris)에 의하여 상품(Goods)이나 환경에 대하여 발생한 손해를 다루는 책임규칙

② 우주활동으로 사람에게 초래한 사망 또는 상해에 대한 책임규칙

③ 그 제품 및 인도지연과 관련하여 위성의 제조업자에 영향을 미치는 책임규칙

④ 우주에서의 생활에서 발생하는 결과를 규율하기 위한 형법, 가족법 등의 규칙

⑤ 산업 및 지적재산권을 다루는 규칙

이러한 문제들 중 상당수가 이미 현행 입법 특히 책임협약에 의하여 다루어지고 있지만 나머지 문제와 상황은 예컨대, 발명에 대한 특허권 문제의 경우처럼 아직 관심을 얻지 못하고 있다. 그러한 문제로는 보험문제,[47] 지적재산권 문제,[48] 유럽의 특별한 관점 및 Aeronautical Public Correspondence의 등장 등을 들 수 있다. 대부분의 위성 특히 통신위성의 특징은 송신을 위하여 무선주파수를 사용한다는 것이다. ITU와 그 WARCs(World Administrative Radio Confrence: 세계무선통신주관청)에 의한 주파수대(Frequency Spectrum)의 관리가 중요한 것도 바로 이러한 이유 때문이다.[49] 이러한 사실은 특히 지구정지궤도에서 해당한다. 국제직접텔레비전방송의 이용에 대하여 1982년 국제연합총회가 일련의 지배원칙(Principles Governing the Use by States of Artificial Earth Satellites for International Direct Television Broadcasting)을 채택하였음은 이미 설명한 바 있다.

(2) 우주상업화와 관련된 기타 법적 측면

현재 많은 국가들이 독자적으로, 지역적 협력기구를 통하여 또는 대규모 국제협력벤처사업을 통하여 우주의 상업적 이용에 참여하고 있다. 이러한 활동은 위성·발사체(Launching Vehicles)·지구국·지상지원장비와 그 구성부분들의 설계·개발·제작 및 이를 지원하는 컨설팅서비스와 엔지니어링서비스로부터 발사시스템과 우주선의 운영으로까지 확대되고

47) 이에 대한 상세함은 문준조외 1인, 전게서, 282~288면.

48) 이에 대한 상세함은 전게서, 278~282면.

49) 이에 대한 상세함은 전게서, 276~278면.

있으며 정부, 기업 또는 개인에게 그러한 제품과 서비스를 제공하고 있다. 우주에서의 '비행 구성부품들'은 우주산업의 지상에서의 요소들에 의존하고 있다. 따라서 우주사업(Space Business)으로 볼 수 있는 활동은 어느 단계에서 위성, 발사대(Launcher) 및 관련 지상 부문(Ground Segment)을 이용하는 일련의 작업으로부터 이득을 얻거나 얻고자 하는 사업을 말한다.

한편 우주산업은 발전 초기단계에 있기 때문에 상업적 우주활동 중 많은 분야에서 정부의 투자와 지원이 있어야 발전과 성장을 할 수 있다. 위성통신 분야는 대단히 빨리 시작되었고 재정적으로 자립가능하다는 것이 이미 입증되었지만, 대부분의 우주사업들이 아직까지는 그러한 단계에 도달하지 못하였다. 상업적 우주비행활동에는 특히, (1) 발사서비스, (2) 상업적 위성서비스, (3) 지구관측위성시스템, (4) 기상서비스 및 (5) 항행(Navigation) 및 위치결정(Position Determination) 서비스를 포함한다. 위성제작업자의 역할 변화에도 주목할 필요가 있다. 현재 위성제조업자가 상업적으로 위성을 판매하기 위해서는 구매자에게 소유권을 넘겨주기 앞서, 때로는 발사를 구매(Procure)하고, 정해진 궤도에 위성을 올려놓고, 중요한 위성에 장착된 시스템의 성능을 확인하기 위하여 궤도에서 테스트하여야 한다. 이러한 관행은 초기단계에는 보다 높은 우주선(Space Vehicle) 손실 리스크의 대부분을 손실을 방지하기에 가장 좋은 입장에 있는 자에게 전가하는 것이다. 이는 우주선 보험과도 관련이 있다.

상업적 우주사업에 서서히 경쟁 현상이 등장하기 시작하였다. 기술적 어려움도 대단히 크다. 초기투자금은 수십억 달러에 이르면서도 리스크는 크고 초기투자금을 회수하고 이윤을 내기 시작하는 데는 상당한 시간을 요한다. 이와 같이 리스크와 비용이 다른 상업적 벤처사업과 비교해 보면 엄청나지만, 투자자와 운영자는 예상되는 높은 수익을 얻기 위하여 기꺼이 리스크를 감수하는 것이다.[50]

자연인과 법인은 우주물체로부터 손해를 입었다 하더라도 국가 또는 관련 국제정부간기구가 협약에 의거하여 그들을 대리하지 아니하는 한, 국내법에 의한 국내법원에서의 구제

50) Nina Tannenwal, "Law Versus Power on the High Frontier: The Case for a Rule-based Regime for Outer Space", Yale Journal of International Law, Vol.29(2004), p.363.

수단을 원용하여야 한다. 우주는 국가주권이 미치지 아니하므로 이러한 상황에서는 어떤 국가의 국내법이 우주에서 행하여진 민사불법행위(Tort), 위법행위(Unlawful Acts) 또는 준범죄행위(Quasi–Delicts)에 대하여 적용될 것인가라는 국제사법/저촉법상의 문제가 제기된다. 이 문제는 국가의 주권이 미치지 아니하는 하는 곳에서의 국제해양법과도 공통점이 있다. 다시 말해서 우주나 공해상에서 국내법은 존재하지 아니하기 때문에 Lex Loci Delicti Commissi 즉, 불법행위발생지의 법을 적용할 수 없다. 해양법에서는 기국 즉, 선박의 국적국의 법의 적용에 의하여 부분적으로 해결되어 왔으나 우주선은 국가영토의 일부로 간주되지 아니하며 국적이라는 개념도 없다. 그러나 우주조약 제13조에 의하면 그 등록부(Registry)에 우주로 발사된 물체가 등록된 발사국이 그에 대한 관할권과 통제권을 보유한다. 우주에서 행하여진 민사불법행위(Tort), 위법행위(Unlawful Acts) 또는 준범죄행위(Quasi–delicts)에 대하여 우주물체의 등록국의 법이 적용된다는 것을 시사하고 있다.

우주에서 체결된 계약에 대해서는 유사한 문제가 제기된다. Lex Loci Contractus 즉, 계약체결지법이 적용될 수 없다. 그러나 계약당사자들이 계약자유의 원칙에 따라 다른 국가의 국내법을 준거법으로 지정하고 있는 경우가 아니라면 그 어떠한 것도 우주선내에서 체결된 계약에 대하여 그 우주선 등록국의 법의 적용을 금지하고 있지 아니하다. 아마도 향후에도 우주선 등록국의 국내법을 준거법으로 하는 경우가 많을 것으로 예상된다.

이와 관련하여 다수국간의 우주활동에 대해서 언급할 필요가 있을 것이다. 특히 국제우주정거장의 경우에 그러하다. 각기 다른 국적을 가진 당사자들간에 계약상의 약정은 계약준거법을 지정할 필요가 있으며 국가와 관련되어 있는 경우에는 다국간 우주정거장내에서의 범죄행위에 대한 준거법도 지정하여야 한다. 결함이 있는 또는 위험한 항공우주제조물 책임은 항공법에서도 중요한 문제이듯이 우주법에서도 향후 크게 중요한 문제가 될 가능성이 있다. 항공법과 우주법과 관련된 제조물 책임은 비교대상이 될 수 있을 것이다. 희생자의 상거주지(Place of Habitual Residence)법의 적용이 우주법과 관련된 사건에서는 Lex Loci(행위지법, 계약체결지법 등)의 적용보다 선호될 것이다. 장래의 우주운송시스템–미국의 우주왕복선은 그 선구자라 할 것이다.[51]

---

51) 이에 대한 장래의 준거법에 대해서 문준조외 1인, 전게서 291~293면.

제11절 우주의 환경보호

1. 의의

우주시대가 시작된 이래로 과학자들과 엔지니어들은 우주활동과 관련된 환경위험들을 확인하기 위하여 노력하여왔다. 우주활동이 빠르게 발전하고 이 활동들이 환경에 미치는 영향에 대한 우려가 커짐에 따라, 환경보호를 위한 노력은 과학적·기술적 연구에 그치지 않고 법적 보호수단을 발전시키는 방향으로 이어지고 있다.

우주법은 달과 다른 천체들을 포함한 우주를 탐사·이용할 수 있는 국가의 권리를 인정하여왔다. 그러나 우주의 탐사와 이용이 미치는 환경적 영향과 우주활동의 잠재적 위험들이 점차 주요 관심사가 되고 있다. 우주활동의 환경문제들을 다루는데 있어서는, 영공과 우주를 함께 다룰 필요가 있다. 왜냐하면 영공과 우주의 경계에 대한 국제적인 합의가 없고 우주활동이 지구상의 표면에서부터 영공을 거쳐 우주에 까지 걸쳐 수행되기 때문이다. 따라서 우주활동은 지구상의 환경과 대기 그리고 우주에 대한 위험의 근원이 될 수 있다.

우주활동은 여러 가지 물질들을 상용하고 환경에 바람직하지 않은 물질들을 방출하기 때문에, 우주활동은 우주와 지구 환경의 여러 부분에 다양한 정도로 공해(Pollution)와 오염(Contamination)을 발생시킨다. 여기에서, 공해와 오염이라 함은 환경의 균형을 교란시키거나 우주활동을 방해하는 물질 또는 인간활동이 지나치게 많음을 의미한다.[52] 우주비행활동의 증가와 더불어, 환경에 피해를 줄 가능성은 더 커지고 있다. 고도와 지역에 따라 환경의 자연적 구성이나 상태는 다르기 때문에 우주활동으로 인한 공해와 오염의 효과는 우주의 어떤 부분에서는 심각하게 해로울 수 있지만 다른 곳에서는 아무 해가 없을 수도 있다. 피해는 물리적·유형적인 것일 수도 있고, 비물리적·무형적인 것일 수도 있다. 우주 공해와 오염은 화학적 오염, 생물학적 오염, 또는 전자기적(Electromagnatic) 방해를 포함하는

52) He Qizhi, "Environmental Impact of Space Activities and Measures for International Protection", *Journal of Space Law*, Vol.16(1988), pp.117~118.

다양한 형태를 띠게 될 것이다.[53]

2. 우주환경 관련 국제법

(1) 조약

우주와 환경 보호의 문제는 이와 관련된 보편적 원칙만을 성문화한 협약은 아직 존재하지 아니하기 때문에 우주 관련 조약들의 개별적인 규정들을 분석하여야 할 것이다. 우주환경을 다룬 최초의 조약은 1963년 부분적 핵실험금지조약(Treaty Banning Nuclear Weapon Test in the Atmosphere, in Outer Space and Under Water)이다. 이 조약은 대기권 그리고 우주를 포함한 대기권 너머에서 핵폭발을 금지하고 있다. 제1조의 조건하에 따라 당사국들은 대기권, 우주 및 수중에서의 자국의 통제하에 있는 어떠한 장소에서(at Any Place Under their Control) 핵무기실험폭발을 금지하고 방지하고 수행하지 아니한다는데 합의하였다. 그 목적은 방사선 잔해가 광범위하게 유포되는 것을 방지하기 위한 것이다. 그러한 잔해가 어느 정도 확인가능한 우주의 일정 지역에 도달될 수 있지만 물리적으로 확인하기 어려운 형태를 띨 수도 있다. 후자의 경우에도 명백히 이 조약에서 규제하고자 하는 오염으로 볼 수 있을 것이다.

보다 넓은 의미의 환경 보호는 1967년의 우주조약과 1979년의 달협정에서 다루고 있다.[54] 이 두 협정은 본질적으로 달과 기타 천체들을 비군사화함으로써 군사 활동으로 인한 환경적 영향으로부터 보호하고 있다. 그러나 이 조약들은 우주 환경보호와 관련하여 다음과 같은 결함을 남기고 있다. 첫째, ASAT무기를 포함하여 다른 우주 무기들을 테스트하고 배치하는 것을 전혀 금지하지 않고 있다. 둘째, 우주를 통과해 이동하는 궤도들에서 전략미사일들이 운반하는 탄두들을 전혀 금지하지 않고 있다. 셋째, '대량살상무기'에 대한 정의가 없다. 요컨대 이 조약들은 핵무기외의 우주 무기들을 테스트하고, 배치하고, 사용할

53) 이에 대한 상세한 내용은, 문준조외 1인, 전게서, 311~315면.

54) 이에 대한 내용은 전게서, 317~320면.

가능성을 열어두어, 잔해 상황을 더 악화시킬 가능성을 남겨놓고 있다.[55]

(2) 관습국제법

우주법이 국제법의 한 부분이기 때문에, 우주활동으로 야기되는 환경문제들에 적용 가능한 국제법의 관습적 원칙들을 확인하는 것은 유용할 것이다. 국제사회에서 관습법은 여러 국가의 일반적 관행들의 기반에 의존하여왔다. '일반적 관행들'이란 습관적으로 행해지는 행위로서 이에 따라 법적 권리의 지휘를 획득하는 관행을 말한다. 환경보호에 관한 관습국제법의 총칙은 자주 인용되는 1941년의 트레일 스멜터 사건(Trail Smelter Case)에 기반을 두고 발전하여왔다. 미국과 캐나다의 중재법정은 처음으로 그러한 사건을 다루면서, 다른 국가의 영토 안에서 또는 영토에 피해를 입히는 방식으로 자신의 영토를 이용하거나 그렇게 사용하는 것을 허용할 권리는 어떤 국가에게도 없다는 법 원칙을 확립하였다.[56]

스톡홀름 인간환경선언(the Stockholm Declaration on the Human Environment)의 제21원칙은 국가 관할권을 넘어서는 지역에서의 환경상의 위험을 포함하며, 국가들이 '자국의 관할권 또는 통제내에서의 활동이 다른 국가들 또는 국가 관할권의 범위를 넘어서는 지역의 환경을 해치지 아니하도록 확실히 해야 할 책임'이 있다고 규정하고 있다. 이 원칙의 법적 중요성이 논쟁의 여지가 아예 없는 것은 아니지만, 일반적으로 많은 훌륭한 국제변호사들은 이것이 기존의 관습법을 반영하는 것으로 여기고 있고, 일부 국가들은 스톡홀름 회의에서 이 원칙이 기존의 국제법을 표현하는 것이라는 견해를 피력하였다. 따라서 국제관습법의 내용도 그 적용범위를 우주로까지 확대할 수 있을 것이다.

---

55) 1972년의 「세균 및 독가스무기의 개발, 생산 및 비축의 금지 및 그 파괴에 관한 협약(Convention on the Prohibition of the Development, Production and Stockpiling of Bacteriological(Biological)」 and Toxic Weapons and their Destruction), 1976년의 「환경변경기술의 군사적 기타 적대적 사용의 금지에 관한 협약(the Convention on the Prohibition of Military and Other Hostile Use of Environmental Modification Techniques)」도 그 적용범위를 지구와 그 상공의 공역(airspace)으로 제한하고 있지 아니하기 때문에 우주 및 달과 기타 천체에 대해서도 적용될 수 있을 것이다.

56) 이 원칙은 1979년 대기오염물질의 장거리이동에 관한 협약(Convention on Long-Range Transboundary Air Pollution)과 1982년 해양법협약(Law of the Sea Convention)에 의해 인정되었다. 그리고 더 나아가 ILA Montreal Rules on International Law Applicable to Transboundary Pollution에 구체적으로 포함되었으며, 그 내용은 다음과 같다: "국가들은 그들의 활동에 있어서 어떤 실질적인 피해도 다른 국가의 영토에서 발생하지 않는 정도로 초국경 오염을 방지하고, 감소시키고 통제할 의무가 있다."

3. 우주활동의 환경에 대한 실제적 위험과 손해의 유형

손해의 유형은 다음과 같이 구분될 수 있을 것이다. (1) 우주를 떠도는 잔해에 의하여 초래된 손해, (2) 유해한 오염이나 유해한 방해에 의하여 초래된 손해, (3) 핵 및 방사선과 관련된 우주활동에 의하여 초래된 손해, (4) 오존층에 대한 피해, (5) 우주전자장에 의하여 초래된 손해 및 (6) 태양(solar)위성에 의하여 초래된 손해 등이다.[57]

57) 이에 대한 상세한 내용은, 문준조외 1인, 전게서, 321~339면.

국내우주법의 발전

제1절 의의

우주법은 국제우주법에만 국한되는 것이 아니다. 국내우주법도 점차 증가하고 있다. 우주활동에 참여하는 국가들이 늘어나면서 이들 국가들은 국제연합 총회 1962년 결의와 우주조약 제6조의 규칙(국가는 정부기관에 의하여 수행되든 아니면 비정부실체에 의하여 수행하여지든 간에 우주에서의 자국의 활동에 대하여 국제책임을 진다)을 시행하기 위한 국내 우주법을 제정하고 있는 것이다. 민간(즉, 비정부) 기업의 우주활동에의 참여는 흔히 국내 라이센싱 입법의 채택을 필요로 한다. 한편 공역에서의 사인의 권리는 이용할 수 있는 공역에서만 인정될 뿐이며 우주에서는 다음 두 가지 이유로 사적인 권리가 없다. 첫째, 우주는 지상의 토지소유자의 토지의 대단히 높은 상공에 있기 때문에 사업상의 의미에서 토지소유자가 이용할 수 없다. 둘째, 더욱 중요한 것으로 우주는 공유물(Res Comminities)로서 공법상으로 또한 사법상으로도 전유의 대상이 되지 않기 때문이다. 더욱 어려운 문제는 달과 천체에서 또한 그 샘플과 자원에 대한 개인의 소유권 주장이 있을 수 있는지의 여부이다. 사실 최근 서구의 수많은 사인들이 달에 대한 소유권을 주장하며 판매하기도 하였다.[1]

1) 달, 천체 그리고 그 샘플과 자원에 대한 소유권을 인정하기 위해서는, *'res nullius'* 관념을 원용하여야 할 것이다. *res nul-*

국제우주법과 국내우주법은 모두 협력, 평화적 목적 및 국제적 갈등의 방지를 도모하고 있다. 경쟁은 경쟁시장에서 사적 기업들간에는 유익한 것이지만, 초강대국들간의 경쟁은 결코 유익하지 않다. 협력(Cooperation), 갈등(Conflict) 및 경쟁(Competition)의 알파벳 C로 시작하는 3가지 개념이 1957년에서 1958년까지의 전반적인 분위기이었다. 1989년 냉전이 종식된 이후로 세계는 우주분야에도 협력과 평화로운 경쟁이 진행되어왔다. 2017년 현재 22개국 이상의 국가가 국내우주법을 제정하고 있다.

제2절 주요 국가의 국내우주법

1. 미주 국가의 국내우주법

(1) 미국

미국에서 가장 중요한 우주법의 발전과 범위를 규율하는 국내법은 1958년 제정된 미국 항공우주법(National Aeronautics and Space Act: NASA Act)이다. 이 법은 과학분야에 관한 국제적 협력의 상징이자 축소판이라 할 수 있는 국제지구물리관측년(IGY)과 관련하여 또한 1957년 10월의 Sputnik호의 발사 여파로 개발되었다. 이 법은 미국의 우주활동이 평화적 목적을 위하여 모든 인류에게 이익이 될 수 있는 방향으로만 수행될 것임을 천명하였으며 이 법에 따라 우주활동계획, 지휘 및 실행을 담당하는 미국 항공우주국(NASA)이 설립되었다. 이 법은 여러 가지 법률문제를 다루고 있으며 추가로 제정된 법률들을 통해 책임보험(Liability Insurance) 및 배상(Indemnification), 행정청구(Administrative Claim) 및 소송, 항공우주국과 다른 연방기관과의 관계 및 많은 문제들도 다루었다. 이와 더불어 기존

---

*lius*라 함은 어느 누구에도 속하지 아니하는 물건으로서 점유(Occupation)에 의하여 그 소유가 허용되는 무주물을 의미한다. *res nullius*는 공기 및 공해의 물 및 우주와 같이 專有될 수 없는 모두에게 속하는 물건을 뜻하는 *res communis*에 반대되는 개념이다. Allen Duane Webber, "Extraterritorial Law on the Final Frontier: A Regime to Govern the Development of Celestial Body Resources", *Geo. L. J.*, Vol.71(1983), pp.1453~1454.

법률이 개정되어 우주활동에 적용되게 되었다. 1962년 통신위성법(Communications Satellite Act)은 우주통신의 중요성과 역할의 증대를 인식하고 정부규제를 받는 민간기업인 통신위성회사(Communications Satellite Corporation)를 통해 미국이 국제전기통신위성기구(INTELSAT)시스템과 국제해상위성기구(INMARSAT) 시스템에 참여할 수 있도록 하였다.

미국 의회는 또한 미국/국제우주정거장 프로젝트와 관련된 문제들을 다루기 위하여 기존의 특허 및 상표법을 개정하여 '우주에서의 발명'을 법제화하였다.

1984년의 지구원격탐사상업화법(Land Remote-Sensing Commercialization Act)은 연방정부를 위하여 지속적으로 가용자료를 유지하고 정부운영으로부터 민간의 상업적 운영으로의 전환을 규정하여 원격탐사의 단계적인 상업화를 위한 기틀을 마련하는 것을 목적으로 하였다. 1984년 상업적우주발사법(Commercial Space Launch Act)은 민간 위성발사 및 관련 서비스를 규율하기 위한 것이며 정부의 발사장비 및 서비스의 민간부문에 의한 인수를 촉진하기 위한 목적으로 1988년 개정상업적우주발사법이 통과되었다. 2000년에는 우주상업운송경쟁법(Commercial space Transportation Competitiveness ACT), 2002년 상업적재사용가능우주운송법(Com-mercial Reusable In-Space Transportation Act)을 제정하고 2004년에는 1984년의 우주상업발사법을 개정하였다.

이러한 의회의 입법외에도 현재 미국에는 우주법 및 정책결정에서 상이한 역할을 맡으면서 우주활동에 참여하거나 관련 있는 연방 정부기관의 수는 18개가 넘는다. 일부 정부기관의 대표들은 우주문제와 관련하여 외국정부와의 국제협상에서 미국을 대표할 수 있고 우주관련 국제기구의 활동에 참여할 수 있다. 우주에 관한 입법 활동은 하지 아니한다. 그러나 천연자원, 환경감시, 위성통신, 전략방위구상(Strategic Defense Initiative) 또는 국가항공우주항공기프로그램(National Aerospace Plane Program)의 관리를 위한 우주기술의 응용 및 개발에 관련된 기관 또는 과학적 연구 또는 우주활동의 성과에 대한 정보보급의 업무만을 수행하는 기관도 있다.

특히 규칙을 마련과 관련하여 다른 기관들도 중요한 역할을 하나 특히 핵심적인 작업은 NASA가 담당한다. 예컨대 연방통신위원회(Federal Communications Commission)는 원격통신인공위성의 제조와 발사를 허가하고 있으며 지구정지궤도의 이용 및 지구정지궤도를 활용하는 우주서비스계획에 관한 세계무선통신주관청회의(World Administrative Radio

Conference on the Use of Geostationary Orbit and the Planning of the Space Services Utilizing It, WARC-ORB)에 참가한 미국대표단에 그 인원이 참여하였다.

상무부(Department of Commerce) 산하의 국가해양대기청(National Oceanic and Atmospheric Administration)은 위성데이터서비스를 제공하고 같은 부처 산하의 국가전기통신정보청(National Telecommunications and Information Administration)은 원격통신 분야와 관련하여 대통령에게 조언을 한다. 교통부(Department of Transportation)는 그 상업우주교통청(Office of Commercial Space Transportation)을 통해 민간부문의 상업적 목적의 발사를 규제하고 보험 및 제3자 배상책임의 요건을 정한다. 이러한 규칙은 다른 부처와 기관들이 발하는 규칙과 더불어 연방규정집(Code of Federal Regulations)에 수록된다.

우주기반 기술 이용의 학제적 성격은 우주활동이 여러 연방기관들의 업무와 관련성을 가지고 있다는 사실뿐만 아니라 NASA활동의 다양한 모습에도 반영이 되어있다. 이러한 활동의 예로는 우주연구, 지구상의 실제문제 해결을 위한 우주기술의 이용, 인류가 지구를 벗어나 태양계로까지 활동범위를 확장하는 데 필요한 연구 및 개발 등이 포함된다. 여러 대통령의 행정명령(Executive Order), 발표, 정책성명, 지침(Directive), 결정 등을 포함하는 국내법 및 규칙외에도 우주관련 활동에 관한 주법(州法)도 있다. 마지막으로 우주법의 발전에 있어 그 중요성이 한층 커지고 있고 내용도 풍부해지고 있는 국내판례법을 들 수 있겠다. 우주분야와 관련된 상당수의 판례는 원격통신분야를 다루는 것으로 연방통신위원회 등의 행정기관에 제기된 법적 절차와 관련된 것이지만 다른 우주분야를 다룬 적지 아니한 연방법원과 주법원의 많은 판례들이 있다.

(2) 캐나다

캐나다는 1990년 캐나다우주국법을 제정하였으며, 캐나다우주국(Canadian Space Agency)의 기본적인 목적은 우주의 평화적 이용 및 개발을 장려하고 과학을 통해 우주에 대한 지식을 확장하며 우주과학 및 기술이 모든 캐나다인들에게 사회 및 경제적 이익을 가져올 수 있도록 함에 있다. 캐나다 우주국은 캐나다 의회가 관할권을 가지고 있으면서 법으로 다른 정부부처, 위원회 또는 기관에 위임하지 아니한 우주에 관한 문제들에 대해 조치를 취할 수 있다.

(3) 브라질

브라질은 1994년에는 민간기구로서의 브라질 우주국의 설립 및 관련 문제에 관한 제8854호 법률 그리고 우주활동국가정책의 수정안의 승인에 관한 제1332호 법률을 제정하였으며, 1996년에는 우주활동국가시스템개발 및 기타 사항의 제1953호 법률, 2001년 브라질 과학기술부, 브라질 우주국 행정명령 제27호 등을 제정하였다.

2. 유럽국가

(1) 러시아

미국과는 달리 소련은 민간인을 위한 별도의 우주행정기관을 설립하거나 우주법을 제정하지는 않았지만 1985년, 상업적 목적으로 우주서비스 및 우주시설을 다른 국가들에게 제공하기 위하여 글라브코스모스(Glavcosmos Agency)를 설립하였다. 1992년초, 러시아는 러시아우주국(Russian Space Agency)을 설치하였으며, 1993년 10월 러이사연방우주활동법을 제정하였다. 우주활동허가증명서발급령도 제정하였다.

(2) 프랑스

프랑스는 인공위성을 세번째로 쏘아올린 국가이며 이미 1959년에 우주연구위원회(Space Research Committee: Comité des Recherches Spatiales)가 설치되었으며 1961년에는 산업 및 상업적 성격을 지는 과학기술기구이자 우주연구위원회가 수행하는 업무를 지속하고 확장하며 프랑스의 민간우주프로그램과 그 시행에 관한 책임을 지는 국립우주연구센터(National Center for Space Studies, Centre national d'études spatiales: CNES)가 설치되었다. 몇몇 국가에서는 국가의 이익을 증진하고 우주활동에 자원을 배분하고자 하는 의지의 반영으로 더욱 공식적인 기관 구조가 출현하기 시작하였다.

(3) 영국, 독일, 이탈리아 및 스페인

그 밖에도 영국, 이탈리아, 독일 민간우주기관을 보유하고 있다. 이러한 기관들의 설치에도 불구하고 관련 정책 및 정치적 감독기능은 여전히 정부 부처의 소관으로 남는 경우가 많다. 예컨대 영국국립우주센터(British National Space Centre)는 1985년에 설립되었으며 통상산업부(Department of Trade and Industry) 소속하에 있다. 영국은 1986년 우주법(Outer Space Act)을 제정하였으며, 이 법에 따라 다른 국가의 국민들이 수행하는 우주물체의 발사 및 기타 활동과 관한 영국의 국제의무의 이행을 확보하기 위하여 면허부여 및 기타의 권한을 외무장관(Foreign Secretary)에게 부여하고 있다. 주요 우주활동 대부분이 정부주도하에 이루어졌던 독일은 1989년 중앙우주관리기관으로서 독일우주국(German Space Agency, DARA)을 설립하면서 우주관리시스템을 근본적으로 정비하였다.

이탈리아의 경우, 1988년 수년에 걸친 논쟁과 의회 내의 절차를 거친 후, 이탈리아우주국(Italian Space Agency)을 설립하였다. 이탈리아우주국은 전신이었던 국립연구위원회(National Council for Research, Consiglio Nazaionale delle Ricerche) 소속의 국립우주계획(National Space Plan, Piano Nazionale Spaziale)을 대체하였다. 국립우주계획은 새로운 기구로 대체되기 전까지 관련 부처들과 협조하에 이탈리아의 우주정책을 결정하는 업무를 담당하고 있었다. 새로운 이탈리아 우주국은 국가의 과학연구, 기술개발 및 우주 분야의 응용 프로그램 그리고 ESA의 활동과 쌍무적 프로젝트 등의 국제적인 프로그램을 주선하고 관리하는 업무를 담당한다. 1982년 스페인도 우주활동법을 제정하였다. 이 법은 국가우주기관을 설치하는 법률이외에도 비정부기관의 발사를 위하여 필요한 국가의 허가 및 면허에 관한 국내법의 대표적인 경우이다. 이 법은 우주물체의 발사 등 스웨덴 영역에서 수행되는 우주활동을 규율하며, 이러한 모든 우주활동은 스웨덴 정부 이외의 다른 기관이 수행하는 경우에는 특별허가를 얻도록 하고 있다.

3. 아시아 및 오세아니아주

(1) 일본

국립우주개발청(National Space Development Agency: NASDA)을 설치한 직후인 1970년에 세계에서 4번째로 인공위성의 궤도비행에 성공하였다. 1968년 우주위원회설치법, 1969년 우주개발사업단법, 2003년 우주항공연구개발기구법이 제정되었으며, 2008년에는 우주기본법을 제정하여 우주개발전략본부(제25조 내지 제34조)를 내각에 설치함으로써, 본격적으로 방위목적 등을 포함하는 실제이용을 위한 체제를 구축하고자 하고 있다.[2] 인도는 1969년에 인도우주연구기구(Indian Space Research Organization: ISRO)를 설립하였으며 그 이후 꾸준히 이 기구에 대한 예산 및 활동이 증가하여왔다.

(2) 중국

2001년 우주물체등록관리판법, 2002년 민간우주발사항목허가증관리잠정판법 등을 제정하였다.

(3) 오스트레일리아

1994년 우주위원회법, 1998년 우주활동법, 우주활동 및 관련 목적법, 우주활동법안 해석성비망록, 2001년 우주활동법 등을 제정하였다. 우주는 많은 기회를 제공하고 있지만, 법률체계가 불명확하여 잠재적인 이익을 보는 측이 그 경제적·과학적 분야의 수익을 충분히 실현하기 위한 실제의 조치를 취하는 것을 방해받고 있다. 국제우주입법의 과정은 국내입법에 비해 복잡하다. 그 국내입법은 자국의 국내배경에 기초하여 구체적인 규칙을 정하게 되며 국제법에 부합될 것을 전제로 하여 국가의 이익을 최대화하는데 노력하고 있다. 1998년 오스트레일리아 우주활동법안(2001년 수정)은 대단히 좋은 모범을 보여주고 있다. 이 법은 해발 평균 100킬로미터 이상의 구역이라는 용어로 우주라는 말을 대신하고 있다.[3]

---

2) 青木節子, "宇宙基本法", Jurist, No.1363(2008.9.15), pp.36~43.

3) National Legislation and Practical Relating to Definition and Delimitation of Outer Space, Note by the Secretariat, Addendum, 2006년 3월 A/AC, 105/865 Add. 1, Para 5.

제3절 우리나라의 우주관련법

1. 우주개발진흥법

우리나라의 우주관련법은 ① 우주개발진흥법, 시행령 및 시행규칙, ② 우주손해배상법, ③ 항공우주산업개발촉진법, 시행령 및 시행규칙 등이 있다. 우주개발진흥법은 2005. 5. 31 법률 제7538호로 제정되어 2005. 12. 1부터 시행되고 있으며 10여 차례 개정된 바 있다. 이 법은 과학기술정보통신부 소관법률이다. 이 법 제1조(목적)는 “이 법은 우주개발을 체계적으로 진흥하고 우주물체를 효율적으로 이용·관리하도록 함으로써 우주공간의 평화적 이용과 과학적 탐사를 촉진하고 국가의 안전보장 및 국민경제의 건전한 발전과 국민생활의 향상에 이바지함을 목적으로 한다”라고 규정하고 있다. 이 법에서는 ‘우주개발’을 우주물체의 설계·제작·발사·운용 등에 관한 연구활동 및 기술개발활동 그리고 우주공간의 이용·탐사 및 이를 촉진하기 위한 활동으로 정의하고 있다(제2조 제1호). 따라서 직접적인 개발이 아니더라도 연구활동이나 기술개발활동까지도 우주개발에 포함시킴으로써 그 의미를 넓게 잡고 있다.

또한 ‘우주물체’를 우주공간에서 사용하는 것을 목적으로 설계·제작된 물체(우주발사체·인공위성·우주선 및 그 구성품을 포함한다)와 운석으로 정의하고 있으며 ‘우주사고’를 우주물체의 추락·충돌·폭발 및 그 밖의 사태로 인하여 생명·신체 및 재산에 손해가 발생하는 것으로 정의하고 있다(제2조 제3호 및 제4호). 또한 이 법률은 기본계획의 수립 등 우주개발에 관한 사항을 심의하기 위하여 대통령 소속하에 국가우주위원회를 두도록 하고 있다. 제8조는 대한민국 국민(법인을 포함한다. 이하 같다)이 국내·외에서 우주물체(우주발사체를 제외)를 발사하고자 하는 경우에는 발사예정일부터 180일 전까지 대통령령이 정하는 바에 따라 교육과학기술부장관에게 예비등록을 하여야 하도록 하고(제1항), 대한민국 국민이 아닌 자도 대한민국 영역 또는 대한민국의 관할권이 미치는 지역·구조물에서 발사하고자 하는 경우 또는 대한민국 정부 또는 국민이 소유하고 있는 우주발사체를 이용하여 국외에서 발사하고자 하는 경우에는 예비등록을 하도록 하고 있다(제2항).

예비등록을 하는 때에는 1. 우주물체의 사용목적에 관한 사항, 2. 우주물체의 소유 또는 이용권자에 관한 사항, 3. 우주물체의 기본적 궤도에 관한 사항, 4. 우주사고 발생시의 손해배상책임 이행에 관한 사항, 5. 그 밖에 우주물체의 발사·이용 및 관리와 관련되는 사항으로서 대통령령이 정하는 사항이 포함된 발사계획서를 첨부하여야 한다(제3항).

과학기술정보통신부장관은 제3항의 규정에 따른 발사계획서를 검토한 결과 제14조의 규정에 따른 손해배상 책임을 부담할 수 있는 능력이 미흡하다고 판단되는 경우에는 시정·보완을 요구할 수 있다(제4항). 또한 「외기권에 발사된 물체의 등록에 관한 협약」에 따라 발사국 정부와 합의하여 외국에 등록한 경우 외에는 우주물체가 위성궤도에 진입한 날부터 90일 이내에 과학기술통신부장관에게 인공우주물체를 등록하도록 하고 있다(제5항). 이와 유사하게 운석에 대하여도 등록제도를 마련하고 국외반출 금지규정을 신설하고 국외반출 금지위반시에는 벌칙을 가할 수 있도록 규정함으로써 운석 등 자연우주물체의 체계적인 관리·활용을 통하여 우주개발을 진흥하도록 하고 있다(제8조의 2).

그 밖에 우주물체의 국제연합에의 등록(제9조), 등록대장의 관리(제10조) 및 발사허가(제11조) 및 우주사고에 따른 손해배상책임(제14조) 및 우주발사체의 발사허가를 받고자 하는 자에 대한 우주사고의 발생시의 손해배상을 위한 책임보험에 가입요구(제15조), 우주사고조사위원회의 구성(제16조), 우주비행사의 구조(제22조)와 우주물체의 반환(제23조)에 관하여 규정하고 있는 바, 이로써 등록협약, 책임협약 및 구조협정의 국내적 시행을 위한 근거를 마련하고 있다.

2. 우주손해배상법

우주손해배상법은 역시 과학기술정보통신부 소관법률이며 책임협약의 국내적 시행을 보다 구체화하고 있다. 우주개발진흥법 제14조가 우주물체를 발사한 자가 우주사고에 대하여 손해배상책임을 부담하여야 하도록 하고 그 범위와 한계는 따로 별도의 법률에 정하도록 하고 있기 때문에 이 규정에 따라 우주손해배상법이 제정되었다. 이 규정은 대부분의 내용이 책임협약의 조항들을 반영하고 있으며, 우주물체발사자에 대한 구상권 행사(제3조), 무과실책임 및 책임의 집중 등(제4조)외에도 우주발사허가를 받고자 하는 자의 손해배상책임보험가입의무(제6조), 2천억 원의 배상한도액(제5조) 등을 규정하고 있다. 제4조에 의하면 우주손해가 발생한 경우에는 해당 우주물체 발사자가 그 손해를 배상할 책임이 있으며, 다만 국가간의 무력충돌, 적대행위, 내란 또는 반란으로 인한 우주손해와 우주공간에서 발생한 우주손해의 경우에는 고의 또는 과실이 있는 경우에 한한다(제1항). 또한 제3자의 고의 또는 과실로 인하여 생긴 우주손해를 제1항에 따라 배상한 우주물체 발사자는 그에 대하여 구상할 수 있다. 다만 그 손해가 우주물체 발사 등에 제공될 자재의 공급이나 역무(노무를 포함한다. 이하 같다)의 제공에 의하여 생긴 때에는 해당 자재의 공급이나 역무를 제공한 자나 그 종업원의 고의 또는 중대한 과실이 있을 때에 한하여 구상할 수 있다(제2항). 이와 같이 우주사고에 대해서는 무과실책임을 원칙으로 하기 때문에 발사자에게 지나친 부담을 지우지 아니하기 위하여 손해배상의 한도를 정한 것으로 보인다.

이 법은 모두 직접손해만을 대상으로 하고 있으며 피해자의 구제에 충실하기 위하여 간접손해까지 포괄적으로 인정하는 최근의 추세에 부합되지 않고 간접 손해 역시 가해자의 행위로 인한 것이므로 공평한 손해의 분담이라는 불법행위의 기본 정신에 비추어 배상의 범위에 간접손해를 포함시키는 것이 타당하다고 본다.[4] 다만 책임협약에서도 간접손해를 언급하고 있지 아니하다. 따라서 간접손해에 대해서까지 배상을 허용한다면 간접손해를 인정하지 아니하는 책임협약 당사국인 외국의 피해자에 대해서까지 적용되므로 상호주의의 원칙에도 반한다는 점에서 문제가 있다.

3. 항공우주산업개발촉진법

항공우주산업개발촉진법은 1987년 12월 4일 제정된 법률로서 산업통상자원부 소관법률이다. 이 법은 항공우주산업을 합리적으로 지원·육성하고 항공우주과학기술을 효율적으로 연구·개발함으로써 국민경제의 건전한 발전과 국민생활의 향상에 이바지한다는 목적을 가지고 있으며(제1조) 정부로 하여금 항공우주산업의 개발을 위하여 항공우주산업개발기본계획을 수립하도록 하고 있다(제3조).

---

4) 김선이, "우주손해배상법에 관한 약간의 고찰", 「항공우주법학회지」 제22권 제2호, 2007, p.6.

제4조는 항공우주산업의 육성을 위한 시책을 추진하도록 하고 있으며 우주산업과 관련하여서는 우주비행체의 개발에 관한 사업(제3호), 항공기·우주비행체·기기류 및 소재류의 성능검사와 품질검사를 위한 장비개발 및 전문인력양성에 관한 사업(제5호) 및 그 밖에 항공우주산업의 발전을 위하여 대통령령이 정하는 사업(제7호)이 포함되어 있다. 그 밖에 제10조(성능검사 및 품질검사)의 규정과 더불어 제10조에서 정한 검사를 받지 아니한 시험용이 아닌 항공기·우주비행체·기기류 또는 소재류의 사용금지(제11조), 항공우주산업의 육성, 항공우주과학기술의 연구·개발과 항공우주과학기술관련 전시회의 개최 및 운영을 위하여 장기저리자금과 연구개발비 등을 지원(제12조) 등의 규정을 두고 있다.

PART 3. 부록

01 CONVENTION ON INTERNATIONAL CIVIL AVIATION (Chicago Convention)

02 국제민간항공협약(시카고협약)

03 CONVENTION FOR THE UNIFICATION OF CERTAIN RULES FOR INTERNATIONAL CARRIAGE BY AIR

04 국제항공운송에 있어서의 일부 규칙 통일에 관한 협약

05 TREATY ON PRINCIPLES GOVERNING THE ACTIVITIES OF STATES IN THE EXPLORATION AND USE OF OUTER SPACE, INCLUDING THE MOON AND OTHER CELESTIAL BODIES

06 달과 기타 천체를 포함한 외기권의 탐색과 이용에 있어서의 국가활동을 규율하는 원칙에 관한 조약

01 CONVENTION ON INTERNATIONAL CIVIL AVIATION(Chicago Convention)

Signed at Chicago, on 7 December 1944

PREAMBLE

WHEREAS the future development of international civil aviation can greatly help to create and preserve friendship and understanding among the nations and peoples of the world, yet its abuse can become a threat to the general security;

WHEREAS it is desirable to avoid friction and to promote that cooperation between nations and peoples upon which the peace of the world depends; and

THEREFORE, the undersigned governments having agreed on certain principles and arrangements in order that international civil aviation may be developed in a safe and orderly manner and that international air transport services may be established on the basis of equality of opportunity and operated soundly and economically;

Have accordingly concluded this Convention to that end.

CHAPTER I.

GENERAL PRINCIPLES AND APPLICATION OF THE CONVENTION

Article 1

Sovereignty

The contracting States recognize that every State has complete and exclusive sovereignty over the airspace above its territory.

Article 2

Territory

For the purposes of this Convention the territory of a State shall be deemed to be the land areas and territorial waters adjacent thereto under the sovereignty, suzerainty, protection or mandate of such State.

Article 3

Civil and state aircraft

(a) This Convention shall be applicable only to civil aircraft, and shall not be applicable to state aircraft.

(b) Aircraft used in military, customs and police services shall be deemed to be state aircraft.

(c) No state aircraft of a contracting State shall fly over the territory of another State or land thereon without authorization by special agreement or otherwise, and in accordance with the terms thereof.

(d) The contracting States undertake, when issuing regulations for their state aircraft, that they will have due regard for the safety of navigation of civil aircraft.

Article 3 bis2

(a) The contracting States recognize that every State must refrain from resorting to the use of weapons against civil aircraft in flight and that, in case of interception, the lives of persons on board and the safety of aircraft must not be endangered. This provision shall not be interpreted as modifying in any way the rights and obligations of States set forth in the Charter of the United Nations.

(b) The contracting States recognize that every State, in the exercise of its sovereignty, is entitled to require the landing at some designated airport of a civil aircraft flying above its territory without authority or if there are reasonable grounds to conclude that it is being used for any purpose inconsistent with the aims of this Convention; it may also give such aircraft any other instructions to put an end to such violations. For this purpose, the contracting States may resort to any appropriate means consistent with relevant rules of international law, including the relevant provisions of this Convention, specifically paragraph (a) of this article. Each contracting State agrees to publish its regulations in force regarding the interception of civil aircraft.

(c) Every civil aircraft shall comply with an order given in conformity with paragraph (b) of this Article. To this end each contracting State shall establish all necessary provisions in its national laws or regulations to make such compliance mandatory for any civil aircraft registered in that State or operated by an operator who has his principal place of business or permanent residence in that State. Each contracting State shall make any violation of such applicable laws or regulations punishable by severe penalties and shall submit the case to its competent authorities in accordance with its laws or regulations.

(d) Each contracting State shall take appropriate measures to prohibit the deliberate use of any civil aircraft registered in that State or operated by an operator who has his principal place of business or permanent residence in that State for any purpose inconsistent with the aims of this Convention. This provision shall not affect paragraph (a) or derogate from paragraphs (b) and (c) of this Article.

Article 4

Misuse of civil aviation

Each contracting State agrees not to use civil aviation for any purpose inconsistent with the aims of this Convention.

CHAPTER II.

CHAPTER II.FLIGHT OVER TERRITORY OF CONTRACTING STATES

Article 5

Right of non–scheduled flight

Each contracting State agrees that all aircraft of the other contracting States, being aircraft not engaged in scheduled international air services shall have the right, subject to the observance of the terms of this Convention, to make flights into or in transit non–stop across its territory and to make stops for non–traffic purposes without the necessity of obtaining prior permission, and subject to the right of the State flown over to require landing. Each contracting State nevertheless reserves the right, for reasons of safety of flight, to require aircraft desiring to proceed over regions which are inaccessible or without adequate air navigation facilities to follow prescribed routes, or to obtain special permission for such flights.

Such aircraft, if engaged in the carriage of passengers, cargo, or mail for remuneration or hire on other than scheduled international air services, shall also, subject to the provisions of Article 7, have the privilege of taking on or discharging passengers, cargo, or mail, subject to the right of any State where such embarkation or discharge takes place to impose such regulations, conditions or limitations as it may consider desirable.

Article 6

Scheduled air services

No scheduled international air service may be operated over or into the territory of a contracting State, except with the special permission or other authorization of that State, and in accordance with the terms of such permission or authorization.

Article 7

Cabotage

Each contracting State shall have the right to refuse permission to the aircraft of other contracting States to take on in its territory passengers, mail and cargo carried for remuneration or hire and destined for another point within its territory. Each contracting State undertakes not to enter into any arrangements which specifically grant any such privilege on an exclusive basis to any other State or an airline of any other State, and not to obtain any such exclusive privilege from any other State.

Article 8

Pilotless aircraft

No aircraft capable of being flown without a pilot shall be flown without a pilot over the territory of a contracting State without special authorization by that State and in accordance with the terms of such authorization. Each contracting State undertakes to insure that the flight of such aircraft without a pilot in regions open to civil aircraft shall be so controlled as to obviate danger to civil aircraft.

Article 9

Prohibited areas

(a) Each contracting State may, for reasons of military necessity or public safety, restrict or prohibit uniformly the aircraft of other States from flying over certain areas of its territory, provided that no distinction in this respect is made between the aircraft of the State whose territory is involved, engaged in international scheduled airline services, and the aircraft of the other contracting States likewise engaged. Such prohibited areas shall be of reasonable extent and location so as not to interfere unnecessarily with air navigation. Descriptions of such prohibited areas in the territory of a contracting State, as well as any subsequent alterations therein, shall be communicated as soon as possible to the other contracting States and to the International Civil Aviation Organization.

(b) Each contracting State reserves also the right, in exceptional circumstances or during a period of emergency, or in the interest of public safety, and with immediate effect, temporarily to restrict or prohibit flying over the whole or any part of its territory, on condition that such restriction or prohibition shall be applicable without distinction of nationality to aircraft of all other States.

(c) Each contracting State, under such regulations as it may prescribe, may require any aircraft entering the areas contemplated in subparagraph (a) or (b) above to effect a landing as soon as practicable thereafter at some designated airport within its territory.

Article10

Landing at customs airport

Except in a case where, under the terms of this Convention or a special authorization, aircraft are permitted to cross the territory of a contracting State without landing, every aircraft which enters the territory of a contracting State shall, if the regulations of that State so require, land at an airport designated by that State for the purpose of customs and other examination. On departure from the territory of a contracting State, such aircraft shall depart from a similarly designated customs airport. Particulars of all designated customs airports shall be published by the State and transmitted to the International Civil Aviation Organization established under Part II of this Convention for communication to all other contracting States.

Article 11

Aplicability of air regulations

Subject to the provisions of this Convention, the laws and regulations of a contracting State relating to the admission to or departure from its territory of aircraft engaged in international air navigation, or to the operation and navigation of such aircraft while within its territory, shall be aplied to the aircraft of all contracting States without distinction as to nationality, and shall be complied with by such aircraft upon entering or departing from or while within the territory of that State.

Article 12

Rules of the air

Each contracting State undertakes to adopt measures to insure that every aircraft flying over or maneuvering within its territory and that every aircraft carrying its nationality mark, wherever such aircraft may be, shall comply with the rules and regulations relating to the flight and maneuver of aircraft there in force. Each contracting State undertakes to keep its own regulations in these respects uniform, to the greatest possible extent, with those established from time to time under this Convention. Over the high seas, the rules in force shall be those established under this Convention. Each contracting State undertakes to insure the prosecution of all persons violating the regulations aplicable.

Article 13

Entry and clearance regulations

The laws and regulations of a contracting State as to the admission to or departure from its territory of passengers, crew or cargo of aircraft, such as regulations relating to entry, clearance, immigration, passports, customs and quarantine shall be complied with by or on behalf of such passengers, crew or cargo upon entrance into or departure from, or while within the territory of that State.

Article 14

Prevention of spread of disease

Each contracting State agrees to take effective measures to prevent the spread by means of air navigation of cholera, typhus (epidemic), smallpox, yellow fever, plague, and such other communicable diseases as the contracting States shall from time to time decide to designate, and to that end contracting States will keep in close consultation with the agencies concerned with international regulations relating to sanitary measures aplicable to aircraft. Such consultation shall be without prejudice to the aplication of any existing international convention on this subject to which the contracting States may be parties.

Article 15

Airport and similar charges

Every airport in a contracting State which is open to public use by its national aircraft shall likewise, subject to the provisions of Article 68, be open under uniform conditions to the aircraft of all the other contracting States. The like uniform conditions shall apply to the use, by aircraft of every contracting State, of all air navigation facilities, including radio and meteorological services, which may be provided for public use for the safety and expedition of air navigation.

Any charges that may be imposed or permitted to be imposed by a contracting State for the use of such airports and air navigation facilities by the aircraft of any other contracting State shall not be higher,

(a) As to aircraft not engaged in scheduled international air services, than those that would be paid by its national aircraft of the same class engaged in similar operations, and

(b) As to aircraft engaged in scheduled international air services, than those that would be paid by its national aircraft engaged in similar international air services.

All such charges shall be published and communicated to the International Civil Aviation Organization, provided that, upon representation by an interested contracting State, the charges imposed for the use of airports and other facilities shall be subject to review by the

Council, which shall report and make recommendations thereon for the consideration of the State or States concerned. No fees, dues or other charges shall be imposed by any contracting State in respect solely of the right of transit over or entry into or exit from its territory of any aircraft of a contracting State or persons or property thereon.

Article 16

Search of aircraft

The appropriate authorities of each of the contracting States shall have the right, without unreasonable delay, to search aircraft of the other contracting States on landing or departure, and to inspect the certificates and other documents prescribed by this Convention.

CHAPTER III.

CHAPTER III.NATIONALITY OF AIRCRAFT

Article 17

Nationality of aircraft

Aircraft have the nationality of the State in which they are registered.

Article 18

Dual registration

An aircraft cannot be validly registered in more than one State, but its registration may be changed from one State to another.

Article 19

National laws governing registration

The registration or transfer of registration of aircraft in any contracting State shall be made in accordance with its laws and regulations.

Article 20

Display of marks

Every aircraft engaged in international air navigation shall bear its appropriate nationality and registration marks.

Article 21

Report of registrations

Each contracting State undertakes to supply to any other contracting State or to the International Civil Aviation Organization, on demand, information concerning the registration and ownership of any particular aircraft registered in that State. In addition, each contracting State shall furnish reports to the International Civil Aviation Organization, under such regulations as the latter may prescribe, giving such pertinent data as can be made available concerning the ownership and control of aircraft registered in that State and habitually engaged in international air navigation. The data thus obtained by the International Civil Aviation Organization shall be made available by it on request to the other contracting States.

CHAPTER IV.

MEASURES TO FACILITATE AIR NAVIGATION

Article 22

Facilitation of formalities

Each contracting State agrees to adopt all practicable measures, through the issuance of special regulations or otherwise, to facilitate and expedite navigation by aircraft between the territories of contracting States, and to prevent unnecessary delays to aircraft, crews, passengers and cargo, especially in the administration of the laws relating to immigration, quarantine, customs and clearance.

Article 23

Customs and immigration procedures

Each contracting State undertakes, so far as it may find practicable, to establish customs and immigration procedures affecting international air navigation in accordance with the practices which may be established or recommended from time to time, pursuant to this Convention. Nothing in this Convention shall be construed as preventing the establishment of customs–free airports.

Article 24

Customs duty

(a) Aircraft on a flight to, from, or across the territory of another contracting State shall be admitted temporarily free of duty, subject to the customs regulations of the State. Fuel, lubricating oils, spare parts, regular equipment and aircraft stores on board an aircraft of a contracting State, on arrival in the territory of another contracting State and retained on board on leaving the territory of that State shall be exempt from customs duty, inspection fees or similar national or local duties and charges. This exemption shall not apply to any quantities or articles unloaded, except in accordance with the customs regulations of the State, which may require that they shall be kept under customs supervision.

(b) Spare parts and equipment imported into the territory of a contracting State for incorporation in or use on an aircraft of another contracting State engaged in international air navigation shall be admitted free of customs duty, subject to compliance with the regulations of the State concerned, which may provide that the articles shall be kept under customs supervision and control.

Article 25

Aircraft in distress

Each contracting State undertakes to provide such measures of assistance to aircraft in distress in its territory as it may find practicable, and to permit, subject to control by its own authorities, the owners of the aircraft or authorities of the State in which the aircraft is registered to provide such measures of assistance as may be necessitated by the circumstances. Each contracting State, when undertaking search for missing aircraft, will collaborate in coordinated measures which may be recommended from time to time pursuant to this Convention.

Article 26

Investigation of accidents

In the event of an accident to an aircraft of a contracting State occurring in the territory of another contracting State, and involving death or serious injury, or indicating serious technical defect in the aircraft or air navigation facilities, the State in which the accident occurs will institute an inquiry into the circumstances of the accident, in accordance, so far as its laws permit, with the procedure which may be recommended by the International Civil Aviation Organization. The State in which the aircraft is registered shall be given the opportunity to appoint observers to be present at the inquiry and the State holding the inquiry shall communicate the report and findings in the matter to that State.

Article 27

Exemption from seizure on patent claims

(a) While engaged in international air navigation, any authorized entry of aircraft of a contracting State into the territory of another contracting State or authorized transit across the territory of such State with or without landings shall not entail any seizure or detention of the aircraft or any claim against the owner or operator thereof or any other interference therewith by or on behalf of such State or any person therein, on the ground that the construction, mechanism, parts, accessories or operation of the aircraft is an infringement of any patent, design, or model duly granted or registered in the State whose territory is entered by the aircraft, it being agreed that no deposit of security in connection with the foregoing exemption from seizure or detention of the aircraft shall in any case be required in the State entered by such aircraft.

(b) The provisions of paragraph (a) of this Article shall also be applicable to the storage of spare parts and spare equipment for the aircraft and the right to use and install the same in the repair of an aircraft of a contracting State in the territory of any other contracting State, provided that any patented part or equipment so stored shall not be sold or distributed internally in or exported commercially from the contracting State entered by the aircraft.

(c) The benefits of this Article shall apply only to such States, parties to this Convention, as either (1) are parties to the International Convention for the Protection of Industrial Property and to any amendments thereof; or (2) have enacted patent laws which recognize and give adequate protection to inventions made by the nationals of the other States parties to this Convention.

Article 28

Air navigation facilities and standard systems

Each contracting State undertakes, so far as it may find practicable, to:

(a) Provide, in its territory, airports, radio services, meteorological services and other air navigation facilities to facilitate international air navigation, in accordance with the standards and practices recommended or established from time to time, pursuant to this Convention

(b) Adopt and put into operation the appropriate standard systems of communications procedure, codes, markings, signals, lighting and other operational practices and rules which may be recommended or established from time to time, pursuant to this Convention;

(c) Collaborate in international measures to secure the publication of aeronautical maps and charts in accordance with standards which may be recommended or established from time to time, pursuant to this Convention.

CHAPTER V.

CONDITIONS TO BE FULFILLED WITH RESPECT TO AIRCRAFT

Article 29

Documents carried in aircraft

Every aircraft of a contracting State, engaged in international navigation, shall carry the following documents in conformity with the conditions prescribed in this Convention:

(a) Its certificate of registration;

(b) Its certificate of airworthiness;

(c) The appropriate licenses for each member of the crew;

(d) Its journey log book;

(e) If it is equiped with radio apparatus, the aircraft radio station license;

(f) If it carries passengers, a list of their names and places of embarkation and destination;

(g) If it carries cargo, a manifest and detailed declarations of the cargo.

Article 30

Aircraft radio equipment

(a) Aircraft of each contracting State may, in or over the territory of other contracting States, carry radio transmitting apparatus only if a license to install and operate such apparatus has been issued by the appropriate authorities of the State in which the aircraft is registered. The use of radio transmitting apparatus in the territory of the contracting State whose territory is flown over shall be in accordance with the regulations prescribed by that

State.

(b) Radio transmitting apparatus may be used only by members of the flight crew who are provided with a special license for the purpose, issued by the appropriate authorities of the State in which the aircraft is registered.

Article 31

Certificates of airworthiness

Every aircraft engaged in international navigation shall be provided with a certificate of airworthiness issued or rendered valid by the State in which it is registered.

Article 32

Licenses of personnel

(a) The pilot of every aircraft and the other members of the operating crew of every aircraft engaged in international navigation shall be provided with certificates of competency and licenses issued or rendered valid by the State in which the aircraft is registered.

(b) Each contracting State reserves the right to refuse to recognize, for the purpose of flight above its own territory, certificates of competency and licenses granted to any of its nationals by another contracting State.

Article 33

Recognition of certificates and licenses

Certificates of airworthiness and certificates of competency and licenses issued or rendered valid by the contracting State in which the aircraft is registered, shall be recognized as valid by the other contracting States, provided that the requirements under which such certificates or licenses were issued or rendered valid are equal to or above the minimum standards which may be established from time to time pursuant to this Convention.

Article 34

Journey log books

There shall be maintained in respect of every aircraft engaged in international navigation a journey log book in which shall be entered particulars of the aircraft, its crew and of each journey, in such form as may be prescribed from time to time pursuant to this Convention.

Article 35

Cargo restrictions

(a) No munitions of war or implements of war may be carried in or above the territory of a State in aircraft engaged in international navigation, except by permission of such State. Each State shall determine by regulations what constitutes munitions of war or implements of war for the purposes of this Article, giving due consideration, for the purposes of uniformity, to such recommendations as the International Civil Aviation Organization may from time to time make.

(b) Each contracting State reserves the right, for reasons of public order and safety, to regulate or prohibit the carriage in or above its territory of articles other than those enumerated in paragraph (a): provided that no distinction is made in this respect between its national aircraft engaged in international navigation and the aircraft of the other States so engaged; and provided further that no restriction shall be imposed which may interfere with the carriage and use on aircraft of apparatus necessary for the operation or navigation of the aircraft or the safety of the personnel or passengers.

Article 36

Photographic apparatus

Each contracting State may prohibit or regulate the use of photographic apparatus in aircraft over its territory.

CHAPTER VI.

INTERNATIONAL STANDARDS AND RECOMMENDED PRACTICES

Article 37

Adoption of international standards and procedures

Each contracting State undertakes to collaborate in securing the highest practicable degree of uniformity in regulations, standards, procedures, and organization in relation to aircraft, personnel, airways and auxiliary services in all matters in which such uniformity will facilitate and improve air navigation.

To this end the International Civil Aviation Organization shall adopt and amend from time to time, as may be necessary, international standards and recommended practices and procedures dealing with:

(a) Communications systems and air navigation aids, including ground marking;

(b) Characteristics of airports and landing areas;

(c) Rules of the air and air traffic control practices;

(d) Licensing of operating and mechanical personnel;

(e) Airworthiness of aircraft;

(f) Registration and identification of aircraft;

(g) Collection and exchange of meteorological information;

(h) Log books;

(i) Aeronautical maps and charts;

(j) Customs and immigration procedures;

(k) Aircraft in distress and investigation of accidents;

and such other matters concerned with the safety, regularity, and efficiency of air navigation as may from time to time appear appropriate.

Article 38

Departures from international standards and procedures

Any State which finds it impracticable to comply in all respects with any such international standard or procedure, or to bring its own regulations or practices into full accord with any international standard or procedure after amendment of the latter, or which deems it necessary to adopt regulations or practices differing in any particular respect from those established by an international standard, shall give immediate notification to the International Civil Aviation Organization of the differences between its own practice and that established by the international standard. In the case of amendments to international standards, any State which does not make the appropriate amendments to its own regulations or practices shall give notice to the Council within sixty days of the adoption of the amendment to the international standard, or indicate the action which it proposes to take. In any such case, the Council shall make immediate notification to all other states of the difference which exists between one or more features of an international standard and the corresponding national practice of that State.

Article 39

Endorsement of certificates and licenses

(a) Any aircraft or part thereof with respect to which there exists an international standard of airworthiness or performance, and which failed in any respect to satisfy that standard at the time of its certification, shall have endorsed on or attached to its airworthiness certificate a complete enumeration of the details in respect of which it so failed.

(b) Any person holding a license who does not satisfy in full the conditions laid down in the international standard relating to the class of license or certificate which he holds shall have endorsed on or attached to his license a complete enumeration of the particulars in which he does not satisfy such conditions.

Article 40

Validity of endorsed certificates and licenses

No aircraft or personnel having certificates or licenses so endorsed shall participate in international navigation, except with the permission of the State or States whose territory is entered. The registration or use of any such aircraft, or of any certificated aircraft part, in any State other than that in which it was originally certificated shall be at the discretion of the State into which the aircraft or part is imported.

Article 41

Recognition of existing standards of airworthiness

The provisions of this Chapter shall not apply to aircraft and aircraft equipment of types of which the prototype is submitted to the appropriate national authorities for certification prior to a date three years after the date of adoption of an international standard of airworthiness for such equipment.

Article 42

Recognition of existing standards of competency of personnel

The provisions of this Chapter shall not apply to personnel whose licenses are originally issued prior to a date one year after initial adoption of an international standard of qualification for such personnel; but they shall in any case apply to all personnel whose licenses remain valid five years after the date of adoption of such standard.

CHAPTER VII.

THE ORGANIZATION

Article 43

Name and composition

An organization to be named the International Civil Aviation Organization is formed by the Convention. It is made up of an Assembly, a Council, and such other bodies as may be necessary.

Article 44

Objectives

The aims and objectives of the Organization are to develop the principles and techniques of international air navigation and to foster the planning and development of international air transport so as to:

(a) Insure the safe and orderly growth of international civil aviation throughout the world;

(b) Encourage the arts of aircraft design and operation for peaceful purposes;

(c) Encourage the development of airways, airports, and air navigation facilities for international civil aviation;

(d) Meet the needs of the peoples of the world for safe, regular, efficient and economical air transport;

(e) Prevent economic waste caused by unreasonable competition;

(f) Insure that the rights of contracting States are fully respected and that every contracting State has a fair opportunity to operate international airlines;

(g) Avoid discrimination between contracting States;

(h) Promote safety of flight in international air navigation;

(i) Promote generally the development of all aspects of international civil aeronautics.

Article 45[1)]

Permanent seat

The permanent seat of the Organization shall be at such place as shall be determined at the final meeting of the Interim Assembly of the Provisional International Civil Aviation Organization set up by the Interim Agreement on International Civil Aviation signed at Chicago on December 7, 1944. The seat may be temporarily transferred elsewhere by decision of the Council, and otherwise than temporarily by decision of the Assembly, such decision to be taken by the number of votes specified by the Assembly. The number of votes so specified will not be less than three–fifths of the total number of contracting States.

Article 46

First meeting of Assembly

The first meeting of the Assembly shall be summoned by the Interim Council of the above–mentioned Provisional Organization as soon as the Convention has come into force, to meet at a time and place to be decided by the Interim Council.

---

1) This is the text of the Article as amended by the English Session of the Assembly on 14 June 1954; It entered into force on 16 May 1958. Under Article 94(a) of the convention, the amended text is in force in respect of those States which have ratified the amendment. In respect of the States which have not ratified the amendment, the original text is still in force and, therefor, that text is reproduced below:
"The permanent seat of the Organization shall be at such place as shall be determined at the final meeting of the Interim Assembly of the Provisional International Civil Aviation Organization set up by the Interim Agreement on International Civil Aviation signed at Chicago on December 7, 1944. The seat may be temporarily transferred elsewhere by decision of the Council."

Article 47

Legal capacity

The Organization shall enjoy in the territory of each contracting State such legal capacity as may be necessary for the performance of its functions. Full juridical personality shall be granted wherever compatible with the constitution and laws of the State concerned.

CHAPTER VIII.

THE ASSEMBLY

Article 48

Meetings of Assembly and voting

(a) The Assembly shall meet not less than once in three years and shall be convened by the Council at a suitable time and place. Extraordinary meeting of the Assembly may be held at any time upon the call of the Council or at the request of not less than one–fifth of the total number of contracting States addressed to the Secretary General.[2]

(b) All contracting States shall have an equal right to be represented at the meetings of the Assembly and each contracting State shall be entitled to one vote. Delegates representing contracting States may be assisted by technical advisers who may participate in the meetings

2) This is the text of the Article as amended by the 14th Session of the Assembly on 14 September 1962; it entered into force on 11 September 1975. Under Article 94 (a) of the convention, the amended text is in force in respect of those States which have rarified the amendment. The previous text of this article as amended by the 8th Session of the Assembly on 14 June 1954 and which entered into force on 12 December 1956 read as follows:
"(a) The Assembly shall meet not less than once in three years and shall be convened by the Council at a suitable time and place. Extraordinary meetings of the Assembly may be held at any time upon the call of the Council or at the request of any ten contracting States addressed to the Secretary General."
The Original unamended text of the convention read as follows:
"(a) The Assembly shall meet annually and shall be convened by the Council at a suitable time and place. Extraordinary meetings of the Assembly may be held at any time upon the call of the Council or at the request of any ten contracting States addressed to the Secretary General."

but shall have no vote.

(c) A majority of the contracting States is required to constitute a quorum for the meetings of the Assembly. Unless otherwise provided in this Convention, decisions of the Assembly shall be taken by a majority of the votes cast.

Article 49

Powers and duties of Assembly

The powers and duties of the Assembly shall be to:

(a) Elect at each meeting its President and other officers;

(b) Elect the contracting State to be represented on the Council, in accordance with the provisions of Chapter IX;

(c) Examine and take appropriate action on the reports of the Council and decide on any matter referred to it by the Council;

(d) Determine its own rules of procedure and establish such subsidiary commissions as it may consider to be necessary or desirable;

(e) Vote annual budgets and determine the financial arrangements of the Organization, in accordance with the provisions of Chapter XII;[3)]

(f) Review expenditures and approve the accounts of the Organization;

(g) Refer, at its discretion, to the Council, to subsidiary commissions, or to any other body any matter within its sphere of action;

(h) Delegate to the Council the powers and authority necessary or desirable for the discharge of the duties of the Organization and revoke or modify the delegations of authority at any time;

---

3) This is the text of the Article as amended by the Eighth Session of the Assembly on 14 June 1954: it entered force on 12 December 1956. Under Article 94 (a) of the Convention, the amended text is in force in respect of those States which have ratified the amendment. In respect of the States which have not ratified the amendment ratified the amendment the original text is still in force and, therefore, that text is reproduced below:
"(e) Vote an annual budget and determine the financial arrangements of the Organization, in accordance with the provisions of Chapter XII"

(i) Carry out the appropriate provisions of Chapter XIII;

(j) Consider proposals for the modification or amendment of the provisions of this Convention and, if it approves of the proposals, recommend them to the contracting States in accordance with the provisions of Chapter XXI;

(k) Deal with any matter within the sphere of action of the Organization not specifically assigned to the Council.

CHAPTER IX.
THE COUNCIL

Article 50

Composition and election of Council

(a) The Council shall be a permanent body responsible to the Assembly. It shall be composed of thirty six(36) contracting States elected by the Assembly. An election shall be held at the first meeting of the Assembly and thereafter every three years, and the members of the Council so elected shall hold office until the next following election.[4]

(b) In electing the members of the Council, the Assembly shall give adequate representation to (1) the States of chief importance in air transport; (2) the States not otherwise included which make the largest contribution to the provision of facilities for international civil air navigation; and (3) the States not otherwise included whose designation will insure

4) This is the text of the Article as amended by the 21st Session of the Assembly on 14 October 1974. It entered into force on 15 February 1980. The original text of the Convention provided for twenty-one Members of the council. the text was subsequently amended at the 13th (Extraordinary) Session of the Assembly on 19 June 1961 : that amendment entered into force on 17 July 1962 and provided for twenty seven members of the council ; a further amendment was approved by the 17th (A) (Extraordinary) Session of the Assembly on 12 March 1971 providing for thirty members of the Council. this amendment entered into force on 16 January 1973.

that all the major geographic areas of the world are represented on the Council. Any vacancy on the Council shall be filled by the Assembly as soon as possible; any contracting State so elected to the Council shall hold office for the unexpired portion of its predecessor's term of office.

(c) No representative of a contracting State on the Council shall be actively associated with the operation of an international air service or financially interested in such a service.

Article 51

President of Council

The Council shall elect its President for a term of three years. He may be reelected. He shall have no vote. The Council shall elect from among its members one or more Vice Presidents who shall retain their right to vote when serving as acting President. The President need not be selected from among the representatives of the members of the Council but, if a representative is elected, his seat shall be deemed vacant and it shall be filled by the State which he represented. The duties of the President shall be to:

(a) Convene meetings of the Council, the Air Transport Committee, and the Air Navigation Commission;

(b) Serve as representative of the Council; and

(c) Carry out on behalf of the Council the functions which the Council assigns to him.

Article 52

Voting in Council

Decisions by the Council shall require approval by a majority of its members. The Council may delegate authority with respect to any particular matter to a committee of its members. Decisions of any committee of the Council may be appealed to the Council by any interested contracting State.

Article 53

Participation without a vote

Any contracting State may participate, without a vote, in the consideration by the Council and by its committees and commissions of any question which especially affects its interests. No member of the Council shall vote in the consideration by the Council of a dispute to which it is a party.

Article 54

Mandatory functions of Council

The Council shall:

(a) Submit annual reports to the Assembly;

(b) Carry out the directions of the Assembly and discharge the duties and obligations which are laid on it by this Convention;

(c) Determine its organization and rules of procedure;

(d) A point and define the duties of an Air Transport Committee, which shall be chosen from among the representatives of the members of the Council, and which shall be responsible to it;

(e) Establish an Air Navigation Commission, in accordance with the provisions of Chapter X;

(f) Administer the finances of the Organization in accordance with the provisions of Chapters XII and XV;

(g) Determine the emoluments of the President of the Council;

(h) A point a chief executive officer who shall be called the Secretary General, and make provision for the appointment of such other personnel as may be necessary, in accordance with the provisions of Chapter XI;

(i) Request, collect, examine and publish information relating to the advancement of air navigation and the operation of international air services, including information about the costs of operation and particulars of subsidies paid to airlines from public funds;

(j) Report to contracting States any infraction of this Convention, as well as any failure to carry out recommendations or determinations of the Council;

(k) Report to the Assembly any infraction of this Convention where a contracting State has failed to take appropriate action within a reasonable time after notice of the infraction;

(l) Adopt, in accordance with the provisions of Chapter VI of this Convention, international standards and recommended practices; for convenience, designate them as Annexes to this Convention; and notify all contracting States of the action taken;

(m) Consider recommendations of the Air Navigation Commission for amendment of the Annexes and take action in accordance with the provisions of Chapter XX;

(n) Consider any matter relating to the Convention which any contracting State refers to it.

Article 55

Permissive functions of Council

The Council may:

(a) Where appropriate and as experience may show to be desirable, create subordinate air transport commissions on a regional or other basis and define groups of states or airlines with or through which it may deal to facilitate the carrying out of the aims of this Convention;

(b) Delegate to the Air Navigation Commission duties additional to those set forth in the Convention and revoke or modify such delegations of authority at any time;

(c) Conduct research into all aspects of air transport and air navigation which are of international importance, communicate the results of its research to the contracting States, and facilitate the exchange of information between contracting States on air transport and air navigation matters;

(d) Study any matters affecting the organization and operation of international air transport, including the international ownership and operation of international air services on trunk routes, and submit to the Assembly plans in relation thereto;

(e) Investigate, at the request of any contracting State, any situation which may appear to present avoidable obstacles to the development of international air navigation; and, after such investigation, issue such reports as may appear to it desirable.

CHAPTER X.

THE AIR NAVIGATION COMMISSION

Article 56

Nomination and appointment of Commission

The Air Navigation Commission shall be composed of nineteen(19) members anointed by the Council from among persons nominated by contracting States. These persons shall have suitable qualifications and experience in the science and practice of aeronautics. The Council shall request all contracting States to submit nominations. The President of the Air Navigation Commission shall be anointed by the Council.[5)]

Article 57

Duties of Commission

The Air Navigation Commission shall:

(a) Consider, and recommend to the Council for adoption, modifications of the Annexes to this Convention;

(b) Establish technical subcommissions on which any contracting State may be represented, if it so desires;

(c) Advise the Council concerning the collection and communication to the contracting

---

5) This is the text of the Article as amended at the 18th Session of the Assembly on 7 July 1971; it entered into force on 19 December 1974. The original text of the Convention provided for twelve members of the Air Navigation Commission.

States of all information which it considers necessary and useful for the advancement of air navigation.

CHAPTER XI.

PERSONNEL

Article 58

Appointment of personnel

Subject to any rules laid down by the Assembly and to the provisions of this Convention, the Council shall determine the method of appointment and of termination of appointment, the training, and the salaries, allowances, and conditions of service of the Secretary General and other personnel of the Organization, and may employ or make use of the services of nationals of any contracting State.

Article 59

International character of personnel

The President of the Council, the Secretary General, and other personnel shall not seek or receive instructions in regard to the discharge of their responsibilities from any authority external to the Organization. Each contracting State undertakes fully to respect the international character of the responsibilities of the personnel and not to seek to influence any of its nationals in the discharge of their responsibilities.

Article 60

Immunities and privileges of personnel

Each contracting State undertakes, so far as possible under its constitutional procedure, to accord to the President of the Council, the Secretary General, and the other personnel of the Organization, the immunities and privileges which are accorded to corresponding personnel of other public international organizations. If a general international agreement on the immunities and privileges of international civil servants is arrived at, the immunities and privileges accorded to the President, the Secretary General, and the other personnel of the Organization shall be the immunities and privileges accorded under that general international agreement.

CHAPTER XII.

FINANCE

Article 61[6)]

Budget and apportionment of expenses

The Council shall submit to the Assembly an annual budget, annual statements of accounts and estimates of all receipts and expenditures. The Assembly shall vote the budget with whatever modification it sees fit to prescribe, and, with the exception of assessments under Chapter XV to States consenting thereto, shall apportion the expenses of the Organization among the contracting States on the basis which it shall from time to time determine.

6) This is the text of the Article as amended by the Eight Session of the Assembly on 14 June 1954; it entered into force on 12 December 1956. Under Article 94 (a) of the Convention, the amended text is in force in respect of those States which have ratified the amendment. In respect of the States which have not ratified the amendment, the original text is still in force and, therefore, that text is reproduced below:
"The Council shall submit to the Assembly annual budgets, annual statements of accounts and estimates of all receipts and expenditures. The Assembly shall vote the budgets with whatever modification it sees fit to prescribe and with the exception of assessments under Chapter XV to States consenting thereto, shall apportion the expenses of the Organization among the contracting States on the basis which it shall from time to time determine."

Article 62

Suspension of voting power

The Assembly may suspend the voting power in the Assembly and in the Council of any contracting State that fails to discharge within a reasonable period its financial obligations to the Organization.

Article 63

Expenses of delegations and other representatives

Each contracting State shall bear the expenses of its own delegation to the Assembly and the remuneration, travel, and other expenses of any person whom it anoints to serve on the Council, and of its nominees or representatives on any subsidiary committees or commissions of the Organization.

CHAPTER XIII.

OTHER INTERNATIONAL ARRANGEMENTS

Article 64

Security arrangements

The Organization may, with respect to air matters within its competence directly affecting world security, by vote of the Assembly enter into appropriate arrangements with any general organization set up by the nations of the world to preserve peace.

Article 65

Arrangements with other international bodies

The Council, on behalf of the Organization, may enter into agreements with other international bodies for the maintenance of common services and for common arrangements concerning personnel and, with the approval of the Assembly, may enter into such other arrangements as may facilitate the work of the Organization.

Article 66

Functions relating to other agreements

(a) The Organization shall also carry out the functions placed upon it by the International Air Services Transit Agreement and by the International Air Transport Agreement drawn up at Chicago on December 7, 1944, in accordance with the terms and conditions therein set forth.

(b) Members of the Assembly and the Council who have not accepted the International Air Services Transit Agreement or the International Air Transport Agreement drawn up at Chicago on December 7, 1944 shall not have the right to vote on any questions referred to the Assembly or Council under the provisions of the relevant Agreement.

PART 3 INTERNATIONAL AIR TRANSPORT

CHAPTER XIV.

INFORMATION AND REPORTS

Article 67

File reports with Council

Each contracting State undertakes that its international airlines shall, in accordance with requirements laid down by the Council, file with the Council traffic reports, cost statistics and financial statements showing among other things all receipts and the sources thereof.

CHAPTER XV.

AIRPORTS AND OTHER AIR NAVIGATION FACILITIES

Article 68

Designation of routes and airports

Each contracting State may, subject to the provisions of this Convention, designate the route to be followed within its territory by any international air service and the airports which any such service may use.

Article 69

Improvement of air navigation facilities

If the Council is of the opinion that the airports or other air navigation facilities, including radio and meteorological services, of a contracting State are not reasonably adequate for the safe, regular, efficient, and economical operation of international air services, present or contemplated, the Council shall consult with the State directly concerned, and other States affected, with a view to finding means by which the situation may be remedied, and may make recommendations for that purpose. No contracting State shall be guilty of an infraction of this Convention if it fails to carry out these recommendations.

Article 70

Financing of air navigation facilities

A contracting State, in the circumstances arising under the provisions of Article 69, may conclude an arrangement with the Council for giving effect to such recommendations. The State may elect to bear all of the costs involved in any such arrangement. If the State does not so elect, the Council may agree, at the request of the State, to provide for all or a portion of the costs.

Article 71

Provision and maintenance of facilities by Council

If a contracting State so requests, the Council may agree to provide, man, maintain, and administer any or all of the airports and other air navigation facilities, including radio and meteorological services, required in its territory for the safe, regular, efficient and economical operation of the international air services of the other contracting States, and may specify just and reasonable charges for the use of the facilities provided.

Article 72

Acquisition or use of land

Where land is needed for facilities financed in whole or in part by the Council at the request of a contracting State, that State shall either provide the land itself, retaining title if it wishes, or facilitate the use of the land by the Council on just and reasonable terms and in accordance with the laws of the State concerned.

Article 73

Expenditure and assessment of funds

Within the limit of the funds which may be made available to it by the Assembly under Chapter XII, the Council may make current expenditures for the purposes of this Chapter from the general funds of the Organization. The Council shall assess the capital funds required for the purposes of this Chapter in previously agreed proportions over a reasonable period of time to the contracting States consenting thereto whose airlines use the facilities. The Council may also assess to States that consent any working funds that are required.

Article 74

Technical assistance and utilization of revenues

When the Council, at the request of a contracting State, advances funds or provides airports or other facilities in whole or in part, the arrangement may provide, with the consent of that State, for technical assistance in the supervision and operation of the airports and other facilities, and for the payment, from the revenues derived from the operation of the airports and other facilities, of the operating expenses of the airports and the other facilities, and of interest and amortization charges.

Article 75

Taking over of facilities from Council

A contracting State may at any time discharge any obligation into which it has entered under Article 70, and take over airports and other facilities which the Council has provided in its territory pursuant to the provisions of Articles 71 and 72, by paying to the Council an amount which in the opinion of the Council is reasonable in the circumstances. If the State considers that the amount fixed by the Council is unreasonable it may appeal to the Assembly against the decision of the Council and the Assembly may confirm or amend the decision of the Council.

Article 76

Return of funds

Funds obtained by the Council through reimbursement under Article 75 and from receipts of interest and amortization payments under Article 74 shall, in the case of advances originally financed by States under Article 73, be returned to the States which were originally assessed in the proportion of their assessments, as determined by the Council.

CHAPTER XVI.

JOINT OPERATING ORGANIZATIONS AND POOLED SERVICES

Article 77

Joint operating organizations permitted

Nothing in this Convention shall prevent two or more contracting States from constituting joint air transport operating organizations or international operating agencies and from pooling their air services on any routes or in any regions, but such organizations or agencies and such pooled services shall be subject to all the provisions of this Convention, including those relating to the registration of agreements with the Council. The Council shall determine in what manner the provisions of this Convention relating to nationality of aircraft shall apply to aircraft operated by international operating agencies.

Article 78

Function of Council

The Council may suggest to contracting States concerned that they form joint organizations to operate air services on any routes or in any regions.

Article 79

Participation in operating organizations

A State may participate in joint operating organizations or in pooling arrangements, either through its government or through an airline company or companies designated by its government. The companies may, at the sole discretion of the State concerned, be state-owned or partly state-owned or privately owned.

CHAPTER XVII.

OTHER AERONAUTICAL AGREEMENTS AND ARRANGEMENTS

Article 80

Paris and Habana Conventions

Each contracting State undertakes, immediately upon the coming into force of this Convention, to give notice of denunciation of the Convention relating to the Regulation of Aerial Navigation signed at Paris on October 13, 1919 or the Convention on Commercial Aviation signed at Habana on February 20, 1928, if it is a party to either. As between contracting States, this Convention supersedes the Conventions of Paris and Habana previously referred to.

Article 81

Registration of existing agreements

All aeronautical agreements which are in existence on the coming into force of this Convention, and which are between a contracting State and any other State or between an airline of a contracting State and any other State or the airline of any other State, shall be forthwith registered with the Council.

Article 82

Abrogation of inconsistent arrangements

The contracting States accept this Convention as abrogating all obligations and understandings between them which are inconsistent with its terms, and undertake not to enter into any such obligations and understandings. A contracting State which, before becoming a member of the Organization has undertaken any obligations toward a non–contracting State or a national of a contracting State or of a non-contracting State inconsistent with the terms of this Convention, shall take immediate steps to procure its release from the obligations. If an airline of any contracting State has entered into any such inconsistent obligations, the State of which it is a national shall use its best efforts to secure their termination forthwith and shall in any event cause them to be terminated as soon as such action can lawfully be taken after the coming into force of this Convention.

Article 83

Registration of new arrangements

Subject to the provisions of the preceding Article, any contracting State may make arrangements not inconsistent with the provisions of this Convention. Any such arrangement shall be forthwith registered with the Council, which shall make it public as soon as possible.

Article 83 bis 15

Transfer of certain functions and duties

(a) Notwithstanding the provisions of Articles 12, 30, 31 and 32(a), when an aircraft registered in a contracting State is operated pursuant to an agreement for the lease, charter or interchange of the aircraft or any similar arrangement by an operator who has his principal place of business or, if he has no such place of business, his permanent residence in another contracting State, the State of registry may, by agreement with such other State, transfer to it all or part of its functions and duties as State of registry in respect of that aircraft under Articles 12, 30, 31 and 32(a). The State of registry shall be relieved of responsibility in respect of the functions and duties transferred.

(b) The transfer shall not have effect in respect of other contracting States before either the agreement between States in which it is embodied has been registered with the Council and made public pursuant to Article 83 or the existence and scope of the agreement have been directly communicated to the authorities of the other contracting State or States concerned by a State party to the agreement.

(c) The provisions of paragraphs (a) and (b) above shall also be appliable to cases covered by Article 77.

CHAPTER XVIII.

DISPUTES AND DEFAULT

Article 84

Settlement of disputes

If any disagreement between two or more contracting States relating to the interpretation or application of this Convention and its Annexes cannot be settled by negotiation, it shall, on the application of any State concerned in the disagreement, be decided by the Council. No member of the Council shall vote in the consideration by the Council of any dispute to which it is a party. Any contracting State may, subject to Article 85, appeal from the decision of the Council to an ad hoc arbitral tribunal agreed upon with the other parties to the dispute or to the Permanent Court of International Justice. Any such appeal shall be notified to the Council within sixty days of receipt of notification of the decision of the Council.

Article 85

Arbitration procedure

If any contracting State party to a dispute in which the decision of the Council is under appeal has not accepted the Statute of the Permanent Court of International Justice and the contracting States parties to the dispute cannot agree on the choice of the arbitral tribunal, each of the contracting States parties to the dispute shall name a single arbitrator who shall name an umpire. If either contracting State party to the dispute fails to name an arbitrator within a period of three months from the date of the appeal, an arbitrator shall be named on behalf of that State by the President of the Council from a list of qualified and available persons maintained by the Council. If, within thirty days, the arbitrators cannot agree on an umpire, the President of the Council shall designate an umpire from the list previously referred to. The arbitrators and the umpire shall then jointly constitute an arbitral tribunal. Any arbitral tribunal established under this or the preceding Article shall settle its own procedure and give its decisions by majority vote, provided that the Council may determine procedural questions in the event of any delay which in the opinion of the Council is excessive.

Article 86

Appeals

Unless the Council decides otherwise any decision by the Council on whether an international airline is operating in conformity with the provisions of this Convention shall remain in effect unless reversed on appeal. On any other matter, decisions of the Council shall, if appealed from, be suspended until the appeal is decided. The decisions of the Permanent Court of International Justice and of an arbitral tribunal shall be final and binding.

Article 87

Penalty for non-conformity of airline

Each contracting State undertakes not to allow the operation of an airline of a contracting State through the airspace above its territory if the Council has decided that the airline concerned is not conforming to a final decision rendered in accordance with the previous Article.

Article 88

Penalty for non-conformity by State

The Assembly shall suspend the voting power in the Assembly and in the Council of any contracting State that is found in default under the provisions of this Chapter.

CHAPTER XIX.

WAR

Article 89

War and emergency conditions

In case of war, the provisions of this Convention shall not affect the freedom of action of any of the contracting States affected, whether as belligerent or as neutrals. The same principle shall apply in the case of any contracting State which declares a state of national emergency and notifies the fact to the Council.

CHAPTER XX.

ANNEXES

Article 90

Adoption and amendment of Annexes

(a) The adoption by the Council of the Annexes described in Article 54, subparagraph (l), shall require the vote of two-thirds of the Council at a meeting called for that purpose and shall then be submitted by the Council to each contracting State. Any such Annex or any amendment of an Annex shall become effective within three months after its submission to the contracting States or at the end of such longer period of time as the Council may prescribe, unless in the meantime a majority of the contracting States register their disapproval with the Council.

(b) The Council shall immediately notify all contracting States of the coming into force of any Annex or amendment thereto.

CHAPTER XXI.

RATIFICATION, ADHERENCES, AMENDMENTS, AND DENUNCIATIONS

Article 91

Ratification of Convention

(a) This Convention shall be subject to ratification by the signatory States. The instruments of ratification shall be deposited in the archives of the Government of the United States of America, which shall give notice of the date of the deposit to each of the signatory and adhering States.

(b) As soon as this Convention has been ratified or adhered to by twenty–six States it shall come into force between them on the thirtieth day after deposit of the twenty–sixth instrument. It shall come into force for each State ratifying thereafter on the thirtieth day after the deposit of its instrument of ratification.

(c) It shall be the duty of the Government of the United States of America to notify the government of each of the signatory and adhering States of the date on which this Convention comes into force.

Article 92

Adherence to Convention

(a) This Convention shall be open for adherence by members of the United Nations and States associated with them, and States which remained neutral during the present world conflict.

(b) Adherence shall be effected by a notification addressed to the Government of the United States of America and shall take effect as from the thirtieth day from the receipt of the notification by the Government of the United States of America, which shall notify all the contracting States.

Article 93

Admission of other States

States other than those provided for in Articles 91 and 92 (a) may, subject to approval by any general international organization set up by the nations of the world to preserve peace, be admitted to participation in this Convention by means of a four-fifths vote of the Assembly and on such conditions as the Assembly may prescribe: provided that in each case the assent of any State invaded or attacked during the present war by the State seeking admission shall be necessary.

Article 93 bis16

(a) Notwithstanding the provisions of Articles 91, 92 and 93 above:

(1) A State whose government the General Assembly of the United Nations has recommended be debarred from membership in international agencies established by or brought into relationship with the United Nations shall automatically cease to be a member of the International Civil Aviation Organization;

(2) A State which has been expelled from membership in the United Nations shall automatically cease to be a member of the International Civil Aviation Organization unless the General Assembly of the United Nations attaches to its act of expulsion a recommendation to the contrary.

(b) A State which ceases to be a member of the International Civil Aviation Organization as a result of the provisions of paragraph (a) above may, after approval by the General Assembly of the United Nations, be readmitted to the International Civil Aviation Organization upon application and upon approval by a majority of the Council.

(c) Members of the Organization which are suspended from the exercise of the rights and privileges of membership in the United Nations shall, upon the request of the latter, be suspended from the rights and privileges of membership in this Organization.

Article 94

Amendment of Convention

(a) Any proposed amendment to this Convention must be approved by a two-thirds vote of the Assembly and shall then come into force in respect of States which have ratified such amendment when ratified by the number of contracting States specified by the Assembly. The number so specified shall not be less than two-thirds of the total number of contracting States.

(b) If in its opinion the amendment is of such a nature as to justify this course, the Assembly in its resolution recommending adoption may provide that any State which has not ratified within a specified period after the amendment has come into force shall thereupon cease to be a member of the Organization and a party to the Convention.

Article 95

Denunciation of Convention

(a) Any contracting State may give notice of denunciation of this Convention three years after its coming into effect by notification addressed to the Government of the United States of America, which shall at once inform each of the contracting States.

(b) Denunciation shall take effect one year from the date of the receipt of the notification and shall operate only as regards the State effecting the denunciation.

CHAPTER XXII.

DEFINITIONS

Article 96

For the purpose of this Convention the expression:

(a) Air service means any scheduled air service performed by aircraft for the public transport of passengers, mail or cargo.

(b) International air service means an air service which passes through the air space over the territory of more than one State.

(c) Airline means any air transport enterprise offering or operating an international air service.

(d) Stop for non–traffic purposes means a landing for any purpose other than taking on or discharging passengers, cargo or mail.

SIGNATURE OF CONVENTION

In WITNESS WHEREOF, the undersigned plenipotentiaries, having been duly authorized, sign this Convention on behalf of their respective governments on the dates appearing opposite their signatures.

DONE at Chicago the seventh day of December 1944, in the English language. A text drawn up in the English, French, and Spanish languages, each of which shall be of equal authenticity, shall be opened for signature at Washington, D. C. Both texts shall be deposited in the archives of the Government of the United States of America, and certified copies shall be transmitted by that Government to the governments of all the States which may sign or adhere to this Convention.

02 국제민간항공협약(시카고협약)

1944년 12월 7일 시카고에서 서명

전문

국제민간항공의 장래의 발달은 세계 각국 및 각 국민 간에 있어 우호적이고 상호 이래를 창조하고 또한 유지할 것을 조장할 수 있으나, 국제민간항공의 남용은 일반적 안전에 대한 위협이 되는 수가 있기 때문에 각국 및 각 국민 간에 있어 마찰을 피하고, 또한 세계평화의 기초가 되는 각국 및 각 국민 간에 있어 협력을 촉진하는 것이 바람직하므로, 다음의 정부는 국제민간항공이 안전하고 또한 정연한 발달을 하도록, 그리고 국제항공운송업무가 기회균등주의에 근거하여 확립되어 건전하고 경제적으로 운영되도록 일정한 원칙 및 협약에 합의하고, 그 목적을 위해 이 협약을 체결하였다.

제1부 항공

제1장 일반원칙 및 협약의 적용

제1조(주권) 체약국은 각국이 그 영역상의 공간에 있어 완전하고 배타적인 주권을 갖는 것을 승인한다.

제2조(영역) 이 협약의 적용상 국가의 영역이란, 그 국가의 주권·종주권 보호 또는 위임 통치하에 있는 육지 및 이에 인접하는 영수를 말한다.

제3조(민간항공기 및 국가항공기)

① 이 협약은 민간 항공기에만 적용하는 것이며 국가항공기에는 적용하지 않는다.

② 군·세관 및 경탈의 업무에 사용하는 항공기는 국가항공기로 간주한다.

③ 체약국의 국가항공기는 특별협정, 기타의 방법에 의한 허가를 받고 또는 그 조건에 따르지 않으면 다른 국가의 영역의 상공을 비행하거나 그 영역에 착륙하여서는 아니 된다.

④ 체약국은 자국의 국가항공기에 관한 규제를 설정함에 있어 민간항공기의 항행의 안전에 관하여 타당한 고려를 할 것을 약속한다.

제3조 bis는 영문원문내용참조

제4조(민간항공의 남용) 각 체약국은 이 협약의 목적과 양립하지 않는 목적을 위해 민간 항공을 사용하지 않을 것에 동의한다.

제2장 체약국의 영역상공의 비행

제5조(부정기비행의 권리) 각 체약국은 다른 체약국의 항공기로서 정기국제항공업무에 종사하지 않는 모든 항공기가 사전의 허가를 얻을 것을 필요로 하지 않고, 또한 그 항공기가 상공을 비행하는 국가의 착륙 요구권에 따를 것을 조건으로 하고, 그 나라의 영역 내에 비행 또는 동 영역의 무착륙 횡단 비행을 하며, 운수 이외의 목적으로 착륙을 하는 권리를 이 협약의 조항을 준수할 것을 조건으로 유보할 것에 동의 한다. 다만, 각 체약국은 비행의 안전을 위하여 접근이 곤란한 지역 또는 적당한 항공시설이 없는 지역의 상공의 비행을 희망하는 항공기에 대하여 소정의 항공로를 비행할 것과, 또는 이와 같은 비행을 위하여 특별한 허가를 받을 것을 요구하는 권리를 유보한다.

전기한 항공기는 정기국제항공업무로서가 아니고 유상 또는 전세로 행하는 여객 화물 또는 우편물의 운송에 종사하는 경우에는 제7조의 규정에 따를 것을 조건으로, 여객·화물·우편물의 적재 또는 허가가 행하여지는 나라는 그 바람직하다고 인정하는 규제·조건 또는 제한을 부과하는 권리를 갖는다.

제6조(정기항공업무) 정기국제항공업무는 체약국의 특별한 허가, 기타의 허가를 받고 또는 그 허가의 조건에 따를 경우를 제외하는 이외에 그 체약국의 영역의 상공을 통과 또는 그 영역에 진입을 행할 수 없다.

제7조(국내 영업) 각 체약국은 다른 체약국의 항공기에 대하여, 유상 또는 전세로 자국 영역 내에서 다른 지점을 향하여 운송되는 여객, 우편물 및 화물을 그 영역 내에서 하기하는 허가를 부여하지 않는 권리를 갖는다.

제8조(무조종자 항공기) 조종자 없이 비행할 수 있는 항공기는 체약국의 특별한 허가를 받고 또는 그 허가의 조건에 따르지 않으면 그 체약국의 영역의 상공을 조종자 없이 비행하여서는 아니 된다. 각 체약국은 민간항공기에 개방되어 있는 지역에서와 같이, 무조종자 항공기의 비행이 민간항공기에 미치는 위험을 예방하도록 그 관제가 행하여질 것을 약속한다.

제9조(금지구역)

a. 각 체약국은 군사상의 필요 또는 공공의 안전을 위하여 다른 나라의 항공기가 자국의 영역내의 일정한 구역의 상공을 비행할 것을 일률적으로 제한하고 또는 금지할 수 있다. 다만, 이것에 관하여서는 당해 영역이 속하는 나라의 항공기로서 정기국제항공업무에 종사하는 항공기와 다른 체약국의 항공기로서 정기국제항공업무에 종사하는 항공기와 다른 체약국의 항공기로서 같은 업무에 종사하는 것과의 차별을 하여서는 아니 된다. 이 금지 지역은 항공을 불필요하게 방해하지 않는 적당한 범위와 위치의 것이라야 한다. 체약국의 영역 내에 있어 이 금지 구역의 명세 및 그 변경은 가능한 한 신속하게 다른 체약국 및 국제민간항공기구에 통지하여야 한다.

b. 각 체약국은 또한 특별한 사태에 있어 혹은 긴급한 기간 또는 공공의 안전을 위해 즉시 그 영역의 전부 또는 일부의 상공의 비행을 일시적으로 제한하고 또는 금지하는 권리를 유보한다. 다만, 그 제한 또는 금지는 다른 모든 나라의 항공기에 대해 국적의 여하를 불문하고 적용하는 것이라야 한다.

c. 각 체약국은 그 설정한 규제에 의하여 전기한 ① 또는 ②에서 정하는 구역에 진입하는 항공기에 대하여 그 후 가능한 한 신속하게 그 영역 내의 지정공항에 착륙하도록 요구할 수 있다.

제10조(세관공항에의 착륙) 항공기가 이 협약의 조항 도는 특별 허가의 조건에 의하여 체약국의 영역에 무착륙 횡단을 허가 받은 경우를 제외하고 체약국 영역에 진입하는 모든 항공기는 그 나라의 규제가 요구할 때에는 세관검사, 기타의 검사를 받기 위해 그 나라가 지정하는 공항에 착륙하여야 한다.

그 항공기는 체약국 영역으로부터 출발에 있어서는 같은 지정된 세관공항에서 출발하여야 한다. 지정된 모든 세관공항의 명세는 그 나라가 발표하여야 하며, 또는 다른 모든 체약국에 통지하기 위해 이 협약의 제2부에 의해 설립된 국제민간항공기구에 전달하여야 한다.

제11조(항공에 관한 규제의 적용) 체약국의 법령으로 국제항공에 종사하는 항공기의 당해 체약국의 영역에의 입국 혹은 그 곳으로부터 출국 또는 동 영역 내에 있는 동안은, 운항 및 항행에 관한 것인 이 협약의 규정에 따를 것을 조건으로 국적의 여하를 불문하고 모든 체약국의 항공기에 적용되는 것이며, 또한 그 나라의 영역에 입국 혹은 그 곳으로부터 출국에 있어, 또는 동 영역 내에 있는 동안 당해 항공기에 의해 준수되어야 한다.

제12조(항공규칙) 각 체약국은 그 영역의 상공을 비행하고, 또는 동 영역 내에서 작동하는 모든 항공기 및 소재의 여하를 불문하고 그 국적기호를 개시하는 모든 항공기가 당해 영역에서 시행되고 있는 항공기의 비행 또는 작동에 관한 규칙에 따를 것을 확보하는 조치를 취할 것을 약속한다. 각 체약국은 이러한 점에 관해 자국의 규칙을 이 협약에 의해 수시 설정되는 규칙에 가능한 한 일치하도록 할 것을 약속한다. 공해 상공에 있어서 시행되

는 규칙은 이 협약에 의하여 설정되는 것이라야 한다. 각 체약국은 적용되는 규칙을 위반한 모든자의 소추를 확보할 것을 약속한다.

제13조(입국 및 출국에 관한 규제) 체약국의 법령으로 항공기의 승객, 승무원 또는 화물의 당해 체약국의 영역에의 입국 또는 그로부터 출국에 관한 것은, 예를 들면 입국, 출국, 이민, 여권. 세관 및 검역에 관한 규제는 그 나라 영역에의 입국 혹은 그 곳으로부터 출국에 있어 또는 동 영역 내에 있는 동안 그 여객, 승무원 혹은 화물에 의해 또는 그러한 명칭에 의해서 준수되어야 한다.

제14조(질병의 만연의 방지) 각체약국은 콜레라, 장티푸스, 천연두, 황열, 페스트 및 체약국이 수시 결정하여 지정하는 기타의 전염병의 항공에 의한 만연을 방지하는 효과적인 조치를 취할 것에 동의하고, 따라서 체약국은 항공기에 적용되는 위생상의 조치에 관한 국제규제에 관계있는 기관과 항상 긴밀하게 협의를 행한다. 이 협의는 이 문제에 관한 현존의 국제협약이 체약국이 그 당사국이라는 적용을 방해하지 않는다.

제15조(공항의 사용요금, 기타의 사용 요금) 체약국 내의 공항에서 그 나라의 항공기의 사용에 공개되어 있는 것은, 제68조의 규정에 따를 것을 조건으로 하여 다른 모든 체약국의 항공기에 대하여서도 동등하게 균등의 조건하에서 공개되어야 한다. 동등한 균등의 조건은 각 체약국의 항공기가 무선 및 기상의 시설을 포함하는 모든 항공보안시설이 항공의 안전 및 신속화를 위해 공공의 이용에 공하여지는 것을 사용하는 경우에도 적용된다.

체약국이 다른 체약국의 항공기에 의해 이러한 공항 및 항공보안시설의 사용에 관해 부과하고 또 부과할 것을 허용한 요금은 다음의 요금보다 고액이 되어서는 아니 된다.

① 정기국제항공업무에 종사하지 않는 항공기에 관해서는 유사한 운항에 종사하는 자국의 동급의 항공기가 지불하는 요금

② 정기국제항공업무에 종사하는 항공기에 관해서는 유사한 국제항공업무에 종사하는 자국의 항공기가 지불하는 요금, 전기한 요금은 모두 공표를 하고 또는 국제민간항공기구에 통지하여야 한다. 다만, 관계 체약국의 신립이 있을 때에는 항공, 기타의 시설의 사용에

관하여 부과되는 요금은 이사회의 심의를 받아야 하며, 이사회는 1 또는 2 이상의 관계국의 고리를 구하기 위하여 이것에 관하여 보고를 하고 또는 권고를 하여야 한다. 어느 체약국도 다른 체약국의 항공기 또는 그 항공기상의 사람 혹은 재산이 자국의 영역 상공의 통과국 같은 영역에의 입국 도는 그곳으로부터 출국을 하는 권리에 한한 것에 대해 수수료, 사용료, 기타의 과징금을 부과해서는 아니 된다.

제16조(항공기의 검사) 각 체약국은 당국이 부당하게 지체함이 없이 다른 체약국이 항공기를 착륙 또는 출발할 때에 검사하고 또는 이 협약에서 정하는 증명서, 기타의 서류를 검열하는 권리를 갖는다.

제3장 항공기의 국적

제17조(항공기의 국적) 항공기는 등록을 받은 나라의 국적을 갖는다.

제18조(이중등록) 항공기는 2 이상의 나라에서 유효하게 등록을 받을 수 없다. 다만, 그 등록은 한 나라에서 다른 나라도 변경할 수 있다.

제19조(등록에 관한 국내법) 체약국에 있어 항공기의 등록 또는 등록의 변경은 그 나라의 법령에 따라 행하여져야 한다.

제20조(기호의 표시) 국제항공에 종사하는 모든 항공기는 그 적정한 국적 및 등록의 기호를 게시하여야 한다.

제21조(등록의 보고) 각 체약국은 요구가 있을 때에는 다른 체약국 또는 국제민간항공기구에 대하여 자국에 등록된 특정한 항공기의 등록 및 소유권에 관한 정보를 제공할 것을 약속한다. 또한 각 체약국은 국제민간항공기구에 대해 동 기구가 정하는 규칙에 따라 자국에 등록되고, 또한 일반 국제항공에 종사하는 항공기의 소유 및 관리에 관한 입수 가능

한 관계 자료를 제시한 보고서를 제공하여야 한다. 국제민간항공기구는 다른 체약국이 요청하였을 때에는 이와 같이하여 입수한 자료를 그 이용에 공하여야 한다.

제4장 항공을 용이하게 하는 조치

제22조(수속의 간이화) 각 체약국은 영역에 있어 항공기의 항행을 용이하게 하고 또는 신속하게 하기 위해 특히 입국, 검역, 세관 및 출국에 관한 법령의 시행에 있어 항공기 승무원, 여객 및 화물에 대해 발생하는 불필요한 지연을 방지하기 위해 특별한 규제의 설정, 기타의 방법에 의해 모든 실행이 가능한 조치를 취할 것에 동의한다.

제23조(세관 및 출입국의 수속) 각 체약국은 실행이 가능하다고 인정하는 한 이 협약에 의해 수시 설정되고 또는 권고되는 방식에 따라 국제항공에 관한 세관 및 출입국의 수속을 정할 것을 약속한다. 이 협약의 여하한 규정도 자유공항의 설치를 발해하는 것으로 해석하여서는 아니 된다.

제24조(관세)

① 다른 체약국의 영역에 비행을 하고 또는 동 영역을 횡단하여 비행하는 항공기는 그 나라의 세관의 규제에 다를 것을 조건으로 잠정적으로 세관의 면세를 인정받는다. 체약국의 항공기가 다른 체약국의 영역에 도착하였을 때에 하기한 연료, 윤활유, 예비부품, 정규의 장비품 및 항공기 저장품으로서 그 나라의 영역으로부터 출발할 때에도 하기한 것은 관세, 검사 수수료 또는 그러한 것에 유사한 나라 혹은 지방공공단체가 부과하는 조세, 기타의 과징금을 면제한다. 이 면제는 적하된 양 또는 물품에는 적용되지 않는다. 다만, 그 양 또는 물품을 세관의 감시 하에 둘 것을 요구하는 그 나라의 세관의 규제에 따를 경우는 이에 한하지 아니한다.

② 국제항공에 종사하는 다른 체약국의 항공기에 부착하기 위해 또는 그 항공기가 사용하기 위해 체약국의 영역에 수입되는 예비부품 및 장비품은 이러한 물품을 세관의 감시 및 관리하에 둘 것을 규정하는 관계국의 규제에 따를 것을 조건으로 관세의 면세를 인정받는다.

제25조(조난항공기) 각 체약국은 그 영역 내에서 조난당한 항공기에 대해 실행이 가능하다고 인정하는 구원조치를 위하고, 또한 자국 당국의 감독에 따를 것을 조건으로 그 항공기의 소유자 또는 그 항공기가 등록을 받은 나라 당국의 상황에 따라 필요로 하는 구원조치를 취하도록 허가할 것을 약속한다.

각 체약국은 행방불명의 항공기의 수색에 종사할 경우에는 이 협약에 의해 수시 권고되는 공동조치에 협력한다.

제26조(사고의 조사) 체약국의 항공기가 다른 체약국의 영역에서 사고가 발생하였을 경우에 있어, 그 사고가 사망 혹은 중상을 수반할 때 또는 항공기 혹은 항공시설의 중대한 기술적 결함을 제시할 경우, 그 사고가 발생한 나라는 자국의 법령이 허가하는 한 국제민간항공기구가 권고하는 수속에 따라 사고의 사정에 대한 조사를 행하는 것으로 한다. 그 항공기가 등록을 받은 나라는 조사에 입회할 자를 임명하는 기회를 부여받도록 하여야하며, 조사를 행하는 나라는 그 나라에 대하여 그 사항에 관한 보고 및 소견을 통지하여야 한다.

제27조(특허권에 의해 청구되는 차압의 면제)

① 국제항공에 종사하고 있는 한, 체약국의 항공기가 허가를 받고 다른 체약국의 영역에 진입할 경우 또는 허가를 받고 그 영역의 착륙을 수반하는 혹은 무착륙의 횡단을 하는 경우에는 그 나라 혹은 그 나라에 있는 사람 또는 그들의 대리인은 항공기의 구조, 기계장치, 부품, 부속품 또는 운항이 항공기가 진입한 영역이 속하는 나라에서 정당하게 허가되고 또는 등록된 특허, 의장 또는 평면도형의 침해라는 이유로 항공기의 차압 또는 억류, 항공기의 소유자 또 억압의 면제에 관한 담보의 공여는 그 항공기가 진입한 나라에서는 여하한 경우에도 요구되지 않는 것으로 한다.

② 본 조 ①의 규정은 또한 체약국의 항공기를 위한 예비부품 및 예비 장비품이 다른 체약국의 영역 내에서 보관, 그리고 이러한 체약국의 항공기가 다른 체약국의 영역 내에서 수리를 위해 사용하고 또는 장치하는 권리에 관해서도 적용된다. 다만, 이와 같이하여 보관되는 여하한 특허부품 또는 특허 장비품도 항공기가 입국하는 체약국의 국내에서 판매하거나 또는 분배, 그 체약국으로부터 상업상의 목적으로 수출을 하여서는 아니 된다.

③ 본 조의 이익은 이 협약의 당사국으로서, ㉠ 공업소유권의 보호에 관한 국제협약 및 개정협약의 당사국의 것일 것 또는 ㉡ 이 협약의 다른 당사국의 국민이 행한 발명을 승인하고, 또한 이것에 적당한 보호를 부여하는 특허법을 제정한 것에 한하여 적용한다.

제28조(항공시설 및 표준양식) 각 체약국은 실행이 가능하다고 인정하는 한 다음의 것을 약속한다.

① 이 협약에 의하여 수시 권고되고 또는 설정되는 표준 및 방식에 따라 국제항공을 용이하게 하기 위해 그 영역 내에 공항, 무전시설, 기상시설, 기타의 항공시설을 설정할 것.

② 이 협약에 의해 수시 권고되고 또는 설정되는 통신 수속, 부호, 기호, 신호 및 조명의 적당한 표준양식, 그리고 기타의 운항상의 방식 빛 규칙을 채택하고 또한 실시할 것.

③ 이 협약에 의해 수시 권고되고 또는 설정된 표준에 따를 항공지도 및 항공도의 간행을 확보하기 위한 국제적 조치에 협력할 것.

제5장 항공기에 비치하여야 할 요건

제29조(항공기가 휴대할 서류) 국제항공에 종사하는 체약국의 모든 항공기는 이 협약에서 정하는 요건에 합치되는 다음의 서류를 휴대하여야 한다.

① 등록증명서

② 감항증명서

③ 각 승무원의 적당한 면장

④ 항공일지

⑤ 무선기를 정비할 때에는 항공기국의 면허장

⑥ 여객을 운송할 때에는 그 성명, 탑승지 및 목적지의 기록표

⑦ 화물을 운송할 때에는 하기목록 및 화물의 세목신고서

제30조(항공기의 무선장비)

a. 각 체약국의 항공기는 등록을 받은 나라의 당국으로부터 무선송신기를 장비하고, 또

한 운용을 하기 위한 면허장의 발급을 받았을 때에 한해 다른 체약국의 영역 내에서 또는 그 영역의 상공에서 그 송신기를 휴대할 수 있다. 영역의 상공을 비행하는 체약국의 영역에 있어, 무선송신기의 사용은 그 나라가 설정하는 규제에 따라야 한다.

b. 무선통신기는 항공기가 등록을 받은 나라 당국이 발급한 특별한 면장을 소지하는 항공기 승무원에 한해 사용할 수 있다.

제31조(감항증명서) 국제항공에 종사하는 모든 항공기는 등록을 받은 나라가 발급하고 또는 유효하다고 인정하는 감항증명서를 비치하여야 한다.

제32조(항공종사자의 면장)

① 국제항공에 종사하는 모든 항공기의 조종자, 기타의 운항승무원은 그 항공기가 등록을 받은 나라가 발급하고 또는 유효하다고 인정한 기능증명서 및 면장을 소지하여야 한다.

② 각 체약국은 자국의 영역 상공의 비행에 관해서는 자국민에 대해 다른 체약국이 발급한 기능증명서 및 면장을 인정할 것을 거부하는 권리를 유보한다.

제33조(증명서 및 면장의 승인) 항공기가 등록을 받은 나라가 발급하고 또는 유효하다고 인정한 감항증명서, 기능증명서 및 면장은 그 증명서 또는 면장을 발급하고 또는 유효하다고 인정한 요건이 이 협약에 따라 수시 설정되는 최저표준과 동등 또는 그 이상의 것이 되는 한, 다른 체약국에 대해서도 유효하다고 인정하여야 한다.

제34조(항공일지) 국제항공에 종사하는 모든 항공기에 관해서는 이 협약에 따라 수시 설정하는 형식으로 항공기, 그 승무원 및 각 비행의 세목을 기입한 항공일지를 소지 하여야 한다.

제35조(화물의 제한)

① 군수품 또는 군용기재는 체약국의 허가를 받은 경우를 제외하고 국제항공에 종사하는 항공기로서 그 나라의 영역 내 또는 영역의 상공을 운송하여서는 아니 된다. 각국은 통

일을 기하기 위해 국제민간항공기구가 수시 행하는 권고에 대해 타당한 고려를 한 후 본조에서 말하는 군수품 또는 군용기재란 어떠한 규칙에 의해 결정되어야 한다.

② 각 체약국은 공공의 질서 및 안전을 위해 ①에서 게시하는 물품 이외의 물품을 그 영역 내 또는 영역의 상공을 운송할 것을 제한하고, 또는 금지하는 권리를 유보한다. 다만, 이 점에 관해서는 국제항공에 종사하는 자국의 항공기와 다른 체약국의 같은 항공기간에 차별을 설정하여서는 아니 되며, 그리고 항공기의 운항, 승무원 혹은 여객의 안전을 위해 필요한 장치의 휴대 및 항공기상에 있어 그 사용을 방해하는 제한을 부과해서는 아니 된다.

제36조(사진기) 각 체약국은 그 영역의 상공에 있는 항공기에 대해 사진기를 사용할 것을 금지하고 또는 제한할 수 있다.

제6장 국제표준 및 권고 방식

제37조(국제표준 및 수속의 채택) 각 체약국은 항공기, 항공종사자, 항공로 및 부속업무에 관한 규칙, 표준. 수속 및 조직의 실행 가능한 최고도의 통일화를 그리고 그 통일이 항공을 용이하게 하고 또한 개선할 모든 사항에 관해 확보하도록 협력할 것을 약속한다.

그러므로 국제민간항공기구는 다음 사항에 관한 국제표준, 그리고 권고되는 방식 및 수속을 필요에 따라 수시 채택하고 또한 개정한다.

① 통신 조직 및 항공보안시설(지상 표지를 포함)

② 항공 및 착륙장의 성질

③ 항공규칙 및 항공교통관제방식

④ 운항 관제 및 정비 관계의 항공종사자의 면허

⑤ 항공기의 감항성

⑥ 항공기의 등록 및 식별

⑦ 기상정보의 수집 및 교환

⑧ 항공일지

⑨ 항공지도 및 항공도

⑩ 세관 및 출입국의 수속

⑪ 조난 항공기 및 사고의 조사

그리고, 항공의 안전 확보 및 능률에 관계있는 기타의 사항으로써 수시 적당하다고 인정하는 것

제38조(국제표준 및 수속상의 차이) 모든 점에서 국제표준 또는 수속에 따라야 할 사항 혹은 국제표준, 수속의 개정 후 자국의 규제 또는 방식을 이것에 완전히 일치시킬 것을 불가능하다고 인정하는 나라 또는 국제표준에 의해 설정된 규칙 또는 방식과 특정한 점에 있어 상이한 규제 또는 방식을 채택한 것이 필요하다고 인정하는 나라는 자국의 방식과 국제표준에 의해 설정된 방식과의 차이점을 즉시 국제민간항공기구에 통고하여야 한다. 국제표준의 개정이 있었을 경우에 자국의 규제 또는 방식에 적당한 개정을 가하지 않는 나라는 국제표준의 개정을 채택한 날로부터 60일 이내에 이사회에 통고하고 또는 자국이 취하고자 하는 조치를 명시하여야 한다. 이 경우에는 이사회는 국제표준의 1 또는 2이상의 특이점과 이에 대응하는 그 나라의 국내 방식과의 차이점을 즉시로 모든 나라에 통고하여야 한다.

제39조(증명서 및 면장의 이서)

① 감항성 또는 성능의 국제표준이 존재하는 항공기 또는 그 부품으로서 그 증명을 할 때, 어떠한 점에서 그 표준에 합치되어 있지 않은 것은 그 불합치점의 완전한 명세가 그 감항증명서에 이서 되고 또는 이것에 첨부되어야 한다.

② 면장을 소지하는 자로서 그 소지하는 면장 또는 증명서의 등급에 관하여 국제표준이 요구하는 조건을 완전히 충족하고 있지 못한 것에 대해서는 그 조건을 충족하고 있지 못한 점을 그 면장에 이서 하거나 또는 이것에 첨부하여야 한다.

제40조(이기된 증명서 및 면장의 효력) 전기한 바와 같이 이기된 증명서 또는 면장을 갖는 항공기 또는 항공종사자는 그 진입하는 영역이 속하는 1 또는 2 이상의 나라의 허가를 받은 경우를 제외하고 국제항공에 참가하여서는 아니된다. 그 항공기 또는 증명을 받은 항공기 부품이 최초로 증명을 받은 나라 이외의 나라에 있어 등록 또는 사용은 그 항공기

또는 부품을 수입하는 나라가 임의로 정한다.

제41조(감항성의 현행 표준의 승인) 이 장의 규정은 항공기 및 항공기 장비품으로서 이러한 국제표준의 채택일로부터 3년 이내에 원 형식이 당해국 당국에 증명을 위해 제출되는 형식의 것에는 적용되지 않는다.

제42조(항공종사자의 기능의 현행 표준의 승인) 이장의 규정은 항공종사자로서 그 자격증명의 국제표준의 채택일로부터 1년 이내에 처음으로 면장의 발급을 받는 자는 적용되지 않는다. 다만, 이 표준의 채택일로부터 5년을 경과하여도 아직 유효한 면장을 보유한 모든 항공종사자에는 여하한 경우라도 적용된다.

제2부 국제민간항공기구

제7장 기구

제43조(명칭 및 구성) 이 협약에 의해 국제민간항공기구라는 기구를 조직한다. 이 기구는 총회, 이사회, 기타의 필요한 기관으로 구성된다.

제44조(목적) 이 기구의 목적은 다음의 것을 위해 국제항공의 원칙 및 기술을 발달시키고 또한 국제항공운송의 계획 및 발달을 조장하는 것이다.

① 세계를 통해 국제민간항공의 안전하고 또한 정연한 발전을 확보하려는 것

② 평화적 목적을 위해 항공기의 설계 및 운항의 기술을 장려하는 것

③ 국제민간항공을 위한 항공로, 공항 및 항공보안시설의 발달을 장려하는 것

④ 안전하고 정확하고 능률적이고, 또한 경제적인 항공 운송에 대한 세계의 전 국민의 요구에 응하는 것

⑤ 불합리한 경쟁에 의해 발생하는 경제적인 낭비를 방지하는 것

⑥ 체약국의 권리가 충분히 존중을 받아야 하며, 모든 체약국이 국제항공기업을 운영하는 공정한 기회를 가질 것을 확보하는 것

⑦ 체약국간의 차별 대우를 피하는 것

⑧ 국제항공에 있어 비행의 안전을 증진하는 것

⑨ 국제민간항공의 모든 부분의 발달을 전반적으로 촉진하는 것

제45조(항구적 소재지) 이 기구의 항구적 소재지는 1944년 12월 7일에 시카고에서 서명된 국제민간항공중간협정에 의해 임시국제민간항공기구의 중간 총회의 최종 회합에서 결정되는 장소로 한다.

그 소재지는 이사회의 결정에 의해 일시적으로 다른 장소에 또는 총회의 결정에 의해 일시적이 아닌 다른 장소에 이동할 수 있다. 그 총회의 결정은 총회에서 정하는 표수에 의해 행해지는 것으로 하고, 총회가 정하는 표수는 체약국의 총수의 5분의 3미만이 되어서는 아니된다.

제46조(총회의 제1회 회합) 총회의 제1회 회합은 전기한 임시기구의 중간이사회가 결정할 때 또는 그 결정하는 장소에서 회합하도록 이 협약의 효력 발생 후 즉시로 중간이사회가 소집한다.

제47조(법률상의 행위능력) 이 기구는 각 체약국의 영역 내에서 임무의 수행에 필요한 법률상의 행위 능력을 보유한다. 이 기구는 관계국의 헌법 및 법률과 양립하는 한 완전한 법인격을 부여받는다.

제8장 총회

제48조(총회의 회합 및 표결)

① 총회는 적어도 3년에 1회 회합하기로 하고 이사회가 적당한 시기와 장소에 소집한다.

임시총회는 이사회의 소집 또는 체약국의 총수의 5분의 1이상이 사무국장 앞으로 요청이 있을 때에는 언제든지 개최할 수 있다.

② 모든 체약국은 총회의 회합에 대표자를 참가시킬 평등한 권리를 가지며, 각 체약국은 1개의 투표권을 갖는다. 체약국을 대표하는 대표는 기술고문의 원조를 받을 수 있다. 기술고문은 회합에 참가할 수 있으나, 투표권은 갖고 있지 않는다.

③ 총회의 회합의 정족수를 구성하기 위해서는 체약국의 과반수를 필요로 한다. 총회의 결정은 이 협약에 별도로 정하는 것이 없는 한 투표의 과반수에 의해 행해진다.

제49조(총회의 권한 및 임무) 총회의 권한 및 임무는 다음과 같다.

① 매 회합마다 의장, 기타의 역원을 선거하는 것

② 제9장의 규정에 따라 이사회에 대표자를 출석시킬 체약국을 선거하는 것

③ 이사회의 보고를 심사하여 적당한 조치를 취하고, 또한 이사회가 총회에 부탁한 사항에 관해 결정하는 것

④ 그 수속규칙을 결정하고, 또한 필요하고 또는 바람직하다고 인정하는 보조적인 위원회를 설립하는 것

⑤ 제12장의 규정에 따라 이 기구의 연차적인 예산을 표결하고, 또한 이 기구의 제정상의 조치를 결정하는 것

⑥ 이 기구의 지출을 검사하고, 또한 이 기구의 결산보고를 승인하는 것

⑦ 이 활동 범위 내의 사항을 이사회, 보조적인 위원회, 기타의 기구에 임의로 부탁하는 것

⑧ 이 기구의 임무 수행에 필요하고, 또는 바람직한 권한을 이사회에 위임하고 그 권한의 위임을 언제든지 취소하고 또는 수정하는 것

⑨ 제13장의 관계규정을 실시하는 것

⑩ 이 협약의 규정의 수정 또는 개정에 따라 이것을 체약국에 권고하는 것

⑪ 이 기구의 활동 범위 내의 사항으로서 특히 이사회의 임무가 아닌 것을 처리하는 것

제9장 이사회

제50조(이사회의 구성 및 선거)

a. 이사회는 총회에 대하여 책임을 부담하는 상설기구로 한다. 이사회는 총회가 선거하는 36개의 체약국으로 구성된다. 선거는 총회의 제1회 회합에서 행하고, 그 후에는 매 3년마다 행한다. 이와 같이하여 선출된 이사회의 구성원은 다음 선거까지 재임한다.

b. 이사회의 구성원의 선거에 있어 총회는 (1) 항공운송에 있어 가장 중요한 나라, (2) (1) 또는 (3)에 포함되지 않는 나라로서 국제민간항공을 위한 시설의 설치에 최대의 공헌을 하는 나라 및 (3) (1) 또는 (2)에 포함되지 않는 나라로서 그 나라를 지명하면 세계의 모든 주요한 지리적 지역이 이사회에 확실히 대표가 될 수 있는 가망성이 있는 것이 적당히 대표가 되도록 하여야 한다. 이와 같이하여 이사회에 선출된 체약국은 전임자의 전임기간 중 재임한다.

c. 이사회를 구성하는 체약국의 대표는 국제항공업무의 운영에 적극적으로 참여하고, 또한 그 업무에 재정적으로 관여하여서는 아니 된다.

제51조(이사회의 의장) 이사회는 그 의장을 3년 임기로 선거한다. 의장은 재선될 수 있다. 의장은 투표권을 갖지 않는다. 이사회는 그 구성원 중에서 1인 또는 2인 이상의 부의장을 선거한다. 부의장은 의장대리가 되었을 때에도 투표권을 보유한다. 의장은 이사회의 구성원의 대표자 중에서 선정될 것을 필요로 하지 않으나 대표자가 의장에 선출되었을 경우에는 그 의석은 공석으로 간주하고 그 대표자가 대표하는 나라에 의해 보충된다. 의장의 임무는 다음과 같다.

㉠ 이사회, 항공운송위원회 및 항공위원회의 회합을 소집하는 것

㉡ 이사회의 대표자가 되는 것

㉢ 이사회가 지정하는 임무를 이사회를 대신하여 수행하는 것

제52조(이사회에 있어 표결) 이사회의 결정은 그 구성원의 과반수의 승인을 필요로 한다. 이사회는 특정사항에 관한 권한을 그 구성원으로 성립되는 위원회에 위임할 수 있다.

이사회의 위원회의 결정에 관해서는 이해관계가 있는 체약국은 이사회에 이의를 제기할 수 있다.

제53조(투표권을 수반하지 않는 참가) 체약국은 자국의 이해에 특히 영향을 주는 문제에 관해 이사회 및 그 위원회가 행하는 심의에 투표권 없이 참가할 수 있다. 이사회의 구성원은 자국이 당사자로 되는 분쟁에 관해 이사회가 행하는 심의에 있어서는 투표권을 갖지 않는다.

제54조(이사회의 의무적 임무) 이사회는 다음의 것을 행하여야 한다.

① 총회에 연차보고를 제출하는 것

② 총회의 지령을 수행하고, 그리고 이 협약이 부과되는 임무 및 의무를 이행하는 것

③ 그 조직 및 수속규칙을 결성하는 것

④ 항공운송위원회를 설치하고 또한 그 임무를 정하는 것, 그 위원회의 위원은 이사회의 구성원의 대표자 중에서 선출되고, 그 위원회는 이사회에 대해 책임을 부담하게 된다.

⑤ 제10장의 규정에 따라 항공위원회를 설치하는 것

⑥ 제12장 및 제15장의 규정에 따라 이 기구의 회계를 관리하는 것

⑦ 이사회의 의장의 보수를 결정하는 것

⑧ 제11장의 규정에 따라 사무국장이라고 칭하는 수석행정관을 임명하고, 또한 기타의 필요한 직원의 임명에 관한 규정을 작성하는 것

⑨ 항공의 발달 및 국제항공업무의 운영에 관한 정보를 요청·수집·심사하고, 또한 공표하는 것, 그 정보에는 운영의 비용에 관한 모든 정보를 포함한다.

⑩ 이 조약의 위반 및 이사회의 권고 또는 결정의 불이행을 체약국에 보고하는 것

⑪ 이 조약의 위반을 통고한 후 상당한 기간 내에 체약국이 적당한 조치를 취하지 않았을 경우에는, 그 위반을 총회에 보고하는 것

⑫ 이 조약의 제6장의 규정에 따라 국제표준 및 권고방식을 채택하고, 편의상 이러한 것을 이 조약의 부속서로서, 또한 취한 조치를 모든 체약국에 통고하는 것

⑬ 부속서의 개정에 관한 항공위원회의 권고를 심의하고, 또한 제20장의 규정에 따라

조치를 취하는 것

⑭ 이 조약에 관해 체약국이 부탁하는 문제를 심의하는 것

제55조(이사회의 임의적 임무) 이사회는 다음의 것을 행할 수 있다.

① 적당하고 또한 경험상 바람직하다고 인정되는 경우에는 지역적 기초, 기타의 기초에 의해 항공운송소위원회를 창설하고, 또는 이사회가 이 협약의 목적의 수행을 용이하게 하기 위해 직접 또는 간접으로 교섭할 수 있는 나라 또는 항공기업의 집단을 정하는 것

② 이 협약에서 정하는 임무에 추가되는 임무를 항공위원회에 위임하고, 또한 그 권한의 위임을 언제든지 취소하고 또는 수정하는 것

③ 국제적 중요성을 갖는 항고 운송 및 항공의 모든 부면에 관해 조사를 행하고, 그 조사의 결과를 체약국에 통지하며, 그리고 항공운송 및 항공상의 문제에 관한 체약국간의 정보의 교환을 용이하게 하는 것

④ 국제선간 항공업무의 국제적인 소유 및 운영을 포함하는 국제항공운송의 조직 및 운영에 관한 문제를 연구하고, 그리고 이에 관한 계획을 총회에 제출하는 것

⑤ 피할 수 있는 장애가 국제항공의 발달을 방해하고 있다고 인정되는 사태를 체약국의 요청에 의해 조사하고, 그 조사를 한 후 이사회가 바람직하다고 인정하는 보고를 발표하는 것

제10장 항공위원회

제56조(위원의 지명 및 임명) 항공위원회는 체약국이 지명하는 자 중에서 이사회가 임명하는 19인의 위원으로 구성된다. 체약국이 지명하는 자는 항공의 이론 및 실제에 관해 적당한 자격 및 경험을 갖는 자라야 한다. 이사회는 모든 체약국에 대해 피지명자 명부의 제출을 요청한다. 항공위원회의 위원장은 이사회가 임명한다.

제57조(위원회의 임무) 항공위원회는 다음의 것을 행하여야 한다.

① 이 협약의 부속서의 수정을 심의하고, 또한 그 채택을 이사회에 권고하는 것

② 바람직하다고 인정되는 경우에는 어떠한 체약국도 대표자를 참가시킬 수 있는 전문부회를 설치하는 것

③ 항공의 발달에 필요 또는 유용하다고 인정하는 모든 정보의 수집 및 체약국에서의 통지에 관해 이사회에 조언하는 것

제11장 직원

제58조(직원의 임명) 총회가 정하는 규칙 및 이 협약의 규정에 따를 것을 조건으로 이사회는 사무국장, 기타 이 기구의 직원의 임명 및 임기종료의 방법, 훈련 그리고 봉급, 수당 및 근무조건을 결정하여야 하며, 그리고 체약국의 국민을 고용하고 또는 그 역할을 이용할 수 있다.

제59조(직원의 국제적 성질) 이사회의 의장, 사무국장 기타의 직원은 그 책임의 수행에 관해 이 기구 외의 여하한 당국으로부터라도 지시를 구하거나 도는 받아서는 아니 된다. 각 체약국은 직원의 책임의 국제적 성질을 충분히 존중할 것과 또한 자국민이 그 책임을 수행함에 있어서 이것을 좌우하는 일이 없을 것을 약속한다.

제60조(직원의 면제및 특권) 각 체약국은 그 헌법상의 수속에 의해 가능한 한 이사회의 의장, 사무국장 기타 이 기구의 직원에 대해 다른 공적 국제기구의 상당 직원에 부여되어 있는 면제및 특권에 관한 일반적 국제협정이 체결되었을 경우에는 의장, 사무국장 기타의 이 기구의 직원에게 부여된 면제및 특권은 그 일반적 국제협정에 의해 부여되는 면제및 특권이라야 한다.

제12장 회계

제61조(예산 및 경비의 할당) 이사회는 연차예산, 연차결산서 및 모든 수지에 관한 계산을 총회에 제출한다. 총회는 적당하다고 인정하는 수정을 가하여 예산을 표결하고, 또한

제15장에 의한 동의국(同意國)에의 할당금을 제외하는 외에 이 기구의 경비를 총회가 수지 결정하는 기초에 의해 체약국에 할당한다.

제62조(투표권의 정지) 총회는 이 기구에 대한 재정상의 의무를 상당한 기간 내에 이행하지 않는 체약국의 총회 및 이사회에 있어 투표권을 정지할 수 있다.

제63조(대표단 기타의 대표자의 경비) 각 체약국은 총회에서 자국의 대표단의 경비, 그리고 이사회 근무를 명한 자 및 이 기구의 보조적인 위원회에 대한 피지명자 또는 대표자의 보수, 여비, 기타의 경비를 부담하여야 한다.

제13장 다른 국제협약

제64조(안전보장협약) 이 기구는 그 권한 내에 있는 항공 문제로서 세계의 안전보장에 직접으로 영향을 미치는 것에 관해, 총회의 표결에 의해 세계 각국이 평화를 유지하기 위해 설립하는 일반적인 기구와 적당한 협약을 체결할 수 있다.

제65조(다른 국제단체와의 협약) 이사회는 공통의 업무의 유지 및 직원에 관한 공통의 협약을 위해 이 기구를 대신하여 다른 국제단체와 협정을 체결하고, 그리고 총회의 승인을 얻어 이 기구의 사업을 용이하게 할 수 있도록 기타의 협약을 체결할 수 있다.

제66조(다른 협정에 관한 임무)

① 이 기구는 또한 1944년 12월 7일에 시카고에서 작성된 국제항공업무통과협정 및 국제항공운송협정에 의해 부과된 임무를 이러한 협정이 정하는 조항 및 조건에 따라 수행한다.

② 총회 및 이사회의 구성원으로서 1944년 12월 7일에 시카고에서 작성된 국제항공업무통과협정 또는 국제항공운송협정을 수락하지 않고 있는지는 관계협정의 규정에 의해 총회 또는 이사회에 부탁되는 문제에 관해서는 투표권을 갖지 않는다.

제14장 정보 및 보고

제67조(이사회에의 보고의 제출) 각 체약국은 그 국제항공기업이 운수보고, 지출통계 그리고 회계보고서로서 특히 모든 수입 및 그 원천을 표시하는 것을 이사회가 정하는 요건에 따라 이사회에 제출할 것을 약속한다.

제15장 공항 기타의 항공시설

제68조(항공로 및 공항의 지정) 각 체약국은 이 협약의 규정에 따를 것을 조건으로 하여, 국제항공업무가 자국의 영역 내에서 비행해야 할 항공로 및 그 업무가 사용하는 공항을 지정할 수 있다.

제69조(항공시설의 개선) 이사회는 체약국의 공항, 기타의 항공시설(무선 및 기상의 시설을 포함)이 현존 또는 계획 중에 있는 것으로서 국제항공업무의 안전하고 정확하고 능률적이고, 또한 경제적인 운영을 위해 합리적인 판단을 하여 적당하지 않다고 인정하는 경우에는 그 사태를 구제하는 방법을 발견하기 위해 직접 관계국 및 영향을 받는 기타의 나라와 협의하여야 하며, 또한 이 목적을 위해 권고할 수 있다. 체약국은 이 권고를 실행하지 않을 경우에도 이 협약 위반의 책임을 부담하지 않는다.

제70조(항공시설의 비용의 부담) 체약국은 제69조에 규정하는 사정 하에 있을 때에는, 전기한 권고를 실시하기 위해 이사회와 협약을 체결할 수 있다. 그 나라는 그 협약에 수반하는 모든 비용을 부담할 수 있다. 그 나라가 이것을 부담하지 않을 경우에는 이사회는 그 나라의 요청에 의해 비용의 전부 또는 일부를 부담할 것에 동의할 수 있다.

제71조(이사회에 의한 시설의 설치 및 유지) 이사회는 체약국이 요청하는 전부로서 그 영역 내에서 다른 체약국의 국제항공업무의 안전하고 정확하고 능률적이고 또한 경제적인 운영을 위해 필요로 하는 것의 설치, 인원 배치, 유지 및 관리를 하는 것에 동의하고, 또한 설치한 시설의 사용에 관해 공정하고 합리적인 요금을 정할 수 있다.

제72조(토지의 취득 또는 사용) 체약국의 요청에 따라 이사회가 비용의 전부 또는 일부를 부담하는 시설을 위해 토지가 필요한 경우, 그 나라가 희망할 때에는 소유권을 보유하면서 토지 자체를 제공하고, 또는 이사회가 공정하고 합리적인 조건으로 또한 당해국의 법률에 따라 토지를 사용할 것을 용이하게 하여야 한다.

제73조(자금의 지출 및 할당) 이사회는 총회가 제12장에 의해 이사회의 사용에 공하는 지금의 범위 내에서 이장의 목적을 위해 이 기구의 일반자금에서 경상적 지출을 할 수 있다. 이사회는 이장의 목적에 필요한 설비자금을 상당한 기간에 걸쳐 사전에 협정한 비율로 그 시설을 이용하는 항공기업이 속하는 체약국으로서 이것에 동의하는 것에 할당하여야 한다.

이사회는 또한 필요로 하는 운전자금을 동의하는 나라에 할당할 수 있다.

제74조(기술적 원조 및 수입의 이용) 이사회가 체약국의 요청에 의해 자금을 선불하고 또한 공항, 기타의 시설의 전부 혹은 일부를 설치할 경우에는 그 협약은 그 나라의 동의를 얻어 그 공항, 기타의 시설의 감독 및 운영에 관한 기술적 원조에 관해, 그리고 그 공항, 기타 시설의 운영비 그리고 이자 및 할부상환금이 그 공항, 기타의 시설의 운영에 의해 발생하는 수입에서 지불할 수 있는 것에 관하여 정할 수 있다.

제75조(이사회로부터의 시설의 인계) 체약국은 언제든지 상황에 의해 합리적이라고 이사회가 인정하는 금액을 지불함으로써 제70조에 의하여 부담한 채무를 이행하고, 그리고 이사회가 제71조 및 제72조의 규정에 따라 자국의 영역 내에 설치한 공항, 기타의 시설을 인계할 수 있다. 체약국은 이사회가 정하는 금액이 부당하다고 인정할 경우에는 이사회의

결정에 관해 총회에 이의를 제기할 수 있다. 총회는 이사회의 결정을 확인하고 또는 수정할 수 있다.

제76조(자금의 변제) 이사회가 제75조에 의한 변제, 그리고 제74조에 의한 이자 및 할부상환금의 영수에 의해 얻은 자금은 제73조에 의해 체약국이 최초로 자금을 선불하고 있을 경우에는 최초로 출자를 할당한 나라에 대해 이사회가 결정한 그 할당액에 비례하여 반제하여야 한다.

제16장 공동운영조직 및 공동계산업무

제77조(공동운영조직의 허가) 이 협약의 여하한 규정도 2 이상의 체약국이 공공의 항공운송운영조직 또는 국제운영기구를 조직하고 또한 어떠한 노선 또는 지역에 있어 항공업무를 공동 계산으로 하는 것을 방해하지 않는다. 다만, 그 조직 또는 기구 및 그 공동계산업무는 협정의 이사회 등록에 관한 규정을 포함하는 이 협약의 모든 규정에 따라야 한다. 이사회는 국제운영기구가 운영하는 항공기에 대해 항공기의 국적에 관한 이 협약의 규정을 어떠한 방법으로 적용할 것인가를 결정하여야 한다.

제78조(이사회의 임무) 이사회는 어떠한 노선 또는 지역에 있어 항공업무를 운영하기 위해 공동조직을 작성할 것을 관계 체약국에 제의할 수 있다.

제79조(운영조직에의 참가) 국가는 그 정부를 통하여 또는 그 정부가 지정하는 1 혹은 2 이상의 항공회사를 통하여 공동운영조직 또는 공동계산협약에 참가할 수 있다.

이러한 항공회사는 주로 관계국의 재량에 의하여 국유, 일부 국유 또는 사유 등의 것이라고 할 수 있다.

제17장 다른 항공협정 및 항공협약

제80조(파리협약 및 하바나협약) 각 체약국은 1919년 10월 13일에 파리에서 서명된 항공법규에 관한 협약 또는 1928년 2월 20일에 하바나에서 서명된 상업항공에 관한 협약이 어느 편의 당사국인 경우에는 그 폐기를 이 협약의 효력 발생 후 즉시 통고할 것을 약속한다. 이 협약은 체약국간에 있어서는 전기한 파리협약 및 하바나협약에 대신하는 것으로 한다.

제81조(현존 협정의 등록) 이 협약의 효력이 발생할 때에는, 체약국과 다른 국가 간 또는 체약국의 항공기업과 다른 국가 혹은 다른 국가의 항공기업 간에 존재하는 모든 항공협정은 즉시 이사회에 등록하여야 한다.

제82조(양립하지 않는 협약의 폐지) 체약국은 이 협약이 이 협약의 조항과 양립하지 않는 상호간의 모든 의무 및 양해를 폐지한다는 것을 승인하고, 또한 그와 같은 의무 및 양해를 성립시키지 않을 것을 약속한다.

이 기구의 가맹국이 되기 전에 이 협약의 조항과 양립하지 않는 의무를 비체약국에 대해 또는 체약국 혹은 비체약국의 국민에 대해 약속한 체약국은 그 의무를 면제할 조치를 즉시 취해야 한다. 체약국의 항공기업이 이와 같은 양립하지 않는 의무를 부담하고 있을 경우에는 이 기업의 국적이 속하는 나라는 즉시 이 의무를 종지할 것을 확보하기 위해 최선의 노력을 하고, 또한 어떠한 경우라도 이 의무를 종지시킬 조치가 이 협약의 효력발생 후 적법이 가능하여졌을 때에는 즉시 이 조치를 취해야 한다.

제83조(새로운 협약의 등록) 체약국은 제82조의 규정에 따를 것을 조건으로 이 협약의 규정에 위배하지 않는 협약을 체결할 수 있다. 이 협약은 즉시 이사회에 등록하여야 하며, 이사회는 가능한 한 신속하게 이것을 공표하여야 한다.

제18장 분쟁 및 위약

제84조(분쟁의 해결) 이 협약 및 부속서의 해석 또는 적용에 관한 2 이상의 체약국간의 의견의 차이가 교섭에 의하여 해결되지 않을 경우에는, 그 의견의 차이는 이에 관계있는 나라의 신청에 의해 이사회가 해결한다. 이사회의 구성원은 자국이 당사자인 분쟁에 관해 이사회가 행하는 심의에 있어서는 투표권을 갖지 않는다. 체약국은 제85조에 따를 것을 조건으로 이사회의 결정에 관해 다른 분쟁 당사자와 협정하는 특별중재재판소 또는 상설국제사법재판소에 제소할 수 있다.

이 제소는 이사회의 결정의 통고를 수령한 날로부터 60일 이내에 이사회에 통고하여야 한다.

제85조(중재수속) 분쟁 당사자인 어느 체약국으로서 그 분쟁에 관한 이사회의 결정에 관해 제소되어 있는 것이 상설국제사법재판소 규정을 수락하지 않고, 또한 분쟁 당사자인 체약국이 중재재판소의 선정에 관해 협의할 수 없을 경우에는 분쟁 당사자인 각 체약국은 1명의 중재위원을 지명하여야 한다. 이러한 중재위원은 1명의 심판위원을 지명하는 것으로 한다. 그 분쟁의 당사자인 어떠한 체약국이 제소의 날로부터 3개월의 기간 내에 중재위원을 지명하지 않았을 경우에는, 중재위원은 이사회가 비치하고 있는 유자격자의 현재 원 명부 중에서 이사회의 의장이 그 나라를 대신하여 지명하여야 한다. 중재위원이 심판위원에 관해 30일 이내에 합의할 수 없었을 경우에는 이사회의 의장은 전기의 명부 중에서 심판위원을 지명하여야 한다. 다음은 중재위원 및 심판위원은 중재재판소를 공동으로 구성하여야 한다. 본 조 또는 제84조에 의해 설치된 중재재판소는 그 수속을 정하고 또한 다수결에 의해 결정을 행하여야 한다. 다만, 이사회는 심히 지연되었다고 인정될 경우에는 수속 문제를 결정할 수 있다.

제86조(제소) 이사회가 별도로 정하는 경우를 제외하고 국제항공기업이 이 협약의 규정에 따라 운영되고 있는지의 여부에 관한 이사회의 결정은 제소에 의해 파기되지 않는 한 계속 유효하다. 기타의 사항에 관해서는 이사회의 결정은 이에 관해 제소된 경우에는 그

제소가 결정될 때까지 정지되어야 한다. 상설국제사법재판소 및 중재재판소의 결정은 최종적이고 또한 구속력을 갖는다.

제87조(항공기업의 위반에 대한 제재) 각 체약국은 자국의 영역상의 공간을 통과하는 체약국의 항공기업이 제86조에 따라 행하여진 최종적 결정에 위반하여 왔다고 이사회가 결정하였을 경우에는 그 항공기업의 운영을 허가하지 않을 것을 약속한다.

제88조(국가의 위반에 대한 제재) 총회는 이장의 규정에 의해 위약국으로 인정된 체약국의 총회 및 이사회에 있어 투표권을 정지해야 한다.

제19장 전쟁

제89조(전쟁 및 긴급상태) 이 협약의 규정은 전쟁의 경우에는 교전국이나 중립국이나 불문하고 관계 체약국의 행동의 자유에 영향을 미치게 하지 않는다. 동일한 원칙은 국가긴급사태를 선언하고 그 사실ㄹ을 이사회에 통고한 체약국의 경우에도 적용된다.

제20장 부속서

제90조(부속서의 채택 및 개정)

① 제54조 ①에 언급된 이사회에 의한 부속서의 채택은, 그 때문에 소집된 회합의 이사회에 있어 3분의 2의 투표를 필요로 하며, 다음은 이사회가 각 체약국에 송부해야 한다. 그 부속서 또는 부속서의 개정은 각 체약국에 송부한 날로부터 3개월 이내에 또는 이사회가 정하는 그 이상의 기간의 종료 시에 효력이 발생한다.

다만, 체약국의 과반수가 이 기간 내에 그 승인을 거부하는 뜻을 이사회에 제출하였을 경우는 그러하지 아니하다.

② 이사회는 부속서 또는 개정의 효력의 발생을 모든 체약국에 즉시 통고하여야 한다.

제21장 비준, 가입, 개정 및 폐기

제91조(협약의 비준)

① 이 협약은 서명국에 의해 비준되어야 한다. 비준서는 미합중국 정부의 기록에 기탁한다. 동 정부는 그 기탁의 일자를 각 서명국 및 가입국에 통고한다.

② 이 협약은 26개국이 이것을 비준하고 또는 이것에 가입하였을 때에는 26번째의 문서의 기탁한 날로부터 30일이 경과되면 그러한 나라 간에 있어 효력이 발생한다. 이 협약은 그 후 비준하는 각국에 있어서는 그 비준서의 기탁한 날로부터 30일이면 효력을 발생한다.

③ 미합중국 정부는 이 협약이 효력을 발생시킬 일자를 각 서명국 및 가입국의 정부에 통고하도록 한다.

제92조(협약에의 가입)

① 이 협약은 연합국 및 이들과 연합하여 있는 나라, 그리고 제2차 세계대전 중 중립이었던 나라의 가입을 위해 개방된다.

② 가입은 미합중국 정부에 대해 통고함으로써 행하며, 또한 미합중국 정부가 통고를 수령한 날로부터 30일이면 효력을 발생한다. 동 정부는 모든 체약국에 그 취지를 통고한다.

제93조(기타의 가입의 승인) 제91조 및 제92조 ①에 규정하는 나라 이외의 나라는 세계의 각국의 평화를 유지하기 위해 설립하는 일반적인 국제기구가 정하는 조건으로써 이 협약에 가입하는 것을 승인한다. 다만, 각 경우에 있어 승인을 구하는 나라에 있어서는 제2차 세계대전 중 침략을 당하였거나 또한 공격을 당한 나라의 동의를 필요로 한다.

제94조(협약의 개정)

① 이 협약의 개정안은 총회의 3분의 2의 투표에 의해 승인되어야 하며 또한 총회가 정하는 수의 체약국이 비준하였을 때에는 그 개정을 비준한 나라에 관해 효력이 발생한다. 총회가 정하는 수는 체약국의 총수의 3분의 2미만이면 아니 된다.

② 총회는 전기한 개정의 성질상 정당하다고 인정하는 경우에는 채택을 권고하는 결의

에 있어, 개정의 효력 발생 후 소정의 기간 내에 비준을 하지 않았던 나라는 즉시로 이 기구의 가맹국 및 이 협약의 당사국이 될 수 없다는 것을 규정할 수 있다.

제95조(협약의 폐기)

① 체약국은 이 협약의 효력발생 후 3년을 경과하였을 때에는 미합중국 정부에 대해 통고함으로써 이 협약의 폐기의 통고를 할 수 있다. 동 정부는 즉시로 각 체약국에 그 취지를 통보한다.

② 폐기는 그 통고의 수령일로부터 1년이면 그 효력이 발생하며, 또한 폐기를 행한 나라에 한하여 유효하다.

제22장 정의

제96조(이 협약의 적용성)

① 「항공업무」란 여객, 우편물 또는 화물의 공중용의 운송을 위해 항공기로 행하는 정기항공업무를 말한다.

② 「국제항공업무」란 2이상의 나라의 영역상의 공간에서 행하는 항공업무를 말한다.

③ 「항공기업」이란 국제항공업무를 제공하고 또는 운영하는 항공운송기업을 말한다.

④ 「운수 이외의 목적으로 착륙」이란 여객·화물 또는 우편물의 하기 또는 적하 이외의 목적으로 착륙하는 것을 말한다.

※「국제민간항공협약의 개정에 관한 의정서」

제48조 ①중 「매년 1회」를 「적어도 3년에 1회」로 개정한다.

제49조 ⑤중 「연차 예산(An annual budget)」을 「연차 계산(Annual budgets)」으로 개정한다.

제61조 중 「연차 예산(An annual budget)」을 「연차 계산(Annual budgets)으로」, 「예산을 표결하고(Vote the budget)」를 「계산을 표결하고 (Vote the budgets)」로 개정한다.

※「국제민간항공협약의 개정에 관한 의정서」

제45조 후단을 다음과 같이 개정한다.

그 소재지는 이사회의 결정에 의해 일시적으로 다른 장소에, 또한 총회의 결정에 의해 일시적이 아니고 다른 장소에 이전할 수 있다. 그 총회의 결정은 총회가 정하는 표수에 의해 행해지는 것으로 하고, 총회가 결정하는 표수는 체약국의 총수의 5분의 3미만이면 아니 된다.

부속서의 내용은 다음과 같다.

부속서 1–항공종사자 면허(Personnel Licensing),

2–항공규칙(Rules of the Air),

3–국제항공항행용 기상업무(Meteorological Service for International Air Navigation),

4–항공도(Aeronautical Charts),

5–공중 및 지상업무에 상용하기 위한 측정단위(Unit of Measure–ment to be Used in Air and Ground Operation),

6–항공기 운항(Operation of Aircraft),

7–항공기 국적 및 등록기호(Aircraft Nationality & Registration Marks),

8–항공기의 감항성(Airworthiness of Aircraft),

9–출입국 간소화(Facilitation),

10–항공통신(Aeronautical Telecommunication),

11–항공교통업무(Air Traffic Service),

12–수색 및 구조(Search and Rescue),

13–항공기 사고조사(Aircraft Accident and Incident Investigation),

14–비행장(Aerodromes),

15–항공정보업무(Aeronautical Information Services),

16–환경보호(Enviromental Protection),

17–항공 보안(Security),

18-위험품 항공안전 수송(The Safe Transport of Dangerous Goods By Air)

19-항공안전관리(Safety Management)

03

CONVENTION FOR THE UNIFICATION OF CERTAIN RULES FOR INTERNATIONAL CARRIAGE BY AIR

MONTREAL CONVENTION 1999

THE STATES PARTIES TO THIS CONVENTION

RECOGNIZING the significant contribution of the Convention for the Unification of Certain Rules Relating to International Carriage by Air signed in Warsaw on 12 October 1929, hereinafter referred to as the "Warsaw Convention", and other related instruments to the harmonization of private international air law;

RECOGNIZING the need to modernize and consolidate the Warsaw Convention and related instruments;

RECOGNIZING the importance of ensuring protection of the interests of consumers in international carriage by air and the need for equitable compensation based on the principle of restitution;

REAFFIRMING the desirability of an orderly development of international air transport operations and the smooth flow of passengers, baggage and cargo in accordance with the principle and objectives of the Convention on International Civil Aviation, done at Chicago on 7 December 1944; CONVINCED that collective State action for further harmonization and codification of certain rules governing international carriage by air through a new Convention is the most adequate means of achieving an equitable balance of interests;

HAVE AGREED AS FOLLOWS:

CHAPTER I.

GENERAL PROVISIONS

Article 1 – Scope of Application

1. This Convention applies to all international carriage of persons, baggage or cargo performed by aircraft for reward. It applies equally to gratuitous carriage by aircraft performed by an air transport undertaking.

2. For the purposes of this Convention, the expression international carriage means any carriage in which, according to the agreement between the parties, the place of departure and the place of destination, whether or not there be a break in the carriage or a transhipment, are situated either within the territories of two States Parties, or within the territory of a single State Party if there is an agreed stoping place within the territory of another State, even if that State is not a State Party. Carriage between two points within the territory of a single State Party without an agreed stoping place within the territory of another State is not international carriage for the purposes of this Convention.

3. Carriage to be performed by several successive carriers is deemed, for the purposes of this Convention, to be one undivided carriage if it has been regarded by the parties as a single operation, whether it had been agreed upon under the form of a single contract or of a series of contracts, and it does not lose its international character merely because one contract or a series of contracts is to be performed entirely within the territory of the same State.

4. This Convention applies also to carriage as set out in Chapter V, subject to the terms contained therein.

Article 2 – Carriage Performed by State and Carriage of Postal Items

1. This Convention applies to carriage performed by the State or by legally constituted public bodies provided it falls within the conditions laid down in Article 1.

2. In the carriage of postal items, the carrier sha11 be liable only to the relevant postal

administration in accordance with the rules applicable to the relationship between the carriers and the postal administrations.

3. Except as provided in paragraph 2 of this Article, the provisions of this Convention shall not apply to the carriage of postal items.

CHAPTER II.

DOCUMENTATION AND DUTIES OF THE PARIES RELATING TO THE CARRIAGE OF PASSENGERS, BAGGAGE AND CARGO

Article 3 – Passengers and Baggage

1. In respect of carriage of passengers, an individual or collective document of carriage shall be delivered containing:

(a) an indication of the places of departure and destination;

(b) if the places of departure and destination are within the territory of a single State Party, one or more agreed stoping places being within the territory of another State, an indication of at least one such stoping place.

2. Any other means which preserves the information indicated in paragraph 1 may be substituted for the delivery of the document referred to in that paragraph. If any such other means is used, the carrier shall offer to deliver to the passenger a written statement of the information so preserved.

3. The carrier shall deliver to the passenger a baggage identification tag for each piece of checked baggage.

4. The passenger shall be given written notice to the effect that where this Convention is applicable it governs and may limit the liability of carriers in respect of death or injury and for destruction or loss of, or damage to, baggage, and for delay.

5. Non–compliance with the provisions of the foregoing paragraphs shall not affect the

existence or the validity of the contract of carriage, which shall, nonetheless, be subject to the rules of this Convention including those relating to limitation of liability.

Article 4 – Cargo

1. In respect of the carriage of cargo, an air waybill shall be delivered.

2. Any other means which preserves a record of the carriage to be performed may be substituted for the delivery of an air waybill. If such other means are used, the carrier shall, if so requested by the consignor, deliver to the consignor a cargo receipt permitting identification of the consignment and access to the information contained in the record preserved by such other means.

Article 5 – Contents of Air Waybill or Cargo Receipt

The air waybill or the cargo receipt shall include:

(a) an indication of the places of departure and destination;

(b) if the places of departure and destination are within the territory of a single State Party, one or more agreed stoping places being within the territory of another State, an indication of at least one such stoping place; and

(c) an indication of the weight of the consignment.

Article 6 – Document Relating to the Nature of the Cargo

The consignor may be required, if necessary to meet the formalities of customs, police and similar public authorities, to deliver a document indicating the nature of the cargo. This provision creates for the carrier no duty, obligation or liability resulting therefrom.

Article 7 – Description of Air Waybill

1. The air waybill shall be made out by the consignor in three original parts.

2. The first part shall be marked "for the carrier"; it shall be signed by the consignor. The

second part shall be marked "for the consignee"; it shall be signed by the consignor and by the carrier. The third part shall be signed by the carrier who shall hand it to the consignor after the cargo has been accepted.

3. The signature of the carrier and that of the consignor may be printed or stamped.

4. If, at the request of the consignor, the carrier makes out the air waybill, the carrier shall be deemed, subject to proof to the contrary, to have done so on belief of the consignor.

Article 8 – Documentation for Multiple Packages

When there is more than one package:

(a) the carrier of cargo has the right to require the consignor to make out separate air waybills;

(b) the consignor has the right to require the carrier to deliver separate cargo receipts when the other means referred to in paragraph 2 of Article 4 are used.

Article 9 – Non-compliance with Documentary Requirements

Non–compliance with the provisions of Articles 4 to 8 shall not affect the existence or the validity of the contract of carriage, which shall, nonetheless, be subject to the rules of this Convention including those relating to limitation of liability.

Article 10 – Responsibility for Particulars of Documentation

1. The consignor is responsible for the correctness of the particulars and statements relating to the cargo inserted by it or on its behalf in the air waybill or furnished by it or on its behalf to the carrier for insertion in the cargo receipt or for insertion in the record preserved by the other means referred to in paragraph 2 of Article 4. The foregoing shall also aply where the person acting on behalf of the consignor is also the agent of the carrier.

2. The consignor shall indemnify the carrier against all damage suffered by it, or by any other person to whom the carrier is liable, by reason of the irregularity, incorrectness

or incompleteness of the particulars and statements furnished by the consignor or on its behalf.

3. Subject to the provisions of paragraphs 1 and 2 of this Article, the carrier shall indemnify the consignor against all damage suffered by it, or by any other person to whom the consignor is liable, by reason of the irregularity, incorrectness or incompleteness of the particulars and statements inserted by the carrier or on its behalf in the cargo receipt or in the record preserved by the other means referred to in paragraph 2 of Article 4.

Article 11 – Evidentiary Value of Documentation

1. The air waybill or the cargo receipt is prima facie evidence of the conclusion of the contract, of the acceptance of the cargo and of the conditions of carriage mentioned therein.

2. Any statements in the air waybill or the cargo receipt relating to the weight, dimensions and packing of the cargo, as well as those relating to the number of packages, are prima facie evidence of the facts stated; those relating to the quantity, volume and condition of the cargo do not constitute evidence against the carrier except so far as they both have been, and are stated in the air waybill. or the cargo receipt to have been, checked by it in the presence of the consignor, or relate to the apparent condition of the cargo.

Article 12 – Right of Disposition of Cargo

1. Subject to its liability to carry out all its obligations under the contract of carriage, the consignor has the right to dispose of the cargo by withdrawing it at the airport of departure or destination, or by stoping it in the course of the journey on any landing, or by calling for it to be delivered at the place of destination or in the course of the journey to a person other than the consignee originally designated, or by requiring it to be returned to the airport of departure. The consignor must not exercise this right of disposition in such a way as to prejudice the carrier or other consignors and must reimburse any expenses occasioned by the exercise of this right.

2. If it is impossible to carry out the instructions of the consignor, the carrier must so

inform the consignor forthwith.

3. If the carrier carries out the instructions of the consignor for the disposition of the cargo without requiring the production of the part of the air waybill or the cargo receipt delivered to the latter, the carrier will be liable, without prejudice to its right of recovery from the consignor, for any damage which may be caused thereby to any person who is lawfully in possession of that part of the air waybill or the cargo receipt.

4. The right conferred on the consignor ceases at the moment when that of the consignee begins in accordance with Article 13. Nevertheless, if the consignee declines to accept the cargo, or cannot be communicated with, the consignor resumes its right of disposition.

Article 13 – Delivery of the Cargo

1. Except when the consignor has exercised its right under Article 12, the consignee is entitled, on arrival of the cargo at the place of destination, to require the carrier to deliver the cargo to it, on payment of the charges due and on complying with the conditions of carriage.

2. Unless it is otherwise agreed, it is the duty of the carrier to give notice to the consignee as soon as the cargo arrives.

3. If the carrier admits the loss of the cargo, or if the cargo has not arrived at the expiration of seven days after the date on which it ought to have arrived, the consignee is entitled to enforce against the carrier the rights which flow from the contract of carriage.

Article 14 – Enforcement of the Rights of Consignor and Consignee

The consignor and the consignee can respectively enforce all the rights given to them by Articles 12 and 13, each in its own name, whether it is acting in its own interest or in the interest of another, provided that it carries out the obligations imposed by the contract of carriage.

Article 15 – Relations of Consignor and Consignee or Mutual Relations of Third Parties

1. Articles 12, 13 and 14 do not affect either the relations of the consignor and the consignee with each other or the mutual relations of third parties whose rights are derived either from the consignor or from the consignee.

2. The provisions of Articles 12, 13 and 14 can only be varied by express provision in the air waybill or the cargo receipt.

Article 16 – Formalities of Customs, Police or Other Public Authorities

1. The consignor must furnish such information and such documents as are necessary to meet the formalities of customs, police and any other public authorities before the cargo can be delivered to the consignee. The consignor is liable to the carrier for any damage occasioned by the absence, insufficiency or irregularity of any such information or documents, unless the damage is due to the fault of the carrier, its servants or agents.

2. The carrier is under no obligation to enquire into the correctness or sufficiency of such information or documents.

CHAPTER II.

LIABILITY OF THE CARRIER AND EXTENT OF COMPENSATION FOR DAMAGE

Article 17 – Death and Injury of Passengers - Damage to Baggage

1. The carrier is liable for damage sustained in case of death or bodily injury of a passenger upon condition only that the accident which caused the death or injury took place on board the aircraft or in the course of any of the operations of embarking or disembarking.

2. The carrier is liable for damage sustained in case of destruction or loss of, or of damage to, checked baggage upon condition only that the event which caused the destruction, loss

or damage took place on board the aircraft or during any period within which the checked baggage was in the charge of the carrier. However, the carrier is not liable if and to the extent that the damage resulted from the inherent defect, quality or vice of the baggage. In the case of unchecked baggage, including personal items, the carrier is liable if the damage resulted from its fault or that of its servants or agents.

3. If the carrier admits the loss of the checked baggage, or if the checked baggage has not arrived at the expiration of twenty—one days after the date on which it ought to have arrived, the passenger is entitled to enforce against the carrier the rights which flow from the contract of carriage.

4. Unless otherwise specified, in this Convention the term "baggage" means both checked baggage and unchecked baggage.

Article 18 – Damage to Cargo

1. The carrier is liable for damage sustained in the event of the destruction or loss of, or damage to, cargo upon condition only that the event which caused the damage so sustained took place during the carriage by air.

2. However, the carrier is not liable if and to the extent it proves that the destruction, or loss of, or damage to, the cargo resulted from one or more of the following:

(a) inherent defect, quality or vice of that cargo;

(b) defective packing of that cargo performed by a person other than the carrier or its servants or agents;

(c) an act of war or an armed conflict;

(d) an act of public authority carried out in connection with the entry, exit or transit of the cargo.

3. The carriage by air within the meaning of paragraph 1 of this Article comprises the period during which the cargo is in the charge of the carrier.

4. The period of the carriage by air does not extend to any carriage by land, by sea or by

inland waterway performed outside an airport. If, however, such carriage takes place in the performance of a contract for carriage by air, for the purpose of loading, delivery or transhipment, any damage is presumed, subject to proof to the contrary, to have been the result of an event which took place during the carriage by air. If a carrier, without the consent of the consignor, substitutes carriage by another mode of transport for the whole or part of a carriage intended by the agreement between the parties to be carriage by air, such carriage by another mode of transport is deemed to be within the period of carriage by air.

Article 19 – Delay

The carrier is liable for damage occasioned by delay in the carriage by air of passengers, baggage or cargo. Nevertheless, the carrier shall not be liable for damage occasioned by delay if it proves that it and its servants and agents took all measures that could reasonably be required to avoid the damage or that it was impossible for it or them to take such measures.

Article 20 – Exoneration

If the carrier proves that the damage was caused or contributed to by the negligence or other wrongful act or omission of the person claiming compensation, or the person from whom he or she derives his or her rights, the carrier shall be wholly or partly exonerated from its liability to the claimant to the extent that such negligence or wrongful act or omission caused or contributed to the damage. When by reason of death or injury of a passenger compensation is claimed by a person other than the passenger, the carrier shall likewise be wholly or partly exonerated from its liability to the extent that it proves that the damage was caused or contributed to by the negligence or other wrongful act or omission of that passenger. This Article applies to all the liability provisions in this Convention, including paragraph 1 of Article 21.

Article 21 – Compensation in Case of Death or Injury of Passengers

1. For damages arising under paragraph 1 of Article 17 not exceeding 113,100 Special

Drawing Rights[1] for each passenger, the carrier shall not be able to exclude or limit its liability.

2. The carrier shall not be liable for damages arising under paragraph 1 of Article 17 to the extent that they exceed for each passenger 113,100 Special Drawing Rights if the carrier proves that:

(a) such damage was not due to the negligence or other wrongful act or omission of the carrier or its servants or agents; or

(b) such damage was solely due to the negligence or other wrongful act or omission of a third party.

Article 22 – Limits of Liability in Relation to Delay, Baggage and Cargo

1. In the case of damage caused by delay as specified in Article 19 in the carriage of persons, the liability of the carrier for each passenger is limited to 4,694 Special Drawing Rights.[2]

2. In the carriage of baggage, the liability of the carrier in the case of destruction, loss, damage or delay is limited to 1,131 Special Drawing Rights[3] for each passenger unless the passenger has made, at the time when the checked baggage was handed over to the carrier, a special declaration of interest in delivery at destination and has paid a supplementary sum if the case so requires. In that case the carrier will be liable to pay a sum not exceeding the declared sum, unless it proves that the sum is greater than the passenger's actual interest in delivery at destination.

3. In the carriage of cargo, the liability of the carrier in the case of destruction, loss, damage or delay is limited to a sum of 19 Special Drawing Rights[4] per kilogram, unless the

1) 동 협약 제정 당시 100,000 SDR이었으나 2009년 12월 30일 113,100 SDR로 인상.

2) 동 협약 제정 당시 4,150 SDR이었으나 2009년 12월 30일 4,694 SDR로 인상.

3) 동 협약 제정 당시 1,000 SDR이었으나 2009년 12월 30일 1,131 SDR로 인상.

4) 동 협약 제정 당시 17 SDR이었으나 2009년 12월 30일 19 SDR로 인상.

consignor has made, at the time when the package was handed over to the carrier, a special declaration of interest in delivery at destination and has paid a supplementary sum if the case so requires. In that case the carrier will be liable to pay a sum not exceeding the declared sum, unless it proves that the sum is greater than the consignor's actual interest in delivery at destination.

4. In the case of destruction, loss, damage or delay of part of the cargo, or of any object contained therein, the weight to be taken into consideration in determining the amount to which the carrier's liability is limited shall be only the total weight of the package or packages concerned. Nevertheless, when the destruction, loss, damage or delay of a part of the cargo, or of an object contained therein, affects the value of other packages covered by the same air waybill, or the same receipt or, if they were not issued, by the same record preserved by the other means referred to in paragraph 2 of Article 4, the total weight of such package or packages shall also be taken into consideration in determining the limit of liability.

5. The foregoing provisions of paragraphs 1 and 2 of this Article shall not apply if it is proved that the damage resulted from an act or omission of the carrier, its servants or agents, done with intent to cause damage or recklessly and with knowledge that damage would probably result; provided that, in the case of such act or omission of a servant or agent, it is also proved that such servant or agent was acting within the scope of its employment.

6. The limits prescribed in Article 21 and in this Article shall not prevent the court from awarding, in accordance with its own law, in addition, the whole or part of the court costs and of the other expenses of the litigation incurred by the plaintiff, including interest. The foregoing provision shall not apply if the amount of the damages awarded, excluding court costs and other expenses of the litigation, does not exceed the sum which the carrier has offered in writing to the plaintiff within a period of six months from the date of the occurrence causing the damage, or before the commencement of the action, if that is later.

Article 23 – Conversion of Monetary Units

1. The sums mentioned in terms of Special Drawing Right in this Convention shall be deemed to refer to the Special Drawing Right as defined by the International Monetary Fund. Conversion of the sums into national currencies shall, in case of judicial proceedings, be made according to the value of such currencies in terms of the Special Drawing Right at the date of the judgement. The value of a national currency, in terms of the Special Drawing Right, of a State Party which is a Member of the International Monetary Fund, shall be calculated in accordance with the method of valuation applied by the International Monetary Fund, in effect at the date of the judgement, for its operations and transactions. The value of a national currency, in terms of the Special Drawing Right, of a State Party which is not a Member of the International Monetary Fund, shall be calculated in a manner determined by that State.

2. Nevertheless, those States which are not Members of the International Monetary Fund and whose law does not permit the application of the provisions of paragraph 1 of this Article may, at the time of ratification or accession or at any time thereafter, declare that the limit of liability of the carrier prescribed in Article 21 is fixed at a sum of 1,500,000 monetary units per passenger in judicial proceedings in their territories; 62,500 monetary units per passenger with respect to paragraph 1 of Article 22; 15,000 monetary units per passenger with respect to paragraph 2 of Article 22; and 250 monetary units per kilogram with respect to paragraph 3 of Article 22. This monetary unit corresponds to sixty–five and a half milligrams of gold of millesimal fineness nine hundred. These sums may be converted into the national currency concerned in round figures. The conversion of these sums into national currency shall be made according to the law of the State concerned.

3. The calculation mentioned in the last sentence of paragraph 1 of this Article and the conversion method mentioned in paragraph 2 of this Article shall be made in such manner as to express in the national currency of the State Party as far as possible the same real value for the amounts in Articles 21 and 22 as would result from the application of the first three

sentences of paragraph 1 of this Article. States Parties shall communicate to the depositary the manner of calculation pursuant to paragraph 1 of this Article, or the result of the conversion in paragraph 2 of this Article as the case may be, when depositing an instrument of ratification, acceptance, approval of or accession to this Convention and whenever there is a change in either.

Article 24 – Review of Limits

1. Without prejudice to the provisions of Article 25 of this Convention and subject to paragraph 2 below, the limits of liability prescribed in Articles 21, 22 and 23 shall be reviewed by the Depositary at five–year intervals, the first such review to take place at the end of the fifth year following the date of entry into force of this Convention, or if the Convention does not enter into force within five years of the date it is first open for signature, within the first year of its entry into force, by reference to an inflation factor which corresponds to the accumulated rate of inflation since the previous revision or in the first instance since the date of entry into force of the Convention. The measure of the rate of inflation to be used in determining the inflation factor shall be the weighted average of the annual rates of increase or decrease in the Consumer Price Indices of the States whose currencies comprise the Special Drawing Right mentioned in paragraph 1 of Article 23.

2. If the review referred to in the preceding paragraph concludes that the inflation factor has exceeded 10 percent, the Depositary shall. notify States Parties of a revision of the limits of liability. Any such revision shall become effective six months after its notification to the States Parties. If within three months after its notification to the States Parties a majority of the States Parties register their disapproval, the revision shall not become effective and the Depositary shall refer the matter to a meeting of the States Parties. The Depositary shall immediately notify all States Parties of the coming into force of any revision.

3. Notwithstanding paragraph 1 of this Article, the procedure referred to in paragraph 2 of this Article shall be applied at any time provided that one–third of the States Parties

express a desire to that effect and upon condition that the inflation factor referred to in paragraph 1 has exceeded 30 percent since the previous revision or since the date of entry into force of this Convention if there has been no previous revision. Subsequent reviews using the procedure described in paragraph 1 of this Article will take place at five—year intervals starting at the end of the fifth year following the date of the reviews under the present paragraph.

Article 25 – Stipulation on Limits

A carrier may stipulate that the contract of carriage shall be subject to higher limits of liability than those provided for in this Convention or to no limits of liability whatsoever.

Article 26 – Invalidity of Contractual Provisions

Any provision tending to relieve the carrier of liability or to fix a lower limit than that which is laid down in this Convention shall be null and void, but the nullity of any such provision does not involve the nullity of the whole contract, which shall remain subject to the provisions of this Convention.

Article 27 – Freedom to Contract

Nothing contained in this Convention shall prevent the carrier from refusing to enter into any contract of carriage, from waiving any defences available under the Convention, or from laying down conditions which do not conflict with the provisions of this Convention.

Article 28 – Advance Payments

In the case of aircraft accidents resulting in death or injury of passengers, the carrier shall, if required by its national law, make advance payments without delay to a natural person or persons who are entitled to claim compensation in order to meet the immediate economic needs of such persons. Such advance payments shall not constitute a recognition of liability and may be offset against any amounts subsequently paid as damages by the carrier.

Article 29 – Basis of Claims

In the carriage of passengers, baggage and cargo, any action for damages, however founded, whether under this Convention or in contract or in tort or otherwise, can only be brought subject to the conditions and such limits of liabilities are set out in this Convention without prejudice to the question as to who are the persons who have the right to bring suit and what are their respective rights. In any such action, punitive, exemplary or any other non–compensatory damages shall not be recoverable.

Article 30 – Servants, Agents - Aggregation of Claims

1. If an action is brought against a servant or agent of the carrier arising out of damage to which the Convention relates, such servant or agent, if they prove that they acted within the scope of their employment, shall be entitled to avail themselves of the conditions and limits of liability which the carrier itself is entitled to invoke under this Convention.

2. The aggregate of the amounts recoverable from the carrier, its servants and agents, in that case, shall not exceed the said limits.

3. Save in respect of the carriage of cargo, the provisions of paragraphs 1 and 2 of this Article shall not apply if it is proved that the damage resulted from an act or omission of the servant or agent done with intent to cause damage or recklessly and with knowledge that damage would probably result.

Article 31 – Timely Notice of Complaints

1. Receipt by the person entitled to delivery of checked baggage or cargo without complaint is prima facie evidence that the same has been delivered in good condition and in accordance with the document of carriage or with the record preserved by the other means referred to in paragraph 2 of Article 3 and paragraph 2 of Article 4.

2. In the case of damage, the person entitled to delivery must complain to the carrier forthwith after the discovery of the damage, and, at the latest, within seven days from the

date of receipt in the case of checked baggage and fourteen days from the date of receipt in the case of cargo. In the case of delay, the complaint must be made at the latest within twenty–one days from the date on which the baggage or cargo have been placed at his or her disposal.

3. Every complaint must be made in writing and given or dispatched within the times aforesaid.

4. If no complaint is made within the times aforesaid, no action shall lie against the carrier, save in the case of fraud on its part.

Article 32 – Death of Person Liable

In the case of the death of the person liable, an action for damages lies in accordance with the terms of this Convention against those legally representing his or her estate.

Article 33 – Jurisdiction

1. An action for damages must be brought, at the option of the plaintiff, in the territory of one of the States Parties, either before the court of the domicile of the carrier or of its principal place of business, or where it has a place of business through which the contract has been made or before the court at the place of destination.

2. In respect of damage resulting from the death or injury of a passenger, an action may be brought before one of the courts mentioned in paragraph 1 of this Article, or in the territory of a State Party in which at the time of the accident the passenger has his or her principal and permanent residence and to or from which the carrier operates services for the carriage of passengers by air, either on its own aircraft, or on another carrier's aircraft pursuant to a commercial agreement, and in which that carrier conducts its business of carriage of passengers by air from premises leased or owned by the carrier itself or by another carrier with which it has a commercial agreement.

3. For the purposes of paragraph 2,

(a) "*commercial agreement*" means an agreement, other than an agency agreement, made between carriers and relating to the provision of their joint services for carriage of passengers by air;

(b) "*principal and permanent residence*" means the one fixed and permanent abode of the passenger at the time of the accident. The nationality of the passenger shall not be the determining factor in this regard.

4. Questions of procedure shall be governed by the law of the court seized of the case.

Article 34 – Arbitration

1. Subject to the provisions of this Article, the parties to the contract of carriage for cargo may stipulate that any dispute relating to the liability of the carrier under this Convention shall be settled by arbitration. Such agreement shall be in writing.

2. The arbitration proceedings shall, at the option of the claimant, take place within one of the jurisdictions referred to in Article 33.

3. The arbitrator or arbitration tribunal shall apply the provisions of this Convention.

4. The provisions of paragraphs 2 and 3 of this Article shall be deemed to be part of every arbitration clause or agreement, and any term of such clause or agreement which is inconsistent therewith shall be null and void.

Article 35 – Limitation of Actions

1. The right to damages shall be extinguished if an action is not brought within a period of two years, reckoned from the date of arrival at the destination, or from the date on which the aircraft ought to have arrived, or from the date on which the carriage stopped.

2. The method of calculating that period shall be determined by the law of the court seized of the case

Article 36 – Successive Carriage

1. In the case of carriage to be performed by various successive carriers and falling within the definition set out in paragraph 3 of Article 1, each carrier which accepts passengers, baggage or cargo is subject to the rules set out in this Convention and is deemed to be one of the parties to the contract of carriage in so far as the contract deals with that part of the carriage which is performed under its supervision.

2. In the case of carriage of this nature, the passenger or any person entitled to compensation in respect of him or her can take action only against the carrier which performed the carriage during which the accident or the delay occurred, save in the case where, by express agreement, the first carrier has assumed liability for the whole journey.

3. As regards baggage or cargo, the passenger or consignor will have a right of action against the first carrier, and the passenger or consignee who is entitled to delivery will have a right of action against the last carrier, and further, each may take action against the carrier which performed the carriage during which the destruction, loss, damage or delay took place. These carriers will be jointly and severally liable to the passenger or to the consignor or consignee.

Article 37 – Right of Recourse against Third Parties

Nothing in this Convention shall prejudice the question whether a person liable for damage in accordance with its provisions has a right of recourse against any other person.

CHAPTER IV.

COMBINED CARRIAGE

Article 38 – Combined Carriage

1. In the case of combined carriage performed partly by air and partly by any other mode

of carriage, the provisions of this Convention shall, subject to paragraph 4 of Article 18, apply only to the carriage by air, provided that the carriage by air falls within the terms of Article 1.

2. Nothing in this Convention shall prevent the parties in the case of combined carriage from inserting in the document of air carriage conditions relating to other modes of carriage, provided that the provisions of this Convention are observed as regards the carriage by air.

CHAPTER V.

CARRIAGE BY AIR PERFORMED BY A PERSON OTHER THAN THE CONTRACTING CARRIER

Article 39 – Contracting Carrier - Actual Carrier

The provisions of this Chapter apply when a person (hereinafter referred to as "*the contracting carrier*") as a principal makes a contract of carriage governed by this Convention with a passenger or consignor or with a person acting on behalf of the passenger or consignor, and another person (hereinafter referred to as "*the actual carrier*") performs, by virtue of authority from the contracting carrier, the whole or part of the carriage, but is not with respect to such part a successive carrier within the meaning of this Convention. Such authority shall be presumed in the absence of proof to the contrary.

Article 40 – Respective Liability of Contracting and Actual Carriers

If an actual carrier performs the whole or part of carriage which, according to the contract referred to in Article 39, is governed by this Convention, both the contracting carrier and the actual carrier shall, except as otherwise provided in this Chapter, be subject to the rules of this Convention, the former for the whole of the carriage contemplated in the contract, the latter solely for the carriage which it performs.

Article 41 – Mutual Liability

1. The acts and omissions of the actual carrier and of its servants and agents acting within the scope of their employment shall, in relation to the carriage performed by the actual carrier, be deemed to be also those of the contracting carrier.

2. The acts and omissions of the contracting carrier and of its servants and agents acting within the scope of their employment shall, in relation to the carriage performed by the actual carrier, be deemed to be also those of the actual carrier. Nevertheless, no such act or omission shall subject the actual carrier to liability exceeding the amounts referred to in Articles 21, 22, 23 and 24. Any special agreement under which the contracting carrier assumes obligations not imposed by this Convention or any waiver of rights or defences conferred by this Convention or any special declaration of interest in delivery at destination contemplated in Article 22 shall not affect the actual carrier unless agreed to by it.

Article 42 – Addressee of Complaints and Instructions

Any complaint to be made or instruction to be given under this Convention to the carrier shall have the same effect whether addressed to the contracting carrier or to the actual carrier. Nevertheless, instructions referred to in Article 12 shall only be effective if addressed to the contracting carrier.

Article 43 – Servants and Agents

In relation to the carriage performed by the actual carrier, any servant or agent of that carrier or of the contracting carrier shall, if they prove that they acted within the scope of their employment, be entitled to avail themselves of the conditions and limits of liability which are applicable under this Convention to the carrier whose servant or agent they are, unless it is proved that they acted in a manner that prevents the limits of liability from being invoked in accordance with this Convention.

Article 44 – Aggregation of Damages

In relation to the carriage performed by the actual carrier, the aggregate of the amounts recoverable from that carrier and the contracting carrier, and from their servants and agents acting within the scope of their employment, shall not exceed the highest amount which could be awarded against either the contracting carrier or the actual carrier under this Convention, but none of the persons mentioned shall be liable for a sum in excess of the limit applicable to that person.

Article 45 – Addressee of Claims

In relation to the carriage performed by the actual carrier, an action for damages may be brought, at the option of the plaintiff, against that carrier or the contracting carrier, or against both together or separately. If the action is brought against only one of those carriers, that carrier shall have the right to require the other carrier to be joined in the proceedings, the procedure and effects being governed by the law of the court seized of the case.

Article 46 – Additional Jurisdiction

Any action for damages contemplated in Article 45 must be brought, at the option of the plaintiff, in the territory of one of the States Parties, either before a court in which an action may be brought against the contracting carrier, as provided in Article 33, or before the court having jurisdiction at the place where the actual carrier has its domicile or its principal place of business.

Article 47 – Invalidity of Contractual Provisions

Any contractual provision tending to relieve the contracting carrier or the actual carrier of liability under this Chapter or to fix a lower limit than that which is applicable according to this Chapter shall be null and void, but the nullity of any such provision does not involve the nullity of the whole contract, which shall remain subject to the provisions of this Chapter.

Article 48 – Mutual Relations of Contracting and Actual Carriers

Except as provided in Article 45, nothing in this Chapter shall affect the rights and obligations of the carriers between themselves, including any right of recourse or indemnification.

CHAPTER VI.

OTHER PROVISIONS

Article 49 – Mandatory Application

Any clause contained in the contract of carriage and all special agreements entered into before the damage occurred by which the parties purport to infringe the rules laid down by this Convention, whether by deciding the law to be applied, or by altering the rules as to jurisdiction, shall be null and void.

Article 50 – Insurance

States Parties shall require their carriers to maintain adequate insurance covering their liability under this Convention. A carrier may be required by the State Party into which it operates to furnish evidence that it maintains adequate insurance covering its liability under this Convention.

Article 51 - Carriage Performed in Extraordinary Circumstances

The provisions of Articles 3 to 5, 7 and 8 relating to the documentation of carriage shall not apply in the case of carriage performed in extraordinary circumstances outside the normal scope of a carrier's business.

Article 52 – Definition of Days

The expression "*days*" when used in this Convention means calendar days, not working days.

CHAPTER VII.

FINAL CLAUSES

Article 53 – Signature, Ratification and Entry into Force

1. This Convention shall be open for signature in Montreal on 28 May 1999 by States participating in the International Conference on Air Law held at Montreal from 10 to 28 May 1999. After 28 May 1999, the Convention shall be open to all States for signature at the Headquarters of the International Civil Aviation Organisation in Montreal until it enters into force in accordance with paragraph 6 of this Article.

2. This Convention shall similarly be open for signature by Regional Economic Integration Organisations. For the purpose of this Convention, a "*Regional Economic Integration Organisation*" means any organisation which is constituted by sovereign States of a given region which has competence in respect of certain matters governed by this Convention and has been duly authorised to sign and to ratify, accept, approve or accede to this Convention. A reference to a "*State Party*" or "*States Parties*" in this Convention, otherwise than in paragraph 2 of Article 1, paragraph l (b) of Article 3, paragraph (b) of Article 5, Articles 23, 33, 46 and paragraph (b) of Article 57, applies equally to a Regional Economic Integration Organisation. For the purpose of Article 24, the references to "*a majority of the States Parties*" and "*one-third of the States Parties*" shall not apply to a Regional Economic Integration Organisation.

3. This Convention shall be subject to ratification by States and by Regional Economic Integration Organisations which have signed it.

4. Any State or Regional Economic Integration Organisation which does not sign this Convention may accept, approve or accede to it at any time.

5. Instruments of ratification, acceptance, approval or accession shall be deposited with the International Civil Aviation Organisation, which is hereby designated the Depositary.

6. This Convention shall enter into force on the sixtieth day following the date of deposit

of the thirtieth instrument of ratification, acceptance, approval or accession with the Depositary between the States which have deposited such instrument. An instrument deposited by a Regional Economic Integration Organisation shall not be counted for the purpose of this paragraph.

7. For other States and for other Regional Economic Integration Organisations, this Convention shall take effect sixty days following the date of deposit of the instrument of ratification, acceptance, approval or accession.

8. The Depositary shall promptly notify all signatories and States Parties of:

(a) each signature of this Convention and date thereof;

(b) each deposit of an instrument of ratification, acceptance, approval or accession and date thereof;

(c) the date of entry into force of this Convention;

(d) the date of the coming into force of any revision of the limits of liability established under this Convention;

(e) any denunciation under Article 54.

Article 54 – Denunciation

1. Any State Party may denounce this Convention by written notification to the Depositary.

2. Denunciation shall take effect one hundred and eighty days following the date on which notification is received by the Depositary.

Article 55 – Relationship with other Warsaw Convention Instruments

This Convention shall prevail over any rules which apply to international carriage by air:

1. between States Parties to this Convention by virtue of those States commonly being Party to

(a) the Convention for the Unification of Certain Rules Relating to International Carriage by Air Signed at Warsaw on 12 October 1929 (hereinafter called the Warsaw Convention);

(b) the Protocol to Amend the Convention for the Unification of Certain Rules Relating to International Carriage by Air Signed at Warsaw on 12 October 1929, Done at The Hague on 28 September 1955 (hereinafter called The Hague Protocol);

(c) the Convention, supplementary to the Warsaw Convention, for the Unification of Certain Rules Relating to International Carriage by Air Performed by a Person Other than the Contracting Carrier, signed at Guadalajara on 18 September 1961 (hereinafter called the Guadalajara Convention);

(d) the Protocol to Amend the Convention for the Unification of Certain Rules Relating to International Carriage by Air Signed at Warsaw on 12 October 1929 as Amended by the Protocol Done at The Hague on 28 September 1955 Signed at Guatemala City on 8 March 1971 (hereinafter called the Guatemala City Protocol);

(e) Additional Protocol Nos. 1 to 3 – and Montreal Protocol No. 4 to amend the Warsaw Convention as amended by The Hague Protocol or the Warsaw Convention as amended by both The Hague Protocol and the Guatemala City Protocol Signed at Montreal on 25 September 1975 (hereinafter called the Montreal Protocols); or

2. within the territory of any single State Party to this Convention by virtue of that State being Party to one or more of the instruments referred to in sub–paragraphs (a) to (e) above.

Article 56 – States with more than one System of Law

1. If a State has two or more territorial units in which different systems of law are applicable in relation to matters dealt with in this Convention, it may at the time of signature, ratification, acceptance, approval or accession declare that this Convention shall extend to all its territorial units or only to one or more of them and may modify this declaration by submitting another declaration at any time.

2. Any such declaration shall be notified to the Depositary and shall state expressly the territorial units to which the Convention applies.

3. In relation to a State Party which has made such a declaration:

(a) references in Article 23 to "national currency" shall be construed as referring to the currency of the relevant territorial unit of that State; and

(b) the reference in Article 28 to "national law" shall be construed as referring to the law of the relevant territorial unit of that State.

Article 57 – Reservations

No reservation may be made to this Convention except that a State Party may at any time declare by a notification addressed to the Depositary that this Convention shall not apply to:

(a) international carriage by air performed and operated directly by that State Party for non-commercial purposes in respect to its functions and duties as a sovereign State; and/or

(b) the carriage of persons, cargo and baggage for its military authorities on aircraft registered in or leased by that State Party, the whole capacity of which has been reserved by or on behalf of such authorities.

IN WITNESS WHEREOF the undersigned Plenipotentiaries, having been duly authorized have signed this Convention.

DONE at Montreal on the 28th day of May of the year one thousand nine hundred and ninety-nine in the English, Arabic, Chinese, French, Russian and Spanish languages, all texts being equally authentic. This Convention shall remain deposited in the archives of the International Civil Aviation Organisation, and certified copies thereof shall be transmitted by the Depositary to all States Parties to this Convention, as well as to all States Parties to the Warsaw Convention, The Hague Protocol, the Guadalajara Convention, the Montreal Protocols.

04 국제항공운송에 있어서의 일부 규칙 통일에 관한 협약

몬트리올협약 1999

이 협약의 당사국은,

1929년 10월 12일 바르샤바에서 서명된 국제항공운송에 있어서의 일부 규칙 통일에 관한 협약(이하 '바르샤바협약'이라 한다) 및 기타 관련 문서들이 국제항공사법의 조화에 지대한 공헌을 하여왔음을 인식하며, 바르샤바협약 및 관련 문서를 현대화하고 통합하여야 할 필요성을 인식하며, 국제항공운송에 있어서 소비자 이익 보호의 중요성과 원상회복의 원칙에 근거한 공평한 보상의 필요성을 인식하며, 1944년 12월 7일 시카고에서 작성된 국제민간항공협약의 원칙과 목적에 따른 국제항공운송사업의 질서정연한 발전과 승객·수하물 및 화물의 원활한 이동이 바람직함을 재확인하며, 새로운 협약을 통하여 국제항공운송을 규율하는 일부 규칙의 조화 및 성문화를 진작하기 위한 국가의 공동행동이 공평한 이익균형의 달성에 가장 적합한 수단임을 확신하며, 다음과 같이 합의하였다.

제1장 총칙

제1조 적용 범위

1. 이 협약은 항공기에 의하여 유상으로 수행되는 승객·수하물 또는 화물의 모든 국제운송에 적용된다. 이 협약은 항공운송기업이 항공기에 의하여 무상으로 수행되는 운송에도 동일하게 적용된다.

2. 이 협약의 목적상, 국제운송이라 함은 운송의 중단 또는 환적이 있는지 여부를 불문

하고, 당사자간 합의에 따라 출발지와 도착지가 두 개의 당사국의 영역내에 있는 운송, 또는 출발지와 도착지가 단일의 당사국 영역내에 있는 운송으로서 합의된 예정 기항지가 타 국가의 영역내에 존재하는 운송을 말한다. 이때 예정 기항지가 존재한 타 국가가 이 협약의 당사국인지 여부는 불문한다. 단일의 당사국 영역내의 두 지점간 수행하는 운송으로서 타 국가의 영역내에 합의된 예정 기항지가 존재하지 아니하는 것은 이 협약의 목적상 국제운송이 아니다.

3. 2인 이상의 운송인이 연속적으로 수행하는 운송은 이 협약의 목적상, 당사자가 단일의 취급을 한 때에는, 단일의 계약형식 또는 일련의 계약형식으로 합의하였는지 여부를 불문하고 하나의 불가분의 운송이라고 간주되며, 이러한 운송은 단지 단일의 계약 또는 일련의 계약이 전적으로 동일국의 영역내에서 이행된다는 이유로 국제적 성질이 상실되는 것은 아니다.

4. 이 협약은 또한, 제5장의 조건에 따라, 동장에 규정된 운송에도 적용된다.

제2조 국가가 수행하는 운송 및 우편물의 운송

1. 이 협약은 제1조에 규정된 조건에 합치하는 한, 국가 또는 법적으로 설치된 공공기관이 수행하는 운송에도 적용된다.

2. 우편물의 운송의 경우, 운송인은 운송인과 우정당국간 관계에 적용되는 규칙에 따라 관련 우정당국에 대해서만 책임을 진다.

3. 본 조 제2항에서 규정하고 있는 경우를 제외한 이 협약의 규정은 우편물의 운송에 적용되지 아니한다.

제2장 승객·수하물 및 화물의 운송과 관련된 증권과 당사자 의무

제3조 승객 및 수하물

1. 승객의 운송에 관하여 다음 사항을 포함한 개인용 또는 단체용 운송증권을 교부한다.

가. 출발지 및 도착지의 표시

나. 출발지 및 도착지가 단일의 당사국 영역내에 있고 하나 또는 그 이상의 예정 기항지가 타 국가의 영역내에 존재하는 경우에는 그러한 예정 기항지 중 최소한 한 곳의 표시

2. 제1항에 명시된 정보를 보존하는 다른 수단도 동항에 언급된 증권의 교부를 대체할 수 있다. 그러한 수단이 사용되는 경우, 운송인은 보존된 정보에 관한 서면 신고서의 교부를 승객에게 제안한다.

3. 운송인은 개개의 위탁수하물에 대한 수하물 식별표를 여객에게 교부한다.

4. 운송인은 이 협약이 적용가능한 경우 승객의 사망 또는 부상 및 수하물의 파괴·분실 또는 손상 및 지연에 대한 운송인의 책임을 이 협약이 규율하고 제한할 수 있음을 승객에게 서면으로 통고한다.

5. 전항의 규정에 따르지 아니한 경우에도 운송계약의 존재 및 유효성에는 영향을 미치지 아니하며, 책임의 한도에 관한 규정을 포함한 이 협약의 규정이 적용된다.

제4조 화물

1. 화물 운송의 경우, 항공운송장이 교부된다.

2. 운송에 관한 기록을 보존하는 다른 수단도 항공운송장의 교부를 대체할 수 있다. 그러한 수단이 사용되는 경우, 운송인은 송하인의 요청에 따라 송하인에게 운송을 증명하고 그러한 수단에 의하여 보존되는 기록에 포함된 정보를 수록한 화물수령증을 교부한다.

제5조 항공운송장 또는 화물수령증의 기재사항

항공운송장 또는 화물수령증에는 다음의 사항을 기재한다.

가. 출발지 및 도착지의 표시

나. 출발지 및 도착지가 단일의 당사국 영역내에 존재하고 하나 또는 그 이상의 예정 기항지가 타 국가의 영역내에 존재하는 경우에는 그러한 예정 기항지의 최소한 한 곳의 표시

다. 화물의 중량 표시

제6조 화물의 성질에 관련된 서류

세관·경찰 및 유사한 공공기관의 절차를 이행하기 위하여 필요한 경우, 송하인은 화물

의 성질을 명시한 서류를 교부할 것을 요구받을 수 있다. 이 규정은 운송인에게 어떠한 의무·구속 또는 그에 따른 책임을 부과하지 아니한다.

제7조 항공운송장의 서식

1. 항공운송장은 송하인에 의하여 원본 3통이 작성된다.

2. 제1의 원본에는 '운송인용'이라고 기재하고 송하인이 서명한다. 제2의 원본에는 '수하인용'이라고 기재하고 송하인 및 운송인이 서명한다. 제3의 원본에는 운송인이 서명하고, 화물을 접수받은 후 송하인에게 인도한다.

3. 운송인 및 송하인의 서명은 인쇄 또는 날인하여도 무방하다.

4. 송하인의 청구에 따라 운송인이 항공운송장을 작성하였을 경우, 반증이 없는 한 운송인은 송하인을 대신하여 항공운송장을 작성한 것으로 간주된다.

제8조 복수화물을 위한 증권

1개 이상의 화물이 있는 경우,

가. 화물의 운송인은 송하인에게 개별적인 항공운송장을 작성하여 줄 것을 청구할 권리를 갖는다.

나. 송하인은 제4조제2항에 언급된 다른 수단이 사용되는 경우에는 운송인에게 개별적인 화물수령증의 교부를 청구할 권리를 갖는다.

제9조 증권상 요건의 불이행

제4조 내지 제8조의 규정에 따르지 아니하는 경우에도 운송계약의 존재 및 유효성에는 영향을 미치지 아니하며, 책임의 한도에 관한 규정을 포함한 이 협약의 규정이 적용된다.

제10조 증권의 기재사항에 대한 책임

1. 송하인은 본인 또는 대리인이 화물에 관련하여 항공운송장에 기재한 사항, 본인 또는 대리인이 화물수령증에의 기재를 위하여 운송인에게 제공한 사항, 또는 제4조제2항에 언급된 다른 수단에 의하여 보존되는 기록에의 기재를 위하여 운송인에게 제공한 사항의

정확성에 대하여 책임진다. 이는 송하인을 대신하여 행동하는 자가 운송인의 대리인인 경우에도 적용된다.

2. 송하인은 본인 또는 대리인이 제공한 기재사항의 불비·부정확 또는 불완전으로 인하여 운송인이나 운송인이 책임을 부담하는 자가 당한 모든 손해에 대하여 운송인에게 보상한다.

3. 본 조 제1항 및 제2항의 규정을 조건으로, 운송인은 본인 또는 대리인이 화물수령증 또는 제4조제2항에 언급된 다른 수단에 의하여 보존되는 기록에 기재한 사항의 불비·부정확 또는 불완전으로 인하여 송하인이나 송하인이 책임을 부담하는 자가 당한 모든 손해에 대하여 송하인에게 보상한다.

제11조 증권의 증거력

1. 항공운송장 또는 화물수령증은 반증이 없는 한, 그러한 증권에 언급된 계약의 체결, 화물의 인수 및 운송의 조건에 관한 증거가 된다.

2. 화물의 개수를 포함한, 화물의 중량·크기 및 포장에 관한 항공운송장 및 화물수령증의 기재사항은 반증이 없는 한, 기재된 사실에 대한 증거가 된다. 화물의 수량·부피 및 상태는 운송인이 송하인의 입회하에 점검하고, 그러한 사실을 항공운송장이나 화물수령증에 기재한 경우 또는 화물의 외양에 관한 기재의 경우를 제외하고는 운송인에게 불리한 증거를 구성하지 아니한다.

제12조 화물의 처분권

1. 송하인은 운송계약에 따른 모든 채무를 이행할 책임을 조건으로, 출발공항 또는 도착공항에서 화물을 회수하거나, 운송도중 착륙할 때에 화물을 유치하거나, 최초 지정한 수하인 이외의 자에 대하여 도착지에서 또는 운송도중에 화물을 인도할 것을 요청하거나 또는 출발공항으로 화물을 반송할 것을 청구함으로써 화물을 처분할 권리를 보유한다. 송하인은 운송인 또는 다른 송하인을 해하는 방식으로 이러한 처분권을 행사해서는 아니되며, 이러한 처분권의 행사에 의하여 발생한 어떠한 비용도 변제하여야 한다.

2. 송하인의 지시를 이행하지 못할 경우, 운송인은 즉시 이를 송하인에게 통보하여야

한다.

3. 운송인은 송하인에게 교부한 항공운송장 또는 화물수령증의 제시를 요구하지 아니하고 화물의 처분에 관한 송하인의 지시에 따른 경우, 이로 인하여 항공운송장 또는 화물수령증의 정당한 소지인에게 발생된 어떠한 손해에 대하여도 책임을 진다. 단, 송하인에 대한 운송인의 구상권은 침해받지 아니한다.

4. 송하인에게 부여된 권리는 수하인의 권리가 제13조에 따라 발생할 때 소멸한다. 그럼에도 불구하고 수하인이 화물의 수취를 거절하거나 또는 수하인을 알 수 없는 때에는 송하인은 처분권을 회복한다.

제13조 화물의 인도

1. 송하인이 제12조에 따른 권리를 행사하는 경우를 제외하고, 수하인은 화물이 도착지에 도착하였을 때 운송인에게 정당한 비용을 지급하고 운송의 조건을 충족하면 화물의 인도를 요구할 권리를 가진다.

2. 별도의 합의가 없는 한, 운송인은 화물이 도착한 때 수하인에게 통지를 할 의무가 있다.

3. 운송인이 화물의 분실을 인정하거나 또는 화물이 도착되었어야 할 날로부터 7일이 경과하여도 도착되지 아니하였을 때에는 수하인은 운송인에 대하여 계약으로부터 발생된 권리를 행사할 권리를 가진다.

제14조 송하인과 수하인의 권리행사

송하인과 수하인은 운송계약에 의하여 부과된 채무를 이행할 것을 조건으로 하여 자신 또는 타인의 이익을 위하여 행사함을 불문하고 각각 자기의 명의로 제12조 및 제13조에 의하여 부여된 모든 권리를 행사할 수 있다.

제15조 송하인과 수하인의 관계 또는 제3자와의 상호관계

1. 제12조·제13조 및 제14조는 송하인과 수하인의 상호관계 또는 송하인 및 수하인과 이들중 어느 한쪽으로부터 권리를 취득한 제3자와의 상호관계에는 영향을 미치지 아니한다.

2. 제12조·제13조 및 제14조의 규정은 항공운송장 또는 화물수령증에 명시적인 규정에 의해서만 변경될 수 있다.

제16조 세관·경찰 및 기타 공공기관의 절차

1. 송하인은 화물이 수하인에게 인도될 수 있기 전에 세관·경찰 또는 기타 공공기관의 절차를 이행하기 위하여 필요한 정보 및 서류를 제공한다. 송하인은 그러한 정보 및 서류의 부재·불충분 또는 불비로부터 발생한 손해에 대하여 운송인에게 책임을 진다. 단, 그러한 손해가 운송인·그의 고용인 또는 대리인의 과실에 기인한 경우에는 그러하지 아니한다.

2. 운송인은 그러한 정보 또는 서류의 정확성 또는 충분성 여부를 조사할 의무가 없다.

제3장 운송인의 책임 및 손해배상의 범위

제17조 승객의 사망 및 부상 – 수하물에 대한 손해

1. 운송인은 승객의 사망 또는 신체의 부상의 경우에 입은 손해에 대하여 사망 또는 부상을 야기한 사고가 항공기상에서 발생하였거나 또는 탑승과 하강의 과정에서 발생하였을 때에 한하여 책임을 진다.

2. 운송인은 위탁수하물의 파괴·분실 또는 손상으로 인한 손해에 대하여 파괴·분실 또는 손상을 야기한 사고가 항공기상에서 발생하였거나 또는 위탁수하물이 운송인의 관리하에 있는 기간중 발생한 경우에 한하여 책임을 진다. 그러나, 운송인은 손해가 수하물 고유의 결함·성질 또는 수하물의 불완전에 기인하는 경우 및 그러한 범위 내에서는 책임을 부담하지 아니한다. 개인소지품을 포함한 휴대수하물의 경우, 운송인·그의 고용인 또는 대리인의 과실에 기인하였을 때에만 책임을 진다.

3. 운송인이 위탁수하물의 분실을 인정하거나 또는 위탁수하물이 도착하였여야 하는 날로부터 21일이 경과하여도 도착하지 아니하였을 때 승객은 운송인에 대하여 운송계약으로부터 발생되는 권리를 행사할 권한을 가진다.

4. 별도의 구체적인 규정이 없는 한, 이 협약에서 '수하물'이라는 용어는 위탁수하물 및 휴대 수하물 모두를 의미한다.

제18조 화물에 대한 손해

1. 운송인은 화물의 파괴·분실 또는 손상으로 인한 손해에 대하여 손해를 야기한 사고가 항공운송중에 발생하였을 경우에 한하여 책임을 진다.

2. 그러나, 운송인은 화물의 파괴·분실 또는 손상이 다음중 하나이상의 사유에 기인하여 발생하였다는 것이 입증되었을 때에는 책임을 지지 아니한다.

가. 화물의 고유한 결함·성질 또는 화물의 불완전

나. 운송인·그의 고용인 또는 대리인이외의 자가 수행한 화물의 결함이 있는 포장

다. 전쟁 또는 무력분쟁행위

라. 화물의 입출국 또는 통과와 관련하여 행한 공공기관의 행위

3. 본 조 제1항의 의미상 항공운송은 화물이 운송인의 관리하에 있는 기간도 포함된다.

4. 항공운송의 기간에는 공항외부에서 행한 육상·해상운송 또는 내륙수로운송은 포함되지 아니한다. 그러나, 그러한 운송이 항공운송계약을 이행함에 있어서, 화물의 적재·인도 또는 환적을 목적으로 하여 행하여졌을 때에는 반증이 없는 한 어떠한 손해도 항공운송중에 발생한 사고의 결과라고 추정된다. 운송인이 송하인의 동의없이 당사자간 합의에 따라 항공운송으로 행할 것이 예정되어 있었던 운송의 전부 또는 일부를 다른 운송수단의 형태에 의한 운송으로 대체하였을 때에는 다른 운송수단의 형태에 의한 운송은 항공운송의 기간내에 있는 것으로 간주된다.

제19조 지연

운송인은 승객·수하물 또는 화물의 항공운송중 지연으로 인한 손해에 대한 책임을 진다. 그럼에도 불구하고, 운송인은 본인·그의 고용인 또는 대리인이 손해를 피하기 위하여 합리적으로 요구되는 모든 조치를 다하였거나 또는 그러한 조치를 취할 수 없었다는 것을 증명한 경우에는 책임을 지지 아니한다.

제20조 책임 면제

운송인이 손해배상을 청구하는 자 또는 그로부터 권한을 위임받은 자의 과실·기타 불법적인 작위 또는 부작위가 손해를 야기하였거나 또는 손해에 기여하였다는 것을 증명하

였을 때에는 그러한 과실·불법적인 작위 또는 부작위가 손해를 야기하였거나 손해에 기여한 정도에 따라 청구자에 대하여 책임의 전부 또는 일부를 면제받는다. 승객의 사망 또는 부상을 이유로 하여 손해배상이 승객이외의 자에 의하여 청구되었을 때, 운송인은 손해가 승객의 과실·불법적인 작위 또는 부작위에 기인하였거나 이에 기여하였음을 증명한 정도에 따라 책임의 전부 또는 일부를 면제받는다. 본 조는 제21조제1항을 포함한 이 협약의 모든 배상책임규정에 적용된다.

제21조 승객의 사망 또는 부상에 대한 배상

1. 운송인은 승객당 113,100 SDR[1]을 초과하지 아니한 제17조제1항상의 손해에 대한 책임을 배제하거나 제한하지 못한다.

2. 승객당 113,100 SDR을 초과하는 제17조제1항상의 손해에 대하여, 운송인이 다음을 증명하는 경우에는 책임을 지지 아니한다.

가. 그러한 손해가 운송인·그의 고용인 또는 대리인의 과실·기타 불법적인 작위 또는 부작위에 기인하지 아니하였거나,

나. 그러한 손해가 오직 제3자의 과실·기타 불법적인 작위 또는 부작위에 기인하였을 경우

제22조 지연·수하물 및 화물과 관련한 배상책임의 한도

1. 승객의 운송에 있어서 제19조에 규정되어 있는 지연에 기인한 손해가 발생한 경우, 운송인의 책임은 승객 1인당 4,694 SDR[2]로 제한된다.

2. 수하물의 운송에 있어서 수하물의 파괴·분실·손상 또는 지연이 발생한 경우 운송인의 책임은 승객 1인당 1,131 SDR[3]로 제한된다. 단, 승객이 위탁수하물을 운송인에게 인도할 때에 도착지에서 인도시 이익에 관한 특별신고를 하였거나 필요에 따라 추가요금을 지급한 경우에는 그러하지 아니한다. 이러한 경우, 운송인은 신고가액이 도착지에 있어서

1) 동 협약 제정 당시 100,000 SDR이었으나 2009년 12월 30일 113,100 SDR로 인상.

2) 동 협약 제정 당시 4,150 SDR이었으나 2009년 12월 30일 4,694 SDR로 인상.

3) 동 협약 제정 당시 1,000 SDR이었으나 2009년 12월 30일 1,131 SDR로 인상.

인도시 승객의 실질이익을 초과한다는 것을 증명하지 아니하는 한 신고가액을 한도로 하는 금액을 지급할 책임을 진다.

3. 화물의 운송에 있어서 화물의 파괴·분실·손상 또는 지연이 발생한 경우 운송인의 책임은 1킬로그램당 19 SDR[4]로 제한된다. 단, 송하인이 화물을 운송인에게 인도할 때에 도착지에서 인도시 이익에 관한 특별신고를 하였거나 필요에 따라 추가 요금을 지급한 경우에는 그러하지 아니하다. 이러한 경우, 운송인은 신고가액이 도착지에 있어서 인도시 송하인의 실질이익을 초과한다는 것을 증명하지 아니하는 한 신고가액을 한도로 하는 금액을 지급할 책임을 진다.

4. 화물의 일부 또는 화물에 포함된 물건의 파괴·분실·손상 또는 지연의 경우, 운송인의 책임한도를 결정함에 있어서 고려하여야 할 중량은 관련 화물의 총 중량이다. 그럼에도 불구하고 화물의 일부 또는 화물에 포함된 물건의 파괴·분실·손상 또는 지연이 동일한 항공운송장 또는 화물수령증에 기재하거나 또는 이러한 증권이 발행되지 아니하였을 때에는 제4조제2항에 언급된 다른 수단에 의하여 보존되고 있는 동일한 기록에 기재되어 있는 기타 화물의 가액에 영향을 미칠 때에는 운송인의 책임한도를 결정함에 있어 그러한 화물의 총 중량도 고려되어야 한다.

5. 손해가 운송인·그의 고용인 또는 대리인이 손해를 야기할 의도를 가지거나 또는 무모하게 손해가 야기될 것을 인지하고 행한 작위 또는 부작위로부터 발생되었다는 것이 입증되었을 때에는 본 조 제1항 및 제2항에 전술한 규정은 적용되지 아니한다. 단, 고용인 또는 대리인이 작위 또는 부작위를 행한 경우에는 그가 자기의 고용업무의 범위내에서 행하였다는 것이 입증되어야 한다.

6. 제21조 및 본 조에 규정된 책임제한은 자국법에 따라 법원이 원고가 부담하는 소송비용 및 소송과 관련된 기타 비용에 이자를 포함한 금액의 전부 또는 일부를 재정하는 것을 방해하지 아니한다. 전기 규정은 소송비용 및 소송과 관련된 기타 비용을 제외한, 재정된 손해액이 손해를 야기한 사건의 발생일로부터 6월의 기간내에 또는 소송의 개시가 상기 기간이후일 경우에는 소송 개시전에 운송인이 원고에게 서면으로 제시한 액수를 초과하지

4) 동 협약 제정 당시 17 SDR이었으나 2009년 12월 30일 19 SDR로 인상.

아니한 때에는 적용되지 아니한다.

제23조 화폐단위의 환산

1. 이 협약에서 특별인출권으로 환산되어 언급된 금액은 국제통화기금이 정의한 특별인출권을 의미하는 것으로 간주된다. 재판절차에 있어서 국내통화로의 환산은 판결일자에 특별인출권의 국내통화환산액에 따라 정한다. 국제통화기금의 회원국의 특별인출권의 국내통화환산금액은 국제통화기금의 운영과 거래를 위하여 적용하는 평가방식에 따라 산출하게 되며, 동 방식은 판결일자에 유효하여야 한다. 국제통화기금의 비회원국인 당사국의 특별인출권의 국내통화환산금액은 동 당사국이 결정한 방식에 따라 산출된다.

2. 그럼에도 불구하고, 국제통화기금의 비회원국이며 자국법에 따라 본 조 제1항의 적용이 허용되지 아니하는 국가는 비준·가입시 또는 그 이후에 언제라도 제21조에 규정되어 있는 운송인의 책임한도가 자국의 영역에서 소송이 진행중인 경우 승객 1인당 1,500,000 화폐단위, 제22조제1항과 관련해서는 승객 1인당 62,500 화폐단위, 제22조제2항과 관련해서는 승객 1인당 15,000 화폐단위 및 제22조제3항과 관련해서는 1킬로그램당 250 화폐단위로 고정된다고 선언할 수 있다. 이와 같은 화폐단위는 1000분의 900의 순도를 가진 금 65.5 밀리그램에 해당한다. 국내통화로 환산된 금액은 관계국 통화의 단수가 없는 금액으로 환산할 수 있다. 국내통화로 환산되는 금액은 관련국가의 법률에 따른다.

3. 본 조 제1항 후단에 언급된 계산 및 제2항에 언급된 환산방식은 본 조 제1항의 전 3단의 적용에 기인되는 제21조 및 제22조의 가액과 동일한 실질가치를 가능한 한 동 당사국의 국내통화로 표시하는 방법으로 할 수 있다. 당사국들은 본 조 제1항에 따른 산출방식 또는, 경우에 따라 본 조 제2항에 의한 환산의 결과를 이 협약의 비준서·수락서·승인서 또는 가입서 기탁시 또는 상기 산출방식이나 환산결과의 변경시 수탁자에 통보한다.

제24조 한도의 검토

1. 이 협약 제25조의 규정을 침해하지 아니하고 하기 제2항을 조건으로 하여, 제21조 내지 제23조에 규정한 책임한도는 5년 주기로 수탁자에 의하여 검토되어야 하며, 최초의 검토는 이 협약의 발효일로부터 5년이 되는 해의 연말에 실시된다. 만일 이 협약이 서명을

위하여 개방된 날로부터 5년내에 발효가 되지 못하면 발효되는 해에 협약의 발효일 이후 또는 이전 수정이후 누적 물가상승률에 상응하는 물가상승요인을 참고하여 검토된다. 물가상승요인의 결정에 사용되는 물가상승률의 기준은 제23조제1항에 언급된 특별인출권을 구성하는 통화를 가진 국가의 소비자물가지수의 상승 또는 하강률의 가중평균치를 부여하여 산정한다.

2. 전항의 규정에 따라 검토를 행한 결과 인플레이션 계수가 10퍼센트를 초과하였다면 수탁자는 당사국에게 책임한도의 수정을 통고한다. 이러한 수정은 당사국에게 통고된 후 6월 경과시 효력을 발생한다. 만일 당사국에게 통고된 후 3월이내에 과반수의 당사국들이 수정에 대한 불승인을 표명한 때에는 수정은 효력을 발생하지 아니하며, 수탁자는 동 문제를 당사국의 회합에 회부한다. 수탁자는 모든 당사국에게 수정의 발효를 즉시 통보한다.

3. 본 조 제1항에도 불구하고, 본 조 제2항에 언급된 절차는 당사국의 3분의 1이상이 이전의 수정 또는 이전에 수정이 없었다면 이 협약의 발효일이래 본 조 제1항에 언급된 인플레이션계수가 30퍼센트를 초과할 것을 조건으로 하여 그러한 효과에 대한 의사를 표시한 경우에는 언제나 적용 가능하다. 본 조 제1항에 기술된 절차를 사용한 추가검토는 본 항에 따른 검토일로부터 5년이 되는 해의 연말에 개시하여 5년 주기로 한다.

제25조 한도의 규정

운송인은 이 협약이 정한 책임한도보다 높은 한도를 정하거나 어떤 경우에도 책임의 한도를 두지 아니한다는 것을 운송계약에 규정할 수 있다.

제26조 계약조항의 무효

운송인의 책임을 경감하거나 또는 이 협약에 규정된 책임한도보다 낮은 한도를 정하는 어떠한 조항도 무효다. 그러나, 그러한 조항의 무효는 계약 전체를 무효로 하는 것은 아니며 계약은 이 협약의 조항에 따른다.

제27조 계약의 자유

이 협약의 어떠한 규정도 운송인이 운송계약의 체결을 거절하거나, 이 협약상의 항변권을 포기하거나 또는 이 협약의 규정과 저촉되지 아니하는 운송조건을 설정하는 것을 방해하지 못한다.

제28조 선배상지급

승객의 사망 또는 부상을 야기하는 항공기사고시, 운송인은 자국법이 요구하는 경우 자연인 또는 배상을 받을 권한이 있는 자의 즉각적인 경제적 필요성을 충족시키기 위하여 지체없이 선배상금을 지급한다. 이러한 선배상지급은 운송인의 책임을 인정하는 것은 아니며, 추후 운송인이 지급한 배상금과 상쇄될 수 있다.

제29조 청구의 기초

승객·수하물 및 화물의 운송에 있어서, 손해에 관한 어떠한 소송이든지 이 협약·계약·불법행위 또는 기타 어떠한 사항에 근거하는지 여부를 불문하고, 소를 제기할 권리를 가지는 자와 그들 각각의 권리에 관한 문제를 침해함이 없이, 이 협약에 규정되어 있는 조건 및 책임한도에 따르는 경우에만 제기될 수 있다. 어떠한 소송에 있어서도, 징벌적 배상 또는 비보상적 배상은 회복되지 아니한다.

제30조 고용인·대리인–청구의 총액

1. 이 협약과 관련된 손해로 인하여 운송인의 고용인 또는 대리인을 상대로 소송이 제기된 경우, 그들이 고용범위내에서 행동하였음이 증명된다면 이 협약하에서 운송인 자신이 주장할 수 있는 책임의 조건 및 한도를 원용할 권리를 가진다.

2. 그러한 경우, 운송인·그의 고용인 및 대리인으로부터 회수가능한 금액의 총액은 전술한 한도를 초과하지 아니한다.

3. 화물운송의 경우를 제외하고는 본 조 제1항 및 제2항의 규정은 고용인 또는 대리인이 손해를 야기할 의도로 무모하게, 또는 손해가 발생할 것을 알고 행한 작위 또는 부작위에 기인한 손해임이 증명된 경우에는 적용되지 아니한다.

제31조 이의제기의 시한

1. 위탁수하물 또는 화물을 인도받을 권리를 가지고 있는 자가 이의를 제기하지 아니하고 이를 수령하였다는 것은 반증이 없는 한 위탁수하물 또는 화물이 양호한 상태로 또한 운송서류 또는 제3조제2항 및 제4조제2항에 언급된 기타 수단으로 보존된 기록에 따라 인도되었다는 명백한 증거가 된다.

2. 손상의 경우, 인도받을 권리를 가지는 자는 손상을 발견한 즉시 또한 늦어도 위탁수하물의 경우에는 수령일로부터 7일 이내에 그리고 화물의 경우에는 수령일로부터 14일 이내에 운송인에게 이의를 제기하여야 한다. 지연의 경우, 이의는 인도받을 권리를 가지는 자가 수하물 또는 화물을 처분할 수 있는 날로부터 21일 이내에 제기되어야 한다.

3. 개개의 이의는 서면으로 작성되어야 하며, 전술한 기한내에 발송하여야 한다.

4. 전술한 기한내에 이의가 제기되지 아니한 때에는 운송인에 대하여 제소할 수 없다. 단, 운송인측의 사기인 경우에는 그러하지 아니한다.

제32조 책임있는 자의 사망

책임있는 자가 사망하는 경우, 손해에 관한 소송은 이 협약의 규정에 따라 동인의 재산의 법정 대리인에 대하여 제기할 수 있다.

제33조 재판관할권

1. 손해에 관한 소송은 원고의 선택에 따라 당사국중 하나의 영역내에서 운송인의 주소지, 운송인의 주된 영업소 소재지, 운송인이 계약을 체결한 영업소 소재지의 법원 또는 도착지의 법원중 어느 한 법원에 제기한다.

2. 승객의 사망 또는 부상으로 인한 손해의 경우, 소송은 본 조 제1항에 언급된 법원 또는 사고발생당시 승객의 주소지와 주된 거주지가 있고 운송인이 자신이 소유한 항공기 또는 상업적 계약에 따른 타 운송인의 항공기로 항공운송서비스를 제공하는 장소이며, 운송인 자신 또는 상업적 계약에 의하여 타 운송인이 소유하거나 임대한 건물로부터 항공운송사업을 영위하고 있는 장소에서 소송을 제기할 수 있다.

3. 제2항의 목적을 위하여,

가. '상업적 계약'이라 함은 대리점 계약을 제외한, 항공승객운송을 위한 공동서비스의 제공과 관련된 운송인간의 계약을 말한다.

나. '주소지 및 영구거주지'라 함은 사고발생당시 승객의 고정적이고 영구적인 하나의 주소를 말한다. 이 경우 승객의 국적은 결정요인이 되지 않는다.

4. 소송절차에 관한 문제는 소송이 계류중인 법원의 법률에 의한다.

제34조 중재

1. 본 조의 규정에 따를 것을 조건으로, 화물운송계약의 당사자들은 이 협약에 따른 운송인의 책임에 관련된 어떠한 분쟁도 중재에 의하여 해결한다고 규정할 수 있다.

2. 중재절차는 청구인의 선택에 따라 제33조에 언급된 재판관할권중 하나에서 진행된다.

3. 중재인 또는 중재법원은 이 협약의 규정을 적용한다.

4. 본 조 제2항 및 제3항의 규정은 모든 중재조항 또는 협정의 일부라고 간주되며, 이러한 규정과 일치하지 아니하는 조항 또는 협정의 어떠한 조건도 무효이다.

제35조 제소기한

1. 손해에 관한 권리가 도착지에 도착한 날·항공기가 도착하였어만 하는 날 또는 운송이 중지된 날로부터 기산하여 2년내에 제기되지 않을 때에는 소멸된다.

2. 그러한 기간의 산정방법은 소송이 계류된 법원의 법률에 의하여 결정된다.

제36조 순차운송

1. 2인 이상의 운송인이 순차로 행한 운송으로서 이 협약 제1조제3항에 규정된 정의에 해당하는 운송의 경우, 승객·수하물 또는 화물을 인수하는 각 운송인은 이 협약에 규정된 규칙에 따라야 하며, 또한 운송계약이 각 운송인의 관리하에 수행된 운송부분을 다루고 있는 한 동 운송계약의 당사자중 1인으로 간주된다.

2. 이러한 성질을 가지는 운송의 경우, 승객 또는 승객에 관하여 손해배상을 받을 권한을 가지는 자는, 명시적 합의에 의하여 최초의 운송인이 모든 운송구간에 대한 책임을 지

는 경우를 제외하고는, 사고 또는 지연이 발생된 동안에 운송을 수행한 운송인에 대하여 소송을 제기할 수 있다.

3. 수하물 또는 화물과 관련하여, 승객 또는 송하인은 최초 운송인에 대하여 소송을 제기할 수 있는 권리를 가지며, 인도받을 권리를 가지는 승객 또는 수하인은 최종 운송인에 대하여 소송을 제기할 권리를 가지며, 또한, 각자는 파괴·분실·손상 또는 지연이 발생한 기간중에 운송을 수행한 운송인에 대하여 소송을 제기할 수 있다. 이들 운송인은 여객·송하인 또는 수하인에 대하여 연대하거나 또는 단독으로 책임을 진다.

第37조 제3자에 대한 구상권

이 협약의 어떠한 규정도 이 협약의 규정에 따라 손해에 대하여 책임을 지는 자가 갖고 있는 다른 사람에 대한 구상권을 행사할 권리가 있는지 여부에 관한 문제에 영향을 미치지 아니한다.

제4장 복합운송

第38조 복합운송

1. 운송이 항공과 다른 운송형식에 의하여 부분적으로 행하여지는 복합운송의 경우에는 이 협약의 규정들은, 제18조제4항을 조건으로 하여, 항공운송에 대하여만 적용된다. 단, 그러한 항공운송이 제1조의 조건을 충족시킨 경우에 한한다.

2. 이 협약의 어떠한 규정도 복합운송의 경우 당사자가 다른 운송형식에 관한 조건을 항공운송의 증권에 기재하는 것을 방해하지 아니한다. 단, 항공운송에 관하여 이 협약의 규정이 준수되어야 한다.

제5장 계약운송인 이외의 자에 의한 항공운송

第39조 계약운송인-실제운송인

본 장의 규정은 어떤 사람(이하 '계약운송인'이라 한다.)이 승객 또는 송하인·승객 또는 송하인을 대신하여 행동하는 자와 이 협약에 의하여 규율되는 운송계약을 체결하고, 다른 사람(이하 '실제운송인'이라 한다.)이 계약운송인으로부터 권한을 받아 운송의 전부 또는 일부를 행하지만 이 협약의 의미내에서 그러한 운송의 일부에 관하여 순차운송인에는 해당되지 않는 경우에 적용된다. 이와 같은 권한은 반증이 없는 한 추정된다.

제40조 계약운송인과 실제운송인의 개별적 책임

실제운송인이 제39조에 언급된 계약에 따라 이 협약이 규율하는 운송의 전부 또는 일부를 수행한다면, 본 장에 달리 정하는 경우를 제외하고, 계약운송인 및 실제운송인 모두는 이 협약의 규칙에 따른다. 즉, 계약운송인이 계약에 예정된 운송의 전부에 관하여 그리고 실제운송인은 자기가 수행한 운송에 한하여 이 협약의 규칙에 따른다.

제41조 상호 책임

1. 실제운송인이 수행한 운송과 관련하여, 실제운송인·자신의 고용업무의 범위내에서 행동한 고용인 및 대리인의 작위 또는 부작위도 또한 계약운송인의 작위 또는 부작위로 간주된다.

2. 실제운송인이 수행한 운송과 관련하여, 계약운송인, 자신의 고용업무의 범위내에서 행동한 고용인 및 대리인의 작위 또는 부작위도 또한 실제운송인의 작위 및 부작위로 간주된다. 그럼에도 불구하고, 그러한 작위 및 부작위로 인하여 실제운송인은 이 협약 제21조 내지 제24조에 언급된 금액을 초과하는 책임을 부담하지 아니한다. 이 협약이 부과하지 아니한 의무를 계약운송인에게 부과하는 특별 합의·이 협약이 부여한 권리의 포기 또는 이 협약 제22조에서 예정된 도착지에서의 인도 이익에 관한 특별신고는 실제운송인이 합의하지 아니하는 한 그에게 영향을 미치지 아니한다.

제42조 이의제기 및 지시의 상대방

이 협약에 근거하여 운송인에게 행한 이의나 지시는 계약운송인 또는 실제운송인 어느 쪽에 행하여도 동일한 효력이 있다. 그럼에도 불구하고, 이 협약 제12조에 언급된 지시는 계약운송인에게 행한 경우에 한하여 효력이 있다.

제43조 고용인 및 대리인

실제운송인이 수행한 운송과 관련하여, 실제운송인 또는 계약운송인의 고용인 또는 대리인은 자기의 고용업무의 범위내의 행위를 증명할 경우 이 협약하에서 자신이 귀속되는 운송인에게 적용할 이 협약상 책임의 조건 및 한도를 원용할 권리를 가진다. 단, 그들이 책임한도가 이 협약에 따라 원용되는 것을 방지하는 방식으로 행동하는 것이 증명된 경우에는 그러하지 아니한다.

제44조 손해배상총액

실제운송인이 수행한 운송과 관련하여, 실제운송인과 계약운송인, 또는 자기의 고용업무의 범위내에서 행동한 고용인 및 대리인으로부터 회수가능한 배상총액은 이 협약에 따라 계약운송인 또는 실제운송인의 어느 한쪽에 대하여 재정할 수 있는 최고액을 초과하여서는 아니된다. 그러나, 상기 언급된 자중 누구도 그에게 적용가능한 한도를 초과하는 금액에 대하여 책임을 지지 아니한다.

제45조 피청구자

실제운송인이 수행한 운송과 관련하여, 손해에 관한 소송은 원고의 선택에 따라 실제운송인 또는 계약운송인에 대하여 공동 또는 개별적으로 제기될 수 있다. 소송이 이들 운송인중 하나에 한하여 제기된 때에는 동 운송인은 다른 운송인에게 소송절차에 참가할 것을 요구할 권리를 가지며, 그 절차와 효과는 소송이 계류되어 있는 법원의 법률에 따르게 된다.

제46조 추가재판관할권

제45조에 예정된 손해에 대한 소송은 원고의 선택에 따라 이 협약 제33조에 규정된 바에 따라 당사국중 하나의 영역내에서 계약운송인에 대한 소송이 제기될 수 있는 법원 또는 실제운송인의 주소지나 주된 영업소 소재지에 대하여 관할권을 가지는 법원에 제기되어야 한다.

제47조 계약조항의 무효

본 장에 따른 계약운송인 또는 실제운송인의 책임을 경감하거나 또는 본 장에 따라 적용가능한 한도보다 낮은 한도를 정하는 것은 무효로 한다. 그러나, 그러한 조항의 무효는 계약 전체를 무효로 하는 것은 아니며 계약은 이 협약의 조항에 따른다.

제48조 계약운송인 및 실제운송인의 상호관계

제45조에 규정된 경우를 제외하고는 본 장의 여하한 규정도 여하한 구상권 또는 손실보상청구권을 포함하는, 계약운송인 또는 실제운송인간 운송인의 권리 및 의무에 영향을 미치지 아니한다.

제6장 기타 규정

제49조 강제적용

적용될 법을 결정하거나 관할권에 관한 규칙을 변경함으로써 이 협약에 규정된 규칙을 침해할 의도를 가진 당사자에 의하여 손해가 발생되기 전에 발효한 운송계약과 모든 특별합의에 포함된 조항은 무효로 한다.

제50조 보험

당사국은 이 협약에 따른 손해배상책임을 담보하는 적절한 보험을 유지하도록 운송인에게 요구한다. 운송인은 취항지국으로부터 이 협약에 따른 손해배상책임을 담보하는 보험을 유지하고 있음을 증명하는 자료를 요구받을 수 있다.

제51조 비정상적인 상황하에서의 운송

운송증권과 관련된 제3조 내지 제5조·제7조 및 제8조의 규정은 운송인의 정상적인 사업범위를 벗어난 비정상적인 상황에는 적용되지 아니한다.

第52조 일의 정의

이 협약에서 사용되는 '일(日)'이라 함은 영업일(營業日)이 아닌 역일(曆日)을 말한다.

第7장 최종 조항

第53조 서명·비준 및 발효

1. 이 협약은 1999년 5월 10일부터 28일간 몬트리올에서 개최된 항공법에 관한 국제회의에 참가한 국가의 서명을 위하여 1999년 5월 28일 개방된다. 1999년 5월 28일 이후에는 본조 제6항에 따라 이 협약이 발효하기 전까지 국제민간항공기구 본부에서 서명을 위하여 모든 국가에 개방된다.

2. 이 협약은 지역경제통합기구의 서명을 위하여 동일하게 개방된다. 이 협약의 목적상, '지역경제통합기구'라 함은 이 협약이 규율하는 특정 문제에 관하여 권한을 가진, 일정지역의 주권국가로 구성된 기구이며, 이 협약의 서명·비준·수락·승인 및 가입을 위한 정당한 권한을 가진 기구를 말한다. 이 협약상의 '당사국'이란 용어는 제1조제2항·제3조제1항나목·제5조나항·제23조·제33조·제46조 및 제57조나항을 제외하고, 지역경제통합기구에도 동일하게 적용된다. 제24조의 목적상, '당사국의 과반수' 및 '당사국의 3분의 1'이란 용어는 지역경제통합기구에는 적용되지 아니한다.

3. 이 협약은 서명한 당사국 및 지역경제통합기구의 비준을 받는다.

4. 이 협약에 서명하지 아니한 국가 및 지역경제통합기구는 언제라도 이를 수락·승인하거나 또는 이에 가입할 수 있다.

5. 비준서·수락서·승인서 또는 가입서는 국제민간항공기구 사무총장에게 기탁된다. 국제민간항공기구 사무총장은 이 협약의 수탁자가 된다.

6. 이 협약은 30번째 비준서, 수락서, 승인서 및 가입서가 기탁된 날로부터 60일이 되는 날 기탁한 국가간에 발효한다. 지역경제통합기구가 기탁한 문서는 본 항의 목적상 산입되지 아니한다.

7. 다른 국가 및 지역경제통합기관에 대하여 이 협약은 비준서·수락서·승인서 및 가입서가 기탁된 날로부터 60일이 경과하면 효력을 발생한다.

8. 수탁자는 아래의 내용을 모든 당사국에 지체없이 통고한다.

가. 이 협약의 서명자 및 서명일

나. 비준서·수락서·승인서 및 가입서의 제출 및 제출일

다. 이 협약의 발효일

라. 이 협약이 정한 배상책임한도의 수정의 효력발생일

제54조 폐기

1. 모든 당사국은 수탁자에 대한 서면통고로써 이 협약을 폐기할 수 있다.

2. 폐기에 관한 통고는 수탁자에게 접수된 날로부터 180일 경과후 효력을 갖는다.

제55조 기타 바르샤바협약 문서와의 관계

1. 이 협약은 아래 협약들의 당사국인 이 협약의 당사국간에 국제항공운송에 적용되는 모든 규칙에 우선하여 적용된다.

가. 1929년 10월 12일 바르샤바에서 서명된 '국제항공운송에 있어서의 일부 규칙의 통일에 관한 협약'(이하 바르샤바협약이라 부른다.)

나. 1955년 9월 28일 헤이그에서 작성된 '1929년 10월 12일 바르샤바에서 서명된 국제항공운송에 있어서의 일부 규칙의 통일에 관한 협약의 개정의정서'(이하 헤이그의정서라 부른다.)

다. 1961년 9월 18일 과달라하라에서 서명된 '계약운송인을 제외한 자에 의하여 수행된 국제항공운송에 있어서의 일부 규칙의 통일을 위한 협약'(이하 과달라하라협약이라 부른다.)

라. 1971년 3월 8일 과테말라시티에서 서명된 '1955년 9월 28일 헤이그에서 작성된 의정서에 의하여 개정된, 1929년 10월 12일 바르샤바에서 서명된 국제항공운송에 있어서의 일부 규칙의 통일에 관한 협약의 개정의정서'(이하 과테말라시티의정서라 부른다.)

마. 1975년 9월 25일 몬트리올에서 서명된 '헤이그의정서와 과테말라시티의정서 또는 헤이그의정서에 의하여 개정된 바르샤바협약을 개정하는 몬트리올 제1, 2, 3, 4 추가의정서'(이하 몬트리올의정서라 부른다.)

2. 이 협약은 상기 가목 내지 마목의 협약중 하나 이상의 당사국인 이 협약의 단일당사국 영역내에서 적용된다.

第56條 하나 이상의 법체계를 가진 국가

1. 이 협약에서 다루는 사안과 관련하여 서로 상이한 법체계가 적용되는 둘 이상의 영역단위를 가지는 국가는 이 협약의 서명·비준·수락·승인 및 가입시 이 협약이 모든 영역에 적용되는지 또는 그중 하나 또는 그 이상의 지역에 미치는가를 선언한다. 이는 언제든지 다른 선언을 제출함으로써 변경할 수 있다.

2. 그러한 선언은 수탁자에게 통고되어야 하며, 이 협약이 적용되는 영역단위에 대하여 명시적으로 진술하여야 한다.

3. 그러한 선언을 행한 당사국과 관련하여,

가. 제23조상 '국내통화'라는 용어는 당사국의 관련 영역단위의 통화를 의미하는 것으로 해석된다.

나. 제28조상 '국내법'이라는 용어는 당사국의 관련 영역단위의 법을 의미하는 것으로 해석된다.

第57條 유보

이 협약은 유보될 수 없다. 그러나 당사국이 아래의 내용에 대하여 이 협약이 적용되지 않음을 수탁자에 대한 통고로서 선언한 경우에는 그러하지 아니하다.

가. 주권국가로서의 기능과 의무에 관하여 비상업적 목적을 위하여 당사국이 직접 수행하거나 운영하는 국제운송

나. 당사국에 등록된 항공기 또는 당사국이 임대한 항공기로서 군당국을 위한 승객·화물 및 수하물의 운송. 그러한 권한전체는 상기 당국에 의하여 또는 상기 당국을 대신하여 보유된다.

이상의 증거로서 아래 전권대표는 정당하게 권한을 위임받아 이 협약에 서명하였다.

이 협약은 1999년 5월 28일 몬트리올에서 영어·아랍어·중국어·프랑스어·러시아어 및 서반아어로 작성되었으며, 동등하게 정본이다. 이 협약은 국제민간항공기구 문서보관소에 기탁되며, 수탁자는 인증등본은 바르샤바협약·헤이그의정서·과달라하라협약·과테말라시티의정서 및 몬트리올 추가의정서의 당사국과 이 협약의 모든 당사국에 송부한다.

05 TREATY ON PRINCIPLES GOVERNING THE ACTIVITIES OF STATES IN THE EXPLORATION AND USE OF OUTER SPACE, INCLUDING THE MOON AND OTHER CELESTIAL BODIES

OUTER SPACE TREATY 1967

Signed at Washington, London, Moscow, January 27, 1967

Ratification advised by U.S. Senate April 25, 1967

Ratified by U.S. President May 24, 1967

U.S. ratification deposited at Washington, London, and Moscow October 10, 1967

Proclaimed by U.S. President October 10, 1967

Entered into force October 10, 1967

THE STATES PARTIES TO THIS TREATY,

INSPIRED by the great prospects opening up before mankind as a result of mans entry into outer space,

RECOGNIZING the common interest of all mankind in the progress of the exploration and use of outer space for peaceful purposes,

BELIEVING that the exploration and use of outer space should be carried on for the benefit of all peoples irrespective of the degree of their economic or scientific development,

DESIRING to contribute to broad international co–operation in the scientific as well as the legal aspects of the exploration and use of outer space for peaceful purposes,

BELIEVING that such co–operation will contribute to the development of mutual understanding and to the strengthening of friendly relations between States and peoples,

RECALLING resolution 1962 (XVIII), entitled "Declaration of Legal Principles Governing the Activities of States in the Exploration and Use of Outer Space," which was adopted unanimously by the United Nations General Assembly on 13 December 1963,

RECALLING resolution 1884 (XVIII), calling upon States to refrain from placing in orbit around the Earth any objects carrying nuclear weapons or any other kinds of weapons of mass destruction or from installing such weapons on celestial bodies, which was adopted unanimously by the United Nations General Assembly on 17 October 1963,

TAKING account of United Nations General Assembly resolution 110 (II) of 3 November 1947, which condemned propaganda designed or likely to provoke or encourage any threat to the peace, breach of the peace or act of aggression, and considering that the aforementioned resolution is applicable to outer space,

CONVINCED that a Treaty on Principles Governing the Activities of States in the Exploration and Use of Outer Space, including the Moon and Other Celestial Bodies, will further the Purposes and Principles of the Charter of the United Nations,

HAVE AGREED ON THE FOLLOWING:

Article I

The exploration and use of outer space, including the moon and other celestial bodies, shall be carried out for the benefit and in the interests of all countries, irrespective of their degree of economic or scientific development, and shall be the province of all mankind.

Outer space, including the moon and other celestial bodies, shall be free for exploration and use by all States without discrimination of any kind, on a basis of equality and in accordance with international law, and there shall be free access to all areas of celestial bodies.

There shall be freedom of scientific investigation in outer space, including the moon and other celestial bodies, and States shall facilitate and encourage international co-operation in such investigation.

Article II

Outer space, including the moon and other celestial bodies, is not subject to national appropriation by claim of sovereignty, by means of use or occupation, or by any other means.

Article III

States Parties to the Treaty shall carry on activities in the exploration and use of outer space, including the moon and other celestial bodies, in accordance with international law, including the Charter of the United Nations, in the interest of maintaining international peace and security and promoting international co-operation and understanding.

Article IV

States Parties to the Treaty undertake not to place in orbit around the Earth any objects carrying nuclear weapons or any other kinds of weapons of mass destruction, install such weapons on celestial bodies, or station such weapons in outer space in any other manner.

The Moon and other celestial bodies shall be used by all States Parties to the Treaty exclusively for peaceful purposes. The establishment of military bases, installations and fortifications, the testing of any type of weapons and the conduct of military maneuvers on celestial bodies shall be forbidden. The use of military personnel for scientific research or for any other peaceful purposes shall not be prohibited. The use of any equipment or facility necessary for peaceful exploration of the Moon and other celestial bodies shall also not be prohibited.

Article V

States Parties to the Treaty shall regard astronauts as envoys of mankind in outer space and shall render to them all possible assistance in the event of accident, distress, or emergency landing on the territory of another State Party or on the high seas. When astronauts make such a landing, they shall be safely and promptly returned to the State of registry of their space vehicle.

In carrying on activities in outer space and on celestial bodies, the astronauts of one State Party shall render all possible assistance to the astronauts of other States Parties.

States Parties to the Treaty shall immediately inform the other States Parties to the Treaty or the Secretary—General of the United Nations of any phenomena they discover in outer space, including the Moon and other celestial bodies, which could constitute a danger to the life or health of astronauts.

Article VI

States Parties to the Treaty shall bear international responsibility for national activities in outer space, including the Moon and other celestial bodies, whether such activities are carried on by governmental agencies or by non—governmental entities, and for assuring that national activities are carried out in conformity with the provisions set forth in the present Treaty. The activities of non—governmental entities in outer space, including the Moon and other celestial bodies, shall require authorization and continuing supervision by the appropriate State Party to the Treaty. When activities are carried on in outer space, including the Moon and other celestial bodies, by an international organization, responsibility for compliance with this Treaty shall be borne both by the international organization and by the States Parties to the Treaty participating in such organization.

Article VII

Each State Party to the Treaty that launches or procures the launching of an object into outer space, including the Moon and other celestial bodies, and each State Party from whose territory or facility an object is launched, is internationally liable for damage to another State Party to the Treaty or to its natural or juridical persons by such object or its component parts on the Earth, in air space or in outer space, including the Moon and other celestial bodies.

Article VIII

A State Party to the Treaty on whose registry an object launched into outer space is carried shall retain jurisdiction and control over such object, and over any personnel thereof, while in outer space or on a celestial body. Ownership of objects launched into outer space, including objects landed or constructed on a celestial body, and of their component parts, is not affected by their presence in outer space or on a celestial body or by their return to the Earth. Such objects or component parts found beyond the limits of the State Party to the Treaty on whose registry they are carried shall be returned to that State Party, which shall, upon request, furnish identifying data prior to their return.

Article IX

In the exploration and use of outer space, including the Moon and other celestial bodies, States Parties to the Treaty shall be guided by the principle of co-operation and mutual assistance and shall conduct all their activities in outer space, including the Moon and other celestial bodies, with due regard to the corresponding interests of all other States Parties to the Treaty. States Parties to the Treaty shall pursue studies of outer space, including the Moon and other celestial bodies, and conduct exploration of them so as to avoid their harmful contamination and also adverse changes in the environment of the Earth resulting from the introduction of extraterrestrial matter and, where necessary, shall adopt appropriate measures for this purpose. If a State Party to the Treaty has reason to believe that an activity or experiment planned by it or its nationals in outer space, including the Moon and other celestial bodies, would cause potentially harmful interference with activities of other States Parties in the peaceful exploration and use of outer space, including the Moon and other celestial bodies, it shall undertake appropriate international consultations before proceeding with any such activity or experiment. A State Party to the Treaty which has reason to believe that an activity or experiment planned by another State Party in outer space, including the Moon and other celestial bodies, would cause potentially harmful interference with activities in the peaceful exploration and use of outer space, including the Moon and other celestial bodies, may request consultation concerning the activity or experiment.

Article X

In order to promote international co–operation in the exploration and use of outer space, including the Moon and other celestial bodies, in conformity with the purposes of this Treaty, the States Parties to the Treaty shall consider on a basis of equality any requests by other States Parties to the Treaty to be afforded an opportunity to observe the flight of space objects launched by those States.

The nature of such an opportunity for observation and the conditions under which it could be afforded shall be determined by agreement between the States concerned.

Article XI

In order to promote international co–operation in the peaceful exploration and use of outer space, States Parties to the Treaty conducting activities in outer space, including the Moon and other celestial bodies, agree to inform the Secretary–General of the United Nations as well as the public and the international scientific community, to the greatest extent feasible and practicable, of the nature, conduct, locations and results of such activities. On receiving the said information, the Secretary–General of the United Nations should be prepared to disseminate it immediately and effectively.

Article XII

All stations, installations, equipment and space vehicles on the Moon and other celestial bodies shall be open to representatives of other States Parties to the Treaty on a basis of reciprocity. Such representatives shall give reasonable advance notice of a projected visit, in order that appropriate consultations may be held and that maximum precautions may be taken to assure safety and to avoid interference with normal operations in the facility to be visited.

Article XIII

The provisions of this Treaty shall apply to the activities of States Parties to the Treaty in the exploration and use of outer space, including the Moon and other celestial bodies, whether such activities are carried on by a single State Party to the Treaty or jointly with other States, including cases where they are carried on within the framework of international intergovernmental organizations.

Any practical questions arising in connection with activities carried on by international inter-governmental organizations in the exploration and use of outer space, including the Moon and other celestial bodies, shall be resolved by the States Parties to the Treaty either with the appropriate international organization or with one or more States members of that international organization, which are Parties to this Treaty.

Article XIV

1. This Treaty shall be open to all States for signature. Any State which does not sign this Treaty before its entry into force in accordance with paragraph 3 of this article may accede to it at any time.

2. This Treaty shall be subject to ratification by signatory States. Instruments of ratification and instruments of accession shall be deposited with the Governments of the United States of America, the United Kingdom of Great Britain and Northern Ireland and the Union of Soviet Socialist Republics, which are hereby designated the Depositary Governments.

3. This Treaty shall enter into force upon the deposit of instruments of ratification by five Governments including the Governments designated as Depositary Governments under this Treaty.

4. For States whose instruments of ratification or accession are deposited subsequent to the entry into force of this Treaty, it shall enter into force on the date of the deposit of their instruments of ratification or accession.

5. The Depositary Governments shall promptly inform all signatory and acceding States of the date of each signature, the date of deposit of each instrument of ratification of and accession to this Treaty, the date of its entry into force and other notices.

6. This Treaty shall be registered by the Depositary Governments pursuant to Article 102 of the Charter of the United Nations.

Article XV

Any State Party to the Treaty may propose amendments to this Treaty. Amendments shall enter into force for each State Party to the Treaty accepting the amendments upon their acceptance by a majority of the States Parties to the Treaty and thereafter for each remaining State Party to the Treaty on the date of acceptance by it.

Article XVI

Any State Party to the Treaty may give notice of its withdrawal from the Treaty one year after its entry into force by written notification to the Depositary Governments. Such withdrawal shall take effect one year from the date of receipt of this notification.

Article XVII

This Treaty, of which the English, Russian, French, Spanish and Chinese texts are equally authentic, shall be deposited in the archives of the Depositary Governments. Duly certified copies of this Treaty shall be transmitted by the Depositary Governments to the Governments of the signatory and acceding States.

IN WITNESS WHEREOF the undersigned, duly authorized, have signed this Treaty.

DONE in triplicate, at the cities of Washington, London and Moscow, this twenty-seventh day of January one thousand nine hundred sixty-seven.

06 달과 기타 천체를 포함한 외기권의 탐색과 이용에 있어서의 국가활동을 규율하는 원칙에 관한 조약

우주조약 1967

이 조약의 당사국은,

외기권에 대한 인간의 진입으로써 인류앞에 전개된 위대한 전망에 고취되고, 평화적 목적을 위한 외기권의 탐색과 이용의 발전에 대한 모든 인류의 공동이익을 인정하고,

외기권의 탐색과 이용은 그들의 경제적 또는 과학적 발달의 정도에 관계없이 전인류의 이익을 위하여 수행되어야 한다고 믿고, 평화적 목적을 위한 외기권의 탐색과 이용의 과학적 및 법적 분야에 있어서 광범한 국제적 협조에 기여하기를 열망하고, 이러한 협조가 국가와 인민간의 상호 이해증진과 우호적인 관계를 강화하는데 기여할 것임을 믿고,1963년 12월 13일에 국제연합 총회에서 만장일치로 채택된 "외기권의 탐색과 이용에 있어서의 국가의 활동을 규율하는 법적 원칙의 선언"이라는 표제의 결의 1962(ⅩⅤⅢ)를 상기하고, 1963년 10월 17일 국제연합 총회에서 만장일치로 채택되고, 국가에 대하여 핵무기 또는 기타 모든 종류의 대량파괴 무기를 가지는 어떠한 물체도 지구주변의 궤도에 설치하는 것을 금지하고, 또는 천체에 이러한 무기를 장치하는 것을 금지하도록 요구한 결의 1884(ⅩⅤⅢ)를 상기하고, 평화에 대한 모든 위협, 평화의 파괴 또는 침략행위를 도발 또는 고취하기 위하여 또는 도발 또는 고취할 가능성이 있는 선전을 비난한 1947년 11월 3일의 국제연합총회결의 110(Ⅱ)을 고려하고 또한 상기 결의가 외기권에도 적용됨을 고려하고, 달과 기타 천체를 포함한 외기권의 탐색과 이용에 있어서의 국가 활동을 규율하는 원칙에 관한 조약이 국제연합헌장의 목적과 원칙을 증진시킬 것임을 확신하여, 아래와 같이 합의하였다.

제1조

달과 기타 천체를 포함한 외기권의 탐색과 이용은 그들의 경제적 또는 과학적 발달의 정도에 관계없이 모든 국가의 이익을 위하여 수행되어야 하며 모든 인류의 활동 범위이어야 한다.

달과 기타 천체를 포함한 외기권은 종류의 차별없이 평등의 원칙에 의하여 국제법에 따라 모든 국가가 자유로이 탐색하고 이용하며 천체의 모든 영역에 대한 출입을 개방한다.

달과 기타 천체를 포함한 외기권에 있어서의 과학적 조사의 자유가 있으며 국가는 이러한 조사에 있어서 국제적인 협조를 용이하게 하고 장려한다.

제2조

달과 기타 천체를 포함한 외기권은 주권의 주장에 의하여 또는 이용과 점유에 의하여 또는 다른 방법에 의하여 국가의 전유대상이 되지 아니한다.

제3조

본 조약의 당사국은 외기권의 탐색과 이용에 있어서의 활동을 국제연합헌장을 포함한 국제법에 따라 국제평화와 안전의 유지를 위하여 그리고 국제협력과 이해를 촉진하기 위하여 수행하여야 한다.

제4조

본 조약의 당사국은 지구주변의 궤도에 핵무기 또는 기타 모든 종류의 대량파괴 무기를 설치하지 않으며, 천체에 이러한 무기를 장치하거나 기타 어떠한 방법으로든지 이러한 무기를 외기권에 배치하지 아니할 것을 약속한다.

달과 천체는 본 조약의 모든 당사국에 오직 평화적 목적을 위하여서만 이용되어야 한다. 천체에 있어서의 군사기지, 군사시설 및 군사요새의 설치, 모든 형태의 무기의 실험 그리고 군사연습의 실시는 금지되어야 한다. 과학적 조사 또는 기타 모든 평화적 목적을 위하여 군인을 이용하는 것은 금지되지 아니한다. 달과 기타 천체의 평화적 탐색에 필요한 어떠한 장비 또는 시설의 사용도 금지되지 아니한다.

제5조

본 조약의 당사국은 우주인을 외기권에 있어서의 인류의 사절로 간주하며 사고나 조난의 경우 또는 다른 당사국의 영역이나 공해상에 비상착륙한 경우에는 그들에게 모든 가능한 원조를 제공하여야 한다.

우주인이 이러한 착륙을 한 경우에는, 그들은 그들의 우주선의 등록국에 안전하고도 신속하게 송환되어야 한다.

외기권과 천체에서의 활동을 수행함에 있어서 한 당사국의 우주인은 다른 당사국의 우주인에 대하여 모든 가능한 원조를 제공하여야 한다.

본 조약의 당사국은 본 조약의 다른 당사국 또는 국제연합 사무총장에 대하여 그들이 달과 기타 천체를 포함한 외기권에서 발견한 우주인의 생명과 건강에 위험을 조성할 수 있는 모든 현상에 관하여 즉시 보고하여야 한다.

제6조

본 조약의 당사국은 달과 기타 천체를 포함한 외기권에 있어서 그 활동을 정부기관이 행한 경우나 비정부 주체가 행한 경우를 막론하고, 국가활동에 관하여 그리고 본 조약에서 규정한 조항에 따라서 국가활동을 수행할 것을 보증함에 관하여 국제적 책임을 져야 한다. 달과 기타 천체를 포함한 외기권에 있어서의 비정부 주체의 활동은 본 조약의 관계 당사국에 의한 인증과 계속적인 감독을 요한다. 달과 기타 천체를 포함한 외기권에 있어서 국제기구가 활동을 행한 경우에는, 본 조약에 의한 책임은 동 국제기구와 이 기구에 가입하고 있는 본 조약의 당사국들이 공동으로 부담한다.

제7조

달과 기타 천체를 포함한 외기권에 물체를 발사하거나 또는 그 물체를 발사하여 궤도에 진입케 한 본 조약의 각 당사국과 그 영역 또는 시설로부터 물체를 발사한 각 당사국은 지상, 공역 또는 달과 기타 천체를 포함한 외기권에 있는 이러한 물체 또는 동 물체의 구성부분에 의하여 본 조약의 다른 당사국 또는 그 자연인 또는 법인에게 가한 손해에 대하여 국제적 책임을 진다.

제8조

외기권에 발사된 물체의 등록국인 본 조약의 당사국은 동 물체가 외기권 또는 천체에 있는 동안, 동 물체 및 동 물체의 인원에 대한 관할권 및 통제권을 보유한다. 천체에 착륙 또는 건설된 물체와 그 물체의 구성부분을 포함한 외기권에 발사된 물체의 소유권은 동 물체가 외기권에 있거나 천체에 있거나 또는 지구에 귀환하였거나에 따라 영향을 받지 아니한다. 이러한 물체 또는 구성부분이 그 등록국인 본 조약 당사국의 영역밖에서 발견된 것은 동 당사국에 반환되며 동 당사국은 요청이 있는 경우 그 물체 및 구성부분의 반환에 앞서 동일물체라는 자료를 제공하여야 한다.

제9조

달과 기타 천체를 포함한 외기권의 탐색과 이용에 있어서 본 조약의 당사국은 협조와 상호 원조의 원칙에 따라야 하며, 본 조약의 다른 당사국의 상응한 이익을 충분히 고려하면서 달과 기타 천체를 포함한 외기권에 있어서의 그들의 활동을 수행하여야 한다. 본 조약의 당사국은 유해한 오염을 회피하고 또한 지구외적 물질의 도입으로부터 야기되는 지구 주변에 불리한 변화를 가져오는 것을 회피하는 방법으로 달과 천체를 포함한 외기권의 연구를 수행하고, 이들의 탐색을 행하며 필요한 경우에는 이 목적을 위하여 적절한 조치를 채택하여야 한다. 만약, 달과 기타 천체를 포함한 외기권에서 국가 또는 그 국민이 계획한 활동 또는 실험이 달과 기타 천체를 포함한 외기권의 평화적 탐색과 이용에 있어서 다른 당사국의 활동에 잠재적으로 유해한 방해를 가져올 것이라고 믿을 만한 이유를 가지고 있는 본 조약의 당사국은 이러한 활동과 실험을 행하기 전에 적절한 국제적 협의를 가져야 한다. 달과 기타 천체를 포함한 외기권에서 다른 당사국이 계획한 활동 또는 실험이 달과 기타 천체를 포함한 외기권의 평화적 탐색과 이용에 잠재적으로 유해한 방해를 가져올 것이라고 믿을만한 이유를 가지고 있는 본 조약의 당사국은 동 활동 또는 실험에 관하여 협의를 요청할 수 있다.

제10조

달과 기타 천체를 포함한 외기권의 탐색과 이용에 있어서 본 조약의 목적에 합치하는 국제적 협조를 촉진하기 위하여 본 조약의 당사국은 이들 국가가 발사한 우주 물체의 비행을 관찰할 기회가 부여되어야 한다는 본 조약의 다른 당사국의 요청을 평등의 원칙하에 고려하여야 한다. 관찰을 위한 이러한 기회의 성질과 기회가 부여될 수 있는 조건은 관계국가간의 합의에 의하여 결정되어야 한다.

제11조

외기권의 평화적 탐색과 이용에 있어서의 국제적 협조를 촉진하기 위하여 달과 기타 천체를 포함한 외기권에서 활동을 하는 본 조약의 당사국은 동 활동의 성질, 수행, 위치 및 결과를 실행 가능한 최대한도로 일반 대중 및 국제적 과학단체 뿐만 아니라 국제연합 사무총장에 대하여 통보하는데 동의한다. 동 정보를 접수한 국제연합 사무총장은 이를 즉각적으로 그리고 효과적으로 유포하도록 하여야 한다.

제12조

달과 기타 천체상의 모든 정거장, 시설, 장비 및 우주선은 호혜주의 원칙하에 본 조약의 다른 당사국대표에게 개방되어야 한다. 그러한 대표들에 대하여 안전을 보장하기 위하여 그리고 방문할 설비의 정상적인 운영에 대한 방해를 피하기 위한 적절한 협의를 행할 수 있도록 하고 또한 최대한의 예방수단을 취할 수 있도록 하기 위하여 방문 예정에 관하여, 합리적인 사전통고가 부여되어야 한다.

제13조

본 조약의 규정은 본 조약의 단일 당사국에 의하여 행해진 활동이나 또는 국제적 정부간 기구의 테두리내에서 행해진 경우를 포함한 기타 국가와 공동으로 행해진 활동을 막론하고, 달과 기타 천체를 포함한 외기권의 탐색과 이용에 있어서의 본 조약 당사국의 활동에 적용된다.

달과 기타 천체를 포함한 외기권의 탐색과 이용에 있어서 국제적 정부간 기구가 행한 활동에 관련하여 야기되는 모든 실제적 문제는 본 조약의 당사국이 적절한 국제기구나 또는 본 조약의 당사국인 동 국제기구의 1 또는 2이상의 회원국가와 함께 해결하여야 한다.

제14조

본 조약은 서명을 위하여 모든 국가에 개방된다. 본 조 제3항에 따라 본 조약 발효이전에 본 조약에 서명하지 아니한 국가는 언제든지 본 조약에 가입할 수 있다.

본 조약은 서명국가에 의하여 비준되어야 한다. 비준서와 가입서는 기탁국 정부로 지정된 아메리카합중국 정부, 대영연합왕국 정부 및 소비에트 사회주의 공화국 연방 정부에 기탁되어야 한다.

본 조약은 본 조약에 의하여 기탁국 정부로 지정된 정부를 포함한 5개국 정부의 비준서 기탁으로써 발효한다.

본 조약의 발효후에 비준서 또는 가입서를 기탁한 국가에 대하여는 그들의 비준서 또는 가입서의 기탁일자에 본 조약이 발효한다.

기탁국 정부는 본 조약의 각 서명일자, 각 비준서 및 가입서의 기탁일자, 본 조약의 발효일자 및 기타 통고를 모든 서명국 및 가입국에 대하여 즉시 통고한다.

본 조약은 국제연합헌장 제102조에 따라 기탁국 정부에 의하여 등록되어야 한다.

제15조

본 조약의 당사국은 본 조약에 대한 개정을 제의할 수 있다. 개정은 본 조약 당사국의 과반수가 수락한 때에 개정을 수락한 본 조약의 각 당사국에 대하여 효력을 발생한다. 그 이후에는 본 조약을 나머지 각 당사국에 대하여 동 당사국의 수락일자에 발효한다.

제16조

본 조약의 모든 당사국은 본 조약 발효 1년후에 기탁국 정부에 대한 서면통고로써 본 조약으로부터의 탈퇴통고를 할 수 있다. 이러한 탈퇴는 탈퇴통고의 접수일자로부터 1년후에 효력을 발생한다.

제17조

영어, 노어, 불어, 서반아어 및 중국어본이 동등히 정본인 본 조약은 기탁국 정부의 보관소에 기탁되어야 한다. 본 조약의 인증등본은 기탁국 정부에 의하여 서명국 정부 및 가입국 정부에 전달되어야 한다.

이상의 증거로 정당하게 권한을 위임받은 아래 서명자가 이 조약에 서명하였다.

1967년 1월 27일 워싱턴, 런던 및 모스크바에서 3통을 작성하였다.

찾아보기

ㄴ

ㄷ

ㄹ

ㅁ

ㅂ

ㅇ

ㅈ

ㅊ

ㅋ

ㅌ

ㅍ

ㅎ

P

S

U

W

저자약력

홍순길(洪淳吉)

- 서울대학교 외교학과, 동 대학원 졸업(국제항공법 전공)
- 미국 George Washington 대학원 졸업(정치학 박사: 항공정책)
- 국제민간항공기구(ICAO) 제23차, 28차, 32차, 33차, 34차, 35차, 36차, 37차, 38차, 39차 총회 및 국제항공회담 대표, 교통부, 법무부, 한국공항공단 자문위원(항공법, 항공정책)
- 한국항공우주법학회 회장, 한국공공정책학회 회장, 한국국제정치학회 이사
- 한국항공대학교 총장(2000. 8~2006. 4), 전 한국항공대학교 항공우주법학과 교수 및 초빙교수
- 현 대한민국 항공회 부총재

이강빈(李康斌)

- 성균관대학교 법학과 졸업
- 성균관대학교 대학원 무역학과 수료(경제학석사, 경제학박사)
- 미국 University of California at Berkely Law School 객원교수
- 유엔국제거래법위원회(UNCITRAL) 1999년 본회의 한국대표단
- 법무부 상법개정특별분과위원회 위원, 외교통상부 항공부문 통상교섭민간자문그룹 위원
- 대한상사중재원 중재인
- 한국무역상무학회 회장
- 상지대학교 경상대학장, 대학원장
- 한국항공우주법학회 회장
- 상지대학교 무역학과 명예교수

김선이(金選二)

- 성균관대학원, 동 대학원 졸업(민법전공/법학석사)
- 독일 뮌헨대학교(법학박사)
- 사법고시, 변호사시험 등 각종국가고시 출제위원
- 한국항공우주법학회 부회장
- 한국민사법학회, 한국집합건물법학회 이사
- 한국재산법학회 이사
- 캐나다 몬트리올 맥길대학교 객원교수
- 항공안전기술원 비상임이사
- 국토교통부 항공정책위원회 위원
- 서울시 집합건물분쟁조정위원회 위원
- 현 한국항공대학교 항공교통물류학부항공우주법전공 교수

황호원(黃鎬元)

- 성균관대학교 법학과, 동 대학원 졸업(형사법 전공/법학석사)
- 독일 Johaness Gutenberg in Mainz University(형사법 전공/법학석사 및 법학박사)
- 한국형사정책연구원 부연구위원
- 한국항공우주정책법학회 부회장
- 항공보안포럼 위원장
- 교통안전공단 자문위원
- 사법시험, 행정고시, 변호사시험 출제위원
- 현 한국항공대학교 항공우주법학과 교수

김종복(金鍾福)

- 경희대학교 법과대학 법학과 졸업
- 한국항공대학교 대학원 졸업(항공우주법 전공/법학박사)
- 대한항공 법무실장(상무이사)
- 외교통상부 통상자문위원(항공부문)
- 법무부 상법 항공운송편제정 특별분과위원회 위원
- 법무부 상법개정 특별위원회 위원
- 국토해양부 정책용역 심의위원
- 국토해양부 항공법개정 민간자문위원
- 국토해양부 기술직 공무원 시험위원
- 국제항공운송협회(IATA) 법률자문위원회 위원
- 국제민간항공기구(ICAO) 특별법률소위원회 한국대표단
- 한국원자력의학원 상임감사
- 항공우주법연구소 소장
- 한국항공우주법학회 부회장
- 한국항공대학교 항공우주법학과 교수 및 초빙교수